新 编
智能建筑弱电工程施工手册

梁 晨 梁 华 编著

中国建筑工业出版社

图书在版编目（CIP）数据

新编智能建筑弱电工程施工手册/梁晨，梁华编著. —北京：中国建筑工业出版社，2016.3（2022.10重印）

ISBN 978-7-112-19080-5

Ⅰ.①新… Ⅱ.①梁…②梁… Ⅲ.①智能建筑-电气设备-建筑安装-工程施工-技术手册 Ⅳ.①TU85-62

中国版本图书馆 CIP 数据核字（2016）第 028730 号

　　智能建筑是现代信息技术与建筑技术相结合的产物，发展迅速。智能建筑工程主要是指建筑弱电技术。本书是在广受好评的《智能建筑弱电工程施工手册》一书的基础上，根据智能建筑弱电工程技术的最新发展，结合国家新近有关标准、规范，扩充新编而成。全书增至十三章，包括智能建筑、电话通信系统、计算机网络系统、综合布线系统、厅堂扩声与公共广播系统、音频与视频会议系统、大屏幕显示技术、有线电视与卫星电视接收系统、视频监控系统、安全防范系统，火灾自动报警系统、建筑设备自动化系统及住宅小区智能化系统等。

　　本书取材新颖，内容丰富，图文并茂，使用方便，实用性强。可供从事智能建筑弱电工程的设计、安装、施工、调试和监理等的技术人员、管理人员及工人使用，也可供相关院校和培训班师生参考。

责任编辑：王玉容
责任校对：陈晶晶　刘梦然

新编智能建筑弱电工程施工手册
梁　晨　梁　华　编著

*

中国建筑工业出版社出版、发行（北京西郊百万庄）
各地新华书店、建筑书店经销
北京红光制版公司制版
北京建筑工业印刷厂印刷

*

开本：787×1092毫米　1/16　印张：46¼　字数：1152千字
2016年11月第一版　　2022年10月第六次印刷
定价：**108.00**元
ISBN 978-7-112-19080-5
（28337）

前　言

　　智能建筑是现代建筑技术与现代通信技术、计算机网络技术、信息处理技术和自动控制技术相结合的产物。智能建筑工程主要是指建筑弱电系统。所谓弱电系统是相对强电而言，它几乎包括了除市电、电力那样的强电之外的所有电子信息系统。本书是在广受好评的《智能建筑弱电工程施工手册》一书的基础上，根据智能建筑弱电工程技术的最新发展，结合国家新近有关标准、规范，增订新编而成。全书增至十三章，包括智能建筑、电话通信系统、计算机网络系统、综合布线系统、厅堂扩声与公共广播系统、音频与视频会议系统、大屏幕显示技术、有线电视与卫星电视接收系统、电视监控系统、安全防范系统、火灾自动报警系统、建筑设备自动化系统及住宅小区智能化系统等。

　　本书取材新颖，内容丰富，图文并茂，实用性强，使用方便。可供从事智能建筑弱电工程的设计、安装、施工、调试、监理等的技术人员、管理人员及工人使用，也可供相关院校和培训班的师生参考。应该指出，在本书编写过程中，得到了孙志杰、郑正华、曾品凝、周丹、田宾、冯雪梅、梁中云、林晓辉、叶寿平、梁瑞钦、李伟荣、高希武、游绿洲、张占锋、梁晶、曾向伟、林国英、牛荣、刘欣、华锦敏等同志的大力支持与帮助，谨此致以衷心的感谢。限于作者水平和时间，书中难免有不足之处或不当之处，欢迎读者给予批评指正。

作者 2015 年 5 月于上海

目　　录

第一章 智能建筑综述

第一节 概 论

一、智能建筑弱电系统组成

智能建筑弱电工程的系统组成与功能说明 表 1-1

系 统 名 称	说 明
建筑设备监控系统（BAS） building automation system	将建筑物或建筑群内的空调与通风、变配电、照明、给排水、热源与热交换、冷冻和冷却及电梯和自动扶梯等系统，以集中监视、控制和管理为目的构成的综合系统
信息网络系统（INS） information networks system	信息网络系统是应用计算机技术、通信技术、多媒体技术、信息安全技术和行为科学等先进技术和设备构成的信息网络平台。借助于这一平台实现信息共享、资源共享和信息的传递与处理，并在此基础上开展各种应用业务
通信网络系统（CNS） communication networks system	通信网络系统是建筑物内语音、数据、图像传输的基础设施。通过通信网络系统，可实现与外部通信网络（如公用电话网、综合业务数字网、互联网、数据通信网及卫星通信网等）相连，确保信息畅通和实现信息共享
智能化集成系统（IIS） intelligented integration system	智能化系统集成应在建筑设备监控系统、安全防范系统、火灾自动报警及消防联动系统等各个系统分部工程的基础上，实现建筑物管理系统（BMS）集成。BMS 可进一步与信息网络系统（INS）、通信网络系统（CNS）进行系统集成，实现智能建筑管理集成系统（IBMS），以满足建筑物的监控功能、管理功能和信息共享的需求，便于通过对建筑物和建筑设备的自动检测与优化控制，实现信息资源的优化管理和对使用者提供最佳的信息服务，使智能建筑达到投资合理、适应信息社会需要的目标，并具有安全、舒适、高效和环保的特点
安全防范系统（SAS） security protection & alarm system	根据建筑安全防范管理的需要，综合运用电子信息技术、计算机网络技术、视频安防监控技术和各种现代安全防范技术构成的用于维护公共安全、预防刑事犯罪及灾害事故为目的的，具有报警、视频安防监控、出入口控制、安全检查、停车场（库）管理的安全技术防范体系
火灾报警系统（FAS） fire alarm system	由火灾探测系统、火灾自动报警及消防联动系统和自动灭火系统等部分组成，实现建筑物的火灾自动报警及消防联动
住宅（小区）智能化 (CI) community intelligent	它是以住宅小区为平台，兼备安全防范系统、火灾自动报警及消防联动系统、信息网络系统和物业管理系统等功能系统以及这些系统集成的智能化系统，具有集建筑系统、服务和管理于一体，向用户提供节能、高效、舒适、便利、安全的人居环境等特点的智能化系统
家庭控制器（HC） home controller	完成家庭内各种数据采集、控制、管理及通信的控制器或网络系统。一般应具备家庭安全防范、家庭消防、家用电器监控及信息服务等功能
控制网络系统（CNS） control networks system	用控制总线将控制设备、传感器及执行机构等装置连接在一起进行实时的信息交互，并完成管理和设备监控的网络系统

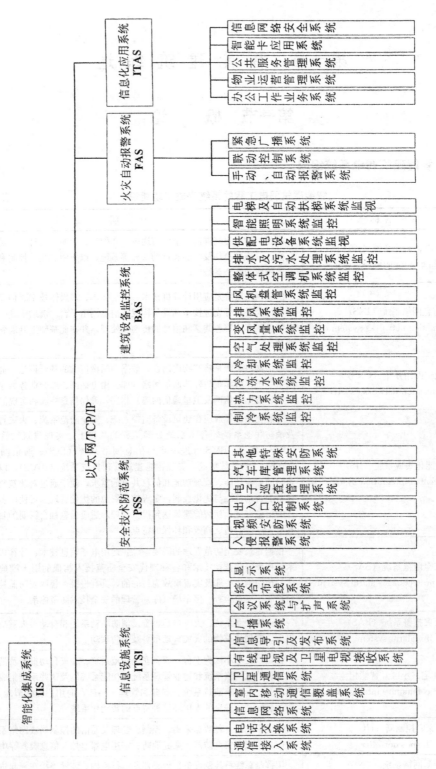

图 1-1　智能化集成系统基本内容

二、智能弱电工程与各专业的配合内容

与建筑专业的配合内容 表 1-2

方案设计阶段	初步设计阶段	施工图设计阶段
（1）了解建筑物的特性及功能要求； （2）了解建筑物的面积、层高、层数、建筑高度； （3）了解电梯台数、类型； （4）提出机房位置、数量	（1）了解建筑物的使用要求、板块组成、区域划分； （2）了解防火区域划分； （3）了解有否特殊区域和特殊用房； （4）提出机房及管理中心的面积、层高、位置、防火、防水、通风要求； （5）提出弱电竖井的面积、位置、防火、防水要求； （6）提出缆线进出建筑物位置	（1）核对初步设计阶段了解的资料； （2）了解各类用房的设计标准、设计要求； （3）了解各类用房的设计深度，如是否二次装修； （4）提出机房、管理中心的地面、墙面、门窗等做法及要求； （5）提出在非承重墙上的留洞尺寸； （6）提出缆线敷设的路径及其宽度、高度要求

与结构专业的配合内容 表 1-3

方案设计阶段	初步设计阶段	施工图设计阶段
一般工程不需配合	（1）了解基础形式、主体结构形式； （2）了解底层车库上及其他无吊顶用房的梁的布局	（1）提出基础钢筋、柱子内钢筋、屋顶结构做防雷、接地、等电位联结装置的施工要求； （2）提出在承重墙上留洞尺寸及标高； （3）提出机房、控制中心的荷载值； （4）提出设备基础及安装要求

与给排水专业的配合内容 表 1-4

方案设计阶段	初步设计阶段	施工图设计阶段
了解主要水泵房的位置	（1）了解给排水泵的台数、容量、安装位置； （2）了解消防水泵的台数、容量、安装位置； （3）了解水箱、水池、气压罐的位置； （4）了解消火栓的位置； （5）了解安全阀、报警阀、水流指示器、冷却塔、风机等的位置	（1）了解各台水泵的控制要求； （2）了解压力表、电动阀门的安装位置； （3）综合管线进出建筑物的位置； （4）综合管线垂直、水平通道； （5）综合喷水头、探测器等设备的位置； （6）提出电气用房的用水要求； （7）综合电气用房的消防功能

与暖通空调专业的配合内容 表 1-5

方案设计阶段	初步设计阶段	施工图设计阶段
（1）了解制冷系统冷冻机的台数与容量； （2）了解冷冻机房的位置； （3）了解锅炉房的位置； （4）了解排烟送风机的台数； （5）了解其他空调用电设备台数	（1）核实和了解冷冻机、冷水泵、冷却泵的台数、单台容量、备用情况、控制要求； （2）核实和了解锅炉房用电设备的台数及控制要求； （3）确定排烟送风机等消防设施的台数； （4）了解其他空调用电设备的分布； （5）了解排烟系统的划分、电动阀门的位置； （6）机房通风温度要求	（1）了解制冷系统、热力系统、空气处理系统的监测控制要求； （2）了解消防送、排风系统的控制要求； （3）了解各类阀门的安装位置、控制要求； （4）综合暖气片、风机盘管、风机等设备的安装位置； （5）综合管道垂直、水平方向的安装位置； （6）提出电气用房的空调要求

与电气专业的配合内容 表 1-6

方案设计阶段	初步设计阶段	施工图设计阶段
（1）了解智能化系统名称； （2）了解智能化系统的机房位置	（1）了解智能化系统设备的用电负荷与负荷等级； （2）了解智能化系统机房的照度和光源要求； （3）提出消防送、排风机和消防泵控制箱位置； （4）提出非消防电源的切断点位置； （5）提供其他专业提出的相关资料	（1）核实建筑设备自动控制系统的监控点数量、位置、类型及控制要求； （2）核实智能化机房及设备的供电点位置、容量； （3）综合智能化系统设备的安装位置，供电要求； （4）综合缆线敷设通道； （5）综合缆线进出建筑物的位置； （6）综合智能化系统的防雷、接地做法

三、智能建筑弱电工程标准规范

（一）智能化系统设计标准规范

《智能建筑设计标准》GB/T 50314—2006

《绿色建筑评价标准》GB/T 50378—2006

《智能建筑及居住区数字化技术应用》GB/T 20299—2006

《民用建筑电气设计规范》JBJ/T 16—2008

《智能建筑工程施工规范》GB 50606—2010

《建筑电气工程施工质量验收规范》GB 50303—2002

《智能建筑工程质量验收规范》GB 50339—2013

《智能建筑施工及验收规范》DG/TJ 08-601—2001

《智能建筑评估标准》DG/TJ 08-602—2001

《建筑智能化系统设计技术规程》DB/J01-615—2003

《公共建筑节能标准》GB 50189—2005

《体育建筑电气设计规范》JGJ 354—2014

《体育建筑智能化系统工程技术规程》JGJ/T 179—2009

（二）机房工程系统标准规范

《电子信息系统机房设计规范》GB 50174—2008

《电子计算机场地通用规范》GB/T 2887—2000

《防静电活动地板通用规范》SJ/T 10796—2001

《电信专业房屋设计规范》YD 5003—1994

（三）防雷与接地系统标准规范

《建筑物防雷设计规范》GB 50057—2010

《建筑物电子信息系统防雷技术规范》GB 50343—2004

《建筑物的雷电防护》IEC 61024：1990—1998

（四）结构化布线系统标准规范

《综合布线系统工程设计规范》GB/T 50311—2007

《综合布线系统工程验收规范》GB/T 50312—2007

《国际商务布线标准》ISO/IEC 11801

《光纤总规范》GB/T 15972.2—1998

《商务楼通用信息建筑布线标准》EIATIA568A

《民用建筑通讯通道和空间标准》EIATIA569

（五）通信及网络系统标准规范

《通信管道与管道工程设计规范》GB 50373—2006

《数字程控自动电话交换机技术要求》GB/T 15542—1995

《住宅区和住宅建筑内通信设施工程设计规范》GB/T 50605—2010

《住宅区和住宅建筑内光纤到户通信设施工程设计规范》GB 50846—2012

《信息技术系统间远程通信和信息交换局域网和城域网》GB 15629.11—2003

《信息处理系统光纤分布式数据接口》ISO 9314-1：1989

《光纤分布式数据接口（FDDI）高速局域网标准》ANSIX3T9.5

（六）扩声与会议系统标准规范

《厅堂扩声系统设计规范》GB 50371—2006

《剧场、电影院和多用途厅堂建筑声学设计规范》GB/T 50356—2005

《演出场所扩声系统的声学特性指标》WH/T 18—2002

《剧场建筑设计规范》JGJ 57—2000

《体育场馆声学设计及测量规范》JGJ/T 131—2012

《体育场建筑声学技术规范》GB/T 50948—2013

《民用建筑隔声设计规范》GB 50118—2010

《电影院建筑设计规范》JGJ 58—2008

《多通道音频数字串行接口》GY/T 187—2002

《厅堂扩声特性测量方法》GB 4959—95

《声系统设备互连的优选配接值》GB/T 14197—93

《声系统设备互连用连接器的应用》GB/T 14947—94

《会议系统电及音频的性能要求》GB/T 15381—94

《扬声器主要性能测试方法》GB/T 9396—1996

《电子会议系统工程设计规范》GB 50799—2012

《电子会议系统工程施工与质量验收规范》GB 51043—2014

《红外线同声传译系统工程技术规范》GB 50524—2010

《公共广播系统工程技术规范》GB 50526—2010

（七）会议电视、有线电视及显示技术规范

《有线电视系统工程技术规范》GB 50200—94

《会议电视会场工程设计规范》GB 50635—2010

《会议电视会场系统工程施工及验收规范》GB 50793—2012

《会议电视系统工程设计规范》YD 5032—97

《会议电视系统工程验收规范》YD 5033—97

《视频显示系统工程技术规范》GB 50464—2008

《视频显示系统工程测量规范》GB 50525—2010

《工业电视系统工程设计规范》GB 50115—2009

（八）综合安防系统设计标准规范

《视频安防监控系统工程设计规范》GB 50395—2007

《入侵报警系统工程设计规范》GB 50394—2007

《安全防范工程技术规范》GB 50348—2004

《出入口控制系统工程设计规范》GB 50396—2007

《安全防范系统验收规范》GA 308—2001

《广播电影电视系统重点单位重要部位风险等级和安全防护级别》GA 586—2005

《安全防范报警系统设备安全要求和试验方法》GB 16796—1997

《防盗报警控制器通用技术条件》GB 12663—2001

《银行营业场所安全防范工程设计规范》GB/T 16676—1996

《文物系统博物馆安全防范工程设计规范》GA 166—1997

《工业电视系统工程设计规范》GB 50115—2009

《集成电路（IC）卡读写机通用规范》GB/T 18239—2000

《识别卡物理特性》GB/T 14916—2006

《重点单位重要部位安全技术防范系统要求》DB 31/329—2007

（九）火灾报警系统标准规范

《高层民用建筑设计防火规范》（2001 年版）GB 50045—1995

《建筑设计防火规范》GB 50016—2014

《火灾自动报警系统设计规范》GB 50116—2013

《火灾自动报警系统施工及验收规范》GB 50166—2007

《自动喷水灭火系统设计规范》GB 50084—2001

《自动喷水灭火系统施工及验收规范》GB 50261—2005

《城市消防远程监控系统技术规范》GB 50440—2007

《火灾报警控制器通用技术条件》GB 4717—2005

《点型感烟火灾探测器技术要求及试验方法》GB 4715—2005

《点型感温火灾探测器技术要求及试验方法》GB 4716—2005

《线型光束感烟火灾探测器技术要求及试验方法》GB 14003—2005

《点型红外火焰探测器性能要求及试验方法》GB 15631—1995

第二节　机　房　工　程

一、机房工程的内容与分类

机房的分类　　　　　　　　　　　　　　　　表 1-7

类　型	主要设备
（1）消防控制室	消防报警主机、消防联动报警柜、分区控制盘、背景音乐及紧急广播呼叫站和机柜等
（2）安防控制室	安防监控电视墙、操作台、工作站等
（3）电话机房	电话交换机、电话接入设备、总线入配线架、综合布线系统和语音总配线架等
（4）网络机房	网络接入设备、服务器、工作站、核心交换机、综合布线系统和数据/光纤总配线架等
（5）信息中心	各管理服务器和工作站等
（6）电视机房	有线电视接入设备、卫星电视接入设备、电视机柜、彩色收监机等
（7）UPS机房	UPS电源主机、电池柜、电源配电箱等
（8）扩声控制室	调音台、数字音频处理器、功放、周边设备、监听音箱或耳机等

二、各类机房对土建与装修的要求

（1）主机房的使用面积应根据设备的数量、外形尺寸和布置方式确定，并预留今后业务发展需要的面积。在方案阶段，可按每个机柜或机架占用面积 3.5～5.5m² 考虑。

（2）智能化系统合用一个控制室时，控制室的面积一般按 80～120m² 考虑。

（3）控制室宜铺设防静电活动地板、网络地板。地板架空高度不宜小于 250mm。

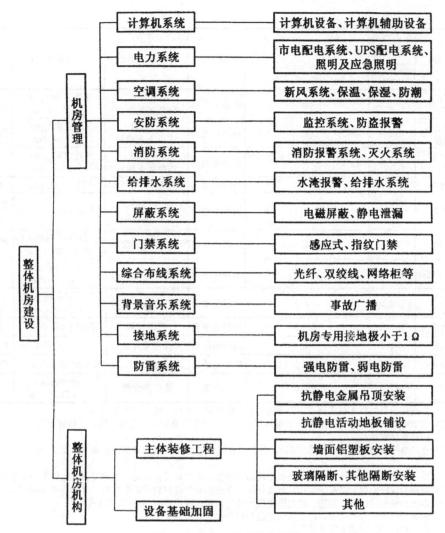

图 1-2 机房工程系统方框图

各类机房对土建的要求　　　　　　　　　　　　　　　　　　　　　　　　　表 1-8

房间名称		室内净高（梁下或风管下）(m)	楼、地面等效均布活荷载 (kN/m^2)		地面材料	顶棚、墙面	门（及宽度）	窗
电话站	程控交换机室	≥2.5	≥4.5		防静电地面	涂不起灰、浅色、无光涂料	外开双扇防火门1.2~1.5m	良好防尘
	总配线架室	≥2.5	≥4.5		防静电地面	涂不起灰、浅色、无光涂料	外开双扇防火门1.2~1.5m	良好防尘
	话务室	≥2.5	≥3.0		防静电地面	阻燃吸声材料	隔声门1.0m	良好防尘设纱窗
	免维护电池室	≥2.5	<200A·h时，4.5	注2	防尘防滑地面	涂不起灰、无光涂料	外开双扇防火门1.2~1.5m	良好防尘
			200~400A·h时，6.0					
			≥500A·h时，10.0					
	电缆进线室	≥2.2	≥3.0		水泥地面	涂防潮涂料	外开双扇防火门≥1.0m	—

续表

房间名称		室内净高（梁下或风管下）（m）	楼、地面等效均布活荷载（kN/m²）	地面材料	顶棚、墙面	门（及宽度）	窗
计算机网络机房		≥2.5	≥4.5	防静电地面	涂不起灰、浅色无光涂料	外开双扇防火门≥1.2～1.5m	良好防尘
建筑设备监控机房		≥2.5	≥4.5	防静电地面	涂不起灰、浅色无光涂料	外开双扇防火门1.2～1.5m	良好防尘
综合布线设备间		≥2.5	≥4.5	防静电地面	涂不起灰、浅色无光涂料	外开双扇防火门1.2～1.5m	良好防尘
广播室	录播室	≥2.5	≥2.0	防静电地面	阻燃吸声材料	隔声门1.0m	隔声窗
	设备室	≥2.5	≥4.5	防静电地面	涂浅色无光涂料	双扇门1.2～1.5m	良好防尘设纱窗
消防控制中心		≥2.5	≥4.5	防静电地面	涂浅色无光涂料	外开双扇甲级防火门1.5m或1.2m	良好防尘设纱窗
安防监控中心		≥2.5	≥4.5	防静电地面	涂浅色无光涂料	外开双扇防火门1.5m或1.2m	良好防尘设纱窗
有线电视前端机房		≥2.5	≥4.5	防静电地面	涂浅色无光涂料	外开双扇隔声门1.2～1.5m	良好防尘设纱窗
会议电视	电视会议室	≥3.5	≥3.0	防静电地面	吸声材料	双扇门≥1.2～1.5	隔声窗
	控制室	≥2.5	≥4.5	防静电地面	涂浅色无光涂料	外开单扇门≥1.0m	良好防尘
	传输室	≥2.5	≥4.5	防静电地面	涂浅色无光涂料	外开单扇门≥1.0m	良好防尘
电信间		≥2.5	≥4.5	水泥地	涂防潮涂料	外开丙级防火门≥0.7m	—

注：(1) 如选用设备的技术要求高于本表所列要求，应遵照选用设备的技术要求执行。

(2) 当300A·h及以上容量的免维护电池需置于楼上时不应叠放；如需叠放时，应将其布置于梁上，并需另行计算楼板负荷。

(3) 会议电视室最低净高一般为3.5m；当会议室较大时，应按最佳容积比来确定。其混响时间宜为0.6～0.8s。

(4) 室内净高不含活动地板高度，是否采用活动地板，由工程设计决定。室内设备高度按2.0m考虑。

(5) 电视会议室的围护结构应采用具有良好隔声性能的非燃烧材料或难燃材料。其隔声量不低于50dB（A）。电视会议室的内壁、顶棚、地面应做吸声处理，室内噪声不应超过35dB（A）。

(6) 电视会议室的装饰布置，严禁采用黑色和白色作为背景色。

(7) 有关扩声控制室请见第五章第四节。

机房工程的基本要求　　　　　　　　　　　　　　　　　　　　　　　表1-9

1. 机房位置的选择		在多层建筑或高层建筑物内，计算机机房一般宜设于第二或第三层，消防和安防控制室一般宜设于首层，卫星电视机房宜设于顶层或临近卫星电视接收天线的位置，UPS机房宜设于承重条件好的位置，弱电间宜设于接近水平布线区域中心的位置 此外，机房位置选择应考虑：远离强振源和强噪声源，避开强电磁场干扰。当无法避开强电磁场干扰或为保障系统信息安全，可采取有效的电磁屏蔽措施
2. 机房面积的确定		一般机房由主机房、辅助用房等组成。机房的使用面积应根据机房内设备的数量和外形尺寸及布置位置综合确定。在设备外形尺寸不完全掌握的情况下，机房的使用面积可按下列方法确定
	(1) 主机房	1) 当系统设备已选型时，可按公式计算：$A = K\sum S$ 式中：A——主机房使用面积（m²） 　　　K——系数，取值为5～7 　　　S——设备的投影面积（m²）
		2) 当系统的设备尚未选型时，可按公式计算：$A = KN$ 式中：K——单台设备占用面积，可取4.5～5.5（m²/台） 　　　N——机房内所有设备的总台数
	(2) 辅助用房	辅助用房面积的总和，宜等于主机房面积或是主机房面积的1.5倍。如需要考虑机房内人员办公的要求，可按每人3.5～4m²计算

续表

3. 机房内设备的平面布置	机房内设备的布置应保证能够便利操作，并兼顾设备使用安全 计算机网络系统的机柜正面之间的距离不应小于 1.5m；机柜侧面（或不用面）距墙不应小于 0.5m，当需要维修测试时，则距墙不应小于 1.2m；走道净宽不应小于 1.2m。易产生尘埃及废物的设备应远离对尘埃敏感的设备，并宜集中布置在靠近机房的回风口处

机房装修施工要求   表 1-10

1. 机房装修要求	（1）进场施工后，根据平面布置图样，先弹出施工红线以及地面水平线，使其余各工种有基准； （2）根据施工红线，进行顶棚抹灰防尘处理，而后进行顶棚安装。顶棚龙骨安装牢固、整齐，施工时应与电气等有关的专业部门配合好； （3）顶棚完成后，进行墙面抹灰和防尘处理，而后机房墙面装高级装饰材料； （4）墙面完成后，进行门套安装，而后进行地面处理； （5）地面处理后铺设防静电地板； （6）进行地脚线安装； （7）每天下班前进行简单的清场，把垃圾及时清运
2. 顶棚工程	顶棚是机房中重要的组成部分。顶棚上部安装着强电、弱电、线槽和管线，也安装着消防灭火的气体管路及新风系统风管等。在顶棚面层上安装着嵌入式灯具、风口、消防报警探测器、气体灭火喷头等。考虑机房顶棚必须防火、防尘、吸声性能好、无有害气体释放、抗腐蚀不变形、美观和易于拆装等方面，可以选用微孔铝合金方形扣板，配嵌入式三管格栅灯具。灯具尺寸 1200mm×600mm，与扣板尺寸配套。考虑照度均匀，灯具采用均布方式
3. 活动地板	活动地板在机房中是必不可少的。机房敷设活动地板，在活动地板下形成隐蔽空间，可以在地板下敷设电源线管、线槽、综合布线、消防管线等以及一些电气设施（插座、插座箱等）；活动地板因其具有可拆性，所以对网络的建设、设备的检修及更换都方便。所有连接电缆都从地板下进入设备，便于设备的布局调整，同时减少了因设备扩充或更新而带来的建筑设施的改造。 活动地板的种类较多，活动地板不同的选择直接影响机房的档次。不同质量的地板使用后，机房的效果大不一样。活动地板的正确应用及使用，可以提高计算机及其微电子设备运行的可靠性和延长设备的使用寿命；一般通常采用抗静电活动地板。 抗静电活动地板安装时，同时要求安装静电泄漏系统。铺设静电泄漏地网，通过静电泄漏干线和机房安全保护接地端子连在一起，将静电泄漏掉。 一般机房活动地板敷设高度为 0.30m。活动地板安装过程中，地板与墙面交界处，活动地板需精确切割下料，切割边需封胶处理后安装。地板安装后，可用亚光不锈钢踢脚板压边装饰。 因洁净需要，地板下刷防尘漆。此漆主要成分是环氧树脂，具有耐磨、防水性能
4. 隔墙	机房内部隔墙可以采用不锈钢饰面钢化玻璃隔断，效果极好，而且显得精致、豪华
5. 墙面、柱面	机房的墙面和柱面有刷乳胶漆和金属复合壁板（即彩钢板）两种装饰方法	（1）采用乳胶漆墙面，优点是安装方便，具有表面平整、清秀、光滑、无眩光、防尘、防火、防潮、抗静电、易清洗、耐摩擦等优点。 （2）金属复合壁板是由彩色钢板（0.7mm 厚）做成 50mm 厚的箱形凹凸板材。其内部垂直粘贴 50mm 厚的优质聚苯板。板材在生产线上加工，工艺先进，尺寸精确。安装时，在顶上和地面先安装马槽，然后依次把壁板推入后固定。其表面为钢板漆面，安装接口缝隙小于 1mm，美观、整齐、缝隙均匀。该壁板隔音、保温、密封效果好。该墙体有配套的金属壁板门，精致、美观。此种材料施工后，所见到的墙体表面为金属漆面
6. 门窗工程	机房门一般采用钢制防火防盗门。此门主要功能是防火、隔声、保温、防尘、美观。机房内部根据实际使用需要可以增设单扇或双扇大玻璃平开门。机房内部电动窗帘、木质窗帘盒、垂直 PVC 窗帘样式可待机房装修完成之后另行选定。至于防鼠问题，则应主要在围护结构上解决，尽量不留孔洞。有孔洞如管、槽，则要做好封堵，要绝对保持围护结构的严密

三、机房对电气、暖通施工设计要求

机房电气设计与施工内容　　　　　　　　　　　　　　　　表 1-11

1. 机房配电设计	（1）机房进线电源宜采用三相五线制
	（2）机房内用电设备供电电源为三相五线制及单相三线制
	（3）机房用电设备、配电线路装设过流过载两段保护，同时配电系统各级之间有选择性地配合，配电以放射式向用电设备供电
	（4）机房配电系统所用线缆均为阻燃聚氯乙烯绝缘导线及阻燃交联电力电缆，敷设镀锌金属线槽、镀锌金属钢管及金属软管
	（5）机房配电设备具备与消防系统联动功能
2. 机房动力配电系统	机房动力设备包括计算机设备、机房空调设备、各系统控制主机等。从大楼低压配电系统引一路电源给机房内的配电柜，由配电柜给部分机房 UPS 供电，UPS 输出引入配电柜再分配给各机房设备供电。对于没有 UPS 的机房，将由配电柜统一输出供电。配电柜以树干式结构分别向各设备供电
3. 机房照明配电系统	（1）机房照明电源引自机房配电柜
	（2）照度选择：照度不低于 300lx，应急备用照明照度不小于 40lx
	（3）灯具选择：灯具选用三管格栅灯并带电容补偿 3×40W（1200mm×600mm）。灯具正常照明电源由市电供给，由照明配电箱中的断路器、房间区域安装于墙面上的跷板开关控制。应急备用照明灯具为适当位置的荧光灯组，正常情况下荧光灯由市电供电。市电停电时，市电电源切换到备用电源，由备用电池电源供电，燃亮灯具。每套应急灯具备有独立的备用可充电电池
	（4）接地系统：机房一般主要设有两种接地形式，即计算机专用直流逻辑地、配电系统交流工作地。 考虑交流工作地共用建筑物本体综合接地，其电阻小于 1Ω。为保证电子设备不受电磁干扰，能正常地精确运行，还需要采取屏蔽及抗静电措施，以满足电子设备的直流接地要求。 容易产生静电的活动地板、饰面金属塑板墙、不锈钢玻璃隔墙均采用导线布成泄漏网，并用干线引至动力配电柜中交流接地端子。活动地板静电泄漏干线采用 BV-10mm² 导线，静电泄漏支线采用 ZRBVR-4mm² 导线，支线导体与地板支腿螺栓紧密连接。支线做成网格状，间隔 1.8m×1.8m。不锈钢玻璃隔墙的金属框架同样用静电泄漏支线连接，并且每一连续金属框架的静电泄漏支线连接点不少于两处
4. 机房配电与机房消防报警联动	当火灾发生时，感烟探测器报警后，火灾控制器发出火警预警声、光报警信号，但此时不启动灭火程序；当同一防护区的感温探测器与感烟探测器同时报警时，控制器发出声光报警信号。在手动或自动启动灭火程序喷淋前，总控制台发出指令，通知人员撤离，并发出联动控制信号，切断机房配电柜供电电源，即切断非消防电源供电的用电设备，如空调、照明、计算机等设备供电电源。上述设备供电与消防系统的联动过程，是采用电源配电柜主断路器的分励脱扣器作远距离分端。配电柜主开关装有分励脱扣器和辅助接点，另外紧急跳闸按钮在必要时可手动切断进线电源

机房空气环境设计参数　　　　　　　　　　　　　　　　表 1-12

夏季温度	(23±2)℃	冬季温度	(20±2)℃
夏季湿度	55±10%	冬季湿度	55±10%
洁净度	粒度≥0.5μm	个数≤10000 粒/dm³	
湿度变化率	≤5℃/h		

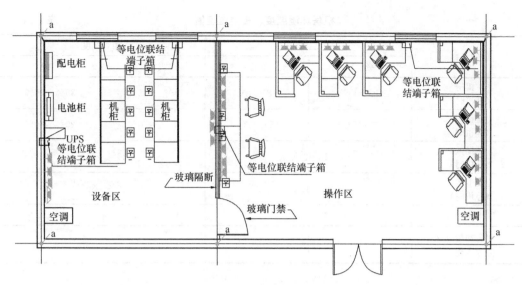

图 1-3　机房配置示意图

各类机房对电气、暖通的要求 表 1-13

房间名称		空调、通风			电气			备注
		温度（℃）	相对湿度（%）	通风	照度（lx）	交流电源	应急照明	
电话站	程控交换机室	18~28	30~75	—	500	可靠电源	设置	注2
	总配线架室	10~28	30~75	—	200	—	设置	注2
	话务室	18~28	30~75	—	300	—	设置	注2
	免维护电池室	18~28	30~75	注2	200	可靠电源	设置	—
	电缆进线室	—	—	注1	200	—	—	
计算机网络机房		18~28	40~70	—	500	可靠电源	设置	注2
建筑设备监控机房		18~28	40~70	—	500	可靠电源	设置	注2
综合布线设备间		18~28	30~75	—	200	可靠电源	设置	注2
广播室	录播室	18~28	30~80	—	300	—	—	
	设备室	18~28	30~80	—	300	可靠电源	设置	
消防控制中心		18~28	30~80	—	300	消防电源	设置	注2
安防监控中心		18~28	30~80	—	300	可靠电源	设置	注2
有线电视前端机房		18~28	30~75	—	300	可靠电源	设置	注2
会议电视	电视会议室	18~28	30~75	注3	一般区≥500 主席区≥750（注4）	可靠电源	设置	—
	控制室	18~28	30~75	—	≥300	可靠电源	设置	
	传输室	18~28	30~75	—	≥300	可靠电源	设置	
电信间	有网络设备	18~28	40~70	注1	≥200	可靠电源	设置	注2
	无网络设备	5~35	20~80		≥200	可靠电源	设置	

注：（1）地下电缆进线室、电信间一般采用轴流式通风机，排风按每小时不大于 5 次换风量计算，并保持负压；
　　（2）设有空调的机房应保持微正压；
　　（3）电视会议室新鲜空气换气量应按每人≥30m³/h；
　　（4）投影电视屏幕照度不高于 75lx，电视会议室照度应均匀可调，会议室的光源应采用色温为 3200K 的三基色灯。

机房环境温度、相对湿度值　　　　　　　　　　表 1-14

房间名称	温度		相对湿度	
	A 级、B 级	C 级	A 级、B 级	C 级
主机房（开机时）	23±1℃	18～28℃	40%～55%	35%～75%
主机房（停机时）	5～35℃	5～35℃	40%～70%	20%～80%
辅助区（开机时）	18～28℃		35%～75%	
辅助区（停机时）	5～35℃		20%～80%	
UPS 电池室	15～25℃		—	
主机房和辅助区温度变化率	<5℃/h	<10℃/h		

四、机房对消防、安防及设备监控的要求

（1）机房应设置火灾自动报警系统，并应符合现行国家标准《火灾自动报警系统设计规范》GB 50116—1998 的规定。

（2）采用管网式洁净气体灭火系统的机房，应同时设置两组独立的火灾探测器，且火灾报警系统应与灭火系统联动。两组独立的火灾探测器可以采用感烟和感温探测器、感烟和离子探测器、感烟和光电探测器的组合，也可以采用两组不同灵敏度的感烟探测器。对于空气高速流动的机房，由于烟雾被气流稀释，致使一般感烟探测器的灵敏度降低；此外，烟雾可导致电子信息设备损坏，如能及早发现火灾，可减少设备损失，因此机房宜采用吸气式烟雾探测火灾报警系统作为感烟探测器。

（3）环境和设备监控系统、安全防范系统的主机和人机界面一般设置在同一个监控中心内（安全防范系统也可设置在消防控制室），为了提高供电电源的可靠性，各系统宜采用独立的 UPS 电源。当采用集中 UPS 电源供电时，应采用单独回路为各系统配电。

机房安全防范系统要求　　　　　　　　　　表 1-15

区域名称	机房安全防范系统要求		
	A 级	B 级	C 级
发电机室、配电室	入侵探测器、视频监视		
UPS 室、机电设备间	出入控制（识读设备采用读卡器）、视频监视	入侵探测器	机械锁
安防设备间	出入控制（识读设备采用读卡器）		
监控中心	出入控制（识读设备采用读卡器）、视频监视		
紧急出口	推杆锁、视频监视、监控中心连锁报警		推杆锁
主机房出入口	出入控制（识读设备采用读卡器）或人体生物特征识别、视频监视	出入控制（识读设备采用读卡器）、视频监视	机械锁入侵探测器
主机房内	视频监视		—

机房环境和设备监控系统要求 表 1-16

监控项目	监控内容		
	A 级	B 级	C 级
空气质量	温度、相对湿度、压差、含尘度（离线定期检测）		温度、相对湿度
机房专用空调	状态参数：开关、制冷、加热、加湿、除湿 报警参数：温度、相对湿度、传感器故障、压缩机压力、加湿器水位、风量		—
供配电系统（电能质量）	开关状态、电流、电压、有功功率、功率因数、谐波含量		根据需要选择
柴油发电机系统	油箱（罐）油位、柴油机转速、输出功率、频率、电压、功率因数		—
UPS	输入和输出功率、电压、频率、电流、功率因数、负载比率；电池输入电压、电流、容量； 同步/不同步状态、UPS/旁路供电状态、市电故障、UPS故障。		根据需要选择
电池	监控每一个蓄电池的电压、阻抗和故障	监控每一组蓄电池的电压、阻抗和故障	—
漏水检测报警	装设漏水感应器		
集中空调、新风系统、动力系统	设备运行状态、滤网压差		

五、机房分级标准与机柜布置

弱电机房分级标准、性能要求和系统配置 表 1-17

等级 \ 要求	分级标准	性能要求	系统配置
A 级	符合下列情况之一的机房为 A 级： （1）电子信息系统运行中断将造成重大的经济损失； （2）电子信息系统运行中断将造成公共场所秩序严重混乱	A 级机房内的场地设施应按容错系统配置，在电子信息系统运行期间，场地设施不应因操作失误、设备故障、外电源中断、维护和检修而导致电子信息系统运行中断	系统配置： 2N，2(N+1) 系统配置说明： 具有两套或两套以上相同配置的系统，在同一时刻，至少有两套系统在工作
B 级	符合下列情况之一的机房为 B 级： （1）电子信息系统运行中断将造成较大的经济损失； （2）电子信息系统运行中断将造成公共场所秩序混乱	B 级机房内的场地设备应按冗余要求配置。在系统运行期间，场地设施在冗余能力范围内，不应因设备故障而导致电子信息系统运行中断	系统配置： $N+X(X=1\sim N)$ 系统配置说明： 系统满足基本要求外，增加了 X 个单元、X 个模块或 X 个路径。任何 X 个单元、模块或路径的故障或维护不会导致系统运行中断
C 级	不属于 A 级或 B 级机房的为 C 级机房	C 级电子信息系统机房内的场地设备应按基本需求配置。在场地设施正常运行情况下，应保证电子信息系统运行不中断	系统配置：N 系统满足基本需求，没有冗余

注：(1) 冗余：重复配置系统的一些或全部部件，当系统发生故障时，冗余配置的部件介入并承担故障部件的工作，由此减少系统的故障时间。

(2) 容错：具有两套或两套以上相同配置的系统，在同一时刻，至少有两套系统在工作。按容错系统配置的场地设备，至少能经受住一次严重的突发设备故障或人为操作失误事件而不影响系统的运行。

各级机房举例 表 1-18

等级	机房举例
A 级	以下部门的数据机房、通信机房、控制室、电信接入间等为 A 级机房： 国家气象台；国家级信息中心、计算中心；重要的军事指挥部门；大中城市的机场、广播电台、电视台、应急指挥中心；银行总行；国家和区域电力调度中心等
B 级	以下部门的数据机房、通信机房、控制室、电信接入间等为 B 级机房： 科研院校所；高等院校；三级医院；大中城市的气象台、信息中心、疾病预防与控制中心、电力调度中心、交通（铁路、公路、水运）指挥调度中心；国际会议中心；大型博物馆、档案馆、会展中心、国际体育比赛场馆；省级以上政府办公楼；大型工矿企业等
C 级	一般企业、学校、设计院等单位的机房、控制室、弱电间等。 除 A、B 级机房外，民用建筑工程中为智能化和信息化系统服务的机房、弱电间、控制室的建设标准不宜低于 C 级

注：其他企、事业单位、国际公司、国内公司应按照机房分级与性能要求，结合自身需求与投资能力确定本单位机房的建设等级和技术要求。

机柜或机架的布置方式与间距 表 1-19

序号	机柜或机架布置方式	距离（m）
1	面对面布置时，正面之间的距离	≥1.2
2	背对背布置时，背面之间的距离	≥1.0
3	需要维修时，相邻机柜或机柜与墙之间的距离	≥1.2
4	用于运输设备的通道宽度	≥1.5
5	机柜排列长度 6m 时，两端应设有出口通道；当两个出口通道之间的距离超过 15m 时，还应增加出口通道；出口通道的宽度不宜小于 1m，局部可为 0.8m	

各级机房建设项目的配置表 表 1-20

分项名称	项目要求	乡镇级机房	县市区级机房	省辖市级机房	省级中心机房
出入口控制	机房出入应有专人负责，进入机房的人员登记在案	●			●
	机房出入口应有专人值守，鉴别进入的人员身份并登记在案		●	●	●
	来访人员进入机房应予批准，限制和监控其活动范围		●	●	●
	应对机房划分区域进行管理，区域和区域之间设置物理隔离装置，在重要区域前设置交付或安装等过渡区域			●	●
	应对重要区域配置电子门禁系统，鉴别和记录进入的人员身份并监控其活动			●	
	机房出入口配置电子门禁系统，由专人值守，鉴别进入的人员身份并登记在案				●
	应对重要区域配置第二道电子门禁系统，控制、鉴别和记录进入的人员身份并监控其活动				●
防盗窃和防破坏	应将主要设备放置在物理受限的范围内	●	●	●	●
	应对设备或主要部件进行固定，并设置明显的无法除去的标记	●	●	●	●
	应将通信线缆铺设在隐蔽处，如铺设在地下或管道中等			●	●
	应对介质分类标识，存储在介质库或档案室中			●	●
	应安装必要的防盗报警设施，以防进入机房的盗窃和破坏行为			●	
	设备或存储介质携带出工作环境时，应受到监控和内容加密			●	●
	应利用光、电等技术设置机房的防盗报警系统，以防进入机房的盗窃和破坏行为			●	●
	应对机房设置监控报警系统			●	●

续表

分项名称	项目要求	乡镇级机房	县市区级机房	省辖市级机房	省级中心机房
防雷击	机房建筑应设置避雷装置	●	●	●	●
	应设置交流电源地线		●	●	●
	应设置防雷保安器，防止感应雷			●	●
防火灾	应设置灭火设备，并保持灭火设备的良好状态	●			
	应设置灭火设备和火灾自动报警系统，并保持灭火设备和火灾自动报警系统的良好状态		●		
	应设置火灾自动消防系统，自动检测火情、自动报警，并自动灭火			●	●
	机房及相关的工作房间和辅助房，其建筑材料应具有耐火等级			●	●
	机房采取区域隔离防火措施，将重要设备与其他设备隔离开			●	●
	应安装对水敏感的检测仪表或元件，对机房进行防水检测和报警				●
温湿度控制	应设置必要的温、湿度控制设施，使机房温、湿度的变化在设备运行所允许的范围之内	●	●		
	应设置恒温恒湿系统，使机房温、湿度的变化在设备运行所允许的范围之内			●	●
电力供应	计算机系统供电应与其他供电分开	●	●	●	●
	应设置稳压器和过电压防护设备	●	●	●	●
	应提供短期的备用电力供应（如 UPS 设备）	●	●	●	●
	应设置冗余或并行的电力电缆线路			●	●
	应建立备用供电系统（如备用发电机），以备常用供电系统停电时启用			●	●
机房位置的选择	机房和办公场地应选择在具有防震、防风和防雨等能力的建筑内		●	●	●
	机房场地应避免设在建筑物的高层或地下室，以及用水设备的下层或隔壁			●	●
	机房场地应当避开强电场、强磁场、强震动源、强噪声源、重度环境污染、易发生火灾和水灾、易遭受雷击的地区			●	●
防静电	应采用必要的接地等防静电措施		●	●	●
	应采用防静电地板			●	●
	应采用静电消除器等装置，减少静电的产生				●
电磁防护	应采用接地方式防止外界电磁干扰和设备寄生耦合干扰		●	●	●
	电源线和通信线缆应隔离，避免互相干扰		●	●	●
	对重要设备和磁介质实施电磁屏蔽			●	●
	对机房实施电磁屏蔽				●

分项 名称	项目要求	乡镇级 机房	县市区 级机房	省辖市 级机房	省级中 心机房
环境 管理	应对机房供配电、空调及温、湿度控制等设施指定专人或专门的部门定期进行维护管理	●		●	●
	应对机房供配电、空调及温、湿度控制等设施指定专人或专门的部门定期进行维护管理，维护周期长		●		
	应对机房来访人员实行登记、备案管理，同时限制来访人员的活动范围		●		
	应加强对办公环境的保密性管理，包括如工作人员调离办公室应立即交还该办公室钥匙和不在办公区接待来访人员等			●	●
	应配备机房安全管理人员，对机房的出入、服务器的开机或关机等工作进行管理	●	●	●	●
	应建立机房安全管理制度，对有关机房物理访问，物品带进、带出机房和机房环境安全等方面的管理作出规定	●	●	●	●
	应对办公环境的人员行为，如工作人员离开座位应确终端计算机退出登录状态和桌面上没有包含敏感信息的纸档文件等作出规定			●	●
	应有指定的部门负责机房安全，并配置电子门禁系统和专职警卫，对机房来访人员实行登记记录、电子记录和监控录像三重备案管理			●	●
	应对机房和办公环境实行统一策略的安全管理，出入人员应经过相应级别授权，对进入重要安全区域的活动行为应实时监视和记录				●
资产 管理	应建立资产安全管理制度，规定信息系统资产管理的责任人员或责任部门	●	●		
	应建立资产安全管理制度，规定信息系统资产管理的责任人员或责任部门，并规范资产管理和使用行为			●	●
	应编制并保存与信息系统相关的资产、资产所属关系、安全级别和所处位置等信息的资产清单	●	●	●	●
	应根据资产的重要程度对资产进行定性赋值和标识管理，根据资产的价值选择相应的管理措施		●	●	●
	应规定信息分类与标识的原则和方法，并对信息的使用、存储和传输作出规定			●	●
	应根据信息分类与标识的原则和方法，在信息的存储、传输等过程中对信息进行标识				●

续表

分项名称	项目要求	乡镇级机房	县市区级机房	省辖市级机房	省级中心机房
设备管理	应对信息系统相关的各种设施、设备、线路等指定专人或专门的部门定期进行维护管理	●	●	●	●
	应对信息系统的各种软硬件设备的选型、采购、发放或领用等过程的申报、审批和专人负责作出规定	●	●		
	应对信息系统的各种软硬件设备的选型、采购、发放或领用等过程建立基于申报、审批和专人负责的管理制度			●	●
	应按操作规程实现服务器的启动或停止、加电或断电等操作，并根据业务系统的要求维护好系统配置和服务设定	●			
	应按操作规程实现服务器的启动或停止、加电或断电等操作，加强对服务器操作的日志文件管理和监控管理，并对其定期进行检查		●	●	●
	应对终端计算机、工作站、便携机、系统和网络等设备的操作和使用过程进行规范化管理	●	●	●	●
	应对带离机房或办公地点的信息处理设备进行控制		●	●	●
	应建立配套设施、软硬件维护方面的管理制度，对软硬件维护进行有效的管理，包括明确维护人员的责任、涉外维修和服务的审批、维修过程和监督控制等			●	●
	应在安全管理机构统一安全策略下对服务器进行系统配置和服务设定，并实施配置管理			●	●
监控管理	应了解服务器的 CPU、内存、进程、磁盘使用情况	●	●		
	应进行主机运行监视，包括监视主机的 CPU、硬盘、内存和网络等资源的使用情况			●	●
	应对分散或集中的安全管理系统的访问授权、操作记录、日志等方面进行有效管理			●	●
	应严格管理运行过程文档，其中包括责任书、授权书、许可证、各类策略文档、事故报告处理文档、安全配置文档、系统各类日志等，并确保文档的完整性和一致性			●	●
	应定期或不定期对保密制度执行情况进行监督检查				●
	应建立安全管理中心，对恶意代码、补丁和审计等进行集中管理				●
网络安全管理		●	●	●	●

注：表中●为各级机房需配置的项目。

第三节　供电、防雷与接地

一、低压供电系统的接地方式

（一）低压配电系统的接地方式

按国际电工委员会（IEC）的规定，低压电网主要有 TN，TT 和 IT 三种接地方式。其中 TN 又分为 TN—S，TN—C 和 TN—C—S。

第一个字母（T 或 I）表示电源中性点的对地关系；第二个字母（N 或 T）表示装置的外露导电部分的对地关系；横线后面的字母（S，C 或 C—S）表示保护线与中性线的结合情况。

T—through（通过）表示电力网的中性点（发电机、变压器的星形接线的中间结点）是直接接地系统；N—neutral（中性点）表示电气设备正常运行时不带电的金属外露部分与电力网的中性点采取直接的电气连接，即"保护接零"系统。

（二）TN 系统

1. TN—S 系统

TN—S 系统，即五线制系统，三根相线分别为 L_1，L_2，L_3，一根零线 N，一根保护线 PE，仅电力系统中性点一点接地，用电设备的外露可导电部分直接连接到 PE 线上，如图 1-4 所示。

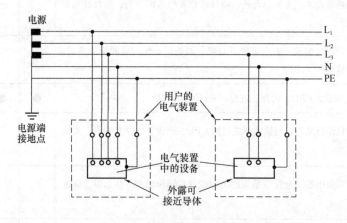

图 1-4　TN—S 系统的接地方式

TN—S 系统中的 PE 线在正常工作时无电流，设备的外露可导电部分无对地电压，以保证操作人员的人身安全；在事故发生时，PE 线中有电流通过，使保护装置迅速动作，切断故障。一般规定 PE 线不允许断线，也不允许进入开关。N 线（工作零线）在接有单相负载时，可能会产生不平衡电流。PE 线与 N 线的区别在于 PE 线平时无电流，而 N 线在三相负荷不平衡时有电流；PE 线是专用保护接地线，N 线是工作零线；PE 线不允许进入漏电开关，但 N 线可以。

TN—S 系统适用于工业与民用建筑等低压供电系统，是目前我国在低压系统中普遍采用的接地方式。

2. TN—C系统

TN—C系统，即四线制系统，三根相线分别为L_1，L_2，L_3，一根中性线与保护线合并的PEN线，将用电设备的外露可导电部分接到PEN线上，如图1-5所示。

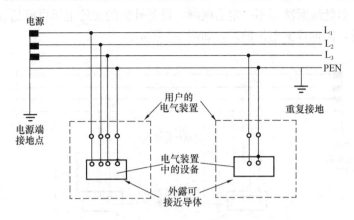

图1-5 TN—C系统的接地方式

在TN—C系统中接线，当存在三相负荷不平衡和有单相负荷时，PEN线上出现不平衡电流，设备的外露可导电部分有对地电压的存在。由于N线不得断线，所以在进入建筑物之前，N线或PE线应加做重复接地。

TN—C系统适用于三相负荷基本平衡的情况，同时也适用于有单相220V的便携式、移动式的用电设备。

3. TN—C—S系统

TN—C—S系统，即四线半系统，在TN—C系统的末端将PEN线分为PE线和N线，分开后不允许再合并，如图1-6所示。

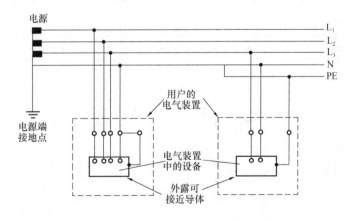

图1-6 TN—C—S系统的接地方式

在TN—C—S系统的前半部分具有TN—C系统的特点，在系统的后半部分却具有TN—S系统的特点。目前在一些民用建筑中，电源入户之后，就会将PEN线分为N线和PE线。

TN—C—S系统适用于工业企业和一般民用建筑。当负荷端装有漏电开关，干线末端装有接零保护时，也可用于新建住宅小区。

（三）TT 系统

在 TT 系统中，当电气设备的金属外壳带电（相线碰壳或漏电）时，接地保护可以降低触电的概率，但低压断路器不一定会跳闸，设备外壳的对地电压可能超过安全电压。当漏电电流较小时，需加设漏电保护器，如图 1-7 所示。

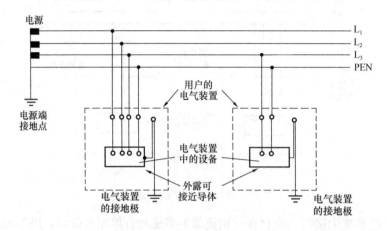

图 1-7　TT 系统的接地方式

TT 系统是适用于供给小负荷的接地系统。该系统接地装置的接地电阻应满足单相接地发生故障时，在规定的时间内能够切断供电线路的要求，或将接地电压限制在 50V 以下。

（四）IT 系统

IT 系统是指电力系统不接地或经过高阻抗接地，为三线制系统。三根相线分别为 L_1、L_2、L_3，用电设备的外露部分采用各自的 PE 线接地，如图 1-8 所示。

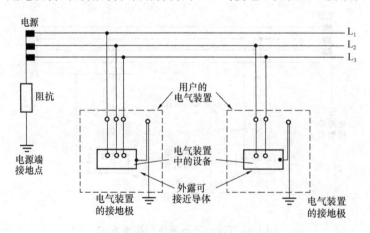

图 1-8　IT 系统的接地方式

在 IT 系统中，当任何一相接地发生故障时，由于大地可作为相线继续工作，所以系统可以继续运行。因此在线路中需加单相接地检测装置，以便发生故障时报警。

IT 系统一般适用于矿井、游泳池等场地。

二、供配电系统的要求

（一）概述

机房用电负荷等级和供电要求应符合《供配电系统设计规范》GB 50052 标准之规定，其供配电系统采用 220V/380V，频率 50Hz 的 TN—S 系统。机房供配电系统应考虑系统扩展、升级、预留备用容量，配电柜应有充足的备用回路。机房照明、空调、UPS 采用独立供电。

1. 系统设计要求

机房是一个要害部位，按国家标准规定，应有自身防护措施。如应配置符合标准要求的防盗门、窗，配紧急报警按钮、报警探头和摄像机，还应有灭火器等设备。这些设备均放在报警系统中统一配置。

机房设置空调及新风系统，室温控制在 16～25℃，室内湿度控制在 60％～75％，地面敷设防静电地板，放 UPS 后备电池区域静电地板需加固，荷载不小于 $800kN/m^2$。

机房的净高≥2.8m，地板采用 600mm×600mm 发泡水泥、钢质材料的防静电地板，安装高度不超过 300mm。屋顶及墙面采用无污染乳胶漆粉刷。接地均压环采用 40mm×4mm 的紫铜排与大楼的综合接地连接。

楼板荷载：符合原建筑设计要求。

机房满足保温、隔热、防潮等要求，窗户和出入口建议采用双层密封窗，使用能吸收紫外线的玻璃。机房室有对外出入口，宽≥1.2m，高≥2.0m，出入门应采用保温、隔热的封闭门，对内开启，重点机房应设门禁系统。机房室内吊顶，墙面贴壁纸或表面乳胶漆。

2. 环境要求

温度要求：温度 16～25℃；温度变化率应≤5℃/h。

相对湿度要求：60％～75％，在此温度和湿度下，要求不得结霜。

尘埃要求：在静态条件下，粒度不小于 0.5 的尘粒数应少于 18 000 粒。

3. 供电要求

用电量：满足设备运行要求。机房配电量应不小于 60kW，最好是双路市电供电，能自动切换并配备 UPS 电源，不小于 60kVAh。重点机房应设发电机组。

用电质量：稳态电压波形失真率≤5％，属一类供电方式。

机房室对外的门应采用硬质木材，表面为防火饰面板，保证在 3 年内门不变形，门关闭时上边、活动边间隙不大于 5mm，门内侧加装闭门器，保证自动关门。

4. 照明要求

平均照度 500lx，最低照度为 50lx，照明灯光为白炽灯，其他用房照明参照国家建委标准。

主要通道事故照明，离地面 0.8m 处，不应低于 5lx。

5. 接地要求

交流工件地：其接地电阻小于 4Ω。

安全保护地：其接地电阻小于 4Ω。

直流工件地：其接地电阻小于 1Ω。

利用建筑物的接地装置，如果控制室内没有接地线路，应另外安装接地线路。

整个系统的接地采用就近直接接地方式。

6. 防火要求

控制中心是重点消防对象，由消防系统给予重点特别设计保护。防火要求应尽量避免水管通过，各种管道必须采取严格的防漏措施，不得采用消防喷淋头，应使用干粉灭火器。

控制室地面采用防静电地板，要求有效防止静电，除了必须保证主机房内的相对湿度和接地良好外，单元活动地板的系统电阻应在 $1 \sim 10 \Omega$ 之内。

7. 配电要求

在机房内安装配电箱，监控室的全部配电引入此配电箱，以漏电保护器作为输入，输出加装空气开关，提供一路不受控输出，三路输出给监控室设备供电。

在控制室设备安放处至少应配 10 个 220V 三孔强电插座，距地 30cm 安装，并在同一高度安装。具体实施应由装修施工单位完成。

为保证系统在异常情况下的安全性，所有进出机房的通信线路、控制线、电源线、视频线等，应全部采用过流过压保护器，防止布线遭受过流、过压和雷击破坏。

机房内应配专用空调。

机房中的设备和引线均应采取防电磁干扰的措施。

进出机房的电源线、网络信号线、控制线、视频线等均接防雷保护器。对于高出地面3m 的部件要设计防雷装置。

（二）弱电机房供电要求

（1）电子信息设备供电电源质量要求见表 1-21。

电子信息设备供电电源质量要求　　　　　　　表 1-21

电源质量	A 级	B 级	C 级	备 注
稳态电压偏移范围（%）	±3		±5	—
稳态频率偏移范围（Hz）	±0.5			电池逆变工作方式
输入电压波形失真度（%）	≤5			设备正常工作时
电源中性线 N 与 PE 线之间的电压（V）	<2			应满足设备使用要求
允许断电持续时间（ms）	0～4	0～10	—	—

（2）A 级机房的供电电源应按一级负荷中特别重要的负荷考虑，除应由两个电源供电（一个电源发生故障时，另一个电源不应同时受到损坏）外，还应配置柴油发电机作为应急电源。B 级机房的供电电源按一级负荷考虑，当不能满足两个电源供电

时，应配置应急柴油发电机系统。C级机房的供电电源应按二级负荷考虑。当机房未配置应急柴油发电机系统时，应为消防和安防等涉及生命安全的系统配置其他应急电源。

（3）由户外引入机房的供电线路宜采用直接埋地、排管埋地或电缆沟敷设，以防止供电线路受到自然因素（如台风、雷电、洪水等）和人为因素的破坏而导致供电中断。

（4）机房低压配电系统不应采用 TN—C 系统，可采用 TN—S、TN—C—S、TT、IT 系统。

（5）当机房用电容量较大时，应设置专用配电变压器供电，变压器宜采用干式变压器；机房用电容量较小时，可由专用低压馈电线路供电。

（6）电子信息设备应由 UPS 供电。确定 UPS 的基本容量时应留有余量，UPS 的基本容量可按下式计算：

$$E \geqslant 1.2P$$

式中　E——UPS 的基本容量（不包含备份 UPS 设备）（kW/kVA）；

　　　P——电子信息设备的计算负荷（kW/kVA）。

（7）敷设在防静电活动地板下（作为空调压箱）及吊顶上（用于空调回风）的低压配电线路宜采用阻燃铜芯电缆；电缆沿线槽、桥架或局部穿管敷设。当配电电缆线槽（桥架）与通信缆线线槽（桥架）并列或交叉敷设时，配电电缆线槽（桥架）应敷设在通信缆线线槽（桥架）的下方。

（8）配电线路的中性线截面积不应小于相线截面积。

（9）机房内的主要照明光源应采用高效节能荧光灯，灯具应采用分区、分组的控制措施。

（10）机房应设置备用照明，其照度值不应低于一般照明照度值的 10%；有人值守的房间，备用照明的照度值不应低于一般照明照度值的 50%；备用照明可为一般照明的一部分。

（11）机房的地板或地面应有静电泄放措施和接地构造，防静电地板或地面的表面电阻或体积电阻值应为 $2.5 \times 10^4 \sim 1.0 \times 10^9 \Omega$。

（12）机房内所有设备的可导电金属外壳、各类金属管道、金属线槽、建筑物金属结构等均应作等电位联结并接地。

（13）保护性接地（防雷接地、防电击接地、防静电接地、屏蔽接地等）和功能性接地（交流工作接地、直流工作接地、信号接地等）宜共用一组接地装置，其接地电阻应按其中最小值确定。

（14）机房内的电子信息设备必须进行等电位联结，并根据设备易受干扰的频率及机房的等级和规模，确定采用 S 形、M 形或 SM 混合形的等电位联结方式。

三、智能建筑电源种类与安装

（一）电源种类

1. 双回路电源末端自动切换配电电源（图 1-9）

当其中一条线路断电后，另一条线路自动切换供电，大大降低了停电可能性。如果两条线路同时停电，那就启用下面的几种电源：

2. 不间断电源（UPS）装置（图 1-10）

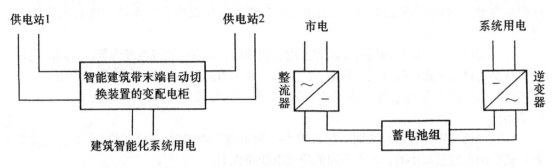

图 1-9　带末端切换装置双回路电源　　　　　图 1-10　不间断电源（UPS）

（1）不间断电源由整流器、蓄电池组和逆变器组成。平时由整流器将交流电变成直流电给蓄电池组充电，当市电停电或出现故障时，蓄电池组释放出直流电由逆变器变成交流电给建筑智能化系统供电。

（2）安装场地。2kVA 以下的 UPS，可直接放在办公室内；2kVA 以上的 UPS，需要一个专门场地；小于 20kVA 的 UPS 安装面积为 $10m^2$（如将蓄电池组放在同一房间内，可增加 $5\sim10m^2$）；20kVA～60kVA 的 UPS 一般不小于 $20m^2$；100kVA～250kVA 的 UPS 需要 $40m^2$。房间位置以选用较低的楼层为宜，房间应装有活动地板，以便引线。电池间应保证通风良好，防止阳光直射到电池上。

（3）材料选型。UPS 的引线最好选用多股软芯铜线，输入输出引线截面积一般可按 $4\sim6A/mm^2$ 计算，电池引线按 $2A/mm^2$ 计算。小于 20kVA 的接地线，一般取截面积为 $16mm^2$ 的铜线；大于 20kVA 的选用 $35\sim75mm^2$ 的铜线。

3. 柴油发电机组作为后备电源

为保证一级负荷中特别重要的负荷用电，有必要安装柴油发电机组，作为后备电源。机组应靠近一级负荷或变配电所，也可以在地下。

4. 直流电源

建筑智能化系统中很多子系统都需要低压直流供电，一般情况下采用如下两种方式直流供电：

（1）高频开关型整流器分布式直流供电系统。采用双交流电源经双电源切换箱和开关型整流器到用电负荷。根据负荷分布情况，按机房、设备就地配置机架式高频开关型整流器进行直流供电。

（2）蓄电池浮充方式。蓄电池充电的同时，整流电路也向智能建筑系统提供直流电源。当整流器的交流电停电时，由蓄电池向智能建筑系统提供直流电源。

（二）电源的安装

电源安装主要指电源设备安装，施工项目分为配电和整流设备、蓄电池、蓄电池切换器、电源线安装和施工验收。

1. 配电和整流设备的安装

配电和整流设备的安装与建筑电气成套配电柜（盘）及电力开关柜安装相同。

2. 蓄电池安装（图 1-11）

3. 电源线

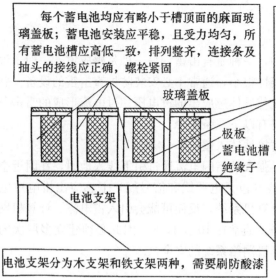

每个蓄电池均应有略小于槽顶面的麻面玻璃盖板；蓄电池安装应平稳，且受力均匀，所有蓄电池槽应高低一致，排列整齐，连接条及抽头的接线应正确，螺栓紧固

极板之间的距离应相等且相互平行，边缘对齐。其焊接不得有虚焊、气孔，焊接后不得有弯曲、歪斜及破损现象。隔板上端应高出极板，下端应低于极板。极板组两侧的铅弹簧或耐酸的弹性物的弹力应充足，压紧极板

蓄电池槽与台架之间应用绝缘子隔开，槽与绝缘子之间垫有铅质或耐酸材料的软质垫片。绝缘子应按台架中心对称安装，并尽可能靠近槽的四角

电池支架分为木支架和铁支架两种，需要刷防酸漆

玻璃盖板
极板
蓄电池槽
绝缘子
电池支架

图 1-11 蓄电池的安装及注意事项

（1）蓄电池的引出电缆，宜采用塑料外护套电缆。当其采用裸铠装电缆时，室内部分应剥掉铠装。电缆的引出线应用塑料色带标明正负极的极性。正极为赭色，负极为蓝色。电缆穿出蓄电池室的孔洞及保护管的管口处，应用耐酸材料密封。蓄电池室内裸硬母线的安装应采取防腐措施。

（2）电线穿墙、穿顶棚、穿楼板的孔洞，应避开房屋中的梁和柱。

（3）电源由智能建筑设备机房的地槽引上机架时，要求引上处的正线排列在靠近机房主要通道的一边，以防止电线在排列电缆走线架上方增加一处交叉。

（4）裸馈电线间距：裸馈电线之间及裸馈电线与建筑物之间，一般要求间距为 80～100mm，绝缘线的间距不受限制。

（5）直流电线由蓄电池到直流配电屏的一段，一般采用塑料线穿管敷设，大型的智能建筑站房一般采用架空敷设方式。

（6）由直流配电屏到机房一段，一般采用线卡、列电源线夹、胶木夹板、绝缘子等固定导线，也可敷设专用的电缆单边走线架固定电源线。

（7）馈电线进入智能建筑设备站房后，安装在主要通道侧上梁端的电力线支架上，用胶木块夹紧固定。

4. 工程交接验收

验收时应进行下列检查：

（1）蓄电池室及其通风、采暖、照明等装置应符合设计的要求。

（2）敷线应排列整齐，极性标志应清晰、正确。

（3）电池编号应正确，外壳清洁，液面正常。

（4）极板应无严重弯曲、变形及活性物质剥落。

（5）初充电、放电容量及倍率校验的结果应符合要求。

（6）蓄电池组的绝缘应良好，绝缘电阻应不小于 0.5MΩ。

四、弱电系统防雷

(一) 弱电系统防雷系统

雷电入侵智能建筑的形式有两种,一种是直击雷,另一种是感应雷。一般来说,直击雷击中智能楼宇内的电子设备的可能性很小,通常不必安装防护直击雷的设备。感应雷即是由雷闪电流产生的强大电磁场变化与导体感应出的过电压、过电流形成的雷击危害。感应雷入侵电子设备及计算机系统主要有以下三条途径:

(1) 雷电的地电位反击电压通过接地体入侵

当建筑物防直击雷的避雷器引导强大的雷闪电流通过引下线入地时,在附近空间产生强大的电磁场变化,会在相邻的导线(包括电源线和信号线)上感应出雷电过电压,此时,建筑物避雷系统不但不能保护计算机系统,反而可能会引入雷电流。计算机网络系统等设备的集成电路芯片耐压能力很弱,通常在 100V 以下,因此必须建立多层次的计算机防雷保护系统,层层防护,确保计算机网络系统的安全。

(2) 由交流供电电源线路入侵

计算机系统的电源由室外架空电力线路引入室内,架空电力线路可能遭受直击雷和感应雷;直击雷击中高压电力线路,经过变压器耦合到 380V 低压侧,入侵计算机供电设备。如果低压线路被直击雷击中,或在 380V/220V 电源线上感应出的雷电过电压平均可达 10000V,则对计算机网络系统可造成毁灭性打击。

(3) 由通信信号线路入侵

由计算机通信线路入侵有三种情况:

情况 1:当地面突出物遭直击雷打击时,强雷电压将邻近土壤击穿,雷电流直接入侵到电缆外皮,进而击穿外皮,使高压入侵通信线路。

情况 2:雷云对地面放电时,会在线路上感应出上千伏的过电压,通过设备连线侵入通信线路。这种入侵沿通信线路传播,涉及面广,危害范围大。

情况 3:若通过一条多芯电缆连接不同来源的导线或者多条电缆平行铺设时,当某一导线被雷电击中时,会在相邻的导线感应出过电压,击坏低压电子设备。

弱电系统防雷是一项综合工程,主要包括外部防雷和内部防雷两个方面(图 1-12):

1) 外部防雷包括避雷针、避雷带、引下线、接地极、二合一防雷器等。其主要的功

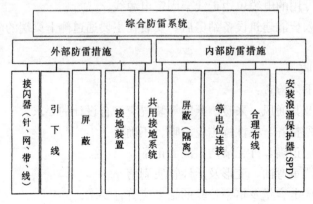

图 1-12 建筑物电子信息系统综合防雷系统

能是为了确保建筑物本体免受直击雷的侵袭，将可能击中建筑物的雷电通过避雷针、避雷带、引下线等，泄放入大地。

2）内部防雷是为保护建筑物内部的设备以及人员的安全而设置的。其主要以空间屏蔽、等电位连接、减少接近耦合、过电压保护等措施，通过在设备的前端安装合适的避雷器，即过电压保护，使设备、线路与大地形成一个有条件的等电位体，将因雷击而使内部设施感应到的雷电流安全泄放入地。

（二）雷电防护区划分与防护等级

雷电防护区（从外到内）分为五个区（图1-13、图1-14）：

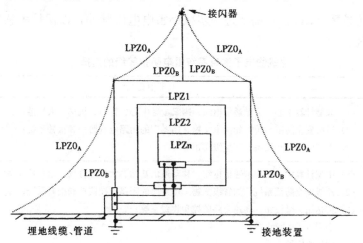

注　▭ ：表示在不同雷电防护区界面上的等电位接地端子板；

　　□ ：表示起屏蔽作用的建筑物外墙、房间或其他屏蔽体；

虚线 ：表示按滚球法计算 LPS 的防护范围。

图1-13　建筑物雷电防护区（LPZ）划分

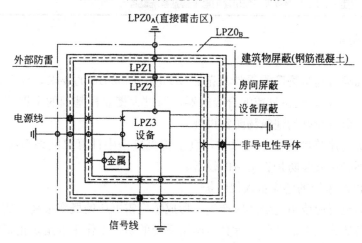

○ 防雷等电位联结 ； × 局部等电位联结； LPZ 保护区

图1-14　建筑物防雷区划分

注：通常防雷区的数越高，电磁环境的参数就越低。在各个防雷区的交界处，应对所有穿过交界处的金属物体作等电位联结，并在交界面上尽可能采取屏蔽措施。在 LPZ0 区以后各防雷区交界处作局部等电位联结带。

（1）直击雷非防护区（LPZ0_A）：电磁场没有衰减，各类物体都可能遭到直接雷击，属完全暴露的不设防区。

（2）直击雷防护区（LPZ0_B）：电磁场没有衰减，各类物体很少遭受直接雷击，属充分暴露的直击雷防护区。

（3）第一防护区（LPZ1）：由于建筑物的屏蔽措施，流经各类导体的雷电流比直击雷防护区（LPZ0_B）减小，电磁场得到了初步的衰减，各类物体不可能遭受直接雷击。

（4）第二防护区（LPZ2）：进一步减小所导引的雷电流或电磁场而引入的后续防护区。

（5）后续防护区（LPZ_n）：需要进一步减小雷电电磁脉冲，以保护敏感度水平高的设备的后续防护区。

建筑物电子信息系统雷电防护等级的选择 表 1-22

雷电防护等级	电子信息系统
A 级	(1) 大型计算中心、大型通信枢纽、国家金融中心、银行、机场、大型港口、火车枢纽站等； (2) 甲级安全防范系统，如国家文物、档案库的闭路电视监控和报警系统； (3) 大型电子医疗设备、五星级宾馆
B 级	(1) 中型计算中心、中型通信枢纽、移动通信基站、大型体育场（馆）监控系统、证券中心； (2) 乙级安全防范系统，如省级文物、档案库的闭路电视监控和报警系统； (3) 雷达站、微波站、高速公路监控和收费系统； (4) 中型电子医疗设备； (5) 四星级宾馆
C 级	(1) 小型通信枢纽、电信局； (2) 大中型有线电视系统； (3) 三星级以下宾馆
D 级	除上述 A、B、C 级以外一般用途的电子信息系统设备

（三）机房防雷

1. 建筑物直击雷防护

按照国家标准《建筑物防雷设计规范》GB 50057—2010 的要求，计算机网络机房所在大楼的避雷网（带）、避雷针或混合接闪器，通过大楼立柱基础的主钢筋，将强大的雷电流引入大地，形成较好的建筑物防雷设施。

计算机机房受建筑物防雷系统保护，直击雷直接击中计算机网络系统的可能性非常小，因此通常不必再安装防护直击雷的设备。

2. 计算机网络系统的感应雷入侵防护

感应雷由静电感应或由电磁感应产生，形成感应雷电压的概率很高，从而对建筑物内的低压电子设备造成较大的威胁，计算机网络系统的防雷工作重点是防止感应雷入侵。

（1）入侵雷电流在建筑物的内部分布直接影响到计算机网络系统设备，特别是对电磁干扰敏感的计算机及网络通信终端设备。合理选择机房的位置及机房内设备的合理布局可有效地减少雷害。

（2）在供电系统及计算机网络终端设备的接口处安装电涌保护器（SPD），并对出入机房的电缆线采取屏蔽、接地，实现等电位连接等措施，可有效减少雷击过电压对计算机网络系统设备的侵害。

（3）机房采用联合接地可有效解决地电位升高的影响，合格的地网是有效防雷的关键。

机房的联合地网通常由机房建筑物基础（含地桩）、环形接地（体）装置、电力变压器地网等组成。

接地系统的质量直接关系到防雷的效果。通过改善地网条件、适当扩大地网面积和改善地网结构，使雷电流尽快地泄放，缩短雷电流引起的过电压的保持时间，达到防雷要求。

3. 中心机房电源防雷

根据 IEC1312 防雷及过电压规范中有关防雷分区的划分，采用三级防护，即三相总电源、室内单相电源和进入设备前防护。只做单级防雷可能会因雷电流过大而导致泄流后的残压过大而引起设备损坏，电源系统多级保护可防范从直击雷到工业浪涌的各级过电压的侵袭。

一种新型的电源防雷装置称为配电系统过电压保护装置（DSOP）。它能在一定时间内抑制雷电过电压，可靠地保护设备不受雷电沿电源线进来造成的危害。

（1）第一级电源防雷。系统电源进线端的第一级三合一防雷器，在雷击多发地带至少应有 100～160kA 的通流容量，可将数万甚至数十万伏的雷击过电压降到数千伏。防雷器可并联安装在大楼总配电柜内的电源进线处，或配电房的低压输出端。

配电房低压输出端并联安装 1 套 B 级电源防雷箱，用于机房整体设备的电源第一级的防雷设备初级保护。或采用电源防雷模块，并联安装在配电房低压输出端。

（2）第二级电源防雷。UPS 电源防雷器对通过电源初级防雷器的雷电能量进一步泄放，可将数千伏的过电压进一步降到 1kV，雷电多发地带需要具有 40kA 的通流容量，防雷器可并联安装在 UPS 处。在电源总进线处，并联安装一套电源二级二合一防雷器用于中心机房内设备的电源第二级防雷保护。或采用电源防雷模块。

（3）第三级防雷系统。第三级防雷即用电设备的末级防雷，也是系统防雷中最容易被忽视的地方，现代电子设备都使用很多的集成电路和精密元件，这些器件的击穿电压往往只是几十伏。若不做第三级防雷设备，由经过一级防雷而进入设备的雷击残压仍将有千伏之上，这将对后接设备造成很大的冲击，并导致设备的损坏。作为第三级防雷系统的二合一防雷器，要求有 10kA 以上的通流容量。

五、等电位连接

等电位连接是将建筑物中各电气装置和其他装置外露的金属及可导电部分与人工或自然接地体用导体连接起来，以达到减少电位差的目的。

（1）S 形结构一般宜用于电子信息设备相对较少或局部的系统中，如消防、建筑设备监控系统、扩声系统等。

（2）对于较大的电子信息系统宜采用 M 形网状结构，如计算机房、通信基站、各种网络系统。

图 1-15 为耐冲击电压类别及浪涌保护器安装位置；图 1-16 为电子信息系统电源设备

分类。

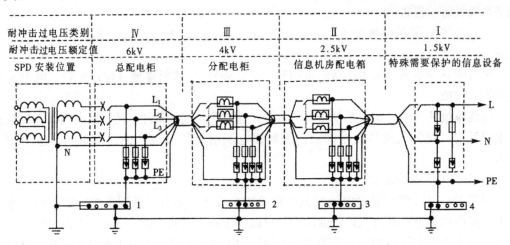

耐冲击过电压类别
耐冲击过电压额定值
SPD 安装位置
Ⅳ
6kV
总配电柜
Ⅲ
4kV
分配电柜
Ⅱ
2.5kV
信息机房配电箱
Ⅰ
1.5kV
特殊需要保护的信息设备
L_1
L_2
L_3
N
PE
L
N
PE
1
2
3
4
图例：
空气断路器；
隔离开关；
熔断器；
浪涌保护器；
退耦器件；
等电位接地端子板
1—总等电位接地端子板；　2—楼层等电位接地端子板；　3、4—局部等电位接地端子板

图 1-15　耐冲击电压类别及浪涌保护器安装位置（TN—S）

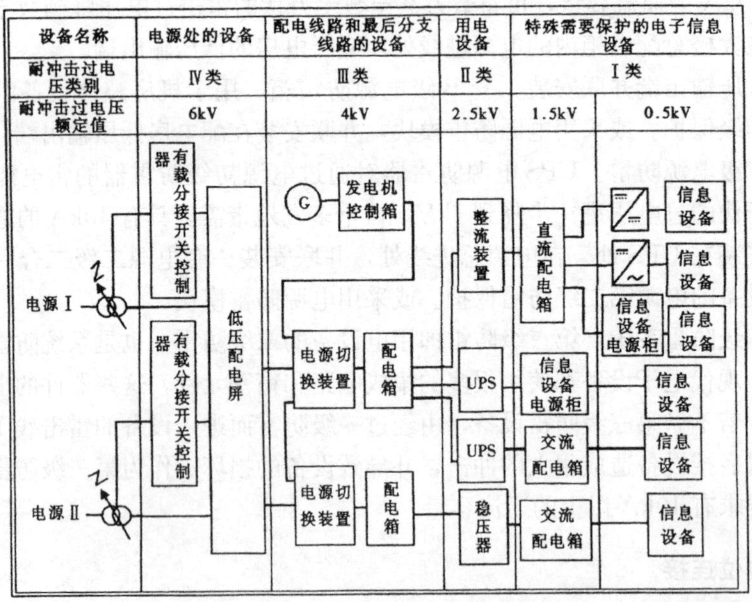

设备名称
电源处的设备
配电线路和最后分支线路的设备
用电设备
特殊需要保护的电子信息设备
耐冲击过电压类别
Ⅳ类
Ⅲ类
Ⅱ类
Ⅰ类
耐冲击过电压额定值
6kV
4kV
2.5kV
1.5kV
0.5kV
有载分接开关控制器
有载分接开关控制器
低压配电屏
G
发电机控制箱
电源Ⅰ
电源Ⅱ
电源切换装置
配电箱
电源切换装置
配电箱
整流装置
UPS
UPS
稳压器
直流配电箱
信息设备电源柜
信息设备电源柜
交流配电箱
交流配电箱
信息设备
信息设备
信息设备
信息设备
信息设备
信息设备

注：本图为电子信息工程电源系统的分类，各类设备内容由工程决定。电信枢纽总进线处需设稳压器。

图 1-16　电子信息系统电源设备分类

（3）对于更复杂的电子信息系统，宜采用 S 形和 M 形的组合式（图 1-17～图 1-19）。

（4）总等电位接地系统安装（图 1-20 所示）

① 图 1-20 中仅示出 MEB、LEB 及竖井内接地干线。所有进出建筑物的金属管道及构件可就近与 LEB 或 MEB 联结。

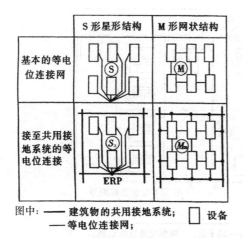 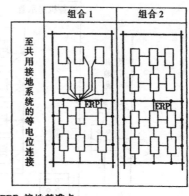

图 1-17 电子信息系统等电位连接方法与组合

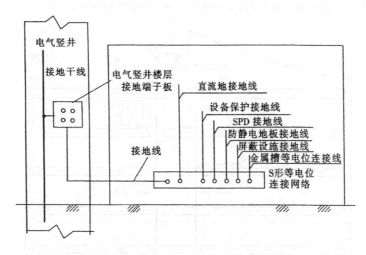

图 1-18 电子信息系统机房 S 形等电位连接网络示意图

② 电讯机房应预留 LEB 端子板。

③ 竖井内宜预留接地干线。此干线与基础钢筋连通。

等电位联结带、接地线、等电位联结导体的材料和最小截面积如表 1-23 所示。

等电位联结带、接地线、等电位联结导体的材料和最小截面积表　　表 1-23

名　称	最小截面积（mm^2）
等电位联结带	50
利用建筑内的钢筋做接地线	50
单独设置的接地线	25
等电位联结导体（从等电位联结带至接地汇集排或至其他等电位联结带；各接地汇集排之间）	16
等电位联结导体（从机房内各金属装置至等电位联结带或接地汇集排；从机柜至等电位联结网格）	6

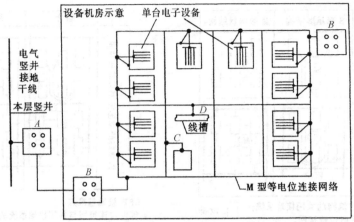

图中：A 电气竖井内等电位接地端子板；C 防静电地板接地线；
　　　B 设备机房内等电位接地端子板；D 金属线槽等电位连接线

图 1-19　电子信息系统机房 M 形等电位连接网络示意图

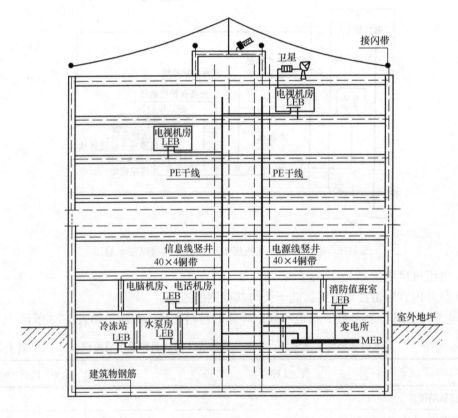

图 1-20　总等电位接地系统安装（单位：mm）

④ 接地线应从共用接地装置引至总等电位接地端子板，通过接地干线引至楼层等电位接地端子板，由此引至设备机房的局部等电位接地端子板。局部等电位接地端子板应与预留的楼层主钢筋接地端子连接。接地干线应采用多股铜芯导线或铜带，其截面积不应小于 16mm²。接地干线应在电气竖井内明敷，并应与楼层主钢筋作等电位连接。

⑤ 不同楼层的综合布线系统设备间或不同雷电防护区的配线交接间应设置局部等电

位接地端子板。楼层配线柜的接地线应采用绝缘铜导线，截面积不小于 $16mm^2$。

⑥ 防雷接地应与交流工作接地、直流工作接地、安全保护接地共用一组接地装置，接地装置的接地电阻值必须按接入设备中要求的最小值确定。

⑦ 接地装置应利用建筑物的自然接地体，当自然接地体的接地电阻达不到要求时，必须增加人工接地体。

⑧ 当设置人工接地体时，人工接地体应在建筑物四周散水坡外大于 $1m$ 处埋设成环形接地体，并可作为总等电位连接带使用。电子信息系统线缆主干线的金属线槽应铺设在电气竖井内。

六、浪涌保护器

(1) 进出建筑物的信号线缆，宜选用有金属屏蔽层的电缆，并宜埋地敷设。在直击雷非防护区（$LPZ0_A$）或直击雷防护区（$LPZ0_B$）与第一防护区（LPZ1）交界处，电缆金属屏蔽层应做等电位连接，并接地。电子信息系统设备机房的信号线缆内芯线相应端口，应安装适配的信号线路浪涌保护器，其接地端及电缆内芯的空线对应接地。

(2) 浪涌保护器连接导线应平直，其长度不宜大于 $0.5m$。当电压开关型浪涌保护器至限压型浪涌保护器之间的线路长度小于 $10m$、限压型浪涌保护器之间的线路长度小于 $5m$ 时，在两级浪涌保护器之间应加装退耦装置。当浪涌保护器具有能量自动配合功能时，浪涌保护器之间的线路长度不受限制。浪涌保护器应有过电流保护装置，并宜有劣化显示功能。

(3) 浪涌保护器安装的数量，应根据被保护设备的抗扰度和雷电防护分级确定。

用于电源线路的浪涌保护器标称放电电流参数值应符合表 1-24～表 1-26 的规定。

电源线路浪涌保护器标称放电电流参数值 表 1-24

保护分级	LPZ0 区与 LPZ1 区交界处		LPZ1 与 LPZ2、LPZ2 与 LPZ3 区交界处			直流电源标称放电电流（kA）
	第一级标称放电电流（kA）		第二级标称放电电流（kA）	第三级标称放电电流（kA）	第四级标称放电电流（kA）	
	$10/350\mu s$	$8/20\mu s$	$8/20\mu s$	$8/20\mu s$	$8/20\mu s$	$8/20\mu s$
A 级	≥20	≥80	≥40	≥20	≥10	≥10
B 级	≥15	≥60	≥40	≥20		直流配电系统中根据线路长度和工作电压选用标称放电电流≥10kA 适配的 SPD
C 级	≥12.5	≥50	≥20			
D 级	≥12.5	≥50	≥10			

注：SPD 的外封装材料应为阻燃型材料。

信号线路（有线）浪涌保护器参数 表 1-25

参数要求 参数名称 ＼ 缆线类型	非屏蔽双绞线	屏蔽双绞线	同轴电缆
标称导通电压	$≥1.2U_n$	$≥1.2U_n$	$≥1.2U_n$
测试波形	（$1.2/50\mu s$、$8/20\mu s$）混合波	（$1.2/50\mu s$、$8/20\mu s$）混合波	（$1.2/50\mu s$、$8/20\mu s$）混合波
标称放电电流（kA）	≥1	≥0.5	≥3

注：U_n——最大工作电压。

信号线路、天馈线路浪涌保护器性能参数 表 1-26

名称	插入损耗（dB）	电压驻波比	响应时间（ns）	平均功率（W）	特性阻抗（Ω）	传输速率（bps）	工作频率（MHz）	接口形式
数值	≤0.50	≤1.3	≤10	≥1.5倍系统平均功率	应满足系统要求	应满足系统要求	应满足系统要求	应满足系统要求

七、弱电系统的接地要求

（一）一般规定

（1）弱电系统的接地，按用途可分为多种形式，主要有保护性接地和功能性接地两种。保护性接地分为：防电击接地、防雷接地、防静电接地和防电蚀接地；功能性接地分为：工作接地、逻辑接地、屏蔽接地和信号接地。不同的接地有不同的要求，每种接地均应按设计方案和相关规定组织施工。

（2）需要接地的弱电系统采用的接地装置应符合下列要求：

1）当配管采用镀锌电管时，除设计明确规定外，管子与管子、管子与金属盒子连接后不得跨接，但应遵守下述规定：

① 管子间采用螺纹连接时，管端螺纹长度不应小于管接头长度的 1/2；螺纹表面应光滑、无锈蚀、无缺损；在螺纹上应涂以电力复合脂或导电性防锈脂，连接后，其螺纹宜外露 2～3 扣。

② 管子间采用带有紧定螺钉的套管连接时，螺钉应拧紧；在振动场所，紧定螺钉应有防松动措施。

③ 管子与盒子的连接不应采用塑料纳子，应采用导电的金属纳子。

④ 弱电管子内有 PE 线时，每只接线盒都应和 PE 线相连。

2）当配管采用镀锌电管，设计又规定管子间需要跨接时，应遵守下述规定：

① 明敷配管不应采用熔焊跨接，应采用设计指定的专用接地线卡跨接；

② 埋地或埋设于混凝土中的电管不应用线卡跨接，可采取熔焊跨接；

③ 若管内所穿的弱电导线绝缘层很薄，且易损伤时，电管不可采用熔焊跨接，以免管内的镀锌层剥落，造成导线绝缘层损伤；

④ 若管内穿有裸软 PE 铜线时，电管可不跨接。此 PE 线必须与它所经过的每一只接线盒相连。

3）配管采用黑铁管时，若设计不要求跨接，则不必跨接。若要求跨接时，黑铁管之间及黑铁管与接线盒之间可采用圆钢跨接，单面焊接，跨接长度不宜小于跨接圆钢直径的 6 倍。黑铁管与镀锌桥架之间跨接时，应在黑铁管端部焊一只铜螺栓，用不小于 4mm 的铜导线与镀锌桥架相连。

4）当强弱电都采用 PVC 管时，为避免干扰，弱电配管应尽量避免与强电配管平行敷设。若必须平行敷设，相隔距离宜大于 0.5m。

5）当强弱电用线槽敷设时，强弱电线槽宜分开；当需要敷设在同一线槽内时，强弱电之间应用金属隔板隔开。

（二）电信设备的接地要求

（1）为防止外界电压危害人身安全和对设备的损害，抑制电气干扰，保证通信设备正常工作，电信设备部分均应接地如：

1）直流电源、电信设备的机架、机壳；机站通信电缆的金属护套和屏蔽层；

2）交流配电屏、整流器屏等供电设备的外露导电部分；

3）直流配电屏的外露导电部分；

4）交直流两用电信设备的机架、机框与机架、机框不绝缘的供电整流盘的外露导电部分；

5）电缆、架空线路及有关需要接地的部分，如放电器、避雷器、保护间隙等。

（2）当低压配电系统采取 TN 制式供电，电信设备若要求严格限制工频交流对其的干扰，且电信设备不易做到与站内各种金属构件绝缘时，应采用 TN-S 制式；当对干扰要求不太严格时，可采用 TN-C 制式；当电信设备的泄漏电流在 10mA 及以上时，应采用 TN-S 制式。

（3）配电屏、整流器屏等外露导电部分，当加固装置将其与机架、机框在电气上已连通时，仍需与 PE 线或 PEN 线相连。

（4）当采取 IT 制式供电，电信设备的泄漏电流在 10mA 以上时，为了避免保护设备误动作，可采取双线圈变压器供电。其一按 IT 制式供电，其二则以 TN 制式供电，此时供电设备的接地与 TN 制式相同。

（5）电信设备的工作接地，一般要求单独设置，亦可与建筑物内变压器的工作接地共用一个接地装置。但必须通过绝缘的专用接地线与接地装置相连。

（6）电信设备采用共同接地装置时，其接地电阻应不大于 1Ω，宜用两根截面不小于 25mm^2 的铜芯绝缘线穿管敷设到共同接地极上。当采用基础钢筋作为共同接地极时，连接处应有铜铁过渡接头。

（三）电子设备的接地要求

（1）电子设备的信号接地、逻辑接地、功率接地、屏蔽接地和保护接地等，一般合用一个接地极，其接地电阻不大于 4Ω。当电子设备的接地与工频交流接地、防雷接地合用一个接地极时，其接地电阻不大于 1Ω。

（2）对抗干扰能力差的电子设备，其接地应和防雷接地分开，两者相互距离宜在 20m 以上。对抗干扰能力较强的电子设备，两者距离可酌情减少，但不宜少于 5m。

（3）当电子设备接地和防雷接地采用共同接地装置时，为了避免雷击时遭受反击和保证设备安全，应采用埋地铠装电缆供电。

（4）电缆屏蔽层必须接地。为避免产生干扰电流，对信号电缆和 1MHz 及以下低频电缆应一点接地；对 1MHz 以上电缆，为保证屏蔽层为低电位，应采取多点接地。

（5）当接地线长度 $L<\lambda/20$，电子设备的工作频率在 1MHz 以下时，应采用辐射式接地系统。当接地线长度 $L>\lambda/20$，电子设备的工作频率在 10MHz 以上时，应采用环式接地系统。当接地线长度 $L=\lambda/20$，电子设备频率在 1~10MHz 时，应采用混合式接地系统。

（6）为了防止接地线可能出现的射频干扰，接地线的长度 L 不能采用 $\lambda/4$ 或 $\lambda/4$ 的奇数倍。

（7）为避免环路电流、瞬时电流的影响，辐射式接地系统应采用一点接地。为消除各接地点的电位差，避免彼此之间产生干扰，环式接地系统应采用等电位连接。对混合式接地系统，在设备内部采用辐射式接地，在电子设备外部采用环式接地系统。

（8）接地线长度应按 $L=n\lambda+(\leqslant\lambda/20)$ 选用。

（9）接地环母线的截面，当电子设备频率在 1MHz 以上时，用铜箔 120mm × 0.35mm；在 1MHz 及以下时，用铜箔 80mm×0.35mm。

（10）电子设备的接地极宜采用地下水平敷设，做成耙形或星形。

（四）数据处理设备的接地要求

（1）数据处理设备的接地电阻一般为 4Ω；当与交流工频接地和防雷接地合用时，接地电阻为 1Ω。

（2）对于泄漏电流 10mA 以上的数据处理设备，其主机室内的金属体应相互连接成一体。连接线可采用 16mm² 的铜导线或 25mm×4mm 镀锌扁钢，并进行接地；接地电阻不大于 4Ω。

（3）为减少趋肤效应和通道阻抗，直流工作接地的引下线应采用多芯铜导线，截面不宜小于 35mm²；当需要改善信号的工作条件时，宜采用多股铜绞线。

（4）直流工作接地与交流工作接地如不采用共同接地时，两者之间的电位差不应超过 0.5V，以免产生干扰。

（5）输入信号的电缆穿钢管敷设，或敷设在带金属盖板的金属桥架内，钢管及桥架均应接地。

（五）地极和接地线的安装要求

（1）强弱电采用联合接地极时，接地电阻必须小于 1Ω。

（2）采用联合接地极时，弱电接地引出线和强电接地引出线不能从同一点引出，两者要相距 3m 以上。

（3）对抗干扰要求高的弱电设备，例如电脑、消防控制室的接地干线应用截面不小于 25mm² 绝缘铜导线两根或固定在绝缘子上的接地排，避免和强电接地线连通。

智能建筑系统的接地一般采用共同接地方式，接地体以自然接地体为主。当自然接地体同时符合三个条件（接地电阻能满足规定值要求；基础的外表面无绝缘防水层；基础内钢筋必须连接成电气通路，同时形成闭合环，闭合环距地面不小于 0.7m）时，一般不另设人工接地体（表 1-27、图 1-21）。

各个智能建筑系统所要求的接地电阻值　　　　　　　　　　　表 1-27

序号	系统	接地形式	接地电阻（Ω）	备注
1	调度电话站	独立接地装置	<15	直流供电
			<10	交流供电：Pe≤0.5kW
			<5	交流单相负荷：Pe>0.5kW
		共用接地装置	<1	
2	程控交换机	独立接地装置	<5	
		共用接地装置	<1	
3	综合布线（屏蔽）系统	独立接地装置	<4	
		接地电位差	<1V（有效值）	
		共用接地装置	<1	
4	共用电视天线系统	独立接地装置	<4	
		共用接地装置	<1	
5	消防系统	独立接地装置	<4	
		共用接地装置	<1	
6	有线广播系统	独立接地装置	<4	
		共用接地装置	<1	

序号	系统	接地形式	接地电阻（Ω）	备注
7	闭路电视系统，同声传译系统，扩声、对讲、计算机管理系统，保安监视、BAS等系统	独立接地装置	<4	
		共用接地装置	<1	

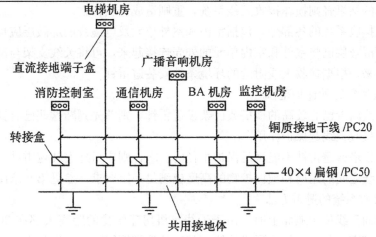

图 1-21　直流工作接地连接图

对于容易产生静电的活动地板、饰面金属塑板墙、不锈钢玻璃隔墙均应采用导线布成泄漏网，并用干线引至动力配电柜中的交流接地端子。活动地板静电泄漏干线采用 BV—10mm² 导线，静电泄漏支线采用 ZRBVR—4mm² 导线。支线导体与地板支腿螺栓紧密连接；支线做成网格状，间隔 1.8m×1.8m。不锈钢玻璃隔墙的金属框架同样用静电泄漏支线连接，并且每一连续金属框架的静电泄漏支线连接点不少于两处。机房的接地如图 1-22 所示。

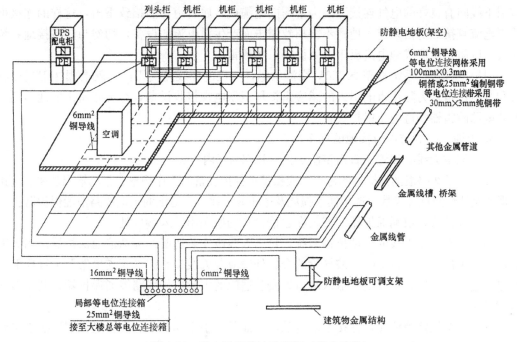

图 1-22　弱电机房接地示意图（集中连接）

八、弱电各系统的防雷

（一）卫星电视接收天线的防雷

卫星电视接收天线通常架设在室外空地或楼顶，如果没有采取避雷措施或避雷措施欠佳，雷击造成的结果轻则损坏接收天线系统，重则造成人员伤亡。

卫星电视接收系统的各部分，包括室内和室外单元及电缆线的屏蔽层应可靠接地。通常，电缆线的屏蔽层已将室外和室内单元的外壳连接起来，可将天线支架与高楼或铁塔的接地线连接起来，根据接收天线附近的环境条件安装避雷针。

1. 铁塔或避雷针的保护范围

如果在天线附近已有较高的铁塔或已架设避雷针，则首先判断这些已有铁塔或避雷针是否能对卫星接收天线起保护作用。

如果原有铁塔或避雷针不能满足保护半径的要求，则应另外安装避雷针。避雷针的高度、与接收天线之间的距离和被保护物的高度应满足一定要求（参见第八章图 8-28）。

2. 卫星接收系统的避雷方法

（1）抛物面天线位于地面上时：由于天线与机房建筑物的距离大都在 30m 以内，并且通过天线基座直接与大地相连形成地线，基座的地脚螺钉，钢筋混凝土中的钢筋自然形成地线。这时，接地电阻要小于 4Ω。

（2）抛物面天线位于屋顶时：天线与建筑物的防雷应纳入同一防雷系统，所有引下线与天线基座均应与建筑物顶部的避雷针网作可靠连接，并至少应有两个不同的泄流引下路径。在多雷地区，抛物面上端和副反射面上端宜设避雷针。

（3）馈线的防雷：高频头输出电缆，宜穿金属管或紧贴防雷引下线，沿金属天线杆塔体引下；金属管道与电缆外层屏蔽网，应分别与塔杆金属体或避雷针引下线及建筑物的避雷引下线间有良好的电气连接。因为暴露的电缆或金属管道可能招致雷击，这样的连接可使雷电流直接经防雷系统入地；不会招致雷击而产生雷电流的设备，切勿与防雷接地系统连接，以防雷电流或地电流反串进入设备，招致雷击。

卫星电视接收系统都需要 220V 交流供电，一旦电源线路受雷击，就会损坏卫星接收机和其他设备。为防止市电引入的感应雷损坏卫星电视接收设备，经常有雷击的地区还需加装电源防雷器和过电压保护装置。

3. 天馈线路的防雷与接地的规定

（1）架空天线必须置于直击雷防护区（$LPZ0_B$）内。

（2）天馈线路浪涌保护器的选择，应根据被保护设备的工作频率、平均输出功率、连接器形式及特性阻抗等参数，选用插入损耗及电压驻波比小、适配的天馈线路浪涌保护器。

（3）天馈线路浪涌保护器应安装在通信设备的射频出、入端口处。

（4）具有多副天线的天馈传输系统，每副天线应安装适配的天馈浪涌保护器。当天馈传输系统采用波导管传输时，波导管的金属外壁应与天线架、波导管支撑架及天线反射器作电气连通，并应在中频信号输入端口处安装适配的中频信号线路浪涌保护器，其接地端应就近接地。

（5）天馈线路浪涌保护器接地端应采用截面积不小于 $6mm^2$ 的多股绝缘铜导线连接到直击雷非防护区（$LPZ0_A$），或直击雷防护区（$LPZ0_B$）与第一防护区（LPZ_1）交界处的等电位接地端子板上。同轴电缆的上部、下部及进机房入口前应将金属屏蔽层就近接地。

（二）程控数字用户交换机线路的防雷与接地的规定

（1）程控数字用户交换机及其他通信设备信号线路，应根据总配线架所连接的中继线及用户线性质选用适配的信号线路浪涌保护器。

（2）浪涌保护器对雷电流的响应时间应为纳秒（ns）级，标称放电电流应大于或等于0.5kA，并应满足线路传输速率及带宽要求。

（3）浪涌保护器的接地端应与配线架接地端相连，配线架的接地线应采用截面积不小于 $16mm^2$ 的多股铜线，从配线架接至机房的局部等电位接地端子板上。配线架及程控用户交换机的金属支架、机柜均应做等电位连接并接地。

（三）电视监控系统防雷

电视监控系统防雷包括外部防雷和内部防雷两个方面：

外部防雷包括避雷针、避雷带、引下线、接地和二合一防雷器等，主要是确保建筑物本体免受直击雷的侵袭，将可能击中建筑物的雷电通过避雷针、避雷带、引下线等向大地泄放。

内部防雷是为保护建筑物内部的设备及人员的安全，主要以空间屏蔽、等电位连接、减少接近耦合、过电压保护等措施，在需要保护设备的前端安装合适的避雷器，使设备、线路与大地形成一个有条件的等电位体。将因雷击而使内部设施感应到的雷电流安全泄放入地。

电视监控系统防雷主要应用于以下两种情况：

（1）户外前端监控摄像机防雷。户外前端监控摄像机均安装在比较高的钢质立杆上，设备的直击雷防护必不可少。

1）在每根钢质立杆顶端加装避雷针，根据滚球法计算，避雷针的有效保护范围在30°夹角内，避雷针的高度按照设备的安装位置计算。

2）视频线、控制线与电源线需加装 CAN 监控专用三合一防雷器。此款防雷器集视频线防雷、控制线防雷、电源线防雷于一体，安装方便，易维护。

3）前端设备接地：三合一防雷器必须接地才能避雷，要求接地电阻应小于 4Ω。

如果现场土壤情况较好，可以利用钢质立杆直接接地，把摄像机与防雷器的地线直接焊接在立杆上即可。

4）监控中心重要设备的电源进线处，安装电源插座式防雷器，作为设备电源的末级防雷保护。

（2）监控机房接地与等电位连接：在监控中心机房防静电地板下，沿着地面布置 $40mm\times3mm$ 的纯铜排，形成闭合环接地汇流母线。将配电箱金属外壳、电源地、避雷器地、机柜外壳、金属屏蔽线槽和系统设备的外壳用等电位连接线和铜芯线螺栓紧固线夹就近接至汇流排，实施多点等电位连接。

（四）计算机网络系统的防雷与接地的规定

（1）进、出建筑物的传输线路上浪涌保护器的设置要求如下：

1）A 级防护系统应采用 2 级或 3 级信号浪涌保护器。

2）B 级防护系统应采用 2 级信号浪涌保护器。

3）C、D 级防护系统采用 1 级或 2 级信号浪涌保护器。

各级浪涌保护器应分别安装在直击雷非防护区（LPZ0$_A$），或直击雷防护区（LPZ0$_B$）

与第一防护区（LPZ$_1$）及第一防护区（LPZ$_1$）与第二防护区（LPZ$_2$）的交界处。

（2）计算机设备的输入/输出端口处应安装适配的计算机信号浪涌保护器。

（3）系统的接地要求如下：

1）机房内信号浪涌保护器的接地端应采用截面积不小于 1.5mm^2 的多股绝缘铜导线，单点连接至机房局部等电位接地端子板上；计算机机房的安全保护地、信号工作地、屏蔽接地、防静电接地、浪涌保护器接地等均应连接到局部等电位接地端子板上。

2）当多个计算机系统共用一组接地装置时，应分别采用 M 形或 Mm 组合形等电位连接网络。

（五）安全防范系统的防雷与接地的规定

（1）置于户外的摄像机信号控制线输出、输入端口应设置信号线路浪涌保护器。

（2）主控机、分控机的信号控制线、通信线以及各监控器的报警信号线应在线路进出建筑物直击雷非防护区（LPZ0$_A$）或直击雷防护区（LPZ0$_B$）与第一防护区（LPZ$_1$）交界处装设适配的线路浪涌保护器。

九、大楼弱电系统防雷接地

在接地处理过程中，一定要有一个良好的接地系统，因为所有防雷系统都需要通过接地系统把雷电流泄入大地，从而保护设备和人身安全。如果接地系统做得不好，不但会引起设备故障，烧坏元器件，严重的还将危害工作人员的生命安全。图 1-23 是大楼弱电系统的防雷接地示意图。

图 1-24 为建筑物防雷区等电位连接及共用接地系统示意图；图 1-25 是智能化系统接地网组成。

十、共同接地体安装

1. 共同接地体的安装

共同接地体安装方法，如图 1-26 所示。该图是按有接线盒设计的，如取消接线盒，应在洞壁上预埋洞盖的固定件，内壁用水泥砂浆抹光。共同接地体安装所需材料及规格见表 1-28。

共同接地体安装所需材料及规格（单位：mm）　　　表 1-28

编　　号	名　　称	型号及规格
1	接地体	见工程设计
2	接地线	见工程设计
3	接地线	见工程设计
4	接地盒	钢板 180×250×160，δ=1.5
5	端子板固定件	L25×25×3，L=90
6	接地线保护管	见工程设计
7	硬塑料管	见工程设计
8	接地端子板	铜板 174×100×3
9	沉头螺钉	M4×15 镀锌
10	螺栓	M10×30 镀锌
11	螺母	M10 镀锌
12	垫圈	ϕ12 镀锌

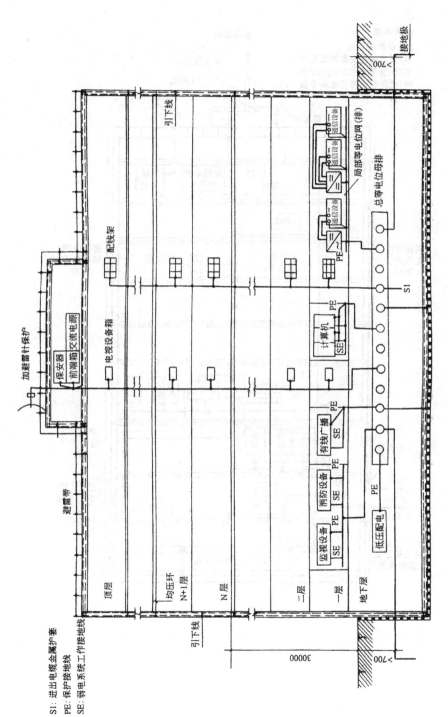

图 1-23　大楼弱电系统防雷接地示意图

S1：进出电缆金属护套
PE：保护接地线
SE：弱电系统工作接地线

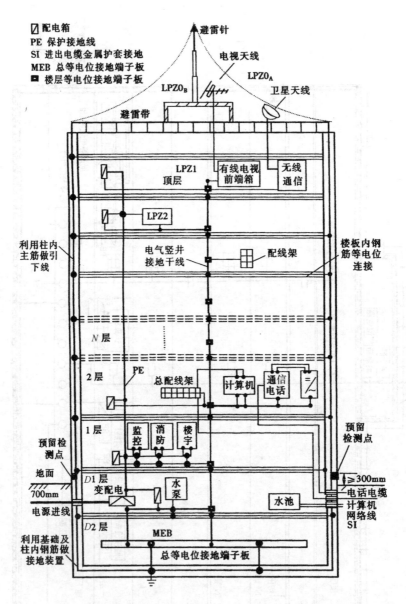

图 1-24　建筑物防雷区等电位连接及共用接地系统示意图

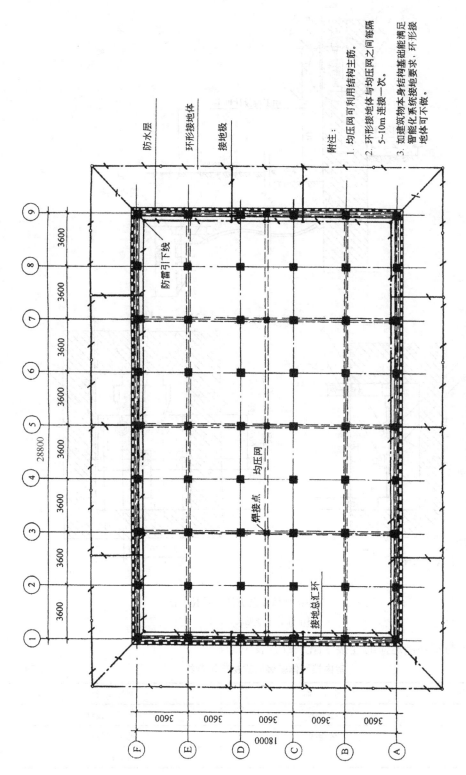

图 1-25　智能化系统接地网网组成（单位：mm）

附注：

1. 均压网可利用结构主筋。

2. 环形接地体与均压网之间每隔5~10m连接一次。

3. 如建筑物本身结构基础能满足智能化系统接地要求，环形接地体可不做。

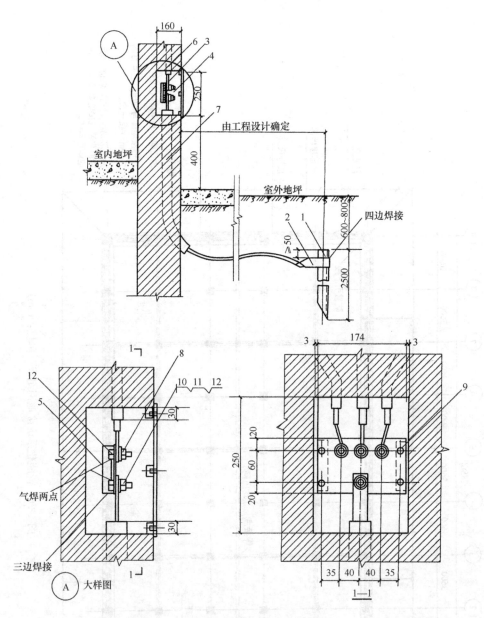

图 1-26 共同接地体安装方法（单位：mm）

（图中标的序号见表 1-28）

2. 室内与室外接地体的连接（图 1-27、表 1-29）

室内接地体安装所需材料及规格 表 1-29

编　　　号	名　　　称	型号及规格
1	接地体	见工程设计
2	接地线	见工程设计
3	塑料套管	$\phi 50 L = B$

续表

编　号	名　称	型号及规格
4	沥青麻丝（或建筑密封膏）	
5	固定钩	—
6	断接卡子	—

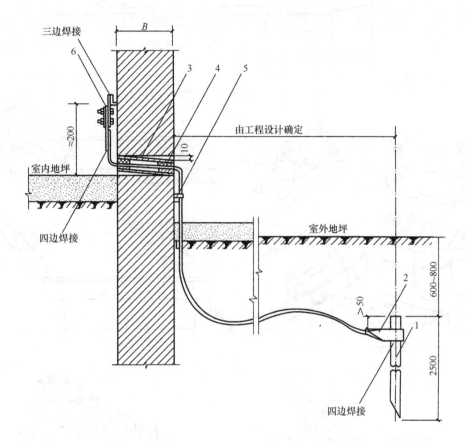

图 1-27　室内接地线与室外接地体的连接（单位：mm）

（图中标的序号见表 1-29）

图中：

1——接地极间距 L 由设计决定，一般宜为 5m。

2——接地线除设计另有要求外，均采用 40m×4m 镀锌扁钢或 $\phi16$ 圆钢。

3——接地极与接地线连接处，均需电焊或气焊焊接。

4——凡焊接处均刷沥青油防腐。

5——为了便于测量，当接地线引入室内后，必须用镀锌螺栓与室内接地线连接。

6——穿墙套管的内、外管口用沥青麻丝或建筑密封膏封堵。

3. 弱电接地安装方法（图 1-28）

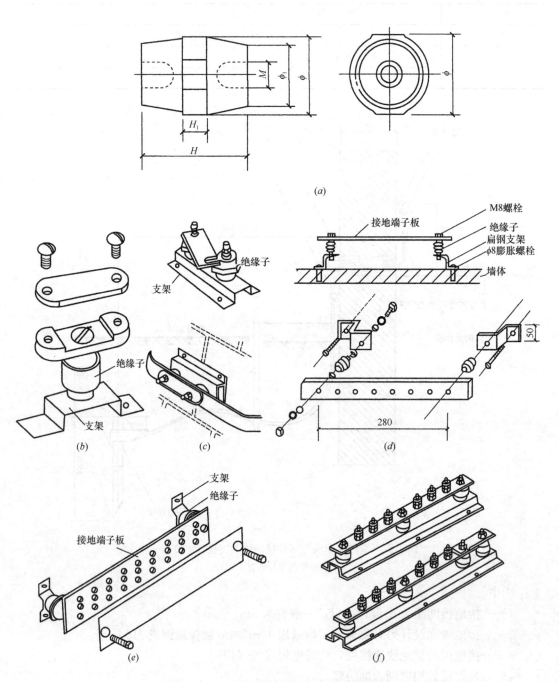

图 1-28   弱电接地安装方法（单位：mm）

（a）弱电接地安装示例；（b）铜带卡安装方法；（c）弱电接地端子板（一）

（d）弱电接地端子板（二）；（e）弱电接地端子板（三）；（f）弱电接地端子板（四）

第四节 管线的埋深与净距

一、电缆的埋深与净距（表 1-30～表 1-33）

智能建筑管道最小允许埋设深度 表 1-30

管 种	管顶至路面或铁路路基面的最小净距			
	人行道（m）	车行道（m）	电车轨道（m）	铁路（m）
混凝土管	0.5	0.7	1.0	1.3
塑料管	0.5	0.7	1.0	1.3
钢管	0.2	0.4	0.7	0.8
石棉水泥管	0.5	0.7	1.0	1.3

智能建筑电缆与其他管线及建筑物间的最小净距 表 1-31

其他管线及建筑物名称及其状况		最小净距		备 注
		平行时（m）	交叉时（m）	
电力电缆	<35kV	0.50	0.50	电缆采用钢管保护时，交叉时的最小净距可降为 0.15m
	>35kV	2.00	0.50	
给水管	管径为 75～150mm	0.50	0.50	
	管径为 200～400mm	1.00	0.50	
	管径为 400mm 以上	1.50	0.50	
煤气管	压力小于 0.8MPa	1.00	0.50	
树木		0.75		
排水管		1.00	0.50	
热力管		1.00	0.50	
排水沟		0.80	0.50	
建筑红线（或基础）		1.00		

电子信息系统线缆与其他管线的净距 表 1-32

线缆 间距 其他管线	电子信息系统线缆	
	最小平行净距（mm）	最小交叉净距（mm）
防雷引下线	1000	300
保护地线	50	20
给水管	150	20
压缩空气管	150	20
热力管（不包封）	500	500
热力管（包封）	300	300
煤气管	300	20

电子信息系统线缆与电气设备之间的净距 表 1-33

名称	最小净距（m）	名称	最小净距（m）
配电箱	1.00	电梯机房	2.00
变电室	2.00	空调机房	2.00

二、光缆的埋深与净距（表 1-34～表 1-36）

直埋光缆的埋设深度　　　　　　　　　　　　　表 1-34

光缆敷设的地段或土质	埋设深度（m）	备　注
市区、村镇的一般场合	≥1.2	不包括车行道
街坊和智能化小区内、人行道下	≥1.0	包括绿化地带
穿越铁路、道路	≥1.2	距道碴底或距路面
普通土质（硬土等）	≥1.2	
砂砾土质（半石质土等）	≥1.0	

直埋光缆与其他管线及建筑物间的最小净距　　　　　　　　表 1-35

其他管线及建筑物名称及其状况	最小净距		备　注
	平行时（m）	交叉时（m）	
市话通信电缆管道边线（不包括人孔或手孔）	0.75	0.25	
非同沟敷设的直埋通信电缆	0.50	0.50	
直埋电力电缆 ＜35kV	0.50	0.50	
直埋电力电缆 ＞35kV	0.50	0.50	
给水管 管径＜300mm	0.50	0.50	光缆采用钢管保护交叉时的最小净距可降为 0.15m
给水管 管径为 300～500mm	1.00	0.50	
给水管 管径＞500mm	1.50	0.50	
燃气管 压力＜0.3MPa	1.00	0.50	同给水管备注
燃气管 压力 0.3～0.8MPa	2.00	0.50	
树木 灌木	0.75		
树木 乔木	2.00		
高压石油天然气管	10.00	0.50	同给水管备注
热力管或下水管	1.00	0.50	
排水沟	0.80	0.50	
建筑红线（或基础）	1.00		

架空光缆线路与其他建筑物、树木的最小间距　　　　　　　表 1-36

其他建筑物、树木名称	与架空光缆线路平行时		与架空光缆 Q 路交越时	
	垂直净距（m）	备注	垂直净距（m）	备注
市区街道	4.5	最低缆线到地面	5.5	最低缆线到地面
胡同（街坊区内道路）	4.0		5.0	最低缆线到地面
铁路	3.0		7.0	最低缆线到地面
公路	3.0		5.5	最低缆线到地面
土路	3.0		4.5	最低缆线到地面
房屋建筑			距脊 0.6 距顶 1.0	最低缆线距屋脊 最低缆线距屋顶
河流			1.0	最低缆线距最高水位时最高桅杆顶
市区树木			1.0	最低缆线到树顶
市区树木			1.0	
架空通信线路			0.6	一方最低缆线与另一方最高缆线的间距

注：（1）架空光缆与铁路最小水平净距为地面杆高的 $1\frac{1}{3}$m。

　　（2）架空光缆与市区树木的最小水平净距为 1.25m；与郊区树木应为 2.0m。

第二章 电话通信系统

第一节 电话通信与程控用户交换机

一、电话通信系统的组成

构成电话通信系统有三个组成部分：一是电话交换设备；二是传输系统；三是用户终端设备。交换设备主要就是电话交换机，是接通电话用户之间通信线路的专用设备。正是借助于交换机，一台用户电话机能拨打其他任意一台用户电话机，使人们的信息交流能在很短的时间内完成。

电话交换机的发展经历了四大阶段，即人工制交换机、步进制交换机、纵横制交换机和存储程序控制交换机（简称程控交换机）。目前普遍采用程控交换机。

传输系统按传输媒介分为有线传输（明线、电缆、光纤等）和无线传输（短波、微波中继、卫星通信等）。本节着重讲述有线传输。有线传输按传输信息工作方式又分为模拟传输和数字传输两种。模拟传输是将信息转换成为与之相应大小的电流模拟量进行传输，例如普通电话就是采用模拟语言信息传输。数字传输则是将信息按数字编码（PCM）方式转换成数字信号进行传输，具有抗干扰能力强、保密性强、电路便于集成化（设备体积小）、适于开展新业务等许多优点，现在的程控电话交换就是采用数字传输各种信息。

用户终端设备，主要指电话机，现在又增加了许多新设备，如传真机、计算机终端等。

二、程控用户交换机的组成

程控交换机是公用电话交换网（Public Switched Telephone Network，简写为 PSTN）的核心设备，其主要功能是实现语音通话。程控交换机由硬件系统和软件系统组成。这里所说的基本组成只是它的硬件结构。图 2-1 是程控交换系统硬件的基本组成框图。

（一）控制设备

控制设备主要由处理器和存储器组成。处理器执行交换机软件，指示硬件、软件协调操作。存储器用来存放软件程序及有关永久和中间数据。控制设备有单机配置和多机配置，其控制方式可分为集中控制和分散控制两种。

（二）交换网络

交换网络的基本功能是根据用户的呼叫请求，通过控制部分的接续命令，建立主叫与被叫用户之间的连接通路。目前主要采用由电子开关阵列构成的空分交换网络和由存储器等电路构成的时分接续网络。

（三）外围接口

外围接口是交换系统中的交换网络与用户设备、其他交换机或通信网络之间的接口。

根据所连设备及其信号方式的不同，外围接口电路有多种形式。

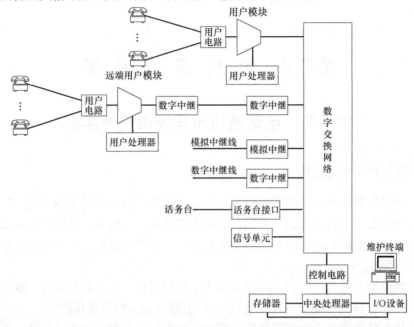

图 2-1　程控交换系统硬件基本组成框图（PABX 的结构）

（1）模拟用户接口电路——它所连接的设备是传统的模拟话机。它是一个 2 线接口，线路上传送的是模拟信号。

（2）模拟中继电路——数字交换机和其他交换机（步进、纵横、程控模拟、数字交换机等）之间可以使用模拟中继线相连。模拟接口（包括中继和用户电路）的主要功能是对信号进行 A/D（或 D/A）转换、编码、解码及时分复用。

（3）数字用户电路——它是数字交换机和数字话机、数据终端等设备的接口电路，其线路上传输的是数字信号。它可以是 2 线或 4 线接口，使用 2B＋D 信道传送信息。

（4）数字中继电路——它是两台数字交换机之间的接口电路，其线路上传送的是 PCM 基群或者高次群数字信号。基群接口通常使用双绞线或同轴电缆传输信号，而高次群接口则正在逐步采用光缆传输方式。

我国采用 PCM30，即 2.048Mbps 作为一次群（基群）的数据速率，它同时传输 30 个话路，又称一个 E1 中继接口。其传输介质有三种：同轴电缆、电话线路和光纤。

在使用同轴电缆时，其传输距离一般不超出 500m，当距离较远时可采用光纤。这时需要两端配置光端机，也可用 HDSL 设备在两对普通电话线路上传输 E1 数字中继信号。

（四）信号设备

信号设备主要有回铃音、忙音、拨号音等各种信号音发生器，双音多频信号接收器、发送器等。

由于现在的 PABX 功能非常多，参数设置、校验、通话计费等操作一般通过配置一台专用的系统维护管理计算机来完成，所有的参数设置、功能配置均可在 Windows 图形化操作界面下进行。许多产品具有多 PC 终端维护与控制功能。用户可以通过本地 LAN 进行终端维护、话费查询等各种操作，也可以通过 Internet 联网，进行远程维护与话费查询等操作。

图 2-2 是程控数字用户交换机的系统构成示例。

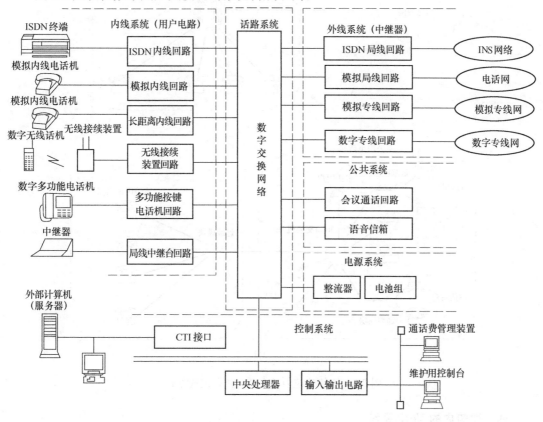

图 2-2 程控数字用户交换机的系统构成示例

三、智能建筑电话网组成方式

目前，智能建筑内的电话网有两种组成方式，如图 2-3 所示。一种是以程控用户交换机（PABX）为核心构成一个星形网（图 *a*），另一种是以当地公网电信交换机的远端模块（或端局级交换机）为核心构成星形网（图 *b*）。

以 PABX 为核心组成以语音为主兼有数据通信的建筑内通信网，可以连接各类办公设备。它还可以提供一种"虚拟用户交换机（Centrex）"新业务，亦即将用户交换机的功能集中到局用交换机中，用局用交换机来替代用户小交换机。它不仅具备所有用户小交换机的基本功能，还可享用公网提供的电话服务功能。从而使用户节省设备投资、机房用地及维护人员的费用，且可靠性高，技术与公网同步发展。

远端模块方式是指把程控交换机的用户模块（用户线路）通过光缆放在远端（远离电话局的电话用户集中点），好像在远端设了一个"电话分局"（又称为模块局）一样，从而节省线路的投资，扩大了程控交换机覆盖范围。通常模块局没有交换功能，但也有些模块增设了交换功能。远端模块方式与接入网之区别在于远端模块与交换机采用厂家的内部协议，不同厂家的产品不能混用。而用户接入网设备是通过标准 V_5 接口与交换机相连，可以采用不同厂家的设备。

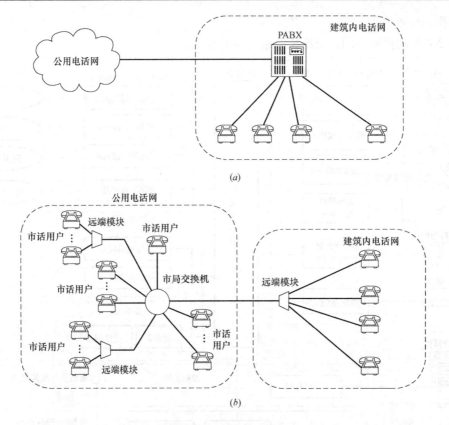

图 2-3　智能建筑内的电话网两种组成方式

四、建筑内的 VoIP 系统

VOIP（Voice Over IP，IP 网络电话）是利用计算机网络进行语音（电话）通信的技术。它不同于一般的数据通信，对传输有实时性的要求，是一种建立在 IP 技术上的分组化、数字化语音传输技术。

其基本原理如图 2-4 所示，通过语音压缩算法对语音数据进行压缩编码处理，然后把这些语音数据按 IP 等相关协议进行打包，经过 IP 网络把数据包传输到接收地，再把这些语音数据包串起来，经过解码解压处理后，恢复成原来的语音信号，从而达到由计算机网络传送语音（电话）的目的。

图 2-4　VOIP 基本原理

一开始的 IP 网络电话是以软件的形式呈现，同时仅限于 PC to PC 间的通话。换句话说，人们只要分别在两端不同的 PC 上安装网络电话软件，即可经由 IP 网络进行对话。随着宽频普及与相关网络技术的演进，网络电话也由单纯 PC to PC 的通话形式，发展出 IP to PSTN、PSTN to IP、PSTN to PSTN 及 IP to IP 等各种形式。当然，它们的共同点就是以 IP 网络为传输媒介。如此一来，电信业长久以 PSTN 电路交换网络为传输媒介的惯例及独占性也逐渐被打破。人们从此不但可以享受到更便宜、甚至完全免费的通话及多媒体增值服务，电信业的服务内容及面貌也为之剧变。虽然 VOIP 拥有许多优点，但不可能在短期内完全取代已有悠久历史并发展成熟的 PSTN 电路交换网，所以现阶段两者势必会共存一段时间。

智能化建筑内的 VOIP 电话网根据功能的区别有两类系统方案：其一是建筑内不设 PABX，完全通过 VOIP 网络实现话音通信功能，方案如图 2-5 所示；其二是在建筑内已设有 PABX 网络的前提下，再构建一个 VOIP 网络作为 PABX 网的补充和改进，达到大幅降低通信费用的目的，方案如图 2-6 所示。

IP 网络的 VOIP 与传统的 PSTN 网电话的主要区别如表 2-1 所示。

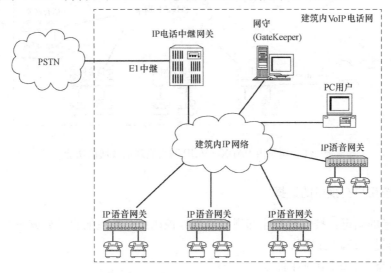

图 2-5　建筑内 VOIP 网络实现话音通信功能

PSTN 网络与 IP 网络的主要区别　　　　　　　　　　　表 2-1

项目 类别	PSTN 网络 传输方式	IP 网络传输方式	说　　明
通信成本	语音信号经由运营线路	语音信号经由互联网传输费用非常低廉	对有分支机构的公司产生较好的经济效益，通过两个不同地区放置的 IPPBX 可以实现零费用的通话
通话质量	通话质量高	受带宽的影响	随着用户带宽的持续提高以及 VoIPQOS 技术的发展，VOIP 通话质量已经基本达到了商用要求
布线情况	基于电话布线	只要有网络并联入互联网的环境就可以随时通信	对新建住宅和商务楼宇有较大价值
终端要求	普通话机	可以使用 IP 电话机；IAD＋普通话机；IPPBX＋普通话机	VOIP 需要有数据终端设备将 IP 数据包转换成普通语音信号
增值业务	很少	有多种增值业务	

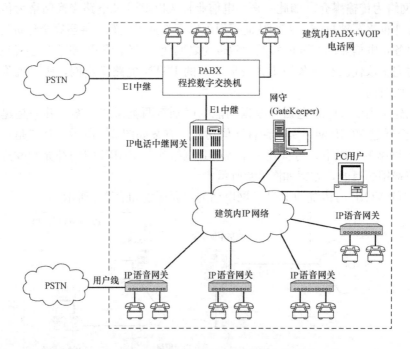

图 2-6 建筑内 PABX＋VoIP 网络实现话音通信功能

五、程控用户交换机的选择

（1）容量的确定：按信息产业部规定，将程控用户交换机的容量分成三类：

1）小容量：250 门以下；

2）中容量：250～1000 门；

3）大容量：1000 门以上。

程控用户交换机一般在 2000 门以下为宜。

具体选择时，应考虑所需的电话容量。要确定电话容量，首先需要进行用户分布调查。目前我国对于住宅楼，每户最少应设一对电话线，建议按两对电话线考虑；对于办公楼和业务楼，可按每 15～20m² 房间设两对电话线、每开间按 2～4 对线，或者按用户要求设置。

应该指出，在确定交换机的容量时，还应该考虑满足将来终期（中远期）的容量需要，并备有维修余量。因此，交换机的初装容量和终装容量可以计算如下：

$$初装容量 = 1.3 \times [目前所需门数 + (3 \sim 5)年内的近期增容数] \qquad (2-1)$$

$$终装容量 = 1.2 \times [目前所需门数 + (10 \sim 20)年后的远期发展总增容数] \qquad (2-2)$$

（2）用户交换机的实装内线分机的容量，不宜超过交换机容量的 80％；

（3）用户交换机中继类型及数量宜按下列要求确定：

1）用户交换机中继线，宜采用单向（出、入分设）、双向（出、入合设）和单向及双向混合的三种中继方式接入公用网；

2）用户交换机中继线可按下列规定配置（表 2-2）：

可以和市话局互相	接口中继线配发数目（话路）	
呼叫的分机数（线）	呼出至端局中继	端局来话呼入中继
50 线以内	采用双向中继 2～5 条	
50	3	4
100	6	7
200	10	11
300	13	14
400	15	16
500	18	19

中继线数的确定方法　　　　　表 2-2

——当用户交换机容量小于 50 门时，宜采用 2～5 条双向出入中继线方式；

——当用户交换机容量为 50～500 门，中继线大于 5 条时，宜采用单向出入或部分单向出入、部分双向出入中继线方式；

——当用户交换机容量大于 500 门时，可按实际话务量计算出入中继线，宜采用单向出入中继线方式。

3）中继线数量的配置，应根据用户交换机实际容量大小和出入局话务量大小等因素，可按用户交换机容量的 10%～15% 确定。

（4）程控用户交换机选型应满足如下要求：

1）应符合信息产业部《程控用户交换机接入市话网技术要求的暂行规定》和国家标准《专用电话网进入公用电话网的进网条件》GB 433—90。

2）应选用符合国家有关技术标准的定型产品，并执行有关通信设备国产化政策。

3）同一城市或本地网内宜采用相同型号和国家推荐的某些型号的程控交换机，以简化接口，便于维修和管理。

4）程控交换机应满足近期容量和功能的需要，还应考虑远期发展和逐步发展综合业务数字网（ISDN）的需要。

5）程控交换机宜选用程控数字交换机，以数字链路进行传输，减少接口设备。数字接口参数应符合国家标准《脉冲编码调制通信系统网络数字接口标准》GB 7611—87。

信息产业部规定，凡接入国家通信网使用的程控用户交换机，必须有信息产业部颁发的进网许可证。因此用户在选型购机时，一定要购买有信息产业部颁发进网许可证的程控交换机。

第二节　电话通信线路的施工

一、电话通信线路的组成

图 2-7 是从市电话局经室外电缆进入建筑物的地下电缆室线路敷设方式。图 2-8 是电话通信线路敷设示意图。以下主要说明建筑物内的电话通信线路的安装与施工。

电话通信线路从进屋管线一直到用户出线盒，一般由以下几部分组成（图 2-9）：

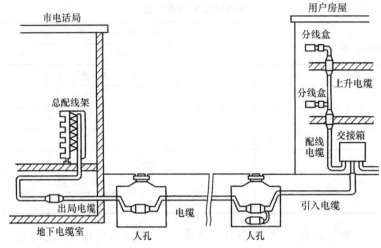

图 2-7　从市电话局经室外电缆进入建筑物的地下电缆室线路敷设方式

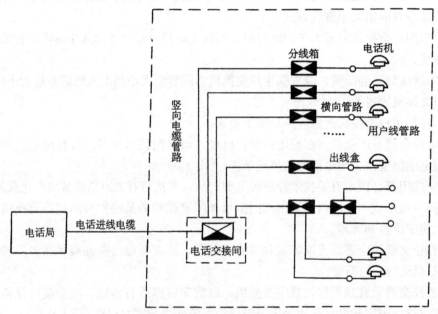

图 2-8　电话通信线路敷设示意图

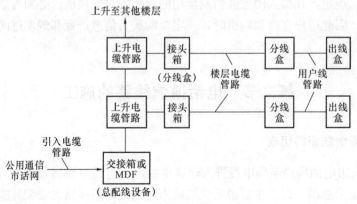

图 2-9　电话通信线路的组成

（1）引入（进户）电缆管路：又分地下进户和外墙进户两种方式。

（2）交接设备或总配线设备：它是引入电缆进屋后的终端设备，有设置与不设置用户交换机两种情况：如设置用户交换机，采用总配线箱或总配线架；如不设用户交换机，常用交接箱或交接间。交接设备宜装在房屋的一二层，如有地下室，且较干燥、通风，才可考虑设置在地下室。

（3）上升电缆管路：有上升管路、上升房和竖井三种建筑类型。

（4）楼层电缆管路。

（5）配线设备：如电缆接头箱、过路箱、分线盒、用户出线盒，是通信线路分支、中间检查、终端用设备。

建筑物内的电话线应一次分线到位，根据建筑物的功能要求确定其数量。城市住宅区内的配线电缆，应采用地下通信管道敷设方式。住宅建筑室内通信线路安装应采用暗配线敷设及由暗配线管网组成。多层建筑物宜采用暗管敷设方式，高层建筑物宜采用电缆竖井与暗管敷设相结合的方式。住宅建筑物内暗配线电话管网由交接间、电缆管线、嵌式分线箱（盒）、用户线管路、过路箱（盒）和电话出线盒等组成。

民用建筑通信工程安装内容主要有：电话交接间、交换箱、壁龛（嵌式电缆交接箱、分线箱及过路箱）、分线盒和电话出线盒及配线。高层建筑物电缆竖井宜单独设置，也可与其他弱电缆线综合考虑设置；分线箱可以明装在竖井内，也可以暗装在井外墙上。

民用建筑通信工程建筑物内暗配线一般采用直接配线方式，规模较大时也可采用交接配线方式。全塑电缆芯线的接续应采用接线模块或接线子，不得使用扭绞接续。全塑电缆的外护套管宜采用热可缩套管。

二、电话线路的进户管线施工

进户管线有两种方式，即地下进户和外墙进户。

（一）地下进户方式

这种方式是为了市政管网美观要求而将管线转入地下。地下进户管线又分为两种敷设形式。第一种是建筑物设有地下层，地下进户管直接进入地下层，采用的是直进户管；第二种是建筑物无地下层，地下进户管只能直接引入设在底层的配线设备间或分线箱（小型多层建筑物没有配线或交接设备时），这时采用的进户管为弯管。地下进户方式如图2-10所示。

（1）建筑物通信引入管，每处管孔数不应少于2孔，即在核算主用管孔数量后，应至少留有一孔备用管。同样，引上暗配管也应至少留有一孔备用管。

（2）地下进户管应埋出建筑物散水坡外1m以上，户外埋设深度在自然地坪下0.8m。当电话进线电缆对数较多时，建筑物户外应设人（手）孔。预埋管应由建筑物向人孔方向倾斜。

（二）外墙进户方式

这种方式是在建筑物第二层预埋进户管至配线设备间或配线箱（架）内。进户管应呈内高外低倾斜状，并做防水弯头，以防雨水进入管中。进户点应靠近配线设施，并尽量选在建筑物后面或侧面。这种方式适合于架空或挂墙的电缆进线，如图2-11所示。

在有用户电话交换机的建筑物内，一般设置配线架（箱）于电话站的配线室内；在不

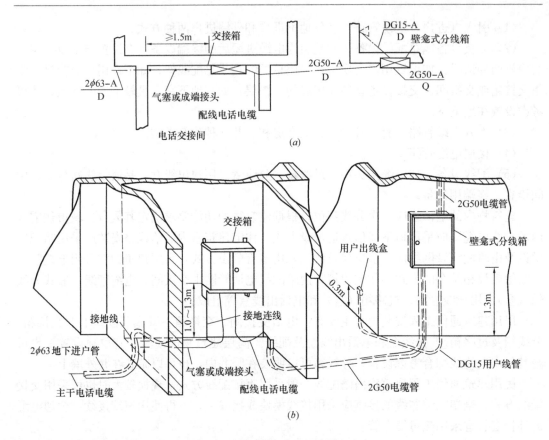

图 2-10　电话线路地下进户方式

(a) 底层平面图；(b) 立体图

设用户交换机的较大型建筑物内，于首层或地下一层电话引入点设置电缆交接间，内置交接箱。配线架（箱）和交接箱是连接内外线的汇集点。

塔式的高层住宅建筑电话线路的引入位置，一般选在楼层电梯间或楼梯间附近，这样可以利用电梯间或楼梯间附近的空间或管线竖井敷设电话线路。

三、交接箱的安装

交接箱是设置在用户线路中用于主干电缆和配线电缆的接口装置。主干电缆线对在交接箱内按一定的方式用跳线与配线电缆线对连接，可做调配线路等工作。

（1）交接箱主要是由接线模块、箱架结构和机箱组装而成。按安装方式不同，交接箱分为落地式、架空式和壁龛式三种，其中落地式又分为室内和室外两种。

（2）落地式适用于主干电缆和配线电缆都是地面下敷设或主干电缆是地面下、配线电缆是架空敷设的情况，目前建筑内安装的交接箱一般均为落地式，见图 2-12。

（3）架空式交接箱适用于主干电缆和配线电缆都是空中杆路架设的情况，它一般安装于电线杆上，300 对以下的交接箱一般用单杆安装，600 对以上的交接箱安装在 H 形杆上，见图 2-13。

（4）壁龛式交接箱的安装是将其嵌入在墙体内的预留洞中，适用于主干电缆和配线电缆暗敷在墙内的场合。

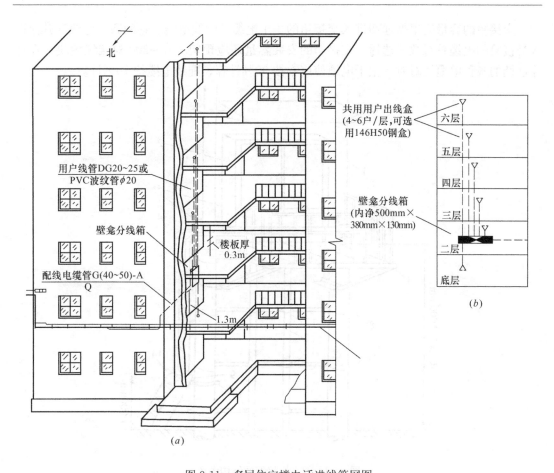

图 2-11 多层住宅楼电话进线管网图

(a) 外墙进户管网立体示意图;(b) 暗配线管网图

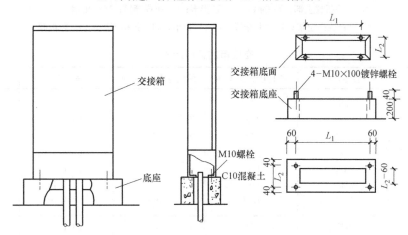

图 2-12 落地式电话交接箱安装(单位:mm)

(5)交接箱的主要指标是容量。交接箱的容量是指进、出接线端子的总对数,按行业标准规定,交接箱的容量系列(对)为 300、600、900、1200、180、2400、3000、3600 等规格,如表 2-3 所示。

交接箱的容量应根据远期进入交接箱的主干电缆、配线电缆、箱间联络电缆和其他进入交接箱的电缆总对数来选择。交接箱的安装容量还应预留 100～200 对接线模块。在计算远期的各种电缆线对时，主干电缆使用率按 90％计算，配线电缆按 70％计算。

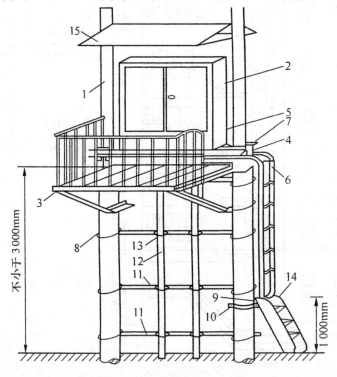

图 2-13　架空交接箱的结构图❶

1—水泥电杆；2—交接箱；3—操作站台；4—抱箍；5—槽钢；

6—折梯上部；7—穿钉；8—U 形卡；9—折梯穿钉；10—角钢；

11—上杆管固定架；12—上杆管；13—U 形卡；14—折梯下部；15—防雨棚

交接箱的容量选择   表 2-3

类别	容量/对	主干电缆容量/对	配线电缆容量/对	配线比	终期收容线对
室内落地式 （交接间）	600	250	350	1：1.40	225
	900	350	550	1：1.57	360
	1200	500	700	1：1.40	450
	1800	700	1100	1：1.57	630
	2400	1000	1400	1：1.40	900
	3000	1300	1900	1：1.46	1170
	3600	1500	2100	1：1.40	1350
室外落地式 （单面）	600	250	350	1：1.40	225
	900	350	550	1：1.57	360
	1200	500	700	1：1.40	450
室外落地式 （双面）	1800	700	1100	1：1.57	630
	2400	1000	1400	1：1.40	900
	3600	1300	1900	1：1.46	1170

续表

类别	容量/对	主干电缆容量/对	配线电缆容量/对	配线比	终期收容线对
壁龛式 挂墙式	600	250	350	1：1.40	225
	900	350	550	1：1.57	360
	1200	500	700	1：1.40	450
	1500	600	900	1：1.50	540
	2000	800	1200	1：1.50	720

（一）电话交接间安装（图 2-14）

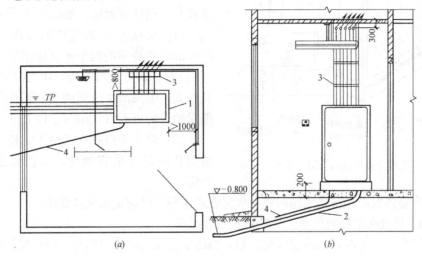

图 2-14 电话交接间布置示意图（单位：mm）

(a) 平面图；(b) 立面图

1—电缆交接箱；2—电缆进线护管；3—电缆支架；4—接地线

（1）每栋住宅楼内必须设置一专用电话交接间。电话交接间宜设在住宅楼底层，靠近竖向电缆管路的上升点。且应设在线路网中心，靠近电话局或室外交接箱一侧。

（2）交接间使用面积高层不应小于 $6m^2$，多层不应小于 $3m^2$，室内净高不小于 2.4m，通风良好，有保安措施，设置宽度为 1m 的外开门。

（3）电话交接间内可设置落地式电话交接箱。落地式电话交接箱可以横向也可以竖向放置。

（4）楼梯间电话交接间也可安装壁龛交接箱（图 2-15）。

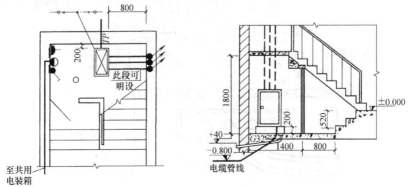

图 2-15 电话交接间平、立面布置图（单位：mm）

（5）交接间内应设置照明灯及 220V 电源插座。

（6）交接间通信设备可用住宅楼综合接地线作保护接地（包括电缆屏蔽接地）。其综合接地时电阻不宜大于 1Ω，独自接地时其接地电阻应不大于 5Ω。

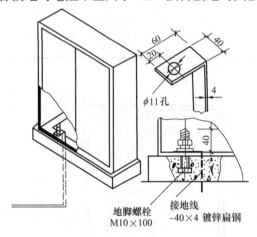

图 2-16　电缆交接箱接地安装（单位：mm）

（二）落地式交接箱安装

安装交接箱前，应先检查交接箱是否完好，然后放在底座上，箱体下边的地脚孔应对正地脚螺栓，并要拧紧螺母加以固定。落地式交接箱接地做法，如图 2-16 所示。

（1）交接箱基础底座的高度不应小于 200mm，在底座的四个角上应预埋 4 个 M10×100 长的镀锌地脚螺栓，用来固定交接箱，且在底座中央留置适当的长方洞作电缆及电缆保护管的出入口，如图 2-16 所示。

（2）将交接箱放在底座上，箱体下边的地脚孔应对正地脚螺栓，且拧紧螺母加以固定。

（3）将箱体底边与基础底座四周用水泥砂浆抹平，以防止水流进底座。

图 2-17 是设在室外的落地式交接箱安装示意图。

应该注意：对于双开门落地式交接箱，箱体安装在人行道里侧时，距建筑物距离应≥

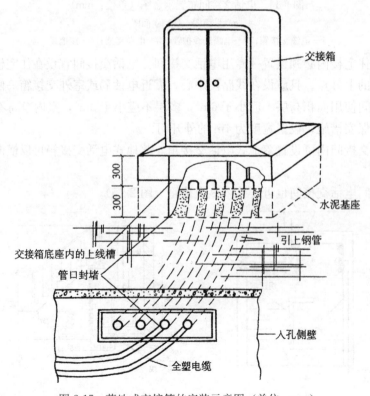

图 2-17　落地式交接箱的安装示意图（单位：mm）

600mm。安装在人行侧面边线时，距人行侧面边线距离应≥600mm。

四、上升电缆管路的施工

（一）电话电缆的配线方式与特点

配线方式如图 2-18 所示，其特点及适用场合见表 2-4。

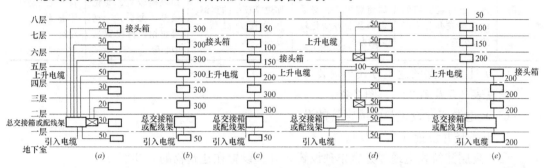

图 2-18　建筑物电话电缆的配线方式

（a）单独式；（b）复接式；（c）递减式；（d）交换式；（e）合用式

上升电缆的几种建设方式特点和适用场合　　　　　　　　　表 2-4

种类	单独式	复接式	递减式	交接式	混合式
特点	（1）各楼层电话电缆分别独立地直接供线；（2）各楼层电缆线对之间毫无连接关系；（3）各楼层电缆线对数根据需要分别确定	电缆线对在各楼层之间部分或全部复接，复接对数根据各楼层需要决定。每对线的复接次数一般不超过两次，每楼层电缆是由同一条上升电缆接出，不是单独供线	各楼层电缆线对互相不复接。各楼层电缆线对引出使用后，上升电缆逐段递减电缆容量	整个高层建筑分为几个交接配线区域，除离 MDF 或交接间较近的楼层单独供线外，其他各楼层均需经过交接箱连接楼层配线电缆	将上述四种方式混合组成
优点	（1）各楼层电缆线路互不影响，如发生障碍只涉及一个楼层；（2）发生障碍容易判断和检修；（3）扩建或改建简单，与其他楼层无关	（1）电缆线路网灵活性较高，各层线对因有复接关系，可以适当调度；（2）电缆长度较少，且对数集中，工程造价较低	（1）各楼层电缆由同一上升电缆引出，线对互不复接，发生障碍容易判断和检修；（2）电缆长度较少，线对集中，工程造价较低	（1）各楼层电缆线路互不影响，如发生障碍影响范围小，只涉及相邻楼层；（2）提高电缆芯线使用率，灵活性高，调度线对方便；（3）发生障碍容易判断和检修	适应各种楼层的需要
缺点	（1）电缆长度增加，工程造价高；（2）灵活性差，各楼层线路无法调度	（1）各楼层电缆因有复接，发生障碍涉及范围广，影响面大；（2）不易判断检修；（3）扩建或改建时，会影响其他楼层	（1）电缆线路网灵活性差，各层线对无法调度，利用率不高；（2）扩建或改建较为复杂，要影响其他楼层	（1）增加交接箱和电缆长度，工程造价较高；（2）对施工和维护要求高	扩建和改建较为复杂

续表

种类	单独式	复接式	递减式	交接式	混合式
适用范围	各楼层需要电缆线对较多，且较为固定不变的房屋建筑，如高级宾馆的标准层或办公大楼的办公室	各楼层需要电缆线对数量不同，变化较频繁的场合，如商贸中心、交易市场及业务变化较多的办公大楼等	各楼层所需电缆线对数量不均匀，且无变化的场合，如规模较小的宾馆、办公楼及高级公寓等	各楼层需要电缆线对数量不同，且变化较多的场合，如规模较大、变化较多的办公楼、高级宾馆、科技贸易中心等	适用场合较多，可因地制宜，尤其适于体量较大的建筑

（二）上升管路的建筑方式与安装

参见表 2-5 及图 2-19、图 2-20。

（三）电缆竖井设置与电缆穿管敷设

1. 电缆竖井设置（图 2-21）。

（1）高层建筑物电缆竖井宜单独设置，并宜设置在建筑物的公共部位。

（2）电缆竖井的宽度不宜小于 600mm，深度宜为 300～400mm。电缆竖井的外壁在每层楼都应装设阻燃防火操作门。门的高度不低于 1.85m，宽度与电缆井相当。每层楼的楼面洞口应按消防规范设防火隔板。电缆竖井的内壁应设固定电缆的铁支架，且应有固定电缆的支架预埋件，铁支架上间隔宜为 0.5～1m。

暗敷管路系统上升部分的几种建筑方式　　　　　　　　　　　　　　表 2-5

上升部分的名称	是否装设配线设备	上升电缆条数	特　点	适　用　场　合
上升房	设有配线设备，并有电缆接头。配线设备可以明装或暗装，上升房与各楼层管路连接	8 条电缆以上	能适应今后用户发展变化，灵活性大，便于施工和维护；要占用从顶层到底层的连续统一位置的房间，占用房间面积较多，受到房屋建筑的限制因素较多	大型或特大型的高层房屋建筑；电话用户数较多而集中；用户发展变化较大，通信业务种类较多的房屋建筑
竖井（上升通槽或通道）	竖井内一般不设配线设备。在竖井附近设置配线设备，以便连接楼层管路	5～8 条电缆	能适应今后用户发展变化，灵活性较大，便于施工和维护；占用房间面积较少，受房屋建筑的限制因素较少	中型的高层房屋建筑，电话用户发展较固定，变化不大的情况
上升管路（上升管）	管路附近设置配线设备，以便连接楼层管路	4 条以下	基本能适应用户发展，不受房屋建筑面积限制，一般不占房间面积，施工和维护稍有不便	小型的高层房屋建筑（如塔楼），用户比较固定的高层住宅建筑

（3）电缆竖井也可与其他弱电缆综合考虑设置，但检修距离不得小于 1m；若小于 1m 时必须设安全保护措施。

（4）安装在电缆竖井内的分线设备，宜采用室内电缆分线箱。电缆竖井分线箱可以明装在竖井内，也可以暗装于井外墙上。

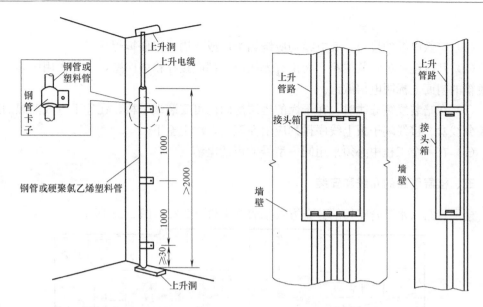

图 2-19　上升电缆直接敷设的方法（单位：mm）　　图 2-20　上升管路在墙内的敷设方式

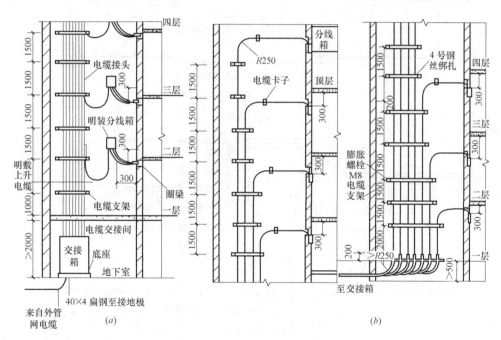

图 2-21　电缆竖井分线箱的明装与暗装（单位：mm）
(a) 住宅楼电缆竖井做法（一）；(b) 住宅楼电缆竖井做法（二）

（5）竖井内电缆要与支架间使用 4 号钢丝绑扎，也可用管卡固定，要牢固可靠。电缆间距应均匀整齐。

2. 电缆穿管敷设

（1）穿放电缆时，应事先清刷暗管内污水杂物，穿放电缆应涂抹中性凡士林。

（2）暗管的出入口必须光滑，且在管口垫以铅皮或塑料皮保护电缆，防止磨损。

（3）一根电缆管应穿放一根电缆，电缆管内不得穿用户线，管内严禁穿放电力或广播线。

（4）暗敷电缆的接口，其电缆均应绕箱半周或一周，以便拆焊接口。

（5）凡电缆经过暗装线箱，无论有无接口，都应接在箱内四壁，不得占用中心；并在暗线箱的门面上标明电信徽记。

（6）在暗装线箱分线时，在干燥的楼层房间内可安装端子板，在地下室或潮湿的地方应装分线盒。接线端子板上线序排列应由左至右，由上至下。

（7）在一个工程中必须采用同一型号的市话电缆。

五、楼层管路的布线和安装

楼层管路（水平管路）的分布方式如表 2-6 和图 2-22～图 2-25 所示。

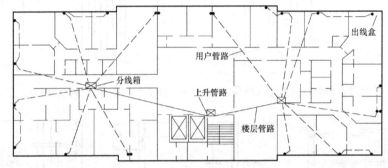

图 2-22　楼层管路为放射式分布

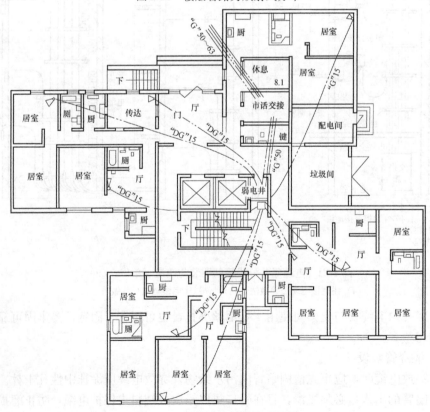

图 2-23　竖井式电话管网平面图

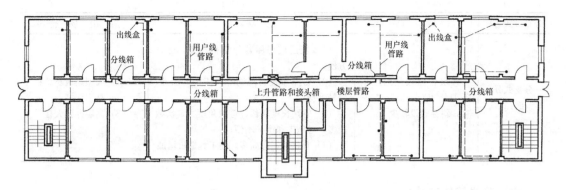

图 2-24 楼层管路为分支式分布

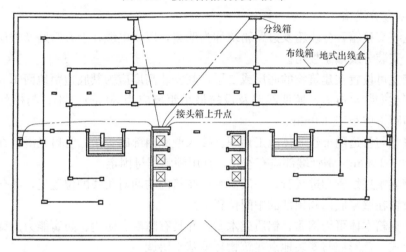

图 2-25 综合办公楼暗配管网平面图

楼层管路的分布方式　　　　　　　　　　　　　表 2-6

分布方式名称	特 点	优 缺 点	适 用 场 合
放射式分布方式	从上升管路或上升房分歧出楼层管路，由楼层管路连通分线设备，以分线设备为中心，用户线管路作放射式的分布	（1）楼层管路长度短，弯曲次数少； （2）节约管路材料和电缆长度及工程投资； （3）用户线管路为斜穿的不规则路由，易与房屋建筑结构发生矛盾； （4）施工中容易发生敷设管路困难	（1）大型公共房屋建筑； （2）高层办公楼； （3）技术业务楼
格子形分布方式	楼层管路有规则地互相垂直，形成有规律的格子形	（1）楼层管路长度长，弯曲次数较多； （2）能适应房屋建筑结构布局； （3）易于施工和安装管路及配线设备； （4）管路长度增加，设备也多，工程投资增加	（1）大型高层办公楼； （2）用户密度集中，要求较高，布置较固定的金融、贸易、机构办公用房； （3）楼层面积很大的办公楼

分布方式名称	特　点	优　缺　点	适　用　场　合
分支式分布方式	楼层管路较规则，有条理分布，一般互相垂直，斜穿敷设较少	（1）能适应房屋建筑结构布置，配合方便； （2）管路布置有规则性，使用灵活性，较易管理； （3）管路长度较长，弯曲角度大，次数较多，对施工和维护不便； （4）管路长，弯曲多，使工程造价增加	（1）大型高级宾馆； （2）高层住宅； （3）高层办公大楼

六、分线箱的安装

（一）壁龛分线箱

暗装电缆交接箱，分线箱及过路箱统称为壁龛，以供电缆在上升管路及楼层管路内分歧、接续、安装分线端子板用。

（1）壁龛可设置在建筑物的底层或二层，其安装高度应为其底边距地面 1.3m。

（2）壁龛安装与电力、照明线路及设施最小距离应为 30mm 以上；与燃气、热力管道等最小净距不应小于 300mm。

（3）壁龛与管道随土建墙体施工预埋。接入壁龛内部的管子，管口光滑，在壁龛内露出长度为 10～15mm。钢管端部应有丝扣，且用锁紧螺母固定。

（4）壁龛主进线管和进线管，一般应敷设在箱内的两对角线的位置上，各分支回路的出线管应布置在壁龛底部和顶部的中间位置上。

（5）壁龛箱本体可为钢质、铝质或木质，并具有防潮、防尘、防腐能力。壁龛、分线小间外门形式、色彩应与安装地点建筑物环境基本协调。

壁龛分线箱规格见表 2-7。

壁龛分线箱规格表（mm）　　　　　　　　　　　　　　表 2-7

规格（对）	厚	高	宽
10	120	250	250
20	120	300	300
30	120	300	300
50	120	350	300
100	120	400	300
200	120	500	350

接入壁龛内部的管子，管口光滑，在壁龛内露出长度为 10～15mm。钢管端部应有丝扣，并用锁紧螺母固定。

一般情况下，壁龛主进线管和出线管应敷设在箱内的两对角线的位置上，各分支回路的出线管应布置在壁龛底部和顶部的中间位置上。

壁龛分线箱内部电缆的布置形式和引入管子的位置有密切关系，但管子的位置因配线连接的不同要求而有不同的方式。有电缆分歧和无电缆分歧，管孔也因进出箱位置不同分为几种形式，如图 2-26 所示。

（二）分线箱与分线盒

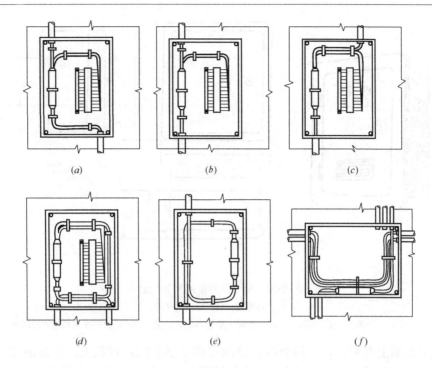

图 2-26 壁龛暗管敷设位置图

(a) 管线左上右下分歧式；(b) 管线同侧上下分歧式；(c) 管线右上左下分歧式；
(d) 管线过路分歧式；(e) 单条电缆过路式；(f) 多条电缆横向过路式

分线箱与分线盒是电缆分线设备，一般用在配线电缆的分线点。配线电缆通过分线箱或分线盒与用户引入线相连。

分线箱与分线盒的主要区别在于：分线箱带有保险装置，而分线盒没有；分线盒内只装有接线板，而分线箱内还装有一块绝缘瓷板。瓷板上装有金属避雷器及熔丝管，每一回路上各接 2 只，以防雷电或其他高压电流进入用户引入线。

(1) 电话线箱及分线盒的安装有明装和暗装，安装部位及安装高度应符合设计要求。明装电话线箱及分线盒一般距地 1.3～2.0m，暗装电话组线箱一般距地 0.5～1.3m，暗装电话分线盒一般距地 0.3m，潮湿场所一般距地 1.0～1.3m。

(2) 电话组线箱及分线盒无论明装、暗装，均应标记该箱的区线编号。箱盒的编号以及线序，应与图纸（样）上的编号一致，以便检修。电话分线盒安装与热力管及强电插座的安装距离应符合规范规定。

图 2-27 是一种壁嵌式分线盒的结构，其尺寸如表 2-8 所示。

XF085 型壁嵌式分线盒尺寸表　　　　　　　　　　　　　表 2-8

型号与规范	外形尺寸（mm）	嵌入墙内尺寸（mm）	加强圆钢间距离（mm）
	长×宽×厚	长×宽×厚	
XF085-10	350×270×18	290×220×110	130
XF085-20	350×270×118	290×220×110	130
XF085-30	500×300×118	440×250×110	190
XF085-50	500×300×118	440×250×110	190

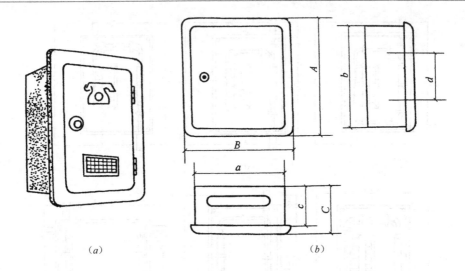

(a)　　　　　　　　　　*(b)*

图 2-27　XF085 型壁嵌式分线盒

（*a*）外形图；（*b*）结构尺寸图

A、*B*、*C* 为外形长、宽、厚；*a*、*b*、*c* 为嵌入墙内部的长、宽、厚；*d* 为两加强圆钢间的距离

分线盒在墙上安装时，应将分线设备固定在墙壁上的木背板上，距地面在 2.5m 以上，其安装方法见图 2-28。分线盒杆上安装见图 2-29；结构装配图见图 2-30。

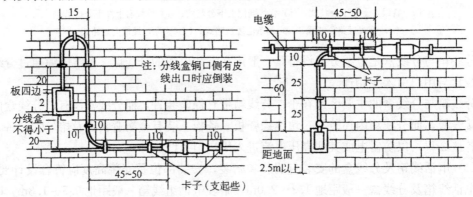

图 2-28　分线盒在室外墙壁上的安装（图中未标单位者均为 cm）

分线盒是连接配线电缆和用户线的设备。在弱电竖井内装设的电话分线盒为明装挂墙方式，如图 2-31 所示。其他情况下电话分线盒大多为墙上暗装方式（壁龛分线盒），以适应用户暗管的引入及美观要求。住宅楼房电话分线盒安装高度应为上边距顶棚 0.3m，

（三）过路盒与用户出线盒

直线（水平或垂直）敷设电缆管和用户线管，长度超过 30m 应加装过路箱（盒），管路弯曲敷设两次也应加装过路箱（盒），以方便穿线施工。过路盒外形尺寸与分线盒相同，如图 2-31 所示。

过路箱（盒）应设置在建筑物内的公共部分，宜为底边距地 0.3～0.4m 或距顶 0.3m。住户内过路盒安装在门后时，如图 2-32 所示。若采用地板式电话出线盒，宜设在人行通道以外的隐蔽处，其盒口应与地面平齐。

电话出线盒（图 2-33、图 2-34）的安装要求如下：

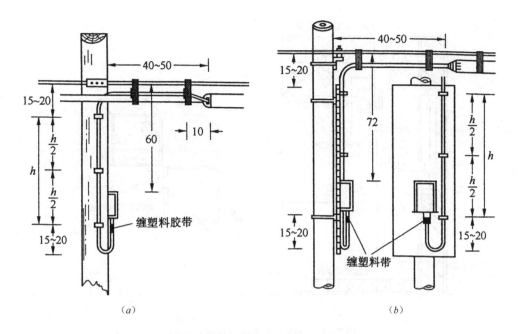

图 2-29　分线盒杆上安装示意图（单位：cm）

（a）分线盒在木杆安装示意图；（b）分线盒在水泥标杆安装示意图

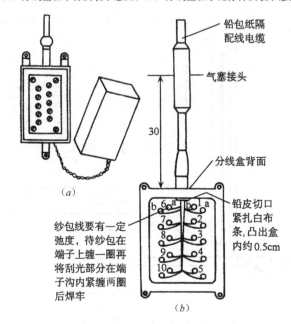

图 2-30　分线盒结构及装配示意图（单位：cm）

（a）正面；（b）背面

（1）电话机不能直接同线路接在一起，而是通过电话出线盒（即接线盒）与电话线路连接。

（2）室内线路明敷时，采用明装接线盒，即两根进线，两根出线。电话机两条引线无

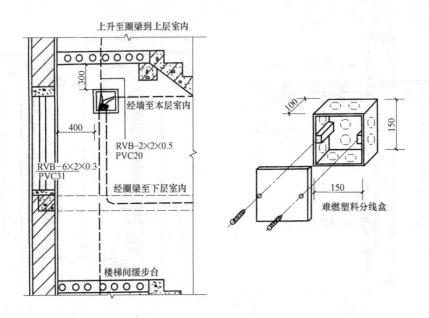

图 2-31　分线盒安装图（单位：mm）

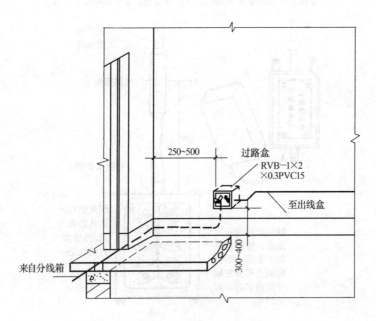

图 2-32　过路箱（盒）安装图（单位：mm）

极性区别，可任意连接。

（3）墙壁式用户出线盒均暗装，底边距地宜为 300mm。根据用户需要也可装于距地面 1.3m 处。用户出线盒规格可采用 86H50，其尺寸为 75mm（高）× 75mm（宽）× 50mm（深）。

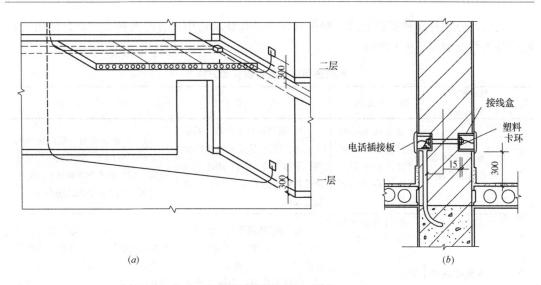

图 2-33 电话出线盒安装（单位：mm）

（*a*）安装示意图；（*b*）局部剖面图

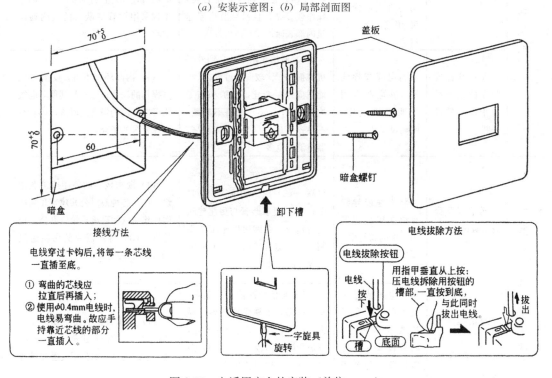

图 2-34 电话用户盒的安装（单位：mm）

第三节 电话线路的管线

一、电话线路的敷设安装方式

电话线路的敷设安装方式，目前常用的有通信线路明敷设安装和暗敷设安装两种类型，它们又分别有几种安装方式，根据具体条件和要求选用，有时两种类型混合使用。它们的分类情况如表 2-9 中所列。

室内通信线路的敷设安装方式　　　　　　　　　　表 2-9

类别	敷设安装方式的名称	敷设安装方法	特　点	适　用　场　合
明敷设安装（明配线）	通信线路直接明敷设安装	将电缆或导线直接在房屋内部墙壁上用卡子或线码等附件固定安装	(1) 通信线路不隐蔽，不整齐美观；(2) 易受外界机械损伤，不够安全；(3) 施工和维护及检修较为方便；(4) 工程造价较低	(1) 工业企业的一般厂房或辅助生产厂房；(2) 低层或多层居住建筑；(3) 中小学等建筑；(4) 不易受到外界机械损伤的场合
明敷设安装（明配线）	通信线路穿管明敷设安装	将电缆或导线穿放在管材中，管材用卡子或其他附件固定在墙上或房屋屋架结构构件上，管材可用钢管、塑料等	(1) 通信线路不易受到外界机械损伤，比较安全可靠；(2) 能适应今后变化，维护较简便；(3) 线路不隐蔽，不够整齐美观；(4) 施工需穿特定管材，操作较复杂，且易触及房屋建筑内部表面；(5) 造价较高	(1) 内部环境不好，会受外界机械损伤的厂房（如铸造、冶炼等工业企业）中车间等；(2) 室内其他管线较多、互相交叉、平行较多的场合；(3) 有特殊要求（如防止干扰采用钢管屏蔽）的室内通信线路
明敷设安装（明配线）	通信线路安放在桥架或槽道中，明敷设安装	将电缆或导线安放在电缆专用桥架或槽道中，明敷设安装	(1) 通信线路不易受到外界机械损伤，比较安全可靠；(2) 能适应今后变化，维护和施工均较方便；(3) 线路不隐蔽，不整齐美观；(4) 造价较高，器材消耗也多	(1) 内部环境不好，受外界机械损伤的场合；(2) 与其他弱电线路可以合用的场合或段落；(3) 有特殊要求的场合
暗敷设安装（暗配线）	通信线路穿管暗敷设安装	将电缆或导线穿放在房屋建筑内预埋的暗管中	(1) 通信隐蔽、美观、安全可靠；(2) 施工和维护较为复杂；(3) 要求暗管与房屋建筑同时建成，受到房屋施工的限制；(4) 造价较高；(5) 能适应今后的发展	(1) 要求较高的民用或工业建筑；(2) 各种高级公共建筑和高层居住建筑（如高级宾馆、办公大楼等）；(3) 特殊需要的房屋建筑（如智能大厦等）
暗敷设安装（暗配线）	通信线路安放在桥架或槽道中暗敷设安装	将电缆或导线安放在电缆专用桥架或槽道中，暗敷设安装，通常预埋在各个楼层吊顶内或设在技术夹层等场合	(1) 通信线路隐蔽、美观、安全可靠，不易受到外界机械损伤；(2) 能适应今后变化，维护和施工均较方便；(3) 造价较高，器材消耗也多；(4) 一般宜与其他弱电线路共用，受到限制较多	(1) 要求较高的民用或工业建筑；(2) 各种公共建筑；(3) 有特殊要求的场合（如公用夹层或设备层等）

　　电话通信线路的常用市话电缆有 HYA 型、HYAT 型和 HYAC 型等，常用的用户线有 HPV 型（HPVV 型）和 HBVVB 型平行线和 HBVVS 型对绞线等。

　　电话通信线路的暗配管常用的有钢管、塑料管。钢管又分薄壁管（壁厚在 2mm 以下，代号为 DG）和厚壁管（壁厚在 2mm 以上，代号为 G），其选用如表 2-10 所示。表 2-11 列出常用用户线的配线和配管穿放容量。

暗敷管材的选用　　　　　　　　　　　表 2-10

序号	管材代号	管材名称	别　名	特　点	适　用　场　合
1	DG	薄壁钢管	普通碳素钢电线套管、电线管、电管、黑铁管、薄管	有一定机械强度，耐压力和耐蚀性较差，有屏蔽性能	一般建筑内暗敷管路中均可采用，尤其是在电磁干扰影响大的场合采用，不宜在有腐蚀或承受压力的场合使用
2	G	厚壁钢管	对边焊接钢管、水管、厚管	机械强度较高、耐压力高、耐蚀性好，有屏蔽性能	可在建筑底层和承受压力的地方使用。在有腐蚀的地方使用时应作防腐蚀处理，尤其适用于电磁干扰影响较大的场合
3	VG	硬聚氯乙烯塑料管	PVC 管	易弯曲，加工方便，绝缘性好，耐蚀性强，抗压力差，屏蔽性能差	不宜在有压力和电磁干扰的较大的地方使用，在有腐蚀或需绝缘隔离的地方使用较好
4	GV	软聚氯乙烯塑料管		与硬聚氯乙烯塑料管相似，绝缘性能稍低	与硬聚氯乙烯塑料管相似，一般暗敷管路系统均可使用，但与电力线路过于接近时不宜采用

注：表中所列的聚氯乙烯塑料管不论软硬，都应该是具有低烟阻燃或低烟非燃性能，在建筑中不应采用有燃烧可能的管材。

暗敷用户线管的选用　　　　　　　　　　表 2-11

管　类	公称口径（mm）	内　径（mm）	HPVV 型铜芯平行线（2×1×0.5）	HBV 型铜芯对绞线（2×1×0.6）
薄壁钢管"DG"	15	12.67	1～3	1～3
	20	15.45	4～5	4
	25	21.80	6～8	5～6
无增塑刚性阻燃 PVC 管"VG"	15	12.0	1～3	1～3
	20	16.0	4～5	4
	25	20.0	6～8	5～6
硬质 PVC 波纹管	15	12.0	1～3	1～3
	20	16.0	4～5	4
	25	21.2	6～8	5～6

二、室外暗管敷设

（1）室外电话电缆应采用地下通信管道线路方式敷设。对不具备条件的多层民用住宅建筑区内的室外电话电缆，也可采用挂墙电缆线路方式敷设。

（2）地下通信管道与其他地下管线及建筑物最小净距应符合表 2-12 的规定。

地下通信管道与其他地下管线及建筑物的最小净距   表 2-12

其他地下管线及建筑物名称		平行净距（m）	交叉净距（m）
给水管	300mm 以下	0.50	0.15
	300～500mm	1.00	
	500mm 以上	1.50	
排水管		1.00①	0.15②
热力管		2.0	0.25
煤气管	压力≤300kPa	1.00	0.30③
	300kPa＜压力≤800kPa	2.00	
电力电缆	35kV 以下	0.50	0.50④
	35kV 及以上	2.00	
其他通信电缆		0.75	0.25
绿 化	乔 木	2.0	
	灌 木	0.50	
地上杆柱		0.50～1.00	
马路边石		1.00	
电车路轨外侧		2.00	
房屋建筑红线（或基础）		1.50	

注：（1）主干排水管后敷设时，其施工沟边与地下通信管道的水平净距不宜小于 1.5m。

（2）当地下通信管道在排水管下部穿越时，净距应不小于 0.4m；通信管道作包封时，应将包封长度自排水
管两端各加长 2.0m。

（3）在交越处 2m 范围内，煤气管不应作接合装置和附属设备，如上述情况不能避免时，地下通信管道应作
包封。包封长度自交越处两端各加长 2.0m。

（4）如电力电缆加保护管时，净距应不小于 0.5m。

（3）管道的埋深宜为 0.8～1.2m，在穿越人行道、车行道、电车轨道或铁路时，最小
不得小于表 2-13 的规定。

管道的最小埋深   表 2-13

管 种	管顶至路面或铁道路基面的最小净距（m）			
	人行道	车行道	电车轨道	轨 道
混凝土管 硬塑料管	0.5	0.7	1.0	1.3
钢 管	0.2	0.4	0.7	0.8

三、进户管道敷设

（1）一般用户预测在 90 户以下时（采用 100 对电缆），宜按一处进线方式；用户预测
在 90 户以上时，可采用多处进线方式。

（2）建筑物地下通信进户管和引上管可采用铸铁管、无缝钢管或硬质塑料管。

（3）民用建筑物的电话通信地下进线管焊接点，应距建筑外墙 2m，埋深 0.8m，以便

与市话地下通信管道连接，且应向外倾斜不小于 0.4% 的坡度。

（4）进线管孔应考虑设置备用管孔，也可将管径适当增大一级，以便今后抽换电缆或电话线。

四、室内管路敷设

（1）建筑物内暗配管路应随土建施工预埋，应避免在高温、高压、潮湿及有强烈振动的位置敷设。暗配管与其他管线的最小净距应符合表 2-14 的规定。

暗配管与其他管线最小净距（单位：mm）　　表 2-14

其他管线名称	平行敷设时		交叉敷设时		保护措施和要求
	用户线的位置	最小水平净距	用户线的位置	最小垂直净距	
给水管	不作规定	150	在给水管上面	20	在交叉敷设时，给水管包两层胶皮或黑胶布，并包扎牢固。其长度不小于 100
电力线	不作规定	150	在电力线上面	50	在交叉敷设时，用户线外套瓷管、塑料管或用黑胶布包扎。其套管或包扎长度不小于 100
暖气管	不作规定	300	在暖气管上面	300	在交叉敷设时，用户线外套瓷管，长度不小于 100；如不包封，最小净距应为 500
煤气管	不作规定	300	不作规定	20	在交叉敷设时，用户线外套瓷管，阻燃塑料管长度不小于 100
压缩空气管	不作规定	150	不作规定	20	在交叉敷设时，压缩空气管包两层黑胶布，并包扎牢固。其长度不小于 100

注：本表也适用于室内通信线路暗敷管路系统与其他管线的最小净距。

（2）电缆管、用户线管应采用镀锌钢管或难燃硬质塑料管。在易受电磁干扰的场所，暗配管应采用镀锌钢管，且做好接地处理。

（3）由进户管至电话交接箱至分线箱的电缆暗管的直线电缆管直径，利用率应为管内径的 50%～60%，弯曲处电缆管管径利用率应为 30%～40%。

（4）由分线箱至用户电话出线盒，应敷设电话线暗管，电话线暗管管内径应为 15～20mm；穿放平行用户线的管子截面利用率为 25%～30%；穿放绞合用户线的管子截面利用率为 20%～25%。

（5）暗配长度超过 30m 时，电缆暗管中间应加装过路箱；用户电话线管中间应加装过路盒。

（6）暗配管必须弯曲敷设时，其路径长度应小于 15m，且该段内不得有 S 弯；如连接弯曲超过两次时，应加装过路箱（盒）。

（7）管子的弯曲处应安排在管子的端部，管子的弯曲角度不应小于 90°，电缆暗管弯曲半径不应小于该管外径的 10 倍，用户电话线管弯曲半径不应小于该管外径的 6 倍。

（8）在管子弯曲处不应有皱褶纹和坑瘪，以免损伤电缆。

（9）暗配管线不宜穿越建筑物的伸缩缝或抗震缝，应改由其他位置（或由基础内通过）引上至楼层电缆供配线。当必须穿越沉降缝时，电缆管、用户线管必须做补偿装置。

（10）分线箱至用户的暗配管不宜穿越非本户的其他房间，若必须穿越时，暗管不得在其他房内开口。

（11）住宅楼应每户设置一根电话线引入暗管，户内各室之间宜设置电话线联络暗管，便于调节电话机安装位置。

（12）暗配管的出入口必须在墙内镶嵌暗线箱（盒），管的出入口必须光滑、整齐。

五、电话缆线

市内电话配线的种类如表 2-15 所示，表中说明其用途和规格。

市内电话配线型号规格　　　　　　　　表 2-15

型　号	名　　称	芯线直径（mm）	芯线截面（根数×mm）	导线外径（mm）
HPV	铜芯聚氯乙烯电话配线（用于跳线）	0.5 0.6 0.7 0.8 0.9		1.3 1.5 1.7 1.9 2.1
HVR	铜芯聚氯乙烯及护套电话软线（用于电话机与接线盒之间连接）	6×2/1.0		二芯圆形 4.3 二芯扁形 3×4.3 三芯 4.5 四芯 5.1
RVB	铜芯聚氯乙烯绝缘平行软线（用于明敷或穿管）		2×0.2 2×0.28 2×0.35 2×0.4 2×0.5 2×0.6	
RVS	铜芯聚氯乙烯绝缘绞合软线（用于穿管）		2×0.7 2×0.75 2×1 2×1.5 2×2 2×2.5	

（1）电缆网中的电话电缆应采用综合护层塑料绝缘市话电缆，且优先采用 HYA 型铜芯实心、聚烯烃绝缘涂塑铝带粘接屏蔽聚乙烯护套市话通信电缆。

（2）楼内配线也可采用 HYV 型铜芯实心聚乙烯绝缘、聚氯乙烯护套、绕包铝箔带市话通信电缆，且配线电缆的线径为 0.4mm。

市内电话电缆规格见表 2-16。

市内电话电缆规格　　　　　　　　表 2-16

序　号	型号及规格	电缆外径（mm）	重量（kg/km）
1	HYA10×2×0.5	10	119
2	HYA20×2×0.5	13	179

续表

序 号	型号及规格	电缆外径（mm）	重量（kg/km）
3	HYA30×2×0.5	14	238
4	HYA50×2×0.5	17	357
5	HYA100×2×0.5	22	640
6	HYA200×2×0.5	30	1176
7	HYA300×2×0.5	36	1667
8	HYA400×2×0.5	41	2217
9	HYA600×2×0.5	48	3229
10	HYA1200×2×0.5	66	6190
11	HYA10×2×0.4	11	91
12	HYA20×2×0.4	12	134
13	HYA30×2×0.4	12	179
14	HYA50×2×0.4	14	253
15	HYA100×2×0.4	18	417
16	HYA200×2×0.4	24	774
17	HYA300×2×0.4	28	1131
18	HYA400×2×0.4	33	1458
19	HYA600×2×0.4	41	2143
20	HYA1200×2×0.4	56	4077
21	HYA1800×2×0.4	66	5967
22	HYA2400×2×0.4	76	8000

在建筑配管中，管材可分为：钢管（厚壁管，2mm 以下厚壁管）、硬聚氯乙烯管、陶瓷管等。现广泛采用钢管及硬聚氯乙烯管。在建筑物中比较集中的缆线也大量采用金属线槽明敷的方式，容纳缆线的根数见表 2-17～表 2-21。

穿 管 的 选 择   表 2-17

电缆、电线敷设地段	最大管径限制（mm）	管径利用率（%）	管子截面利用率（%）
		电 缆	绞合导线
暗设于地层地坪	不作限制	50～60	30～35
暗设于楼层地坪	一般≤25 特殊≤32	50～60	30～35
暗设于墙内	一般≤50	50～60	30～35
暗设于吊顶内或明敷	不作限制	50～60	25～30（30～35）
穿放用户线	≤25		25～30（30～35）

注：（1）管子拐弯不宜超过两个弯头，其弯头角度不得小于 90°。有弯头的管段长如超过 20m 时，应加管线过路盒。

（2）直线管段长一般以 30m 为宜；超过 30m 时，应加管线过路盒。

（3）配线电缆和用户线不应同穿一条管子。

（4）表中括号内数值为管内穿放平行导线的数值。

HYV 型、HYA 型、HPVV 型电话电缆穿保护管最小管径一览表　　表 2-18

保护管种类	保护管弯曲数	5	10	15	20	25	30	40	50	80	100	150	200	300	400
		最 小 管 径（mm）													
电线管（TC）聚氯乙烯（PC）	直通	20	25	25	25	25	32	40	40	50	50	—	—	—	—
	一个弯曲时	25	32	32	32	40	40	40	50	50	—	—	—	—	—
	二个弯曲时	40	40	40	40	50	50	50	50	—	—	—	—	—	—
焊接钢管（SC）水煤气钢管（RC）	直通	15	20	20	20	20	25	32	40	40	50	70	80	—	—
	一个弯曲时	20	25	32	32	32	32	40	50	50	70	80	100	100	100
	二个弯曲时	32	32	32	32	40	40	50	50	70	80	100	100	100	100

注：穿管长度 30m 及以下。

电话电线穿管的最小管径　　表 2-19

导线型号	穿管对数	0.75	1.0	1.5	2.5	4.0	导线型号	穿管对数	0.75	1.0	1.5	2.5	4.0
		导线截面（mm²）							导线截面（mm²）				
		SC 或 RC 管径（mm）							TC 或 PC 管径（mm）				
RVS 250V	1	15	15	15	15	20	RVS 250V	1	16	16	16	20	25
	2	15	15	15	20	25		2	16	16	20	20	32
	3	15	15	20	20	25		3	20	20	25	25	32
	4	20	20	20	32	32		4	20	25	25	40	40
	5	20	20	32	40	40		5	25	25	32	40	40
	6	25	32	40	50	50		6	25	32	40	40	50

HYV 型、HYA 型、HPVV 型电话电缆穿在线槽内允许根数一览表　　表 2-20

电缆对数	金属线槽容纳导线根数				塑料线槽容纳导线根数				
	45×30	55×40	45×45	120×65	40×30	60×30	80×50	100×50	120×50
5	5	9	7	30	5	7	16	20	25
10	3	6	5	21	3	5	11	14	16
15	3	5	5	20	3	4	10	13	16
20	2	4	4	15	2	3	8	10	12
25	2	4	4	14	2	3	8	10	12
30	2	3	3	11	1	2	6	7	8
40	1	2	2	8	1	2	3	7	8
50	—	2	2	7	1	1	3	4	5

线槽内电话电缆与电话支线换算　　表 2-21

电话支线型号	HYV-0.5 电话电缆对数						电话支线型号	对数	HYV-0.5 电话电缆对数			
	10	20	30	50	80	100			100	80	50	30
									相当于电缆根数			
RVS-2×0.2	8	12	16	25	37	44	HYV-0.5	10	5	4	3	2
								20	4	3	2	1
RVS-2×0.5	7	8	11	18	25	31		30	3	2	1	—
								50	2	1	—	—

六、电话配线系统与综合布线系统的关系

因为结构化综合布线（详见第四章）完全可以替代电话配线，所以电话配线在智能建筑中并不重要。但由于综合布线的造价比电话配线高出许多，在楼内电话配线设计时，如果能确定电话的位置和数量，不妨用电话配线，这样能节约投资。但如果电话数量不确定，那么，楼内可全部采用综合布线替代电话配线。此外，在某些场合，电话配线和综合布线可共用一个弱电间、竖井和配线架。如果某楼层的水平子系统有一个综合布线配线架，那么该楼层的电话壁龛完全可以取消。

第四节 电话站机房的施工

一、站址选择和土建要求

电话机房的站址选择，除应尊重用户的意见外，还需考虑如下原则：

（1）总机的位置一般宜选在二楼或一楼，并邻近道路，以便引线（包括电缆和接地线）；应避免将总机室设在地下室，以防设备受潮。

（2）总机最好放在分机用户负荷的中心位置，以节省用户线路的投资。

（3）总机的位置宜选择在建筑物的朝阳面，并使电话站的有关机房紧密相邻，以节省布线电缆，并便于维护管理。一般往往考虑把总机设在机关或企业的首脑部门附近。

（4）电话站房要求环境比较清静和清洁，最好远离人流嘈杂和多尘的场所，要注意不要设置在厕所、浴室、开水房、卫生间、洗衣房和食堂餐厅等易于积水的房间附近，也不要设于变配电室、空调压缩机房、通风机房、水泵房等有电磁或噪声影响的房间的楼上、楼下或隔壁。

电话站的交换机室是布置交换机柜和总配线架的，要求地面平整，凡直接通往室外的窗和门，都应严密防尘。对于容量大于 1000 门的程控交换机室内灰尘含量及粒径要求如表 2-22 所示。

容量小于 1000 门的程控交换机室内灰尘含量及粒径要求见表 2-23。可知表 2-23 比表 2-22 的要求低一个数量级。

大型程控交换机室内灰尘限度要求			表 2-22	
最大直径（μm）	0.5	1	3	5
最大浓度（粒子数/m²）	14×10^6	7×10^5	24×10^4	13×10^4

小容量程控交换机室内灰尘限度要求			表 2-23	
最大直径（μm）	1	3	5	10
最大浓度（粒子数/m²）	14×10^6	7×10^5	24×10^4	13×10^4

程控交换机室对室内空气洁净度的要求，除灰尘含量与粒径要求外，对空气中含有盐、酸、硫化物等也有一定的要求。机房内不得有复印机等机械设备，如一定要放则至少与机柜有 3m 以上的间隔。交换机室还要求恒温恒湿，平时可用中央空调，但应设置备用

空调机组。环境要求最佳温度为 25℃左右（18～28℃），短期为 10～40℃，相对湿度最佳为 30%～75%，短期为 10%～90%。建议室内装上空调机。但交换机和空调机最好不用同一相供电，以免空调机启动带来的电源波动干扰和影响交换机的运行。有条件的用户把话务台和空调机分别放在里外间。装空调机有三个优点：不开门窗而保持室内温度适宜；室外各种噪声不会进入室内提高话音质量；室内清洁卫生有保障，灰尘少，总的效果是提高话音质量保证运行可靠，延长交换机寿命。

表 2-24、表 2-25 为程控交换机房的使用面积和土建工艺要求。

程控用户交换机房的使用面积　　　　　　　　表 2-24

交换机容量数（门）	交换机房使用面积（m²）
≤500	≥30
501～1000	≥35
1001～2000	≥40
2001～3000	≥45
3001～4000	≥55
4001～5000	≥70

注：表中机房使用面积应包括话务台或话务员室、配线架（柜）、电源设备和蓄电池的使用面积，但不包括机房的备品备件维修室、值班室及卫生间。

程控交换机房的土建工艺要求　　　　　　　　表 2-25

机 房 名 称	交 换 机 室	话 务 员 室	蓄电池室（铅酸电池）
楼层净高	≥3m（高架≥3.5m）	≥3m	≥3m
楼板荷载（均匀）	低架≥450kg/m² 高架≥600kg/m²	≥300kg/m²	≥600kg/m²
地 板	阻燃的、防静电的活动地板或塑料地面		耐酸瓷砖
墙 面	塑纸贴面或水泥石灰砂浆粉刷，并涂油漆	水泥石灰砂浆粉刷，表面涂油漆	水泥石灰砂浆粉刷，表面涂耐酸（或耐碱）油漆
顶 棚	铝合金吊顶或水泥石灰砂浆粉刷，表面涂无光油漆	水泥石灰砂浆粉刷，表面涂白色无光油漆	同上
门	铝合金或外开双扇门，门宽 1.2～1.5m	一般防尘	良好防尘，涂耐酸漆
窗	双层窗，严密防尘	一般防尘	双层窗、外层窗装磨砂玻璃
环境温度	18～28℃（长期） 10～35℃（短期）	10～30℃	10℃以上
相对湿度	30%～75%（长期） 10%～90%（短期）	40%～80%	
其 他	应设空调		应设通风排气装置

注：表中低架是指低于 2.4m 的机架，一般为 2.0～2.4m；高架是指 2.6m 或 2.9m 的机架。活动地板或塑料地面应能防静电，并阻燃。

二、电话站房的平面布置

图 2-35 是一种容量 1000 门以上的大型程控用户交换机电话站房的平面布置图示例。图中房间净高 3m，活动地板或布放电缆的地槽的高度应大于 25cm。话务员室与交换机房的隔墙中间，在离地面 1m 高左右，设有至少 1m 高、2m 宽的透明玻璃隔墙，以便观察机房状态。蓄电池室房顶或侧墙安装 12 英寸排气扇。

图 2-36 和图 2-37 是又一种程控交换机电话站房的平面布置。

三、电话站的供电

用户交换和所需的工作电源主要是直流电源。目前程控电话交换机用 48V 直流电

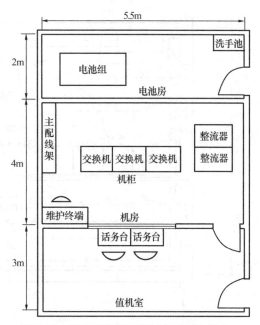

图 2-35　程控交换机电话站房平面布置之一

（以往纵横制交换机用 60V 直流电）。为了供给交换机所需的直流电源，必须配备可将交流电源转换为直流电源的换流设备，目前多采用可控硅整流器及开关型整流器。

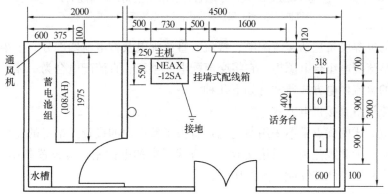

图 2-36　程控交换机电话站房平面布置之二（单位：mm）

由于对电话通信的不间断要求，电话站一般需配备蓄电池。目前一般采用全密封免维护铅酸蓄电池，与早先采用的固定式铅酸蓄电池相比，具有体积小、不需使用硫酸、没有腐蚀性酸雾及氢、氧气逸出，可将其与配电柜及交换机柜等设备安装在同一房间等优点。蓄电池的作用有两方面：一方面在换流设备直接供电时与换流设备并联工作，起平滑电压波动的作用；另一方面在换流设备停机（交流电源中断）时，保证一定时间的直流电源供给。

根据《民用建筑电气设计规范》JGJ/T 16—2008 规定，电话站交流电源的负荷等级，宜与该建筑工程中的电气设备之最高负荷分类等级相同。电话站交流电源可由低压配电室或邻近的交流配电箱从不同点引来二路独立电源，并采用末端自动互设。当有困难时，亦可引入一路交流电源。

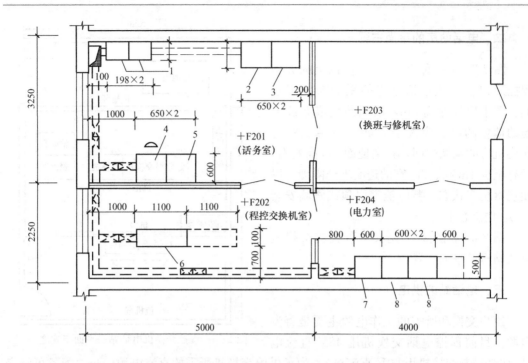

图 2-37　程控交换机电话站房平面布置之三（单位：mm）

1—总配线架；2—用户传真机；3—用户电传机；4—话务台；

5—维护终端；6—程控交换机；7—电源架；8—电池架

电话站的电源设备包括交流配电、整流、直流配电及蓄电池四部分。中小容量的电话站通常采用整流配电组合电源柜，它将交流配电、整流、直流配电合为一体。

电话站的直流供电方式通常有如下几种：

（1）整流设备直接供电方式

这种供电方式的优点是不采用蓄电池，省去了蓄电池的投资及本身的能耗；缺点是易造成通信中断。为此规范规定采用交流直供方式供电的电话站，应设置备用蓄电池一组，且整流器应有稳压及滤波性能，并备用一台。

（2）蓄电池充放电方式

这种方式的直流电功率全部由蓄电池供给，整流设备仅作充电机用，需配备两组蓄电池轮换工作。该方式用于容量较小的电话站。

（3）蓄电池浮充方式

这种方式可接入一组或两组蓄电池与整流设备并联，平时由整流设备供给通信设备所需的直流电源，同时对蓄电池浮充电。当交流中断时，转换由蓄电池供电。由于该方式蓄电池效率高、寿命长，所需蓄电池容量小，维护工作大为减轻，故经常采用。规范规定，程控用户交换机容量较大时，宜采用全浮充制直流供电方式供电。当交流供电负荷等级在二级以上时，可选用一组蓄电池；为三级供电负荷时，可选用两组蓄电池。

专网程控交换机供电方式大多采用浮充供电方式。供电系统由交流配电屏、整流器、直流配电屏、电池组成，机内电源系统包括 DC-DC 变换器和 DC-AC 逆变器。它们相互连接电路见图 2-38。

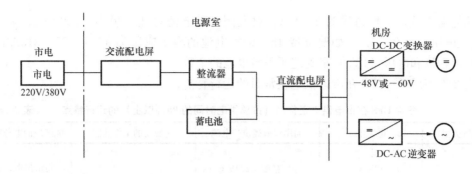

图 2-38　专网程控交换机供电系统框图

电话交换机的蓄电池容量 C 可按下式计算：

$$C = K \cdot I \tag{2-3}$$

式中 I 为近期电话设备忙时平均耗电电流（A）；K 为计算系数，其值见表 2-26 与表 2-27。C 的单位为 Ah（安培小时）。

蓄电池容量计算系数　　　　　　　　　　　　　　　表 2-26

	T (h)	3	4	5	6	7	8	9
K	15℃	4.35	5.50	6.52	7.33	8.29	9.35	10.09
	5℃	4.76	6.03	7.15	8.03	9.08	10.24	11.05
	T (h)	10	11	12	13	14	15	20
K	15℃	10.87	11.88	12.97	14.05	15.14	16.30	21.74
	5℃	11.90	13.10	14.29	15.48	16.67	17.87	23.81

注：（1）电池室内有供暖设备时用 15℃ 的 K 值，无供暖设备时用 5℃ 的 K 值。

（2）T 为蓄电池组供电小时数，按表 2-27 取定。

蓄电池组供电小时数 T(h) 值　　　　　　　　　　　表 2-27

交流负荷等级 ＼ 直流供电方式	浮　充　制	直　供　方　式
一级、二级负荷	4～6	10～15
三级负荷	10	20

当整流设备主要作浮充机使用时，其输出电流应能同时供给忙时全站最大耗电电流 I_m 和补偿蓄电池自放电容量损失的补充充电电流。蓄电池的自放电损失，在设计中可按每一昼夜 2% 计算，即单组电池浮充时补充电流为 $\dfrac{C \times 2}{100 \times 24}$，在两组蓄电池并联浮充时为 $\dfrac{2C \times 2}{100 \times 24}$，$C$ 为单组蓄电池容量（Ah）。因此，浮充机的输出电流 $I_f = I_m + \dfrac{2C \times 2}{100 \times 24}$（A）。$I_m$ 为忙时全站最大耗电电流（A）。

（4）蓄电池的容量计算

蓄电池的容量（安培小时）可由公式算得，或由程控交换机的容量与市电断电后需要维护的时间来确定。一般可配供维持 4h 用电，或者根据用户需要和当地情况（如停电概率和停电时间长短等）而定。以上例为 1800 线（用户线＋中继线），按照 Hicom 程控交换机的耗电参数，平均每线为 2.1VA，故上例的蓄电池总耗电量为（1800×2.1）÷48（蓄电池电压）=78.75A。如要维持 4h，则蓄电池的容量应选为 4×78.75=315Ah。再由蓄电池容量和电压（48V）来确定所需蓄电池的个数。

表 2-28 为各种 UPS 在市电供电正常时的运行特点。

各种 UPS 在市电供电正常时（占总供电时间的 99%以上）的运行特点　　　表 2-28

UPS 类型	市 电 电 压	向用户所提供的电源	逆变器的工作状态	能解决的电源问题
后备式 UPS	170～255V（220V，−23%、+15%）	稳压精度：220V±（4～7）%（100%来自市电电源）	处于停机状态	市电停电，电压瞬态下陷，电压瞬态上涌
在线互动式 UPS	150～276V（220V，−31%、+25%）	稳压精度：220V −11%，+15%（100%来自市电电源）	"逆变器/充电器"型的变换器向电池充电	市电停电，电压下陷，电压上涌，持续过压，持续欠压
Delta 变换式 UPS	187～253V（220V，±15%）	稳压精度：220V±1%（当市电电压为 220V±15% 时，其中 85% 来自市电电源，15%来自 Delta 变换器的逆变器电源；当市电电压为 220V 时，100%来自市电电源）	"逆变器/充电器"型的主变换器向电池充电，"Delta 变换器"负责补偿市电电压的波动	市电停电、电压下陷。电压上涌，持续过压，持续欠压，可适当抑制 15～16kHz 的传导性干扰
双变换在线式 UPS	① 220V，−15%、+10%（采用可控硅整流器的 UPS）② 220V ± 15%（采用脉冲调制型整流器的 UPS）	稳压精度：220V ±1%的高质量逆变器电源	专用充电器向电池组充电，逆变器连续不断地向负载提供电流	市电停电，电压下陷，电压上涌，持续过压，持续欠压，频率波动，电源干扰，切换瞬变，波形失真

四、电话站房工程举例

下面以上海新光电讯厂引进生产的 Hicom 程控数字用户交换机说明其电话站房的要求。Hicom 程控交换机包括四个容量系列：Hicom340（320 端口）、Hicom370（960 端口）、Hicom390（5120 端口）、Hicom391（10000 端口）。

（一）机房建筑要求

（1）机房使用面积、净高及地面负荷见表 2-29。交换机房高度要求如图 2-39 所示。Hicom370 型和 Hicom390 型机房的面积要求如图 2-40 所示。Hicom 系统除有交换机的主机柜外，还有与之配套的电源柜、配线柜等辅助机柜。它们的尺寸均为 1885mm（高）×770mm（宽）×500mm（深）。图 2-40 只画交换机房，话务员室视用户情况而定。

机房使用面积、净高及地面负荷表　　　　　　　　　　表 2-29

机 房		使用面积（m³）	净 高（m）	地面荷载（kg/m²）	机 柜 数	备 注
Hicom—340	交换机房	9.68	3	450	1（≤200 门）	话务台数由用户根据中继线数量确定
	话务员室	7.24	3	450		
Hicom—370	交换机房	13.50	3	450	2（600 门）	
	话务员室	10.82	3	450		
Hicom—390	交换机房	31.31	3	450	5（2000 门）	
	话务员室	10.82	3	450		

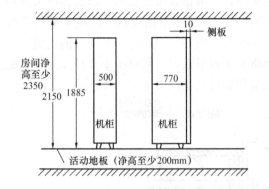

图 2-39　交换机房高度要求（单位：mm）

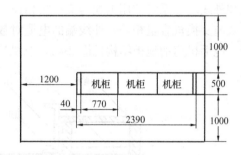

图 2-40　交换机房面积要求（单位：mm）

（2）电缆可以在机柜上面走，也可以在机柜下面（地板下）走，但以后者为佳。无论上走或下走都应有敷设电缆的走线槽。

（3）地面要铺设防护静电感应的半导电活动地板。

（4）如果程控机房与原有机电制机房距离比较近，相互间应有屏蔽网，以免受电磁及电火花的干扰。

（5）机房内要防止有腐蚀的气体进入，特别要防止电池室的酸气进入，以免腐蚀机器设备。

（6）机房内要满足国家二级防火标准。

（7）机房内要设置双层铝合金窗，在机房入口处要设有过渡走廊。

（8）话务员室宜与交换机房隔开，并在机器正面设立玻璃观察窗以了解机房内情况。

（二）环境要求

1. 机房内的温度和湿度

（1）机房内机器设备工作的最佳条件：温度为 16～28℃；相对湿度为 20%～70%；绝对湿度为 6～18gH_2O/m³。

（2）机房内机器设备工作的极限条件：温度为 10～40℃；相对湿度为 20%～80%；绝对湿度为 2～25gH_2O/m³；

（3）机房内通常要设有空调机。空调机要选用中小容量的，送风量和制冷量之比为 1：2 或 1：3 左右。为了保证机房的空气洁净度，一般配备有粗效或中效过滤器。

2. 机房内防尘要求

每年积尘$<10g/m^2$。

3. 机房内防振要求

振动频率5～60Hz，振幅0.035mm。在地震活动区，要求机房有固定装置，Hicom机柜上有螺孔，可用螺栓等固定牢。

4. 机房内照明采光要求

(1) 要避免阳光直射，以防止长期照射引起印刷板等元器件老化变形；

(2) 采光要求是垂直和水平面各为150lx。

(三) 有关设备的配置

(1) 配线架应有良好的接地，所有中继线都要加避雷器（保安器）。用户线如是在机房所在的同一楼内，可不带保安器；如在其他楼内，一般也要带保安器（以防雷雨天损坏交换机电路板）；但如相距很近，又是地下电缆连接，也可不带保安器。配线架分为系统端和外线端，系统端用电缆与交换机相连，外线端用电缆与用户相连。系统端的电缆对数大致与交换机容量相等，外线端的电缆对数要略多于容量数，一般可按1.2至1.8比1配置。电话机房的地板结构见图2-41，总机进线避雷器接线见图2-42。

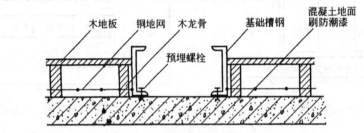

图 2-41 电话机房的地板结构●

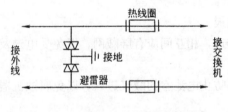

图 2-42 电话总机进线避雷器接线●

(2) 话务台数根据中继线数量确定，一般说来，程控话务台数与入中继线之比取1:20。而通常用户线与中继线之比采用10:1。举例说，例如有一用户要求用户线为1600条，中继线为200条（出、入各半），即入中继线为100条，如呼出全部采用自动直拨（DOD），则话务台只承担呼入话务量的转接。在一般话务量情况下，一个话务台可承担20条入中继线的转接，则需配话务台数为$100\div20=5$个。

五、电话站房的接地

(一) 大楼内程控用户交换机房接地设计要点

(1) 接地装置采用共用接地极。共用接地网应满足接触电阻、接触电压和跨步电压的要求。机房的保护接地采用三相五线制或单相三线制接地方式。

(2) 一般情况下，最好在机房内围绕机房敷设环形接地母线。环形接地母线作为第二级节点，按一点接地的原则，程控交换机的机架和机箱的分配点为第三级节点，第四级节点是底盘或面板的接地分配点，第三级节点的接地引线直接焊接到环形接地母线上。与上述第三级节点绝缘的机房内各种电缆的金属外壳和不带电的金属部件，各种金属管道、金属门框、金属支架、走线架、滤波器等，均应以最短的距离与环形接地母线相连，环形接地母线与接地网多点相连。

（3）有条件的电话站还须设立直流地线，一般用 120mm×0.35mm 的紫铜带敷设而成。

（4）为了减少高频电阻，电话站内设备的接地引线要用铜导线。

（二）接地电阻

关于接地电阻值，当各种接地装置分开装设时，由于各种不同型号程控交换机要求不一样，接地电阻按 2～10Ω 考虑。一般对 2000 门以下的程控交换机，接地电阻≤5Ω。当各种接地装置采用联合接地时，接地电阻等于 1Ω。图 2-43 为程控交换机星形接地方式的示意图。

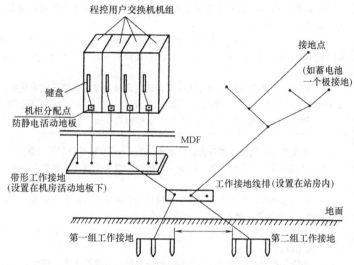

图 2-43　程控交换机星形接地方式（工作接地）示意图

第五节　电话通信系统的工程质量检查

关于电话通信系统工程的质量检查如表 2-30 所示。

民用建筑通信安装工程质量监督检查一览表　　　　　　　　　　　表 2-30

序号	项目名称	质　量　标　准　与　检　查
1	交接箱与分线箱安装	（1）通信接线箱型号、规格应符合设计要求。 （2）通信箱安装场所要适当，安装位置正确，固定牢靠，部件齐全，管进入箱体顺直，管口光滑，露出长度为 10～15mm。钢管端部应有丝扣，且用锁紧螺母固定。暗式箱盖（门）紧贴墙面，箱体油漆光亮。 　箱背后端体表面无空鼓和裂缝现象，箱内外清洁，箱盖开闭灵活，箱体内接线整齐，线序编号齐全、正确。 （3）导线与接线板、用户出线盒连接缆、线位置正确，线芯无接头，连接牢固紧密，螺钉压板连接时压紧无松动。 　导线在箱内留有适当余量，绝缘保护完好，接线端子板进线要焊接，配线整齐美观。 （4）通信箱的接地线与电缆屏蔽层连接，应有专用接地螺栓，连接良好。 （5）交接箱与分线箱安装允许偏差的检查方法和检查数量见表 2-31

序号	项目名称	质 量 标 准 与 检 查
2	用户出线盒安装	(1) 出线盒、过线盒、分线盒型号、规格及适用场所应符合设计要求。 (2) 各种盒体与管连接正确，盒口与墙面配合适当，无破损及受压变形。盒内清洁无杂物。 (3) 出线盒面板应使用与其相配套产品，盒内导线留有适当余量，面板紧贴建筑物表面无缝隙。面板表面清洁无污染。 (4) 用户出线盒面板安装允许偏差的检查方法和检查数量见表 2-32
3	配线及管内穿线	(1) 配管的品种、规格、质量、连接方法和适用场所必须符合设计要求及施工规范规定。采用塑料管必须使用 PVC 管，规格、型号要满足设计要求。 (2) 电缆（线）的规格、质量、绝缘电阻必须符合设计要求。 (3) 管子敷设连接紧密，管口光滑，护口齐全；管子弯曲处无明显皱褶纹和坑瘪，暗配管保护层应大于 15mm；进户电缆管与其他地下管网的平行交叉距离符合规程规定，线路进入通信设备处，位置准确。 (4) 管路穿过沉降缝处应有补偿装置，且能活动自如；穿过建筑物基础处加套保护管。补偿装置平整，管口光滑，护口牢固，与管子连接可靠，加套保护管在隐蔽工程记录中标示正确。 (5) 管内穿线在盒（箱）内导线应留有适当余量，导线在管子内无接头。电缆芯线与分线端子连接中间不准有接头，导线连接处不伤芯线。盒（箱）内清洁无杂物，配线整齐。 (6) 暗配管弯扁度和管子弯曲半径的要求和检查方法、检查数量见表 2-33
4	电缆工程	(1) 电缆型号、规格必须符合设计要求，低于 -5℃ 时不能布放电缆。 (2) 电缆敷设严禁有绞、拧、压扁、保护层断裂和表面严重划伤等缺陷，与各种管路距离符合设计要求。 (3) 电缆头制作，全塑电缆剥开护套切口处应保留 15mm 的电缆包带，芯线线序正确，线束应松拢，不得紧缠，并不散乱，标志准确清楚。 (4) 电缆竖井内电缆支架安装位置正确，连接可靠，固定牢靠，油漆完整。在转弯处托放电缆，应平滑过渡。 (5) 电缆保护管管口光滑，无毛刺，防腐良好，弯曲处无弯扁现象，弯曲半径不小于电缆的最小允许半径，出入地沟保护管封闭严密。弯曲处无明显的折皱和不平，出入地沟隧道和建筑物，保护管坡面和坡度正确。电缆在竖井内横平竖直，成捆敷设的要排列整齐。 (6) 电缆竖井内支架距离及电缆弯曲半径允许偏差和检查数量、检查方法见表 2-34

　　交接箱与分线箱、用户出线盒面板、暗配管等安装及电缆敷设的允许偏差和检查方法见表 2-31～表 2-34。

交接箱、分线箱安装允许偏差检查　　　　　　　　　　　表 2-31

项 目		允许偏差（mm）	检查数量和检查方法
箱垂直度	箱体高<500mm	1.5	抽查 5 台，每台垂直度正、侧面各一点，其他测一点，吊线尺量检查
	箱体高≥500mm	3	
盘面倾斜		<1%	

用户出线盒面板允许偏差检查　　　　　　　　　　　表 2-32

项 目		允许偏差（mm）	检查数量和检查方法
用户出线盒面板	同一场所高差	5	抽查总数的 10%，但不少于 10 个，拉、吊线尺量检查
	垂直度	0.5	

暗配管允许偏差检查　　　　　　　　　　　　　　表 2-33

项　目	允许偏差或弯曲半径（mm）	检查数量和检查方法
管子弯曲处弯扁度	$\leqslant 0.1D$	按不同检查部位各抽查 10 处，每处测一点，尺量检查
用户线管子弯曲半径	$\geqslant 6D$	
电缆管子弯曲半径	$\geqslant 10D$	

注：D 为管子直径。

电缆敷设允许偏差检查　　　　　　　　　　　　　表 2-34

项　目	规定值	弯曲半径（mm）	检查数量和检查方法
电缆竖井敷设垂直支架距离（mm）	500～1000	30	抽查 5 处，尺量检查
电缆弯曲半径（mm）	$\geqslant 10D$		

注：D 为管子直径。

第三章 计算机网络系统

第一节 概 述

一、计算机网络的分类

计算机网络的功能非常广泛，但概括起来有两个方面的基本功能：

（一）通信

即在计算机之间传递数据，是计算机网络最基本的功能。它使地理上分散的计算机能连接起来互相交换数据。就像电话网使得相隔两地的人们互相通话一样。

（二）资源共享

资源共享包括硬件、软件和信息资源的共享。这是计算机网络最具吸引力的功能，它极大地扩充了单机的可用资源，并使获得资源的费用大为降低，时间大为缩短。

在上述基本功能上可产生出许多其他的功能，比如利用网络使计算机互为后备，以提高可靠性；利用网络上的计算机分担计算工作，以实现协同式计算；利用网络进行电子商务；利用网络进行信息的集中管理和分布处理等。

计算机网络有不同的分类方法：

（1）按所用的通信手段分类——可分为有线网络、无线网格、光纤网络和人造卫星网络等。

（2）按应用角度分类——可分为专用网络、公用数据网络和综合业务数据网络（ISDN）等。

（3）按网络覆盖范围的大小分类——分为局域网（LAN）、城域网（MAN）、广域网（WAN）。

局域网覆盖范围一般在 10km 以内，属于一个部门或单位，不租用电信部门的线路；城域网的覆盖范围一般为一个城市或地区，从几千米到上百千米；广域网的覆盖范围更大，一般从几十千米，可覆盖一个地区、一个国家直至全球。广域网一般要租用电信部门的线路。本节着重讲述局域网。

二、局域网拓扑结构

拓扑结构是指网络站点间互联的方式，也指网络形状。局域网常见的拓扑结构有星形、环形、总线形和树形等，如图 3-1 所示。其中树形拓扑结构是总线形拓扑结构的一般化，或者说总线形是树形拓扑的特例。目前局域网中广泛应用的是星形拓扑结构，详见表 3-1。

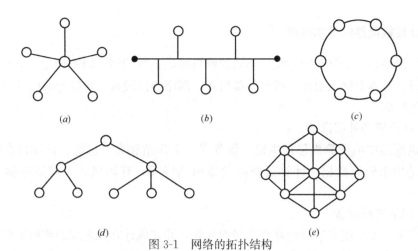

图 3-1 网络的拓扑结构

(a) 星形；(b) 总线形；(c) 环形；(d) 树形；(e) 网形

各种网络拓扑结构的比较　　　　　　　　　　　　　　表 3-1

拓扑结构	结构特点	优　点	缺　点	局域网典型应用
总线形	由一根被称为"主干"（又称为骨干或段）的传输介质组成，网络中所有的计算机连在这根传输介质上。在每条传输介质的两端需设端接器	节省传输介质、介质便宜、易于使用；系统简单可靠；总线易于扩展	在网络数据流量大时性能下降；查找问题困难；传输介质断开将影响许多用户	对等网络或小型（10 个用户以下）基于服务器的网络
环形	用一根传输介质环接所有的计算机，每台计算机都可作为中继器，用于增强信号传送给下一台计算机	系统为所有计算机提供相同的接入，在用户数据较多时仍能保持适当的性能	一台计算机故障将影响整个网络；查找问题困难；网络重新配置时将终止正常操作	令牌环 LAN、FDDI 或 CDDI
星形	计算机通过传输介质连接到被称为"集线器"的中央部件	是最常用的物理拓扑结构，无论逻辑上采用何种网络类型都可采用物理星形，方便预先布线，系统易于变化和扩展；集中式监视和管理；某台计算机或某根传输介质故障不会影响其他部分的正常工作	需要安装大量传输介质；如果中心点出现问题，连接于该中心点（网段）上的所有计算机将瘫痪	是最常用的拓扑结构；以太网；星形令牌环；星形 FDDI
网形	每台计算机通过分离的传输介质与其他计算机相连	系统提供高冗余性和可靠性，并能方便地诊断故障	需要安装大量传输介质	主要用于城域网，也可用于特别重要的以太网主干网段
变形或混合形	根据网络中计算机的分布、网络的可靠性、网络性能要求（数据流量和通信规律）的特点，选择相应的网络拓扑结构	满足不同网段性能的要求，在可靠性与经济性之间选择最佳交点	具有相应网段拓扑结构的缺点	是实际应用最普遍的拓扑结构

三、计算机网络的基本组成

计算机网络是一个复杂的系统。不同的网络组成不尽相同。但不论是简单的网络还是复杂的网络，基本上都是由计算机与外部设备、网络连接设备、传输介质以及网络协议和网络软件等组成。

（一）计算机与外部设备

计算机网络中的计算机包括主机、服务器、工作站和客户机等。计算机在网络中的作用主要是用来处理数据。计算机外部设备包括终端、打印机、大容量存储系统、电话等。

（二）网络连接设备

网络连接设备是用来进行计算机之间的互联，并完成计算机之间的数据通信的。它负责控制数据的发送、接收或转发，包括信号转换、格式变换、路径选择、差错检测与恢复、通信管理与控制等。计算机网络中的网络连接设备有很多种，主要包括网络接口卡（NIC）、集线器（HUB）、路由器（Router）、集中器（Concentrator）、中继器（Repeater）、网桥（Bridge）等。此外为了实现通信，调制解调器、多路复用器等也经常在网络中使用。

（三）传输介质

计算机之间要实现通信必须先用传输介质将它们连接起来。传输介质构成网络中两台设备之间的物理通信线路，用于传输数据信号。网络中的传输介质一般分为有线和无线两种。有线传输介质是指利用电缆或光缆等来充当传输通路的传输介质，包括同轴电缆、双绞线、光缆等。无线传输介质是指利用电波或光波等充当传输通路的传输介质，包括微波、红外线、激光等。

（四）网络协议

在计算机网络技术中，一般把通信规程称作协议（Protocol）。所谓协议，就是在设计网络系统时预先作出的一系列约定（规则和标准）。数据通信必须完全遵照约定来进行。网络协议是通信双方共同遵守的一组通信规则，是计算机工作的基础。正如谈话的两个人要相互交流必须使用共同的语言一样，两个系统之间要相互通信、交换数据，也必须遵守共同的规则和约定。例如应按什么格式组织和传输数据、如何区分不同性质的数据、传输过程中出现差错时应如何处理等。现代网络系统的协议大都采用层次型结构，这样就把一个复杂的网络协议和通信过程分解为几个简单的协议和过程，同时也极大地促进了网络协议的标准化。要了解网络的工作就必须了解网络协议。一般来说，网络协议一部分由软件实现，另一部分由硬件实现，一部分在主机中实现，另一部分在网络连接设备中实现。

（五）网络软件

同计算机一样，网络的工作也需要网络软件的控制。网络软件一方面控制网络的工作，控制、分配、管理网络资源，协调用户对网络资源的访问；另一方面则帮助用户更容易地使用网络。网络软件要完成网络协议规定的功能。在网络软件中，最重要的是网络操作系统。网络操作系统的性能往往决定了一个网络的性能和功能。

第二节 局 域 网

一、局域网（LAN）的组成与分类

局域网的组成包括硬件和软件两大部分，如表 3-2 所示。

局域网的组成   表 3-2

分类	主要部件	具体组成	实例
硬件	计算机	服务器	文件服务器、打印服务器、数据库服务器、Web 服务器
		工作站	PC 机、工作站、终端等
	外部设备	高性能打印机、大容量磁盘等	
	通信设备	网络接口卡（NIC）	10Mb/s 网卡、100Mb/s 网卡等
		通信介质	电缆（同轴、双绞线）、光纤、无线等
		交换设备	交换机、集中器、集线器、复用器等
		互联设备	网桥、中继器、路由器等
软件	网络系统软件	网络操作系统	Windows、NT、UNIX、Net Ware 等
		实用程序	
		其他	
	网络应用软件	数据库	数据库软件
		Web 服务器	Web 服务器软件
		Email 服务器	电子邮件服务器软件
		防火墙和网络管理	安全防范软件
		其他	各类开发工具软件

作为示例，图 3-2 是办公室的一个最简单局域网的构成。表 3-3 列出了构建一个简单网络所需的设备及用途的简单说明。

网 络 硬 件 清 单   表 3-3

种 类	设备名称	型号规格	用 途	数 量	备 注
计算机	各类 PC 兼容机	CPU586 以上、有足够的内存（64MB），能运行 Windows 9x 或 2000 操作系统	供普通用户使用	2 至 3 台或以上	如果有高的可靠性，应购买一台服务器级的高档计算机，价格为：5000～10000 元
网络设备	集线器（Hub）或交换机（Switch）	分别有 8、16、24 等端口的网络设备	连接各台计算机的网络设备，一个端口可连接一台计算机	1 台	集线器与交换机区别见注。价格约：5000～10000 元

续表

种　类	设备名称	型号规格	用　途	数　量	备　注
网　卡	网络适配器，又称网卡	分 10Mb/s、100Mb/s 和 10/100Mb/s 自适应三种类型	插在计算机内的 PCI 扩展槽中，负责将计算机的信息转换成到连线上的电信号	每台计算机中插一块，数量同计算机个数	建议选用 10/100Mb/s 自适应及 PCI 总线网卡。价格为：200 元
网络连线（简称网线）	非屏蔽双绞线	两端带 RJ45 插头、8 芯的五类（或更高）双绞线	连接计算机网卡与网络设备的连线	每台计算机一根，一端接计算机，一端接网络设备	目前多数场合用非屏蔽双绞线。接头可在购买网线处代做或自制。价格为：800 元/箱（约长 300m）
调制解调器（MODEM）	MODEM 和电话线	56KB 的 MODEM 外置或内置均可	将局域网通过电话线连接到 Internet 上	一台调制解调器、一条电话线	另外还可用 ISDN 来获得更快上网速度。价格为：500 元
其　他	可选或利用原有设备	打印机等		可选	
软　件	Windows 操作系统	Windows 9x 或 Windows2000 均可		安装在每台计算机上	本例为一个简单的网络环境，用 Windows 9x 即可

注：集线器与交换机都是连接计算机的一种网络设备。不过交换机性能更好，而且近来两者价格相差不大，故常用交换机替代。此外，要注意每根网线的长度不得超过 100m。

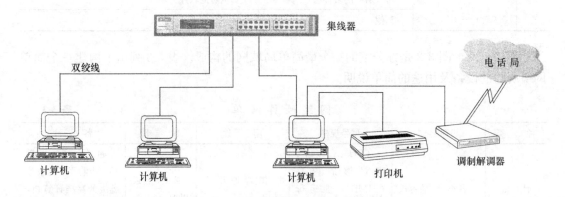

图 3-2　办公室的一个最简单网络的构成

由于图中的计算机相互间均为平等关系，不存在特殊地位的计算机，因此它是对等网。如果在网络中，为了集中统一地管理网络中所有的用户，专门设置一台（或几台）具有管理作用的特殊计算机，则称其为服务器，而其他的计算机听命于该服务器。网络中的用户资料或资源的访问控制等数据都保存在该服务器上，其他计算机需先登录到服务器上，只有经过服务器验证和允许后，才能获得网络中的功能（网络所提供的服务），即成为服务器的客户，这些计算机称其为客户机。这样结构的网络称为客户/服务器网络（Client/Server），简写为 C/S。

此外，还有一种基于服务器的网络结构。例如，在 Internet 中，用户用浏览器访问（或近或远的）Web 站点服务器，其关系也类似于客户/服务器结构，称为 B/S。只是服务器所管理的对象的要求要简单些，服务器（Server）只需向网页浏览者（Browse 用户）提供网页（一种文件格式的内容）即可，不需要对用户开放服务器的其他资源，如打印机、文件夹或为访问的用户而建立数据库等。在用户端对一般用户也不进行身份认证，只要安装浏览器访问。这种结构称为"Web 浏览"方式（B/S）。要构建这类网络结构，可以用 UNIX（Linux）或 Windows 服务器等作为网站服务器，普通用户只要安装如微软公司的 IE 或网景公司的 Netscape 浏览器再加上接入到 Internet 的通信线路即可，且使用起来更为简单。

二、网络用传输线

（一）双绞线

网络中的传输介质主要有双绞线、同轴电缆和光纤 3 种。中小型局域网几乎所有的网线都是双绞线。双绞线根据结构和功能的不同一般分为非屏蔽双绞线（UTP）和屏蔽双绞线（STP）两大类。STP 一般只用于特殊场合（如受电磁干扰严重、易受化学物品的腐蚀等）的布线，而 UTP 是局域网布线的主流，如一个办公室内部、一幢大楼内部，甚至相邻几幢大楼间的布线都可以通过 UTP 来连接。双绞线根据所能传输数据速度的不同又分为 3 类、4 类、5 类、超 5 类和 6 类几种。关于 7 类双绞线的标准也在讨论之中，相关产品将推向市场。

（二）同轴电缆

同轴电缆是早期局域网布线中的主要网线，近年来逐渐退出网络布线市场。

（三）光纤

光纤是由一组光导纤维组成的传输介质，它通过光信号间接地传输数字信号（中间要经过光信号与数字信号之间的转换过程）。光纤一般可分为单模光纤和多模光纤两种。两者相比，单模光纤的传输速度快，容量大；而多模光纤传输速度较慢，容量较小。一般在局域网布线中，当连接距离较长时（如达到几公里、几十公里）多使用单模光纤。

与双绞线和同轴电缆相比，光纤在布线中的成本较高，而且布线要求也高。光纤通信实际上是应用光学原理，由光发送机产生光束，将电信号转变为光信号，再把光信号导入光纤，在光纤的另一端由光接收机接收光纤上传输来的光信号，再将它还原为电信号，并经解码后传给计算机等设备进行处理。由此看来，光纤通信的过程要比双绞线、同轴电缆复杂，相应设备的成本也较高。另外，1 根光纤只能进行单向信号的传输，所以在实际通信中至少需要 2 根光纤，这也为光纤连接接口的设计带来了一定的困难。为此，虽然光纤具有比其他网线明显的优势，但它的组网成本相对较高，所以在小范围的计算机联网中使用率并不是很高。

关于双绞线、同轴电缆和光纤的性能比较，可参看表 3-4。

局域网常用传输介质的性能比较　　　　　　　　　　　　　　表 3-4

名称	分　类	常用标准	主要特点	主　要　用　途	连接距离	最大节点数
双绞线	非屏蔽双绞线（可分为 3 类、4 类、5 类、超 5 类和 6 类几种）	（1）5 类、超 5 类 4 对；（2）5 类、超 5 类 4 对 AWG 软线	（1）易弯曲，易安装；（2）具有阻燃性；（3）布线灵活；（4）将干扰减到最小	（1）3 类线用于语音传输及最高数据传输速率为 10Mbit/s 的数据传输；（2）4 类线用于令牌网的语音传输和最高数据传输率为 16Mbit/s 的数据传输，在以太网中没有使用；（3）5 类用于语音传输和最高数据传输速率为 100Mbit/s 的数据传输；（4）超 5 类用于语音传输和最高数据传输速率为 155Mbit/s 的数据传输；（5）6 类用于语音传输和最高传输率为 200Mbit/s 的数据传输	每网段标准长度为 100m，接 4 个中继器后最大可达到 500m	
	屏蔽双绞线（可分为 3 类、5 类两种）	（1）5 类 4 对 24AWG100Ω；（2）5 类 4 对 26AWG 软线	（1）价格高；（2）安装较为复杂；（3）需专用连接器			
光纤	单模光纤	8.3μm/125μm	（1）传输频带宽，通信容量大，短距离时达几千兆的传输率；（2）线路损耗低、传输距离远；（3）抗干扰能力强，安全可靠；（4）抗化学腐蚀能力强；（5）制造资源丰富	（1）用于高速度、长距离连接；（2）成本高；（3）窄芯线，需要激光源；（4）耗散极小，高效	可达到几千米至十千米	
	多模光纤	62.5μm/125μm；50μm/125μm；100μm/140μm		（1）用于低速度、短距离布线；（2）成本低；（3）宽芯线，聚光好；（4）耗散大，低效	一般在 2000m 左右	

三、以太网

表 3-5 列出各种类型局域网（LAN），可见现今局域网主要是以太网。

目前使用的局域网种类　　　　　　　　　　　　　　　　表 3-5

名称	使用情况	标准化组织	传输速度	使用线缆	网络拓扑
以太网（CSMA/CD）	○	IEEE802.3	10Mbps	双绞线 同轴电缆 光缆	星形 总线形
令牌环	×	IEEE802.5	4/16Mbps	双绞线	环形
FDDI	×	ANSI NCITS T12	100Mbps	光缆	环形
ATM-LAN	×	ATM Forum	2～622Mbps 1.2/2.4Gbps	双绞线 光缆	星形
100BASE-X	○	IEEE802.3	100Mbps	双绞线 光缆	星形
100VG-AnyLAN	×	IEEE802.12	100Mbps	双绞线 光缆	星形

续表

名称	使用情况	标准化组织	传输速度	使用线缆	网络拓扑
1000BASE-X	○	IEEE802.3z	1000Mbps（1Gbps）	双绞线 光缆 同轴电缆	星形
10GBASE-X	○（今后将普及）	IEEE802.3an IEEE802.3ae	10Gbps	双绞线 光缆	星形

注：表中○表示使用，×表示少用或被淘汰。

以太网（IEEE802.3）具有性能高、价格低、使用方便等特点，是目前最为流行的局域网体系结构。它以串行方式在线缆上传送数字信号，用带地址的帧来传送数据。常用以太网性能如表 3-6 所示。

常用以太网性能表　　表 3-6

名　称	标　准	传输介质类型	最大网段长度（m）	传输速率（bit/s）	使用情况
以太网	10Base-T	2 对 3、4、5 类 UTP 或 FTP	100	10M	不常用
快速以太网	100Base-TX	2 对 5 类 UTP 或 FTP	100	100M	十分常用
	100Base-T4	4 对 3/4/5 类 UTP 或 FTP	100	100M	升级用
	100Base-FX	$62.5/125\mu m$ 多模光缆	2000	100M	不常用
千兆以太网	1000Base-CX	150ΩSTP	25	1000M	设备连接
	1000Base-T	4 对 5 类 UTP 或 FTP	100	1000M	常用
	1000Base-TX	4 对 6 类 UTP 或 FTP	100	1000M	常用
	1000Base-LX	$62.5/125\mu m$ 多模光缆或 $9\mu m$ 单模光缆，使用长波长激光	多模光缆：550 单模光缆：5000	1000M	长距离骨干网段常用
	1000Base-SX	$62.5/125\mu m$ 多模光缆，使用短波长激光	220	1000M	骨干网段十分常用
万兆以太网	10GBase-S	$50/62.5\mu m$ 多模光缆，使用 850nm 波长激光	300	10G	可用于汇聚层和骨干层网段
	10GBase-L	$9\mu m$ 单模光缆，使用 1310/1550nm 波长激光	10km	10G	可用于长距离骨干层网段
	10GBase-E	$9\mu m$ 单模光缆，使用 1550nm 波长激光	40km	10G	可用于长距离骨干层网段和 WAN

（一）10Mbps 以太网

在 10Mbps 中，有 10BASE-5（粗缆以太网）、10BASE-2（细缆以太网）、10BASE-T（双绞线以太网）和 10BASE-F（光纤以太网）四种。10BASE-5 和 10BASE-2 已被淘汰。10BASE-T 和 10BASE-F 因速度过低，使用也在减少。

（二）快速以太网（IEEE802.3U）——具有 100Mbit/s 的以太网

以太网交换机端口上的 10Mbit/s/100Mbit/s。其适用技术可保证该端口上 10Mbit/s 传输速率能够平滑地过渡到 100Mbit/s。快速以太网主要有三种类型，以满足不同布线环境。

100Base-TX：网络可基于传输介质 100Ω 平衡结构的 5/5e 类非屏蔽，或屏蔽 4 对对绞电缆，传输时仅使用 2 对线（其中 1 对发送，1 对接收），最长传输距离 100m，采用 RJ45 型连接器件。

100Base-T4：网络可基于传输介质 100Ω 平衡结构的 3/5/5e 类非屏蔽 4 对对绞电缆，适用于从 10Mbit/s 以太网升级到 100Mbit/s 以太网。

100Base-FX：网络可基于传输介质 62.5/125μm 光纤的多模光缆，或 9/125μm 光纤的单模光缆，在全双工模式下，最长传输距离多模光纤可达 2km，单模光纤达 3～5km。其适用于建筑物或建筑群、住宅小区等的局域网络。

（三）千兆位以太网

千兆位以太网有两个标准（IEEE802.3z，802.3ab），以满足不同布线环境。

1000Base-T（IEEE802.3ab）：网络可基于传输介质 100Ω 平衡结构的 5/5e/6 类非屏蔽，或屏蔽 4 对对绞电缆，无中继最长传输距离 100m，采用 RJ45 型连接器件。其适用于建筑物的主干网。

1000Base-CX（IEEE802.3z）：网络可基于传输介质 150Ω 平衡结构的 5/5e/6 类屏蔽 4 对对绞电缆（为一种 25m 近距离使用电缆），并配置 9 芯 D 型连接器。仅适用于机房内设备之间的互联。

1000Base-LX（IEEE802.3z）：网络可基于传输介质 62.5/125μm 多模光缆，或 9/125μm 单模光缆。网络设备收发器上配置长波激光（波长一般为 1300nm）的光纤激光传输器，在全双工模式下，最长传输距离多模光纤可达 550m，单模光纤可达 3～5km。其适用于建筑物或建筑群、校园、住宅小区等的主干网。

1000Base-SX（IEEE802.3z）：网络基于传输介质 62.5/125μm 或 50/125μm 光纤的多模光缆。网络设备收发器上配置短波激光（波长一般为 850nm）的光纤激光传输器，在全双工模式下，最长传输距离 62.5/125μm 多模光纤可达 275m，50/125μm 多模光纤可达 550m。其适用于建筑物或建筑群的主干网。

（四）万兆位以太网（包括 IEEE802.3ae，802.3an 两个标准）

万兆以太网分为四种：

2002 年 IEEE802 委员会通过了万兆以太网（10Gigabit Etherenet）标准 IEEE802.3ae 定义了 3 种物理层标准：10GBASE-X、10GBASE-R、10GBASE-W。

（1）10GBASE-X，并行的 LAN 物理层，采用 8B/10B 编码技术，只包含一个规范：10GBASE-LX4。为了达到 10Gbps 的传输速率，使用稀疏波分复用 CWDM 技术，在 1310nm 波长附近以 25nm 为间隔，并列配置了 4 对激光发送器/接收器组成的 4 条通道，每条通道的 10B 码的码元速率为 3.125Gbps。10GBASE-LX4 使用多模光纤和单模光纤的传输距离分别为 300m 和 10km。

（2）10GBASE-R，串行的 LAN 类型的物理层，使用 64B/66B 编码格式，包含三个规范：10GBASE-SR、10GBASE-LR、10GBASE-ER，分别使用 850nm 短波长、1310nm 长波长和 1550nm 超长波长。10GBASE-SR 使用多模光纤，传输距离一般为几十米，10GBASE-LR 和 10GBASE-ER 使用单模光纤，传输距离分别为 10km 和 40km。

（3）10GBASE-W，串行的 WAN 类型的物理层，采用 64B/66B 编码格式，包含三个规范：10GBASE-SW、10GBASE-LW 和 10GBASE-EW，分别使用 850nm 短波长、1310nm 长波长和 1550nm 超长波长。10GBASE-SW 使用多模光纤，传输距离一般为几十米，10GBASE-LW 和 10GBASE-EW 使用单模光纤，传输距离分别为 10km 和 40km。

除上述三种物理层标准外，IEEE 还制定了一项使用铜缆的称为 10GBASE-CX4 的万兆位以太网标准 IEEE802.3ak，可以在双芯同轴电缆上实现 10Gbps 的信息传输速率，提供数据中心的以太网交换机和服务器群的短距离（15m 之间）10Gbps 连接的经济方式。10GBASE-T 是另一种万兆位以太网物理层，通过 6/7 类双绞线提供 100m 内的 10Gbps 的以太网传输链路。

万兆以太网的介质标准见表 3-7 所示。

万兆以太网介质标准 表 3-7

接口类型	应用范围	传送距离	波长（nm）	介质类型
10GBase-LX4	局域网	300m	1310	多模光纤
10GBase-LX4	局域网	10km	1310	单模光纤
10GBase-SR	局域网	300m	850	多模光纤
10GBase-LR	局域网	10km	1310	单模光纤
10GBase-ER	局域网	40km	1550	单模光纤
10GBase-SW	广域网	300m	850	多模光纤
10GBase-LW	广域网	10km	1310	单模光纤
10GBase-EW	广域网	40km	1550	单模光纤
10GBase-CX4	局域网	15m	—	4 根 Twinax 线缆
10GBase-T	局域网	25～100m	—	双绞铜线

万兆位以太网仍采用 IEEE802.3 数据帧格式，维持其最大、最小帧长度。由于万兆位以太网只定义了全双工方式，所以不再支持半双工的 CSMA/CD 的介质访问控制方式，也意味着万兆位以太网的传输不受 CSMA/CD 冲突域的限制，从而突破了局域网的概念，进入广域网范畴。

表 3-8 是各种千兆位以太网比较，表 3-9 是各种以太网的对比，表 3-9 是使用光缆的各种局域网。

千兆位以太网技术比较 表 3-8

	1000BASEX			1000BASET
	1000BASECX	1000BASELX	1000BASESX	
信号源	电信号	长波激光	短波激光	电信号
传输媒体	TW 型屏蔽铜缆	多模/单模光纤	多模光纤	5 类非屏蔽双绞线
连接器	9 芯 D 型连接器	SC 型光纤连接器	SC 型光纤连接器	RJ-45
最大跨距	25m	多模光纤：550m 单模光纤：3km	62.5μm 多模：300m 50μm 多模：525m	100m
编码/译码	8B/10B 编码/译码方案			专门的编码/译码方案
技术标准	IEEE 802.3z			IEEE 802.3ab

千兆以太网与以太网、快速以太网的比较　　　　表 3-9

	以太网	快速以太网	千兆以太网
速率	10Mbit/s	100Mbit/s	1000Mbit/s
5 类 UTP 线缆	100m（最小）	100m	100m
屏蔽铜线	500m	100m	25m
多模光纤	2000m	412m（半双工） 2000m（全双工）	220～550m
单模光纤	25km	20km	3km

使用光缆的局域网　　　　表 3-10

传输速度·规格	名　称	使用光缆	光缆要求波长	最长距离
10Mbps IEEE802.3	10BASE-FL	多模	短波长带 850nm（200MHz·km）	2km
100Mbps IEEE802.3u	100BASE-FX	多模	长波长带 1300nm（500MHz·km）	
1000Mbps IEEE802.3z	1000BAXE-LX	单模	长波长带 1310nm	5km
		多模（62.5μm）	长波长带 1300nm（500MHz·km）	550m
		多模（50μm）	长波长带 1300nm（400MHz·km）	
		多模（50μm）	长波长带 1300nm（500MHz·km）	
	1000BASE-SX	多模（62.5μm）	短波长带 850nm（160MHz·km）	220m
		多模（62.5μm）	短波长带 850nm（200MHz·km）	275m
		多模（50μm）	短波长带 850nm（400MHz·km）	500m
		多模（50μm）	短波长带 850nm（500MHz·km）	550m
10Gbps IEEE802.3ae	10GBASE-SR	多模（62.5μm）	短波长带 850nm（160/200MHz·km）	26/33m
		多模（50μm）	短波长带 850nm（400/500MHz·km）	66/82m
		多模（新 50μm）	短波长带 850nm （1500MHz·km/限定模式 2000MHz·km）	300m
	10GBASE-LR	单模（长波长）	长波长带 1310nm	10km
	10GBASE-ER	单模（超长波长）	超长波长带 1550nm	40km
	10GBASE-LX4 （4 波长多工）	多模（62.5μm）	长波长带 1300nm（160/200MHz·km）	300km
		多模（50μm）	长波长带 1300nm（400/500MHz·km）	240/300m
		单模	长波长带 1310nm	10km

四、虚拟局域网（VLAN）

虚拟网技术（VLAN）是 OSI 第二层的技术。该技术的实质是将连接到交换机上的用户进行逻辑分组，每个逻辑分组相当于一个独立的网段。这里的网段仅仅是逻辑上的概念，而不是真正的物理网段。每个 VLAN 等效于一个广播域，广播信息仅发送到同一个虚拟网的所有端口，虚拟网之间可隔离广播信息。虚拟网也是一个独立的逻辑网络，每个虚拟网都有唯一的子网号。因此，虚拟网之间通信也必须通过路由器完成。

（一）VLAN 的功能

使用 VLAN 技术后，可以大大减少当网络中的站点发生移动、增加和修改时的管理开销，可以抑制广播数据的传播，可以提高网络的安全性。这些优点都源于交换机根据管理员对 VLAN 的划分，即从逻辑上区分各网络工作站，实现虚拟网间的隔离，这种隔离可以不受工作站位置变化的影响。图 3-3 显示了 3 个 VLAN 的示意图。

图 3-3 中，使用位于 4 个楼层的 2 个交换机 S1、S2、S3、S4 和一个路由器 R 将位于 3 个 LAN 上的 9 个工作站组成 3 个 VLAN。每个 VLAN 可以看成是一组工作站的集合，例如 VLAN1 由 A1、A2、A3 组成。它们可以不受地理位置的限制，就像处于同一 LAN 上那样进行通信，当 A1 向 VLAN1 中的成员发送数据时，A2、A3 都能收到广播信息，尽管它们与 A1 没有连接在同一交换机上，而 B1、C1 则不会收到 A1 发出的广播信息，尽管 A1、B1、C1 连在同一个交换机 S2 上。交换机不向虚拟局域网以外的工作站传送 A1 的广播信息，从而限制了接收广播信息的工作站数，避免因"广播风暴"引起的网络性能下降。

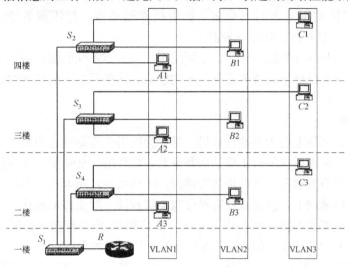

图 3-3　VLAN 组成示意图

总之，VLAN 的主要功能是：提高管理效率，控制广播数据，增强网络安全性以及实现虚拟工作组。目前，VLAN 以其高速、灵活、简便和易扩展等特点而成为未来网络发展的潮流。

（二）划分 VLAN 的方法

划分虚拟网的方法主要有三种：

1. 基于变换机端口划分

基于变换机端口划分虚拟网，就是按交换机端口定义虚拟网成员，每个端口只能属于一个虚拟网，这是一种最通用也是简单的方法。在配置完成后，再为交换机端口分配一个虚拟网，使交换机的端口成为某个虚拟网的成员。

2. 基于 MAC 地址划分

这种方法是按每个连接到交换机设备的物理地址（即 MAC 地址）定义虚拟网成员。当一个交换机端口上连接一台集线器，在集线器上又连接了多台设备，而这些设备需要划入不同的虚拟网时，就可以使用这种方法定义虚拟网成员。因为它可以按用户划分，所以也把这种方法称为基于用户的虚拟网划分。在使用基于 MAC 地址划分时，一个交换机端口有可能属于多个虚拟网，这样端口就能接收多个虚拟网的广播信息。

3. 基于第三层协议类型或地址划分

这种方法允许按照网络层协议类型组成 VLAN，也可以按网络地址（如 TCP/IP 的 IP 地址）定义虚拟网成员。这种方法的优点是有利于组成基于应用的虚拟网。

五、常见计算机网络的硬件

计算机网络的硬件由传输媒体（连接电缆、连接器等）、网络设备（网卡、中继器、收发器、集线器、交换机、路由器、网桥等）和资源设备（服务器、工作站、外部设备等）构成。了解这些设备的作用和用途，对认识计算机网络大有帮助。

（一）服务器（server）

服务器就是指局域网或因特网中为其他节点提供管理和处理文件的计算机。而人们通常会以服务器提供的服务来对其命名。如数据库服务器、打印服务器、Web 服务器、VOD（视频点播）服务器、邮件服务器等。

服务器是硬件与软件的统一体。由于网络用户均依靠不同的服务器提供不同的网络服务，所以网络服务器是网络资源管理和共享的核心。网络服务器的性能对整个网络的共享性能有着决定性的影响。

（二）工作站

连接到计算机网络上的用户端计算机，都称为网络工作站或客户机。工作站一般通过网卡连接到网络。网卡插在每台工作站和服务器主机板的扩展槽里。工作站通过网卡向服务器发出请求，当服务器向工作站传送文件时，工作站通过网卡接收响应。这些请求及响应的传送对应在局域网上，就是在计算机硬盘上进行读、写文件的操作。

根据数据位宽度的不同，网卡分为 8 位、16 位和 32 位。目前 8 位网卡已经淘汰，一般来说，工作站上常采用 16 位网卡，服务器上采用 32 位网卡。根据网卡采用的总线接口，又可分为 ISA、EISA、VL-BUS、PCI 等接口。目前，市面上流行的只有 ISA 和 PCI 网卡，前者为 16 位的，后者为 32 位的。在工作站上常采用 ISA16 位网卡，服务器上采用 PCI32 位网卡居多。随着 100Mbps 网络的流行和 PCI 总线的普及，PCI 接口的 32 位网卡将会得到广泛的采用。

（三）集线器（HUB）

集线器又称为集中器或 HUB（中心的意思）。集线器的主要功能是对接收到的信号进行再生整形放大，以扩大网络的传输距离，同时把所有节点集中在以它为中心的节点上。

（四）交换机（Switch）

变换机又称为交换式集线器，有 10Mbps、100Mbps 等多种规格。

交换机与 HUB 不同之处在于每个端口都可以获得同样的带宽。如 10Mbps 交换机，每个端口都可以获得 10Mbps 的带宽，而 10Mbps 的 HUB 则是多个端口共享 10Mbps 带宽。10Mbps 的交换机一般都有两个 100Mbps 的高速端口，用于连接高速主干网或直接连到高性能服务器上，这样可以有效地克服网络瓶颈。

网络交换机的类型必须与网络的总体结构相适应，在满足端口要求的前提下，可按下列原则配置：

（1）小型网络可采用独立式网络交换机。独立式网络交换机价格较便宜，但其端口数量固定。

（2）大、中型网络宜采用堆叠式或模块化网络交换机。堆叠式或模块化交换机便于网络的扩展。

（五）中继器（Repeater）

电信号在电缆中传送时其幅度随电缆长度增加而递减，这种现象叫衰减。中继器用于局域网络的互联，常用来将几个网络连接起来，起信号放大续传的功能。中继器只是一种附加设备，一般并不改变数据信息。

（六）路由器（Router）

路由器是一种网络互联设备，工作于网络层，用于局域网之间、局域网与广域网之间以及广域网之间的连接。它可提供路由选择、流量控制、数据过滤和子网隔离等功能；可连接不同类型的局域网，并完成它们之间的协议转换。

路由器与交换机的比较：交换机比路由器的运行速率更高，价格更便宜。使用交换机虽然可以消除许多子网，建立一个托管所有计算机的统一网络，但是当工作站生成广播时，广播消息会传遍由交换机连接的整个网络，浪费大量的带宽。用路由器连接的多个子网可将广播消息限制在各个子网中，而且路由器还提供给了很好的安全性，因为它使信息只能传输给单个子网。为此，导致了两种新技术的诞生：一是虚拟局域网（VLAN）技术；二是第 3 层交换机（使用路由器技术与交换机技术相结合的产物）。在局域网中使用了有第 3 层交换功能的交换机时可不再使用路由器。在下列情况应采用路由器或第 3 层交换机：

（1）局域网与广域网的连接；

（2）两个局域网的广域网相连；

（3）局域网互联；

（4）有多个子网的局域网中需要提供较高网络安全性和遏制广播风暴时。

（七）网关（Gateway）

网关又称高层协议转发器，工作在传输层及其以上的层次。用于连接不同类型且差别较大的网络系统；也可用于同一物理网而在逻辑上不同的网络间的互联；还可用于网络和大型主机系统的互联，或者不同网络应用系统间的互联。

（八）网卡（NIC）

网卡是在网络传输介质与计算机之间作为物理连接接口，其作用是：

（1）为网络传输介质准备来自计算机的数据；

（2）向另一台计算机发送数据；

（3）控制计算机与传输介质之间的数据流量；

（4）接收来自传输介质的数据，并将其解释为计算机 CPU 能够理解的字节形式。

由于网卡是计算机与传输介质之间数据传输的桥梁，因此其性能对整个网络的性能会产生巨大的影响。网卡的选择必须与计算机接口类型相匹配，并与网络总体结构相适应。

目前在计算机和服务器上，内部绝大部分已配置以太网接口和无线局域网接口。在桌面计算机和笔记本电脑中，通常内嵌了 10M/100Mbit/s 以太网接口，在服务器中通常预配了 100M/1000Mbit/s 以太网接口。

六、内、外网隔离

（一）概述

美国早在 1999 年就强制规定军方涉密网络必须与 Internet 断开。我国政府在 2000 年也在不断强调保密问题，要求秘密信息要与网络物理隔离。作为物理隔离技术，一般是客户端选择设备和网络选择器，用户通过开关设备或键盘链控制选择不同的存储介质体，管理端设立内、外网存储介质，通过防火墙、路由器与外界相连。

物理隔离技术从出现到现在，目前基本上可划分为四代产品。

1. 第一代产品

第一代产品采用的是双网机技术。其工作原理是：在一个机箱内，设有两块主机板、两套内存、两块硬盘和两个CPU，相当于两台计算机共用一个显示器。用户通过客户端开关，分别选择两套计算机系统，这样使用单位不可避免地造成重复投资和浪费。第一代产品的特点是客户端的成本很高，并要求网络布线为双网线结构，技术水平相对简单。

2. 第二代产品

第二代产品主要采用双网线的安全隔离卡技术。其表现为：客户端需要增加一块PCI卡，客户端硬盘或其他存储设备首先连接到该卡，然后再转接到主板，这样通过该卡用户就能控制客户端的硬盘或其他存储设备。用户在选择硬盘的时候，同时也选择了该卡上所对应的网络接口，从而连接到不同的网络。第二代产品与第一代产品相比，技术水平提高了，成本也降低了，但是这一代产品仍然要求网络布线采用双网线结构。如果用户在客户端交换两个网络的网线连接，那么内外网的存储介质也同时被交换了，这时信息安全就存在着隐患。

3. 第三代产品

第三代产品采用基于单网线的安全隔离卡加上网络选择器的技术。客户端仍然采用类似于第二代双网线安全隔离卡的技术，所不同的是第三代产品只利用一个网络接口，通过网线将不同的电平信息传递到网络选择端，在网络选择端安装网络选择器，并根据不同的电平信号，选择不同的网络连接。这类产品能够有效利用用户现有的单网线网络环境，实现成本较低。由于选择网络的选择器不在客户端，系统的安全性有了很大的提高。

4. 第四代产品

第四代产品可分为网闸和双网隔离。

（1）网闸

网闸由软件和硬件组成。网闸的硬件设备由三部分组成：外部处理单元、内部处理单元、隔离硬件。网闸带有多种控制功能，在专用硬件电路上切断网络之间的链路层连接，并能够在网络间进行安全、适度的应用数据交换的网络安全设备。

（2）双网隔离

双网隔离采用了"整机隔离"技术，突破了传统隔离只能实现硬盘、网络隔离的局限，创造性地实现了内存隔离。它通过内外网络绝对的物理隔离方式，在两个网络间实施在线地、自由地切换，保证计算机的数据在网络之间不被重用。这就解决了传统隔离技术在双网切换时，由于内存数据不能有效刷新而可能导致的数据泄露等安全隐患，相当于用一台PC实现了两台物理隔离PC的安全效果。

目前在网络综合布线行业中，第一代、第二代产品已被淘汰，物理隔离以第三代和第四代产品为主。

（二）案例

某银行的总行下设多个分行，分行除了通过网络与总行进行业务往来以外，分行的员工还需要通过总行专线直接登录Internet，频繁地登录Internet会诱发各种安全隐患。在未实行物理隔离时其结构如图 3-4（a）所示。

起初为了确保信息安全，该银行均采用强制手段来限制员工登录外网，甚至设立专门的访问 Internet 的办公室。这样一来，不仅降低了工作效率，而且由于分行均通过专线上网，还会产生昂贵的专线上网费用。该银行需要一个既可以进行外网隔离、又能确保安全上网的物理隔离解决方案。

根据该银行的网络状况（单网线环境及通信方式）和应用需求，韩国三星计算机安全公司为其提供了一个性价比很高的解决方案。

1）在总行安装 NetSwitch Ⅱ-M，将内部网和互联网进行彻底的物理隔离。

2）总行下的若干分行安装 NetSwitch Ⅱ-R 产品。NetSwitch Ⅱ-R 产品可将各分行的内部网和互联网物理隔离。只有当分行需要与总行进行业务联系时，才与总行服务器进行连接。各分行若登录 Internet，则可通过 NetSwitch Ⅱ-R 的 WAN 接口连接互联网，无需借用总行专线上网，这样大大降低了总行专线上网的成本。而且由于众多分行均通过 NetSwitch Ⅱ-R 提供的 WAN 接口上网，专线带宽占用量少，总行还可以在保证总行业务正常运行的情况下适当降低带宽速率。除此之外，NetSwitch Ⅱ-R 本身还内置 Switching Hub 和防火墙功能，使各分行网络安全建设成本又进一步降低，确保内、外网资源完全隔离并毫不相干，网络管理员可方便地控制 Internet 的访问行为。

NetSwitch Ⅱ-M 和 NetSwitch Ⅱ-R 的组合，不仅能实现网络的物理隔离，而且还是一个构建网络安全高性价比的解决方案。实施物理隔离后的网络结构如图 3-4（b）所示。

（三）内、外网隔离的要求

1. 内、外网隔离

为了加强信息安全性，一般要构建内网、外网两个网络。内网和外网一般是物理隔离，也可通过防火墙逻辑隔离。

（1）内网可采用千兆以太网交换技术、TCP/IP 通信协议，由主干、汇聚和终端接入层（或由主干和终端接入层）构成。主干一般支持 1G 传输速率，传输介质可采用 6 类对绞线或多模光纤，在大范围建筑群中，主干可能支持 10G 传输速率，并考虑采用单模光纤。

（2）内网仅限于内部用户使用，内部的远程用户要通过公网方式接入网络中心，必须经过身份认证后才能访问内部网。

（3）在某些机要部门，内网中还包括具有特殊网络安全要求的专网。专网必须在内网中独立构建。

（4）外网与 Internet 相连，应考虑防止外部入侵对外网信息的非法获取，通常以防火墙为代表的被动防卫型安全保障技术已被证明是一种较有效的措施，同时也有采取实时监测网络的非法访问的主动防护。外网与 Internet 网络互联一般由上级部门提供接入。

（5）作为网络运行的关键设备，交换机应采用高可靠、易扩充和有较好管理工具的产品。

2. 网络结构

国家机关等部门的网络结构通常由网络中心、内部网络与外部网络构成。网络中心与上级部门连接，实现 Internet 接入，并具有担负全网的运营管理及监控能力；外部网络承担对外公告及访问 Internet 服务；内部网络作为办公、生产业务处理和信息管理的平台。

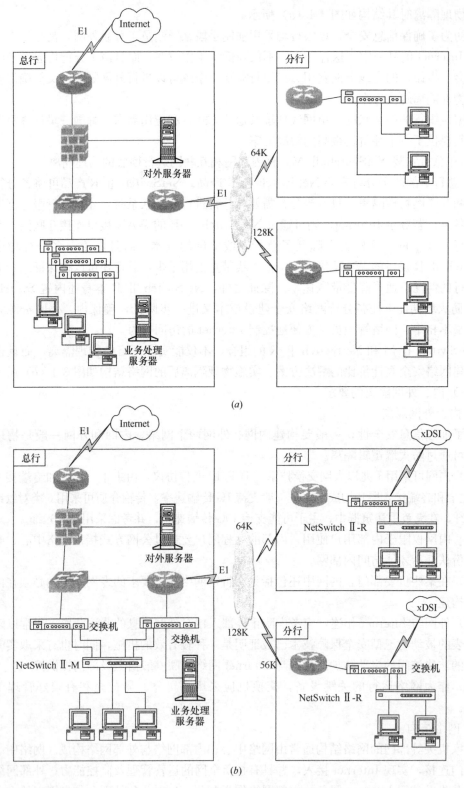

图 3-4 一种内外网物理隔离示例

(*a*) 未实施物理隔离时的网络结构；(*b*) 实施物理隔离后的网络结构

3. 网络应用带宽

网络主干通常为 1000Mbit/s 传输速率，连接服务器机群与主干交换机；主干与汇聚层通常以 100Mbit/s/1000Mbit/s 连接；汇聚层交换机到桌面一般为 10/100Mbit/s 或 100Mbit/s 连接。

4. 访问 Internet

本地网络通过路由器和防火墙，一般以专线或企业网方式连至上级网络中心，实现 Internet 访问。

5. 内、外网隔离要求

若物理隔离内网与外网，则其配线及线路敷设必须是彼此独立的，不得共管、共槽敷设。可选择采取以下物理防护措施：采用光缆；采用良好接地的屏蔽电缆；采用非屏蔽电缆时，内外网的隔离要求参见表 3-11。当与其他平行线平行长度大于等于 30m 时，应保持 3m 以上的隔离距离。否则，信息应加密传输。

内外网隔离要求（m）　　　　　　　　表 3-11

设备类型	外网设备	外网信号线	外网电源线	外网信号地线	偶然导体	屏蔽外网信号线	屏蔽外网电源线
内网设备	1	1	1	1	1	0.05	0.05
内网信号线	1	1	1	1	1	0.15	0.15
内网电源线	1	1	1	1	1	0.15	0.05
内网信号地线	1	1	1	1	1	0.15	0.15
屏蔽内网信号线	0.15	0.15	0.15	0.15	0.05	0.05	0.05
屏蔽内网电源线	0.15	0.15	0.15	0.15	0.15	0.05	0.05

注：（1）内网设备是指处理涉密信息的设备。

（2）外网设备是指处理非涉密信息或已加密涉密信息的设备。

（3）内网电源是指连接有内网设备及内网系统的电源。

（4）外网电源是指连接有外网设备及外网系统的电源。

（5）内网信号线是指携带涉密信号的信号线。

（6）外网信号线是指携带非涉密信息或已加密涉密信息的信号线。

（7）内网信号地是指内网设备、内网屏蔽电缆及内网电源滤波群的信号地。

（8）外网信号地是指外网屏蔽电缆及外网信号线滤波器的信号地。

（9）偶然导体是指与信息设备和系统无直接关系的金属物体，如暖气管、通风管、上下水管、有线报警系统等。

七、无线局域网

无线局域网 WLAN（Wireless LAN）是利用无线通信技术在一定的局部范围内建立的网络。它以无线多址信道作为传输媒介，提供传统有线局域网 LAN 的功能。WLAN 作为有线局域网络的延伸，为局部范围内提供了高速移动计算的条件。随着应用的进一步发展，WLAN 正逐渐从传统意义上的局域网技术发展成为"公共无线局域网"，成为 Internet 宽带接入手段。

（一）无线局域网标准

无线局域网标准是 IEEE802.11X 系列（IEEE802.11、IEEE802.11a、IEEE802.11b、

IEEE802.11g、IEEE802.11h、IEEE802.11i)、HIPERLAN、HomeRF、IrDA 和蓝牙等标准。表 3-12 所示是 IEEE802.11 无线局域网标准，也是当前常用的 WLAN 标准。WLAN 的最新进展 IEEE802.11n 使用 2.4GHz 频段和 5GHz 频段，传输速度 300Mbit/s，最高可达 600Mbit/s，可向下兼容 802.11b、802.11g，目前还不是一个正式的标准。

IEEE802.11 无线局域网标准　　　　　　　　　表 3-12

标准要求	IEEE802.11b	IEEE802.11a	IEEE802.11g	IEEE802.11n 标准 1.0 草案
每子频道最大的数据速率	11Mbit/s	54Mbit/s	54Mbit/s	300Mbit/s
调制方式	CCK	OFDM	OFDM 和 CCK	MIMO-OFDM
每子频道的数据速率	1, 2, 5.5, 11Mbit/s	6, 9, 12, 18, 24, 36, 48, 54Mbit/s	CCK: 1, 2, 5.5, 11Mbit/s OFDM: 6, 9, 12, 18, 24, 36, 48, 54Mbit/s	
工作频段	2.4~2.4835GHz	5.15~5.35GHz 5.725~5.875GHz	2.4~2.4835GHz	2.4/5GHz
可用频宽	83.5MHz	300MHz	83.5MHz	
不重叠的子频道	3	12	3	13

图 3-5　对等无线网络

1. 对等无线网络

对等无线网络方案只使用无线网卡。只要在每台计算机上安装无线网卡，即可实现计算机之间的连接，构建成最简单的无线网络，如图 3-5 所示，计算机之间可以相互直接通信。其中一台计算机可以兼作文件服务器、打印服务器和代理服务器，并通过 Modem 接入 Internet。这样，只需使用诸如 Windows XP 等操作系统，不须使用任何电缆，即可在服务器的覆盖范围内，实现计算机之间共享资源和 Internet 连接。在该方案中，台式计算机和笔记本计算机均使用无线网卡，没有任何其他无线接入设备，是名副其实的对等无线网络。

2. 独立无线网络

所谓独立无线网络，是指无线网络内的计算机之间构成一个独立的网络，无法实现与其他无线网络和以太网络的连接，如图 3-6 所示。独立无线网络使用一个无线接入点（即AP）和若干无线网卡。

独立无线网络方案与对等无线网络方案非常相似，所有计算机中都安装有无线网卡。所不同的是，独立无线网络方案中加入了一个无线访问点。无线访问点类似于以太网中的集线器，可以对网络信号进行放大处理，一个工作站到另外一个工作站的信号都可以经由该 AP 放大并进行中继。因此，拥有 AP 的独立无线网络的网络直径将是无线网络有效传输距离的一倍，在室内的传输距离通常为 60m 左右。独立无线方案仍然属于共享式接入，也就是说，虽然传输距离比对等无线网络增加了一倍，但所有计算机之间的通信仍然共享无线网络带宽。由于带宽有限，因此，该无线网络方案仍然只能适用于小型网络（一般不超过 20 台计算机）。

3. 接入点无线网络

当无线网络用户足够多时，应当在有线网络中接入一个无线接入点（AP），从而将无线网络连接至有线网络主干。AP 在无线工作站和有线主干之间起网桥的作用，实现了无线与有线的无缝集成，既允许无线工作站访问网络资源，同时又为有线网络增加了可用资源（图 3-7）。

图 3-6　独立无线网络　　　　　图 3-7　接入点无线网络

该方案适用于将大量的移动用户连接至有线网络，从而以低廉的价格实现网络迅速扩展的目的，或为移动用户提供更灵活的接入方式。

4. 多 AP 模式

该模式是指由多个 AP 以及连接它们的分布式系统（有线的骨干 LAN）组成的基础架构模式网络，也称为扩展服务区（Extend Service Set，ESS）。扩展服务区内的每个 AP 都是一个独立的无线网络基本服务区（BSS），所有 AP 共享同一个扩展服务区标识符（ESSID）。分布式系统在 802.11 标准中并没有定义，但是目前大都是指以太网。相同 ESSID 的无线网络间可以进行漫游，不同 ESSID 的无线网络形成逻辑子网。多 AP 模式的组网如图 3-8 所示。

（二）无线局域网特性及使用范围

尽管无线网存在抗干扰性能、信息安全性、传输速率等方面的限制，但无线网具有性价比高、使用灵活的特性，是一种很有前途的网络形式，目前无线网已普及应用。无线网络在多数情况下是用于对有线局域网的拓展，如公共建筑中供流动用户使用的网络段、跨接难以布线的两个（或多个）网段，在某些工作人员流动性较大的办公建筑中也可局部采用无线网作为有线网的拓展。在下列场所宜采用无线网络，并应符合 IEEE802.11 相关标准。

（1）用户经常移动的区域，或流动用户多的公共区域。

（2）建筑布局中无法预计变化的场所。

（3）建筑物内及建筑群中布线困难的环境。

（三）无线局域网与有线局域网的互联

符合 IEEE802.11 标准系列的无线局域网与有线局域网的典型连接参见图 3-9。无线终端通过无线接入点（AP）连接到有线网络上，使无线用户能够访问网络的资源。设计

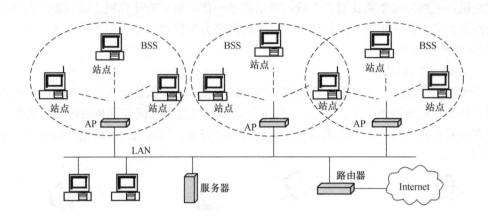

图 3-8   多 AP 模式的组网

时应注意无线网的覆盖范围。

图 3-9   局域网通过无线方式互联（无线局域网与有线局域网的典型连接）

注：在各有线局域网中接入无线路由器，特别适合于相邻建筑物之间布线比较困难的有线局域网的互联

（四）无线局域网的应用示例

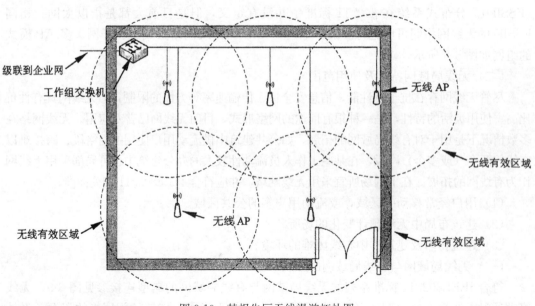

图 3-10   某报告厅无线漫游拓扑图

　　无线访问点类似于以太网中的集线器，可以对网络信号进行放大处理，一个工作站到另外一个工作站的信号都可以经由该 AP 放大并进行中继。因此，拥有 AP 的独立无线网络的网络直径将是无线网络有效传输距离的一倍，在室内的传输距离通常为 60m 左右。

　　图 3-10 是某报告厅无线漫游拓扑图例，图 3-11 是某酒店会议中心无线局域网结构图例。

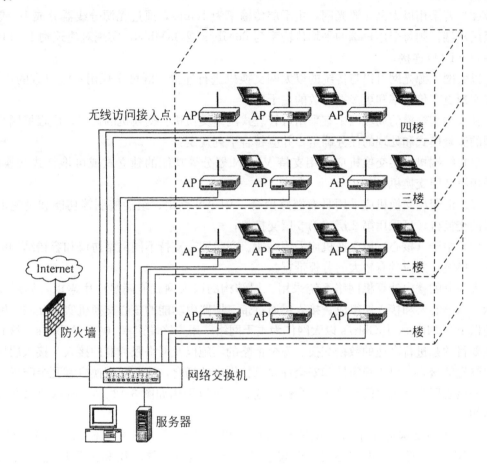

图 3-11　某酒店会议中心无线局域网结构图

第三节　网络系统的结构

　　网络总体结构的层次：

　　(1) 建筑物和建筑群的网络一般包括主干（核心）层、汇聚层和终端接入层三个层次，规模较小的网络只包括主干层和终端接入层两个层次。特大的建筑群网络甚至具有四个层次。

　　1) 主干（核心）层：承担网络中心的主机（或主服务器）与网络主干交换设备的连接，或者实现网络多台主干交换设备的光纤连接。其传输速率一般达到 1000Mbit/s，甚至万兆，要留有一定的冗余，根据需要可方便扩展新业务。主干网应能支持多种网络协议。

2）汇聚层：一般以基于 100M/1000Mbit/s 传输率的局域网交换机组成，在建筑物中汇聚每个楼层或几个楼层的交换机，上链主干层，下链终端接入层。

3）终端接入层：一般以 10M/1000Mbit/s 传输率的局域网交换机组成，连接用户终端及桌面设备。

（2）若采用以太网无源光网，主干层传输率为 1Gbps，通过无源分线器分成 16 或 32 路至用户端，则每个用户端的平均传输率为 66Mbps 或 33Mbps，实现对建筑物 FTTB 及对用户 FTTD 连接。

以太网无源光网可以与传统的以太网交换机进行连接。既可实现用户端口数的扩展，还能实现更高传输率和更多端口数的主干层。

在大中型规模的局域网中宜采用可管理式网络交换机。交换机的设置，应根据网络中数据的流量模式和处理的任务确定，并应符合下列规定：

（1）终端接入层交换机应采用支持 VLAN 划分等功能的独立式或可堆叠式交换机，宜采用第 2 层交换机；

（2）汇聚层交换机应采用具有链路聚合、VLAN 路由、组播控制等功能和高速上连端口的交换机，可采用第 2 层或第 3 层交换机；

（3）主干（核心）层交换机应采用高速、高带宽、支持不同网络协议和容错结构的机箱式交换机，并应具有较大的背板带宽。

大部分的楼内计算机网络系统采用二层结构的以太网就能满足应用需求，如图 3-12 所示，由核心层和接入层组成。接入层通过带三层路由功能的核心交换机实现互联。网络系统以 1000Mbit/s/10Gbit/s 以太网作为主干网络，用户终端速率 10/100Mbit/s。核心层的主要目的是进行高速的数据交换、安全策略的实施以及网络服务器的接入。接入层用于用户终端的接入。对于稳定性和安全性要求特别高的场合，核心层交换机宜冗余配置，接入层和核心层交换机之间宜采用冗余链路连接，可以采用如图 3-12（b）所示的双冗余二层结构。

三层网络结构适用于特大型的楼内计算机网络系统（如大学校园网等）应用需求，如图 3-13 所示，由核心层、汇聚层和接入层组成。核心层和汇聚层通过带三层路由功能的交换机实现互联。网络主干以 10Gbit/s 以太网为主，用户终端速率 10/100Mbit/s。

对于稳定性和安全性要求特别高的大型楼内计算机网络场合，可以采用如图 3-14 所示的三层冗余结构，汇聚层和核心层交换机冗余配置，接入层、汇聚层和核心层交换机之间采用冗余链路连接。

图 3-15 是一种采用冗余结构的万兆校园网的解决方案。

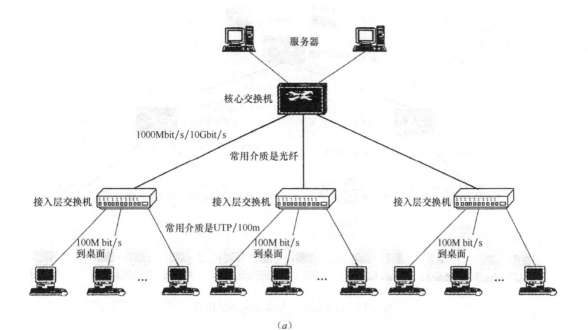

(a)

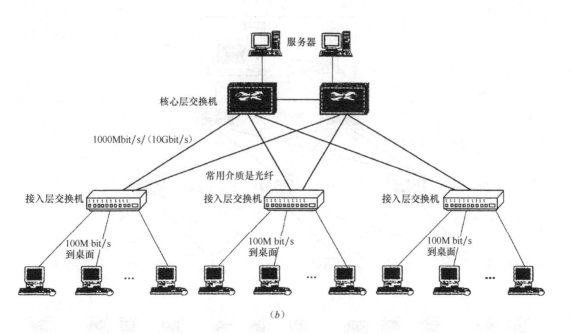

(b)

图 3-12 以太网的二层典型网络结构图

(a) 常用二层结构；(b) 核心层及干线双冗余的二层结构

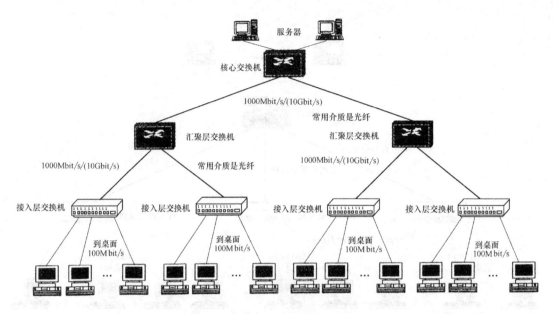

图 3-13　以太网的三层典型网络结构图

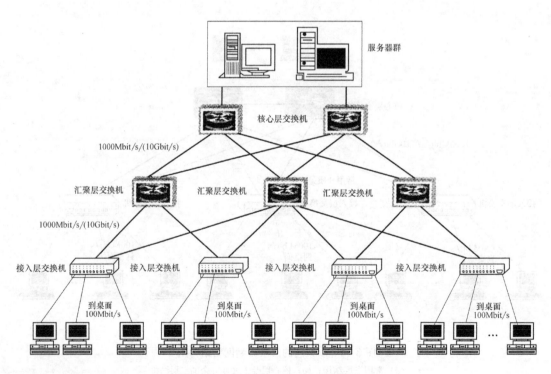

图 3-14　以太网的三层冗余网络结构图

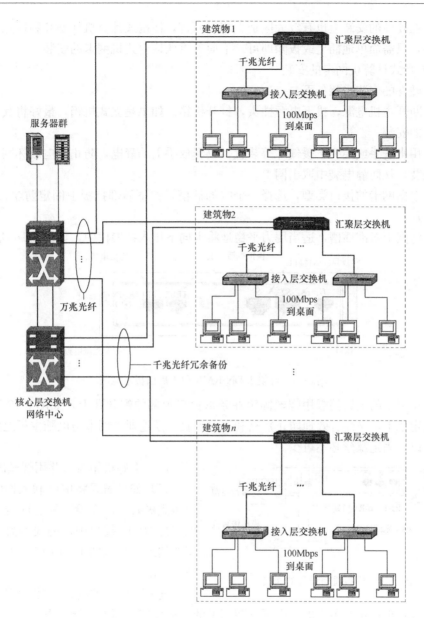

图 3-15 万兆校园网解决方案（冗余结构）

第四节 网络设备的安装

一、网卡的安装与设置

与声卡和显卡的安装相比，网卡的安装相对复杂一些。除了硬件和驱动程序的安装以外，还必须安装网络协议，并设置相关的参数。因此，要求操作人员除了具有一定的硬件安装技能外，对网络协议特别是 TCP/IP 协议还要有一定的了解。

在网卡硬件的安装时，由于台式计算机和便携式计算机所使用的网卡并不相同，所以，两者在硬件的安装上也有较大区别。相对而言，便携式计算机在安装和拆除网卡时要简单得多，只需简单地插上或拔除即可。下面着重谈谈台式机网卡的安装。

（一）台式计算机网卡的安装

网卡硬件的安装步骤如下：

（1）断开主机电源，拔下电源插头，打开机箱。如果是立式机箱，最好将其放倒，以方便网卡的安装。

（2）用水洗手或摸一下暖气片等装置，以释放手上的静电，防止静电破坏网卡。打开网卡的包装，从防静电袋中取出网卡。

（3）根据网卡的接口类型，选择一个空的插槽，拧下后部挡板上固定防尘片的螺丝，取下防尘片。

（4）将网卡对准插槽，适当用力平稳地将卡向下压入扩展槽中，如图 3-16 所示。

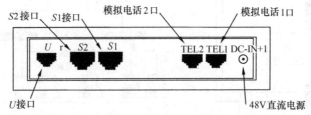

图 3-16　红帆 ISDN KMNT1＋后面板示意图

（5）将网卡的金属挡板用螺丝固定在条形窗口顶部的螺丝孔上，如图 3-17 所示。小螺丝既固定了卡，又能有效地防止短路和接触不良，还连通了网卡与电脑主板之间的公共地线，所以，固定螺丝必不可少。

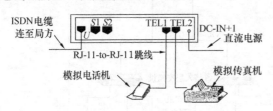

图 3-17　模拟通信设备的连接

（6）上好机箱盖，并用螺丝固定。

（7）如果需要将电脑联入网络，需要将事先做好、已经验证好的网线一端插入网卡的 RJ-45 接口中，网线的另一端插入集线器或交换机的 RJ-45 接口中，如图 3-18 所示。

此时，网卡的物理连接就完成了，但是仅仅完成物理连接是不行的，必须安装网卡的驱动程序，网卡才能工作。

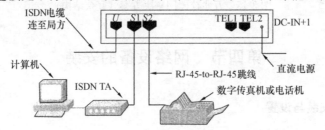

图 3-18　数字通信设备的连接

（二）便携式计算机网卡的安装

便携式计算机网卡的安装相对而言就简单得多了，只要在笔记本电脑的一侧找到相应的插槽，然后，将网卡有两排长长的孔的一端向前，有图案的一侧向上，轻轻插入到 PC-MCIA 插槽内即可。由于 PCMCIA 支持热插拔，所以，无论计算机处于何种状态（关机或运行）都可以执行该操作。需要注意的是，便携式电脑通常都有两个 PCMCIA 插槽，所以，请注意对准相应的插槽。

（三）USB 网卡的安装

由于 USB 网卡无需安装至计算机机箱内，而是直接连接至计算机上的 USB 端口，与笔记本电脑所使用的 PCMCIA 卡有某些类似之处，所以，USB 网卡的安装也非常简单。

操作如下：将一根 USB"A to B"电缆的 A 端插入计算机背板中的 USB 连接器，B 端（D 型头）插入 USB 网卡的 B 连接器，即可完成 USB 网卡的物理连接。

二、机柜的安装

（一）机柜安装流程

机柜安装的流程如图 3-19 所示。一种标准机柜外形尺寸见图 3-20。图 3-21 是机柜安装完成图。图 3-22 是 19 英寸标准配线架。

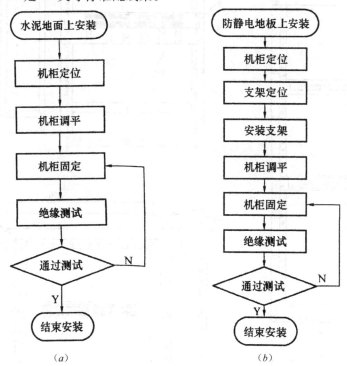

图 3-19 机柜安装流程
(*a*) 水泥地面安装流程；(*b*) 防静电地板上安装流程

（二）安装机柜滑道

在进行设备安装之前，应先在机柜内安装滑道，用于承载设备：①确定滑道的安装位置。滑道的安装位置应根据安装设备机箱的数量、走线方式进行确定。事先测量好并做好标记。②安装滑道。在位置确定后，用螺钉将滑道紧固在机柜相应的位置上，如图 3-23 所示。

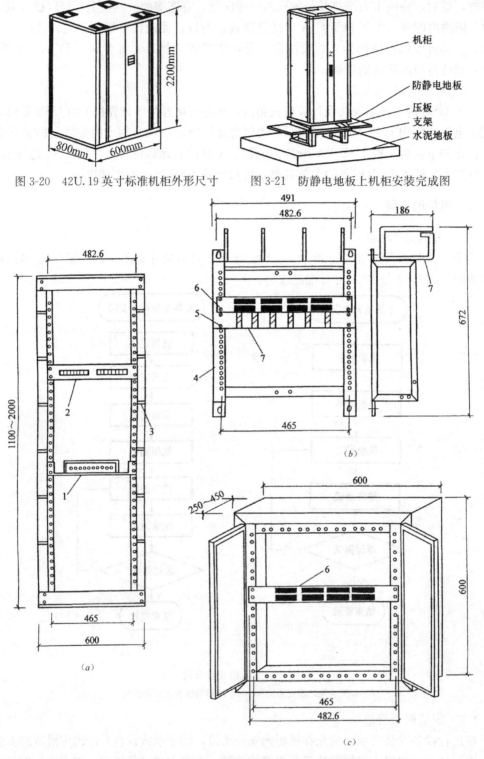

图 3-20 42U.19 英寸标准机柜外形尺寸   图 3-21 防静电地板上机柜安装完成图

图 3-22 19英寸标准配线架（柜）（单位：mm）

(*a*) 机架基本尺寸；(*b*) 墙挂式配线架；(*c*) 墙挂式配线箱

1—托架；2—配线模块盘；3—走线环；4—机架；5—螺钉；6—接线盘；7—电缆管理线盘

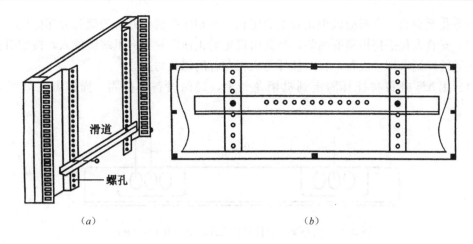

图 3-23 滑道安装示意

（*a*）安装滑道示意；（*b*）安装好的正面示意

三、交换机的安装

（一）交换机结构类型

交换机结构有简单的和复杂的，其安装也各有不同，由简到繁的排列如下：

简单的桌面型——直接放在办公桌或其他固定的地方，插上接线、电源即可使用。

机架型——要求安装在机柜内，最好由配线架引出接线与其相连，便于管理。

堆叠式——先将交换机安装在机柜的架子上，然后用专门的堆叠线连接。有些设备还可以接成有冗余效果的环形，使得有一个断点时相互堆叠的设备仍能工作。

基于底板式——这类设备一般属于比较昂贵的，有很强的扩展功能。交换机的底板也称背板，它类似计算机中的主板，要想增加功能，只要不断地往底板的插槽上安装新的功能板（模块）。安装这类设备时应先插好功能模块。

（二）核心交换机时安装

（1）首先，在安装前要注意挂耳同机箱连接的正确方向，否则机箱将无法安装到标准机柜中。使用安装附件中的螺钉将挂耳固定到机箱上，如图 3-24 所示。

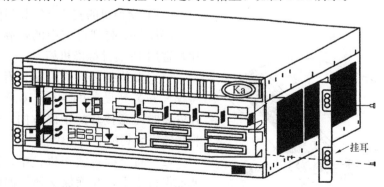

图 3-24 挂耳固定在核心交换机的机箱上

（2）根据如图 3-25 所提供的挂耳孔距，在机柜龙骨上量出适当位置孔位，保证挂耳上每组螺孔至少有一个对应机柜龙骨上的螺孔。在相应的机柜龙骨的螺孔旁作标记。

（3）安装人员手持机箱的两侧，将其由机柜的正面沿导槽向里缓缓推入，按照机柜龙骨螺孔旁的标记来调整设备，直至挂耳与机柜龙骨的螺孔对正。

（4）用 M6 螺钉将挂耳固定到机柜龙骨上，确保设备的稳固。操作方法如图 3-26 所示。

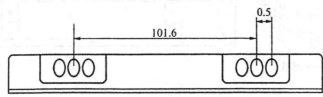

图 3-25　核心交换机挂耳的孔距示意（单位：mm）

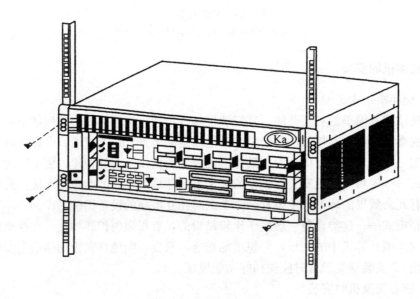

图 3-26　安装到机柜里

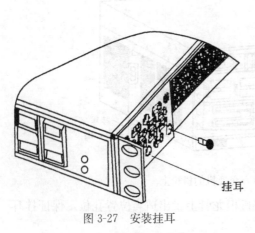

图 3-27　安装挂耳

（三）交换机的安装（安装到机柜中）

将设备安装到机柜中的步骤如下，建议用户选用 19 英寸标准机柜。

（1）安装挂耳。使用安装附件中的螺钉将挂耳安装到设备的两侧，如图 3-27 所示。在安装时注意挂耳的正确方向，否则交换机将无法安装到标准机柜中。

（2）将交换机放于机柜中。注意使设备底面保持水平，并确保交换机四周有足够的空间用于空气流通。

（3）固定设备。用螺钉将挂耳固定于机柜上，确保设备的稳固，如图 3-28 所示。

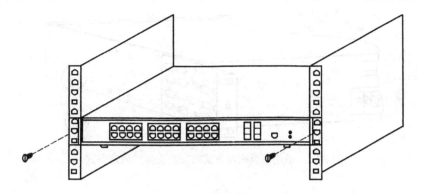

图 3-28　将设备固定到机柜里

（4）连接好地线，如图 3-29 所示。此外，图 3-30 表示一种挂耳固定孔。

（四）采用挂耳的固定方法

图 3-30 是一种挂耳固定孔方式，图 3-31～图 3-34 是其固定方式。

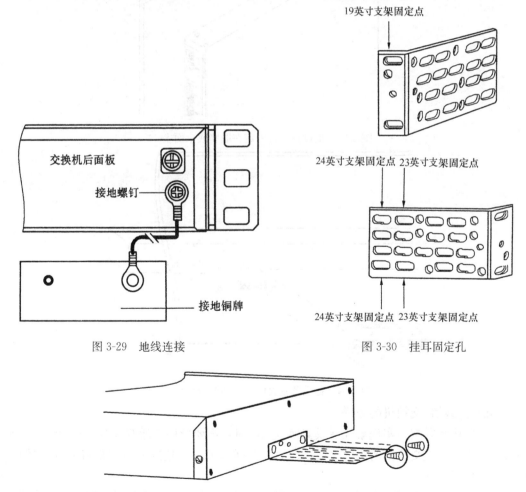

图 3-29　地线连接　　　　　　　　　　图 3-30　挂耳固定孔

图 3-31　采用水平固定方式时安装支架的固定方式

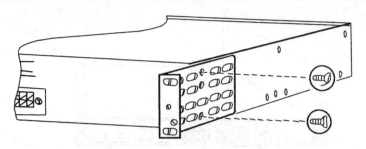

图 3-32   采用垂直固定方式时安装支架的固定方式

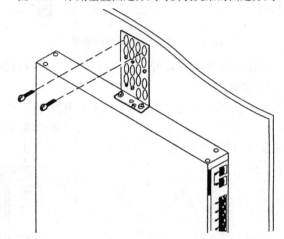

图 3-33   把设备平行固定在墙壁或桌面上

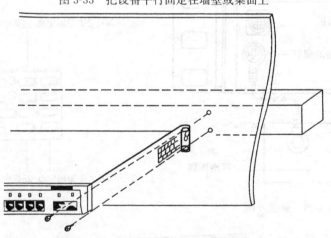

图 3-34   把设备垂直固定在墙壁或桌面上

（五）集线器/交换机的级联

（1）使用级联端口实现集线器或交换机级联时，需要使用直通双绞线。双绞线的一头插入一台集线器或交换机的级联端口，而另一头插入另一台集线器或交换机的普通端口，如图 3-35所示。

（2）在使用级联端口实现互联时，为了提高网络通信效率，应尽量使用较少的级联层次来实现整个集线器/交换机的级联，避免增加级联的层次，如图 3-36 所示。

（3）使用普通端口实现集线器或交换机级联时，需要使用交叉双绞线。双绞线的一头

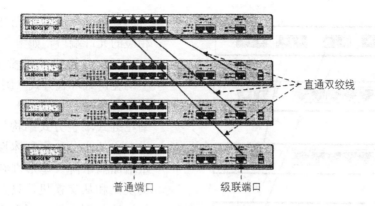

直通双绞线

普通端口　　　　　　　级联端口

图 3-35　使用级联端口实现级联

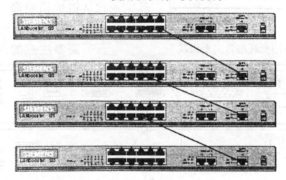

图 3-36　非优化的级联方式

插入一台集线器或交换机的普通端口，而另一头插入另一台集线器或交换机的普通端口，如图 3-37 所示。

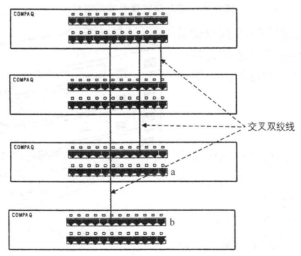

交叉双绞线

图 3-37　使用普通端口实现级联

注：若这时又在 a、b 两端口用交叉双绞线连接，则形成闭环，应避免这种错误。

（六）交换机的堆叠

（1）使用集线器或交换机的光纤端口也可实现集线器或交换机的级联。由于光纤是成

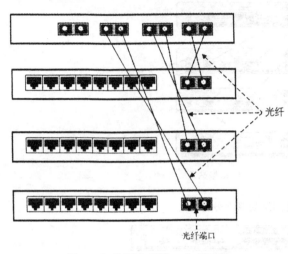

对的，因此，需要将光纤交叉插入到相应的光纤端口，如图 3-38 所示。

（2）交换机的堆叠方式有两种：①菊花链式堆叠方式（图 3-39）；②星形堆叠方式（图 3-40）。各有优缺点，菊花链式堆叠方式结构简单，交换机没有主从之分，但整体性能随堆叠数量增加而下降。星形堆叠必须设置主交换机和从交换机，只要在主交换机的设计范围内性能不会下降。但主机比从机价格略高，允许堆叠的数量由堆叠主机设计的接口决定。

需要注意的是，无论在任何情况

图 3-38　使用光纤端口实现级联

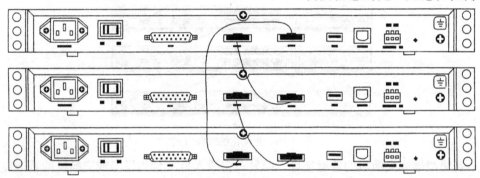

图 3-39　菊花链式堆叠连接方法

下，连接电缆都不能超过 5m。这也就是说，单纯的堆叠虽然能够迅速扩充端口数量，但却只能在很小的范围内扩展网络直径。

四、路由器的连接

路由器的硬件连接包括与局域网设备之间的连接、与广域网设备之间的连接以及配置设备之间的连接。

（一）与局域网设备之间的连接

局域网设备主要是指集线器和交换

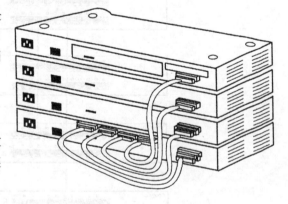

图 3-40　交换机的星形堆叠方式

机。交换机通常使用的端口只有 RJ-45 和 SC，集线器使用的端口则通常为 AUI、BNC 和 RJ-45。下面，简单介绍一下路由器和集线设备各种端口之间如何进行连接。

1. RJ-45-to-RJ-45

如果路由器和集线设备均提供 RJ-45 端口，那么，可以使用双绞线跳线将集线设备和路由器的两个端口连接在一起。需要注意的是，与集线设备之间的连接不同，路由器和集线设备之间的连接不使用交叉线，而是使用直通线。也就是说，跳线两端的线序完全相同。

另外，路由器和集线设备端口通信速率应当尽量匹配，否则，宁可使集线设备的端口速率高于路由器的速率，并且最好将路由器直接连接至交换机。

2. AUI-to-RJ-45

如果路由器仅拥有 AUI 端口，而集线设备提供的是 RJ-45 端口，那么，必须借助于 AUI-to-RJ-45 收发转发器才可实现两者之间的连接。当然，收发转发器与集线设备之间的双绞线跳线也必须使用直通线，如图 3-41 所示。

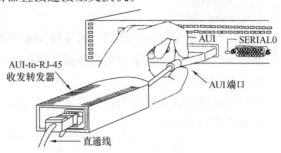

图 3-41　AUI 与 RJ-45 端口之间的连接

3. SC-to-RJ-45 或 SC-to-AUI

如果集线设备只拥有光纤端口，而路由设备提供的是 RJ-45 端口或 AUI 端口，那么，必须借助于 SC-to-RJ-45 或 SC-to-AUI 收发器才可实现两者之间的连接。收发转发器与集线设备之间的双绞线跳线必须使用直通线。

（二）与 Internet 接入设备的连接

1. 异步串行口

异步串行口主要用于与 Modem 的连接，从而实现远程计算机通过公用电话网拨入局域网络。除此之外，也可用于连接其他终端。当路由器通过线缆与 Modem 连接时，必须使用 RJ-45-to-DB-25 或 RJ-45-to-DB-9 适配器。路由器与 Modem 或终端之间的连接如图 3-42 所示。

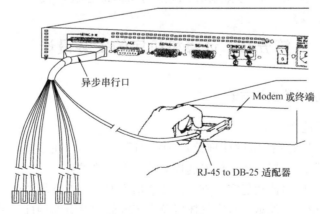

图 3-42　路由器与 Modem 或终端之间的连接

2. 同步串行口

根据连接 Internet 接入设备的不同，可分别采用不同的电缆将路由器的同步串行口与 Internet 设备连接在一起。Cisco 系统支持下列 5 种类型的接口，即 EIA/TIA-232 接口、EIA/TIA-449 接口、V.35 接口、X.21 串行电缆接口和 EIA-530 接口。

3. ISDN BRI 端口

Cisco 路由器的 ISDN BRI 模块分为 2 类：一是 ISDN BRI S/T 模块；二是 ISDN BRI U 模块。前者需借助于连接至 ISDN NT1 才能实现与 Internet 的连接，而后者由于内置有 NT1 模块，因此，无需再外接 ISDN NT1，可以直接连接至墙板插座。

（三）配置端口

1. Console 端口

当使用计算机配置路由器时，必须使用翻转线将路由器的 Console 接口与计算机的串行口连接在一起，并根据串口的类型提供 RJ-45-to-DB-9 或 RJ-45-to-DB-25 适配器。

2. AUX 端口

当欲通过远程实现对路由器的配置时，可采用 AUX 端口。AUX 端口与 Modem 的连接方式如图 3-43 所示。

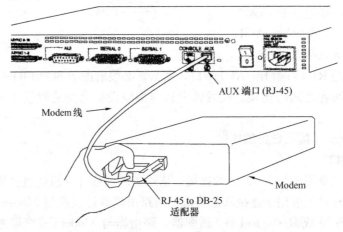

图 3-43   路由器 AUX 端口与 Modem 之间的连接

第五节   计算机机房的安装设计

一、计算机机房的位置与布置

（一）机房位置选择

按照《电子信息系统机房设计规范》GB 50174—2008，在多层建筑或高层建筑内，计算机机房宜设于第二三层。机房位置选择应符合下列要求：

（1）水源充足，电力比较稳定可靠，交通通信方便，自然环境清洁。

（2）远离产生粉尘、油烟、有害气体以及生产或储存具有腐蚀性、易燃、易爆物品的工厂、仓库、堆物等。

（3）远离强振源和强噪声源。

（4）避开强电磁场干扰。当无法避开时，或为保障计算机系统信息安全，可采取有效的电磁屏散措施。

（二）计算机机房的组成

1. 计算机机房的组成

计算机机房组成应按计算机运行特点及设备具体要求确定。一般计算机机房由下列房间组成：

（1）计算机主机房：计算机主机房是放置计算机系统主要设备的房间，是计算机机房的核心。其他房间的配置（位置）都是以此房间而确定的，所谓对计算机机房的环境工艺要求，也主要是对计算机主机房而言的。

（2）基本工作房间：基本工作房间有数据录入室、终端室、通信室、已记录的磁介质存放间、已记录的纸介质存放间、上机准备间、调度控制室等。

（3）辅助房间：

第一类辅助房间有维修室、仪器室、备件间、未记录的磁介质存放间、资料室、软件人员办公室、硬件人员办公室。

第二类辅助房间有高低压配电室、变压器室、变频机室、稳压稳频室、蓄电池室、发电机室、空调系统用房、灭火器材间、值班室、控制室。

第三类辅助房间有贮藏室、更衣换鞋室、缓冲间、一般休息室、盥洗间等。上述房间，有的可以一室多用。

在机房的房间组成内，未包括行政办公等用房。但在建造机房时，还应考虑到一般的办公用房。

2. 计算机房的使用面积

机房使用面积应根据计算机设备的外形尺寸布置确定。在计算机设备外形尺寸不完全掌握的情况下，计算机机房使用面积应符合下列规定：

（1）主机房面积可按下列方法确定：

1）当计算机系统设备已选型时，可按下式计算：

$$A = K\sum S$$

式中　A——计算机主机房使用面积（m^2）；

　　　K——系数，取值为 5～7；

　　　$\sum S$——计算机系统及辅助设备的投影面积（m^2）之和。

2）当计算机系统的设备尚未选型时，可按下式计算：

$$A = KN$$

式中　K——单台设备占用面积，可取 4.5～5.5（m^2/台）；

　　　N——计算机主机房所有设备的总台数。

（2）基本工作间和第一类辅助房间面积的总和，宜等于或大于主机房面积的 1.5 倍。

（3）上机准备室、外来用户工作室、硬件及软件人员办公室等可按每人 3.5～$4m^2$ 计算。

（4）改建的计算机机房面积可按实际情况酌情处理。一般来说，计算机主机室使用面积为 40～$80m^2$。

（三）设备布置要求

（1）计算机设备宜采用分区布置，一般可分为主机区、存储器区、数据输入区、数据输出区、通信区和监控调度区等。具体划分可根据系统配置及管理而定。

（2）产生尘埃及废物的设备（如各类以纸为记录介质的输出、输入设备）应远离对尘埃敏感的设备（如磁盘机、磁带机和磁鼓），并宜集中布置在靠近机房的回风口处。

（3）主机房内通道与设备间的距离应符合下列规定：

1）两相对的柜子正面之间的距离不小于 1.5m。

2）机柜侧面（或不用面）距墙不应小于 0.5m。当需要维修测试时，则距墙不应小于 1.2m。

3）走道净宽不应小于 1.2m。

（4）设备布置要有利于值班人员监视计算机的运转状态，特别是磁带机、行式打印机、卡片阅读机等机器设备，必须布置在容易从控制台处观察到的地方。

（四）设备布置方式

计算机设备的布置方式，多采用集中（图 3-44）和人机分离两种。

人机分离的平面布置方式如图 3-45 所示。该形式是今后机房内平面布置的主要形式。

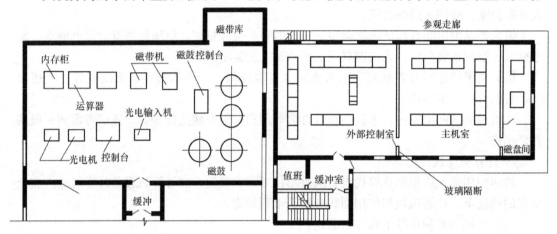

图 3-44　机房设备集中布置方式　　　　　图 3-45　人机分离平面布置图

二、计算机系统的环境要求

（一）温度、湿度及空气含尘浓度

（1）计算机机房内的温、湿度应满足下列要求：

1）开机时，计算机机房内温、湿度应符合表 3-13 的规定。

2）停机时，计算机机房内的温、湿度应符合表 3-14 的规定。

开机时计算机机房的温、湿度　　　　　　　　　　表 3-13

级别 项目	A 级		B 级
	夏　季	冬　季	全　年
温　度（℃）	23±2	20±2	18～28
相对湿度（%）	45～65	40～70	
温度变化率（℃/h）	<5（并不得结露）	<10（并不得结露）	

停机时计算机机房的温、湿度　　　　　　　　　　表 3-14

级别 项目	A　级	B　级
温　度（℃）	5～35	5～35
相对湿度（%）	40～70	20～80
温度变化率（℃/h）	<5（并不得结露）	<10（并不得结露）

（2）开机时主机房的温、湿度应执行 A 级，基本工作间可根据设备要求按 A、B 两级执行，其他辅助房间应按工艺要求确定。

（3）记录介质库的温、湿度应符合下列要求：

1）常用记录介质库的温、湿度应与主机房相同。

2）其他记录介质库的要求应按表 3-15 采用。

记录介质库的温、湿度 表 3-15

项　目　＼　品　种	卡　片	纸　带	磁　带		磁　盘	
			长期保存已记录的	未记录的	已记录的	未记录的
温　度	5～40℃		18～28℃	0～48℃	0～40℃	
相对湿度	30%～70%	40%～70%	20%～80%		20%～80%	
磁场强度			<3200A/m	<4000A/m	<3200A/m	<4000A/m

（4）主机房内的空气含尘浓度，在静态条件下测试，每升空气中 $\geqslant 0.5\mu m$ 的尘粒数应少于 1800 粒。

（二）噪声、电磁干扰、振动及静电

（1）主机房内的噪声，在计算机系统停机的条件下，在主操作员位置测量应小于 68dB(A)。

（2）无线电波的干扰影响到很多电子设备工作的稳定性，计算机工作属于弱小信号类，对干扰极为敏感。而这些干扰又会从空间、机器外壳、电缆或电线引入。因此要做必要抗干扰的处理——接地或屏蔽，使工作环境的无线电波干扰场强，在频率为 0.15～1000MHz 时应低于 126dB。

（3）工作环境要防永磁场或电磁场干扰，其值不应大于 800A/m。电子设备及显示设备极易受到几十 kVA 变压器、稳压器的影响。通常的情况下终端与它们的距离保持 5m 以上。

（4）主机房地面及工作台面的静电泄漏电阻，应符合国家标准《防静电活动地板通用规范》的规定。

（5）主机房内绝缘体的静电电位不应大于 1kV。

（6）在计算机系统停机的条件下，主机房地板表面垂直及水平方向的振动加速度值，不应大于 500mm/s²。

三、计算机机房的接地

（1）计算机机房应采用下列四种接地方式：

1）交流工作接地，接地电阻不应大于 4Ω；

2）安全保护接地，接电电阻不应大于 4Ω；

3）直接工作接地，接地电阻应按计算机系统具体要求确定；

4）防雷接地，应按现行国家标准《建筑物防雷设计规范》执行。

（2）直流地的接法一般有三种类型：串联接地、并联接地和网格地。前两种接地方式在国内已趋淘汰，目前最好的方法是采用信号基准电位网，即网格地。

直流网格地就是用一定截面积的铜带（建议用 1～1.5mm 厚、25～35mm 宽），在活动地板下面交叉排成 600mm×600mm 的方格。其交叉点与活动地板支撑的位置交错排列，交点处用锡焊焊接或压接在一起。为了使直流网格地和大地绝缘，在铜带下应垫 2～

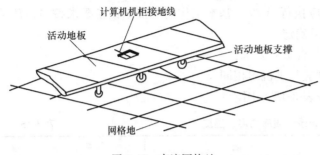

图 3-46 直流网格地

3mm 厚的绝缘橡皮或聚氯乙烯板等绝缘物体。由于橡皮易受潮、受油而导致绝缘电阻降低，因此应采取相应的防潮措施或选用绝缘强度高、吸水性差的材料作为直流网格地的绝缘体。直流网格地如图 3-46 所示。机柜接地见图 3-47。

（3）计算机系统的接地应采取单点接地，并宜采取等电位措施。当多个计算机系统共用一组接地装置时，宜将各计算机系统分别采用接地线与接地体连接。

（4）接地引下线一般应选用截面积不小于 35mm² 的多芯铜电缆，用以减少高频阻抗。

（5）机要部门计算机室内的非计算机系统的管、线、风道或暖气片等金属实体，应做接地处理。接地电阻应小于 4Ω。

（6）计算机终端及网络的节点机均不宜就做接地保护，应该由"系统"统一设计。否则因地线的电位差足可以损坏设备或器件。

（7）机房内设有防静电地板时，其地板及金属的门、窗均做接地处理，且保证等电位。

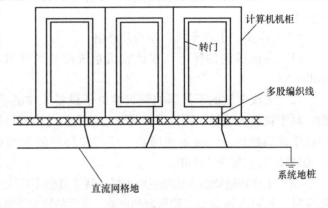

图 3-47 机柜接地示意图

四、计算机机房的供电

（一）计算机机房供电质量要求

根据国家标准《计算机场地通用规范》GB 2887—2011，对机房供配电的要求如下：

1. 计算机机房供电电源

计算机机房供电电源应满足下列要求：

频率：50Hz

电压：380V/220V

相数：三相五线制或三相四线制/单相三线制

依据计算机的性能，允许供电电源变动的范围，见表 3-16 所示。

计算机机房供电允许变动的范围 表 3-16

项 目　　　　指 标　级 别	A 级	B 级	C 级
电压变动（%）	−5～+5	−10～+7	−15～+10
周波变化（Hz）	−0.2～+0.2	−0.5～+0.5	−1～+1

2. 计算机机房供电方式分类

依据计算机的用途，其供电方式可分为 3 类：

（1）一类供电　需建立不停电供电系统。

（2）二类供电　需建立带备用的供电系统。

（3）三类供电　按一般用户供电考虑。

（二）计算机机房供电监控功能要求

根据上述建立不停电供电系统或建立备用供电系统的要求，都存在供电电源控制问题。对机房供电系统的要求：系统控制应有自动、手动两种操作功能，供电系统应具有遥测、遥信、遥控功能。

供电系统的遥测功能包括：应能遥测高、低压进线柜、油机发电机组的三相电压、三相电流、功率、频率；配电屏的输入电压、输入电流；UPS 输出电压、电流；蓄电池组的电压、充放电电流等。在一些特别重要的机房供电系统中，配电屏主开头触头的温度也需遥测，作为智能化监控的参数之一。

机房供电系统的遥控功能包括：应能遥开油机组、遥关油机组；遥开 UPS、遥关 UPS。

供电系统的遥信功能：对市电中断、机组故障、UPS 故障、电池充电状态、熔丝状态、配电屏主控开关温度（反应接点的接触电阻大小）等应有遥信信息送出。

（三）计算机机房对供配电主要设备的要求

1. 对配电屏的要求

计算机房对配电屏的要求如下：

（1）在市电和油机电源之间应配有自动手动倒换装置、电气连锁和机械连锁装置，在两种电源倒换中，具有市电优先功能。

（2）当市电中断或者电压超出规定范围时，自动切断市电，10s 后送市电信号；当市电恢复正常，10s 后能自动转入市电供电。

2. 对油机发电机组的要求

计算机机房对油机发电机组的要求如下：

（1）必须配备具有自启动、自保护、自动切换功能的油机发电机组。

（2）机组在停机状态接到启动指令，应能立即自动启动，如要延迟启动，时间应可调，但不得超过 8h。

（3）由停机到运行的启动，以主机优先启动；备用机在主机不能启动时，才启动。

（4）当机组在输出短路或超负荷运行时，应断电停机自动保护。

（5）油机发电机组参照我国 YD/T 502—2007 执行。

3. 机房设备对 UPS 的要求

计算机机房对 UPS 的要求如下：

（1）当市电正常时，UPS 应能自动开机。

（2）UPS 应具有软启动性能。

（3）UPS 应具备在市电不稳定或负载变化比较大的条件下正常运行的能力（停电输出纯净的电压）。

（4）UPS 的"平均无故障时间"（MIBF）应大于或等于 10000h。

（5）具有良好的自诊断、用户界面、通信功能。

（6）UPS机内静态旁路模块电路以及机外热备份机均应能可靠、自动切换。

（7）具备外电掉电告警功能；当市电中断或超出规定范围（10%～15%）能自动发出告警信号。

（8）外电停电后可继续工作一定时间（依系统需要而定）。

五、机房的消防报警与灭火系统

（1）计算机机房应设火灾自动报警系统，主机房、基本工作间应设二氧化碳或卤代烷灭火系统，并应按有关规范的要求执行。报警系统与自动灭火系统应与空调、通风系统连锁。空调系统所采用的电加热器，应设置无风断电保护。

（2）凡设置二氧化碳或卤代烷固定灭火系统及火灾探测器的计算机机房，其吊顶的上、下及活动地板下，均应设置探测器和喷嘴。

吊顶上和活动地板下设置火灾自动探测器，通常有两种方式：一种方式是均布方式，但其密度要提高，每个探测器的保护面积为10～15m²。另一种方式是在易燃物附近，或有可能引起火灾的部位以及回风口等处设置探测器。图3-48火灾自动探测器在机房中的布置示例。

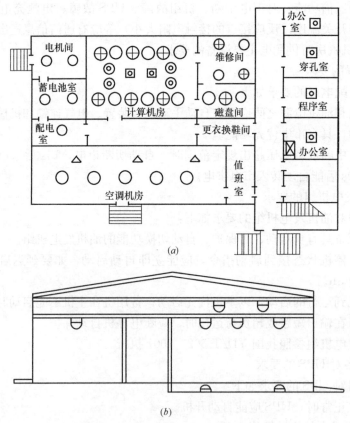

(a)

(b)

图3-48 火灾自动探测器在机房中的布置

(a) 平面图；(b) 剖面图

图例：○ 装在吊顶下的感烟探测器   ⊕ 装在活动地板下的感烟探测器
　　　◎ 装在吊顶上的感温探测器   △ 装在通风管道的探测器
　　　▣ 装在吊顶下的感温探测器   ⊠ 集中报警控制器

　　主机房宜采用感烟探测器。当没有固定灭火系统时，应采用感烟、感温两种探测器的组合。可以在主机柜、磁盘机、宽行打印机等重要设备附近安装探测器。在有空调设备的房间，应考虑在回风口附近安装探测器。

第六节　网络工程举例

　　【例1】有一个3层建筑的办公大楼，拟配置的局域网（LAN）的终端和服务器，如图3-49所示，各部门所需终端和服务器的数量和速率汇总、整理如表3-17所示。图3-49中的接线表示设计后的网络系统连接图。

LAN 终端和服务器汇总表　　　　　　表 3-17

楼　层	部　门	终　　　端			服　务　器		
		台　数	10Mbit/s	100Mbit/s	台　数	10Mbit/s	100Mbit/s
3	设计部	12	12	0	0	0	0
2	营业部	12	12	0	0	0	0
	电算室	0	0	0	4	0	4
1	经理部	6	6	0	0	0	0
	总务部	12	12	0	0	0	0
合　计		42	42	0	4	0	4

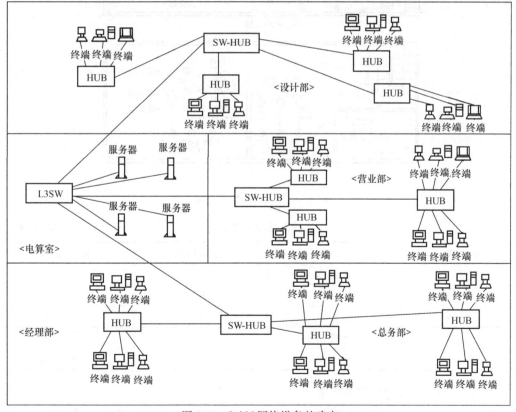

图 3-49　LAN 网络设备的确定
注：图中 HUB：集线器
SW-HUB：具有 VLAN 功能的交换式 HUB
L3SW：第三层交换机

下面着重说明一下该网络（LAN）的配线设计，具体步骤如下：

（一）信息插座的设置位置和数目的决定

首先，如图3-50所示，标出信息插座的场所和位置。本例是活动地板，在其上设置露出型信息插座。而且对各信息插座分配管理号码如表3-18所示。管理号码的编制要易懂，便于管理。

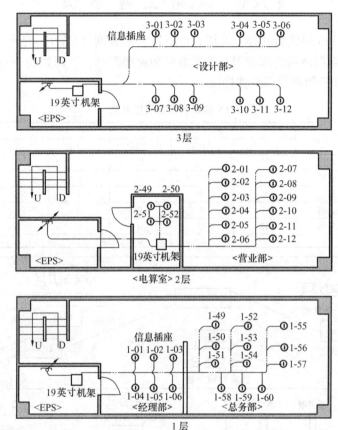

图 3-50　LAN 配线平面图

信息插座一览表　　　　　　　　　　　　　　　　表 3-18

楼　　层	部　　门	信息插座数量	管理号码
3	设计部	12	3-01～3-12
2	营业部	12	2-01～2-12
	电算室	4	2-49～2-52
1	经理部	6	1-01～1-06
	业务部	12	1-49～1-60

（二）网络设备设置位置的决定

对前面系统设计确定的网络设备如何在建筑物内配置，这时要考虑设置环境、电源、空间大小等，并根据规范确定网络设备与信息插座间的距离以及网络设备之间的距离，从而决定网络设备的设置位置。

如前所述，本例中网络设备有三层交换机 1 台（机器高度设定为 5U，设在二楼电算室内）、交换式集线器 3 台（设备高度为 1U，1U＝44.45mm）、集线器 10 台（设备高度为 1U），它们分别设在 1 楼和 3 楼的配线间（EPS）以及 2 楼电算室内。

（三）网络设备的安装方法的决定

网络设备安装可有两种方法：

（1）安装在 19 英寸的机架上；

（2）安装在墙壁上的箱盒上。

通常以（1）方法为主，它可以容纳从大型背板网络设备到集线器的各种设备。当没有空间安装 19 英寸机架时，往往采用第（2）种方法。但是，这时大型 LAN 设备等无法在箱盒内安装，最多只能安装 2U 左右的集线器。

本例 1～3 楼层的网络设备全都安装在 19 英寸的机架上，安装位置如图 3-50 所示。这时应该考虑 19 英寸机架高度、厚度以及网络设备、光缆、UTP 线缆的配线架和布线间距等，以确定 19 英寸机架的大小。

例如试求一楼 19 英寸机架的高度如下：

交换式集线器(IU)＋集线器(4×1U＝4U)＋光缆配线架(1U)＋铜线配线架(1U)＝7U。

考虑到将来扩容和布线（接线）预留空间，取 19 英寸机架约高 7U×2＝14U，故机架高度取为 H＝700mm。考虑到网络设备的散热等因素，所以一般希望高度是实际安装的 2 倍以上（EIA 规格 14U＝700mm）。

（四）线缆布线的考虑

考虑线缆布线路径时，应注意根据如下几点进行布线：

（1）配线长度在规范值内；

（2）走线原则上应取电源线干扰少的路径；

（3）布线的弯曲半径应适当；

（4）布线还应考虑线缆的拉伸张力。

设计时，在图 3-50 的平面图上画上网络配线。这时如前所述，主干线采用光缆接入配线间 EPS 的配线架上；支线用 UTP 双绞线，则在各楼层的活动地板内布线；于是得到如图 3-50 所示的网络配线平面图。

（五）网络配线材料的整理

在此确定所用的网络配线材料，并给出其数量（详细的器材给出最好在后述的系统图完成后进行）。

（1）线缆类　明确所用的光缆、UTP(STP)铜缆、同轴电缆等，分别确定其详细规格，并给出它们的数量。

（2）其他网络部件　明确所用的信息插座、光缆和铜缆的配线架、跳线以及 19 英寸机架等，分别确定其型号，特别是对于 19 英寸机架，还要确定相应的排气扇、电源插座、配管和板架等的选型。本例的配线材料整理如表 3-19 所示。

（六）网络配线系统图的绘制

配线系统图的绘制大致考虑以下两种：

（1）网络设备接线系统图；

（2）网络布线系统图。

配线材料一览表 表 3-19

	品　　名	规　　格	数　　量	备　　注
线缆类	光　　缆	GI 4C(50/125μm)	40m	
	光缆跳线	GI 2C(50/125μm)	5 根	两端 SC(2m)
	UTP 线缆	超 5 类	2000m	
	UTP 跳线	超 5 类	46 根	(2m)
其他网络部件	信息插座	超 5 类	46 个	单口,露出型
	光缆配线架	24 芯型(1U)	3 个	
	铜缆配线架	24P 型(1U)	3 个	
	19 英寸机架	$W700×D700×H700$	2 个	13U
	19 英寸机架	$W700×D700×H1500$	1 个	30U

其中（1）的接线图虽与建筑物有关，但更应详细标明光缆或铜缆的端点接续，特别是准确给出所用器材的数量，使网络构建一目了然；（2）的布线图则是侧重于与建筑体有关的配线系统图。对于本例，根据图 3-50 的平面图及其有关条件，绘出如图 3-51 所示的接线系统图，由图可明确各线缆芯线与网络设备的接续状态。绘出的布线系统图如图 3-52 所示，各 19 英寸机架上的设备安装图如图 3-53 所示。

【例 2】教学楼组网方案设计

有一幢四层教学楼，其中四楼为网络中心，分布有 6 台各种类型的服务器；三楼有 8 个教研室，每个教研室有 5 台 PC；二楼有 6 个专业机房，每个机房有 10 台 PC；一楼有 4 个公共机房，每个机房有 20 台 PC。楼内任何两个房间的距离都不超过 90m。

组网要求：教学楼内所有的计算机都能互联到一起，并且都能方便快捷地访问服务器资源。要求采用快速以太网技术，并请选择适当的网络设备、传输介质，画出网络结构图，注明网络设备和传输介质的名称、规格（速率、端口数）。

设计如下：对用户的组网要求进行分析可知，到四楼网络中心的通信链路是数据流量最大的主干，因为其他楼层的 PC 都要访问网络中心的服务器。根据快速以太网的组网原则，以四楼网络中心为中心，以四楼到其他楼层的通信链路为主干，其他通信链路为支干构建整个教学网络。网络结构图如图 3-54 所示。

设备规格：S1、S2、S3 为 8 口 100Mbit/s 快速以太网交换机，S4 为 12 口 100Mbit/s 快速以太网交换机；H11～H14 为 24 口 100Mbit/s 共享型快速以太网集线器，H21～H26 为 12 口 100Mbit/s 共享型快速以太网集线器，H31～H38 为 8 口 100Mbit/s 共享型快速以太网集线器。

传输介质：鉴于楼内任何两个房间的距离不超过 90m，因此所有的连接都采用 5 类非屏蔽双绞线是经济实惠的选择。

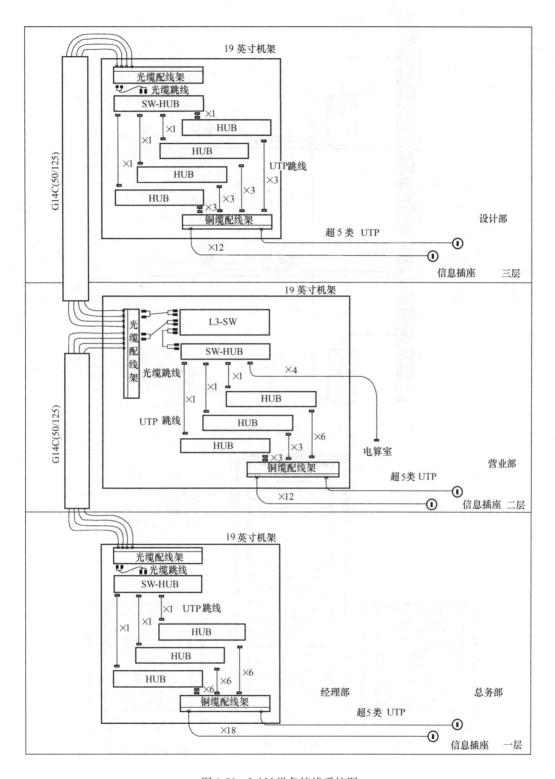

图 3-51　LAN 设备接线系统图

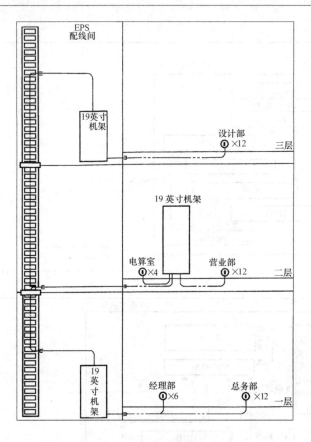

图 3-52　LAN 布线系统图

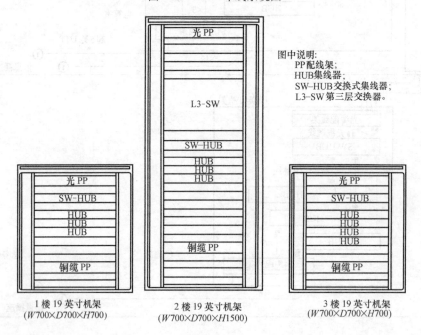

图中说明:
PP配线架;
HUB集线器;
SW-HUB交换式集线器;
L3-SW第三层交换器。

1楼19英寸机架
(W700×D700×H700)

2楼19英寸机架
(W700×D700×H1500)

3楼19英寸机架
(W700×D700×H700)

图 3-53　19 英寸机架的设备安装图

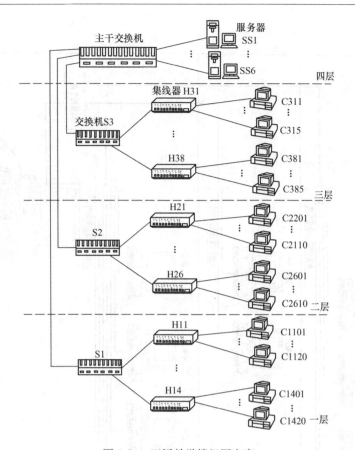

图 3-54　四层教学楼组网方案

连接方式：采用层次方式的树形拓扑结构。所有的服务器都连接到交换机 S4 的普通端口，所有的 PC 都连接到所在房间的集线器的普通端口；集线器的级联端口连接所在楼层的交换机普通端口；交换机 S1、S2、S3 的级联端口连接 S4 的普通端口。

网卡选择：所有的服务器均配置 100BASE-TX 网卡。PC 可有选择地配置 10BASE-TX 网卡或者 100BASE-TX 网卡，比如说教研室和专业机房的 PC 使用 100BASE-TX 网卡，而公共机房使用 10BASE-T 网卡。注意如果选择 10BASE-T 网卡，则相应的集线器应支持 10M/100Mbit/s 自适应或者直接使用 10BASE-T 集线路。

本方案特点是采用层次方式的树形拓扑结构，便于管理和扩充；服务器直接连接主干快速以太网交换机，保证了对服务器资源快捷方便的访问；网络设备留有一定的扩充能力；方案配置比较灵活，经济可行。

此外，图 3-55 是酒店收银网络系统的示例。图 3-56 是一种计算机网络在综合布线系统中的表示方式。

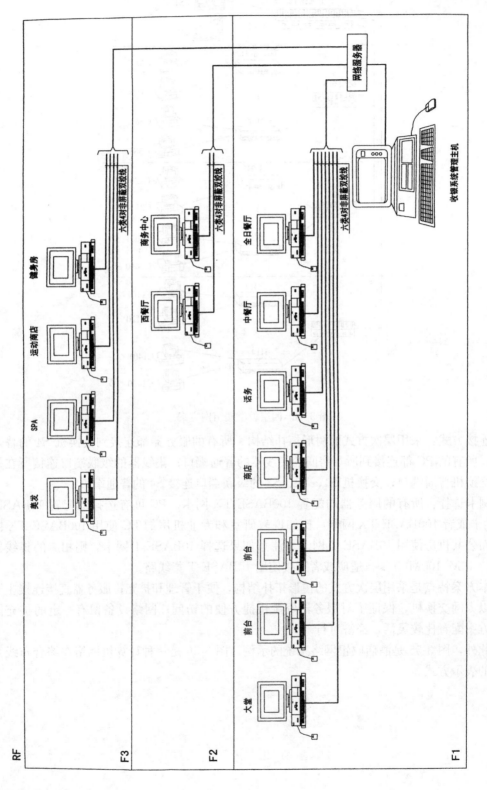

图 3-55　收银网络系统

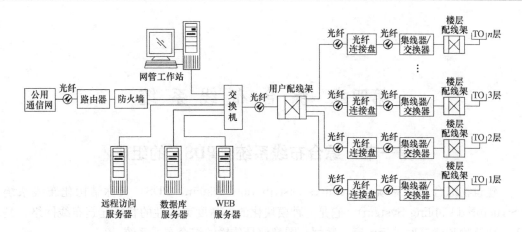

图 3-56 智能建筑计算机网络构成示意图
(一种计算机网络在综合布线系统中的表示方式)

第四章 综合布线系统

第一节 综合布线系统（PDS）的组成

建筑物综合布线系统（Premises Distribution System，PDS）又称结构化布线系统（Structured Cabling System）。它是一种模块化的、高度灵活性的智能建筑布线网络，是用于建筑物和建筑群进行话音、数据、图像信号传输的综合布线系统。

智能建筑的综合布线系统（PDS）与传统的电话、计算机网络布线的不同主要表现在如下方面：

（1）在智能大厦系统中，除计算机网络线以外，还有众多的电话线、闭路电视线，用于大厦内空调等设备的控制线、用于火警的安全控制线和安全监视系统线等，这些线需要统一规划，一次性布好。

（2）在智能大厦系统中，许多线应可交换使用。

（3）在智能大厦系统中，同样的布线系统可适应由于用户变化而造成的某些局部网络的变化。

（4）传统的网络布线是设备在哪里，线就在哪里；而智能大厦的综合布线系统与它所连接的设备相对无关，先将布线系统铺设好，然后根据所安装设备情况调整内部跳接及相互连接机制，使之适应设备的需要。因此，同一个接口可以连接不同的设备，譬如电话、计算机、控制设备等。目前，综合布线系统主要用于电话和计算机网络。

一、系统组成

（一）综合布线系统组成

综合布线系统设计宜包括工作区、配线子系统、干线子系统、建筑群子系统、设备间、进线间管理。综合布线系统的组成应符合图 4-1 的要求。

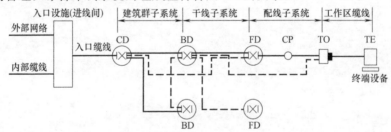

图 4-1　综合布线系统的组成

图中：CD—建筑群配线架；BD—建筑物配线架；FD—楼层配线架；CP—集合点（选用）；TO—信息插座

（二）综合布线系统设计

综合布线系统宜按下列七个部分（图 4-2、表 4-1）进行设计：

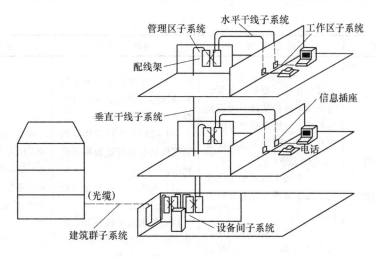

图 4-2 结构化布线系统总体图

综合布线系统的类型级别   表 4-1

序 号	类型级别	设 备 配 置	特 点	适 用 场 合
1	基本型（相当于最低配置）	（1）每个工作区有一个信息插座； （2）每个工作区为一个水平布线系统，其配线电缆是一条 4 对非屏蔽双绞线（UTP）； （3）接续设备全部采用夹接式交接硬件； （4）每个工作区的干线电缆至少有 2 对双绞线	（1）能支持语音、数据或高速数据系统使用； （2）能支持 IBM 多种计算机系统的信号传输； （3）价格较低，基本采用铜芯导线电缆组网； （4）目前使用广泛的布线方案，且可适应将来发展，逐步走向综合布线系统； （5）便于技术人员管理； （6）采用气体放电管式过压保护和能自复的过流保护	这种类型适用于目前大多数的场合。因为它经济有效，并能逐步过渡到综合型布线系统。目前一般用于配置标准较低的场合
2	增强型（相当于基本配置）	（1）每个工作区有两个以上信息插座； （2）每个工作区的信息插座均有独立的水平布线系统，其配线电缆是一条 4 对非屏蔽双绞线（UTP）； （3）接续设备全部采用夹接式交接硬件或插接式硬件； （4）每个工作区的干线电缆至少有 3 对双绞线	（1）每个工作区有两个信息插座不仅灵活非凡，且功能齐全； （2）任何一个信息插座都可提供语音和高速数据系统使用； （3）采用铜芯电缆和光缆混合组网； （4）可统一色标，按需要利用端子板进行管理，简单方便； （5）能适应多种产品的要求，具有经济有效的特点； （6）采用气体放电管式过压保护和能自复的过流保护	这种类型能支持语音和数据系统使用，具有增强功能，且有适应今后发展余地，适用于配置标准较高（中等）的场合

序 号	类型级别	设备配置	特 点	适用场合
3	综合型（相当于综合配置）	（1）在基本型和增强型综合布线系统的基础上增设光缆系统，一般在建筑群间干线和水平布线子系统上配置 $62.5\mu m$ 光缆； （2）在每个基本型工作区的干线电缆至少配有 2 对双绞线； （3）在每个增强型工作区的干线电缆至少有 3 对双绞线	（1）每个工作区有两个信息插座不仅灵活非凡，且功能齐全； （2）任何一个信息插座都可提供语音和高速数据系统使用； （3）采用以光缆为主与铜芯电缆混合组网； （4）利用端子板管理，因统一色标用户使用简单方便； （5）能适应产品变化，具有经济有效的特点	这种类型具有功能齐全，满足各方面通信要求，是适用于配置标准很高的场合（如规模较大的智能化大厦、办公大楼等）

说明：（1）表中非屏蔽双绞线是指具有特殊扭绞方式及材料结构，能够传输高速率数字信号的双绞线，不是一般市话通信电缆的双绞线。

（2）夹接式交接硬件是指采用夹接、绕接的固定连接方式的交接设备。

（3）插接式交接硬件是指采用插头和插座连接方式的交接设备。

1. 工作区

一个独立的需要设置终端设备（TE）的区域宜划分为一个工作区。工作区应由配线子系统的信息插座模块（TO）延伸到终端设备处的连接缆线及适配器组成。

2. 配线子系统

配线子系统应由工作区的信息插座模块、信息插座模块至电信间配线设备（FD）的配线电缆和光缆、电信间的配线设备及设备缆线和跳线等组成。配线子系统有时又称水平子系统。

3. 干线子系统

干线子系统应由设备间至电信间的干线电缆和光缆、安装在设备间的建筑物配线设备（BD）及设备缆线和跳线组成。干线子系统有时又称垂直子系统。

4. 设备间

设备间是在每栋建筑物的适当地点进行网络管理和信息交换的房间。对于综合布线系统工程设计，设备间主要安装建筑物配线设备。电话交换机、计算机主机设备及人口设施也可与配线设备安装在一起。

5. 建筑群子系统

由连接多个建筑物的主干电缆和光缆、配线设备（CD）及设备缆线和跳线组成。

6. 进线间

进线间是建筑物或多个建筑物外通信（语音和数据）管线的入口用房，可与设备间合用一个房间。

7. 管理

管理是对工作区、电信间、进线间的配线设备、缆线、信息插座模块等设施按一定的模式进行标识和记录。

综合布线系统的类型级别如表 4-1 所示。

二、综合布线系统的典型布线结构

（一）建筑物典型的 FD-BD 结构

如图 4-3 所示，BD 放在设备间，每层楼均有一个楼层电信间放置 FD。当该楼层的信息点数量为 400 个，水平电缆的长度在 90m 范围内，即可采用此种结构。

（二）建筑物设有楼层电信间的 FD/BD 结构

FD/BD 结构如图 4-4 所示。这种结构没有楼层电信间，BD 和 FD 都放在设备间。当建筑物中的信息点数量少，水平电缆的最大长度不超过 90m，即可采用此种结构。

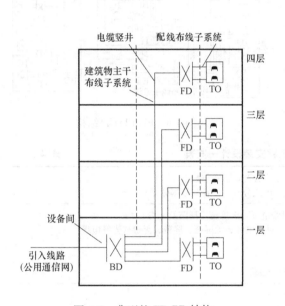

图 4-3 典型的 FD-BD 结构

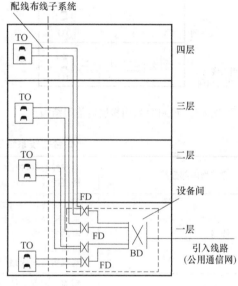

图 4-4 FD/BD 结构

（三）建筑物 FD-BD 共用楼层电信间结构

当建筑物的楼层面积不大，楼层的信息点数量少于 400 个，为了简化网络结构和减少接续设备，可采用几层楼合用一个楼层配线架 ED。在连接中，信息插座到中间楼层配线架之间水平电缆的最大长度不应超过 90m。此种结构如图 4-5 所示。

（四）建筑物典型的 FD-BD-CD 结构

建筑物典型的 FD-BD-CD 结构如图 4-6 所示。

三、电话和计算机的综合布线系统

综合布线系统主要应用于电话和计算机网络，如图 4-7 所示。

四、综合布线系统的拓扑结构与设计（图 4-8 和图 4-9）

综合布线系统工程的安装设计和主要使用材料分别如表 4-2 和表 4-3 所示。

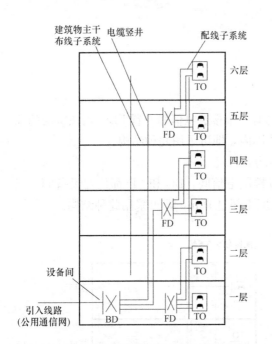

图 4-5　FD-BD 共用楼层电信间结构

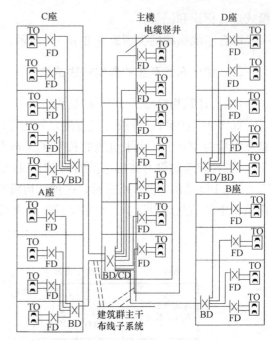

图 4-6　FD-BD-CD 结构

综合布线系统工程安装设计一览表　　　　　　　　　　　　　　表 4-2

建筑物内部配线	总配线架（进线与出线分开，语音与数据分开） 楼层配线架（进线与出线分开，语音与数据分开）
线路	水平配线：2×4 对线电缆，无屏蔽、屏蔽及无毒 垂直配线：25、100 对线电缆、无屏蔽、屏蔽、无毒或光纤电缆 电话主干线 电脑主干线 建筑物之间线路——光缆
电缆弯曲半径	铜缆：铜缆直径的 8 倍 光缆：光缆直径的 15 倍
主干线大小计算	电话：所有配线对线数的 50%（建议） 电脑：最大配线架上的所有配线对线数的 25%（建议）
接地线	接地网络阻抗尽可能低 联合接地时：电阻≤1Ω 单独接地时：电阻≤4Ω
采用屏蔽系统的主要性能	所有金属接地编织网形式的等电位 强电和弱电电缆分开 减少金属回环面积 使用屏蔽和编织网电缆 电源供应进口的保护（电源过滤） 在进入建筑物的所有不同导体上安装过压防护器
电缆通道	弱电电缆通道：语音——数据——图像 强电电缆通道
弱电电缆通道在走廊里的通过	如果是与强电并行的，至少相距 30cm 与荧光灯管相距至少 30cm 直角相交 将电缆通道用金属编织网连接到接地网络上去

续表

配线架工作室	远离电动机至少 2m； 面积 4～6m²，电源供应至少 1kVA，照明至少 200lx； 通风系统，"独立"电话； 与垂直系统相接； 50～60 个接入点； 与工作站相距最远 60～80m（特殊情况除外）
办公室里电缆的设计	如果强电和弱电之间是并行的： 少于 2.5m 并行时，至少相距 2cm； 大于 2.5 少于 10m 并行时，至少相距 4cm
办公室设计	如果强电和弱电之间是并行的： 用金属骨架做一个 2m×2m 的编织网
信息点数量	2 个八针插座； 2 个 220V/16A 电源供应插座； 2 个备用插座（如果投资允许）
信息点密度	每 9～10m² 一个信息； 主墙每 1.35m 一个信息点

综合布线系统使用的主要材料表　　　　　　　　　　　　　　　表 4-3

序号	子系统	布线材料种类	按不同方式分类
1	工作区子系统	信息模块	按性能区分：CAT5E/CAT6/FTTP/语音模块等； 按屏蔽区分：UTP/FTP
		面板	单口/双口/4 口/… 英标/美标/国标； 斜口/平口
		跳线	按性能区分：CAT5/CAT6/FIBER/语音； 按长度区分：0.5m、1m、3m、5m、10m…
		安装底盒	86mm×86mm（国标），70mm×120mm（美标）
		表面安装盒	
2	水平子系统	铜缆	按性能区分：CAT3/CAT5E/CAT6-4 对和普通语音 2 对； 按屏蔽区分：UTP/FTP； 按阻燃等级区分：LSZH/CM/CMX/CMR/CMP
		光缆	按芯数分类：2 芯/4 芯… 按传输模式分类：多模/单模，9μm、50μm、62.5μm/125μm
3	垂直子系统	铜缆	语音应用：3 类/5 类/普通； UTP/FTP； 数据应用：5 类/6 类
		光缆	按芯数分类：2 芯/4 芯… 按传输模式分类：多模/单模，9μm、50μm、62.5μm/125μm； 按应用环境：室内/室外

序号	子系统	布线材料种类			按不同方式分类	
4	管理区子系统	铜缆部分	语音应用	铜缆	3类/5类/6类/普通、UTP/FTP	
				100系列配线架	快接式配线架	24口/48口
					跳线	110/RJ-45、110—110、RJ-45—RJ-45
			数据应用	铜缆	5类/6类、FTP/UTP	
				110系列配线架	快接式配线架	24口/48/口
					跳线	110/RJ-45、110—110、RJ-45—RJ-45
		光缆部分		光纤配线架	按安装方式分：墙装/机装；墙装：12口/24口；机装：24口/48口/72口；按配置分：面板/6口/12口/24口/48口	
				耦合器	单/多模，ST/SC/LC/MT-RJ…	
				连接头	（同上）	
				尾纤	（同上）	
				跳线	单芯/双芯、单/多模，ST/SC/LC/MT-RJ…	
5	设备间子系统	铜缆部分	语音应用	铜缆	3类/5类/6类普通、UTP/FTP	
				110系列配线架（较多使用）	快接式配线架	24口/48口
					跳线	110/RJ-45、110—110、RJ-45—RJ-45
			数据应用	铜缆	5类/6类、FTP/UTP	
				110系列配线架（较少使用）	快接式配线架	24口/48口
					跳线	110/RJ-45、110—110、RJ-45—RJ-45
		光缆部分	数据应用	光纤配线架	按安装方式区分：墙装/机装；墙装：12口/24口；机装：24口/48口/72口；按配置区分：面板/6口/12口/24口/48口	
				耦合器	单/多模，ST/SC/LC/MT-RJ…	
				连接头	（同上）	
				尾纤	（同上）	
				跳线	单芯/双芯、单/多模，ST/SC/LC/MT-RJ…	
6	建筑群子系统	铜缆部分	语音应用	3类/5类/普通大对数电缆（25/50/125对，4对较少使用）；UTP/FTP；室外型		
			数据应用	5类/6类		
		光缆部分	数据应用	4芯/6芯…多模/单模，$9\mu m$、$50\mu m$、$62.5\mu m/125\mu m$；室外轻型无金属/轻铠/重铠型（适用于架空/管道/直埋等安装方式）		

综合布线系统主要用于模拟电话网和计算机网。电话网通常采用铜缆布线，如图 4-7（a）星形结构。计算机网通常采用光缆/铜缆混合布线，如图 4-7（b）结构。组合在一起，如图 4-8 结构。

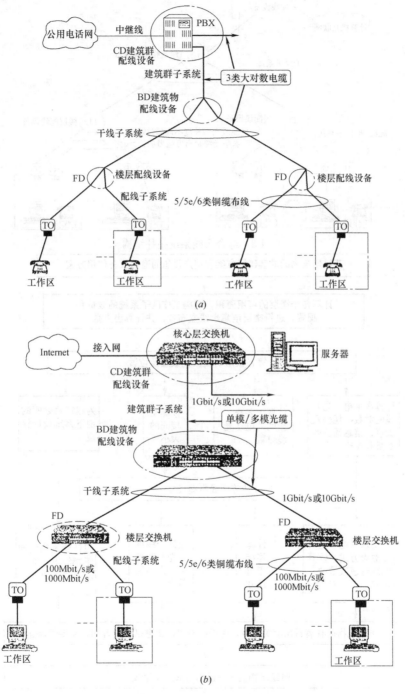

图 4-7 综合布线系统的两大应用

(a) 综合布线系统的模拟电话网应用；(b) 综合布线系统的计算机网应用

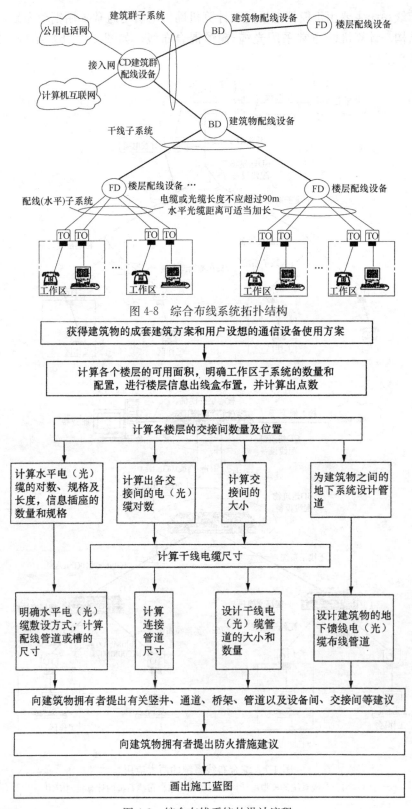

图 4-8 综合布线系统拓扑结构

获得建筑物的成套建筑方案和用户设想的通信设备使用方案

计算各个楼层的可用面积，明确工作区子系统的数量和配置，进行楼层信息出线盒布置，并计算出点数

计算各楼层的交接间数量及位置

| 计算水平电（光）缆的对数、规格及长度，信息插座的数量和规格 | 计算出各交接间的电（光）缆对数 | 计算交接间的大小 | 为建筑物之间的地下系统设计管道 |

计算干线电缆尺寸

| 明确水平电（光）缆敷设方式，计算配线管道或槽的尺寸 | 计算连接管道尺寸 | 设计干线电（光）缆管道的大小和数量 | 设计建筑物的地下馈线电（光）缆布线管道 |

向建筑物拥有者提出有关竖井、通道、桥架、管道以及设备间、交接间等建议

向建筑物拥有者提出防火措施建议

画出施工蓝图

图 4-9 综合布线系统的设计流程

第二节 综合布线系统布线设计

综合布线系统的设计流程与步骤如图 4-9 所示。

一、工作区子系统的布线

工件区子系统设计步骤如下（图 4-10、表 4-4、表 4-5）：

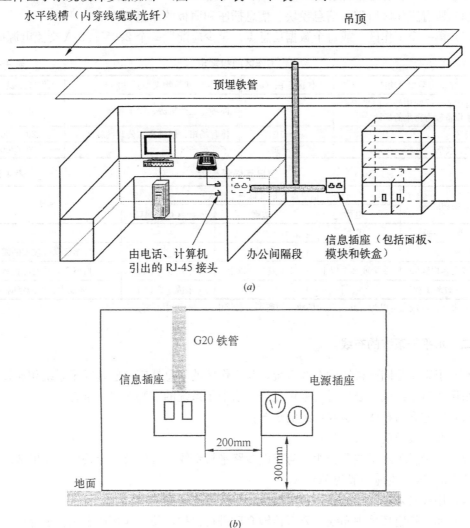

图 4-10 工作区布线设计

（*a*）工作区布线示意图；（*b*）信息插座安装示意图

（1）首先要统计信息点数量，采用图纸上请求的信息点为依据，或根据每层楼布线面积估算计信息点数量。对于智能大厦等商务办公环境，一般每 $9m^2$ 设计 1～2 个信息插座。

（2）确定信息插座的类型和个数。

（3）确定各信息点的安装具体位置，并进行编号，便于日后的施工。

以商务办公大楼为例:

(1) 每个工作区面积一般在 5～10m²,线槽的敷设要合理、美观。

(2) 信息插座有墙上型、地面型和桌上型等多种。一般采用 RJ-45 墙上型信息模块,设计在距离地面 300mm 以上,距电源插座 200mm 为宜。信息插座的安装如图 4-10 (b)所示。

(3) 信息插座应为标准的 RJ-45 型插座。RJ-45 信息插座与计算机设备的距离要保持在 5m 范围内。多模光缆插座宜采用 SC 或 ST 接插形式,单模光缆宜采用 FC 插座形式。

(4) 所有工作区所需的信息模块、信息插座和面板的数量要准确。

(5) 第一个工作区(或每个数据信息点)至少应配置一个 220V、10A 交流电源插座。

工作区面积需求　　　　　　　　　　　　　　　　　表 4-4

建筑物类型及功能	工作区面积（m²）	建筑物类型及功能	工作区面积（m²）
网管中心、呼叫中心、信息中心等终端设备较为密集的场地	3～5	商场、生产机房、娱乐场所	20～60
办公区	5～10	体育场馆、候机室、公共设施区	20～100
会议、会展	10～60	工业生产区	60～200

信息点数量配置　　　　　　　　　　　　　　　　　表 4-5

建筑物功能区	信息点数量（每一工作区）			备注
	电话	数据	光纤（双工端口）	
办公区（一般）	1 个	1 个		
办公区（重要）	1 个	2 个	1 个	对数据信息有较大的需求
出租或大客户区域	2 个或 2 个以上	2 个或 2 个以上	1 个或 1 个以上	指整个区域的配置量
办公区（政务工程）	2～5 个	2～5 个	1 个或 1 个以上	涉及内、外网络时

注:大客户区域也可以为公共实施的场地,如商场、会议中心、会展中心等。

二、水平子系统的布线

水平子系统是同一楼层的布线系统,与工作区的信息插座及管理间子系统相连接。它一般采用 4 对双绞线,必要时可采用光缆。水平子系统的安装布线要求是:

(1) 确定介质布线方法和线缆的走向;

(2) 双绞线长度一般不超过 90m;

(3) 尽量避免水平线路长距离与供电线路平行走线,应保持一定距离(非屏蔽线缆一般为 30cm,屏蔽线缆一般为 7cm);

(4) 用线必须走线槽或在吊顶内布线,尽量不走地面线槽;

(5) 如在特定环境中布线,要对传输介质进行保护,使用线槽或金属管道等;

(6) 确定距服务器接线间距离最近的 I/O 位置;

(7) 确定距服务器接线间距离最远的 I/O 位置。

(一) 水平布线的长度要求

水平电缆或水平光缆最大长度为 90m,如图 4-11 所示,另有 10m 分配给电缆、光缆和楼层配线架上的接插软线或跳线。其中,接插软线或跳线的长度不应超过 5m,且在整个建筑物内应一致。

对称电缆(双绞线)水平布线链路包括 90m 水平电缆、5m 软电缆(电气长度相当于

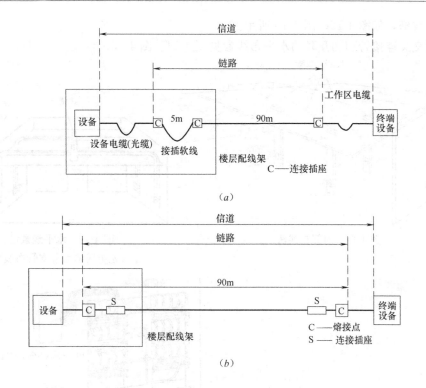

图 4-11 对称电缆与光缆的水平布线

(*a*) 对称电缆水平布线；(*b*) 光缆水平布线

注：在能保证链路性能时，水平光缆距离允许适当加长。

7.5m）和 3 个与电缆类别相同或类别更高的接头。可以在楼层配线架与通信引出端之间设置转接点（图中未画出），最多转接一次，但整个水平电缆最长 90m 的传输特性应保持不变。

（二）水平子系统的设计步骤

1. 确定缆线的类型

根据用户对业务的需求和待传信息的类型，选择合适的缆线类型。水平干线电缆推荐采用 8 芯 UTP。语音和数据传输可选用 5 类、超 5 类或更高型号电缆，目前主流是超 5 类 UTP。对速率和性能要求较高的场合，可采用光纤到桌面的布线方式（FTTP），光缆通常采用多模或单模光缆，而且每个信息点的光缆 4 芯较宜。

2. 确定水平布线路由

根据建筑物结构、布局和用途、业务需求情况确定水平干线子系统设计方案。一条 4 对 UTP 应全部固定终接在一个信息插座上。水平干线子系统的配线电缆长度不应该超过 90m。水平干线光缆距离可适当加长。

3. 确定水平缆线数量

根据每层所有工作区的语音和数据信息插座的需求确定每层楼的干线类型和缆线数量。

4. 确定水平布线方案

水平布线子系统应采用星形拓扑结构，布线时可采用走线槽或顶棚吊顶内布线，尽量不走地面线槽，如图 4-12、图 4-13 所示。

采用交叉连接管理和互联的水平布线参见图 4-14、图 4-15。

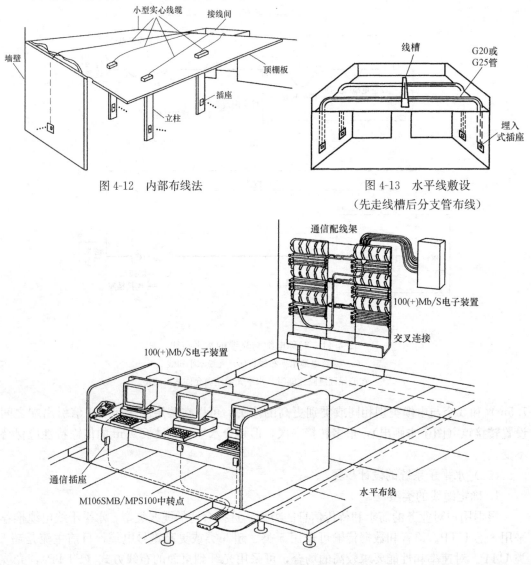

图 4-12 内部布线法　　　　图 4-13 水平线敷设
（先走线槽后分支管布线）

图 4-14 采用交叉连接管理的水平布线

三、管理间子系统的布线

管理间子系统（Administration Subsystem）主要是放置配线架的各配线间，由交连、互联和 I/O 组成。管理间子系统为连接其他子系统提供工具，它是连接垂直干线子系统和水平干线子系统的设备，其主要设备是配线架、HUB、机柜和电源。当需要多个配线间时，可以指定一个为主配线间，所有其他配线间为层配线架或中间配线间，从属于主配线间。

图 4-16 是 110 系列跳线架的示例。

管理间子系统设计步骤如下：

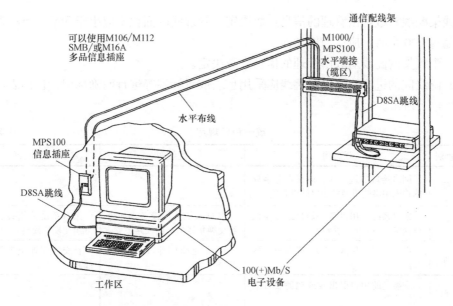

图 4-15　采用互联（HUB 直接连接）的水平布线

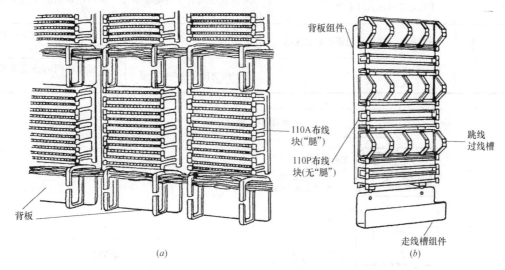

(*a*)

图 4-16　110 系列跳线架示例

(*a*) 110A 装置；(*b*) 110P 装置

1. 管理间位置确定

配线间的数目应从所服务的楼层范围来考虑，如果配线电缆长度都在 90m 范围以内，宜设置一个配线间；当超出这一范围时，可设两个或多个配线间。通常每层楼设一个楼层配线间。当楼层的办公面积超过 1000m² （或 200 个信息点）时，可增加楼层配线间。当某一层楼的用户很少时，可由其他楼层配线架提供服务。

2. 配线间的环境要求

配线间的设备安装和电源要求与设备间相同。配线间应有良好的通风。安装有源设备时，室温宜保持在 10～30℃，相对湿度宜保持在 20％～80％。

3. 确定配线间交连场的规模

配线架配线对数可由管理的信息点数决定。管理间的面积不应小于 $5m^2$，当覆盖的信息插座超过 200 个时，应适当增加面积。

（1）配线架的配线对数由管理的信息点数决定。

（2）配线间的进出线路以及跳线应采用色表或者标签等进行明确标识。色标表示如表 4-6 和图 4-17 所示。

统一色标规定

表 4-6

序号	色别	设备间	配线间	二级交接间
1	绿	网络接口的进线侧。即来自电信局的输入中继线或网络接口的设备侧		
2	紫	来自系统公用设备（如分组交换机或网络设备）的连接线路	来自系统公用设备（如分组交换集线器）的线路	来自系统公用设备（如分组交换集线器）的线路
3	蓝	设备间至工作区（IO）或用户终端线路	连接配线间至工作区的线路	自交换间连至工作区的线路
4	黄	交换机的用户引出线或辅助装置的连接线路		
5	白	干线电缆和建筑群电缆	来自设备间的干线电缆端接点	来自设备间的干线电缆的点对点端接
6	橙	网络接口、多路复用器引来的线路	来自配线间多路复用器的输出线路	来处配线间多路复用器的输出线路
7	灰		至二级交换间的连接电缆	来自配线间的连接电缆端接

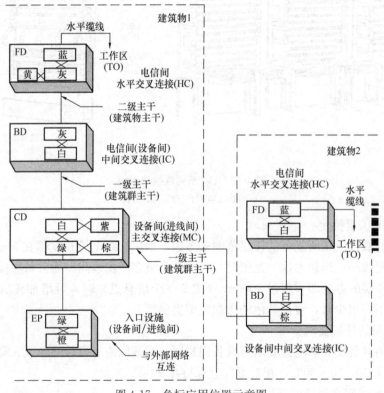

图 4-17 色标应用位置示意图

（3）交换区应有良好的标记系统，如建筑物名称、位置、功能、起始点等。

（4）配线架一般由光配线盒和铜配线架组成。

（5）供电、接地、通风良好，机械承重合适，保持合理的温度、湿度和亮度；

（6）有 HUB、交换器的地方要配有专用稳压电源；

（7）采取防尘、防静电、防火和防雷击措施。

四、垂直子系统的布线

（一）布线设计

干线（垂直）子系统负责连接设备间主配线架和各楼层配线间分配线架，一般采用光缆（对计算机网）或大对数 UTP（对电话网）。干线（垂直）子系统如图 4-18 所示。

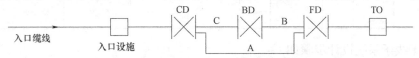

图 4-18　综合布线系统主干缆线组成

综合布线系统主干缆线长度限值　　　　　　表 4-7

缆线类型	各线段长度限值（m）			缆线类型	各线段长度限值（m）		
	A	B	C		A	B	C
100Ω 对绞电缆	800	300	500	50m 多模光缆	2000	300	1700
62.5m 多模光缆	2000	300	1700	单模光缆	3000	300	2700

竖向配线区的划分　　　　　　表 4-8

I/O数量（个）	竖向配线区（个）	分干线数量（个）	干线接线间		卫星接线间		点对点的配线图示	备注
			间数	面积（m²）	间数	面积（m²）		
1～200	1	1	1.2×1.5		0	0	干线接线间 干线1 (a)	1. 一个干线接线间只能负担 600 个 I/O，大于 600 个时应另增设干线接线间。 　2. 任何一个干线接线间只能负担 2 个卫星接线间，每个卫星接线间只能负担 200 个 I/O。 　3. 卫星接线间设置条件如下： 　（1）当 I/O 距干线间大于 75m； 　（2）所在楼层 I/O 数量大于 200 个； 　（3）当 I/O 数量不确定时，可参考 1800m² 设一个卫星间。 　4. 每个接线间要预留交流电源，2 块 20A 插座板，其中一块负担 12 个终端供电，另一块作其他设备用电。 　5. 图中点划线部分参见干线子系统配线方式
201～400	1	2	1.2×2.0		1	1.2×1.5	干线接线间　　卫星间 分干线2 分干线1　(b)	

续表

I/O 数量（个）	竖向配线区（个）	分干线数量（个）	干线接线间		卫星接线间		点对点的配线图示	备注
			间数	面积（m²）	间数	面积（m²）		
401～600	1	3	1	1.2×2.8	2	1.2×1.5	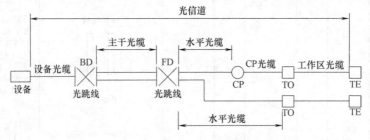	同上

垂直干线子系统设计步骤如下：

1. 确定干线子系统规模

根据建筑物结构的面积、高度以及布线距离的限定，确定干线通道的类型和配线间的数目。整座楼的干线子系统的缆线数量，是根据每层楼信息插座密度及其用途来确定的。

2. 确定楼层配线间至设备间垂直路由

确定楼层配线间至设备间垂直路由应选择干线段最短、最安全和最经济的路由。通常采用管道法和电缆竖井法：管道法就是将垂直干线电缆放在金属管道中，金属管道对电缆起保护作用，而且防火；电缆竖井法指在每层楼板上开出一些方孔，使电缆可以穿过这些电缆井，上下对齐。

（二）水平和主干信道的光纤构成

光纤信道构成的三种方式：

（1）水平光缆和主干光缆至楼层电信间的光配线设备经光纤跳线连接构成（图 4-19）。

图 4-19 光缆经电信间 FD 光跳线连接的光纤信道

（2）水平光缆和主干光缆在楼层电信间经端接（熔接或机械连接）构成（图 4-20）。

（3）水平光缆经过电信间直接连至大楼设备间光配线设备构成（图 4-21）。图 4-22 为楼层配线和跳线原理。

另外，当工作区用户终端设备或某区域网络设备需直接与公用数据网进行互通时，应将光缆从工作区直接布放至电信入口设施的光配线设备。

电信间和设备间安装的配线设备的选用应与所连接的缆线相适应，具体可参照表 4-9 内容。

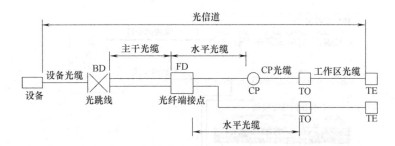

图 4-20　光缆在电信间 FD 作端接的光纤信道

注：FD 只设光纤之间的连接点。

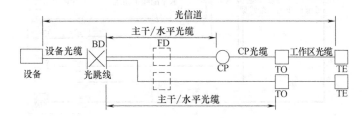

图 4-21　光缆经过电信间 FD 直接连接至设备间 BD 的光纤信道

注：FD 安装于电信间，只作为光缆路径的场合。

配线模块产品选用　　　　　　　　　　　　　　　　表 4-9

类别	产品类型		配线模块安装场地和连接缆线类型		
	配线设备类型	容量与规格	FD（电信间）	BD（设备间）	CD（设备间/进线间）
电缆配线设备	大对数卡接模块	采用 4 对卡接模块	4 对水平电缆/4 对主干电缆	4 对主干电缆	4 对主干电缆
		采用 5 对卡接模块	大对数主干电缆	大对数主干电缆	大对数主干电缆
	25 对卡接模块	25 对	4 对水平电缆/4 对主干电缆/大对数主干电缆	4 对主干电缆/大对数主干电缆	4 对主干电缆/大对数主干电缆
	回线型卡接模块	8 回线	4 对水平电缆/4 对主干电缆	大对数主干电缆	大对数主干电缆
		10 回线	大对数主干电缆	大对数主干电缆	大对数主干电缆
	RJ-45 配线模块	一般为 24 口或 48 口	4 对水平电缆/4 对主干电缆	4 对主干电缆	4 对主干电缆
光缆配线设备	ST 光纤连接盘	单工/双工，一般为 24 口	水平/主干光缆	主干光缆	主干光缆
	SC 光纤连接盘	单工/双工，一般为 24 口	水平/主干光缆	主干光缆	主干光缆
	SFF 小型光纤连接盘	单工/双工一般为 24 口、48 口	水平/主干光缆	主干光缆	主干光缆

（三）垂直干线的布线

在智能化建筑中的建筑物主干垂直布线都是从房屋底层直到顶层垂直（或称上升）电气竖井内敷设的通信线路，如图 4-23 所示。

建筑物垂直干线布线可采用电缆孔和电缆竖井两种方法。电缆孔在楼层交接间浇注混凝土时预留，并嵌入直径为 100mm、楼板两侧分别高出 25～100mm 的钢管；电缆竖井是预留的长方孔。各楼层交接间的电缆孔或电缆竖井应上下对齐。缆线应分类捆箍在梯架、线槽或其他支架上。电缆孔布线法也适合于旧建筑物的改造。

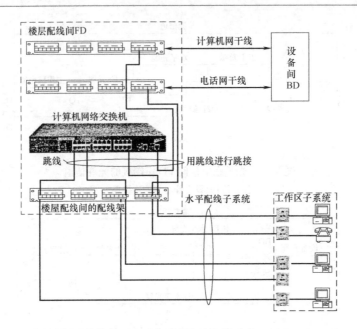

图 4-22 楼层配线和跳接原理

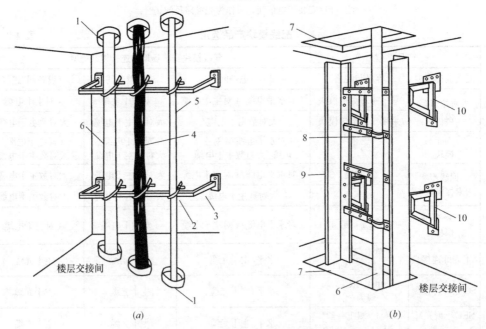

图 4-23 垂直干线的安装

(a) 电缆孔垂直布线；(b) 电缆竖井垂直布线

1—电缆孔；2—扎带；3—电缆支架；4—对绞电缆；5—光缆；6—大对数电缆；
7—电缆竖井；8—电缆卡箍；9—电缆桥架；10—梯形支架

电缆桥架内线缆垂直敷设时，在缆线的上端和每间隔 1.5m 处缆线应固定在桥架的支架上；水平敷设时，在缆线的首、尾、转弯及每间隔 3～5m 处进行固定。电缆桥架与地面保持垂直，不应有倾斜现象，其垂直度的偏差应不超过 3mm。

竖井中缆线穿过每层楼板孔洞宜为矩形或圆形。矩形孔洞尺寸不宜小于 300mm×

100mm，圆形孔洞处应至少安装三根圆形钢管，管径不宜小于100mm。水平安装的桥架和线槽穿越墙壁的洞孔，要求其互相位置适应，规格尺寸合适，如图4-24所示。

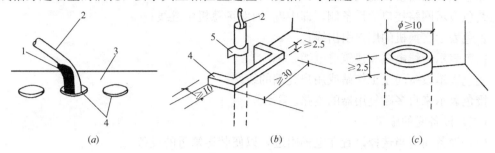

图4-24　缆线在洞孔中的安装（单位：mm）

(*a*) 电缆保护装置；(*b*) 电缆通槽；(*c*) 电缆洞孔

1—塑料保护装置；2—电缆；3—楼板；4—洞孔；5—电缆卡箍

五、设备间子系统的施工

（一）设备间的功能

设备间是一个装有进出线设备和主配线架，并进行布线系统管理和维护的场所。设备间子系统应由综合布线系统的建筑物进线设备，如语音、数据、图像等，及其保安配线设备和主配线架等组成，参见图4-25。

设备间的主要设备，如电话主机（数字程控交换机）、数据处理机（计算机主机），可放在一起，也可分别设置。在较大型的综合布线子系统中，一般将计算机主机、数字程控交换机、

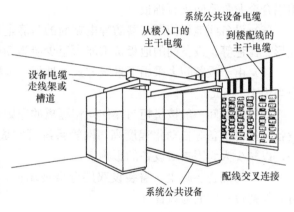

图4-25　机房子系统示意图

楼宇自动化控制设备分别设置机房；把与综合布线系统密切相关的硬件设备放在设备间，如计算机网络系统中的路由器、主交换机等。

计算机主机、数字程控交换机用的机房可按《计算机场地通用规范》GB 2887—2011设计。楼宇自动化控制设备机房也可参照执行。

确定设备间的位置应按以下原则进行：应尽量建在建筑物平面及其综合布线系统干线综合体的中间位置；应尽量靠近服务电梯，以便装运笨重设备；应尽量避免设在建筑物的高层或地下室，以及用水设备的下层；应尽量远离强振动源、强噪声源及强电磁场的干扰源；应尽量远离有害气体源及存放腐蚀、易燃、易爆物。

设备间的位置及大小应根据设备的数量、网络的规格、多媒体信号传输共享的原则等综合考虑确定，应尽可能靠近建筑物电缆引入区和网络接口，电缆引入区和网络接口的相互间隔宜小于15m。设备间内设备的工艺设计一般由专业部门或专业公司设计。其面积宜按以下原则确定：当系统少于1000个信息点时为12m²，当系统较大时，每1500点为

15m²。设备间内的所有进出线终端设备应按规范使用色标表示：

绿色表示网络接口的进线侧，即电话局线路；

紫色表示网络接口的设备侧，即中继/辅助场总机中继线；

黄色表示交换机的用户引出线；

白色表示干线电缆和建筑群电缆；

蓝色表示设备间至工作站或用户终端的线路；

橙色表示来自多路复用器的线路。

（二）设备间的施工

（1）设备间应当选择设置在电梯附近，以便装运笨重的设备。

（2）设备间宜处于垂直子系统的中间位置，并考虑主干缆线的传输距离与数量。

（3）设备间宜尽可能靠近建筑物线缆竖井位置，有利于主干缆线的引入。

（4）设备间的最小安全尺寸是 280cm×200cm，标准的顶棚高度为 240cm，门的大小至少为 210cm×100cm，向外开。尽量将设备柜放在靠近竖井的位置，在柜子上方应安装通风口，用于设备通风。

（5）房顶吊顶一般要与过梁下部取齐，并留足灯具和消防设备暗埋高度。建议吊顶采用铝合金龙骨和防火石棉板。

（6）设备间地板使用耐磨防静电贴面的防静电地板，抗静电性能较好，长期使用不会变形、褪色等。设备间的地板负重能力至少应为 500kg/m²。

（7）由于设备间多采用下进线方式，地板下要敷设走线槽和通风，因此，地板净高度应当为 10～50cm。

（8）设备间一般按机柜与操作间相隔离的原则进行安装，特别是对于交换机、光传输设备、集群设备等自动化程度高、网管系统可完成设备大部分调测监控及系统操作的设备，以减少人为因素对设备的影响。

（9）为隔音、防尘、需装设双层合金玻璃窗，配遮光窗帘，配置专用通风、滤尘设备，保持设备间的通风良好。

（10）室内亮度不低于 150lx。

（11）设备间室温应保持在 10～25℃，相对湿度应保持在 60%～80%。

（12）设备间应尽量远离存放危险物品的场所和电磁干扰源。无线电干扰场强在频率范围内为 0.15～1000MHz 时不大于 120dB，机房内磁场干扰场强不大于 800A/m。

（13）平线线缆相互隔离的距离不小于 50～60cm。

（14）竖井通过楼层时要尤其注意，尽量保持间距，避免电力线干扰通信传输。在设备间、站区通信、电力线密集人井、电缆房内，要注意各自的盘绕及路径的最优布设。

（15）机架或机柜前面的净空不应小于 80cm，后面的净空不应小于 60cm。

（16）壁挂式配线设备底部离地面的高度不宜小于 30cm。

（17）每个电源插座的容量不小于 300W。

（18）设备间应采用 UPS 不间断电源，防止因市电停电或电压不稳导致的网络通信中断、设备损坏或故障。UPS 电源应提供不低于 2h 的后备供电能力，功率应依据网络设备功率进行计算，并拥有 20%～30% 的余量。

（19）设备间内安放计算机时，应按照计算机电源要求进行工程设计。

（20）设备间电源设备应具有过压过流保护功能，以防止对设备的不良影响和冲击。

（三）进线间的施工

进线间宜设置在建筑物首层或地下一层，便于缆线进出的地方。小型工程的设备间可兼作进线间。

在图 4-26 中，室外线缆进入一个阻燃接合箱，后经保护装置的柱状电缆（长度很短并有许多细线号的双绞电缆）与通向设备间进行端接。

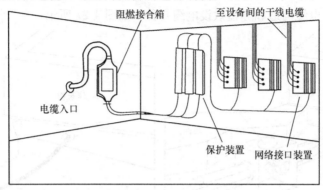

图 4-26　建筑物线缆入口区（进线间）

进线间在外墙设置室外线缆管道的穿墙入口。进线间应满足缆线的敷设路由、成端位置及数量、光缆的盘长空间和缆线的弯曲半径、充气维护设备、配线设备安装所需要的场地空间和面积。进线间的面积大小按进线间的进局管道最终容量及入口设施的最终容量设计。同时应考虑满足多家电信业务经营者安装入口设施等设备所需的面积。

（1）进线间应设置线缆防水套管。

（2）进线间宜靠近外墙和在地下设置，以便于缆线引入。进线间设计应符合下列规定：

① 进线间应采用相应防火级别的防火门，门向外开，宽度不小于 1m；

② 进线间应设置防有害气体措施和通风装置，排风量按每小时不小于 5 次容量计算。

（3）进线间的位置应尽可能靠近建筑物外部线缆引入区；面积大小应根据安装的入口设施或建筑群配线设备所包括的种类、容量及要求等因素综合考虑确定。

（4）进线间内所有进出建筑物的电缆端接处的配线模块应设置适配的信号线路浪涌保护器。

（5）在进线间缆线入口处的管孔数量应满足建筑物之间、外部接入业务及 2～3 家电信业务经营者缆线接入的需求，并应留有 2～4 孔的余量。

六、建筑群子系统的施工

（一）概述

建筑群子系统是指两幢及两幢以上建筑物之间的通信电（光）缆和相连接的所有设备组成的通信线路。如果是多幢建筑组成的群体，各幢建筑之间的通信线路一般采用多模或单模光缆，（其敷设长度应不大于 1500m），或采用多线对的双绞线电缆。电（光）缆敷设方式采取架空电缆、直埋电缆或地下管道（沟渠）电缆等。连接多处大楼中的网络，干线一般包含一个备用二级环，副环在主环出现故障时代替主环工作。为了防止电缆的浪涌电压，常采用电保护设备。

（二）建筑群子系统缆线的建筑方式

建筑群子系统的缆线设计基本与本地网通信线路设计相似，可按照有关标准执行。目前，通信线路的建筑方式有架空和地下两种类型。架空类型又分为架空电缆和墙壁电缆两种。根据架空电缆与吊线的固定方式又可分为自承式和非自承式两种。地下类型分为管道电缆、直埋电缆、电缆沟道和隧道敷设电缆几种，如图 4-27 所示。

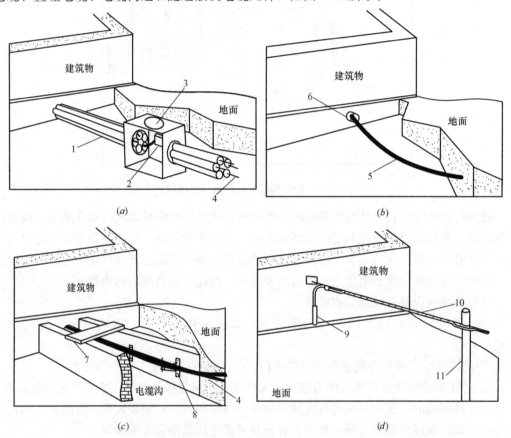

图 4-27 建筑群子系统布线

（a）直埋管道布线；（b）直埋电缆布线；（c）电缆沟通道布线；（d）架空布线

1—多孔硬 PVC 管；2—铰接盒；3—人孔；4—电缆；5—直埋电缆；6—电缆孔；
7—盖板；8—电缆托架；9—U 形电缆护套；10—架空电缆；11—电杆

为了保证缆线敷设后安全运行，管材和其附件必须使用耐腐和防腐材料。地下电缆管道穿过房屋建筑的基础或墙壁时，如采用钢管，应将钢管延伸到土壤未扰动的地段。引入管道应尽量采用直线路由，在缆线牵引点之间不得有两处以上的 90°拐弯。管道进入房屋建筑地下室处，应采取防水措施，以免水分或潮气进入屋内。管道应有向屋外倾斜的坡度，坡度应不小于 0.3‰～0.5‰。在屋内从引入缆线的进口处敷设到设备间配线接续设备之间的缆线长度，应尽量缩短，一般应不超过 15m，并设置明显标志。引入缆线与其他管线之间的平行或交叉的最小净距必须符合标准要求。

（三）光缆的引入

建筑物光缆从室外引入设备间如图 4-28 所示。

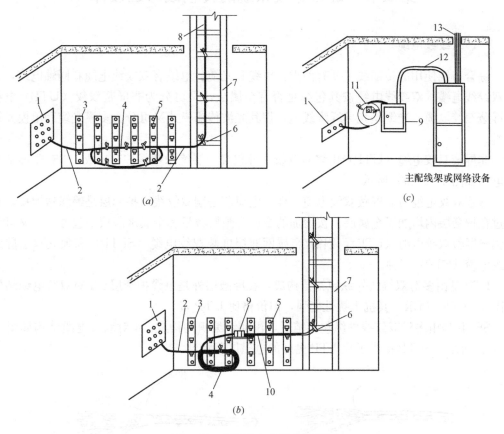

图 4-28　光缆从室外引入设备间

（a）在进线室将室外光缆引入设备间；（b）在进线室将室外光缆转为室内光缆；

（c）进线室与设备间合用时室外光缆的引入

1—进缆管孔；2—24 芯室外引入光缆；3—托架；4—预留光缆；5—托架；6—绑扎；

7—爬梯；8—引至设备间；9—光分接箱；10—分成 2 根 12 芯阻燃光缆；11—室外引入光缆；

12—室内阻燃光缆；13—至各楼层交接间

在许多情况下，光缆引入口与设备间的距离较远，需设进线室，如图 4-28（a）所示。光缆由进线室敷设至机房的光缆配线架（ODF），往往从地下或半地下进线室由楼层间爬梯引至所在楼层，光缆在爬梯上可见部位应在每支横铁上用粗细适当的麻线绑扎。对无铠装光缆，每隔几档应衬垫一块胶皮后扎紧；对拐弯受力部位，还应套一胶管保护。在进线间可将室外光缆转换为室内光缆，也可引至光缆配线架进行转换，如图 4-28（b）所示。

当室外光缆引入口位于设备间，不必设进线间时，如图 4-28（c）所示。室外光缆可直接端接于光缆配线架（箱）上，或经由一个光缆进线设备箱（分接箱）转换为室内光缆后，再敷设至主配线架或网络交换机，并由竖井布放至各楼层交接间。其布放路由和方式可根据情况选择。

光缆布放应有冗余，一般室外光缆引入时预留长度为 5～10m，室内光缆在设备端预留长度为 3～5m，在光缆配线架（箱）中通常都有盘纤装置。

第三节　综合布线系统的传输线与连接件

一、双绞线电缆

综合布线使用的传输线主要有两类：电缆和光缆。电缆有双绞线电缆和同轴电缆，常用双绞线电缆。双绞线电缆按其包缠是否有金属层，又可分为非屏蔽双绞（UTP）电缆和屏蔽双绞电缆。光缆是光导纤维线缆，按其光波传输模式又可分为多模光缆和单模光缆两类。

非屏蔽双绞电缆（UTP）由多对双绞线外包缠一层绝缘塑料护套构成。4 对非屏蔽双绞电缆如图 4-29（a）所示。

屏蔽双绞电缆与非屏蔽双绞电缆一样，电缆芯是铜双绞线，护套层是绝缘塑橡皮，只不过在护套层内增加了金属层。按增加的金属屏蔽层数量和金属屏蔽层绕包方式，又可分为铝箔屏蔽双绞电缆（FTP），铝箔/金属网双层屏蔽双绞电缆（SFTP）和独立双层屏蔽双绞电缆（STP）三种。

FTP 是由多对双绞线外纵包铝箔构成，在屏蔽层外是电缆护套层。4 对双绞电缆结构如图 4-29（b）所示。其抗干扰性能强，但价格比 UTP 贵。

SFTP 是由多对双绞线外纵包铝箔后，再加铜编织网构成。4 对双绞电缆结构如图 4-29（c）所示。SFTP 提供了比 FTP 更好的电磁屏蔽特性。

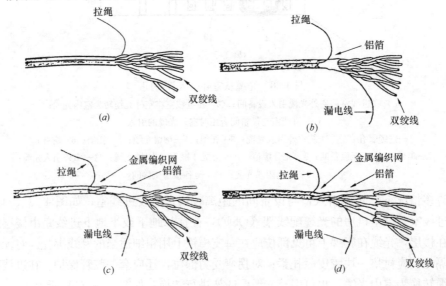

图 4-29　双绞电缆
（a）UTP；（b）FTP；（c）SFTP；（d）STP

STP 是由每对双绞线外纵包铝箔后，再将纵包铝箔的多对双绞线加铜编织网构成。4 对双绞电缆结构如图 4-29（d）所示。根据电磁理论可知，这种结构不仅可以减少电磁干扰，也使线对之间的综合串扰得到有效控制。

从图 4-29 中可以看出，非屏蔽双绞电缆和屏蔽双绞电缆都有一根用来撕开电缆保护套的拉绳。屏蔽双绞电缆在铝箔屏蔽层和内层聚酯包皮之间还有一根漏电线，把它连接到接地装置上，可泄放金属屏蔽层的电荷，解除线对间的干扰。

（一）3 类 UTP 电缆

3 类 UTP 电缆用来支持带宽要求高达 16MHz 的应用。应用领域包括数字和模拟语音、10Base-T 以太网、4Mbps 令牌环、100Base-T4 快速以太网、100VG-AnyLAN、ISDN 和 ADSL 等。对于大多数的数字语音应用来说，3 类电缆是传输介质方面的最低要求。

（二）4 类 UTP 电缆

4 类 UTP 电缆从来没有获得广泛的支持。4 类电缆本用于支持工作频率高达 20MHz 的应用，但其几乎和 5 类电缆持平的高价格，使得大多数人都选用 5 类电缆而不是 4 类电缆，因为 5 类电缆能够支持更高速的应用。

（三）5 类/超 5 类 UTP 电缆

5 类电缆是当前所有数据应用新装 UTP 电缆的主选。5 类电缆用于支持带宽要求高达 100MHz 的应用。除了支持 4 类电缆以下各类电缆的功能和 4 类电缆所支持的以太网、4Mbps 令牌环、16Mbps 令牌环以及数字语音等应用之外，5 类电缆还支持 100Base-TX、TP-PMD 铜缆（FDDI）、ATM（155Mbps）和 1000Base-T（千兆位以太网）等应用。

1999 年，TIA/EIA 对 TIA/EIA-568-A 标准进行的补充修订中，认可了附加的超 5 类电缆的性能要求。在新装支持数据和语音应用的 UTP 电缆时，推荐最低限度安装超 5 类电缆。

（四）6 类 UTP 电缆

6 类线可提供 250MHz 的带宽，高于超 5 类线 2.5 倍的带宽及在 100MHz 时高于超 5 类线 300％的 PSACR 值，能够全方位满足不断增长的未来数据和视频应用的要求。但是，6 类线在应用上会面临一些困难，虽然标准已经出现，但是最终用户在购买产品时还是非常谨慎，另外，在安装方面，虽然安装 6 类线与安装 5 类或超 5 类线没有很大区别，但可能需要更严格地按照安装手册进行操作，否则用户有可能陷入不必要的麻烦中。

（五）7 类线

7 类线标准是一套在 100 欧姆双绞线上实现 600MHz 带宽传输的标准，1997 年 9 月 ISO/IEC 确定 7 类线标准的研究。由于 RJ 型接口无法实现 600MHz 的传输带宽，所以 7 类线标准至今尚未确定。在 1999 年 7 月，ISO/IEC 接受了西蒙 TERA 为非 RJ 类接口标准，并于 2002 年 7 月确定西蒙 TERA 为 7 类线非 RJ 接口。表 4-10 为铜缆布线系统的分级与类别。

铜缆布线系统的分级与类别　　　　　　　　　　　表 4-10

系统分级	支持带宽 (Hz)	支持应用器件		系统分级	支持带宽 (Hz)	支持应用器件	
		电缆	连接硬件			电缆	连接硬件
A	100k	—	—	D	100M	5/5e 类	5/5e 类
B	1M	—	—	E	250M/500M	6/6A 类	6/6A 类
C	16M	3 类	3 类	F	1000M	7 类	7 类

二、双绞线电缆连接件

（一）双绞线电缆连接件

双绞线电缆连接件主要有配线架和信息插座等。它是用于端接和管理线缆用的连接件。配线架的类型有 110 系列和模块化系列。110 系列又分夹接式（110A）和插接式（110P），如图 4-30 所示。连接件的产品型号很多，并且不断有新产品推出。图 4-30 为对绞电缆连接硬件的种类和组成。

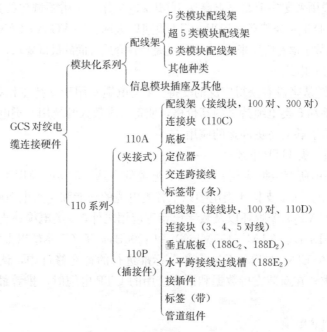

图 4-30　对绞电缆连接硬件的种类和组成

（二）信息插座及其安装

信息插座是电脑（工作站）与水平子系统的接口。其安装如下：

（1）将接好的模块卡在面板上；

（2）标记块标示信息口的用途，安在面板上；

（3）端口号可用不干胶贴在外框面板反面，以便于管理；

（4）将面板盖好。

双绞线在信息插座（包括插头）上进行终端连接时，其色标、线对组成及排列顺序应按 EIA/TIA T568A 或 T568B 的规定办理，如图 4-32 所示。其接线关系如图 4-31 所示。

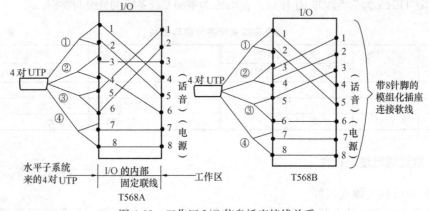

图 4-31　工作区 I/O 信息插座接线关系

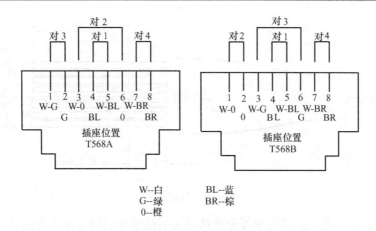

图 4-32 信息插座前视及颜色编码指定

（三）连接 RJ-45 双绞线的制作

（1）根据设备之间的距离或设备与配线架之间的距离，用剪线钳剪一段双绞线电缆，最大长度为 3m。

（2）将 RJ45 连接器护套自一端套入双绞线电缆。

（3）将电缆护套自顶端剥去，裸露的导线长度不少于 20mm；电缆护套长度不少于 13mm，如图 4-33 所示，并将电缆固定。

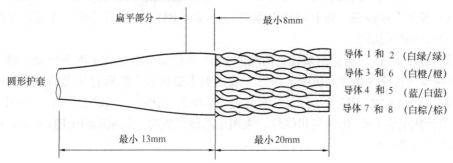

图 4-33 电缆护套剥除长度和要求

（4）把裸露部分的四组导线分开，使其线对顺序依次为 1 和 2（白橙/橙）、3 和 6（白绿/绿）、4 和 5（蓝/白蓝）、7 和 8（白棕/棕）。

（5）将每对线解开绞合，并使各条线成平行状。根据所选用的布线设计（如 TIA/EIA568B，直通连接）布置好导线的正确顺序，按正确的定位顺序排列（白橙、橙、白绿、蓝、白蓝、绿、白棕、棕），其中导线 6 跨过导线 4 和 5，如图 4-34 所示。在排好导线后应再次检查它们的顺序是否正确。要求护套内的导线打扭长度不发生变化，更不应松开。

（6）用剪线钳在电缆护套端头以外 14mm 处整齐地切断。确保导线端头截面的平整，不应有毛刺或不齐现象，以免影响性能；从导线端头开始，至少 10mm±1mm 的一段长度，导线之间不应有交叉现象；导线 6 跨越导线 4 和 5 的地方离护套的距离不应超过 4mm。

（7）将整理好的电缆导线插入 RJ45 连接器中，导线的端头一直伸到 RJ45 连接器的

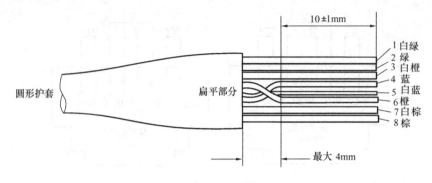

图 4-34   线对排列

前端最底部为止。电缆护套的扁平部分应从插头后端插伸到超过预张力释放压块，电缆护套应伸出插头后端至少 6mm。注意：导线插入 RJ45 插头时，含有金属片的一面向上，其顺序为从左到右。

（8）检查电缆中每条导线的顺序是否正确，每条导线是否已到达 RJ45 连接器的最底部（此时可以从 RJ45 连接器的另一端看得到导线头）。

（9）将 RJ45 连接器插入压线/剥线钳的 RJ45 插座，然后用力压紧，使 RJ45 连接器紧在双绞线电缆上，再次测量导线和护套的长度，以确保符合规定的几何尺寸要求。

（10）将 RJ45 护套套到 RJ45 连接器上，以确保其性能与美观。

（11）按照上述步骤，将双绞线电缆的另一端与 RJ45 连接器连接。注意，双绞线电缆两端的线序必须相同。

（12）利用 RJ45 线路检测器检查两端的 RJ45 连接器连接是否正确和导通：将一端的 RJ45 连接器插到检测器的大插座上，另一端插到小插座上，然后打开大插座上的电源开关，观察小插座上的 LED 指示灯（共有五组：1 和 2、3 和 6、4 和 5、7 和 8、SHIELD）。如果一组到四组的 LED 依次发出绿灯，表明电缆测试成功，如果哪组 LED 不亮，则说明相应的线对连接错误。

三、光缆

（一）多模光缆与单模光缆

根据光纤传输点模数的不同，光缆分为单模光缆和多模光缆两种。所谓"模"，是指以一定角速度进入光缆的一束光。多模光缆的中心玻璃芯较粗（芯径一般为 $50\mu m$ 或 $62.5\mu m$），可传多种模式的光。但其模间色散较大，这就限制了传输数字信号的频率，而且随距离的增加会更加严重。例如，600Mb/km 的光缆在 2km 时则只有 300Mb 的带宽了。因此，多模光缆传输的距离就比较近了，一般只有几千米。多模光缆传输速度低，距离短，整体的传输性能差，但成本低，一般用于建筑物内或地理位置相邻的环境中。

单模光缆的中心玻璃芯较细（芯径一般为 $9\mu m$ 或 $10\mu m$），只能传一种模式的光。因此，其模间色散很小，适用于远程通信。但其色度色散影响较大，这样单模光缆对光源的谱宽和稳定性的要求较高，即谱宽要窄，稳定性要好。单模光缆的传输频带宽，容量大，传输距离长，但需激光作为光源。另外，纤芯较细不容易制作，因此成本较高，通常用于建筑物之间或地域分散的环境中，是未来光缆通信与光波技术发展的必然趋势。

多模光缆采用发光二极管 LED 作为光源，而单模光缆采用激光二极管 LD 作为光源。单模光缆的波长范围为 $1310\sim1550$nm，而多模光缆的波长范围为 $850\sim1300$nm。光缆损耗一般是随波长加长而减小，$0.85\mu m$ 的损耗为 2.5dB/km，$1.31\mu m$ 的损耗为 0.35dB/km，$1.55\mu m$ 的损耗为 0.20dB/km。这是光缆的最低损耗，波长 $1.65\mu m$ 以上的损耗趋向加大。损耗越小，光缆支持的传输距离也就越长。

常见的单模光缆规格为 $8/125\mu m$、$9/125\mu m$ 和 $10/125\mu m$；常见的多模光纤规格为 $50/125\mu m$（欧洲标准）和 $62.5/125\mu m$（美国标准）。相比较而言，$62.5/125\mu m$ 光缆得到了大多数用户的青睐，并已在世界光缆市场上获得了稳固的地位。

光缆千兆位以太网包括 1000Base-SX、1000Base-LX、1000Base-LH 和 1000Base-ZX 等四个标准。其中，SX（short-wave）为短波，LX（long-wave）为长波，LH（long-haul）和 ZX（extended rang）为超长波。1000Base-SX 和 1000Base-LX 既可使用单模光缆，也可使用多模光缆；而 1000Base-LH 和 1000Base-ZX 则只能使用单模光缆。各类光缆千兆位以太网的传输距离如表 4-11 所示。

光缆千兆位以太网的传输距离 表 4-11

标 准	波长（nm）	光缆类型	芯径（μm）	模式带宽（MHz·km）	线缆距离（m）
1000Base-SX	850	MMF	62.5	160	220
			62.5	200	275
			50.0	400	500
			50.0	500	550
1000Base-LX 1000Base-LH	1300	MMF	62.5	500	550
			50.0	400	550
		SMF	50.0	500	550
			8to 10	—	10000
1000Base-ZX	1550	SMF	Not conditional	N/A	7000~100000

（二）布线工程中的光缆

1. 光缆软线

光缆软线又称互联光缆，它有单模和多模两种，适用于光缆到桌面、连接到传输设备和制作光缆跳线，可应用于管理子系统、设备间子系统和工作区子系统。

2. 室内光缆

室内光缆的抗拉强度较小，保护层较差，但也更轻便，更经济。室内光缆主要适用于水平布线子系统和垂直主干子系统。

根据光纤结构的不同，室内光缆可以分为普通光纤光缆和光纤带光缆。作为光缆接入网络中的主干环路，采用普通光缆敷设不仅会占用宝贵的管道资源，而且在原有线路上重新敷设光缆还会造成光缆采购与线路敷设费用上的浪费。考虑到重复敷设光缆的一次性成本与将来出租光缆带宽的能力，以及避免平行拉入多根光缆，以优化已过度拥挤的管道系统，要合理地将含有数百芯光纤的光缆外径控制在一定范围内，以利于光缆的管道敷设，最理想的方法是使用光纤带的设计。

同普通层绞式光缆相比，光纤带及其光缆具有更适于接入网络的优点：

（1）光纤组织有序并且易于辨别，便于维护。

（2）单位截面积光纤密度高，节约管道资源与敷设费用。

（3）光纤带的处理比单纤更容易、安全，6 芯及 12 芯结构易于线路分支、配线和组合。

（4）光纤带可以一次完成接续，节约接续时间与费用。

（5）光纤得到更好的机械保护。

（6）松套管 SZ 绞合形式适于接入网络中的中间接入的特点。因此，光纤带光缆更适用于大型网络的垂直主干子系统和建筑群子系统。当然，如果水平布线也大量采用光缆，那么，光纤带光缆也应当作为首选。

多芯光纤光缆端接至配线架或网络设备时，需借助于多芯光纤带分支器。多芯光纤加有颜色编码（色标），识别光纤的基本颜色如表 4-12 所示。

光纤的基本颜色代码					表 4-12	
室外光纤		室内光纤		互联光纤		
束管式光纤		缓冲层的光纤		PVC 复式护套		
束号	颜色	光纤号	颜色	颜色	光纤	
1	— 蓝	1	— 蓝			
2	— 橙	2	— 橙			
3	— 绿	3	— 绿			
4	— 棕	4	— 棕			
5	— 灰	5	— 灰	灰-		
6	— 白	6	— 白	$62.5/125\mu m$		
7	— 红	7	— 红	(1860/1861A)		
8	— 黑	8	— 黑			
		9	— 黄			
		10	— 紫			
		11	— 淡蓝			
		12	— 淡橙			

3. 室外光缆

室外光缆的抗拉强度较大，保护层较厚重，并且通常为铠装（即金属皮包裹）。室外光缆主要适用于建筑群子系统。

（1）直埋式光缆。直埋式光缆用于直接埋设至开挖的电信沟内，埋设完毕即填土掩埋。采用直埋方式布线简单易行，且施工费用低廉。直埋式光缆通常拥有两层金属保护层，并且防水性能好。

（2）架空式光缆。当地面不适宜开挖、无法开挖或开挖费用太高时，可以考虑采用架空的方式架高建筑群子系统光缆。虽然普通光缆也可用于架空作业，但往往需要预先敷设承重钢缆。自承式架空光缆将钢绞线与光缆合二为一，因此，在施工时更加简单和方便。

（3）管道式光缆。管道式光缆往往应用于拥有电信管道的建筑群子系统布线工程，也可悬挂于管道沟内。管道式光缆的强度一般并不大，但防水性能好。

四、光缆连接件

（一）光缆连接器（活接头）

虽然光缆的端接和跳线的制作都非常困难，但光缆网络的连接却可以轻松完成。只要连接设备（集线器和网卡）具有光缆连接接口，就可使用一段已制作好的或购买的光缆软跳线进行连接，连接方法和双绞线与网卡及集线器的连接相同。然而，与双绞线有所不同的是光缆的连接器具有多种不同的类型，而不同类型的连接器之间又无法直接进行连接。

在安装任何光缆系统时，都必须考虑以低损耗的方法把光缆和光缆相互连接起来，以实现光缆链路的接续。光缆链路的接续，又可以分为永久性的和活动性的两种。永久性的接续，大多采用熔接法、粘接法或固定连接器来实现；活动性的接续，一般采用活动连接器来实现。

光缆活动连接器，俗称活接头，一般称为光缆连接器，是用于连接两根光缆或形成连续光通路的可以重复使用的无源器件，已经广泛用在光缆传输线路、光缆配线架和光缆测试仪器、仪表中，是目前使用数量最多的光缆器件。

按照不同的分类方法，光缆连接器可以分为不同的种类，按传输媒介的不同可分为单模光缆连接器和多模光缆连接器；按结构的不同可分为 FC、SC、ST、D4、DIN、Biconic、MU、LC、MT 等各种形式，如图 4-35 所示；按连接器的插针端面不同可分为 FC、PC（UPC）和 APC；按光缆芯数分还有单芯、多芯之分。在实际应用过程中，一般按照光缆连接器结构的不同来加以区分。多模光缆连接器接头类型有 FC、SC、ST、FDDI、SMA、LC、MT-RJ、MU 及 VF45 等。单模光缆连接器接头类型有 FC、SC、ST、FDDI、SMA、LC、MT-RJ 等。光缆连接器根据端面接触方式分为 PC、UPC 和 APC 型。

在综合布线系统中，用于光导纤维的连接器有 ST Ⅱ 连接器、SC 连接器，还有 FDDI 介质界面连接器（MIC）和 ESCON 连接器。

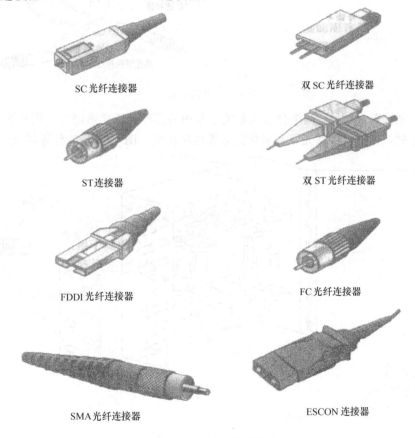

SC 光纤连接器　　　　　　　　　　双 SC 光纤连接器

ST 连接器　　　　　　　　　　双 ST 光纤连接器

FDDI 光纤连接器　　　　　　　　FC 光纤连接器

SMA 光纤连接器　　　　　　　　ESCON 连接器

图 4-35　光纤连接器外形

ST Ⅱ 连接器用于光导纤维的端点，此时光缆中只有单根光导纤维（而非多股的带状结构），并且光缆以交叉连接或互联的方式至光电设备上，如图 4-36 所示。在所有的单工终端应用中，综合布线系统均使用 ST Ⅱ 连接器。当该连接器用于光缆的交叉连接方式时，连接器置于 ST 连接耦合器中，而耦合器则平装在光缆互连单元（LIU）或光缆交叉连接分布系统中。

（二）光缆连接件

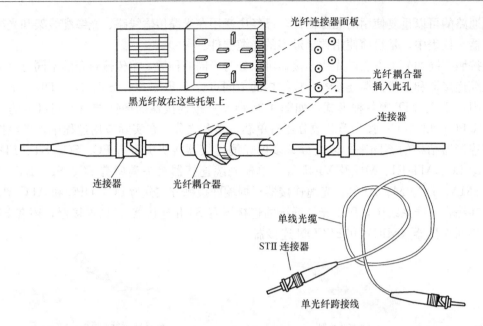

图 4-36   光纤连接

光纤互联装置（LIU）是综合布线系统中常用的标准光纤交连硬件，用来实现交叉连接和光纤互联，还支持带状光缆和束管式光缆的跨接线。图 4-37 是光纤连接盒。

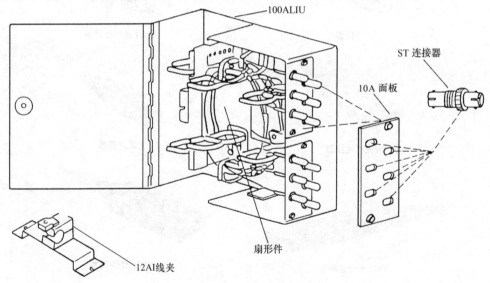

图 3-37   光纤连接盒

1. 光纤交叉连接

交叉连接方式是利用光纤跳线（两头有端接好的连接器）实现两根光纤的连接来重新安排链路，而不需改动在交叉连接模块上已端接好的永久性光缆（如干线光缆），如图 4-38所示。

2. 光纤互联

光纤互联是直接将来自不同地点的光纤互联起来而不必通过光纤跳线，如图 4-39 所

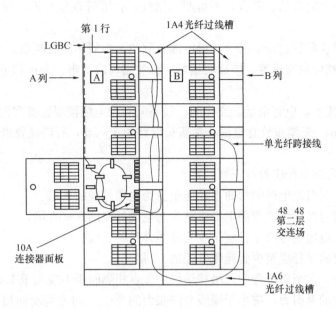

图 4-38 光纤交叉连接模块

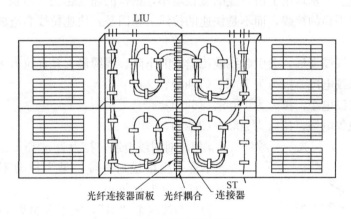

图 4-39 光纤互联模块

示，有时也用于链路的管理。

两种连接方式相比较，交连方式灵活，便于重新安排线路。互联的光能量损耗比交叉连接要小。这是由于在互联中光信号只通过一次连接，而在交叉连接中光信号要通过两次连接。

第四节 布 线 工 艺

一、缆线的敷设

（1）缆线敷设一般应符合下列要求：

1）缆线布放前应核对规格、形式、路由及位置与设计规定相符。

2）缆线的布放应自然、平直，不得产生扭绞、打圈等现象，不应受到外力的挤压和损伤。

3）所有线缆在敷设过程中必须一根线缆放到位，中间不能有断点。

（2）缆线两端应贴有标签，应标明编号，标签书写应清晰、端正和正确。标签应选用不易损坏的材料。

（3）缆线终接后，应有余量。交接间、设备间对绞电缆预留长度宜为 0.5～1.0m，工作区为 10～30mm。光缆布放宜盘留，预留长度宜为 3～5m，有特殊要求的应按设计要求预留长度。

（4）缆线的弯曲半径应符合下列规定：

1）非屏蔽 4 对对绞电缆的弯曲半径应至少为电缆外径的 4 倍。

2）屏蔽 4 对对绞电缆的弯曲半径应至少为电缆外径的 6～10 倍。

3）主干对绞电缆的弯曲半径应至少为电缆外径的 10 倍。

4）光缆的弯曲半径应至少为光缆外径的 15 倍。

5）缆线布放，在牵引过程中，吊挂缆线的支点相隔间距不应大于 1.5m。

6）布放缆线的牵引力，应小于缆线允许张力的 80%，对光缆瞬间最大牵引力不应超过光缆允许的张力。在以牵引方式敷设光缆时，主要牵引力应加在光缆的加强芯上。

拉线缆的速度，从理论上讲，线的直径越小，则拉的速度越快。但是，有经验的安装者采取慢速而又平稳的拉线，而不是快速的拉线。原因是：快速拉线会造成线的缠绕或被绊住。

拉力过大，线缆变形，会引起线缆传输性能下降。线缆最大允许拉力为：

一根 4 对双绞电缆，拉力为 100N（10kg）；

二根 4 对双绞电缆，拉力为 150N（15kg）；

三根 4 对双绞电缆，拉力为 200N（20kg）；

n 根 4 对对绞电缆，拉力为 $n \times 5 + 50$（N）。

不管多少根线对电缆，最大拉力不能超过 40kg，速度不宜超过 15m/min。

为了端接线缆"对"，施工人员要剥去一段线缆的护套（外皮），不要单独地拉和弯曲线缆"对"，而应对剥去外皮的线缆"对"一起紧紧地拉伸和弯曲。去掉电缆的外皮长度够端接用即可。对于终接在连接件上的线对应尽量保持扭绞状态。非扭绞长度，3 类线必须小于 25mm；5 类线必须小于 13mm，最大暴露双绞长度为 4～5cm，最大线间距为 14cm，如图 4-40 所示。

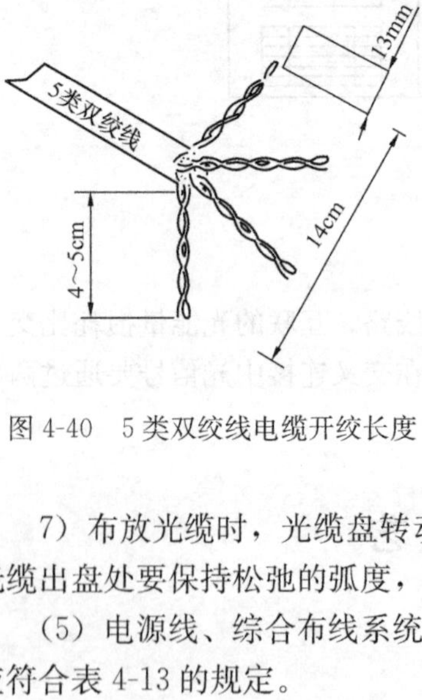

图 4-40　5 类双绞线电缆开绞长度

7）布放光缆时，光缆盘转动应与光缆布放同步，光缆牵引的速度一般为 15m/min。光缆出盘处要保持松弛的弧度，并留有缓冲的余量，又不宜过多，避免光缆出现背扣。

（5）电源线、综合布线系统缆线应分隔布放。缆线间的最小净距应符合设计要求，并应符合表 4-13 的规定。

（6）建筑物内电、光缆暗管敷设与其他管线最小净距见表 4-14 的规定。

（7）在暗管或线槽中缆线敷设完毕后，宜在通道两端出口处用填充材料进行封堵。

对绞电缆与电力线最小净距 表 4-13

单位 范围 条件	最小净距 （mm）		
	380V <2kV·A	380V 2.5～5kV·A	380V >5kV·A
对绞电缆与电力电缆平行敷设	130	300	600
有一方在接地的金属槽道或钢管中	70	150	300
双方均在接地的金属槽道或钢管中	注	80	150

注：双方都在接地的金属槽道或钢管中，且平行长度小于 10m 时，最小间距可为 10mm。表中对绞电缆如采用屏蔽电缆时，最小净距可适当减小，并符合设计要求。

电、光缆暗管敷设与其他管线最小净距 表 4-14

管线种类	平行净距(mm)	垂直交叉净距(mm)	管线种类	平行净距(mm)	垂直交叉净距(mm)
避雷引下线	1000	300	给水管	150	20
保护地线	50	20	煤气管	300	20
热力管(不包封)	500	500	压缩空气管	150	20
热力管(包封)	300	300			

二、线槽和暗管敷设

（1）敷设线槽的两端宜用标志表示出编号和长度等内容。

（2）敷设暗管宜采用钢管或阻燃硬质 PVC 管。布放多层屏蔽电缆、扁平缆线、大对数主干电缆或主干光缆时，直线管道的管径利用率应为 50%～60%，弯管道应为 40%～50%。暗管布放 4 对对绞电缆或 4 芯以下光缆时，管道的截面利用率应为 25%～30%，如表 4-15 所示。管材的种类和选用如表 4-16 所示。

管径选用参考 表 4-15

序 号	缆线敷设部位	最大管径限制 （mm）	管径利用率 （%）		管截面利用率 （%）
			直线管路	弯曲管路	对绞线
1	暗敷于底层地坪	一般≤100	50～60	40～50	25～30
2	暗敷于楼地面垫层	≤25			
3	暗敷于墙壁内	一般≤50			
4	暗敷于顶棚吊顶内	不作限制			

注：（1）电缆管径利用率＝电缆外径/管子管孔内径；

（2）管截面利用率＝管内导线总截面积（含绝缘层及护套）/管子管孔内径截面积。

暗敷管材的选用　　　　　　　　　　　　　　　　　表 4-16

管材代号		管材名称	别 名	特 点	适 用 场 合
新	旧				
TC	DG	电线管	薄壁钢管	有一定机械强度、耐压力和耐腐蚀性较差，有屏蔽性能	一般建筑内暗敷管路中均可采用，尤其是电磁干扰影响大的场所，但不宜用在有腐蚀或承受压力的场合
SC	G	焊接钢管	厚壁钢管	机械强度较高、耐压力高、耐腐蚀性较好，有屏蔽性能	可在建筑底层和承受压力的地方使用，在有腐蚀的地段使用时应作防腐处理，尤其适用于电磁干扰影响较大的场合
RC		水煤气钢管			
PC	VG	硬塑料管	PVC管	易弯曲、加工方便、绝缘性好、耐腐蚀性好、抗压力差、屏蔽性能差	适合于有腐蚀或需绝缘隔离的场合使用，不宜在有压力和电磁干扰较强的场所使用
FPC	ZVG	半硬塑料管			

（3）线槽有金属线槽和 PVC 阻燃塑料线槽。其可吊装、地面安装和地面暗装等。预埋线槽宜采用金属线槽。线槽截面利用率不应超过 50%，表 4-17～表 4-24 分别表示双绞线、光缆穿管和线槽敷设时的管径选择。

金属管（水、煤气管）能容纳的最大导线根数　　　　　表 4-17

缆线类型	4 对 UTP				4 对 FTP	25 对 3 类 UTP	50 对 3 类 UTP	100 对 3 类 UTP	25 对 5 类 UTP
	3 类	5 类	e5 类	6 类	5 类				
钢管规格	内径 (mm)	缆 线 外 径（mm）							
		4.7	5.6	6.2	6.35	6.1	9.7	13.4	18.2	12.45
SC15	15.8	1	0	0	0	0	0	0	0	0
SC20	21.3	5	4	2	2	3	1	0	0	0
SC25	27.0	8	6	4	4	5	2	1	0	1
SC32	35.8	14	10	8	8	9	3	1	1	1
SC40	41.0	18	15	12	12	13	4	2	1	2
SC50	53.0	26	22	19	19	20	6	3	2	3
SC65 (SC70)	68.0	55	40	32	32	32	12	6	3	6
SC80	85.5	80	60	50	50	50	18	10	5	10
SC100	106.0	—	—	—	—	—	30	14	6	14
SC125	131.0	—	—	—	—	—	40	20	12	20

注：（1）表中钢管规格系指公称直径（近似内径的名义尺寸，它不等于公称外径减去两个公称壁厚所得的内径）。

低压流体输送用焊接钢管依据国家标准《低压流体输送用焊接钢管》GB 3091—2015。

（2）线管超过下列长度时，其中间应加装接线盒：

① 线管全长超过 30m，且无曲折时；

② 线管全长超过 20m，有 1 个曲折时；

③ 线管全长超过 15m，有 2 个曲折时；

④ 线管全长超过 8m，有 3 个曲折时。

（3）若采用硬质塑料管，同样的缆线根数宜增大一级管径。

金属线槽能容纳的最大导线根数　　　　　　　　　　表 4-18

线槽规格 (mm)	4 对 UTP				4 对 FTP 5 类	25 对 3 类 UTP	50 对 3 类 UTP	100 对 3 类 UTP	25 对 5 类 UTP
	3 类	5 类	e5 类	6 类					
25×25	12	8	6	6	6	1	0	0	0
25×50	24	16	12	12	12	4	2	1	2
75×25	40	30	24	24	24	6	5	2	5
50×50	50	40	32	32	32	10	6	3	6
50×100	100	80	64	64	64	20	12	6	12
100×100	200	160	120	120	120	40	24	12	24
75×150	250	180	140	140	140	50	30	15	30
100×200	400	320	240	240	240	80	50	25	50
150×150	500	360	280	280	280	100	60	30	60

综合布线 4 对对绞电缆穿管最小管径　　　　　　　　表 4-19

电缆类型	保护管类型	电缆穿保护管根数 保护管最小管径(mm)										
		1	2	3	4	5	6	7	8	9	10	11
超五类(非屏蔽)	低压流体输送 用焊接钢管(SC)			20			25			32		
超五类(屏蔽)		15			25			32			40	50
六类(非屏蔽)						25			32		40	40
六类(屏蔽)				25			32		40		50	
七类		20	25		32		40			50		65
超五类(非屏蔽)	普通碳素钢 电线套管(MT)	16	19								38	
超五类(屏蔽)		19			25		32			38		51
六类(非屏蔽)		16						38				51
六类(屏蔽)		19		32	38				51			64
七类		25										
超五类(非屏蔽)	聚氯乙烯硬质 电线管(PC)	16	20		25			32		40		
超五类(屏蔽)		20	25								50	
六类(非屏蔽)	聚氯乙烯半硬质 电线管(FPC)	16	20	25		32						
六类(屏蔽)		20	25	32		40			50		63	
七类		25	32		40							
超五类(非屏蔽)	套接紧定式钢管(JDG)		20									40
超五类(屏蔽)		16			25			32		40		
六类(非屏蔽)	套接扣压式 薄壁钢管(KBG)		20									
六类(屏蔽)		20	25			40						
七类				32		40						

注：(1) 表中的数据是以电缆的参考外径计算得出的。
　　(2) 管道的截面利用率为 27.5%。(截面利用率的范围为 25%～30%)。
　　(3) 综合布线 4 对对绞电缆穿管至 86 面板系列信息插座底盒时，电缆根数不应超过 4 根。

综合布线大对数电缆穿管最小管径　　　　　　　　表 4-20

大对数电 缆规格	管道走向	保护管最小管径（mm）			
		低压流体输送用 焊接钢管（SC）	普通碳素钢电 线套管（MT）	聚氯乙烯硬质电线管（PC） 和聚氯乙烯半硬质电线管 （FPC）	套接紧定式钢管（JDG） 和套接扣压式薄壁钢管 （KBG）
25 对 （三类）	直线管道	20	25	32	25
	弯管道	25	32	32	32

续表

大对数电缆规格	管道走向	保护管最小管径（mm）			
		低压流体输送用焊接钢管（SC）	普通碳素钢电线套管（MT）	聚氯乙烯硬质电线管（PC）和聚氯乙烯半硬质电线管（FPC）	套接紧定式钢管（JDG）和套接扣压式薄壁钢管（KBG）
50 对（三类）	直线管道	25	32	32	32
	弯管道	32	38	40	40
100 对（三类）	直线管道	40	51	50	40
	弯管道	50	51	65	—
25 对（五类）	直线管道	25	32	40	
	弯管道	32	38	40	—

注：（1）表中的数据是以电缆的参考外径计算得出的。

（2）布放椭圆形或扁平形缆线和大对数主干电缆时，直线管道的管径利用率为50%，弯管道为40%。

线槽内允许容纳综合布线电缆根数 表 4-21

线槽规格宽×高	4 对对绞电缆					大对数电缆（非屏蔽）			
	超五类（非屏蔽）	超五类（屏蔽）	六类（非屏蔽）	六类（屏蔽）	七类	25 对（三类）	50 对（三类）	100 对（三类）	25 对（五类）
	各系列线槽容纳电缆根数								
50×50	50(30)	33(19)	41(24)	24(14)	19(11)	12(7)	8(4)	4(2)	7(4)
100×50	104(62)	68(41)	85(51)	50(30)	40(24)	25(15)	16(9)	8(5)	15(9)
100×70	148(89)	97(58)	121(72)	71(43)	57(34)	36(21)	23(14)	12(7)	22(13)
200×70	301(180)	198(119)	246(147)	145(87)	116(69)	73(44)	48(28)	25(15)	45(27)
200×100	436(261)	288(172)	356(214)	210(126)	168(101)	106(63)	69(41)	36(21)	65(39)
300×100	658(394)	434(260)	538(322)	317(190)	253(152)	160(96)	104(62)	54(32)	99(59)
300×150	997(598)	658(522)	815(489)	481(288)	384(230)	242(145)	159(95)	83(49)	150(90)
400×150	1320(792)	871(702)	1079(647)	637(382)	509(305)	321(192)	210(126)	109(65)	199(119)
400×200	1773(1063)	1773(787)	1449(869)	855(513)	684(410)	431(259)	282(169)	147(88)	267(160)

线槽内允许容纳综合布线光缆根数 表 4-22

线槽规格宽×高	2 芯光缆	4 芯光缆	6 芯光缆	8 芯光缆	12 芯光缆	16 芯光缆	18 芯光缆	24 芯光缆
	各系列线槽容纳电缆根数							
50×50	63(38)	54(32)	45(27)	37(22)	28(17)	28(17)	20(12)	8(5)
100×50	131(78)	112(67)	92(55)	76(46)	59(35)	59(35)	42(25)	18(10)
100×70	187(112)	160(96)	132(79)	109(65)	84(50)	84(50)	60(36)	26(15)
200×70	380(228)	325(195)	269(161)	222(133)	171(102)	171(102)	122(73)	52(31)
200×100	550(330)	471(282)	389(233)	321(193)	248(149)	248(149)	176(106)	76(45)
300×100	830(498)	711(426)	587(352)	485(291)	374(224)	374(224)	266(159)	115(69)
300×150	1258(755)	1077(646)	889(533)	735(441)	567(340)	567(340)	403(242)	175(105)
400×150	1667(1000)	1426(856)	1178(707)	973(584)	751(450)	751(450)	534(320)	231(139)
400×200	22371(1342)	1915(1149)	1582(949)	1307(784)	1008(605)	1008(605)	717(430)	311(186)

注：（1）表中括号外（内）的数字为线槽截面利用率为50%（30%）时所容缆线的根数。

（2）表中的数据是以缆线的参考外径计算得出的。

4 芯及以下光缆穿保护管最小管径　　　　表 4-23

光缆规格	保护管种类	光缆穿保护管根数													
		1	2	3	4	5	6	7	8	9	10	11	12	13	14
		保护管最小管径(mm)													
2芯	SC	15													
4芯				20		25					32				40
2芯	MT	16	19	25				32			38				51
4芯															
2芯	PC	15	20		25		32				40		50		
4芯	FPC														
2芯	JDG		15	20		25		32					40		
4芯	KBG														

4 芯以上光缆穿保护管最小管径　　　　表 4-24

光缆规格	管道走向	保护管最小管径（mm）			
		低压流体输送用焊接钢管（SC）	普通碳素钢电线套管（MT）	聚氯乙烯硬质电线管（PC）和聚氯乙烯半硬质电线管（FPC）	套接紧定式钢管（JDG）和套接扣压式薄壁钢管（KBG）
6芯	直线管道	15	16	15	15
	弯管道	15	19	20	15
8芯	直线管道	15	16	15	15
	弯管道	15	19	20	20
12芯	直线管道	15	19	20	15
	弯管道	20	25	25	20
16芯	直线管道	15	19	20	15
	弯管道	20	25	25	20
18芯	直线管道	20	25	25	20
	弯管道	20	25	25	25
24芯	直线管道	25	32	32	32
	弯管道	32	38	40	40

注：（1）表中的数据是以光缆的参考外径计算得出的。

　　（2）4 芯及以下光缆所穿保护管最小管径的截面利用率为 27.5%（截面利用率的范围为 25%～30%）。

　　　　4 芯以上主干光缆所穿保护管最小管径上时，直线管道的管径利用率为 50%，弯管道为 40%。

（4）配线子系统电缆宜穿管或沿金属电缆桥架敷设，当电缆在地板下布放时，应根据环境条件选用地板下线槽布线、网络地板布线、高架（活动）地板布线、地板下管道布线等安装方式。

（5）干线子系统垂直通道有电缆孔、管道、电缆竖井等三种方式可供选择，宜采用电缆竖井方式。水平通道可选择预埋暗管或电缆桥架方式。

三、综合布线电缆的牵引线工艺

（一）牵引 4 对双绞线电缆

牵引 4 对双绞线电缆，主要方法是使用电工胶布将多根双绞线电缆与拉绳绑紧，使用拉绳均匀用力缓慢牵引电缆，具体操作步骤如下：

第一步：将多根双绞线电缆的末端缠绕在电工胶布上，如图 4-41 所示。

第二步：在电缆缠绕端绑扎好拉绳，然后牵引拉绳，如图 4-42 所示。

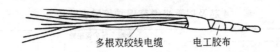

图 4-41　用电工胶布缠绕多根双绞线电缆的末端

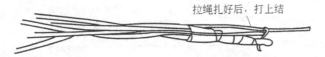

图 4-42　将双绞线电缆与拉绳捆绑固定

4 对双绞线电缆的另一种牵引方法也是经常使用的，具体步骤如下：

第一步：剥除双绞线电缆的外表皮，并整理为两扎裸露金属导线，如图 4-43 所示。

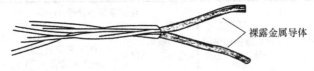

图 4-43　剥除电缆外表皮到裸露金属导体

第二步：将金属导体编织成一个环，拉绳绑扎在金属环上，然后牵引拉绳，如图 4-44 所示。

（二）牵引单根 25 对双绞线电缆

牵引单根 25 对双绞线电缆，主要方法是将电缆末端编织成一个环，然后绑扎好拉绳后，牵引电缆，具体的操作步骤如下所示：

第一步：将电缆末端与电缆自身打结成一个闭合的环，如图 4-45 所示。

图 4-44　编织成金属环以供拉绳牵引　　　图 4-45　电缆末端与电缆自身打结为一个环

第二步：用电工胶布加以固定，以形成一个坚固的环，如图 4-46 所示。

第三步：在缆环上固定好拉绳，用拉绳牵引电缆，如图 4-47 所示。

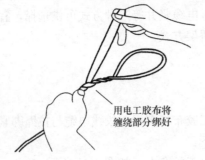

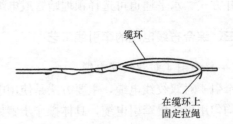

图 4-46　用电工胶布加固形成坚固的环　　　图 4-47　在缆环上固定好拉绳

（三）吊顶水平子系统的布线（图 4-48）

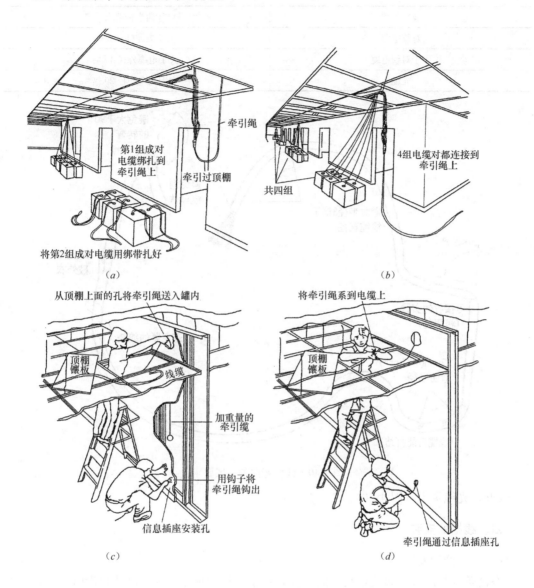

图 4-48 吊顶内水平子系统布线过程示意图

吊顶布线步骤如下：

（1）朝着配线间的方向投掷牵引绳，然后将牵引绳经过顶棚投掷到目的地，再将每两箱电缆用绝缘带缠好，将第一组电缆通过牵引绳拉过顶棚；

（2）在下一组电缆箱处再用绑带缠结牵引绳，将第二组电缆用绑带子扎结到牵引绳上去，然后将连接好的 4 组电缆牵引过顶棚，再将 4 组电缆对牵引到接线间；

（3）布线通过墙内线管，用牵引绳牵拉电缆；

（4）通过灰膏板墙布放电缆，将牵引绳系到电缆上。

（四）线缆弯曲半径要求（表 4-25、图 4-49）

线缆弯曲半径要求   表 **4-25**

线缆类型	弯曲半径要求
对绞电缆	大于电缆外径 8 倍
主干对绞电缆	大于电缆外径 10 倍
光缆	大于光缆外径 20 倍

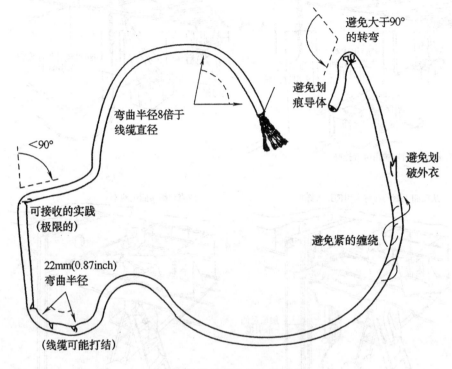

避免大于90°
的转弯

避免划
痕导体

弯曲半径8倍于
线缆直径

<90°

避免划
破外衣

可接收的实践
（极限的）

22mm(0.87inch)
弯曲半径

避免紧的缠绕

（线缆可能打结）

图 4-49   线缆弯曲的一般要求

（五）光缆牵引（图 4-50）：

四、线槽的安装

（一）线槽的安装

有槽盖的封闭式金属线槽具有耐火性，用于建筑物顶棚吊顶或沿墙敷设时，往往与金属桥架连在一起安装，所以又被称为有盖无孔型槽式桥架，习惯也被称为线槽。这种线槽安装方式与桥架安装类同。建筑物内各种缆线的敷设方式和部位如图 4-51 所示。图 4-52 为轻型金属线槽组合安装示意图。图 4-53 为塑料线槽安装形式。

（二）暗装金属线槽安装

地面内暗装金属线槽布线是一种新的布线方式，尤其在智能建筑中使用更普遍。它是将光缆或电缆穿在经过特制的壁厚为 2mm 的封闭式矩形金属线槽内，直接敷设在混凝土地面、现浇钢筋混凝土楼板或预制混凝土楼板的垫层内。地面内暗装金属线槽的组合安装见图 4-54。线槽安装要求见表 4-26。

暗装金属线槽为矩形断面，制造长度一般为 3m，每 0.6m 设一出线口。当遇有线路交叉和转弯时，要装分线盒。当线槽长度超过 6m 时，为便于槽内穿线，也宜加装分线盒。

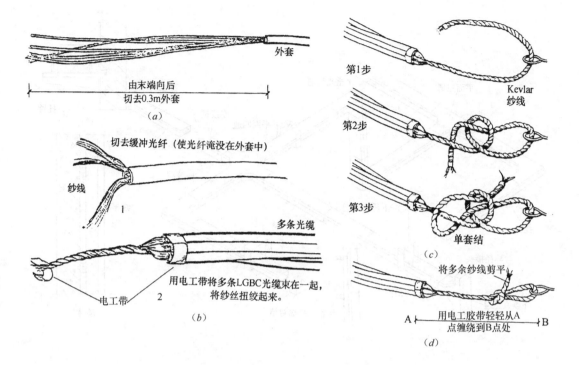

图 4-50 光缆牵引头的制作

(a) 光缆环切；(b) 将光缆和纱线用电工带捆绑在一起；(c) 将 kevlar 纱线连接到牵引带上；
(d) 准备牵引光缆的连接

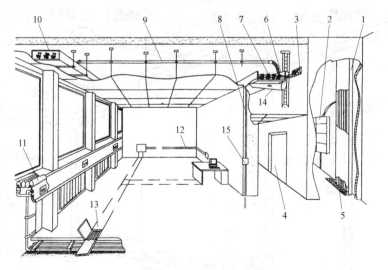

图 4-51 建筑物内各种缆线敷设方式及部位

1—竖井内电缆桥架；2—竖井内配线设备；3—竖井电缆引出（入）孔洞及其封堵；
4—竖井（上升房）防火门；5—上升孔洞及封堵；6—电缆桥架；7—线缆束；
8—暗配管路；9—顶棚上明配管路；10—顶棚上布线槽道；11—窗台布线通道；
12—明配线槽（管）；13—暗配线槽；14—桥架托臂；15—接线盒

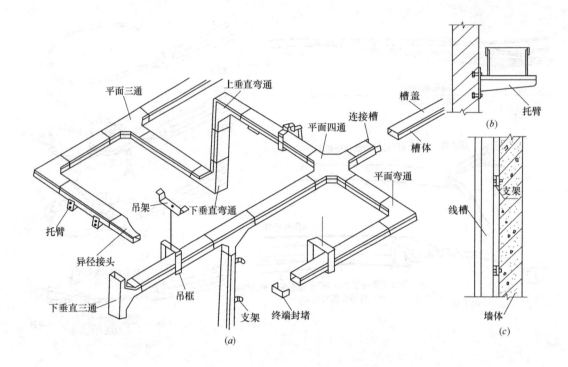

图 4-52   轻型金属线槽组合安装

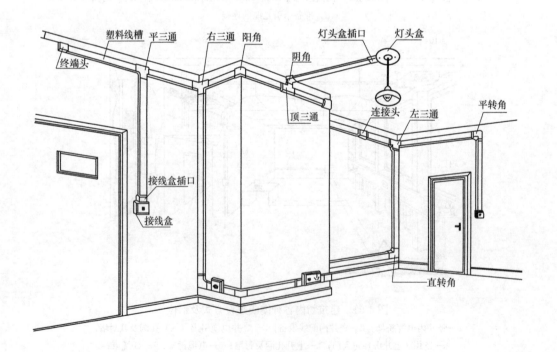

图 4-53   塑料线槽敷设法

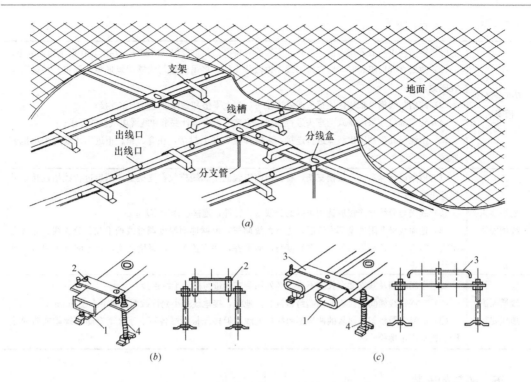

图 4-54 地面内暗装金属线槽的组合安装

（a）地面内暗装金属线槽组装示意图；（b）单线槽支架安装；（c）双线槽支架安装

1—线槽；2—支架单压板；3—支架双压板；4—卧脚螺栓

线槽安装要求 表 4-26

线槽安装要求	(1) 线槽的安装位置应符合施工图样的要求和现场施工要求，左右偏差应根据环境而定，最大不超过 50mm。 (2) 线槽水平度偏差不应超过 2mm/m。线槽垂直敷设不应有倾斜现象，垂直度偏差不应超过 3mm/m。 (3) 线槽节与节之间的连接应采用连接板，用垫圈、弹簧垫圈、螺母坚固，连接处应严密平整无缝隙。两线槽连接处水平偏差不应超过 2mm。 (4) 直线安装超过 30m 或跨接建筑物时，应留有伸缩缝，其连接应采用伸缩连接板。 (5) 线槽的转弯半径不应小于槽内线缆允许的最小半径。 (6) 线槽进行交叉、转弯、丁字连接时，应采用单通、二通、三通、四通等进行变通连接，线槽终端应加装封堵。导线接头处应设置接线盒或将导线接头放在电气器具内。 (7) 在线槽接头间距 1~1.5m 处、线槽端头 0.5m 处、转弯处，应设置支架或吊杆；直线线槽支架或吊杆的间距应不大于 3m。 (8) 线槽采用钢管引入或引出导线时，可采用分管器或用螺母将管口固定在线槽上。 (9) 建筑物的表面如有坡度时，线槽应随其坡度变化。 (10) 线槽盖板安装应平整，无翘角，出线口的位置应准确。 (11) 在顶棚内敷设时，如果顶棚无法上人应留检修口。 (12) 穿过墙壁的线槽四周应流出 50mm 空隙，并用防火材料封堵。 (13) 金属线槽及其金属支架和引入的金属导管必须接地可靠。 (14) 敷设在竖井、顶棚、通道、夹层及设备层等处的线槽应符合国家标准《建筑设计防火规范》GB 50016—2014 的有关防火要求

续表

顶棚金属线槽安装	(1) 钢结构中一般采用万能型吊具,安装前先将吊具及附件组装成整体,用卡具在钢结构上卡牢; (2) 线槽直线段组装时,应先做干线,再做分支线,将吊装器与线槽用螺形夹卡固定,并逐段组装成型; (3) 线槽与线槽可采用内连接头或外连接头,配上平垫和紧固件进行牢靠连接; (4) 转弯部位应采用制式的弯头进行连接,安装应符合设计要求和线缆电气性能要求; (5) 出线口处应利用出线盒进行连接,末端部位要装上封堵,在盒、箱、柜进出线处应采用抱脚连接
地面金属线槽安装	(1) 根据设计标高固定线槽支架,将在地面组装的金属线槽放在支架上,然后进行线槽连接,并接好出线口; (2) 线槽与分线盒连接应选用正确的分线盒、管件,连接应固定牢靠; (3) 地面线槽及附件全部安装后,进行系统调整,根据地面厚度调整线槽干线、分支线、分线盒接头、转弯、转角和出口等,水平高度与地面平齐,并将盖盖好,封堵严实,直至配合土建地面施工结束为止
线槽保护地线安装	(1) 金属线槽及其支架全长应不少于 2 处用辫式铜带与接地干线连接; (2) 非镀锌线槽间连接板的两端跨接铜芯接地线,接地线最小允许截面积不小于 6mm²; (3) 镀锌电缆桥架连接板的两端不跨接接地线,但接地板两端各不少于 2 个有防松螺帽或防松垫圈的连接固定螺栓

五、桥架的安装

桥架安装分水平安装和垂直安装。水平安装又分吊装和壁装两种形式,表 4-27 是其安装要求。桥架吊装如图 4-55～图 4-57 所示。该图还表示出了桥架与墙壁穿孔采用金属软管或 PVC 管的连接。

桥架垂直安装主要在电缆竖井中沿墙采用壁装方式,用于固定线槽或电缆垂直敷设及用做垂直干线电缆的支撑。桥架垂直安装方法如图 4-58 所示。图 4-59 为桥架穿孔洞的防火处理做法。

图 4-60 为桥架(梯架)在竖井内垂直安装的形式和方法。图 4-61 是桥架和机架的整体安装形式。

电缆桥架安装和线槽敷设内线缆要求　　　　　　　　　　　　　表 4-27

序号	电缆桥架安装和线槽敷设内线缆要求
1	电缆线槽宜高出地面 2.2m,桥架顶部距顶棚或其他障碍物不应小于 300mm,桥架内横断面利用率不应超过 40%。但应尽量避开障碍物,遇到障碍物可现场加工非标桥架,以适应障碍物
2	电缆桥架、线槽内线缆垂直敷设时,在线缆的上端和每间隔 1.5m 处,应将线缆固定在桥架内支撑架上;水平敷设时,线缆应顺直,不交叉,进出线槽部位、转弯处的两侧 300mm 处设置固定点
3	在垂直线槽中敷设线缆时,应对线缆进行绑扎;对绞电缆以适当的数量为束进行绑扎;25 对或以上主干电缆、光缆及其他电缆应根据线缆的类型、缆径、线缆芯数分束绑扎。绑扎间距不宜大于 1.5mm,绑扎应均匀,松紧适度
4	在竖井内采用明配管、桥架、金属线槽等方式敷设线缆,应符合有关规定要求。竖井内楼板孔洞周边应设置 50mm 的防水台,洞口用防火材料封堵
5	建筑群子系统采用架空管道、直埋、墙壁明配管(槽)或暗配管(槽)敷设电缆、光缆。施工技术要求应参照国家现行标准《市内电话线路工程施工及验收技术规范》YDJ 38—1985、《电信网光纤数字传输系统工程施工及验收暂行技术规定》YDJ 44—1989 的相关规定

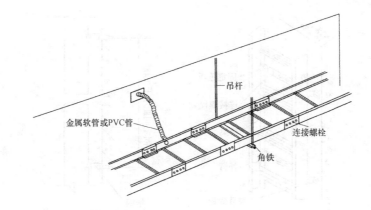

图 4-55 电缆桥架吊装示意图

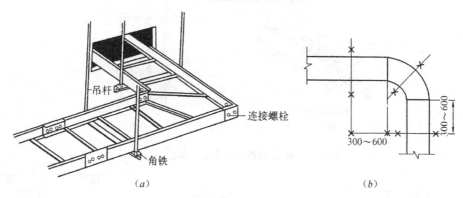

（*a*）　　　　　　　　　　　　　（*b*）

图 4-56　桥架转弯进房间的安装

（*a*）桥脚转弯并进房间吊顶的安装；（*b*）桥架转弯固定位置

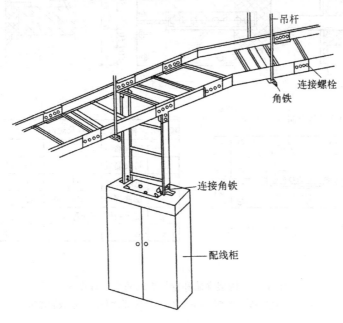

图 4-57　桥架与配线柜的连接

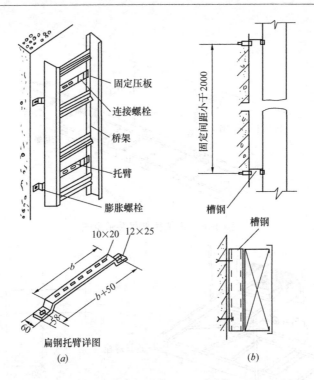

图 4-58　桥架垂直安装方法（单位：mm）

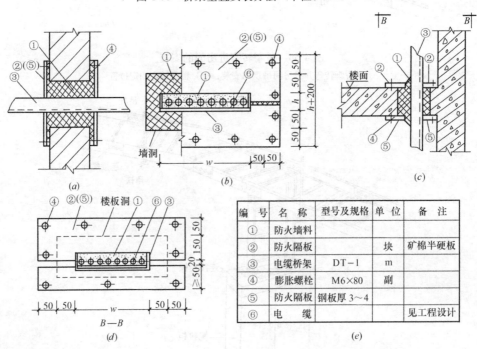

编号	名　称	型号及规格	单位	备　注
①	防火墙料			
②	防火隔板		块	矿棉半硬板
③	电缆桥架	DT－1	m	
④	膨胀螺栓	M6×80	副	
⑤	防火隔板	钢板厚 3～4		
⑥	电　缆			见工程设计

(e)

图 4-59　桥架穿墙和穿楼板的防火处理做法

(a)、(b) 电缆桥架穿墙洞做法；(c)、(d) 电缆桥架穿楼板洞做法

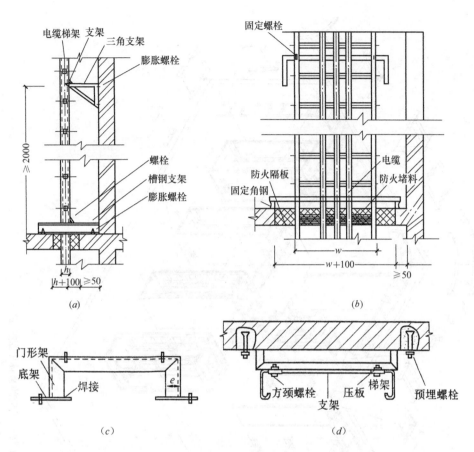

图 4-60　桥架（梯架）在竖井内垂直安装的形式和方法
(a)、(b) 三脚支架安装；(c) ZJ-1 型门形支架；(d) 门形钢支架安装

六、布线的工艺要求

（一）设置电缆桥架和线槽敷设缆线应符合的规定

（1）电缆线槽、桥架宜高出地面 2.2m 以上。线槽和桥架顶部距楼板不宜小于 300mm；在过梁或其他障碍物处，不宜小于 50mm。

（2）槽内缆线布放应顺直，尽量不交叉，在缆线进出线槽部位、转弯处应绑扎固定，其水平部分缆线可以不绑扎。垂直线槽布放缆线应每间隔 1.5m 固定在缆线支架上。

（3）电缆桥架内缆线垂直敷设时，在缆线的上端和每间隔 1.5m 处应固定在桥架的支架上；水平敷设时，在缆线的首、尾、转弯及每间隔 5～10m 处进行固定。

（4）在水平、垂直桥架和垂直线槽中敷设缆线时，应对缆线进行绑扎。对绞电缆、光缆及其他信号电缆应根据缆线的类别、数量、缆径、缆线芯数分束绑扎。绑扎间距不宜大于 1.5m，间距应均匀，松紧适度。电缆桥架或线槽与预埋钢管结合的安装方式如图 4-62 所示。

（5）楼内光缆宜在金属线槽中敷设，在桥架敷设应在绑扎固定段加装垫套。

（6）采用吊顶支撑柱作为线槽在顶棚内敷设缆线时，每根支撑柱所辖范围内的缆线可以不设置线槽进行布放，但应分束绑扎。缆线护套应阻燃，缆线选用应符合设计要求。

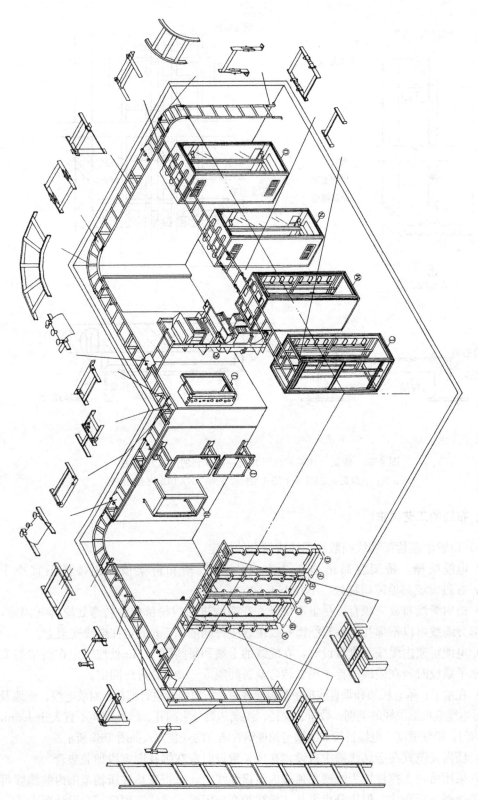

图 4-61　桥架与机架的整体安装形式

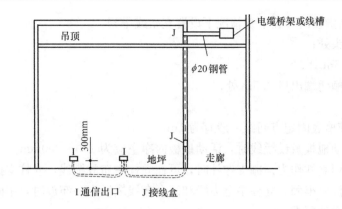

图 4-62　电缆桥架或线槽和预埋钢管结合进行的安装

（二）水平子系统缆线敷设保护应符合的要求

（1）预埋金属线槽保护要求如下：

1）在建筑物中预埋线槽，宜按单层设置，每一路由预埋线槽不应超过 3 根，线槽截面高度不宜超过 25mm，总宽度不宜超过 300mm。

2）线槽直埋长度超过 30m 或在线槽路由交叉、转弯时，宜设置过线盒，以便于布放缆线和维修。

3）过线盒盖应能开启，并与地面齐平，盒盖处应具有防水功能。

4）过线盒和接线盒盒盖应能抗压。

5）从金属线槽至信息插座接线盒间的缆线宜采用金属软管敷设。

（2）预埋暗管保护要求如下：

1）预埋在墙体中间暗管的最大管径不宜超过 50mm，楼板中暗管的最大管径不宜超过 25mm。

2）直线布管每 30m 处应设置过线盒装置。

3）暗管的转弯角度应大于 90°，在路径上每根暗管的转弯角不得多于 2 个，并不应有 S 弯出现。有弯头的管段长度超过 20m 时，应设置管线过线盒装置；在有 2 个弯时，不超过 15m 应设置过线盒。

4）暗管转弯的曲率半径不应小于该管外径的 6 倍；如暗管外径大于 50mm 时，不应小于 10 倍。

5）暗管管口应光滑，并加有护口保护；管口伸出部位宜为 25～50mm。

（3）网络地板缆线敷设保护要求如下：

1）线槽之间应沟通。

2）线槽盖板应可开启，并采用金属材料。

3）主线槽的宽度由网络地板盖板的宽度而定，一般宜在 200mm 左右。支线槽宽度不宜小于 70mm。

4）地板块应抗压、抗冲击和阻燃。

（4）设置缆线桥架和缆线线槽保护要求如下：

1）桥架水平敷设时，支撑间距一般为 1.5～3m；垂直敷设时，固定在建筑物构体上的间距宜小于 2m，距地 1.8m 以下部分应加金属盖板保护。

2）金属线槽敷设时，在下列情况下设置支架或吊架：

——线槽接头处；

——每间距 3m 处；

——离开线槽两端出口 0.5m 处；

——转弯处。

3）塑料线槽槽底固定点间距一般宜为 1m。

（5）铺设活动地板敷设缆线时，活动地板内净空应为 150～300mm。

（6）采用公用立柱作为顶棚支撑柱时，可在立柱中布放缆线，立柱支撑点宜避开沟槽和线槽位置，支撑应牢固。立柱中电力线和综合布线缆线合一布放时，中间应有金属板隔开，间距应符合设计要求。

（7）金属线槽接地应符合设计要求。

（8）金属线槽、缆线桥架穿过墙体或楼板时，应有防火措施。

（三）干线子系统缆线敷设保护方式应符合的要求

（1）缆线不得布放在电梯或供水、供气、供暖管道竖井中，亦不应布放在强电竖井中。

（2）干线通道间应沟通。

（四）建筑群子系统施工技术要求

建筑群子系统采用架空、管道、直埋、墙壁及暗管敷设电、光缆的施工技术要求应按照本地网通信线路工程验收的相关规定执行。

七、设备的安装

这里所谓设备是指配线架（柜）和相应配线设备，包括各种接线模块和接插件。配线柜的线缆布线连接如图 4-63 所示。

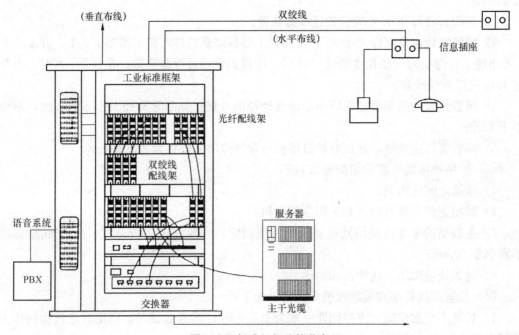

图 4-63 标准机柜连接分布

（1）设备安装宜符合下列要求：

1）机架或机柜前面的净空不应小于800mm，后面的净空不应小于600mm；

2）壁挂式配线设备底部离地面的高度不宜小于300mm；

3）在设备间安装其他设备时，设备周围的净空要求，按该设备的相关规范执行。

（2）设备间应提供不少于两个220V、10A带保护接地的单相电源插座。

（3）机柜、机架安装完毕后，垂直偏差应不大于3mm。机柜、机架安装位置应符合设计要求。

（4）机柜、机架上的各种零件不得脱落或碰坏，漆面如有脱落应予以补漆，各种标志应完整、清晰。

（5）机柜、机架的安装应牢固，如有抗震要求时，应按施工图的抗震设计进行加固。

八、综合布线系统主要设备材料

（一）配线设备

配线设备有IDC配线架、RJ45配线架和光纤配线架。

1. IDC配线架

IDC配线架又称110配线架，它有卡接式和插接式两种模块。IDC卡接式模块通常用于支持电话（语音）配线，IDC插接式模块通常用于支持计算机（数据）配线。IDC配线架的基本单元规格为100对，由4个25对模块组成。1个基本单元的IDC配线架在至水平电缆侧可接20根4对双绞电缆；在干线侧可接100对双绞电缆（即可连接4根25对的大对数电缆，或连接24根4对双绞电缆）。对于集合点CP盒，则采用IDC配线架。

2. RJ45配线架

RJ45配线架的基本单元规格为16口。RJ45为插接式模块，其配线架通常用于支持计算机（数据）配线。

3. 光纤配线架

光纤配线架的基本单元规格为24口。

光缆的规格可分为2芯、4芯、6芯、8芯、12芯等。1个HUB群（或交换机群）或1台HUB（或交换机）用2芯光纤。

（二）集线器和交换机

（1）在建筑物配线架FD（又称主配线架MDF）和楼层配线架DF（又称分配线架IDF）处的集线器和交换机的规格可分为8口、12口、24口、48口等。

（2）在网络控制室内的网络交换机的种类很多，其端口数量规格要求不小于所连接集线器HUB（或交换机）的电缆端口数或光纤端口（1个光纤端口为2芯）数。

（3）集线器HUB群（或交换机群）是通过多台HUB（或多台交换机）堆叠组成，常用于综合布线系统。但其台数不能超过4台，1个HUB群（或交换机群）的端口数不能超过96口。

（三）双绞电缆的穿管敷设

以外径为6mm的4对双绞电缆为例进行设计。SC15钢管可穿1根4对双绞电缆；SC20钢管可穿3根；SC25钢管可穿6根；1根大对数电缆规格为25对。

（四）机柜、机箱、配线箱

（1）19in（48cm）机柜的规格：15U、20U、25U、30U、35U、40U。

（2）19in（48cm）机箱的规格：6U、8U、10U、12U。

（3）IDC 明装配线箱规格：200 对、400 对、600 对、800 对。

（4）IDC 暗装配线箱规格：125 对、250 对。

（五）设备高度

（1）1 个规格为 100 对 IDC 配线架基本单元的高度为 2U；19in（48cm）机柜 2U 可并排安装 2 个规格为 100 对 IDC 配线架基本单元；2 个 IDC 配线架基本单元为 1 组，称之为 1 组 IDC 配线架。

（2）1 个规格为 16 口 RJ45 配线架基本单元为 1U。

（3）1 个 24 口光纤配线架基本单元高度为 1U。

（4）1 个规格为 8 口或 12 口集线器 HUB（或交换机）的高度为 1U。

（5）1 个规格为 24 口集线器 HUB（或交换机）的高度为 2U；48 口的高度为 4U。

（6）1 个光纤互连装置的高度为 1U。

（7）1 个管理线架的高度为 1U。

（8）1 个电源装置的高度为 2U～3U。

第五节　综合布线系统的电气防护与接地

一、电气防护

（1）综合布线区域内存在的电磁干扰场强大于 3V/m 时，应采取防护措施。

（2）综合布线电缆与附近可能发生高电平电磁干扰的电动机、电力变压器等电气设备之间应保持必要的间距。

综合布线电缆与电力电缆的间距应符合表 4-28 的规定。

PDS 布线与其他干扰源的间距表　　　　　　　　　　　表 4-28

其 他 干 扰 源	与综合布线接近状况	最小间距（cm）
380V 以下的电力电缆＜2kVA	与缆线平行敷设	13
	有一方在接地的线槽中	7
	双方都在接地的线槽中	1（注1）
380V 以下电力电缆 2～5kVA	与缆线平行敷设	30
	有一方在接地的线槽中	15
	双方都在接地的线槽中	8
380V 以下电力电缆＞5kVA	与缆线平行敷设	60
	有一方在接地的线槽中	30
	双方都在接地的线槽中	15
荧光灯、氩灯、电子启动器或交感性设备	与缆线接近	15～30

续表

其他干扰源	与综合布线接近状况	最小间距（cm）
无线电发射设备（如天线、传输线、发射机……等）、雷达设备、其他工业设备（开关电源、电磁感应炉、绝缘测试仪……等）	与缆线接近 （当通过空间电磁场耦合强度较大时，应按有关规定办理）	≥150
配电箱	与配线设备接近	≥100
电梯变电室	尽量远离	≥200

注：（1）当380V电力电缆＜2kV·A，双方都在接地的线槽中，且平行长度≤10m时，最小间距可以是10mm。

（2）电话用户存在振铃电流时，不能与计算机网络在同一根对绞电缆中一起运用。

（3）双方都在接地的线槽中，系指两个不同的线槽，也可在同一线槽中用金属板隔开。

墙上敷设的综合布线电缆、光缆及管线与其他管线的间距应符合表4-29的规定。

墙上敷设的综合布线电缆、光缆及管线与其他管线的间距 表 4-29

其 他 管 线	最小平行净距（mm）	最小交叉净距（mm）
	电缆、光缆或管线	电缆、光缆或管线
避雷引下线	1000	300
保护地线	50	20
给水管	150	20
压缩空气管	150	20
热力管（不包封）	500	500
热力管（包封）	300	300
煤气管	300	20

注：如墙壁电缆敷设高度超过6000mm时，与避雷引下线的交叉净距应按下式计算：

$$S \geqslant 0.05L$$

式中 S—交叉净距（mm）：

L—交叉处避雷引下线距地面的高度（mm）。

（3）综合布线系统应根据环境条件选用相应的缆线和配线设备，或采取防护措施，并应符合下列规定：

1）当综合布线区域内存在的干扰低于上述规定时，宜采用非屏蔽缆线和非屏蔽配线设备进行布线。

2）当综合布线区域内存在的干扰高于上述规定时，或用户对电磁兼容性有较高要求时，宜采用屏蔽缆线和屏蔽配线设备进行布线，也可采用光缆系统。

3）当综合布线路由上存在干扰源，且不能满足最小净距要求时，宜采用金属管线进行屏蔽。

二、接地与防火要求

（1）综合布线系统采用屏蔽措施时，必须有良好的接地系统，并应符合下列规定：

1）保护接地的接地电阻值，单独设置接地体时，不应大于4Ω；采用联合接地体时，不应大于1Ω。

2）采用屏蔽布线系统时，所有屏蔽层应保持连续性。

3）采用屏蔽布线系统时，屏蔽层的配线设备（FD 或 BD）端必须良好接地，用户（终端设备）端视具体情况宜接地，两端的接地应连接至同一接地体。若接地系统中存在两个不同的接地体时，其接地电位差不应大于 $1Vr \cdot m \cdot s$。

（2）采用屏蔽布线系统时，每一楼层的配线柜都应采用适当截面的铜导线单独布线至接地体，也可采用竖井内集中用铜排或粗铜线引到接地体，导线或铜导体的截面应符合标准。接地导线应接成树状结构的接地网，避免构成直流环路。

（3）综合布线的电缆采用金属槽道或钢管敷设时，槽道或钢管应保持连续的电气连接，并在两端应有良好的接地。

（4）干线电缆的位置应尽可能位于建筑物的中心位置。

（5）当电缆从建筑物外面进入建筑物时，电缆的金属护套或光缆的金属件均应有良好的接地。

（6）当电缆从建筑物外面进入建筑物时，应采用过压、过流保护措施，并符合相关规定。

（7）综合布线系统有源设备的正极或外壳，与配线设备的机架应绝缘，并用单独导线引至接地汇流排，与配线设备、电缆屏蔽层等接地，宜采用联合接地方式。

（8）根据建筑物的防火等级和对材料的耐火要求，综合布线应采取相应的措施。在易燃的区域和大楼竖井内布放电缆或光缆，应采用阻燃的电缆和光缆；在大型公共场所宜采用阻燃、低烟、低毒的电缆或光缆；相邻的设备间或交接间应采用阻燃型配线设备。

综合布线系统对电源、接地的要求如表 4-30 所示。

综合布线系统对电源、接地的要求　　　　表 4-30

项目＼等级	甲 级 标 准	乙 级 标 准	丙 级 标 准
供电电源	（1）应设两路独立电源； （2）设自备发电机组	（1）同左； （2）宜设自备发电机组	可以单回路供电，但须留备用电源进线路径
供电质量	电压波动≤±10%	同左	满足产品要求
接　地	（1）单独接地时 $R \leqslant 4\Omega$； （2）联合接地网时 $R \leqslant 1\Omega$； （3）各层管理间设接地端子排	同左	同左
电源插座	（1）容量：一般办公室 　　≥60VA/m²； （2）数量：一般办公室 　　≥20 个/100m²； （3）插座必须带接地极	（1）容量：一般办公室 　　≥40VA/m²； （2）数量：一般办公室 　　≥15 个/100m²； （3）同左	（1）容量：一般办公室 　　≥30VA/m²； （2）数量：一般办公室 　　≥10 个/100m²； （3）同左
设备间、层管理间	设置可靠的交流 220V50Hz 电源可设置一个插座箱	同左	同左

第六节　工　程　举　例

智能大楼的综合布线系统典型构成如图 4-64 所示。如前所述，目前综合布线系统主要用来传输语音和数据，实际上综合布线系统是电话通信线路和计算机网络线路的组合。从图 4-64 中也很明显看出它是两套线路的组合（综合）。电话通信系统是以程控电话交换为中心，经主配线架—主配线架—3 类大对数电缆—楼层配线架（在交接间内）—信息插座—电话机。计算机局域网系统是以计算机机房内的主交换机为中心，经光纤主配线架—多模光缆—光纤配线架—集线器—楼层配线架—信息插座—PC 终端。如果是千兆位以太网，水平子系统可配置超 5 类双绞线。

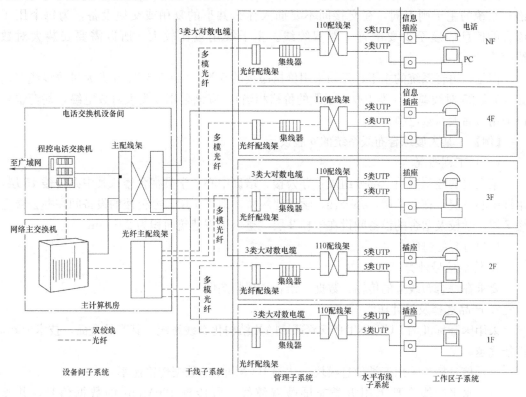

图 4-64　典型综合布线系统构成图

对于智能大楼，现在广泛采用局域网系统，因此可在交接间配线架内，考虑安装相应的网络设备 HUB（集线器）。在交接间插入 HUB 设备以后，可以采用两种方式连接：交叉连接方式和互联方式。其中互联方式可以利用 HUB 的设备电缆取代配线架上模块间的跳线，利用 HUB 的输出端口替代配线架上干线侧的模块，这既可节省投资，又可提高链路性能。综合配置也是以基本配置的信息插座量作为基础配置。在此，我们也按照基本配置方法，为每个工作区配置 1 个双信息插座，其中一个用于电话，一个用于计算机终端，即用于电话和计算机终端的信息插座各 1000 个。假定分布于 20 个楼层，每层楼用于计算机终端的信息插座是 50 个。如果用于千兆以太网 1000BASE-T，按每 24 个信息插座配置 4 对双绞线考虑，则为每个层楼布放 3 条 4 对芯 5 类线缆就完全可以，绰绰有余，并且性能有保证。如果按 4 个 HUB 组合成为一个 HUB 群考虑，则只需要为每个层楼布放 1 条 4 对芯 5 类线缆。

由此可见，楼层水平子系统的开放式办公室或区域布线不要使用大对数 5 类或超 5 类线缆，对于垂直干线子系统也不要使用大对数 5 类或超 5 类线缆，这是因为：

（1）和上面提到的情况相同，网络设备通常是分级连接，在交接间要插入 HUB 设备，主干线用量并不大，所以不必安装大对数线缆；

（2）5 类的大对数电缆在应用中常常是多对芯线在同时传输信号，容易引入线对之间的近端串扰（NEXT）以及它们之间的 NEXT 的叠加问题，这对高速数据传输十分不利；

（3）大对数线缆在配线架上的安装较为复杂，对安装工艺要求比较高。

由上可知，计算机网络的铜缆干线最好不用大对数电缆（图 4-64 采用光纤线缆）。语音系统的主干则不同，在交接间不要插入什么共享的复用或交换设备，为每个用于语音的信息插座至少要配置 1 对双绞线。主干线用量比较大，所以需要安装大对数线缆。

但是，语音系统的主干，无须采用价格昂贵的 5 类、"超 5 类"、6 类大对数线缆（例如：5 类 25 对线缆与 3 类 100 对线缆的价格相当），应该采用 3 类大对数电缆，甚至也可以采用市话大对数电缆。

【例】　某大厦综合布线系统的安装设计

（一）工程概况

某大厦的建筑群由三部分组成：办公楼、培训中心、学员宿舍楼；其中办公楼 15 层，培训中心 2 层，宿舍 7 层，办公楼、学校建筑整体地下 1 层。办公楼的设备间在办公楼主楼 7 层，学校及宿舍的设备间设在学校 2 层。整个工程建筑面积为 20173m²。

（二）产品选择

1. 传输信号种类

要求在综合布线上的传输：数据、语音、视频图像。

2. 产品选择及设计功能

采用国际标准的 LUCENT 的 SYSTIMAX 结构化布线系统，其产品全面，技术成熟，性能优越。

（1）信息插座采用五类信息模块，达到 100Mbps 的数据传输速率。

（2）水平线缆全部采用五类非屏蔽双绞线，可传输 100Mbps 的数据信号，并支持 ATM。

（3）干线数据传输选用四芯多模光纤，使主干速度可以达到 1000Mbps；语音传输采用三类大对数电缆，充分满足语音传输要求，并支持 ISDN；采用四芯单模光纤作为视频会议系统数据干线。

（4）对于语音类信息点，配线架采用 300 对 110 型配线架（110PB2-300FT）；对于数据信息点，采用 PACHMAX 模块化配线架（PM2150B-48）。

（三）设计说明

设计的 PDS 系统图如图 4-65 所示。

1. 工作区

整个建筑的语音点 413 个，数据点 539 个，视频会议点 2 个。在本项目中，所有模块全部采用超五类模块（MPS100BH-262）。数字信息插座采用倾斜 45°角的面板；语音信息插座采用单孔插座和双孔插座，内线电话模块与外线电话模块进行颜色上的区分，具体色号可由客户在订货前指定。两者之间除了在颜色上的不同外，其性能完全一样，均为超五类模块。

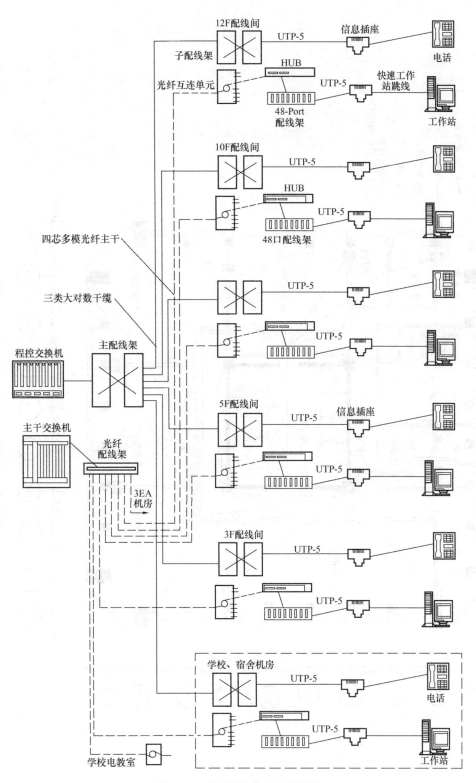

图 4-65 某大厦综合布线系统图

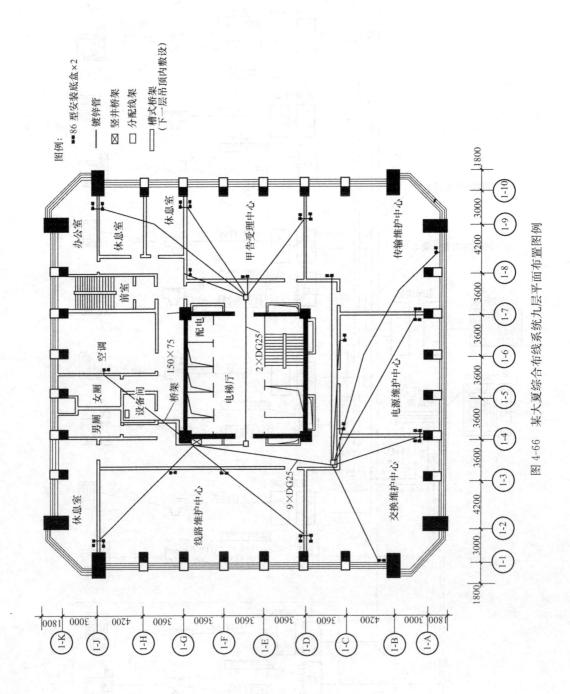

图 4-66 某大厦综合布线系统九层平面布置图图例

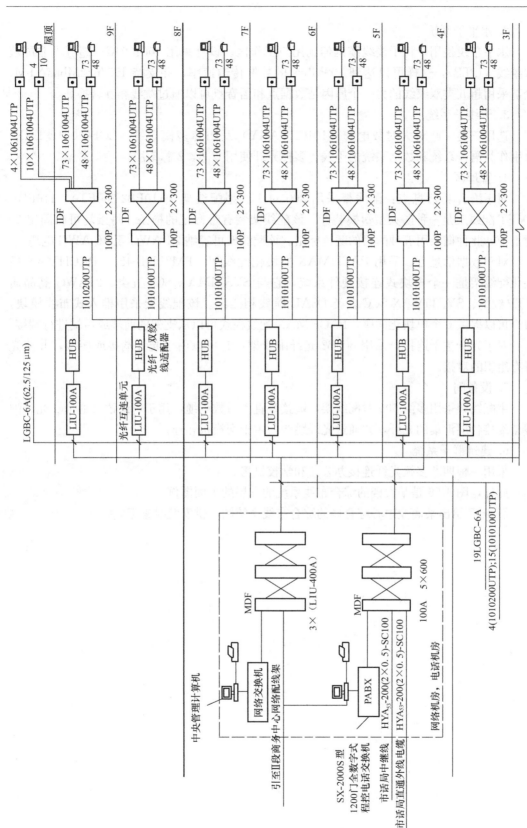

图 4-67 某商业中心综合楼综合布线系统图

2. 水平子系统

水平布线是用于将干线线缆延伸到用户工作区。设计采用 1061004C＋超五类非屏蔽双绞线（UTP），这样可以达到 100Mbps 的数据传输速率，并支持 155/622MbpsATM。全部采用超五类双绞线的另一个原因是数据点和语音点可以通过跳线相互转换。

3. 干线子系统

选用三类 100 对大对数电缆（1010100AGY）及四芯多模光纤（LGBC-004D-LRX）分别作为语音系统和数据系统的干线。多模光纤使用 2 芯，2 芯备用。

4. 管理区

对于语音类信息点：配线架采用 300 对 110 型配线架（110PB2-300FT）。110PB2-300FT 配线架是一种防火型塑模装置。该配线架装有带标记的横条，每条均可以固定 25 对电缆，此种横条用五种醒目的颜色标出。该配线架可容纳 22-AWG 至 26-AWG 电缆。

对于数据信息点，采用 PACHMAX 模块化配线架（PM2150B-48）。PACHMAX 模块化配线架是一个模块式连接硬件系统，它与 SYSTIMAX SCS 五类、24AWG 高品质 UTP 线缆、SYSTIMAX SCC 五类 D8AU 跳线相匹配。该配线架采用推入式布线模块，每个可以提供 6 个模块化插座。PACHMAX 配线模块可以从支架的前端或后端进行端接。

对于光纤主干连接，采用 600B2 光纤配线架，它可以用于光纤端接或熔接，并使光纤有组织的对接。

5. 设备间

主配线架采用多组 900 对配线架，端接垂直大对数电缆，用于管理语音通信。光纤配线架端接各层汇集的光纤，并通过光纤跳线与主干交换机相连。

6. 建筑群子系统

采用一根四芯多模光纤连接办公楼和学校机房。

此外，图 4-66 是某大楼的综合布线系统的九层的平面图例。

图 4-67 给出某商业中心综合楼的综合布线系统图，供安装时参考。

第五章　厅堂扩声与公共广播系统

第一节　广播音响系统的类型与基本组成

一、广播音响系统的类型与特点

广播音响系统，或称电声系统，其涉及面很宽，应用广泛，从工厂、学校、宾馆、医院、车站、码头、广场到会场、影剧院、体育院、歌舞厅等，无不与之有着密切关系。

在民用建筑工程设计中，广播音响系统大致可分为如下几类：

（一）面向公众区（如广场、车站、码头、商场、餐厅、走廊、教室等）和停车场等的公共广播（PA）系统

这种系统主要用于语言广播，因此清晰度是首要问题。而且，这种系统往往平时进行背景音乐广播，在出现灾害或紧急情况时，又可切换成紧急广播。

（二）面向宾馆客房的广播音响系统

这种系统包括客房音响广播和紧急广播，通常由设在客房中的床头柜播放。客房广播含有收音机的调幅（AM）、调频（FM）广播波段和宾馆自播的背景音乐等多个可供自由选择的波段，每个广播均由床头柜扬声器播放。在紧急广播时，客房广播即自动中断，只有紧急广播的内容强切传到床头柜扬声器，这时无论选择器在任何位置或关断位置，所有客人均能听到紧急广播。

（三）以礼堂、剧场、体育场馆为代表的厅堂扩声系统

这是专业性较强的厅堂扩声系统，它不仅要考虑电声技术问题，还要涉及建筑声学问题，两者须统筹兼顾，不可偏废。这类厅堂往往有综合性多用途的要求，不仅可供会场语言扩声使用，还常作文艺演出等。对于大型现场演出的音响系统，电功率少则几万瓦，多的达数十万瓦，故要用大功率的扬声器系统和功率放大器，在系统的配置和器材选用方面有一定的要求，还应注意电力线路的负荷问题。

（四）面向歌舞厅、宴会厅、卡拉 OK 厅等的音响系统

这类场所与前一类相似，亦属厅堂扩声系统，且多为综合性的多用途群众娱乐场所。因其人流多，杂声或噪声较大，故要求音响设备有足够的功率，较高档次的还要求有很好的重放效果，故也应配置专业音响器材，在设计时注意供电线路应与各种灯具的调光器分开。并且因为使用歌手和乐队，故要配置适当的返听设备，以便让歌手和乐手能听到自己的音响，找准感觉。对于歌舞厅和卡拉 OK 厅，还要配置相应的视频图像系统。

（五）面向会议室、报告厅等的广播音响系统

这类系统一般也设置由公共广播提供的背景音乐和紧急广播两用的系统，但因有其特殊性，故也常在会议室和报告厅（或会场）单独设置会议广播系统。对要求较高或国际会议厅，还需另行设计诸如同声传译系统、会议讨论表决系统以及大屏幕投影电视等的专用

视听系统。

从上面可以看出，对于各种大楼、宾馆及其他民用建筑物的广播音响系统，基本上可以归纳为三种类型（表5-1）：一是公共广播（PA）系统，如上述（一）、（二）类都是这种有线广播系统。它包括背景音乐和紧急广播功能。通常它们结合在一起，平时播放背景音乐或其他节目，出现火灾等紧急事故时，强切转换为报警广播。这种系统中广播用的传声器（话筒）与向公众广播的扬声器一般不处在同一房间内，故无声反馈的问题，并以定压式传输方式为其典型系统。二是厅堂扩声系统，如上述（三）、（四）类。这种系统使用专业音响设备，并要求有大功率的扬声器系统和功放。由于演讲或演出用的传声器与扩声用的扬声器同处于一个厅堂内，故存在声反馈乃至啸叫的问题，且因其距离较短，所以系统一般采用低阻直接传输方式。第三种类型是专用的会议系统，它虽也属于扩声系统，但有其特殊要求，如同声传译系统等。本章着重阐述前二类系统，而第三类的会议系统则放在第六章说明。

表5-1列出广播音响系统的类型与特点。

广播音响系统的类型与特点　　　　　　　　　　　　　　　表5-1

系统类型	使用场所	系统特点
厅堂扩声系统	（1）礼堂、影剧院、体育场馆、多功能厅等； （2）歌舞厅、宴会厅、卡拉OK厅等	（1）服务区域在一个场馆内，传输距离一般较短，故功放与扬声器配接多采用低阻直接输出方式； （2）传声器与扬声器在同一厅堂内，应注意声反馈和啸叫问题； （3）对音质要求高，分音乐扩声和语言扩声等； （4）系统多采用以调音台为控制中心的音响系统
公共广播系统（PA）	（1）商场、餐厅、走廊、教室等； （2）广场、车站、码头、停车库等； （3）宾馆客房（床头柜）	（1）服务区域大、传输距离远，故功放多采用定压式输出方式； （2）传声器与扬声器不在同一房间内，故无声反馈问题； （3）公共广播常与背景音乐广播合用，并常兼有火灾应急广播功能； （4）系统一般采用以前置放大器为中心的广播音响系统
音频会议系统	会议室、报告厅等	（1）为一特殊音响系统，分会议讨论系统、会议表决系统、同声传译系统等几种； （2）常与厅堂扩声系统联用

二、广播音响系统的组成

不管哪一种广播音响系统，都可以画成如图5-1和图5-2所示的基本组成方框图。它基本可分四个部分：节目源设备、信号的放大和处理设备、传输线路和扬声器系统。

节目源设备：节目源通常有无线电广播（调频、调幅）、普通唱片、激光唱片（CD）和盒式磁带等；相应的节目源设备有FM/AM调谐器、电唱机、激光唱机和录音卡座等；此外，还有传声器（话筒）、电视伴音（包括影碟机）、录像机和卫星电视的伴音、电子乐器等。

放大和信号处理设备：包括调音台、前置放大器、功率放大器和各种控制器及音响加

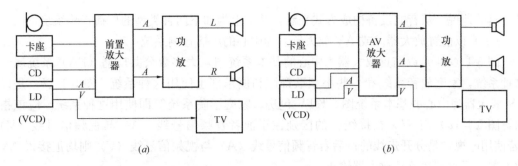

图 5-1 以前置放大器（或 AV 放大器）为中心的广播音响系统

(*a*) 以前置放大器为中心；(*b*) 以 AV 放大器为中心

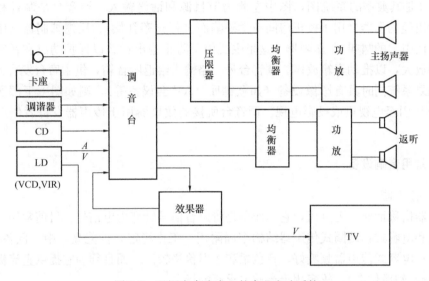

图 5-2 以调音台为中心的专业音响系统

工设备等。这一部分设备的首要任务是信号的放大——电压放大和功率放大，其次是信号的选择，即通过选择开关选择所需要的节目源信号。调音台和前置放大器作用或地位相似（当然调音台的功能和性能指标更高），它们的基本功能是完成信号的选择和前置放大，此外还担负对重放声音的音色、音量和音响效果进行各种调整和控制的任务。有时为了更好地进行频率均衡和音色美化，还另外单独接入图示均衡器。总之，这部分是整个广播音响系统的"控制中心"。功率放大器则将前置放大器或调音台送来的信号进行功率放大，通过传输线去推动扬声器放声。

传输线路虽然简单，但随着系统和传输方式的不同而有不同的要求。对礼堂、剧场、歌舞厅、卡拉 OK 厅等，由于功率放大器与扬声器的距离不远，故一般采用低阻大电流的直接馈送方式。传输线（喇叭线）是截面积粗的多股线。由于这类系统对重放音质要求很高，故常用专用的喇叭线，乃至所谓"发烧线"。而对公共广播系统，由于服务区域广，距离长，为了减少传输线路引起的损耗，往往采用高压传输方式；又由于传输电流小，故对传输线要求不高，也不必很粗。在客房广播系统中，有一种与宾馆 CATV（共用天线电视系统）共用的所谓载波传输系统，这时的传输线就使用 CATV 的视频电缆，而不能用一般的音频传输线了。

具体地说，从音响设备构成方式来看，基本上为如下两种类型的广播音响系统：

（一）以前置放大器（或 AV 放大器）为中心的广播音响系统

图 5-1（a）是以前置放大器为中心的基本系统图，大多数公共广播（PA）系统属于这种系统，家庭放音系统和一些小型歌舞厅和俱乐部也使用这种系统。图 5-1（b）是以 AV 放大器为中心的基本系统图，KTV 包房、家庭影院系统等即使用这种系统。应该指出，图 5-1（a）与（b）在接线上的区别在于前者音频信号线（A）与视频信号线（V）（若使用电视）是分开走线的；后者音频信号线（A）与视频信号线（V）则均汇接入 AV 放大器，同时都从 AV 放大器输出。

（二）以调音台为中心的专业音响系统

图 5-2 是其典型的系统图，图中左侧为节目源和话筒输入，调音台是调音和控制中心，其输出经均衡器（用于校正房间声学缺陷而进行频率补偿）、反馈抑制器（用于防止因声反馈而引起的啸叫）、压限器（这里主要用于防止输出过载以保护功放和音箱）和功放的功率放大，以推动音箱放声。调音台另一路输出给返听音箱，供主席台发言人或演员监听。如果系统同时具有影像设备（如歌舞厅、AV 会议室等），则如图中下部所示，将视频信号 V 引至电视机或投影电视。调音台所接的效果器用于传声器发言者作声音润色使用。

三、常用音响设备

（一）传声器

传声器俗称话筒、麦克风，它的作用是将声音信号转变为电信号。目前常用的传声器是动圈式和电容式。动圈式传声器结构牢固耐用，工作稳定，性能高、中、低各档都有，应用广泛；电容式传声器频响好，音色柔和，但价格较高，而且须为它提供直流极化电源（可由调音台幻像供电），故多用于音质要求高的场合。

传声器的性能指标主要有：频率响应（高保真的最低要求为 $50\sim12500\mathrm{Hz}$）、灵敏度、指向性、输出阻抗、等效噪声级（$\leqslant26\mathrm{dB}$）和动态范围等。会议、演出等场合都用低阻的心形或超心形指向性的传声器。

传声器国外的著名厂家和品牌有：德国的 NEUMANN（纽曼）、SENNHEISER（森海塞尔），美国的 SHURE（思雅、舒尔）、EV（电声），奥地利的 AKG 和日本的 SONY、铁三角等。其中 SHURE 话筒因其质量较好，价格适中，用得最多。

此外，还有无线传声器，它按载波频率分为 VHF 型和 UHF 型。由于 VHF 型容易受干扰，所以要求高时都采用 UHF 型无线传声器。

（二）调音台

调音台是一种多路输入、多路输出的调音控制设备，它将多路信号进行放大、混合、分配、音质修饰和音响效果加工。它的输入路数有 4～56 路等，常用 8 路、12 路、16 路、24 路。24 路以上属于大型调音台，并具有编组和矩阵输出等功能。

调音台分为录音用调音台、扩声用调音台、迪斯科专用调音台（DJ 混音台）等。录音调音台属最高档，而会议、演出等一般是使用扩声调音台。生产调音台的厂家和品牌很多，常用扩声调音台的品牌有：SOUNDCRAFT（声艺）、MACKIE（美奇）、SOUNDTRACK（声迹）、DDA、ALLEN&HEATH（艾伦赫赛）、YAMAHA（雅马哈）、SONY

（索尼）等。选用调音台除了要求质量可靠之外，主要应注意调音台的输入路数和输出路数是否满足使用需要。

（三）功率放大器

功放的作用是功率放大，输出足够的功率以推动音箱放声。因此，选用功放主要是看输出功率，此外还要看其有哪些保护措施。功放输出功率应等于或大于音箱总功率。如果条件许可，在扬声器系统选定后，应选用输出功率比扬声器系统大 30% 的功率放大器，这样可使功放不工作在极限状况，并且对音乐节目中的瞬态峰值信号有较大的宽容度，避免产生削顶失真。

生产专业功放的厂家和品牌很多，比较著名的厂家有：美国的 CROWN（皇冠）、CREST（高峰）、QSC、BGW、EV 等。国内功放也有不错的产品，可以配合使用，而且价格比进口同类功放低得多。专业功放多为双功放（组装在一起）。顺便指出，家用功放（包括 Hi-Fi 功放）是不能用于专业音响系统的。

（四）扬声器系统（音箱）

扬声器系统又称音箱、扬声器箱。它的作用是将音频电能转换成相应的声能。由于从音箱发出的声音是直接放送到人耳，所以其性能指标将影响到整个放声系统的质量好坏。

音箱可分家用音箱和专业音箱两大类，一般说来，两者不能混用。家用音箱主要用于家庭音响系统放音，一般用于面积小、听众少、环境安静的场合；在设计上追求音质的纤细，层次分明，解析力强；外形较为精致、美观；放音声压不太高，承受的功率较小，音箱的功率一般不大于 $100W$，灵敏度 $\leqslant 92dB/(W\cdot m)$。专业音箱主要用于厅堂扩声等的专业音响系统放音，一般用于面积大、听众多、环境嘈杂的公众场所；具有较大功率，较高灵敏度[一般 $\geqslant 98dB/(W\cdot m)$]，结构牢固结实，便于吊挂使用，以达到强劲乃至震撼的音响效果；与家用音箱相比，它的音质偏硬，外形也不甚精致。但在专业音箱中的监听音箱，其性能与家用音箱较为接近，外形也比较精致、小巧，所以这类监听音箱常常被家用音响系统采用。

专业音箱按频带分为：全频带音箱、低音音箱和超低音音箱等；按用途分为：主扩声音箱、监听音箱（供调音师用）、返听音箱（舞台监听音箱，供演员等用）等。主扩声音箱面向观众席扩声，因此其性能对整个系统的放音质量影响重大，故对其选择十分严格、慎重。它可选用全频带音箱，也可选用全频带音箱加超低音音箱进行组合扩声。

专业音箱的性能指标主要有：频率响应、灵敏度、最大声压级、指向性和输出功率等。目前专业音箱主要用进口品牌，主要生产音箱的厂家有：美国的 Meyer Sound（美亚）、EAW、JBL、EV、BOSE、COMMUNITY（C 牌），法国的 NEXO（力素）、L-A-COUSTICS，德国的 d&b 等。

第二节　厅堂扩声系统

一、厅堂扩声系统的分类

厅堂亦称大厅，包括音乐厅、影剧院、会场、礼堂、体育馆、多功能厅等。依使用对象的不同大体可将厅堂分为：

（1）语言厅堂——主要供演讲、会议使用；

（2）音乐厅堂——主要供演奏交响乐、轻音乐等使用；

（3）多功能厅堂——供歌舞、戏曲、音乐演出，并兼作会议和放映电影等使用。

扩声系统的分类：

（一）按工作环境分类

可分为室外扩声系统和室内扩声系统两大类。室外扩声系统的特点是反射声少，有回声干扰，扩声区域大，条件复杂，干扰声强，音质受气候条件影响比较严重等。室内扩声系统的特点是对音质要求高，有混响干扰，扩声质量受房间的建筑声学条件影响较大。

（二）按工作原理分类

可分为单通道扩声系统、双通道立体声系统、多通道扩声系统等。

（三）按声源性质和使用要求分类

可将扩声系统分为：

（1）语言扩声系统；

（2）音乐扩声系统；

（3）语言和音乐兼用的扩声系统。

二、扬声器的布置方式

（一）扬声器布置的要求

（1）使全部观众席上的声压分布均匀；

（2）多数观众席上的声源方向感良好，即观众听到的扬声器的声音与看到的讲演者、演员在方向上一致；

（3）控制声反馈和避免产生回声干扰。

（二）扬声器的布置方式

可分集中式与分散式以及这两个方式混合并用的三种方式，见图5-3。

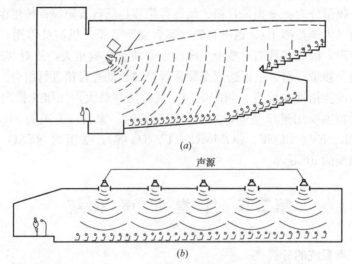

图5-3　扬声器布置方式

（a）扬声器的集中式布置；（b）扬声器的分散式布置

在观众厅中，采用集中与分散混合并用方式有以下几种情况：

（1）集中式布置时，扬声器在台口上部，由于台口较高，靠近舞台的观众感到声音是来自头顶，方向感不佳。在这种情况下，常在舞台两侧低处或舞台的前缘布置扬声器，叫做"拉声像扬声器"。

（2）厅的规模较大，前面的扬声器不能使厅的后部有足够的音量，特别是由于有较深的挑台遮挡，下部得不到台口上部扬声器的直达声。在这种情况下，常在挑台下顶棚上分散布置辅助扬声器，为了维持正常的方向感，辅助扬声器前加延时器。

（3）在集中式布置之外，在观众厅顶棚、侧墙以至地面上分散布置扬声器。这些扬声器用于提供电影、戏剧演出时的效果声或接混响器，增加厅内的混响感。

表 5-2 列出各种布置方式的特点和设计注意点。

扬声器各种布置方式的特点和设计考虑　　　　　　　　　表 5-2

布置方式	扬声器的指向性	优　缺　点	适宜使用场合	设　计　注　意　点
集中布置	较　宽	（1）声音清晰度好； （2）声音方向感也好，且自然； （3）有引起啸叫的可能性	（1）设置舞台并要求视听效果一致者； （2）受建筑体形限制不宜分散布置者	应使听众区的直达声较均匀，并尽量减少声反馈
分散布置	较尖锐	（1）易使声压分布均匀； （2）容易防止啸叫； （3）声音清晰度容易变坏； （4）声音从旁边或后面传来，有不自然感觉	（1）大厅净高较低、纵向距离长或大厅可能被分隔几部使用； （2）厅内混响时间长，不宜集中布置者	应控制靠近讲台第一排扬声器的功率，尽量减少声反馈；应防止听众区产生双重声现象，必要时采取延时措施
混合布置	主扬声器应较宽；辅助扬声器应较尖锐	（1）大部分座位的声音清晰度好； （2）声压分布较均匀，没有低声压级的地方； （3）有的座位会同时听到主、辅扬声器两方向来的声音	（1）挑台过深或设楼座的剧院等； （2）对大型或纵向距离较长的大厅堂； （3）各方向均有观众的视听大厅	应解决控制声程差和限制声级的问题；必要时应加延时措施，避免双重声现象

（三）若干类型厅堂的扬声器布置考虑

对于体育场的扬声器布置应考虑以下两点：

（1）当周围环境对体育场的噪声限制指标要求较高而难以达到的，观众席的扬声器宜分散布置，对运动场地的扬声器宜集中布置。

（2）周围环境对体育场的噪声限制要求不高时，扬声器组合宜集中设置。集中布置时，应合理控制声线投射范围，并尽量减少声外溢，降低对周围环境的噪声干扰。

在厅堂类建筑物集中布置扬声器时，宜符合下列规定：

（1）扬声器（或扬声器系统）至最远听众的距离不应大于临界距离的 3 倍。

（2）扬声器（或扬声器系统）至任一只传声器之间的距离宜尽量大于临界距离。

（3）扬声器的轴线不应对准主席台（或其他设有传声器之处）；对主席台上空附近的

扬声器（或扬声器系统）应单独控制，以减少声反馈。

（4）扬声器（或扬声器系统）布置的位置应和声源的视觉位置尽量一致。

对广场类室外扩声，扬声器（或扬声器系统）的设置宜符合下列规定：

（1）满足供声范围内的声压级及声场均匀度的要求。

（2）扬声器（或扬声器系统）的声辐射范围应避开障碍物。

（3）控制反射声或因不同扬声器（或扬声器系统）的声程差引起的双重声，应在直达声后 50ms 内到达听众区；若超过 50ms，要采取延迟措施。

三、厅堂扩声系统的特性要求

对于厅堂扩声系统的技术指标规范，原广电部和住房和城乡建设部分别颁布了《厅堂扩声系统声学特性指标》GYJ 25—86、《民用建筑电气设计规范》JGJ/T 16—2008 的技术标准。该标准给出了音乐扩声系统、语言和音乐兼用的扩声系统以及语言扩声系统的声学特性分类等级指标。

2006 年，又在原广电部标准《厅堂扩声系统声学特性指标》GYJ 25—86 的基础上，经修改、扩充编制了国家标准《厅堂扩声系统设计规范》GB 50371—2006，并于 2006 年 5 月 1 日实施。该标准将厅堂扩声系统分为三类：文艺演出类、多用途类和会议类，其声学特性指标和传输频率特性曲线分别如图 5-4 和表 5-3 所示。

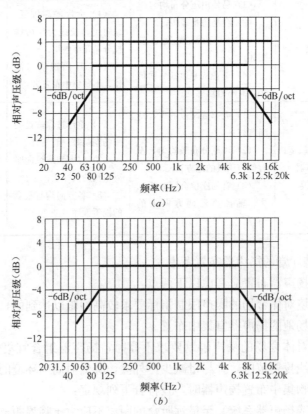

图 5-4 　（一）文艺演出类扩声系统声学特性

(a) 文艺演出类一级传输频率特性范围；(b) 文艺演出类二级传输频率特性范围

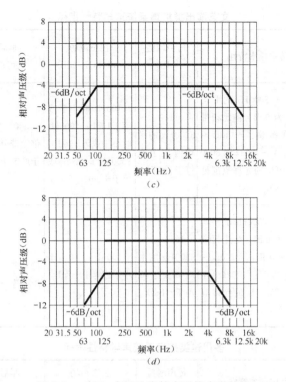

图 5-4　（二）多用途类扩声系统声学特性

(*c*) 多用途类一级传输频率特性范围；(*d*) 多用途类二级传输频率特性范围

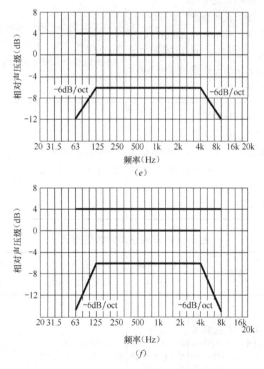

图 5-4　（三）会议类扩声系统声学特性

(*e*) 会议类一级传输频率特性范围；(*f*) 会议类二级传输频率特性范围

文艺演出类扩声系统声学特性指标　　　　表 5-3（a）

等级	最大声压级（dB）	传输频率特性	传声增益（dB）	稳态声场不均匀度（dB）	早后期声能比（可选项）（dB）	系统总噪声级
一级	额定通带* 内：大于或等于106dB	以 80～8000Hz 的平均声压级为 0dB。在此频带内允许范围：－4dB～＋4dB；40～80Hz 和 8000～16000Hz 的允许范围见图 5-4（a）	100 ～ 8000Hz 的平均值大于或等于－8dB	100Hz 时小于或等于10dB；1000Hz 时小于或等于6dB；8000Hz 时小于或等于＋8dB	500～2000Hz 内 1/1 倍频带分析的平均值大于或等于＋3dB	NR-20
二级	额定通带内：大于或等于103dB	以 100～6300Hz 的平均声压级为 0dB。在此频带内允许范围：－4dB～＋4dB；50～100Hz 和 6300～12500Hz 的允许范围见图 5-4（b）	125 ～ 6300Hz 的平均值大于或等于－8dB	1000Hz、4000Hz 小于或等于＋8dB	500～2000Hz 内 1/1 倍频带分析的平均值大于或等于＋3dB	NR-20

多用途类扩声系统声学特性指标　　　　表 5-3（b）

等级	最大声压级（dB）	传输频率特性	传声增益（dB）	稳态声场不均匀度（dB）	早后期声能比（可选项）（dB）	系统总噪声级
一级	额定通带内：大于或等于103dB	以 100～6300Hz 的平均声压级为 0dB。在此频带内允许范围：－4dB～＋4dB；50～100Hz 和 6300～12500Hz 的允许范围见 5-4（c）	125 ～ 6300Hz 的平均值大于或等于－8dB	1000Hz 时小于或等于 6dB；4000Hz 时小于或等于＋8dB	500～2000Hz 内 1/1 倍频带分析的平均值大于或等于＋3dB	NR-20
二级	额定通带内：大于或等于98dB	以 125～4000Hz 的平均声压级为 0dB。在此频带内允许范围：－6dB～＋4dB；63～125Hz 和 4000～8000Hz 的允许范围见图5-4（d）	125 ～ 4000Hz 的平均值大于或等于－10dB	1000Hz、4000Hz 时小于或等于＋8dB	500～2000Hz 内 1/1 倍频带分析的平均值大于或等于＋3dB	NR-25

会议类扩声系统声学特性指标　　　　表 5-3（c）

等级	最大声压级（dB）	传输频率特性	传声增益（dB）	稳态声场不均匀度（dB）	早后期声能比（可选项）（dB）	系统总噪声级
一级	额定通带内：大于或等于98dB	以 125～4000Hz 的平均声压级为 0dB。在此频带内允许范围：－6dB～＋4dB；63～125Hz 和 4000～8000Hz 的允许范围见图5-4（e）	125 ～ 4000Hz 的平均值大于或等于－10dB	1000Hz、4000Hz 时小于或等于＋8dB	500～2000Hz 内 1/1 倍频带分析的平均值大于或等于＋3dB	NR-20

续表

等级	最大声压级 （dB）	传输频率特性	传声增益 （dB）	稳态声场 不均匀度（dB）	早后期声能比 （可选项）（dB）	系统总 噪声级
二级	额定通带内：大于或等于 95dB	以 125～4000Hz 的平均声压级为 0dB。在此频带内允许范围：－6dB～＋4dB；63～125Hz 和 4000～8000Hz 的允许范围见图 5-4（f）	125～4000Hz 的平均值大于或等于－12dB	1000Hz、4000Hz 小于或等于＋10dB	500～2000Hz 内 1/1 倍频带分析的平均值大于或等于＋3dB	NR-25

注：＊额定通带是指优于表 5-3（a）、（b）、（c）中传输频率特性所规定的通带。

在进行音响设计时，还要考虑厅堂的建筑声学，尤其是要进行厅堂的混响时间设计。图 5-5 给出各种厅堂的混响时间选取范围。

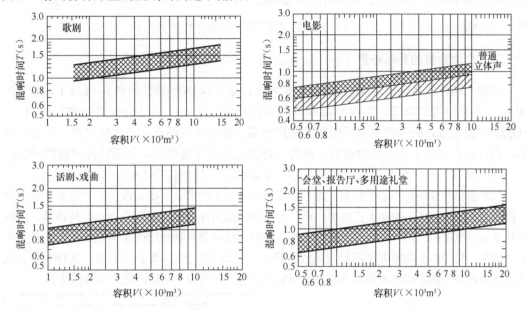

图 5-5　各种厅堂对不同容积 V 的观众厅在频率 500～1000Hz 时满场的合适混响时间 T 的范围

第三节　扩声系统的音箱布置与系统构成

一、立体声的音箱布置

现代音响系统有单声道、双声道立体声和环绕声等，现代节目源普遍采用立体声。因此在卡拉 OK、歌舞厅中的音箱布局往往以双声道立体声为基础发展而来，这样就可以放送立体声，即使放送单声道，其效果也很好。应该指出，音箱的布局应与厅室结构和室内条件统一考虑，由于房间情况各不相同，音箱布置方式也不尽相同，主要以实际放音效果为准，不必强求一律。这里着重说明音箱布局的一般原则。

一般要求音箱左右两侧在声学上对称。这里是指两侧声学性能的对称，而不是视觉上的对称。例如，一面是砖墙，另一面是关闭的玻璃窗，尽管看上去两侧不对称，但就声反射等的声学性能而言，两者还是相近的；但若一面为砖墙，另一面为透声材料（如薄木板

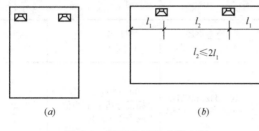

图 5-6　矩形房间的音箱布置

或打开的窗），那就不对称了。此时应在木板一面尽可能减少声音走失，或在砖墙一面铺设吸声材料，使两面尽量平衡。

图 5-6（a）、（b）是在左右两面声学对称的房间内一对音箱的布置方式。一对音箱是放在房间长边还是短边，并无定论，主要视房间布置方便而定，通常图 5-6（b）容易布置些。两个音箱的距离，对一般较小房间，以 1.5～2m 为宜。在听音人数多时，可增大到 2.5～3.2m。为了减少侧墙反射对节目音质的影响，音箱不能太靠近两边侧墙，一般要求距离侧墙在 0.5m 以上。如果离侧墙足够远，例如图 5-6（b）中的 $l_1 \geqslant \frac{l_2}{2}$（如 l_1 为几米），则侧墙的影响可以忽略不计，即可以不管两侧声学性能是否对称。

二、小型会堂的音箱布置

通常，扬声器系统说明书上所标的指向性，是指从扬声器发出的声压级下降－6dB（声强一半）以内的范围，用水平指向角和垂直指向角表示。如果扬声器的布置如图 5-7 所示的位置布置，则因墙壁和顶棚的反射声增多，使听众区的直达声与反射声的声能比减小，而且扬声器位于传声器的背后，使传声器附近的声压级提高，甚至使传声器附近的声压级比听众区还高，因此声反馈很强，容易引起啸叫，扩声效果不好。

如果将扬声器与传声器的位置关系改为如图 5-8 所示的形式，则可改善扩声效果。它将扬声器向前靠近听众区，增强了直达声，而且扬声器的指向性方向朝向听众而背向传声器，这样有利于减少声反馈。同时，选用心形指向性传声器，这样都有利于增强扩声系统的稳定性。对于讲演者，与传声器的距离也不要太远或太近，一般以 10～20cm 为宜。不过，这种布置方式会使讲演者听不到扩声出来的声音而心里不安定，为此可另设一个返听扬声器加以弥补。

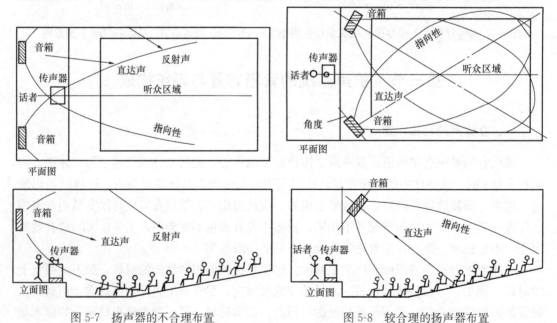

图 5-7　扬声器的不合理布置　　　　　　图 5-8　较合理的扬声器布置

三、大型厅堂的音箱布置

在剧场、会堂等大型厅堂的扩声系统中，目前典型的扬声器布置方法是把主扬声器集中布置在舞台口上方的声桥内，即舞台拱顶中部位置。主扬声器一般由低音音箱和中高频指向性号筒组成，如图 5-9 所示。如此布置的主要原因，一是人耳对垂直方向上的声音方位感分辨能力远没有水平方向上的声音方位感灵敏；二是易于使观众席内声场声级均匀。

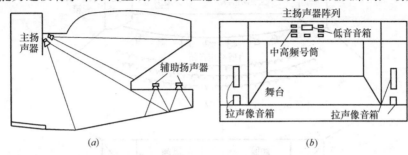

图 5-9　剧场扬声器的典型布置
(a) 舞台拱顶主扬声器位置；(b) 典型的舞台和扬声器配置方法

如果剧场和厅堂内有两层挑台或者长度较长，为了使挑台楼底下（或观众厅后区）有足够的响度和一定的清晰度，还应在挑台楼底下悬挂辅助扬声器，如图 5-9 (a) 所示。

但是，这样布置存在着两个问题：一是主扬声器系统对前区观众席的俯角过大（一般超过 45°），使得前区观众感到声音是从舞台拱顶的主扬声器传来的，和舞台上的演员形象分离，即产生"声像不一致"；二是挑台底下的观众既听到主扬声器传来的声音，又听到辅助扬声器传来的声音，如这两个声音的延时较大，将会严重影响"清晰度"。而且，观众先听到辅助扬声器传来的声音，根据"先入为主效应"，观众将会感觉到声音是从辅助扬声器传来的，从而产生严重的"声像不一致"。

目前，解决这两个问题的主要方法是：在舞台两侧放置拉声像音箱，同时应用哈斯效应原理，给主扬声器和辅助扬声器加一定的延时。在听感上，把声像拉下来。

剧场、会堂等的扩声系统，按其声道数分类，可分为单声道系统、双声道系统、三声道系统等。

（一）单声道扩声系统

如图 5-10 (a) 所示，一般将主扩声扬声器布置在舞台口上方的中央位置（C）。这种布置方式，语言清晰度高，视听方向感比较一致（又称声像一致性），适用于以语言扩声为主的厅堂。图中舞台两侧的拉声像音箱，是利用哈斯效应，将中央声道的声像下拉。台唇音箱也起下位声像和补声的作用。

（二）双声道系统

如图 5-10 (b) 所示，主扬声器布置在舞台两侧上方或舞台口上方两侧，此种布置声音立体感较单声道系统强。但当舞台很宽时，前排两侧距扬声器较近的座位可能会出现回声，因此它适用于以文艺演出为主且体形较窄或中、小型场所的扩声。

（三）三声道系统

如图 5-10 (c) 所示，一般将左（L）、中（C）、右（R）三路主扬声器布置在舞台口

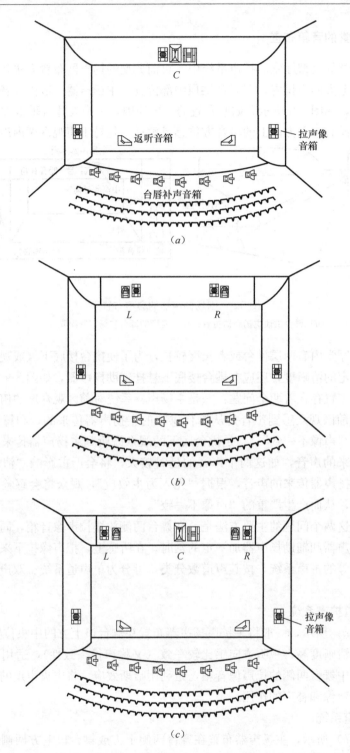

图 5-10 扬声器布局图

(a) 单声道；(b) 双声道；(c) 三声道

上方的左、中、右位置上，三声道系统大大增强了声音的空间立体感，因此适用于以文艺演出为主的大、中型厅堂的扩声。三声道系统又分为两种：一种是空间成像系统（SIS），它通常使用具有左、中、右三路主输出的调音台，而且左、中、右三路主扬声器声可分别独立地覆盖全场；另一种是$C/(L+R)$方式，即中置（C）扬声器单独覆盖全场，左（L）和右（R）两路扬声器加起来共同覆盖全场。

三声道系统，尤其是空间成像系统（SIS）既可实现声像在左、中、右方向移动的效果，也可实现声像在左、右之间移动，左、中之间移动和右、中之间移动的效果，所以它进一步改善了声像的空间感。它还利用了人的心理学的作用，使人们获得更高的主观听觉感受。因此，SIS扩声系统具有如下优点。

（1）根据需要，可以选择单声道、双声道、三声道三种模式工作。通常，单声道模式适于演讲或会议使用，双声道模式适于立体声音乐放送，三声道模式适于演出。

（2）较好地解决了音乐和人声兼容扩声的问题。可按不同频率均衡，适应音乐和人声的不同要求。而且观众可以根据自己的需要，利用人的心理声学效应——鸡尾酒会效应（即选听效应），从演出中选听人声和音乐声，人声和音乐声兼容放音的问题也就得到了很好的解决。

（3）提高了再现声音的立体感。SIS可以将声音图像在左、中、右不同方向进行群落分布，加强了立体声效果，使得再现声音立体感有所提高，主要表现在以下两个方面：

1）声像具有更好的多声源分布感，听音者听到的早期反射声和混响声更加接近实际情况，临场感、声包围感和声像定位感也得以提高。

2）可以比较好地突出某个独立的声音。由于各个声源的声像具有多方向、多方位的分布感，某些需要得到突出的声源声音能够较好地显示出来，这对于再现如独唱、独奏领唱等声音大有益处。

（4）使声音更加逼真清晰。SIS的噪声感受比纯单声道或普通双声道系统相对要小些，这是因为SIS改善了声音的空间感，使得背景噪声在多个方向分布，即噪声分布更加分散。而声源声音是集中在一个方向上，与噪声相比优势明显，亦即声源声音受噪声影响更小，因此听觉信噪比有所提高，声音听起来会更加清晰。

图5-11所示是某剧场的扬声器布置实例。它采用三声道系统方式。每路主音箱由四

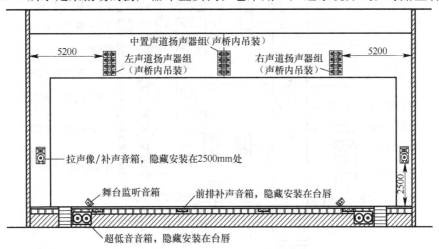

图5-11　剧场扬声器的布置实例
（声桥上音箱可以是全频音箱或线阵列音箱）

箱体组成的线阵列音箱，安装在声桥内；舞台两侧安装两个全频音箱，起拉低声像作用；台唇安装 4 个小音箱，起前排拉声像和补声作用；台上有两个舞台监听（返听）音箱；因有文艺演出，故在台唇两边安装两个超低音音箱，以增强低音震撼效果。

四、厅堂扩声系统的构成方式

（一）模拟式扩声系统

如图 5-12 所示，它与图 5-2 一样，是典型的第一代模拟式扩声系统。

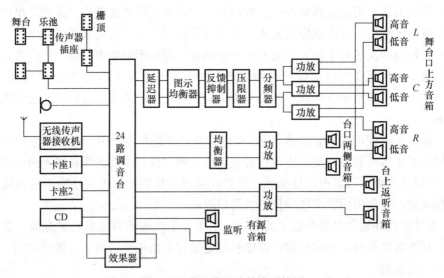

图 5-12　典型模拟式扩声系统图

（二）采用数字处理器的扩声系统

如图 5-13 所示，是第二代扩声系统方式。它将图 5-12 主声道中的延迟器、均衡器、

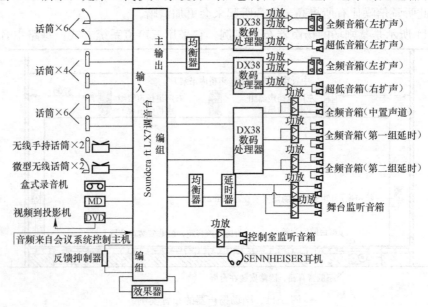

图 5-13　多功能厅扩声系统原理图

压限器、分频器等功能集成在数字处理器（DSP）中，加接均衡器主要为调试方便。但调音台还是模拟式。

图 5-13 是 1000 座席的某多功能厅的扩声系统原理图。该厅功能以会议为主，并满足一般的中小型文艺演出的要求。根据其建筑特点，该多功能厅扩声系统包含左、中、右扩声，同时为提高整个声场均匀度，在观众席的中后部设置了两组延时扬声器组。

左、中、右扬声器组安装在声桥内，左、右扬声器组由全音音箱和超低扬声器组成。由于多功能厅净空高小，声桥的高度低，中置扬声器选用宽度小的扬声器横放在声桥内。两组延时扬声器组也是选用宽度小的扬声器，放置在观众席的中后场，用以提高整个声场的均匀度。舞台监听扬声器服务于会议时的主席台成员或文艺演出时演员的监听。调音台则选用 24 路调音台。音频处理器采用 3 台数码处理器，它具有滤波、压缩限幅、相位调整、延时、分频、参数均衡、频率补偿、电平控制等功能。图 5-14 是按控制室和舞台侧进行设备布置的模拟式剧场音响系统的画法。

（三）数字式扩声系统

如果将图 5-14 中的模拟式调音台改用数字调音台，则性能和功能都大为改善。但若数字调音台还是以模拟方式输出到数字处理器，则整个系统作了二次 A/D、D/A 转换，给音质造成损害。因此，数字调音台还是以数码方式输出到数字处理器（DSP），这就成了图 5-15 的数字式扩声系统方式。

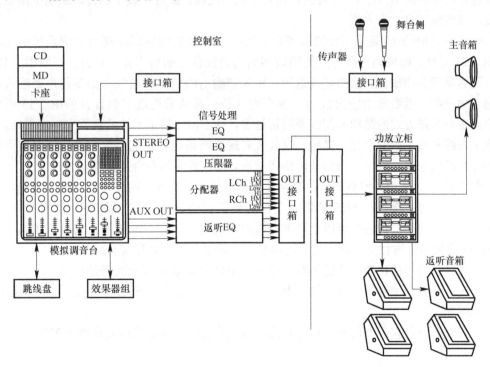

图 5-14 剧场模拟式调音系统

目前，对于大多数中、大型剧场的音响系统，已经实现数字化，亦即除了传声器和扬声器之外，从调音台到数字信号处理设备（DSP），包括从声控室到舞台的信号传输，实现了全数字化。这大大地降低外界噪声干扰的影响，提高了系统的信噪比，并且整个音响

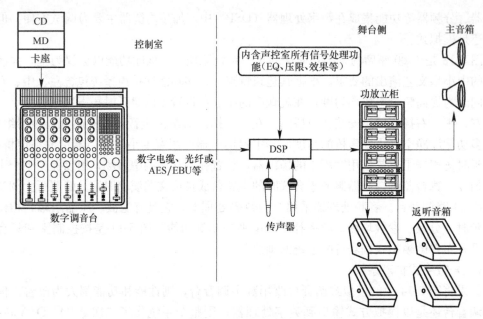

图 5-15　剧场数字式调音系统

系统过程只作一次 A/D、D/A 转换，使音质大为提高。此外，数字的传输线缆也简单化，布线、安装施工也大为方便。

图 5-14 和图 5-15 是采用模拟调音台和数字调音台的两种剧场舞台音响系统的比较。从图 5-14 可见，模拟调音台方式使用较多的周边设备［如均衡器（EQ）、压限器、分频器、延迟器等］和输入、输出接续盘等，输入和输出的信号传输线（如多传声器输入线、多路主输出线、返听辅助输出线等）繁多而冗长；而从采用数字调音台的图 5-15 可见，数字调音台系统方式的结构和配线要简捷得多，这不但提高了系统的音质和性能指标，也简化了布线和施工的复杂性。显然，这代表着现代剧场舞台音响系统和技术的发展方向。目前存在的问题是，数字调音台的价格还较贵，国产数字调音台还在开发中。

图 5-15 中，从声控室到舞台的数字音频传输线可采用数字网线（如 5 类双绞线）、同轴电缆、光缆等。例如，AES/EBU（美国音频工程协会/欧洲广播联盟）制定的数字音频接口标准，使用的传输线可以是同轴电缆或双绞线，其允许的传输距离可达 100m。超过 100m 的数字传输宜采用数字光纤传输系统，采用光纤传输有以下优点：

①光纤信号传输比数字传输的距离更远（距离 2km 也没有衰减问题）。

②光纤是完全绝缘的，抗射频干扰（RFI）和电磁干扰（EMI），还消除了接地环路的干扰问题。

③安装简便，它可方便地在顶棚布线，绕过障碍物、穿过墙壁或在地下布线。

第四节　扩声控制室（机房）

一、扩声控制室的设置

扩声控制室的设置应根据工程实际情况具体确定。一般说来，剧院礼堂类建筑宜设在观众厅的后部。过去往往将声控室设在舞台上台侧的耳光室位置，但总觉得不理想。这是因为它不能全面观察到舞台，对调音控制不利；对观众区的观察受限制，控制室的灯光及人员活动都会对观众有影响；不能听到场内的扩声实际效果，而且还往往与灯光位置矛盾，控制室面积受限制等。控制室面积一般应大于 $15m^2$，且室内作吸声处理。当控制室设在观众厅后面时，观察用的玻璃窗宜为 $1.5\sim2m$（宽）$\times1m$（高），且窗底边应比最后一排地面高 $1.7m$ 以上，以免被观众遮挡视线。

二、机房设备布置

扩声机房内布置的设备主要有调音台、周边设备，例如均衡器、延时器、混响器、压缩限幅器，以及末级功率放大器和监听音箱等，所有设备均可置于同一房间内。

机房内须设置输入转换插口装置，以连接厅堂内所有传声器馈线，设置输出控制盘，以分路控制所有供声扬声器。扬声器连接馈线也由控制盘输出端引出。输入转换插口装置与输出控制盘均须暗设，嵌装在机房相应位置平面内，距地为 $0.5\sim1m$。

设备在机房内的布置可根据信号传输规律，由低至高依次排列。调音台应尽量靠近输入转换插口装置，功率放大器机柜应尽量靠近输出控制盘。功率放大器机柜可稍远离调音台，机房内所配备的稳定电源更要远离弱信号处理设备。

落地安装的设备或设备机柜，机面与墙的距离不应小于 $1.5m$，机背与墙、机侧与墙的净距不应小于 $1m$。并列布置时，若设备两侧需检修，其间距不应小于 $0.8m$。

调音系统中调音台的位置应靠近观察窗台，便于调音师观察与监听。

由于机房的面积，机房的体形不完全一致，因此机房内设备的布置只要符合上述布置要求，可因地制宜，灵活变动。图 5-16 与图 5-17 为四种机房设备布置实例。

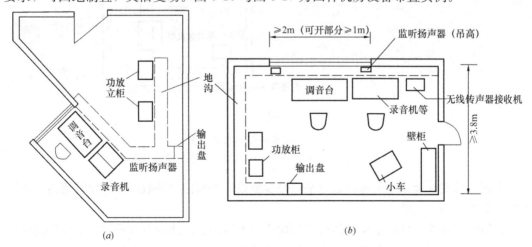

图 5-16　扩声控制室
（a）设在耳光室；（b）设在厅后部

三、机房设备线路敷设

机房内各设备间的线路连接，可采用地下电缆槽形式。地下电缆槽可在机房地板下部设置，其上部采用可拆下的活动地板，如图 5-16 和图 5-17 所示。

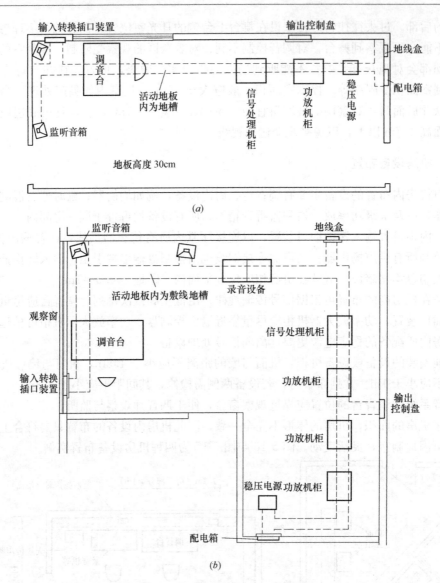

图 5-17　另两种控制室布置示例

(a) 中型扩声机房设备布置示例；(b) 大型扩声机房设备布置示例

交流电源线在地槽中须远离低电平信号线敷设，否则需单独敷设在专用管道内，以隔离其对低电平信号线的干扰。

传声器输入线：低电平信号传输线与功率放大器的输出线应分开敷设，不得将这些线同位置敷设，或同线捆扎与穿管，消除高电平信号对低电平信号的干扰。

所有低电平信号传输线都应采用金属屏蔽线，其传输馈接方式可视信号强弱，采用平衡式或非平衡式。

四、机房的电源要求

(1) 大型扩声系统，宜从交流低压配电盘上引两路专用电源作主用、备用供电回路。主用、备用供电回路在机房内可采用手动切换。

（2）为了防止舞台灯光或观众厅照明用可控硅调压器对声频设备的干扰，有条件时交流供电回路须和可控硅调压器的配电回路分开，各从不同变压器低压配电盘上引电；否则须配置隔离变压器隔离可控硅调压器的干扰。

（3）须根据机房内所有设备消耗功率值，选用相应功率的交流稳压器。

五、机房的接地要求

（1）所有声频设备均要与信号地线作可靠的星地连接，保证整个系统处于良好的工作状态。

（2）传声器信号输入线及其他低电平信号传输线的屏蔽层均应和调音台、信号处理设备或功率放大器的输入端通地点进行一点接地。

（3）控制室应设置保护接地和工作接地。单独专用接地时，接地电阻≤4Ω，共同接地网接地时，接地电阻≤1Ω。

六、机柜

（一）标准机架

国际上最通用的专业音响器材的尺寸为19英寸宽，高度不统一，用占几个"U"（基本单位为1个"U"）来表示，深度不等。由此19英寸的机架称为安装电声设备的标准机架，机架两边按统一的规格（以1个U为基准）攻成若干丝孔，可直接用螺钉将设备固定在机架上，可以随意调整上下位置。机架设有专门的接地螺栓，应用4mm² 截面的铜线将该点与音控室的接地处连接，并与调音台的音频信号参考电位（地）相连。供音频信号参考电位（地）的接地端子位置不能与电源220V的接地端共用，应分为一定距离的两点。

（二）设备排列

设备在机柜中排列，有条件情况下，应使低电平的信号处理设备与高电平输出的功率放大器分机柜放置，两类设备完全分开，可消除对低电平信号的干扰。如果放置在同一个机柜内，原则上应做到低电平信号处理设备在机柜上部，高电平信号输出设备在机柜下部。

图5-18示出了扩声音响声频设备在机柜上放置方式实例。由图可以看出，设备在机柜上的排列是按照设备工作电平的高低，即设备的用电梯度，由低至高，从上往下排列。

（三）结线捆扎

机柜上各种接线必须分类捆扎，通过导线槽通向所要连接的设备端子。同类线可捆扎在一道，不同类线要分开排列。输入信号线（例如光电池信号输入线）与输出信号线或电源线，一定要分开捆扎，而且不能平行走向，最好成某一角度（通常在45°～90°），功率输出线要单独引出。

所有接线要捆扎整齐，在机柜内位置明确，并做出相应标志，便于维修时查找。

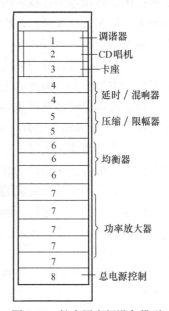

图5-18 扩声用声频设备排列

（四）通风

机柜底部应安装排风设备，使机柜内部处于良好通风状态，保证声频设备与环境温度保持有一个稳定的热平衡状态，避免设备温度持续上升，造成设备损坏。

第五节　扩声系统的安装

在对扩声系统进行施工前，首先应有一套较为严格的设计图纸，并预先考虑好施工的步骤，在施工刚开始时，就要严格按照施工计划进行。在施工的过程中，还需要一些有经验的技术人员对工程的进度及质量，进行检查、监督、把关，这样才能保证音响工程的质量。

一般来说，在扩声系统的施工过程中需要注意以下一些内容。

（1）首先在进行建筑设计时，应同步考虑音响及灯光系统的管线及挂接件的预埋，并在相关的图纸中标出各个预埋件所处的位置和尺寸；注意音响系统、视频系统以及电气系统的走线方向及路线应尽量不重叠，不并行，相互之间尽可能远离，以免产生干扰。

另外，还需要同时考虑各种预留孔道的问题，如通风孔道、电气保护接地、烟火检测探头、灭火设施、紧急照明及疏散通道等。

（2）在建筑物进行立模浇筑混凝土前，应按照设计图纸所规定的位置放入预埋件、穿线管及木砖。

（3）建筑物整体框架基本完成后，即可根据图纸的要求及事先预埋的各种挂接件进行顶棚及支架的焊接、施工。由于扩声系统的有些器材重量较重，如音箱、灯具及大屏幕彩色电视机等，因此在焊接时，一定要保证牢固可靠，须有专业人员进行检查。当顶棚及支架安装结束后，便可对一些金属构件进行防腐蚀、油漆等工作。

（4）当厅堂建筑基本完成，进行内部装饰工程时，可进行一些设备安装的先期工作。如根据图纸将预埋的穿线管内的各种强、弱电的导线穿到位；在木工安装护墙板时，将各类开关、插座的孔洞留出；将厅堂内的供电系统的低压配电箱（柜）安装到位，进行空调器、通风机等设备的安装等。

（5）然后可进行灯光系统的安装。在进行灯光系统安装时要注意，由于目前大部分的灯具均为进口产品，因此应先认真阅读产品的说明书，了解其安装要求及使用条件。

由于大部分的灯具较重，且价格较高，因此在对灯具进行吊装时，需要注意绑扎牢固，应有2～3人相互配合，同时进行安装。

（6）当各类施工工序基本完成，并已将各路电源送到位时，就可以进行音响器材的安装和连接，如各类接插件的焊接、器材柜的到位、视频系统的连接等。

（7）最后即可对已完成的厅堂的音频、视频、灯光及电气系统进行调试和整体验收，并与预期设计的目标进行对照，若发现存在问题或隐患，应及时向施工单位提出，并及时整改。最终画出音频、视频、灯光及电气系统的竣工图，以便使用单位存档，以及今后检查及维修时使用。

（8）由于音响的施工往往是环环相扣的，如果其中一个环节的质量不能够得到保证，就会影响下一道工序的施工质量。因此，在施工的过程中，最好每一个施工环节均有专人进行验收，有具体检测数据的项目，应通过一些仪器进行检测，将检测的结果与设计的目标值相比较，如果发现质量问题及时返工。

另外，在施工过程中，技术检查人员应长期留守施工现场，对每一个工序或操作的施工工艺进行监查，如各类导线的连接是否规范，导线的截面是否符合要求，接地装置的设置是否合理等。这样才能保证音响工程的整体质量，并可使各类器材能够长期工作于一个正常的状态。

一个音响系统能否发挥各种设备的性能，其配接是很重要的。如果配接不好，就会明显地影响系统的放声和图像质量，严重时会损坏部件或使整个系统无法工作。为了实现正确的配接，必须注意：一是要保证各设备之间在阻抗、电平、功率、频带等方面达到匹配；二是要注意信号的传输方式，是采用平衡方式还是不平衡方式；三是要正确选用传输线和接插件。

一、常用配接插头、插座

常用的配接插头、插座有如下几种，如图 5-19 所示。

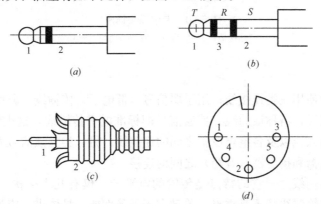

图 5-19　常用插头、插座的配接

(a) 二芯插头（1—信号、2—屏蔽）；(b) 三芯插头（1—左信号或信号＋；2—屏蔽；3—右信号或信号—）；(c) TX 型同心插头（1—信号、2—屏蔽）；(d) YC 型圆形五芯插座单通道（有两种联结方法）：1—录音输入；2—屏蔽；3—放音输入；4—连 1；5—连 2 立体声；1—左录音输入；2—屏蔽；3—左放音输出；4—右录音输入；5—右放音输出

（一）两芯或三芯插头插座

有直径 $\phi2.5$mm、$\phi3.5$mm 和 $\phi6.3$mm 三种，一般用于话筒输入、外接扬声器输出或耳机输出等。两芯的用于单声道或不平衡接法，三芯的如图 5-19（b）所示有三个连接点 T（Top 顶）、R（Ring 环）、S（Sleeve 套），又称 TRS 插头，接法如图括号所示，用于立体声或平衡接法。

（二）TX 型同心插头插座

又称莲花插头，或称电唱盘插头，因最早用于电唱头输出线而得名，目前应用很广。除了电唱盘外，还可供调谐器、录音机和其他音响设备以及扬声器等作输入、输出使用。总之，主要用于音频电平在 1V 左右的各种音响设备输入、输出的连接。

（三）YC 型五芯插头插座

又称德国 DIN 标准插头插座，一般用于盒式录音机与放大器之间的配接，作录音机的线路输入输出使用。

（四）卡侬（Canon）插头插座

如图 5-20 所示。多用在调音台及其周边设备、功放的输入输出连接。通常卡侬插头插座用于平衡接法，其各管脚的接法是：1 端为屏蔽接地；2 端为信号（＋）端；3 端为信号（－）端。而且公插和母插的管脚序号方向正好相反。如果将卡侬插头接成不平衡接法，则可将 3 端与 1 端用导线接通。

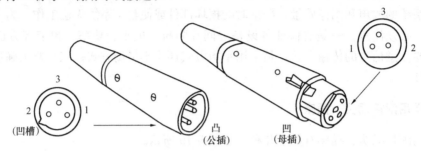

图 5-20   卡侬插头插座
1—接地；2—信号（＋）；3—信号（－）

二、传输线

扩声工程通常使用三类连接线；用于弱信号（低电平）传输线，典型的就是调音台与传声器之间的连接线；俗称话筒线。普通信号即标准电平传输线，这类线用的地方很多，如调音台的线路输入线以及各电声设备之间的连接线。另一类为强信号大电流传输线，它主要用于功率放大器和扬声器（音箱）之间的连接。

（1）低电平传输线——它的特点是传输的电平低，仅有几十毫伏，很容易受外界干扰。因此选用的传输线线径不是重点，关键在于屏蔽性能；具体讲，应为铜丝纺织的密度大的屏蔽网。同样屏蔽线，但价格悬殊，决不要因小失大。

（2）标准电平传输线——一般电声设备最大输出电平通常在 4dBu，有的可到＋20dBu；相比低电平传输线，信号本身电平高，抗干扰能力得以加强；对线的屏蔽能力要求有所降低。人们习惯电平高一定要用粗线径，这点是对的，但是应考虑与接插头的连接。

（3）高电平传输线——主要是指音箱线（喇叭线）。它的特点是通过的电流大，主要着眼点是不要增加音频功率的损耗，至于外界干扰此时已显得微不足道。

总之，配接用连线，除了功放与音箱之间的喇叭线可用一般没有屏蔽层的塑料线外，其他各种信号连线都应采用单芯、双芯或多芯屏蔽线，以避免串入交流声或其他高频干扰。信号传输用的屏蔽线以 75Ω 同轴电缆用得最为普遍。五芯 DIN 插头用的屏蔽线是一种专用的五芯屏蔽线，如果没有的话，可用两根有屏蔽的双芯线代替。

（一）传声器线（低电平线）

（1）传声器与调音台的互联不要求阻抗匹配，而是要求电平配接，传声器对负载阻抗的要求是从失真和频响要求提出的。由于传声器是电压源，为了保证传声器在接近开路状态下工作，希望传声器有一个最佳负载阻抗，国际上通常选用传声器的额定阻抗的 5 倍以上。

对于专业用传声器，其额定阻抗通常为 150～200Ω，调音台的额定输入阻抗应确定为大于或等于1kΩ。采用这种配接方式，系统的瞬态响应好，非线性畸变小，频率响应范围宽。调音台的输入阻抗也不能太高，否则会降低抗干扰能力。

（2）前级信号十分微弱。例如传声器的输出信号仅有几个毫伏，而电影光电池输出信号也仅有1mV不到，显然，如此微弱信号的传输，导线受外界静电噪声和电磁感应噪声的干扰均不可避免。因此，声频信号馈线必须采用屏蔽线，将交变磁场下所感应的交流噪声经金属屏蔽层和地短路，并有效地屏蔽静电噪声对前级输出信号的干扰。

（3）屏蔽线的金属屏蔽层只能一点接地，正确接法是在高电平端点接地。例如，对于传声器的输出线，可在调音台或调音台所在控制机房一端接地，而不要在舞台传声器（盒）一端接地。对于电影立体声系统还音的光电池输出线，应在电影立体声处理器一端接地，同时应断开屏蔽层与放映机中任何部位的联系。这样做，既可以保证噪声电流对地的短路，又可避免由于两点接地出现闭合信号的环地（亦称"地环路"）现象，引入干扰破坏系统的正常工作。

（4）平衡与不平衡也是音响系统设备互联时需要注意的一个问题。平衡接法是指一对信号传输线的两根芯线对地阻抗相等；而不平衡接法是指两根信号传输线中，其中一根接地。当有共模干扰存在时，由于平衡接法的两个端子上所受到的干扰信号数值相差不多，而极性相反，干扰信号在平衡传输的负载上可以互相抵消，所以平衡电路具有较好的抗干扰能力。在专业音响系统（特别是使用调音台的系统）中，一般除扬声器馈线外，大多采用平衡输入、输出。特别是对长距离（>10m）的传声器线，都应采用平衡式接法，以减少干扰，提高音质。

（5）实践证明，使用四芯屏蔽电线，比常用的两芯屏蔽电线抗噪声能力更强。其连接方式如图5-21所示，对角并联连接（1和3并联，2和4并联），由此形成往返线路。在这种连接方式导线中，由于平行反向，磁感应所产生的噪声电流将按相反方向流动，并在前置放大器的输入端相互抵消，从而提高馈线传输信号的信噪比。

（6）对于较长距离的信号线馈接，作为固定设备安装，金属屏蔽输出线外还应穿管敷设。穿管既可保护信号线不受损伤，还可以防止电磁杂波对信号线的干扰，因此穿线管必须是金属管。在敷设穿线管时，必须注意远离电源等强电线管，特别要避免与强电线管平行走向，其如平行敷设时，两管间距应在1m以上；互相

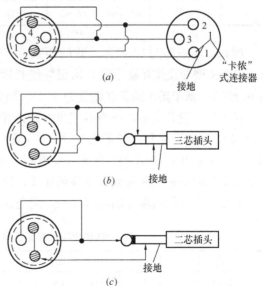

图5-21　四芯馈线与接插件接法

垂直交叉时，两管间隔应在0.5m以上。此外还须注意金属屏蔽线外层的穿线管不可与"星地"相连，避免出现地环路现象。

（二）扬声器线（高电平线）

喇叭线（扬声器连接线）属于大信号的功率线，在要求不高的场合虽然一般可用多股

（最好是 20 股以上）塑料线；但在高保真放声场合，喇叭线对音质的影响不可忽视，因此有专用的喇叭线提供，以便获得最佳的音响效果。由于现代功放的输出内阻一般都很小，只有 $0.05 \sim 0.2\Omega$，因而扬声器接线电阻对阻尼系数有很明显的影响，所以一般要求喇叭线粗而短，以减少接线电阻，因此也可采用 BVR 型等导线。

为了不降低互联时的系统阻尼系数，互联馈线电阻应低于负载阻抗的 1/20。根据以上选取原则，馈线线型可为 BVR 型聚氯乙烯绝缘电线，馈线标称面积需由馈线的传输距离确定，传输距离愈长，所需馈线标称面积愈大。表 5-4 给出了 BVR 型导线的结构数据与长度直流电阻，可供设计时参考。

BVR 型导线结构数据与长度直流电阻　　　　　　　　　　表 5-4

标称截面 (mm²)	直流电阻 (Ω/km, 20℃)	线芯结构		长度直流电阻 (Ω)					
		根/直径	外径 (mm)	10m	20m	30m	40m	50m	100m
1	17.5	7/0.43	1.29	0.176	0.325	0.528	0.704	0.88	1.76
1.5	12	7/0.52	1.56	0.12	0.24	0.36	0.48	0.60	1.2
2.5	7.17	19/0.41	2.05	0.0717	0.1434	0.2151	0.2868	0.3585	0.717
4	4.41	19/0.52	2.60	0.0441	0.0882	0.1323	0.1764	0.2205	0.441
6	2.92	19/0.64	3.20	0.0292	0.0584	0.0876	0.1168	0.146	0.292
10	1.73	49/0.52	6.60	0.0173	0.0346	0.0519	0.0692	0.0865	0.172

例如，扬声器与功率放大器的距离为 50m，扬声器的额定输入阻抗为 8Ω；采用 $6mm^2$ BVR 型导线作互联馈线，两根导线长度为 100m，查表 5-4 可知，馈线的直流电阻为 0.292Ω，低于扬声器负载阻抗为 1/20。因此，馈线接入系统后可以满足要求。

作为固定设备安装，扬声器馈线也需穿管铺设。扬声器馈线管可以采用薄壁电线钢管（DG 管），也可以采用硬质聚乙烯管（VG 管），穿线管应根据实际工程场所沿墙或沿顶暗铺。表 5-5 示出了 BVR 型导线允许穿管根数及相应最小管径，可供设计时选择参考。互联馈线穿管时应采用两种或多种颜色导线，以方便扬声器相位区别。在多股导线穿入同一管中时也须在导线两端作出相应标记，避免混淆。

BVR 导线允许穿管根数及相应最小管径　　　　　　　表 5-5

穿管根数	2		3		4		5		6	
线管代号	DG	VG	DG	VG	DG	VG	DG	VG	DG	VG
标称截面 (mm²)	最小管径 (mm)									
1	15	15	15	15	15	15	15	15	15	15
1.5	15	15	15	15	15	15	20	20	20	20
2.5	15	15	15	20	20	20	20	20	25	20
4	15	15	15	15	20	20	25	20	25	25
6	15	15	20	20	25	20	25	25	25	25

三、导线的连接

为了避免在连接部分产生电阻，进行焊接或使用套管加以压紧。当用焊接来连接线时，将彼此的芯线互绞，进行绞接。在绞接后，再加以焊接，并卷绕品质优良的绝缘胶带。用套管压紧因能很快地完成工程，因而也成为施工的主流。套管的尺寸分别因连接电线的尺寸不同而不同，故要根据目的来选择。图 5-22 表示导线的常见接法示例。

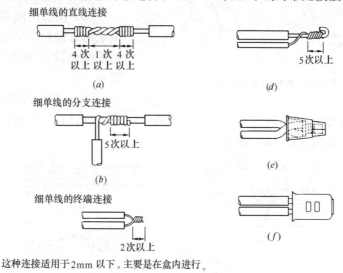

图 5-22　导线的常用接法

（a）直线连接；（b）分支连接；（c）终端连接；（d）细单线的终端连接异径；

（e）利用绞进形电线连接器的连接；（f）利用环形套管的连接

下面说明一下导线的连接方法：

（一）屏蔽线的连接

音频系统的导线的连接常见的是屏蔽线的连接。由于屏蔽线与普通的导线有所不同，在其内部信号线的外层还有一层金属屏蔽层，如果在接线时处理不当，会引入其他干扰源的干扰。因此，屏蔽线的接线有一定的工艺要求，具体的操作步骤如图 5-23 所示。

图 5-23（a）根据接线的需要，去除屏蔽线的最外层绝缘层，去除屏蔽线内层屏蔽层部分，一般为外露屏蔽线内芯线绝缘的 20～25mm。

图 5-23（b）用电工刀或剪刀在屏蔽层的适当的位置拨开一个小孔，抽出内层的绝缘芯线，经过绕制整理后在其线端浸上焊锡。在浸焊锡时，应用尖嘴钳夹住屏蔽线的端部，防止焊锡向屏蔽线的上部渗透，否则会在屏蔽层的中部产生硬结，较容易使屏蔽线折断。

图 5-23（c）用一根金属导线焊在已浸锡的屏蔽层的

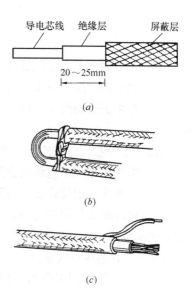

图 5-23　屏蔽线连接的工艺要求

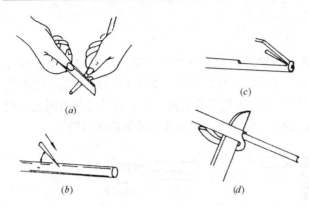

图 5-24　塑料线头的剖削

位置，再套上绝缘套管或热缩性套管，即可以与接地端相接。

（二）塑料绝缘导线线头削除

（1）用电工刀以 45°角斜度切入塑料层，然后顺线芯水平向前推削，如图 5-24（a）、（b）所示。

（2）削去上面部分塑料皮后，将剩余部分塑料皮层翻下，用电工刀向前推削切除，如图 5-24（c）、（d）所示。

（三）护套线线头的削除

（1）量出需要削除绝缘层的线头长度，用电工刀在此处环切一刀痕，但要注意不得切伤芯线绝缘层，如图 5-25（a）所示。

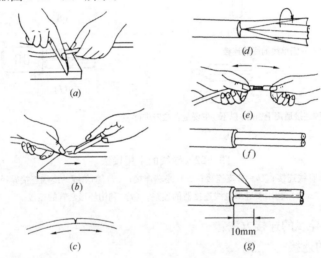

图 5-25　护套线头的削除

（2）对准两条芯线中间缝隙，用电工刀将护套层纵向切开，如图 5-25（b）所示。

（3）剥削护套层，露出芯线，如图 5-25（c）、（d）、（e）、（f）所示。

（4）在距护套层约 10mm 处，按塑料绝缘线的削除方法切除绝缘层，如图 5-25（g）所示。

（四）单股芯线直线连接（图 5-26）。

（1）将两根导线头绝缘层去除后，作 X 状相交，见图 5-26（a）。

（2）两芯线互相绞合 2～3 匝后扳直，见图 5-26（b）。

（3）将两线头分别在另一芯线上紧密缠绕 6 圈，剪去多余线头，用钢丝钳钳平切口，见图 5-26（c）。对于单股芯线 T 形连接，则如图 5-26（d）所示。

（五）7 股芯线直线连接

（1）将线头绝缘层削除，将裸露的芯线距绝缘 1/3 处绞紧，其余长度线头散开形成伞骨状，如图 5-27（a）所示（图中 l 为裸线长度）。

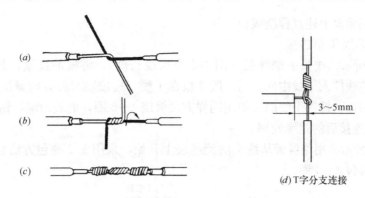

图 5-26 单股导线的连接方法

（2）将两线头对叉后顺芯线向两边捏平，如图 5-27 （*b*）、（*c*）所示。

（3）在一端分出相邻两根芯线，将其扳成与芯线垂直，并沿顺时针方向绕两圈后，弯成直角，贴紧芯线，如图 5-27 （*d*）、（*e*）所示。

（4）再拿出两根芯线如前法缠绕，如图 5-27 （*f*）所示。

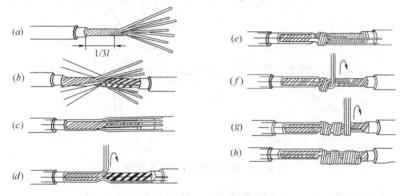

图 5-27 七股芯线直线连接

（5）最后三根线头密绕至线头根部，剪去余端，钳平线口，如图 5-28 （*g*）、（*h*）所示。

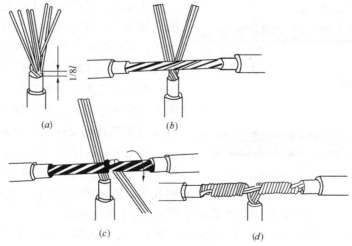

图 5-28 7 股芯线 T 形连接

（6）另一端重复上述过程绕成。

（六）7 股芯线 T 形连接

如图 5-28 所示。线头去绝缘后（图中 l 为裸线长度），将根部绞紧，其余分散成两组。一组 4 根芯线插入干线中间，另一股 3 根在干线一边按顺时针方向紧绕 3～4 圈，剪去余端，钳平切口。插入干线的一组用同样方法缠绕 4～5 圈，剪去余端，钳平切口。

（七）导线连接后的绝缘处理

如图 5-29 所示。用绝缘带从线头的绝缘层上开始，采用 1/2 叠包方法包至另一端线头线缘层处，再包 3～4 圈。

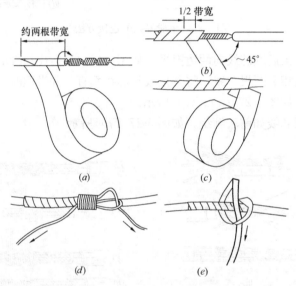

图 5-29   导线连接后的绝缘处理

缠绕时，先包黄蜡绸带（或涤纶薄膜带），然后再包黑布胶带。

四、线缆的捆扎与处理

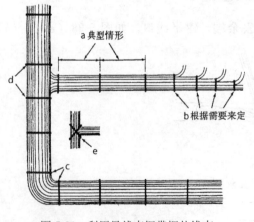

图 5-30   利用导线束捆带捆扎线束

在直线走线的电缆上，电缆捆扎带的间隔应如图 5-30 中 a 所示。为了维持捆扎电缆形状，要使用最少捆扎带数目，要在导线的所有分支处安放电缆捆扎带，如图中 b 所示。遇到转弯和 T 字形连接，则要在弯角的两边均放置电缆捆扎带，如图中 c 所示。而对 T 字形连接则要在三个位置放置电缆捆扎带，如图中 d 的情况。固定 T 字形接点的另外一种方法是使用如图中 e 所示的 X 形电缆捆扎带。在有些情形下，尤其是大型的电缆，可能需要在转弯和 T 字形接点处采用电缆捆扎带来提高强度。

端子上包裹的引线的方向应该与线盘环的方向一致，如图 5-31、图 5-32 所示。导线保护和同轴电缆的屏蔽层处理分别见图 5-33、图 5-34 所示。

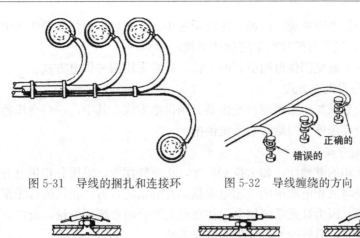

图 5-31 导线的捆扎和连接环 　　图 5-32 导线缠绕的方向

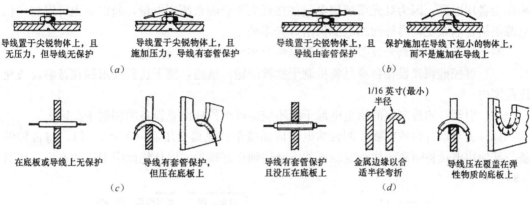

导线置于尖锐物体上，且无压力，但导线无保护　　导线置于尖锐物体上，且施加压力，导线有套管保护　　导线置于尖锐物体上，且导线由套管保护　　保护施加在导线下短小的物体上，而不是施加在导线上

(a)　　　　　　　　　　　(b)

在底板或导线上无保护　　导线有套管保护，但压在底板上　　导线有套管保护且没压在底板上　　1/16 英寸(最小)半径　金属边缘以合适半径弯折　　导线压在覆盖在弹性物质的底板上

(c)　　　　　　　　　　　(d)

图 5-33 导线保护的例子

(a) 不符合要求；(b) 合乎要求；(c) 不符合要求；(d) 合乎要求

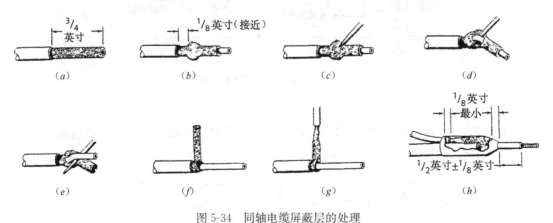

(a)　　　　(b)　　　　(c)　　　　(d)

(e)　　　　(f)　　　　(g)　　　　(h)

图 5-34 同轴电缆屏蔽层的处理

五、扩声系统的电源要求

厅堂除电声系统以外，还有众多灯光照明设备。灯光照明用电量大，并且经常变化，例如以可控硅为核心的调压灯光控制台照明系统。此时对电源有一些特殊要求，并对供电线路的铺设及线径也有一定的规定。

(一) 电源要求

电声系统要与灯光照明系统供电电源分开。其可采用带屏蔽层的隔离变压器从主路电源引出，单独供给电声系统，以使干扰减至最小。干扰包括因灯光照明大电流的变化致使220V电压变化，以及可控硅产生的脉冲干扰。

音响设备为了避免因供电而引起的干扰，通常采用两种供电方式：

1. 变压器分别供电方式

大型、超大型歌舞厅采用两台变压器分别供电方式。其中，一台变压器专门给灯光系统供电，另一台变压器专门给音响系统供电。

2. 分相供电方式

对于规模较小的歌舞厅，如卡拉OK厅，小型舞厅等，采用分相供电方式。

此种方式是将三相电源中的一相电源供给音响系统，另一相供给灯光系统，还剩下一相作为备用电源。因为灯光系统用电量往往远大于音响系统用电量，所以，也可以将一相电源供给音响系统，另外两相电源供给灯光系统。

对于带有可控硅调光设备时，应根据情况采取下列防干扰措施：

（1）可控硅调光设备自身具备抵制干扰波的输出措施，使干扰程度限制在音响设备允许范围内。

（2）引至音响控制室的供电电源干线不应穿越可控硅调光设备的辐射干扰区。

（3）引至调音台或前级控制台的电源应插接单相隔离变压器（$N=1:1$），将音频设备与其他用电设备隔离。注意变压器的屏蔽层须良好接地，以杜绝此类干扰的产生，如图5-35所示。

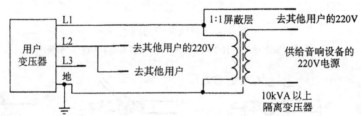

图 5-35   采用隔离变压器供电示意图

3. 稳压供电

引至调音台（或前级信号处理机柜），功放设备等交流电源的电压波动超过设备规定时，应加装交流稳压装置，如图5-36所示。

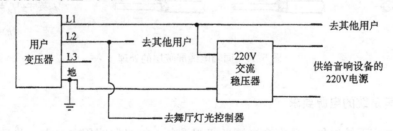

图 5-36   采用交流自动稳压器供电示意图

（二）供电线路的铺设

1. "地"的概念

220V供电的两条电源线正确地称呼应是"火线"和"零线"。其中火线为三相供电线路的"某相"，而"零线"并不是地线，而是三相供电线路的中相。电声系统所有设备所用的电源插座应该统一使用标准的三芯插座。中心插孔应是"地"，也就是真正的地。它是接在接地端子上，该端子埋在地下。设备机壳应通过插头的中心插孔接至地，以保护人身安全。

除220V电源"地"的概念以外，还有电声系统中各设备音频信号的公共地。或者说：系统的音频信号的零电位参考点，例如卡侬、大三芯、大二芯接地端，不要把220V电源零线和音频信号的地混淆。若把这两个地处理为一点，则会使扩声系统带来50周交流声干扰。

各电声设备的音频信号"地"应连接在一起，并且与机壳一定要分开，也就是与220V电源系统的地分开。

2. 电源线径

依据电声系统的总用功率来定线径，其中功率放大器占据总量的近70％～80％。为了保证供电220V的波动小以及线路损耗小，一是考虑附加变压器的功率容量（主要体现在初次线所用线径），其次是电源连接线的线径。

电源功率容量是用伏安表示，即220V与总电流（A）的乘积。电源变压器容量同样采用伏安。至于线径，它是用导体线截面积（以平方毫米为单位即mm²）来说明。截面积与允许的电流之间的关系见表5-6。

500V铜芯绝缘导线长期连续负荷允许载流量（最高温度允许＋65℃）　　表 5-6

导线截面（mm²）	线芯结构			导线明铺允许负荷电流（A）		橡皮绝缘导线同穿一管内允许负荷电流（A）						塑料绝缘导线同穿一管内允许负荷电流（A）					
	股数	单芯直径（mm）	成品外径（mm）	橡皮	塑料	金属管			塑料管			金属管			塑料管		
						2根	3根	4根	2根	3根	4根	2根	3根	4根	2根	3根	4根
1.0	1	1.13	4.4	21	19	15	14	12	13	12	11	14	13	11	12	11	10
1.5	1	1.27	4.6	27	24	20	18	17	17	16	14	19	17	16	16	15	13
2.5	1	1.76	5.0	35	32	28	25	23	25	22	20	26	24	22	24	21	19
4	1	2.24	5.5	45	42	37	33	30	33	30	25	35	31	28	31	28	25
6	1	2.73	6.2	58	55	49	43	39	43	38	34	34	47	41	41	36	32
10	7	1.33	7.8	85	75	68	60	53	59	52	46	65	57	50	56	49	44
16	7	1.63	8.8	110	105	86	77	69	76	68	60	82	73	65	75	65	57
25	10	1.28	10.6	145	138	113	100	90	100	90	80	107	95	85	95	85	75
35	19	1.51	11.8	180	170	140	122	110	122	110	98	133	115	105	120	105	63
50	19	1.81	13.8	230	15	175	154	137	160	140	123	165	146	130	150	132	117

3. 供电线路铺设

严禁220V供电线路与音频信号并行铺设，防止弱电平音频信号线处于220V电源线产生的磁场之内，带来50Hz交流干扰。电源线应用金属管处理或带外屏蔽的专用电源线。

六、扩声系统的接地

扩声系统的传输信号一般电平值均较低，因而十分容易受其他设备的电场或电磁的干扰。这些干扰经过放大后就会变成一些噪声，影响了重放的效果，因此必须通过一些接地网络将信号的传输线屏蔽起来，抑制各种干扰源的干扰。

扩声系统的接地网络主要由屏蔽接地系统组成。屏蔽接地系统就是指设备的金属外壳和信号馈线的屏蔽层接地系统，一般是将音响系统的金属外壳或信号馈线的屏蔽层按器材功能划分成几个部分，然后通过独立的金属层线接至一个公共接地端上。

一般音频系统都是由多台分立设备串接起来的链式系统，如果屏蔽系统也是依其音频系统设备中信号的走向串接成链状，并一点接地，则这样的连接方式称为链式接地方式。它连接方便但有缺点，可能会产生地阻干扰。由于屏蔽系统是由内阻较高的铁质材料制作的，当在它上面出现较强的交变静电感应时，就会因整个屏蔽系统的电荷平衡速度较慢而产生电势，此电势影响到音频设备的前级，则可能产生一定的噪声电平。所以，如果使用的设备比较多，不宜采用链式接地方式，链路越长，干扰越明显。

另一种屏蔽接地方式是将音频系统的屏蔽以每一台设备为单位，每一个单位都通过单独的导线接到一个公共地端，这种连接方式称为星式接地方式。因为每一台设备直接接地，因此，这种接法可以避免地阻干扰现象。

接地屏蔽连接时应注意，接地屏蔽线绝对不能形成闭合回路。产生闭合回路的原因是由于多条信号线的屏蔽层两端接地，或是在屏蔽层与电源地端之间形成的。这种连接当受到其他电器设备辐射交变电磁场作用时，在这些闭合回路中必然会产生工频感应电流。这种感应电流出现在信号的屏蔽层上时，必然会产生严重的噪声干扰。因此，连接时应注意：

（1）两设备之间只允许有一根信号屏蔽线的两端分别与两设备的外壳相连；

（2）设备外壳不与电源地线相连。

这样连接就可以避免地环路的形成。

图 5-37 给出了链式接地的示意图。每一台设备与调音台连接，只允许有一根导线的屏蔽层的两端与设备外壳相连，其他所有与调音台连接的导线的屏蔽层均以与调音台连接的一端与调音台外壳相连，另一端悬空。其他设备之间的连接同样只允许有一根导线的屏蔽层的两端与设备外壳相连，其他导线的屏蔽层一端接外壳一端悬空。整个系统选择调音台输入端附近的一点接大地。链式连接连接的设备不宜太多，否则将会发生明显的地阻

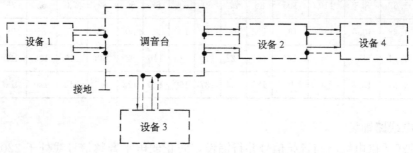

图 5-37　链式接地示意图

干扰。

图 5-38 给出了星式接地的示意图。其连接的原则是每根导线的屏蔽层只有一端与设备的外壳相连，另一端悬空，常取信号传输线的末端与外壳相连。每一台设备在信号输入端附近选择一接地点通过导线集中于此点，这一点常选择调音台的输入端附近。该点直接与大地相连。接地线最好选用铜芯线，每台设备都应有自己的接地线，而不能用一根地线将所有设备串起来接地。此外，星式连接方式还应注意，要求每台设备之间应绝缘，其外壳一般由铁质材料制成，所以在安装时设备之间的外壳不能相碰。

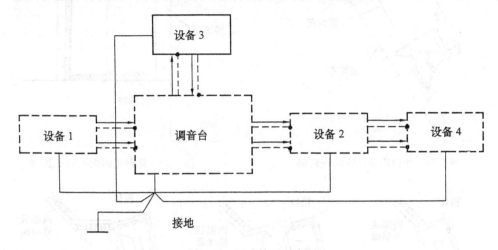

图 5-38　星式接地示意图

与大地相连的地线应与地有良好的接触，其直流电阻一般应不超过 1Ω，地线可以采用铜片，将其埋入地下 2m 以下深度，并辅以木炭和盐增加与地的接触。

总之，要防止外界的干扰，必须重视系统的接地屏蔽。其原则是一点接地，不能让屏蔽接地形成闭合回路。此外，各设备之间的信号传输回路不能让它进入馈线的屏蔽层，即不要将信号线的一端与屏蔽层连接作为信号线的一部分。例如，不平衡方式的连接应采用二芯屏蔽线，不要用屏蔽层传输信号。

七、音箱的安装

舞台处设置扬声器，无论组合扬声器（音箱）或是低音（音箱）都应安置在舞台面上，或安置在坚固的支架上；悬挂扬声器的悬挂支架和支点应牢固，防止强功率下产生振动，以带来音质变坏。吊架不牢产生的 40～80Hz 低频共振，会在房间均衡器的调试时，频谱产生高峰假象。此峰随声音而变化，但不成线性关系，所以很难均衡。

当把喇叭系统安装在舞台前拱形台口时，必须注意的要点是，在喇叭和拱形台口间，不得有间隙，贴上毛毡垫圈（图 5-39）。另外，必须注意喇叭的振动不得传给拱形台口。

当喇叭系统容易横向振动时，为了安全，防止振动，可在横向拉辅助缆绳。舞台侧面喇叭，当设置在地板上或放在地面上时，为防止喇叭振动影响，放置防振橡胶，用吸声材料围住，如图 5-40 所示。图 5-41 是扬声器箱呈角度安装的方法。

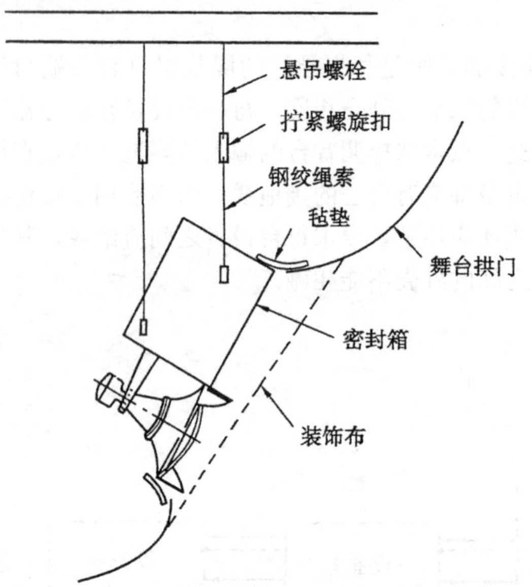

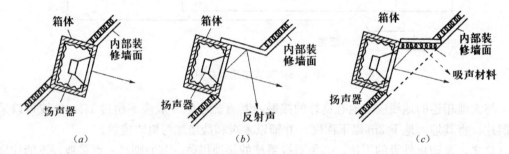

图 5-39　舞台用扬声器的安装例 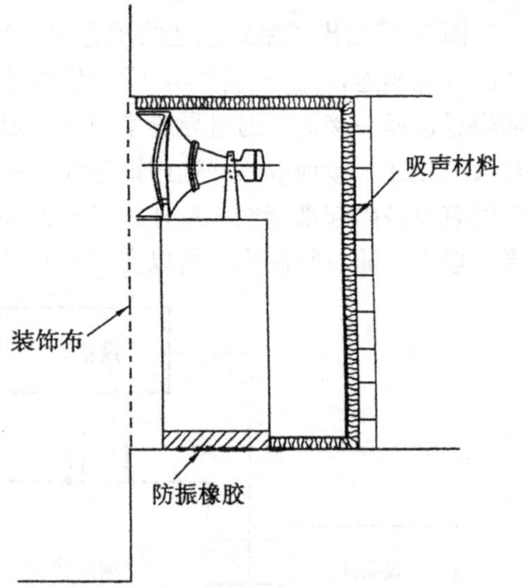　　　　　图 5-40　舞台侧面喇叭的安装例

图 5-41　扬声器系统障板平面与房间内部装修表面不一致而形成角度时，箱体的安装方法

(a) 箱体突出壁面（最好）；(b) 箱体凹进壁面（坏的例子）；

(c) 箱体凹进壁面，但加大开口部分，并粘贴吸声材料（好的例子）

第六节　公共广播系统

一、定压式公共广播系统

（一）公共广播系统的功能分类

公共建筑公众区的有线广播和旅馆的客房广播等公共广播系统，与剧场、会堂、歌舞厅的厅堂扩声系统不同，后者因服务区域较小，传输距离较短，通常采用直接输出（低阻输出）和传输的方式，而公共广播系统则有如下特点：

（1）服务区域广，传输距离长，故为了减少功率传输损耗，采取与厅堂扩声系统不同的传输方式。

（2）播音室与服务区一般是分开的，即传声器与扬声器不在同一房间内，故没有声反馈的问题。

公共广播又称有线广播，亦称 PA（Public Address）广播，按照使用性质和功能分，可分为三种：

1. 业务性广播系统

这是以业务及行政管理为主的语言广播，用于办公楼、商业楼、学校、车站、客运码头及航空港等建筑物。业务性广播宜由主管部门管理。

2. 服务性广播系统

这是以欣赏性音乐或背景音乐为主的广播，对于一至三级的旅馆、大型公共活动场所，应设服务性广播。旅馆的服务性广播节目不宜超过五套。

背景音乐简称 BGM，是 Back Ground Music 的缩写，它的主要作用是掩盖噪声，并创造一种轻松和谐的气氛。听的人若不专心听，就不能辨别其声源位置，音量较小，是一种能创造轻松愉快环境气氛的音乐。背景音乐通常是把记录在磁带、唱片上的 BGM 节目，经过 BGM 重放设备（磁盘录音机、激光唱机等）使其输出分配到各个走廊、门厅和房间内的扬声器，变成重放音乐。

3. 火灾事故广播系统

它是用来满足火灾时引导人员疏散的要求。背景音乐广播等可与火灾事故广播合并使用。当合并时，应按火灾事故广播的要求确定系统。

另一方面，公共广播系统按传输方式又可分为音频传输方式和载波传输方式两种。而音频传输方式常见的有两种：定压式和终端带功放的有源方式。

（二）定压式公共广播系统

它就是采用有线广播中广泛应用的定压式配接方式，在宾馆、酒店的公共广播中也被大量运用。它的原理与强电的高压传输原理相类似，即在远距离传输时，为了减少大电流传输引起的传输损耗增加，采用变压器升压，以高压小电流传输，然后在接收端再用变压器降压相匹配，从而减少功率传输损耗。同样，在定压式宾馆广播系统中，用高电压（例如 70V、100V 或 120V）传输，馈送给散布在各处的终端，每个终端由线间变压器（进行降压和阻抗匹配）和扬声器组成。其系统构成如图 5-42 所示，定压式亦称高阻输出方式。

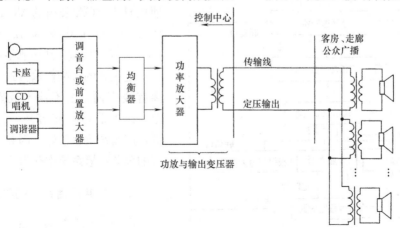

图 5-42　定压式音频传输广播系统

采用定压式设计时应该注意：

（1）为施工方便，各处的终端一般采取并联接法，而接于同一个功率放大器上的各终

端（线间变压器和扬声器）的总阻抗应大于或等于功率放大器的额定负载阻抗值，即

$$Z_0 \leqslant \frac{Z_L}{n} \tag{5-1}$$

式中　Z_0——功放额定负载阻抗；

　　　　Z_L——各终端扬声器的阻抗；

　　　　n——终端个数。

若功率放大器的额定输出功率为 W_0，定压输出的额定电压为 V_0，则 Z_0 可由下式求得：

$$Z_0 = \frac{V_0^2}{W_0} \tag{5-2}$$

（2）每个终端（扬声器）的额定输出功率应大于所需声压级的电功率的 3 倍以上。设扬声器的额定功率为 W_L，达到所需声压级的电功率为 W_S，则有

$$W_L \geqslant 3W_S \tag{5-3}$$

事实上，由于满足定压条件，故有

$$V_0 = \sqrt{W_L Z_L} \tag{5-4}$$

因此只要将相应定压端子的扬声器终端并接到功率放大器的输出端，而保证 $nW_L \leqslant W_0$ 即可。

例如，在走廊通道中使用的顶棚扬声器（如 TYZ2-1 型），其灵敏度 L_0 为 92dB/m·W，额定功率为 2W，按定压 100V 配接线间变压器，额定阻抗为 5kΩ。若走廊环境噪声为 55dB（A），取信噪比为 25dB，则要求平均声压级 L_P 为 80dB。由（5-5）式可求得达到所需声压级的电功率 W_S：

$$10\lg W_S = L_P - L_0 + 20\lg r \tag{5-5}$$

式中　r——扬声器至听音人的距离（m）。

设 r 为 3m，则可求得 $W_S \approx 0.6W$，使用 2W 的扬声器可满足 $W_L \geqslant 3W_S$。如走廊内需上述的扬声器的总数为 50，则应选取 $50 \times 2W = 100W$ 以上的功率放大器。例如，使用日本 TOA 公司的 VP-1120 型功率放大器，额定功率为 120W，又具有 100V 定压输出端，故可满足本例要求。

定压式的音频传输方式，适于远距离有线广播。由于技术成熟，布线简单，设备器材配套容易，造价费用较低，广播音质也较好，因此在宾馆公众区的公共广播系统中获得广泛的应用。

二、公共广播系统的类型

（一）公共广播系统的基本结构（图 5-43）

图 5-43 与图 5-42 相比主要增加分区选择、定时控制、警报环节等。当

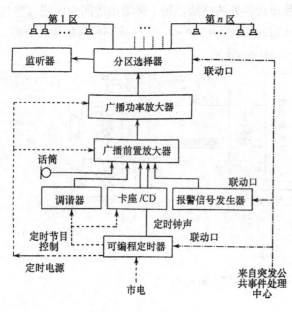

图 5-43　广播最小系统

要求同时在不同分区广播不同节目时，分区选择器则选用矩阵分区器。

（二）公共广播系统的标准结构（图5-44）

图 5-44 与图 5-43 相比，主要增加报警矩阵切换、分区强插、分区寻呼、市话接口及主/备功放切换、应急电源等。

（三）典型的分区广播系统（图5-45）

与前述图 5-44 相比，主要是增加了分区管理功能（增设分压选择器或分区功放），对于室外广播分区，则增设避雷器，如图5-45所示。图 5-46 是一种多功能广播系统。

三、公共广播系统的应备功能与性能指标

（一）公共广播系统的应备功能

（1）公共广播系统应能实时发布语声广播，且应有一个广播传声器处于最高广播优先级。

（2）当有多个信号源对同一个广播分区进行广播时，优先级别高的信号应能自动覆盖优先级别低的信号。

（3）业务广播系统的应备功能除应符合前述第（1）条的规定外，尚应符合表 5-7 的规定。

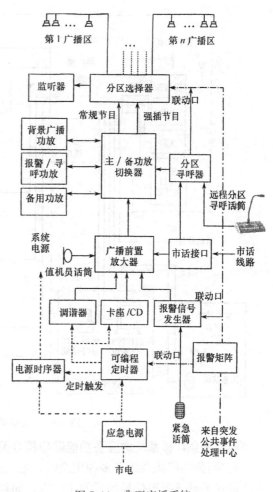

图 5-44　典型广播系统

级　别	其他应备功能	级　别	其他应备功能
业务广播系统的其他应备功能		表 5-7	
一级	编程管理，自动定时运行（允许手动干预）且定时误差不应大于10s；矩阵分区；分区强插；广播优先级排序；主/备功率放大器自动切换；支持寻呼台站；支持远程监控	二级	自动定时运行（允许手动干预）；分区管理；可强插；功率放大器故障告警
		三级	——

（4）背景广播系统的应备功能除应符合前述第（1）条的规定外，尚应符合表 5-8 的规定。

级　别	其他应备功能	级　别	其他应备功能
背景广播系统的其他应备功能		表 5-8	
一级	编程管理，自动定时运行（允许手动干预）；具有音调调节环节；矩阵分区；分区强插；广播优先级排序；主支持远程监控	二级	自动定时运行（允许手动干预）；具有音调调节环节；分区管理；可强插
		三级	——

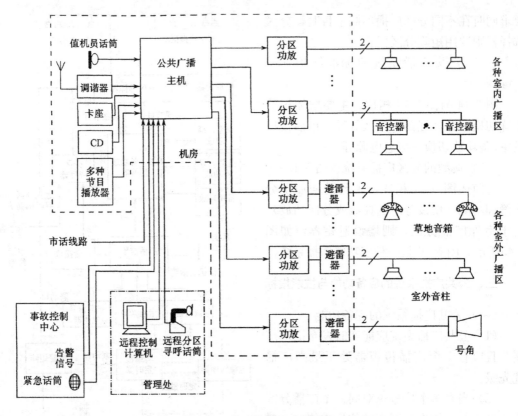

图 5-45　典型的分区广播系统

（5）紧急广播系统的应备功能除应符合前述第（1）条的规定外，尚应符合下列规定：

1）当公共广播系统有多种用途时，紧急广播应具有最高级别的优先权。公共广播系统应能在手动或警报信号触发的 10s 内，向相关广播区播放警示信号（含警笛）、警报语声文件或实时指挥语声。

2）以现场环境噪声为基准，紧急广播的信噪比应等于或大于 12dB。

3）紧急广播系统设备应处于热备用状态，或具有定时自检和故障自动告警功能。

4）紧急广播系统应具有应急备用的电源，主电源与备用电源切换时间不应大于 1s；应急备用电源应能满足 20min 以上的紧急广播。以电池为备用电源时，系统应设置电池自动充电装置。

5）紧急广播音量应能自动调节至不小于应备声压级界定的音量。

6）当需要手动发布紧急广播时，应设置一键到位功能。

7）单台广播功率放大器失效，不应导致整个广播系统失效。

8）单个广播扬声器失效，不应导致整个广播分区失效。

9）紧急广播系统的其他应备功能尚应符合表 5-9 的规定。

（二）公共广播系统的性能指标

（1）公共广播系统在各广播报务区内的电声性能指标应符合表 5-10 的规定。

（2）公共广播系统配置在室内时，相应的建筑声学特性宜符合国家现行标准《剧场、电影院和多用途厅堂建筑声学设计规范》GB/T 50356 和《体育馆声学设计及测量规程》JGJ/T 131 有关规定。

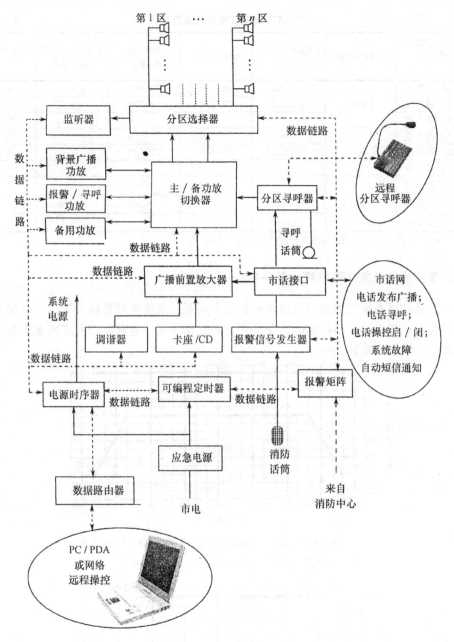

图 5-46　多功能广播系统

紧急广播系统的其他应备功能　　　　表 5-9

级　别	其他应备功能	级　别	其他应备功能
一级	具有与事故处理中心（消防中心）联动的接口；与消防分区相容的分区警报强插；主/备电源自动切换；主/备功率放大器自动切换；支持有广播优先级排序的寻呼台站；支持远程监控；支持备份主机；自动生成运行记录	二级	与事故处理系统（消防系统或手动告警系统）相容的分区警报强插；主/备功率放大器自动切换
		三级	可强插紧急广播和警笛；功率放大器故障告警

公共广播系统电声性能指标　　　　　　　　　表 5-10

性能指标 分类	应备声压级	声扬不均匀度 （室内）	漏出声衰减	系统设备 信噪比	扩声系统语言 传输指数	传输频率特性 （室内）
一级业务广播系统	≥83dB	≤10dB	≥15dB	≥70dB	≥0.55	图 5-47
二级业务广播系统		≤12dB	≥12dB	≥65dB	≥0.45	图 5-48
三级业务广播系统		—	—	—	≥0.40	图 5-49
一级背景广播系统	≥80dB	≤10dB	≥15dB	≥70dB	—	图 5-47
二级背景广播系统		≤12dB	≥12dB	≥65dB	—	图 5-48
三级背景广播系统		—	—	—	—	—
一级紧急广播系统	≥86dB＊		≥15dB	≥70dB	≥0.55	
二级紧急广播系统			≥12dB	≥65dB	≥0.45	
三级紧急广播系统			—	—	≥0.40	

注＊：紧急广播的应备声压级尚应符合前述（5）之2）的规定。

四、系统设计考虑（图 5-47～图 5-49）

（1）公共广播系统的用途和等级应根据用户需要、系统规模及投资等因素确定。

（2）公共广播系统可根据实际情况选用无源终端方式、有源终端方式或无源终端和有源终端相结合的方式构建。

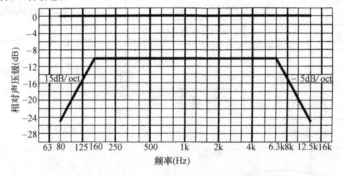

图 5-47　一级业务广播、一级背景广播室内传输频率特性容差域

（以实测传输频率特性曲线的最大值为 0dB）

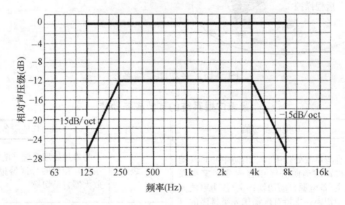

图 5-48　二级业务广播、二级背景广播室内传输频率特性容差域

（以实测传输频率特性曲线的最大值为 0dB）

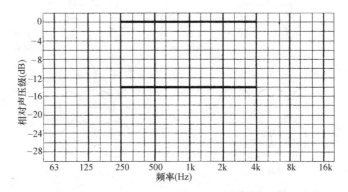

图 5-49　三级业务广播室内传输频率特性容差域

（以实测传输频率特性曲线的最大值为 0dB）

（3）广播分区的设置应符合下列规定：

1）紧急广播系统的分区应与消防分区相容；

2）大厦可按楼层分区，场馆可按部门或功能块分区，走廊通道可按结构分区；

3）管理部门与公众场所宜分别设区；

4）重要部门或广播扬声器音量需要由现场人员调节的场所，宜单独设区；

5）每一个分区内广播扬声器的总功率不宜太大，并应同分区器的容量相适应。

（4）分区广播的设计考虑：

为了适应各个分区对广播信号的声级有近似相等声级大小的要求，在广播系统设计上可采用如下方法：

1）每一分区配置一台独立的功率放大器。该放大器上有音量大小的控制功能。

2）在满足扬声器与功率放大器匹配的情况下，某几个分区也可以共用一台功率放大器，并在功率放大器和各分区扬声器之间安装扬声器分区选择器，以便选择和控制这些分区扬声器的接通或断开。

3）由于功率放大器输出功率目前最大为 240W 或 300W，例如日本 TOA 公司最大一种功率放大器为 240W，当一个分区扬声器的功率超过 240W 时，可采用两台或更多的功率放大器。这些功率放大器的输入端可以并联在一起，接至同一节目信号，但应注意这些功率放大器的输出端不能直接并联在一起，而是按扬声器与功率放大器匹配的原则将该分区扬声器分成几组，分别接至各功率放大器的输出端上。

4）在某些分区的部分，扬声器加装扬声器音量控制器，用来控制某些扬声器的音量大小或关闭。有些扬声器产品带有衰减器，也可用来调整声级的大小。

五、扬声器和功率放大器的确定

（1）对以背景音乐广播为主的公共广播，常用顶棚吸顶扬声器布置方式。图 5-50 和图 5-51 列出菱形排列和方形排列两种方式及其电平差。显然，扬声器的间距越小，听音的电平差（起伏）越小，但扬声器数量越多。

（2）如前所述，用作背景音乐广播的顶棚扬声器，在确定扬声器数量时必须考虑到扬声器放声能覆盖所有广播服务区。以宾馆走廊为例，一个安装在吊顶上的顶棚扬声器（例

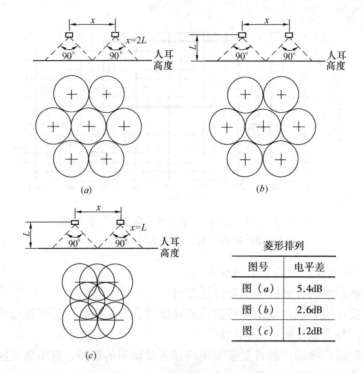

图 5-50　吸顶扬声器菱形排列

(*a*) 边-边；(*b*) 最小重叠；(*c*) 中心-中心

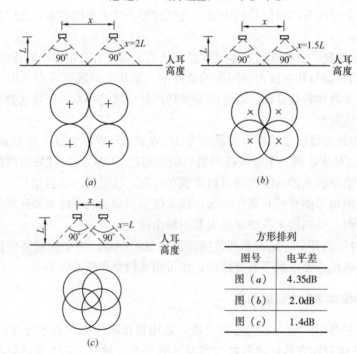

图 5-51　吸顶扬声器方形排列

(*a*) 边-边；(*b*) 最小重叠；(*c*) 中心-中心

如 2W，覆盖角 90°）大约能覆盖 6～8m 长的走廊。对于门厅或较大房间也可以此估算和设计，扬声器安排的方式可以是正方形或六角形等，视建筑情况而定。

（3）在确定功率放大器的数量时，如果经费允许，建议每个分区根据该区扬声器的总功率选用一种型号适宜的功率放大器。这样，功率放大器的数量就等于各分区数量的总和。

（4）扬声器与功率放大器的配接已如前面叙述。对于定压式功率放大器，要求接到某一功率放大器输出端上的所有扬声器并联总阻抗应大于或等于该功率放大器的额定负载阻抗值，否则将会造成功率放大器的损坏。

（5）功率放大器的容量一般按下式计算：

$$P = K_1 K_2 \Sigma P_0 \tag{5-6}$$

式中　P——功放设备输出总电功率（W）。

P_0——$K_i \cdot P_i$，每分路同时广播时最大电功率。

P_i——第 i 支路的用户设备额定容量。

K_i——第 i 分路的同时需要系数：

服务性广播时，客房节目每套 K_i 取 0.2～0.4；

背景音乐系统 K_i 取 0.5～0.6；

业务性广播时，K_i 取 0.7～0.8；

火灾事故广播时，K_i 取 1.0。

K_1——线路衰耗补偿系数：

线路衰耗 1dB 时取 1.26；

线路衰耗 2dB 时取 1.58。

K_2——老化系数，一般取 1.2～1.4。

（6）非紧急广播用的广播功率放大器，额定输出功率不应小于其所驱动的广播扬声器额定功率总和的 1.3 倍。

（7）用于紧急广播的广播功率放大器，额定输出功率不应小于其所驱动的广播扬声器额定功率总和的 1.5 倍；全部紧急广播功率放大器的功率总容量，应满足所有广播分区同时发布紧急广播的要求。

（8）有线广播系统中，从功放设备的输出端至线路上最远的用户扬声器箱间的线路衰耗宜满足以下要求：

1）业务性广播不应大于 2dB（1000Hz 时）；

2）服务性广播不应大于 1dB（1000Hz 时）。

（9）根据国际标准，功放的定压输出分为 70V、100V 和 120V 三档。由于公共建筑一般规模不大，并考虑到安全，故一般输出电压宜采用 70V 或 100V。

（10）若采用定阻输出的馈电线路，宜符合下列规定：

1）用户负载应与功率放大设备额定功率匹配；

2）功率放大设备的输出阻抗应与负载阻抗匹配；

3）对空闲分路或剩余功率应配接阻抗相等的假负载。假负载的功率不应小于所替代负载功率的 1.5 倍；

4）低阻抗输出的广播系统馈电线路的阻抗，应限制在功放设备额定输出阻抗的允许偏差范围内。

(11) 有线广播功放设备应设置备用功率单元，其备用数量应根据广播的重要程度确定。备用功率单元应设自动或手动投入环节，用于重要广播的环节，备用功率单元应处于热备用状态或能立即投入。

(12) 民用建筑选用的扬声器除满足灵敏度、频响、指向性等特性及播放效果的要求外，尚宜符合下列规定：

1) 办公室、生活间、客房等，可采用 1～2W 的扬声器箱；

2) 走廊、门厅及公共活动场所的背景音乐、业务广播等扬声器箱宜采用 3～5W；

3) 在建筑装饰和室内净高允许的情况下，对大空间的场所宜采用声柱（或组合音箱）；

4) 在噪声高、潮湿的场所设置扬声器时，应采用号筒扬声器，其声压级应比环境噪声大 10～15dB；

5) 室外扬声器应采用防潮保护型。

(13) 在一至三级旅馆内，背景音乐扬声器的设置应符合下列规定：

1) 扬声器的中心间距应根据空间净高、声场及均匀度要求、扬声器的指向性等因素确定。要求较高的场所，声场不均匀度不宜大于 6dB。

2) 根据公共活动场所的噪声情况，扬声器的输出宜就地设置音量调节装置；当某场所有可能兼作多种用途时，该场所的背景音乐扬声器的分路宜安装控制开关。

3) 与火灾事故广播合用的背景音乐扬声器，在现场不宜装设音量调节或控制开关。

(14) 建筑物内的扬声器箱明装时，安装高度（扬声器箱底边距地面）不宜低于 2.2m。

六、有线广播控制室

(1) 广播控制室设置原则：

1) 办公楼类建筑，广播控制室宜靠近主管业务部门。当消防值班室与其合用时，应符合消防有关规定。

2) 旅馆类建筑，服务性广播宜与电视播放合并设置控制室。

3) 航空港、铁路旅客站、港口码头类建筑，广播控制室宜靠近调度室。

4) 设置塔钟自动报时扩音系统的建筑，控制室宜设在楼房顶层。

(2) 广播控制室的技术用房应根据工程的实际需要确定，一般宜符合下列规定：

1) 一般广播系统只设控制室，当录、播音质量要求高或有噪声干扰时，应增设录播室。

2) 大型广播系统宜设置机房、录播室、办公室和仓库等附属用房。录播室与机房之间应设观察窗和联络信号。

(3) 功放设备立柜的布置应符合下列规定：

1) 柜前净距不应小于 1.5m；

2) 柜侧与墙、柜背与墙的净距不应小于 0.8m；

3) 柜侧需要维护时，柜间距离不应小于 1m；

4) 采用电子管的功放设备单列布置时，柜间距离不应小于 0.5m；

5）在地震区，应对设备采取抗震加固措施。

（4）需要接收无线电台信号的广播控制室，当接收点处的电台信号场强小于 1mV/m，或受钢筋混凝土结构屏蔽影响者，应设置室外接收天线装置。

（5）有线广播的交流电源宜符合下列规定：

1）有一路交流电源供电的工程，宜由照明配电箱专路供电。当功放设备容量在 250W 及以上时，应在广播控制室设电源配电箱。

2）有二路交流电源供电的工程，宜采用二回路电源在广播控制室互投供电。

（6）交流电源电压偏移值一般不应大于 ±10%。当电压偏移不能满足设备的限制要求时，应在该设备的附近装设自动稳压装置。

（7）广播用交流电源容量一般为终期广播设备的交流电源耗电容量的 1.5～2 倍。

（8）各种节目信号线应采用屏蔽线并穿钢管。管外皮应接保护地线。

（9）广播控制室应设置保护接地和工作接地，一般按下列原则处理：

1）单独设置专用接地装置，接地电阻不应大于 4Ω；

2）接至共同接地网，接地电阻不应大于 1Ω；

3）工作接地应构成系统一点接地。

工作接地是将传声器线路的屏蔽层、调音台、功放机柜等输入插孔通地点均接在一点处，形成一点接地，以防止低频干扰。保护接地可与交流电源有关设备外露可导电部分采取共同接地，以保障人身安全。

七、线路敷设

（1）建筑物内的有线广播配线应符合下列规定：

1）旅馆客房的服务性广播线路，因节目套数较多，故宜采用线对为绞合型的电缆。其他广播线路宜采用铜芯塑料绞合线。广播线路需穿管或线槽敷设。

2）不同分路的导线宜采用不同颜色的绝缘线区别。

（2）当传输距离在 3km 以内时，广播传输线路宜采用普通线缆传送广播功率信号；当传输距离大于 3km，且终端功率在千瓦级以上时，广播传输线路宜采用五类线缆、同轴电缆或光缆传送低电平广播信号。

（3）当广播扬声器为无源扬声器，且传输距离大于 100m 时，额定传输电压宜选用 70V、100V；当传输距离与传输功率的乘积大于 1km·kW 时，额定传输电压可选用 150V、200V、250V。

（4）公共广播系统室内广播功率传输线路，衰减不宜大于 3dB（1000Hz）。

（5）火灾隐患地区使用的紧急广播传输线路及其线槽（或线管）应采用阻燃材料。

（6）具有室外传输线路（除光缆外）的公共广播系统应有防雷设施。公共广播系统的防雷和接地应符合现行国家标准《建筑物电子信息系统防雷技术规范》GB 50343 的有关规定。

（7）当需要在室外架设广播馈电线路时，应符合下列规定：

1）广播馈电线宜采用控制电缆。

2）与路灯照明线路同杆架设时，广播线应在路灯照明线的下面，两种导线间的最小垂直距离不应小于 1m。

3）广播馈电线最低线位距地的距离：人行道上，一般不宜小于 4.5m；跨越车辆行道时，不应小于 5.5m；广播用户入户线高度不应小于 3m。

4）室外广播馈电线至建筑物间的架空距离超过 10m 时，应加装吊线，并在引入建筑物处将吊线接地，其接地电阻不应大于 10Ω。

第六章　音频与视频会议系统

会议系统大致可分为音频会议系统和视频会议系统两类，前者是以语音为主的会议系统，有时也辅以视频设备；后者是以图像通信为主的会议系统，也常辅以声音作为伴音。

下面先从音频会议系统讲起。音频会议系统有三种：会议讨论系统，会议表决系统，同声传译系统。

作为会议室的排列，通常有两种形式：

(1) 圆桌会议形式——代表们围着一张桌子或一组桌子就座，全体代表都能参加会议。

(2) 讲台讲演形式——演讲者在房间前面的一个讲台或桌子前讲话，那里通常还有一张为主席而设的桌子或操纵台，代表或听众面向讲台就座。发言者与在座的主席、委员及代表能连续地参加讨论，听众能在一定限度内提问和讨论。

第一节　会议讨论系统

一、会议讨论系统的分类与组成

会议讨论系统是一个可供主席和代表分散自动或集中手动控制传声器的单通路声系统，在这个系统中，所有参加讨论的人，都能在其座位上方便地使用传声器。通常是分散扩声的，由一些发出低声级的扬声器组成，置于距代表不大于1m处，也可以使用集中的扩声，同时应为旁听者提供扩声。

(1) 会议讨论系统根据设备的连接方式可分为有线会议讨论系统和无线会议讨论系统；其中有线会议讨论系统又可分为手拉手式会议讨论系统和点对点式会议讨论系统。根据音频传输方式的不同，会议讨论系统可分为模拟会议讨论系统和数字会议讨论系统。会议讨论系统的分类见表6-1。

会议讨论系统的分类　　　　　　　　　　　　表 6-1

设备连接方式		有线（手拉手式/点对点式）	无线（红外线式/射频式）
音频传输方式	模拟	模拟有线会议讨论系统	模拟无线会议讨论系统
	数字	数字有线会议讨论系统	数字无线会议讨论系统

(2) 手拉手式会议讨论系统可由会议系统控制主机或自动混音台、有线会议单元、连接线缆和会议管理软件系统组成。图6-1、图6-2是台电手拉手会议讨论系统示例，表6-2是其设备配置示例。

(3) 点对点式会议系统可由传声器控制装置（混音台/媒体矩阵）、会议传声器和连接线缆组成。

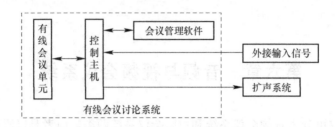

图6-1　有线会议讨论系统的组成

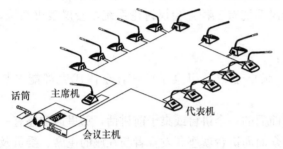

图6-2　基本会议讨论系统（手拉手式）

有线会议讨论系统有两种：

（1）手拉手式：发言话筒串接一起并受主席机控制，话筒音质明晰而稍差，但线路简单，功能多（可配表决等功能），适于会议室用（图6-2）。

（2）点对点式：通常发言话筒一对一接自动混音台（或调音台）的输入端，因此，发言自由度高，音质好（可用优质话筒）。但线路复杂，功能单一，适于礼堂、多功能厅用，见图6-3的上半部所示。

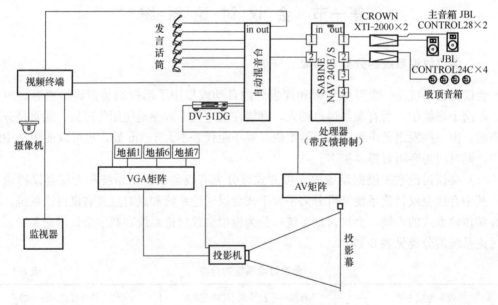

图6-3　点对点式会议系统实例

手拉手式会议讨论系统实际上就是话筒发言控制系统，通常它具有如下功能：

（1）系统进入发言状态，参会者可通过自己面前的代表机上的按键申请发言或关闭发言。

（2）主席台的显示器上显示申请发言人姓名，经由执行主席同意后，由主席机或系统操作员打开话筒，并可在大屏幕上实时显示其发言人的姓名及相关信息。

（3）发言时间可根据情况先行设定，当话筒打开时，大屏幕和主席台显示屏上同时显示规定的发言时间，并进行倒计时。当时间递减至 0s 时，控制系统可自动将话筒关闭。如中途申请增减发言时间，经主席同意后可增减发言时间。

（4）会议执行主席（即主席机）具有最高优先权，其话筒可随时进入发言状态，并能切断其他代表的发言。执行主席退出发言后，自动扣除中断发言的时间，并不改变原先发言顺序。

（5）除执行主席话筒外，系统可根据情况再打开 1～4 个话筒。

（6）在与会者按下话筒座上的发言按键发言时，本机的扬声器自动关闭，而且相邻的左右两位与会者的扬声器的电平也同时自动衰减，有效地防止了声反馈导致的令人讨厌的啸叫声的发生。

关于发言控制方式有如下几种：

（1）中心控制发言方式：由操作人员根据会前预定的议程安排，先行设定发言人顺序，发言时间。

（2）指定控制发言方式：系统根据申请发言人名单，由执行主席指定申请人发言。

（3）自由发言方式：系统根据情况可打开 1～4 个话筒，一种方式为按申请顺序排序发言，另一种方式为主抢答式发言。

系统根据会场大小和参加人数规模进行设计。如果会议人数有数十人之多，必要时还需要装有会议扩声系统，以便使全体与会者都能听清楚每位代表的发言。图中每位会议代表都有一个带有传声器和扬声器的代表使用装置（代表机），可以进行双向通信。会议代表可以利用传声器在座位上发言，便于讨论。

图 6-4 是国产台电的手拉手式会议系统实例，其设备配置见表 6-2。

设备配置表　　　　　　　　　　　　　　　　表 6-2

台面式单元			嵌入式单元		
型号	设备名称	数量	型号	设备名称	数量
HCS-4100MC/20	控制主机	1	HCS-4100MC/20	控制主机	1
HCS-4333CB/20	主席单元	1	HCS-4360C/20	主席单元	1
HCS-4333DB/20	代表单元	71	HCS-4363D/20	代表单元	71
HCS-4210/20	基础设置软件模块	1	HCS-4210/20	基础设置软件模块	1
HCS-4213/20	话筒控制软件模块	1	HCS-4213/20	话筒控制软件模块	1
*CBL6PS-05/10/20/30/40/50	6 芯延长电缆	6	*CBL6PS-05/10/20/30/40/50	6 芯延长电缆	6

公共部分					
型号	设备名称	数量	型号	设备名称	数量
	操作电脑	1	♯	会场扩声系统	1
♯	投影仪或其他显示设备	2	♯	无线话筒	1

注：♯根据用户需要而定，*根据会场布局而定。

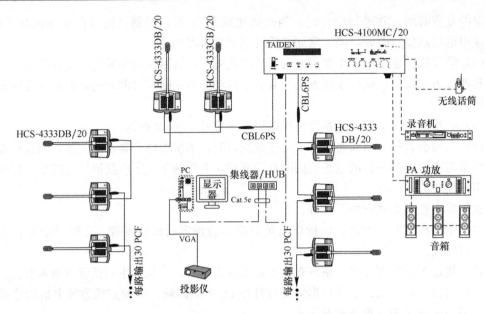

图 6-4 会议讨论系统（台电）

二、无线会议讨论系统

无线会议讨论系统可由会议系统控制主机、无线会议单元、信号收发器、连接主机与信号收发器的线缆和会议管理软件系统组成，见图 6-5。

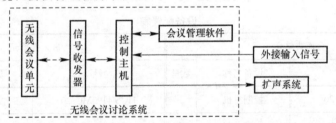

图 6-5 无线会议讨论系统的组成

无线会议系统以其易于安装和移动，便于使用和维护，不会对建筑物有影响等优点而逐渐成为会议系统技术的一个重要发展方向。目前，无线会议系统主要有两种，一是基于射频（无线电）技术的无线会议系统，另一个是红外无线会议系统。基于射频技术采用模拟音频传输的无线会议系统易受外来恶意干扰及窃听，并且需要无线电频率使用许可；而模拟红外无线会议系统则在音质表现上不尽如人意，其频率响应一般为 100Hz～4kHz，只相当于普通电话机的音质水平。为此，最近还发展出数字红外无线会议系统。

具有会议讨论功能的红外会议单元通常包括一个麦克风、一个话筒开关按键及扬声器、电池等部件。红外会议讨论单元接收来自红外会议系统主机以红外光形式广播的音频信号和控制信号，并以红外光形式向红外会议系统主机发送控制信号。话筒打开时，红外会议讨论单元同时以红外光形式向红外会议系统主机发送数字音频信号。整个系统可以使用任意数量的红外会议讨论单元，但是在同一时刻最多只有 4 支红外会议讨论单元的话筒能打开。图 6-6 为红外无线数字会议讨论系统示例（台电）。图中 HCS-5300MC 为数字红

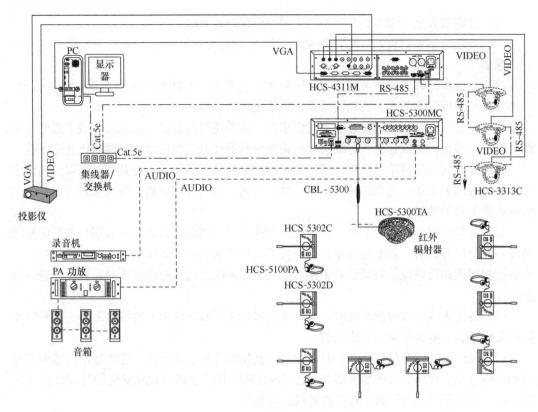

图 6-6 红外无线数字会议讨论系统示例（台电）

外会议主机，HCS-4311M 为视频切换器（可实现摄像自动跟踪），HCS-5300TA 为红外收发器（吸顶式），HCS-5302C 为主席机或代表机。

三、会议讨论系统性能要求

（1）会议讨论系统中，从会议单元传声器输入到会议系统控制主机或传声器控制装置输出端口的系统传输电性能要求应符合表 6-3 中的规定。

会议讨论系统电性能要求　　　　　　　　　　表 6-3

特性	模拟有线会议 讨论系统	数字有线会议 讨论系统	模拟无线会议 讨论系统	数字无线会议 讨论系统
频率响应	125Hz～12.5kHz （±3dB）	80Hz～15.0kHz （±3dB）	125Hz～12.5kHz （±3dB）	80Hz～15.0kHz （±3dB）
总谐波失真 （正常工作状态下）	≤1% （125Hz～12.50kHz）	≤0.5% （80Hz～15.0kHz）	≤1% （125Hz～12.5kHz）	≤0.5% （80Hz～15.0kHz）
串音衰减	≥60dB （250Hz～4.0kHz）	≥70dB （250Hz～4.0kHz）	≥60dB （250Hz～4.0kHz）	≥70dB （250Hz～4.0kHz）
计权信号噪声比	≥60dB（A 计权）	≥80dB（A 计权）	≥60dB（A 计权）	≥80dB（A 计权）

注：频率响应、总谐波失真、串音衰减、计权信号噪声比的测量方法应按《声频放大器测量方法》GB 9001 中相关条款执行。

（2）传声器数量大于 100 只时不宜用模拟会议讨论系统。

（3）当会议单元到会议系统控制主机的最远距离大于 50m 时，不宜用模拟有线会议讨论系统。

（4）会议单元和会议传声器应具有抗射频干扰能力。采用射频无线会议讨论系统时，需确保会场附近没有与本系统相同或相近频段的射频设备工作。

（5）对会议有保密性和防恶意干扰要求时，宜采用有线会议讨论系统，或采用红外无线会议讨论系统。一般地说，有线会议讨论系统具有较好的保密性，并能防止恶意干扰。

在红外无线会议讨论系统中，信号是通过红外光进行传输的，在开会时采取关闭门窗和在透明的门窗上加挂遮光窗帘等措施，将会场的光线与外界隔离，即可起到会议保密和防止恶意干扰的效果。

对于射频无线会议讨论系统，信号可以穿透墙壁。因此，为防止有人用与本系统相同的设备在会场外窃听，需要对设备和相关技术人员严格管理。其次要避免在会场附近有与本系统相同或相近频段的射频设备工作，或用与本系统相同或相近频段的射频设备进行恶意干扰。

（6）设计无线会议讨论系统时，应考虑信号收发器和会议单元的接收距离。信号收发器可采用吊装、壁装或流动方式安装。

（7）设计红外线会议讨论系统时，会场不宜使用等离子显示器。若必须使用等离子显示器，应避免在距离等离子显示器 3m 范围内使用红外线会议单元和安装信号红外线收发器，或在等离子显示器屏幕上加装红外线过滤装置。

（8）会议系统控制主机提供消防报警联动触发接口，一旦消防中心有联动信号发送过来，系统立即自动终止会议，同时会议讨论系统的会议单元及翻译单元显示报警提示，并自动切换到报警信号，让与会人员通过耳机、会议单元扬声器或会场扩声系统聆听紧急广播；或者立即自动终止会议，同时会议讨论系统的会议单元及翻译单元显示报警提示，让与会人员通过会场扩声系统聆听紧急广播。

（9）可具有连接视像跟踪系统的接口和通信协议。

（10）可具有实现同步录音、录像功能的接口，可提供传声器独立输出。

（11）大型会议和重要会议，宜备份 1 台会议系统控制主机。会议系统控制主机宜只有主机双机"热备份"功能。主机双机"热备份"功能是指当主控的会议系统控制主机出现故障时，备份的会议系统控制主机可自动进行工作，而不中断会议进程。如果需要由人工来启用备份主机，即称为"冷备份"方式。

第二节　会议表决系统

一、会议表决系统分类与组成

（1）会议表决系统宜由表决系统主机、表决器、表决管理软件及配套计算机组成，见图 6-7。

图 6-8 是会议表决系统另一种表示方式。每个表决终端至少设有三种选择按钮：同意、反对、弃权。中心控制台可供主席或工作人员来选择和开动表决程序。在表决结束

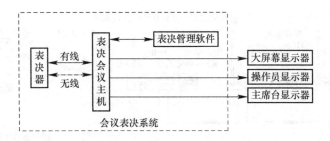

图 6-7 会议表决系统的组成

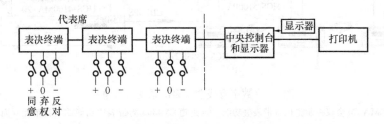

图 6-8 会议表决系统示意图

时，最后的累计结果将清楚地显示给主席、工作人员和代表。标准的表决程序是：

1）秘密表决——不能逐个识别表决的结果。

2）公开表决——能鉴别出每个表决者及其表决结果。

结果的显示是可以选择的。可作如下选择：

1）直接显示——在表决进行中，显示各个中间结果；在预先选定的表决时间终止时，显示最后的结果。

2）延时显示——不显示中间结果，只在预先确定的表决时间终止时，显示表决的最后结果。

可以预先选定表决的持续时间，可以把时间限定在 30s、60s、90s 等；或者不予限定（即由主席决定表决的终止）。

此外，推荐的附属设备有：

大型显示器（所有代表都能看见）：显示总数的和/或各自的结果。

视频显示器：显示累计的和/或各自的结果。

打印机：打印出总数的和/或各自的表决结果，以及全部表决数据的文件。

（2）会议表决系统根据设备的连接方式可分为有线会议表决系统和无线会议表决系统。其中有线会议表决系统根据表决速度的不同可分为普通有线会议表决系统和高速（表决速度＜1ms/单元）有线会议表决系统两类。图 6-9 是台电数字有线会议表决系统示例。无线会议表决系统可分为射频式无线会议表决系统和红外线式无线会议表决系统两类。

使用会议表决系统的过程通常是：

（1）核准表决人数方式：每次表决前，可先核准参加表决的人数，大屏幕和主席台显示器显示核准人数情况。必要时，还需进行代表的身份鉴别，配以电子签到系统（见后述）。

（2）表决过程：先显示表决内容，由执行主席宣布"请表决"后，参会人员即可按表决键。代表表决意见可以修改，以最后一次为准。表决过程中允许发言。表决中间过程动

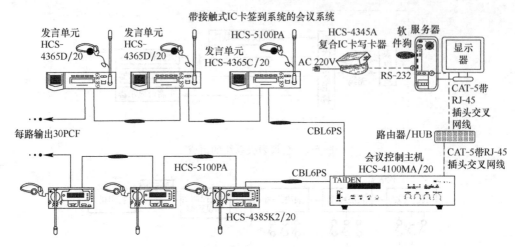

图 6-9　数字有线会议表决系统（台电）

图中 HCS-4100MA/20 会议控制主机（带表决功能，64 通道），4365 为带表决功能的发言单元（面板有 IC 卡签到插口），4345A 为 IC 卡发卡器。

态显示在主席和执行主席的显示器上，表决结束由主席决定是否将表决结果显示在大屏幕上。显示内容有：赞成、反对、弃权、未按键、参加表决人数。议题及表决结果由主机自动存盘供打印报表及会议的存档。

二、会议表决系统功能要求

1. 表决器投票表决的形式

（1）"赞成"/"反对"；

（2）"赞成"/"反对"/"弃权"；

（3）多选式：1/2/3/4/5（从多个候选议案/候选人中选一个）；

（4）评分式：－－/－/0/＋/＋＋。即为候选议案/候选人进行评分（打分）。

2. 会议表决系统的功能

（1）可以选择秘密表决或公开表决方式；

（2）可选择第一次按键有效或最后一次按键有效的表决方式；

（3）可选择由主席或操作人员启动表决程序；

（4）可预先选定表决的持续时间，或者由主席决定表决的终止；

（5）表决结果的显示可以选择直接显示或延时显示；

（6）在表决结束时，最后的统计结果可以直方图/饼状图/图字文本显示等方式显示给主席、操作人员和代表；

（7）可满足会场大屏幕显示和主席显示屏显示内容不同的要求。

3. 电子签到的方式

在进行电子表决之前，应先进行电子签到。电子签到可有以下方式：

（1）利用会议单元上的签到按键进行签到；

（2）利用会议单元上的 IC 卡读卡器进行签到；

（3）与会代表佩带内置有非接触式 IC 卡的代表证通过签到门便可自动签到；

（4）可实时显示代表签到情况；

（5）表决器可配置显示屏，在线显示表决结果、签到信息等。

4. 会议表决系统的控制方式

系统按安装方式有三种形式，根据会场大小、功能、系统构成形式和管理要求酌情确定。

（1）固定式：设备和电缆的敷设是固定的，系统的单机是组合成整体的。

（2）半固定式：设备是可移动的或固定的，电缆是固定安装的，系统中的某些设备可固定安装或放在桌子上。

（3）移动式：系统所有设备，包括电缆的敷设都是可插接的，可移动的，这种方式在实践中很少应用。

第三节 同 声 传 译 系 统

一、同声传译系统的组成与分类

同声传译系统是在使用不同国家语言的会议等场合，将发言者的语言（原语）同时由译员翻译，并传送给听众的设备系统。

（1）会议同声传译系统由翻译单元、语言（译音）分配系统、耳机以及同声传译室组成，如图 6-10 所示。

（2）语言分配系统根据设备的连接方式可分为有线语言分配系统和无线语言分配系统；根据音频传输方式的不同，语言分配系统可分为模拟语言分配系统和数字语言分配系统。语言分配系统的分类见表 6-4。

语言分配系统的分类

表 6-4

设备连接方式		有线	无线（红外线式）	无线（射频式）
音频传输方式	模拟	模拟有线语言分配系统	模拟红外语言分配系统	模拟射频语言分配系统
	数字	数字有线语言分配系统	数字红外语言分配系统	数字射频语言分配系统

有线语言（译音）分配系统可由会议系统控制主机和通道选择器组成（图 6-11）。无线语言分配系统可由发射主机、辐射单元和接收单元组成，见图 6-12。而无线式又可分为感应天线式和红外线式两种，其中以红外线式较为先进。各种类型的特点如表 6-5 所示。

在图 6-10 中的有线式同声传译系统，对于每一种语言都有相应的译员室、放大器及其分配网络。在听众处，设有选择开关或多个耳机插孔，以便选择所需的语言，并设有音量调节器，以调节聆听音量。图 6-11 为同声传译系统基本组成方框图。

图 6-13 是一种国际会议上采用四种语言的有线式同声传译系统示例。有线式同声传译的特点是操作使用方便，音质优良，保密性好；但线路复杂，听众不能离开自己的座位。

图中会议桌旁的每位代表都设有一套传声器和耳机（或扬声器），如将两者做成一体，就成为代表机，对于主席机和译员机也与之类似。旁听席只有耳机（或扬声器），没有发言权。

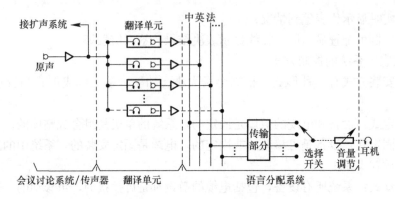

图 6-10 同声传译系统原理图

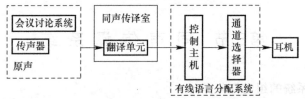

图 6-11 有线会议同声传译系统的组成

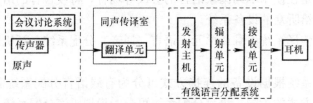

图 6-12 无线会议同声传译系统的组成

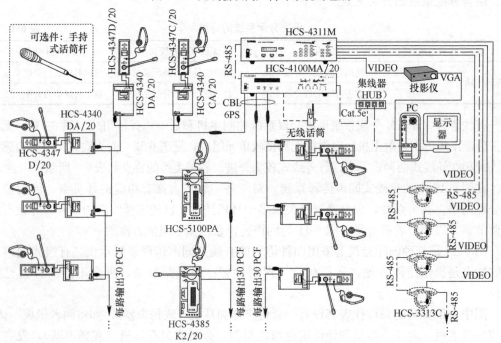

图 6-13 有线式同声传译系统（台电）

译语收发方式及其特点 表 6-5

方 式	特 点
有线式	(1) 由通道选择放大器将译语信号放大，然后每路分别通过管线送至各接收点（耳机）； (2) 根据通道数需配有多芯电缆线； (3) 音质好； (4) 可避免信息外部泄漏，保密度高
无线式	(1) 分为使用电磁波的感应环形天线方式和使用红外线的红外无线方式两种； (2) 通过设置环形天线或红外辐射器发送，施工方便； (3) 红外无线式的音质较好，感应天线式的音质稍差； (4) 感应天线式有信息泄漏到外部的可能，但红外无线式保密度高

二、红外同声传译系统原理

红外线式同声传译系统的基本组成原理图如图 6-14 所示，主要由调制器、辐射器、接收机、电源等组成。

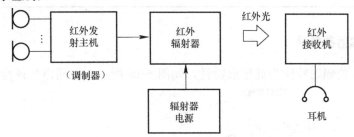

图 6-14 红外同声传译系统的基本组成原理图

红外光的产生一般都采用砷化镓发光二极管，频谱接近红外光谱，其波长约为 880～1000mm。由于人眼能感受到的可见光波长范围约为 400～700nm，所以这类光人们看不到，且对人体健康无害。红外辐射光的强弱是由砷化镓二极管内流过的正向电流大小决定的，利用这一点就很容易达到对红外光的幅度调制。在红外同声传译设备中，为了抑制噪声，音频不直接调制光束，而是先让不同的音频调制不同的副载频，再让这些已调频波对光束进行幅度调制。

红外光的接收通常采用 PIN 硅二极管进行光电转换，从已调红外光中检出不同副载频的混合信号。为了增大红外接收面积，二极管的外形做成半球形，使各个方向来的光线向球心折射，并且在球面与管芯之间夹有黑色滤光片，以滤掉可见光。

图 6-14 的工作过程如下：会议代表的发言通过话筒传输到各个翻译室，由各翻译人员译成各种语言，用电缆送到调制器（又称发射主机）。调制器内设有多个通道，每个通道设有一个副载频，完成对一路语言（即一种语言）的调频。调制器内的合成器将这些多路已调频波合成，并放大到一定幅度，由电缆输送给辐射器，在辐射器里完成功率放大和对红外光进行光幅度调制，再由红外发光二极管阵列向室内辐射已被调制的红外光。电源用于辐射器的供电。

红外接收机位于听众席上，其作用是从接收到的已调红外光中解调出音频信号。它的组成除了前端的光电转换部分以外，红外接收机还设有波道选择，以选择各路语言，由光电转换器检出调频信号，再经混频、中放、鉴频，还原成音频信号，由耳机传给听众。

红外线同声传译系统从红外发射主机到红外接收单元输出端口的系统传输特性指标如表 6-6 所示。

<table>
<tr><td colspan="3" align="center">系统传输特性指标</td><td align="right">表 6-6</td></tr>
<tr><td align="center">特　性</td><td align="center">模拟红外线同声传译系统</td><td colspan="2" align="center">数字红外线同声传译系统</td></tr>
<tr><td>调制方式</td><td align="center">FM</td><td colspan="2" align="center">DQPSK</td></tr>
<tr><td>副载波频率范围（−3dB）</td><td colspan="3" align="center">2MHz～6MHz</td></tr>
<tr><td>频率响应</td><td align="center">250Hz～4kHz</td><td colspan="2" align="center">标准品质：125Hz～10kHz
高品质：125Hz～20kHz</td></tr>
<tr><td>总谐波失真（正常工作状态下）</td><td align="center">≤4%（250Hz～4kHz）</td><td colspan="2" align="center">≤1%（200Hz～8kHz）</td></tr>
<tr><td>串音衰减</td><td align="center">≥40dB（250Hz～4kHz）</td><td colspan="2" align="center">≥75dB（200Hz～8kHz）</td></tr>
<tr><td>计权信号噪声比（红外辐射单元工作覆盖范围内）</td><td align="center">≥40dB（A）</td><td colspan="2" align="center">≥75dB（A）</td></tr>
</table>

三、红外辐射器特性

红外辐射器的辐射特性为椭球形特性，如图 6-15 所示。在同声传译会议系统的工程

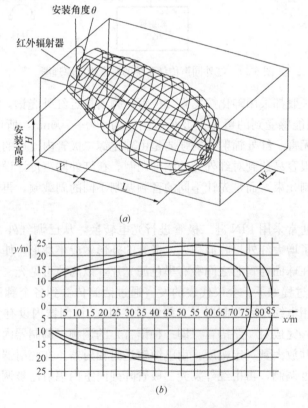

图 6-15　红外辐射器的辐射特性

(a) 立体图；(b) 平面图

设计中，一个重要问题是红外辐射器的安装与布置。红外辐射器辐射的红外光束就像可见光束一样，要求在辐射过程中不被物体遮挡。如果辐射器的安装高度不高，而且安装角度又小，则辐射的红外光束容易被人遮挡，这会影响接收器的正常接收。

通过分析，可以看出以下带有普遍意义的重要结论：

（1）在一定安装高度下，安装角度 θ 越大，覆盖区域 A（$A=L\times W$）越大；

（2）在一定安装角度下，安装高度 H 越高，则覆盖区域 A 越小；

（3）在一定条件下，辐射器的输出功率越大，覆盖区域 A 也越大；

（4）辐射器的使用通道数越多，则覆盖区域 A 越小，如图 6-16 所示；

（5）应该指出，辐射器辐射区域的大小还与信噪比 S/N 有关，以上辐射区域的大小一般指信噪比为 40dB（A）；若信噪比减小，则辐射区域将增大。

四、红外辐射器的布置示例

在设计同声传译系统时，除了根据实际需要选择设备的品牌、型号和数量外，其中很重要的是根据现场条件进行红外辐射器的选择与布置。这里，应该注意的有：

（1）首先，应保证会议厅全部处于红外信号的覆盖区域内，并有足够强度的红外信号。图 6-17～图 6-19 是红外辐射器布置的三个示例。图 6-18 中若用两只辐射器即可覆盖全场，则这两只辐射器以对角相对布置比安装同一边的两角为好。

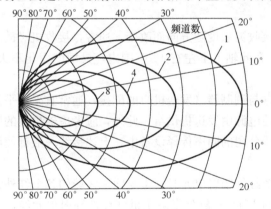

图 6-16 从 1、2、4 和 8 个频道的辐射覆盖范围
可见频道数增多，覆盖范围减小

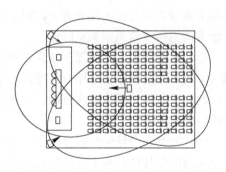

图 6-17 红外辐射器布置示例之一

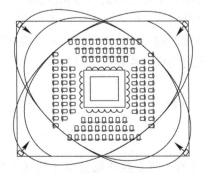

图 6-18 红外辐射器布置示例之二

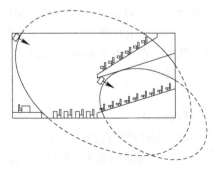

图 6-19 红外辐射器布置示例之三

（2）红外光的辐射类似可见光，大的和不透明的障碍物会产生阴影，使得信号的接收有所减弱，而且移动的人和物体也会产生类似问题。为此，辐射器要安装在足够高的高度，使得移动的人也无法遮挡红外光。此外，红外光也会被淡色光滑表面所反射，被暗色粗糙表面所吸收。因此，在布置辐射器时，首先要保证对准听众区的直射红外光畅通无阻，其次要尽量多地利用漫反射光（主要是早期反射光），以使室内有充足的红外光强。

（3）会议厅要尽可能避免太阳光照射，否则日光将导致红外信号接收的信噪比下降。为此，可用不透光的浅窗帘遮挡。同样，白炽灯和暖气加热器也会辐射高强度的红外光，因此在这些环境中就必须安装多一些红外辐射器。同理，若会议在室外明亮的日光下举行，则也要增加辐射器数量。

（4）安装红外辐射器的数量，除了上述与会议厅面积大小、形式以及环境照明有关系，还与同声传译的语种数有关。当语种数增多时，由于每个语种占用功率减少，故也应增加辐射器数量。通常应适当增加 1～2 只。

（5）辐射器安装时不宜面对大玻璃门或窗。因为透明的玻璃表面不能反射红外光，而且还有可能因红外光泄漏室外而产生泄密。当然，此时也可用厚窗帘等不透光物体进行遮挡。

（6）若室内使用如电子镇流器等的节能型荧光灯，其会产生振荡频率约为 28kHz 的谐波干扰，这要影响低频道（即 0～3 频道）的信号接收。同样，在这种背景干扰电平较高的会议厅中，也有必要增设辐射器。

（7）红外接收机也有一定指向性，即接收灵敏度随方向而改变。通常，接收机竖放时其最大灵敏方向在正面斜上方 45°方向上。在此轴上下左右 45°范围内，灵敏度变化不大，其余方向的接收效果则明显降低。

（8）在接线上，尤其要注意译员控制盒与调制器（发送机）的配接，通常宜采用平衡输入形式。辐射器往往采用有线遥控，遥控电源由发送机供给。此外，应考虑输出线的配接问题，防止接地不当造成自激。在飞利浦公司的同声传译设备中，上述接线一般都使用专用的配线电缆。

（9）需要在会场红外服务区内安装多个红外辐射单元时，覆盖同一区域的各个红外辐射单元间的信号延时差不宜超过载波周期的 1/4。从红外发射主机到红外辐射单元经过同轴线缆进行传输，线缆传输会产生时延（延时常数为 5.6ns/m）。由于多个红外辐射单元与红外发射主机之间的线缆长度不等，导致红外辐射单元之间的信号相位会产生差别，从而导致信号重叠区的接收信号变差，甚至出现红外信号接收盲区。实际工程中，覆盖同一区域的两个红外辐射单元间的信号延时差不超过载波周期的 1/4 时，信号重叠区的接收信号变差状况不明显，两个红外辐射单元到红外发射主机的连接线缆总长度差允许的最大值可通过以下公式计算：

$$L = 1/(4 \cdot f \cdot t)$$

式中　f——载波频率；

　　　t——线缆传输延时常数，为 5.6ns/m。

例：对于调频副载波频率为 2MHz 的信号通道。两个红外辐射单元到红外发射主机的连接线缆总长度差不宜超过 $1/(4 \times 2 \times 10^6 \times 5.6 \times 10^{-9}) \approx 22m$。

解决信号干涉问题有两种途径：一是尽可能使各红外辐射单元到红外发射主机的连接

线缆总长度接近等长。二是调节各个红外辐射单元的延迟时间，使各红外辐射单元的信号相位接近一致。当用串行连接方式连接红外发射主机和各红外辐射单元时，应尽可能使从红外发射主机引出的线种对称。为使各红外辐射单元到红外发射主机的连接线缆总长度等长，也可以将各红外辐射单元与红外发射主机采用等长的线缆进行星形连接。这种方式通常会造成连接线缆很大的浪费，因此一般不推荐采用。如红外辐射单元具有延时补偿功能，可以在系统安装调试时，调节各个红外辐射单元的延迟时间，使各红外辐射单元的信号相位接近一致。

（10）时延差引起的干涉效应

当两个辐射器的落地面积部分重叠，总的覆盖面积可能大于两个分开的辐射落地面积之和。如图 6-20 所示，因接线长度相等，延时相同，故在重叠区中的两个辐射器的信号同相相加，使得辐射覆盖面积加大。但是，接收机从两个或多个辐射器接收到的信号，由于延时差异，也可能形成互相抵消（干涉效应）。在最坏的情况下，在某些点可能完全收不到信号（盲点），如图 6-21 所示。载波频率越低，易受延时差影响的机会越少。

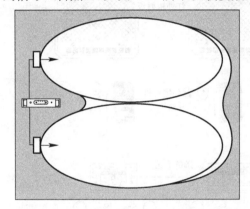

图 6-20　辐射能量相加造成覆盖面积加大

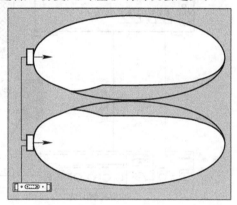

图 6-21　信号延时不同造成覆盖面积变小

信号延时可以用辐射器的延时补偿开关补偿。信号延时差由发射机到各个辐射器的距离不同或电缆接线长度不同引起的，为了最大程度避免产生"盲点"，尽可能使用同样长的电缆连接发射机和各辐射器（图 6-22）。

当用串接的方式连接发射机和各辐射器时，线路应该尽量对称（图 6-23 和图 6-24），电缆信号延时也可以用辐射器内部的信号延时开关补偿。

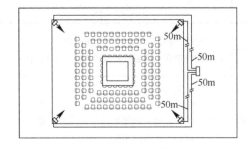

图 6-22　等长电缆连接的辐射器

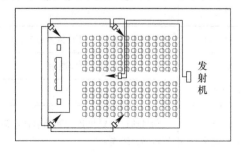

图 6-23　辐射器线路的不对称连接（应避免）

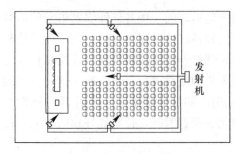

图 6-24 辐射器线路的对称连接（推荐）

五、红外语言分配系统

红外语言分配系统又称红外旁听系统，它是红外同声传译系统的一个组成部分。图 6-25 是同声传译系统与红外语言分配系统结合的系统图。图中上半部就是红外语言分配系统（红外旁听系统），它是由红外发射机、红外辐射器、红外接收机（含耳机）三部分组成。

应该指出，红外旁听系统与前述红外会议讨论系统（图6-6）是不同的。主要不同之处在于有无译员单元，此外在信号传输与系统连接、发射与接收以及辐射功率等方面也有一定的区别，参见表 6-7。

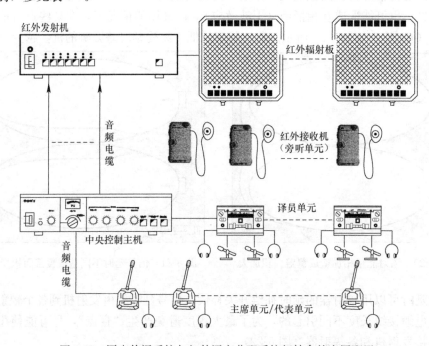

图 6-25　同声传译系统与红外语言分配系统相结合的应用配置

红外旁听系统与红外线会议讨论系统的对比　　表 6-7

设备单元	红外旁听系统	红外线会议系统
辐射器（板）	仅发射不接收；LED 数量达数百只	发射器/接收器集成为一个独立单元，收/发器内置于发言单元，既能发射又能接收，双向通信
红外接收机	仅接收不发射；单向通信	
辐射功率	较大，覆盖范围大	较小，覆盖范围较小
信号传输与系统连接	信号通过发射机传输到辐射器，辐射器可多台级连	信号经主控机或内置发言单元经分配器中继与辐射器连接，不能直接相连
尺寸	更大	较大

六、辐射器布置的工程实例

图 6-26 是上海某艺术中心具有 300 座位的豪华型电影与会议两用厅，面积约为 370m²，要求有四种语言的同声传译系统。该厅使用两个辐射器，安装在前方左右两侧高约 8m 的顶棚板上，朝向观众席。另外，还设有备用出线盒。顺便指出，图 6-26 的译员室设在后面，这主要是建筑上的考虑，但从同声传译角度来看并不理想。因为译员距离主席台较远，看不清发言者的口形变化，亦即翻译时不能跟着发言者节奏变化。所以，译员室最好设在主席台附近的两侧。此外，若考虑主席台上坐着多位代表，则如图 6-17 所示，宜在厅中央吊顶再配一个辐射器。

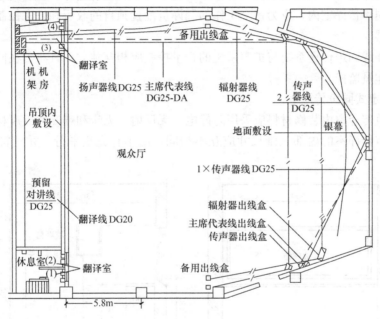

图 6-26　红外同声传译设计示例

图 6-27 为其同声传译系统图，使用 PHILIPS 公司的中央控制器为 LBB 3500/00，发射机为 LBB 3420/00，有 0～15 的 16 个频道，各频道载波频率为 55～695kHz，4 种语言只要用其中 4 个频道传送即可。红外辐射器为 LBB 3412/00 型，信号输入为 0.8～8V（1kΩ），红外辐射输出功率 2.5W。接收机为 LBB 3432/00 型，频道与发送机相对应，接收所需要的红外光为 4mW/m²。整个系统（从发射机到听者接收机的耳机）的性能如下：频响为 100Hz～12.5kHz（−3dB），谐波失真 4%，串音衰减大于

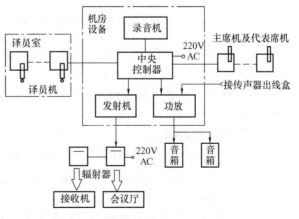

图 6-27　同声传译系统

50dB，信号噪声比大于 40dB（A）。由此可见，其音质很好，可与固定有线式同声传译系统相媲美。

七、同声传译室

（一）一般要求

（1）同声传译室应位于会议厅的后部或侧面。

（2）同声传译室与同声传译室、同声传译室与控制室之间应有良好的可视性，翻译员宜能清楚地观察到会议厅内所有参会人员、演讲者、主席以及相关的辅助设施等。不能满足时，应在同声传译室设置显示发言者影像的显示屏。

（3）在同声传译室内，应为每个工作的翻译员配置独自的收听和发言控制器，并联动相应的指示器。

（4）红外线同声传译系统与扩声系统的音量控制应相互独立，宜布置在同一房间，并由同一个操作员监控。

（二）固定式同声传译室

（1）同声传译室内装修材料应采用防静电、无反射、无味和难燃的吸声材料。

（2）同声传译室的内部三维尺寸应互不相同，墙不宜完全平行，并应符合下列规定（图 6-28）：

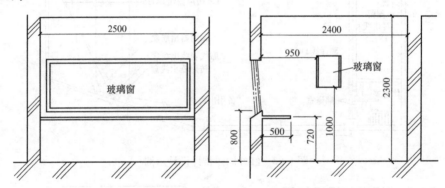

图 6-28 译员室规格（ISO 2603）（单位：mm）

1）两个翻译员室的宽度应大于或等于 2.50m，三个翻译员室的宽度应大于或等于 3.20m；

2）深度应大于或等于 2.40m。

（3）高度应大于或等于 2.30m。

同声传译室的混响时间宜为 0.3s～0.5s。

（4）同声传译室墙壁的计权隔声量宜大于 40dB。

（5）同声传译室的门应隔声，隔声量宜大于 38dB。门上宜留不小于 0.20m×0.22m 的观察口，也可在门外配指示灯。

（6）同声传译室的前面和侧面应设有观察窗。前面观察窗应与同声传译室等宽，观察窗中间不应有垂直支撑物。侧面观察窗由前面观察窗向侧墙延伸不应小于 1.10m。观察窗的高度应大于 1.20m，观察窗下沿应与翻译员工作台面平齐或稍低。

（7）同声传译室的温度应保持在 18～22℃，相对湿度应在 45%～60%，通风系统每小时换气不应少于 7 次。通风系统应选用低噪声产品，室内背景噪声不宜大于 35dB（A）。

（8）翻译员工作台长度应与同声传译室等宽，宽度不宜小于 0.66m，高度宜为 0.74m ±0.01m；腿部放置空间高度不宜小于 0.45m。工作台面宜铺放减振材料。

（9）同声传译室照明应配置冷光源的定向灯，灯光应覆盖整个工作面。灯具亮度可为高低两档调节；低档亮度应为 100～200lx，高档亮度不应小于 300lx；也可为 100～300lx 连续可调。

（三）移动式同声传译室

（1）移动式同声传译室应采用防静电、无味和难燃的材料，内表面应吸声。

（2）移动式同声传译室空间应满足规定数量的翻译员并坐、进出不互相干扰的要求，并应符合下列规定：

1）空间宽敞时宜采用标准尺寸。一个或两个翻译员时的宽度应大于或等于 1.60m，三个翻译员时的宽度应大于或等于 2.40m；深度应大于或等于 1.60m；高度应大于或等于 2.00m。

2）因空间限制不能应用标准尺寸时，一个或两个翻译员使用的移动式同声传译室的宽度应大于或等于 1.50m，深度应大于或等于 1.50m，高度应大于或等于 1.90m。

（3）移动式同声传译室的混响时间应符合前述（二）的固定式同声传译的规定。

（4）移动式同声传译室墙壁计权隔声量宜大于 18dB（1kHz）。

（5）移动式同声传译室的门应朝外开，带铰链，不得用推拉门或门帘；开关时应无噪声，并且门上不应有上锁装置。

（6）移动式同声传译室的前面和侧面应设有观察窗。前面观察窗应与同声传译室等宽；中间垂直支撑宽度宜小，并不应位于翻译员的视野中间。侧面观察窗由前面观察窗向侧面延伸不应小于 0.60m，并超出翻译员工作台宽度 0.10m 以上。观察窗的高度应大于 0.80m，观察窗下沿距翻译员工作台面不应大于 0.10m。

（7）移动式同声传译室的通风系统每小时换气不应小于 7 次。通风系统应选用低噪声产品，室内背景噪声不宜大于 40dB（A）。

（8）翻译员工作台的长度应与移动式同声传译室等宽，宽度不宜小于 0.50m，高度宜为 0.73m±0.01m；腿部放置空间高度不宜小于 0.45m。工作台面宜铺放减振材料。

（9）移动式同声传译室照明应符合前述（二）的固定式同声传译的规定。

八、线缆敷设

（1）室内线缆的敷设应符合下列规定：

1）应采用低烟低毒、阻燃线缆。

2）（红外发射）控制主机至红外辐射单元之间信号电缆应采用金属管、槽敷设。

3）信号电缆和电力线平行时，其间距应大于或等于 0.3m；信号电缆与电力线交叉敷设时，宜相互垂直。

4）建筑物内信号电缆暗管敷设与防雷引下线最小净距应符合表 6-8 的规定。

（2）室外线缆的敷设应符合下列规定：

1）信号电缆在通信管内敷设时，不宜与通信电缆共用管孔。

信号电缆暗管敷设与防雷引下线最小净距（mm）　　　　　　　　表 6-8

管线种类	平行净距	垂直交叉净距
防雷引下线	1000	300

2）线缆在沟道内敷设时，应敷设在支架上或线槽内。当线缆进入建筑物时，应进行防水处理。

3）当传输线缆与其他线路共沟敷设时，最小间距应符合表 6-9 的规定。

电缆与其他线路共沟的最小间距（m）　　　　　　　　表 6-9

种　类	最小间距
220V 交流供电线	0.5
通信电缆	0.1

（3）信号线路与具有强磁场、强电场的电气设备之间的净距应大于 1.5m；当采用屏蔽线缆或穿金属保护管，或在金属封闭线槽内敷设时，宜大于 0.8m。

（4）敷设电缆时，多芯电缆的最小弯曲半径应大于其外径的 6 倍；同轴电缆的最小弯曲半径应大于其外径的 15 倍；光缆的最小弯曲半径不应小于其外径的 15 倍。

（5）线缆槽敷设截面利用率不应大于 60%，线缆穿管敷设截面利用率不应大于 40%。

（6）传输方式与布线应根据信号分辨率与传输距离确定，并宜符合表 6-10 的规定。

传输方式与布线要求　　　　　　　　表 6-10

信号分辨率	传输距离	传输方式	传输线缆
XGA 及以下	≤15m	模拟或数字传输方式	RGB 同轴屏蔽电缆或 DVI 屏蔽电缆
	>15m	数字传输方式	DVI 屏蔽电缆或光缆＋均衡器
SXGA 及以上	≤10m	模拟或数字传输方式	RGB 同轴屏蔽电缆或 DVI 屏蔽电缆
	>10m	数字传输方式	DVI 屏蔽电缆或光缆＋均衡器
HDTV	≤15m	模拟或数字传输方式	RGB 同轴屏蔽电缆或 DVI 屏蔽电缆
	>5m	数字传输方式	HDMI、DisplayPort 屏蔽电缆或 DVI 屏蔽电缆或光缆＋均衡器
IP 视频	≤100m	网络传输方式	超 5 类及以上类别对绞电缆
	>100m	网络传输方式	超 5 类及以上类别对绞电缆＋均衡器

第四节　数字会议系统设计举例

一、BOSCH 数字网络会议（DCN）系统

（一）系统组成

BOSCH（博世）的数字会议网络（DCN）系统（顺便指出，本系统原为 Philips 公司产品，现已被博世 BOSCH 公司收购）是在我国广泛应用的一种会议系统，是全数字化的会议系统。其中央控制器（主机）LBB 3500 系列集会议讨论、表决和同声传译于一体，配以相应的主席机、代表机和译员机等，即可满足各种功能的会议要求。图 6-29 是其典

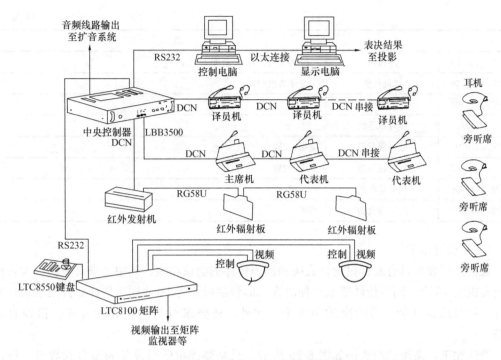

图 6-29　博世 DCN 会议系统图

型系统组成。BOSCH 的 DCN 数字会议系统的主要设备如表 6-11 所示。下面先介绍 DCN 的几种中央控制器。

<table>
<tr><td colspan="3" align="center">**BOSCH DCN 数字会议系统主要设备**</td><td align="right">表 6-11</td></tr>
<tr><td align="center">型　　号</td><td align="center">品　　名</td><td colspan="2" align="center">说　　明</td></tr>
<tr><td>LBB 3500/05</td><td>标准型中央控制器</td><td colspan="2">无机务员的会议控制，可向≤90 台发言单元提供电源</td></tr>
<tr><td>LBB 3500/15</td><td>增强型中央控制器</td><td colspan="2">由机务员控制会议，可配 PC 机控制，可向≤180 台发言单元供电</td></tr>
<tr><td>LBB 3500/35</td><td>多中央控制器</td><td colspan="2">用于 240 台以上发言单元</td></tr>
<tr><td>LBB 3506/00</td><td>增容电源</td><td colspan="2">与中央控制器配合，可增加 180 台发言单元供电</td></tr>
<tr><td>LBB 3544/00</td><td>标准表决代表机</td><td colspan="2">表决机，配话筒可增加发言，讨论功能</td></tr>
<tr><td>LBB 3545/00</td><td>表决＋传译代表机</td><td colspan="2">带通道选择器，可供同声传译用</td></tr>
<tr><td>LBB 3546/00</td><td>表决＋传译代表机</td><td colspan="2">加带 LCD 显示和身份卡读出器</td></tr>
<tr><td>LBB 3547/00</td><td>表决＋传译主席机</td><td colspan="2">加带 LCD 显示和身份卡读出器</td></tr>
<tr><td>LBB 3530/00</td><td>标准讨论代表机</td><td colspan="2">讨论式会议用</td></tr>
<tr><td>LBB 3530/50</td><td>标准讨论代表机</td><td colspan="2">同上，话筒为加长杆</td></tr>
<tr><td>LBB 3531/00</td><td>讨论＋传译代表机</td><td colspan="2">加带通道选择器，可供讨论＋同声传译用</td></tr>
<tr><td>LBB 3531/50</td><td>讨论＋传译代表机</td><td colspan="2">同上，话筒为加长杆</td></tr>
<tr><td>LBB 3533/00</td><td>标准讨论主席机</td><td colspan="2">讨论式会议用</td></tr>
<tr><td>LBB 3533/00</td><td>标准讨论主席机</td><td colspan="2">同上，话筒为加长杆</td></tr>
<tr><td>LBB 3534/00</td><td>讨论＋传译主席机</td><td colspan="2">加带通道选择器</td></tr>
<tr><td>LBB 3534/50</td><td>讨论＋传译主席机</td><td colspan="2">同上，话筒为加长杆</td></tr>
</table>

续表

型　号	品　名	说　明
LBB 3520/10	译员机	带 LCD 显示，可适配 15 个语种
LBB 9095/30	译员耳机	与译员机配接
LBB 3440/00	轻型耳机	
LBB 3442/00	挂耳单耳机	
LBB 3410/05	红外辐射器	宽束，2W
LBB 3410/15	红外辐射器	窄束，2W
LBB 3411/00	红外接收器	12.5W
LBB 3412/00	红外接收器	25W

（二）设计示例

某会议厅要求具有发言讨论、表决和同声传译的会议功能，其中要求有表决、发言权的代表机为 45 个，同声传译要求六种语言，即包括母语为 1＋6 同声传译，并要求对代表具有身份卡认证功能。旁听席约 100 个。此外，还要求对与会代表发言进行摄像自动跟踪。

设计如下：系统的组成仍如图 6-29 所示，只是要确定所用设备的型号和数量。设计如表 6-12 所示。由于要求代表机和主席机具备发言讨论、表决和同声传译等功能，故选用具有这些功能的代表机为 LBB3546/00（配 LBB 3549/00 标准话筒）和主席机为 LBB 3547/00（配以 LBB 3540/50 长颈话筒）。所用的主席机和代表机型号是高档的多功能机，除具备一般的主席机和代表机的发言讨论、表决和同声传译功能（其中带通道选择器用于同声传译，机内平板扬声器的声音清晰，当话筒发言时自动静音，避免啸叫等）外，还增设身份认证卡读卡器和带背景照明的图形 LCD 显示屏。读卡器可用以识别代表身份和情况，并可在 LCD 显示屏上显示出个人情况、表决结果等信息。

系统示例的设备清单　　　　　　　　　　　　　　　　　　　　表 **6-12**

设备型号	数　量	说　明
会议控制主机		
（1）LBB 3500/15	1	增强型中央控制器（180 PCF）
会议发言/表决单元		
（2）LBB 3547/00	1	主席机带 LCD 屏幕
LBB 3549/50	1	长话筒
（3）LBB 3546/00	45	代表机带 LCD 屏幕
LBB 3549/00	45	标准话筒
（4）LBB 3516/00		100km DCN 安装电缆
同声翻译单元		
（5）LBB 3520/10	6	译员台 带背照光
LBB 3015/04	6	动圈式耳机

设 备 型 号	数　量	说　　　明
(6) LBB 3420/00	1	红外线发射机箱
LBB 3421/00	2	频道模块（4通道/模块）
LBB 3423/00	1	接门器模块（DCN用）
LBB 3424/00	1	基本模块
(7) LBB 3433/00	50	七路红外线接收机
LBB 3440/00	50	轻型耳机
(8) LBB 3412/00	2	红外辐射板，25W
(9) RG58U		50Ω同轴电缆（200m，辐射板用）
(10) LBB 3404/0	1	接收机储存箱（可装100个接收器）
摄像联动系统		
(11) LTC 8100/50	1	ALLEGIANT 8100系统，8路视频输入/2路视频输出
(12) LTC 8555/00	1	视频控制矩阵键盘
(13) G3ACS5C	2	G3室内顶棚式彩色摄像机模块，数码遥控，室内吊顶用，透明球罩，$24V_{ac}$，50Hz
身份卡认证		
(14) LBB 3557/00	1	晶片型身份编码器
(15) LBB 3559/05	100	晶片型身份认证卡（100张）

注：表中尚未包括相应软件和附件。

二、台电（TAIDEN）全数字会议系统

(一) 概述

2004年，深圳台电公司自主开发出 MCA-STREAM 多通道音频数字传输技术，将数字音频技术和综合网络技术全面地引入到会议系统中，推出一套64通道的全数字会议系统。基于 MCA-STREAM 技术的 HCS-4100 全数字会议系统可实现：

(1) 一条专用的六芯电缆（兼容通用的带屏蔽超五类线）可传输多达64路的原声和译音信号，避免采用复杂的多芯电缆，大大方便了施工布线，增强了系统的可靠性；

(2) 在传输过程中信号的质量和幅度都不会衰减，彻底地解决了音响工程中地线带来的噪声和其他设备（如舞台灯光、电视录像设备等）引起的干扰，信号的信噪比达到96dB，串音小于85dB，频响达到40~16kHz，音质接近 CD 品质；

(3) 长距离传输同样能提供接近 CD 的高保真完美音质，适用于从中小型会议室到大型会议场馆、体育场等多种场合。

(4) 利用全数字技术平台实现了双机热备份、发言者独立录音功能、集成的内部通话功能等多项创新功能。

HCS-4100 全数字会议系统由会议控制主机、会议单元和应用软件组成，并采用模块化的系统结构。只需把 HCS-4100 全数字会议系统的会议单元手拉手连接起来，就可以组成各种形式的会议系统。

图 6-30 是使用台电 HCS-4100 主机构成具有发言管理、投票表决、同声传译及摄像自动跟踪功能的全数字会议系统示例。它可实现如下功能：

（1）会议发言管理功能（会议讨论功能）；

（2）有线及无线投票表决功能；

（3）同声传译功能，量多可实现 63＋1 种语种的有线同声传译；

（4）摄像机自动跟踪功能；

（5）大屏幕投影显示功能；

（6）IC 卡签到功能

此外，会议最多可连接 4096 台会议单元及 10000 台无线表决单元。配置数字红外线语言分配系统可实现更多的代表加入会议（数量不受限制）。

作为示例，假设会议代表有 3500 人，会场面积 4000m²，其中需要发言的人数为 100 人，其余代表都要求具有投票表决及同声传译功能，参与会议的代表分别来自 12 个不同语种的国家，设备配置如表 6-13 所示。

系统设备清单

表 6-13

型　号	设备名称	数量	型　号	设备名称	数量
HCS-4100MA/20	控制主机	1	HCS-3922	接触式 IC 卡	3500
HCS-4386C/20	主席单元	1	HCS-5100M/16	16 通道红外线发射主机	1
HCS-4386D/20	代表单元	99	HCS-5100T/35	红外线发射单元	30
HCS-4100ME/20	扩展主机	1	HCS-5100R/16	16 通道红外线接收单元	3400
HCS-4100MTB/00	投票表决系统主机	6	HCS-5100PA	头戴式立体声耳机	3524
HCS-4390BK	无线表决单元	3400	HCS-5100KS	红外线接收单元运输箱	34
HCS-4391	RF 收发器	1	HCS-4311M	会议专用混合矩阵	1
HCS-4385K2/20	翻译单元	24	*HCS-3313C	高速云台摄像机	5
HCS-4110M/20	8 通道模拟音频输出器	2	HCS-4215/20	视频控制软件模块	1
HCS-4210/20	基础设置软件模块	1	*CBL6PS-05/10/20/30/40/50	6 芯延长电缆	9
HCS-4213/20	语筒控制软件模块	1	＃	控制电脑	5
HCS-4214/20	表决管理软件模块	1	＃	投影仪或其他显示设备	2
HCS-4216/20	同声传译软件模块	1	＃	会场扩声系统	1
HCS-4345B	发卡器	1			

注：＃根据用户需要而定，*根据会场布局而定。

（二）系统设备

1. HCS-4100MA/20 会议控制主机

会议控制主机是数字会议系统的核心设备，它为所有会议单元供电，也是系统硬件与系统应用软件间的连接及控制的桥梁。

（1）与控制计算机通过局域网连接，可实现会议系统远程控制、远程诊断和系统升级。

（2）可实现双机热备份，备份机自动切换。

（3）多个独立会议系统扩展成为更大的会议系统。

（4）可设置 IP 地址，在一条 6 芯网线上最多可双向传送 64 个语种或计算机信息。

（5）实现会议发言管理功能、投票表决功能（有线）和同声传译（有线）功能。

（6）6 路会议单元输出端口，每路最多可连接 30 台会议单元（代表机和主席机），每台控制主机最多可支持 6×30 台＝180 台会议单元（HCS-4386D）。

2. HCS-4110M8 通道模拟音频输出器

D/A 转换，8 通道模拟音频输出，供扩声系统、模拟录音、无线同声传译和监听耳机使用。

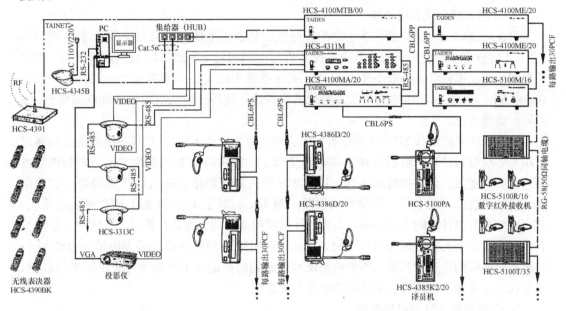

图 6-30 具有发言管理、投票表决、同声传译、投影显示和自动跟踪摄像等功能的智能会议系统

3. HCS-4100MTB/00 无线投票表决控制机

（1）与主控计算机通过 TCP/IP 网络协议连接控制，内设 IP 地址。

（2）与 HCS-4391 表决发射机和 HCS-4390AK 无线投票表决单元连用，最多可使用10000 个无线投票表决单元。

4. HCS-5100M/16 16 通道红外发射主机

（1）有 4 通道/8 通道/16 通道模拟音频输入。两台发射机级联，最多可传送 32 种语言。

（2）采用 2～6MHz 频分（FDM）多路副载频调制技术。

（3）与 HCS-5100T 红外线发射板连接，产生 15W/25W/35W 多种红外线发射功率。

（4）15W 的最大有效作用距离为 30m；25W 的最大有效作用距离为 50m；35W 的最大有效作用距离为 97m。（发射角水平±40°，垂直±22°）。

（5）与 HCS-5100R（4～32 通道）红外线接收机配套使用。

5. 摄像机自动跟踪拍摄系统

自动拍摄系统由 HCS-3313C 摄像机、HCS-4311M 音视频/VGA 混合矩阵切换台组成。

（1）HCS-4310M：16×8 视频切换矩阵，可与计算机及智能中央集中控制系统连接，实现摄像机自动跟踪。

（2）HCS-4311M：8×4 视频矩阵、4×1VGA 矩阵和 6×1 音频矩阵，可与计算机及智能中央集中控制系统连接，实现摄像机自动跟踪拍摄。

6. HCS-4100ME 会议扩展主控机

每台 HCS-4100MA 会议控制主机最多可连接 180 台会议单元，需连接更多会议单元时可采用 HCS-4100ME 扩展主控机。每台扩展主控机最多可连接 180 台会议单元。

（三）台电全数字会议系统若干创新功能

1. 高速大型会议表决系统

目前，国际上大型会议表决系统的普遍做法是表决系统主机与表决器间通过 RS-485（半双工传输协议）接口连接，表决系统主机与电脑通过 RS-232 串口连接。RS-485 接口的数据传输速率较低，一般小于 20kb/s，表决系统主机对一个表决器查询的时间一般在 10ms 以上。对于一个 1000 席的大型会议表决系统，进行一轮表决结果查询就需要近 10s 时间，显得太长。

台电表决系统的 TAIDEN 高速有线表决器内置高性能 CPU，并与表决系统主机通过专用 6 芯线进行连接，数据传输速率达到全双工 100Mb/s，表决系统主机与电脑也通过高速以太网连接。代表按键表决后，TAIDEN 表决器立即将表决结果以 100Mb/s 的速率主动传输给表决系统主机，传输时间仅需不到 1ms。对于 1000 席的大型会议表决系统，其表决结果的统计时间不到 1ms，表决统计速度提高了约 1 万倍！在这个系统中，任何位置的代表按三个表决键的任何一个时，都可以实时地看到对应按键的表决结果自动加 1，这种实时响应的速度是其他大型表决系统难以做到的，避免了以往等待表决结果的尴尬，也令代表非常容易地感受到系统的准确性而无悬念。

2. 会议系统主机双机热备份

会议系统主机双机备份是重大会议场合必备的功能，在会议系统中会议系统主机起着给会议单元供电和控制整个会议系统过程的作用。当会议系统主机的 CPU 死机或者出现故障，就会导致整个会议系统的瘫痪。以往的做法是另行配备一套一样的主机，一旦出现意外，就换主机。采用这种方式，会议发言、同声传译等工作都难免要中断，影响了会议的顺利进行。

TAIDEN 全数字会议系统，可以实现会议系统主机的双机热备份。TAIDEN 全数字会议系统主机有主/从两种工作模式。对于重大会议场合，可以将一台备用的会议系统主机设置为从模式，连接到工作于主模式下的系统主机，当工作于主模式下系统主机出现"死机"等意外时，工作于从模式下系统主机会自动检测到这一意外情况，并自动启动，接替原主模式系统主机的工作。这一过程完全不会影响到与会者的发言和同声传译等工作，从而保证整个会议没有间断地顺利进行。

3. 发言者独立录音功能

在手拉手会议系统中，有多支会议话筒可以同时开启。目前国际上的会议系统主机都仅有混音输出，即输出由多支开启的会议话筒的音频信号的混音信号（有时还包括外部音频输入信号）。然而会议发言人的声音有大有小、音调有高有低，目前这种仅有混音输出的会议系统主机不能对各支开启的麦克风的音频特性进行单独修饰，对各支开启的会议话简单独录音的功能也无法实现。

TAIDEN 全数字会议系统在混音器的输入端给每一输入增设带音频输出的旁路音频输出电路，使含该音频输出装置的会议系统主机不仅可以输出所有开启的会议话筒混音后的音频信号，还可以对各支开启的麦克风的音频特性进行单独修饰或单独录音，适合各发言人以及组织者着重处理的需要。

4. 集成的内部通话功能

大型会议系统工程，特别是有同声传译功能的系统需要具有内部通话功能，即必须有一个从翻译员到主席、发言者到操作员处，或从操作员到主席或发言者处传输信息的音频通路。在会议过程中出现异常时（例如代表不用话筒就开始发言或其他紧急情况），翻译员就能通过内部通话功能，小心地通知主席和/或发言人。

TAIDEN 全数字会议系统采用独创 MCA-STREAM 多通道数字音频传输技术，可以在一根六芯线缆上同时传输 64 路音频数据及控制数据。当同声传译用不了 64 通道时，就可以把多余的通道用做内部通话的音频通道，而 TAIDEN 的一些会议单元也配备 LCD 菜单和相应的按键，配合操作员机和 TAID-EN 内部通信软件模块，即可为主席、与会代表、翻译员和操作员之间提供双向通话功能。这样集成的内部通话功能，无需另配设备。而早先的会议系统为实现内部通信功能需要另行配置内部通信电话，增加了成本，安装和使用也不方便。

5. 无纸化多媒体会议系统

顺便指出，近年来（2010 年），台电还首先开发出无纸化多媒体会议系统（HCS-8300 系列）。这种无纸化多媒体会议系统，是将传统会议中的文件、发言稿等纸张，以电子版的形式显示在屏幕上，可以很方便地进行阅读、批示或传送到所有与会人员的屏幕终端或大屏幕上。

第五节　会议系统的配套设备

一、会议签到系统

（一）类型

会议签到系统是数字会议系统的重要组成部分，它有如下几种类型：

（1）按键签到：与会代表按下具有表决功能的会议单元上的签到键进行签到。

（2）接触式 IC 卡签到：与会代表在入场就座后将（接触式）IC 卡插入会议单元内置的 IC 卡读卡器，即可进行接触式的 IC 卡签到，适于中小型会议使用。

（3）1.2m 远距离会议签到系统（通常设在出入口）。

代表只需佩戴签到证依次通过签到门便可自动签到，大大提高了签到速度。代表经过签到门时，显示屏立即显示代表的相关信息，包括代表姓名、照片、所属代表团和代表座位安排等信息。签到门口的摄像机拍摄代表相片，并与代表信息中的相片进行自动比对，获得认可后闸机自动放行。它适合大型的、重要的国际会议签到。

（4）10cm 近距离感应式 IC 卡会议签到系统（通常设在出入口）。

会议代表只要把代表证（IC 卡）靠近签到机，即可完成签到程序。该系统组成简单，造价不高，易于维护，适用于各种会场签到。

（二）会场出入口签到管理系统组成

会场出入口签到管理系统宜由会议签到机（含签到主机及门禁天线）、非接触式 IC 卡发卡器、非接触式 IC 卡、会议签到管理软件（包括服务器端模块和客户端模块）、计算机及双屏显卡组成，见图 6-31。

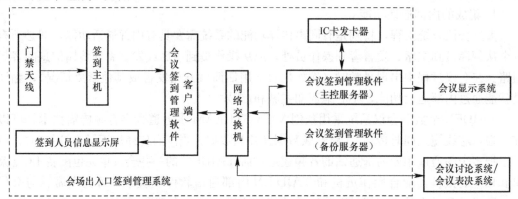

图 6-31　会场出入口签到管理系统的组成

会场出入口签到管理系统可分为远距离会场出入口签到管理系统和近距离会场出入口签到管理系统，如图 6-32 所示。

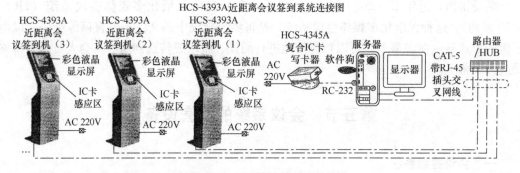

图 6-32　台电近距离会议签到系统

（三）会议签到系统的功能要求

（1）应为会议提供可靠、高效、便捷的会议签到解决方案；会议的组织者应能够方便地实时统计出席大会的人员情况，包括应到会议人数、实到人数及与会代表的座位位置。

（2）宜具有对与会人员的进出授权、记录、查询及统计等多种功能，在代表进入会场的同时完成签到工作。

（3）非接触式 IC 卡应符合以下要求：

1）IC 卡宜采用数码技术，密钥算法，授权发行；

2）宜由会务管理中心统一进行 IC 卡的发卡、取消、挂失、授权等操作；

3）IC 卡宜进行密码保护。

（4）宜配置签到人员信息显示屏，显示签到人员的头像、姓名、职务、座位等信息。

（5）应能够设置报到开始/结束时间，并应具有手动补签到的功能。

（6）可自行生成各种报表，并提供友好、人性化的全中文视窗界面，支持打印功能。

（7）可生成多种符合大会要求的实时签到状态显示图，并可由会议显示系统显示。

（8）可分别为会议签到机、会场内大屏幕、操作人员、主席等提供不同形式和内容的签到信息显示。

（9）代表签到时，可自动开启其席位的表决器，未签到的代表其席位的表决器应不能使用。

（10）应具备中途退场统计功能。

（11）各会议签到机宜采用以太网连接方式，并应保证与其他网络系统设备进行连接和扩展的安全性。

（12）某个会议签到机发生故障时，不应影响系统内其他会议签到机和设备的正常使用。若网络出现故障，应保证数据能即时备份，网络故障恢复后应能自动上传数据。

二、会议摄像跟踪系统

会议摄像系统分为会场摄像和跟踪摄像。通常由图像采集、图像传输、图像处理和图像显示部分组成（图 6-33）。

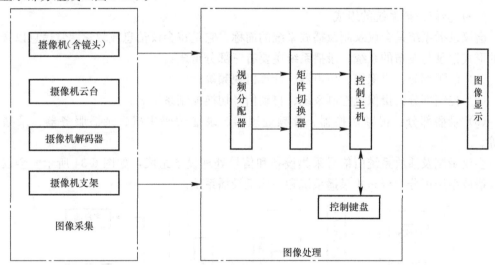

图 6-33　会议摄像系统

会议摄像跟踪摄像机的要求：

（1）跟踪摄像机应具有预置位功能，预置位数量应大于发言者数量。

预置位少于发言者数时，可以由外部控制器进行扩展，如操作键盘，摄像联动控制器。一般每一个具有发言功能的会议单元都需要一个预置位，即预存的云台摄像机定位信息。也可以只对部分会议单元，譬如主席台上的会议单元，设立预置位。如果是无人发言或多个人发言者一起发言，会议摄像机应给全景图像。

（2）摄像机镜头应根据摄像机监视区域大小设计使用定焦镜头或变焦镜头。

（3）摄像机镜头应具有光圈自动调节功能。

（4）模拟黑白摄像机水平清晰度不应低于 570 线，彩色摄像机水平清晰度不应低于 480 线。

（5）标准清晰度数字摄像机水平和垂直清晰度水平不应低于450线，高清晰度数字摄像机水平和垂直清晰度不应低于720线。

用于会议跟踪摄像机云台水平最高旋转速度不宜低于260°/s，垂直最高旋转速度不宜低于100°/s。

（6）摄像机云台应选择低噪声产品。

（7）摄像机云台信噪比不应小于50dB。

（8）摄像机最低照度不宜大于1.0lx。

（9）云台摄像机调用预置位偏差不应大于0.1°。

（10）当发言者开启传声器时，会议摄像跟踪摄像机应自动跟踪发言者，并自动对焦放大、联动视频显示设备，显示发言者图像。

（11）系统应具有断电自动记忆功能。

（12）会议摄像系统使用视频控制软件可对摄像机预置位与会议单元之间的对应关系进行设置。

三、会议录播系统

（一）会议录播系统的组成

会议录播系统是会议录制及播放系统的简称。它是将会议信息或教学课堂信息以音视频的形式记录与发布的系统。录播系统主要有三部分组成：

（1）信源部分：摄像机、传声器、计算机视频等；

（2）控制部分：摄像机控制系统、自动信号切换控制系统等；

（3）录播部分：视频切换器、音频处理器、录播编码主机、录播服务器、录播软件等。

会议录制及播放系统由信号采集设备和信号处理设备组成，如图6-34所示。会议录制及播放系统可分为分布式录播系统和一体机录播系统。

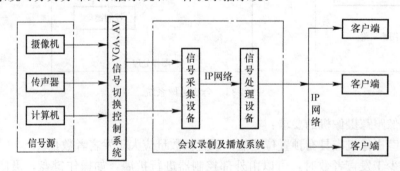

图6-34　会议录播系统

分布式录播系统中信号采集设备通常为各种信号编码器，如音视频编码器、VGA编码器等。信号处理模块通常为录播服务器。信号采集模块和信号处理模块之间通过IP网络进行通信。一体机录播系统集成信号采集设备和信号处理设备于一体。

（二）一体机录播系统

简易型会议室在中小企业事业单位比较常见，往往简易型会议室一般只具备简单的会议桌椅，能满足10人左右开会使用，墙壁也只布置简单的强电播座和网络接口，不具备音视频设备。简易型会议室在开会需要使用音视频设备时，一般都采用移动接入的方式完成；一台投影机、一台电脑、一个摄像头、一个麦克风即可完成整个会议使用要求。针对该类型会议室会议录制需求，例如可采用操作简单，体积小巧的锐取公司（桌面）多媒体录播一体机（CL210/CL1210 系列）。该一体机能完成实现对一路标清/高清视频信号和一路计算机 VGA 信号的录制，同时可进行小容量的直播，如图 6-35 所示。

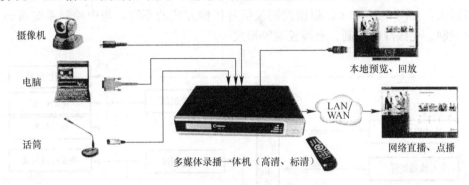

图 6-35　一体机录播系统

一体机录播系统的特点是：携带方便，操作简单，经济实用。一体机也可以通过网络进行传输和录播，如图 6-36 所示。

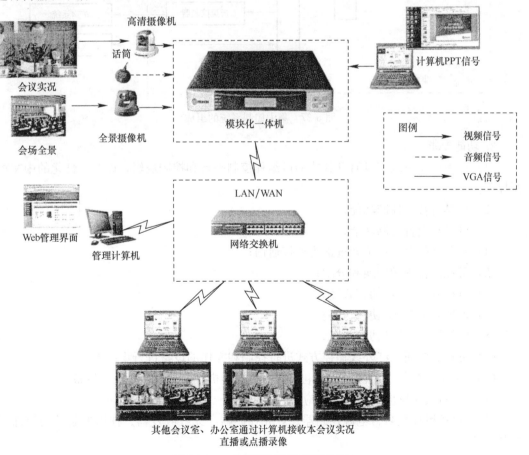

其他会议室、办公室通过计算机接收本会议实况
直播或点播录像

图 6-36　一体机通过网络进行录播

四、智能集中控制系统

（一）系统组成与功能要求

1. 组成

集中控制系统可由中央控制主机、触摸屏、电源控制器、灯光控制器、挂墙控制开关等设备组成，如图 6-37 所示。根据控制及信号传输方式的不同，集中控制系统可分为无线单向控制、无线双向控制、有线控制等形式。

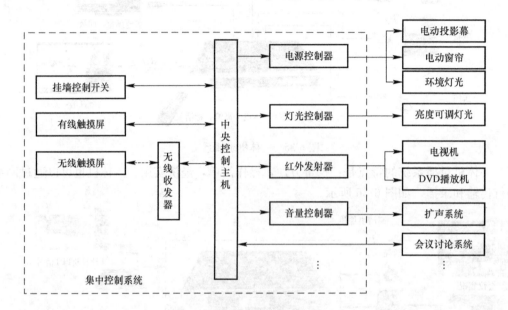

图 6-37 集中控制系统的组成

2. 功能要求

（1）集中控制系统宜具有开放式的可编程控制平台和控制逻辑，以及人性化的中文控制界面；

（2）宜具有音量控制功能；

（3）可具有混音控制功能；

（4）宜能够与会议讨论系统进行连接通信；

（5）可控制音视频切换和分配；

（6）可控制 RS-232 协议设备；

（7）可控制 RS-485 协议设备；

（8）可控制 RS-422 协议设备；

（9）可对需要通过红外线遥控方式进行控制和操作的设备进行集中控制；

（10）可集中控制电动投影幕、电动窗帘、投影机升降台等会场电动设备；

（11）可对安防感应信号联动反应；

（12）可扩展连接多台电源控制器、灯光控制器、无线收发器、挂墙控制开关等外围控制设备；

（13）宜具有场景存贮及场景调用功能；

（14）宜能够配合各种有线和/或无线触摸屏，实现遥控功能。

（二）集中控制系统的设计

快思聪（CRESTRON）集中控制系统

智能集中控制系统，就是对会议室或视听室的所有电子电气设备进行集中控制和管理，包括音响设备、视频投影设备、环境设备、计算机系统等。它可以控制信号源的切换、具体设备的操作、环境的变化等。控制方式可以采用：触摸屏式、手持无线或红外线式、有线键盘式以及计算机平台。目前，最有名的智能集中控制系统有两家：CRESTRON（快思聪）和 AMX。下面以 CRESTRON（快思聪）遥控系统为主进行说明。

（1）控制主机

图 6-38 是快思聪控制系统的组成。它由控制主机、控制器（用户界面）、控制卡、接口和软件等组成。控制主机是 CRESTRON 控制系统的核心，按档次依次有 CNRACKX、CNMSX-PRO、CNMSX-AV、STS（STS-CP）等型号。

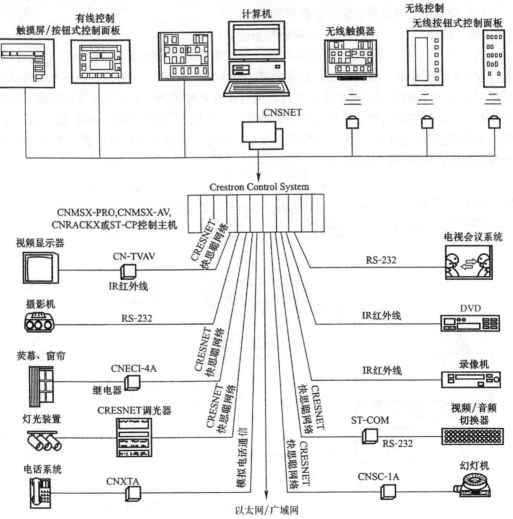

图 6-38 集中控制系统示意图

（2）触摸屏

作为用户的控制器（用户界面）有：有线和无线的触摸屏、按键式控制面板和计算机等。其中最常用、直观方便的控制器是触摸屏。触摸屏分有线式和无线式，按颜色又分为彩色和黑白两种。

此外，快思聪（CRESTRON）控制系统还配有一些控制键盘、接口和管理软件等。

（三）设计步骤

智能集中控制系统的设计步骤大致如下：

（1）确定系统中哪些设备需要控制；

（2）确定控制这些设备的控制方式；

（3）确定受控设备每一部分所需的控制功能；

（4）确定所需的 CRESTRON 控制设备；

（5）根据用户要求和系统的复杂性来选择控制器（用户界面）；

（6）画出控制系统图，明确布线和接口方式；

（7）控制系统的设备安装、编程和调试。

（四）设计举例——某大厦会议室集控系统

图 6-39 表示利用快思聪（CRESIRON）进行集控的会议室系统。该会议室具有会议发言和讨论管理功能，根据需要，要求设置 2 台主席机和 60 个代表机，并具有录音功能。采用 Philips 公司的产品，还要求设置投影机（正投）和视频展示台（实物投影仪）。根据用户要求和会议功能需要，要求受控的设备有：投影机、电动投影幕、实物投影仪、录像机、矩阵切换器、室内灯光、电动窗帘以及会议讨论扩声系统的扩声音量。这些受控设备及其控制方式如图 6-39 所示。

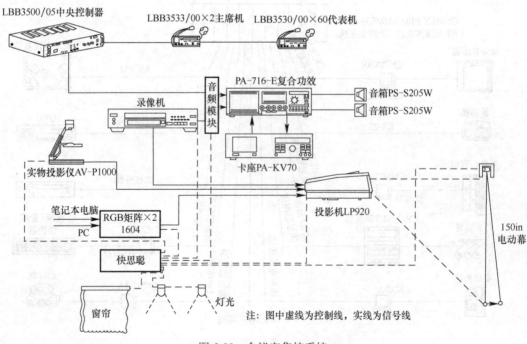

图 6-39　会议室集控系统

第六节　视频会议（会议电视）系统

一、视频会议系统的基本类型

可从通信网络（或传输介质）、传输内容、终端配置以及媒体选择等角度对视频会议系统进行分类。

（一）按通信网络不同对视频会议系统进行分类

若从所运行的通信网络上分，目前，视频会议系统主要包括如下类型：

基于专网或 DDN 网的视频会议系统：这类视频会议系统的主要特点是，一般运行在 128～384kb/s 速率下，提供中等质量服务，可以召开点对点视频会议。

基于局域网或广域网（LAN/WAN）的视频会议系统：这类视频会议系统的主要特点是，运行在局域网或广域网上，可提供 15～20 帧/s 的 CIF 或 QCIF 图像。

基于公用电话网（PSTN）的视频会议系统：这类视频会议系统的主要特点是，运行在公共电话网上，可提供 5～15 帧/s 的 QCIF 图像。

此外，还有基于互联网（Internet）的视频会议系统、基于综合业务数字网（ISDN）的视频会议系统和基于异步传输网（ATM）的视频会议系统等。

（二）按终端配置不同对视频会议系统进行分类

从视频会议终端（包括其外围设备）类型上分，由于应用的目的不同和应用的场合不同而有所区别，大体上可分为会议室型、桌面型和可视电话三大类。

1. 会议室视频会议系统（Meeting Rom Video Conference System）

会议室视频会议系统又可按会议的性质分为：

（1）通用会议室：适用于规模较大、对公众开放的视频会议业务，如行政工作会议、商务会议等，对图像质量、音响效果要求较高。目前，国内的各级公众视频会议系统都属于这一类。它在一个固定的会议室内安装了摄像机、编码器与通信设备等，与会者在会议室中参加会议。这类视频会议以常设于会议室中的高质量编解码器、高档摄像器材、显示设备为主要特征，主要以满意的音频和视频质量服务于行政部门、大型企业的领导及技术人员。会场面积一般要求可以容纳主要与会者近 10 人，收看会议者数十人左右。在这样的会议室里，会场的布置、光线的设置、室内音响系统的性能、背景颜色的选择、与会者和摄像机的距离、角度等都是经过周密考虑和设计的，可以获得较好的图像质量和音响效果。

（2）专业性会议室：主要用于学术研讨会、远程教学、医疗会诊等。它与通用会议室型视频会议系统的最大区别在于会议室的配置上，专业会议室除配置上述通用会议室的设备外，还必须根据实际需要增加供教学、学术用的设备，如电子白板、录像机、打印机等。会议室型视频会议系统为了取得良好的会议效果，编解码器的传输速率最好为 2Mb/s（E1 速率），至少也得 384kb/s，再低速率的图像质量在这里一般难以接受。

2. 桌面视频会议系统（Decktop Video Conference System）

这类视频会议系统比会议室型简单得多，它实际上是一个桌面型计算机系统，它又可分为高档和低档两种。高档台式系统配置较好的摄像、音响器材，编解码器需要 128～

768kb/s 的传输带宽，从而可提供 25～30 帧/s 的 CIF 或 QCIF 图像，可供小型会议室使用；低档系统一般可运行在 128kb/s 以下速率，提供 15～20 帧/s 的 QCIF 图像，一般有数据共享功能，可用于一般办公室人员。最简单的桌面系统就是一台个人计算机，加上插入计算机总线槽内的编解码板和通信控制板，就形成了视频会议编解码器。然后外接一台摄像机（或小摄像头）、一个话筒和两个小音箱作为图像输入和语音的输入、输出。解码图像可以利用计算机的显示器来显示，也可再外接一台监视器来显示。这样的系统一般适于几个人之间的讨论、商谈，对图像和音响的要求不高。桌面型视频会议系统通常是接在 ISD 网上，以 2B＋D 或 1B 的速率工作。也可以接在 LAN 或 Internet 上，当然此时的通信协议要和网络相匹配。这一类桌面视频会议系统造价低廉，使用方便，通常费用低，虽然目前还没有占据市场主流，但将来最有发展前途的是这一类系统。

（三）按软硬件分类

IP 视频会议自发展以来，就分为硬件和软件两个类别，而且各自都有着自己固定的用户群体，硬件代表厂商有科达、华为、中兴、宝利通等，软件代表厂商有网动、V2、华平、视高等。下面对其软、硬件视频会议模式进行简单对比。

1. 硬件视频会议系统

特点：硬件平台和专业的操作系统提供专业的会议系统（基于嵌入式硬件平台、嵌入式操作系统开发的会议系统）。

优势：操作简单，易于维护。

劣势：相对于软件，功能和性能发展缓慢，价格昂贵，远远高出软件；硬件系统升级更新能力低，对网络要求高，一般都需要专网支持。

2. 软件视频会议系统

特点：纯软件；或是工控式，外表看是硬件，但内部是通用的 CPU、内存、硬盘和会议软件。

以上两种都是 PC＋会议软件的形式，通过键盘或鼠标等实现操作和管理。

优势：系统具有较高的升级空间，系统能够保持较高的先进性；具有硬件不可比拟的丰富的数据协作功能；建设成本较低，对网络适应能力强。

劣势：系统维护操作相对复杂。

通过上述对比可以看出，硬件视频会议系统不仅可以实现高品质的会议效果，而且可以通过高集成度的一体化终端设备完成所有功能，无需另配其他硬件和软件设施，即插即用，使用简单，易于维护。但是硬件的发展和更新相对于软件来说，功能和性能的发展是相对缓慢的，硬件在价格方面也是远远的高出软件，而且系统硬件如果有损坏就造成了整个系统的崩溃，需更换价格昂贵的硬件。

基于 PC 的软件视频会议系统，会议终端软件费用较低，数据操作方面优于硬件会议系统。但是在音、视频的稳定性上可能与硬件系统存在一定的差别。

与软件视频会议系统相比，基于硬件的视频会议系统投入较大，建设复杂，灵活性不够，但对用户来说，硬件视频会议系统具有更高的品质和更好的稳定性。而软件视频会议系统相对于硬件系统具有更强的灵活性、更高的性价比，同时也拥有更丰富的销售模式。另外，近年来，国内互联网带宽瓶颈的日益突破也成了软件视频会议产品迅速发展的重要原因。

总体来看，软件系统更适合个人办公部署（基于现有办公 PC），硬件则适合会议室部署，当然，它们也各有各的优势和劣势，可以根据实际情况来进行选择。

近年来，软件视频会议系统与硬件视频会议系统在某些应用上形成互补态势。在高端应用上，硬件系统的性能优势，尤其是专网背景下的远程硬件视频会议系统的性能优势是普通软件视频会议系统无法比拟的。但是，软件视频会议系统则可以依靠成本优势形成"到达每个桌面"的系统部署规模和深度，通常，硬件系统的会议产品只能到达专门的会议场所，而不能形成到达每位人员的办公桌面的要求。

（四）按支持 H.320、H.323、H.324、SIP 标准协议分类：

（1）基于 H.320 标准协议的大中型视频会议系统，应支持传输速率 64kbit/s～2Mbit/s；

（2）基于 H.323 标准协议的桌面型视频会议系统，应支持传输速率不小于 64kbit/s；

（3）基于 H.320 和 H.323 小型会议视频系统，应支持传输速率 128kbit/s；

（4）基于 H.324 标准协议的可视电话系统，应支持小于 64kbit/s 的传输速率；

（5）基于 SIP 标准协议的会议视频系统，应符合支持传输速率小于 128kbit/s。

还有其他类型的视频会议系统。以上以 H.320、H.323、SIP 标准协议为主，近年来随着 IP 网络技术的迅速发展，H.323 标准协议的视频会议系统的应用为最多。

H.320、H.323 两种标准的特点和应用见表 6-14。

H.320、H.323 两种标准的特点、优势和应用比较表　　　　表 6-14

标准项目	H.320	H.323
应用场所	需设置专用会议室的会议电视系统	不需设置专用会议室的 IP 视讯会议系统
传输网络	电路交换网络，如 VSAT、DDN、ISDN、帧中继、ATM 等	IP 分组交换网络，如 LAN、INTERNET 等
系统稳定性	由于采用专用线路，一旦建立连接，带宽资源是独享的，稳定性有保证	分组交换网中的带宽是统计复用的，因此容易出现网络拥塞等现象
语音、图像质量	清晰、实时性好	有时会出现抖动、延时
安全性	电路交换网络的连接是物理连接，安全性高	公网上运营会议电视采用用户认证和加密方式来保证会议内容的安全性
操作维护难易度	需要对专用网络进行维护	操作维护简单方便
系统扩容能力	规模相对固定	扩容能力强
设备费用	建设、租用网络和购买多点交互视频会议所需的会议终端与 MCU 设备资金投入较大	充分利用公网资源，用户只需使用 PC 作为会议终端即可
应用领域	1. 通常是政府、军队、金融等安全敏感的行业； 2. 适合图像语音质量和稳定性要求较高的场合	企业用户和个人用户，更多地应用在远程办公、远程教育等领域
发展前景	需要租用专用电路，投入较高，但技术成熟，保密性高，仍受用户青睐	随着分组交换网的日益普及、普通用户的需求增长，优势明显

二、基于 H. 320 标准的会议电视系统

会议电视系统由多点控制单元 MCU、会议终端、网关等主要部件构成（图 6-40）。在多点会议情况下，会议终端之间的交互通过 MCU 来进行控制与切换；会议终端由摄像机及麦克风等设备组成，可对视、音频媒体信号进行数字编码，终端之间可实现双向媒体互动；通过模拟互接和 H. 320 视频终端（或 MPEG 视频终端）进行视频互通。

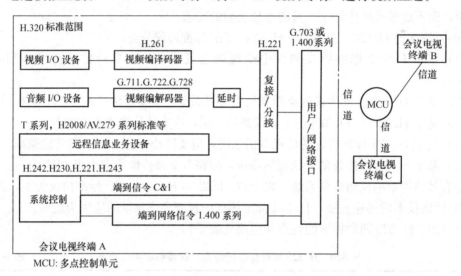

图 6-40   多点会议电视通信系统

（一）会议电视系统的组网

（1）多点会议电视系统主要由通信链路、会议电视终端设备、多点控制设备 MCU 或音、视频切换矩阵实现组网。两种组网方式可由用户根据不同的需求选择使用。

（2）涉及地域较广，用户终端较多的会议电视专网采用 MCU 组网方式时，根据需要可设置中央多点管理系统（CMMS）和监控管理工作站。

（3）MCU 组网方式是各会场会议电视系统终端设备通过传输信道连接到 MCU，通过 MCU 实现切换。

（4）音、视频切换矩阵组网方式是会场会议电视系统终端设备通过传输信道连接到音、视频切换矩阵，通过音、视频切换矩阵进行切换。

基于 MCU 组网可采用级联方式，MCU 级联数通常为 3 级以下；当为 3 级以上时可采用模拟转接方式。

（二）会议电视系统设备组成

1. 专用终端设备

专用终端设备是组成会议电视系统的基本部件，如图 6-41 所示。它包括提供视频、音频的输入和输出、会议管理功能等的外围设备，其配置应结合会议的规模合理地配备。

每一会场应配置一台会议电视终端设备（CODEC 编码解码器），特别重要会场应备用一台，并满足下列基本要求：

（1）视频编解码器宜以全公共中间格式（CIF）或 1/4 公共中间格式（QCIF）的方式处理图像；根据需要也可以采用 4CIF 或其他格式的编解码方式。

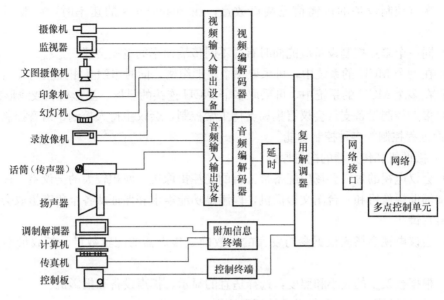

图 6-41　会议电视终端系统

（2）音频编解码器应具备对音频信号进行 PCM、ADPCM 或 LDCEIPP 编解码的能力。

（3）视频、音频输入、输出设备应满足多路输入和输出以及分画面和消除回声等功能要求。

（4）多路复用和信号分离设备，应能将视频、音频、数据、信令等各种数字信号组合到 64～1920kbit/s 或更高比特率的数字码流内，或从码流中分离出相应的各种信号，成为与用户和网路接门兼容的信号格式。该格式应符合相关规定。

（5）用户和网路的接口应符合 V.35，G.703，ISDN 等接口标准，并应符合国家相关标准。

（6）会场的操作控制和显示应采用菜单式操作界面和汉化显示终端。全部会场的终端设备、MCU 和级联端口的状态信息，应在工作站的显示屏幕上一次全部显出。菜单操作界面的会场地址表格中，应只对完好的会场信息做出操作响应，用以保证播送的画面质量。

2. 多点控制设备

多点控制设备（MCU）的配置数量和容量应根据组网方式确定，并符合下列基本要求：

（1）在三个或三个以上的会议电视终端进行会议通信时，必须设置一台或多台 MCU。在点对点的会议电视系统中只涉及两个会议终端系统，可不经过 MCU 或音、视频切换矩阵。

（2）多点控制设备应能组织多个终端设备的全体或分组会议，对某一终端设备送来的视频、音频、数据、信令等多种数字信号，广播或转送至相关的终端设备的混合和切换（分配）而不得影响音频/视频等信号的质量。

（3）多点控制设备与传输信道的接口，应能进行 2～3 级级联组网和控制。

（4）多点控制设备的传输信道端口数量，在 2048kbit/s 的速率时，一般不应少于 12 个。

（5）同一个多点控制设备应能同时召开不同传输速率的电视会议。

（6）在一个 MCU 的系统中，可采取单个星形组网，同时组织互相独立的几组会议室（终端）；在多个 MCU 的系统中，可采取多个 MCU 连接的星形、星形树状或线形结构。

（7）多点控制设备支持会议召集和支持主席控制，会议主持人控制，语音控制和支持 Web 界面远程控制等多种控制功能。

（三）摄像机和传声器的配置原则

（1）会议电视的每一会场应配备带云台的受控摄像机。面积较大的会议室，还宜按照需要增加辅助摄像机和一台图文摄像机，以满足功能需求和保证从各个角度摄取会场全景或局部特写镜头。

（2）会议电视会场应根据参与发言的人数确定传声器的配置数量，其数量不宜超过 10 个。

（3）根据会议室的大小和照度，选择适宜的显示、扩声设备和投影机。

（四）编辑导演、调音台等设备的配置原则

（1）由多个摄像机组成的会场，应采用编辑导演设备对数个画面进行预处理。该设备应能与摄像机操作人员进行电话联系，以便及时调整所摄取的画面。

（2）单一摄像机的会场可不设编辑导演设备，由会议操作人员直接操作控制摄取所需的画面。

（3）声音系统的质量取决于参与电视会议全部会场的声音质量。每一会场必须按规定的声音电平进行调整。由多个传声器组成的会场应采用多路调音台对发言传声器进行音质和音量控制，保证话音清晰，防止回声干扰。设置单个传声器的会场不设调音台。

（五）时钟同步

（1）在一个会议电视系统中，必须设立一个（唯一）主 MCU，以 MCU 上的时钟为主（为基准），其他 MCIJ 和终端设备均从此中提取时钟同步信号，即全网采用主从同步方式。

（2）外接时钟接口可采用 2048kHz 模拟接口或 2048kbit/s 数字接口。

（六）会议电视系统主要功能

（1）系统内任意节点都可设置为主会场，便于用户召开现场会议。全部会场应可以显示同一画面，亦可显示本地画面。

（2）主会场可遥控操作参加会议的全部受控摄像机的动作。全部会场的画面可依次显示或任选。其主会场可任选以下几种切换控制方式：

1）声控模式——是一种全自动工作模式，按照谁发言显示谁的原则，由声音信号控制图像的自动切换；当无人发言时，输出会场全景或其他图像。

2）发言者控制模式——通常与声控模式混合使用，仅适合于参加会议的会场较少的情况。要发言的人通过编码译码器向主会场 MCU 请求，如果被认可便自动将图像、声音信号播放到所有与 MCU 相连的终端，并告知发言者他的图像和声音已被其他会场收到。

3）主席控制模式——由主会场主席（或组织者）行使控制权，会议主席根据会议进行情况和分会场发言情况，决定在某个时刻人们应看到哪个会场，由主席点名谁发言（申请发言者需经主席认可）。

4）广播/自动扫描模式——按照预先设定好的扫描间隔自动切换广播机构的画面，可将画面设置在某个特定会场（这个会场被称为广播机构），而这个会场中的代表则可定时、轮流地看到其他各个分会场。

5）连续模式——将大屏幕分割成若干窗口，使与会者可同时看到多个分会场。

控制模式都是应用程序驱动器工作的，当有新的需求时，可用新的控制模式。

（七）会议电视音频、视频质量定性评定指标

会议电视音频、视频质量定性评定应达到表 6-15 指标。

会议电视效果的质量评定指标　　　　　　　　　　　　表 6-15

视频质量定性评定	音频质量定性评定
（1）图像质量：近似 VCD 图像质量； （2）图像清晰度：送至本端的固定物体的图像清晰可辨； （3）图像连续性：送至本端的运动图像连续性良好，无严重拖尾现象； （4）图像色调及色饱和度：本端观察到的图像与被摄实体对照，色调及色饱和度良好	（1）回声抑制：主观评定由本地和对方传输造成的回声量值，应无明显回声； （2）唇音同步：动作和声音无明显时间间隔； （3）声音质量：主观评定系统音质，应清晰可辨，自然圆润

三、基于 H.323 标准的会议电视系统

（一）IP 视频会议系统的功能

基于 H.323 的 IP 视频会议系统涵盖了音频、视频及数据在以 IP 包为基础的信息互通，并基于≤10/100Mbit/s 的 LAN 网络，因此可以实现不同厂商的产品能够互联互操作。

（二）IP 视频会议系统的组成

根据 H.323 建议，IP 视频会议系统由会议终端（Termial）、网关（Gateway）、网闸（网守）（Gatekeeper）、IP 网络以及多点控制单元（MCU）组成。图 6-42 所示为总线型网终结构。

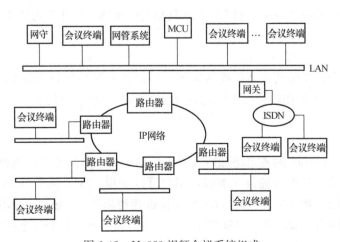

图 6-42　H.323 视频会议系统组成

1. 终端

终端在基于 IP 的网络上是一个客户端点。它需要支持下面 3 项功能：支持信令和控制；支持实时通信；支持编码，即传前压缩，收后进行解压缩。

终端是视频会议系统的基本功能实体，为会场提供基本的视频会议业务。它在接入网守的控制下完成呼叫的建立与释放，接收对端发送的音、视频编码信号，并在必要时将本地（近端）的多媒体会议信号编码后经由视频会议业务网络进行交换。终端可以有选择地支持数据会议。

终端属于用户数字通信设备，在视频会议系统中处在会场的图像、音频、数据输入/输出设备和通信网络之间。由于终端设备的核心是编解码器，所以终端设备常常又称为编解码器。来自摄像机、麦克风、数据输入设备的多媒体会议信息，经编解码器编码后通过网络接口传输到网络；来自网络的多媒体会议信息经编解码器解码后通过各种输出接口连接显示器、扬声器和数据输出设备。

2. 网守

网守是视频会议系统的呼叫控制实体。在 H.323 标准中，网守（有时又称网闸）提供对端点和呼叫的管理功能，它是一个任选部件，但是对于公用网上的视频会议系统来说，网守是一个不可缺少的组件。在逻辑上，网守是一个独立于端点的功能单元，然而在物理实现时，它可以装备在终端、MCU 或网关中。

网守相当于 H.323 网络中的虚拟交换中心，其功能是向 H.323 节点提供呼叫控制服务，主要包括呼收控制、地址翻译、带宽管理、拨号计划管理。

3. MCU

MCU 是多点视频会议系统的媒体控制实体。在进行多点会议时，除视频会议终端外，还需要设置一台中央交换设备，用来实现视频图像及语音信号的合成、分配及切换。

MCU 是多点视频会议的核心设备，其作用类似于普通电话网中的交换机，但本质不同。多点控制单元对视频图像、语音和数据信号进行交换和处理，即对宽带数据流（384～1920kb/s）进行交换，而不对模拟话音信号或 64kb/s 数字话音信号进行切换。

MCU 可以由单个多点控制器（Mulipoint Controller，MC）组成，也可以由一个 MC 和多个多点处理器（Multipoint Processor，MP）组成。MCU 可以是独立的设备，也可以集成在终端、网关或网守中。MC 和 MP 只是功能实体，而并非物理实体，都没有单独的 IP 地址。

4. 网关

网关是不同会议系统间互通的连接实体。例如要实现一个 H.323 标准的视频会议系统与一个 H.320 标准的视频会议系统之间的数字连接，就需要设置一个 H.323/H.320 网关。

5. 高速 IP 网络

随着用户对 Internet 的需求增加以及对于信息交流的更高要求，高速 IP 网络将会得到快速发展，目前通过重新铺设 5 类线，用户可以获得 10MB 甚至 100MB 的接入带宽，可以充分支持会议电视业务。利用 VLAN 交换机代替集线器、支持 IGMP 路由器、通过帧中继和 ATM 网络传输图像、保证带宽等措施可以较好地保证会议电视的传输质量。

（三）H.323 的终端设备

图 6-43 给出了 H.323 终端设备的结构框图。H.323 标准规定了终端采用的编码标准、包格式、流量控制等内容，包含了视频、音频、数据控制等模块。

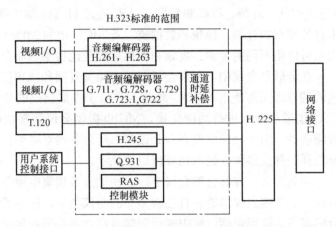

图 6-43　H.323 终端设备及接口

视频模块负责对视频源（如摄像机）获取的视频信号进行编码以便于传输，同时对接收到的数据进行解码，将其还原成视频信号以便显示。视频通道至少应支持 H.261、QCIF 标准，它可以提供分辨率为 176×144 的画面。该通道还可以支持其他质量更高的编码标准（如 H.263）和画面尺寸（如 CIF 为 352×288）。

音频模块负责对音频源（如话筒）获取的音频信号进行编码以便于传输，同时对接收到的数据进行解码，将其还原成音频信号以便播放。

数据通道支持的服务有电子白板、文件交换、数据库访问等。

控制模块为终端设备的操作提供信令和流量控制。用 H.245 标准来完成终端设备的功能交换、通道协商等。

H.225 层将编码生成的视频、音频、数据、控制流组成标准格式的 IP 包发送出去，同时从接收的信包中检出视频、音频、数据和控制数据转给相应模块。收发 IP 包均使用标准的实时传输协议 RTP（Reai Time Protocol）和 RTCP（Real Time Control Protocol）来进行。

（四）H.323 的多点控制单元 MCU 与会议模式

H.323 建议规定 MCU 由多点控制（Multipoint Control，MC）和多点处理（Multipoint Proccess，MP）两个部分组成。

所谓的会议模式规定了根据参加会议的终端数目而确定的会议开始方式以及信息的收发方式。H.323 规定了三种会议模式：

（1）点到点模式。这是一种两点之间的会议模式。两个端点可以都在 LAN 上，也可以一个在 LAN 上，另一个在电路交换网上；会议开始时为点到点模式，会议开始后可以随时加入多个点，从而实现多点会议。

（2）多点模式。这是三个或三个以上端点之间的会议模式。在这种模式中必须要有 MC 设备对各端点的通信能力进行协商，以便选择公共的参数启动会议。

（3）广播模式。这是一种一点对多点的会议模式。在会议过程中一个端点向其他端点发送信息，而其他端点只能接收，不能发送。

此外，H.323 还规定了三种不同的会议类型：

（1）集中型——所有参加会议的端点均以点对点模式与一个 MCU 通信。各个端点向 MCU 传送其数据流（控制、音频、视频和数据）。MC 通过 H.245 集中管理会议，而 MP 负责处理和分配来自各端点的音频、视频和数据流。若 MCU 中的 MP 具有强大的变换功能，那么不同的端点可以用不同的音频、视频和数据格式及比特率参加会议。

（2）分散型——在分散型会议中，参加会议的端点将其音频和视频信号以多点传送方式传送到所有其他的端点而无需使用 MCU。此时 MC 位于参加会议的某个端点之中，其他端点通过其 H.245 信道与 MC 进行功能交换，MC 也提供会议管理功能，例如主席控制、视频广播及视频选择。由于会议中没有 MP 设备，所以各端点必须自己完成音频流的混合工作，并需要选择一种或多种收到的视频流以便显示。

（3）混合型——顾名思义，在混合型会议中，一些端点参加集中型会议，而另一些端点则参加分散型会议。一个端点仅知道它自己所参加的会议类型，而不了解整个会议的混合性质。一个混合的多点会议可包括：集中式音频端点将音频信号单地址广播给 MP，以便进行混频和输出（并将视频信号以单地址广播给其他端点）；集中式视频端点将视频信号单地址广播给 MP，以便进行混频、选择和输出（并将音频信号以单地址广播给其他端点）。

从 H.323 规定的会议模式和会议类型来看，只有集中型的会议才需要 MP，而一个 MCU 可以包含一个 MC 和一个或多个 MP，当然也可以没有 MP。

（五）H.320 标准与 H.323 标准互联混合的组网模式（图 6-44）。

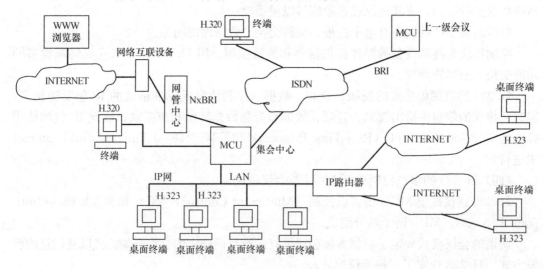

图 6-44 H.320 与 H.323 互连混合组网模式

（1）该图利用所配置 MCU 支持集中式会议，终端可与 MCU 在同一个 LAN 上，或终端在 INTERNET 上，经路由器访问 MCU，构建混合式视频会议系统。对于接口类型，如 H.320 终端可为 E1、ISDN、V35 等方式，H.323 终端以太网等方式均可接入 MCU。

（2）所配 MCU 可将网关模块化，使不同系统（H.320，H.323，H.324 等）的终端与 MCU 之间的连接透明，灵活，方便组网。

第七节　会议电视会场系统的工程设计

一、会议电视会场系统的内容与要求

能对本会场进行声拾取、扩声和图像摄取、显示，并能实时向远端会场发送本会场信息，以及播放和显示远端会场传送的声音、图像、数据等多媒体信息系统。

会议电视会场系统的工程设计应满足与远端会场的交互功能。

会议电视会场系统应包括音频系统、视频系统和灯光系统。会议电视会场系统工程设计应符合下列规定：

（1）音频系统应保证会场有足够大的声压级，声音应清晰，声场应均匀。

（2）视频系统应保证会场图像清晰。

（3）灯光系统应保证会场照度、色温。

二、音频系统

音频系统应由传声器、音源、扬声器、调音台、周边音频设备、功率放大器、监听、录音设备和编解码器等组成。

（一）传声器及音源的配置规定

（1）应配置会议用指向性声器，传声器数量宜以会议主持人和发言者的人数确定，并应有备份；

（2）传声器的指向性、频率响应、等效噪声级和过载声压级等要求，应符合现行国家标准《传声器通用技术条件》GB/T 14198 的有关规定；

（3）传声器应采用平衡输出方式，并应使用音频屏蔽电缆连接；

（4）宜配置录音机、激光唱机等音源设备。

（二）扬声器系统的设置规定

（1）扬声器系统应根据会场的体形结构、容积、装饰装修进行语言清晰度和声场分布设计，确定扬声器系统的数量、参数、方位；

（2）扬声器系统可设置主扬声器和辅助扬声器；

（3）主扬声器应设置在会场主席台或主屏幕显示器附近，并应满足系统声、像一致要求；

（4）辅助扬声器宜设置在会场顶棚或侧墙上，并在其传输通路中宜配备电子延时设备；

（5）当会场设置主席台时，宜设置主席台返听扬声器系统；

（6）扬声器采用流动方式时，支架应稳重结实；

（7）扬声器系统宜采用计算机辅助设计。

（三）调音台、周边音频设备的配置规定

（1）调音台应根据功能要求配置带分组输出的设备，输入、输出通道应有备用端口；

（2）调音台周边应按需要配置分配器、均衡器、反馈抑制器、延时器等设备；

（3）周边音频设备可采用数字音频处理设备，应注意数模接口的匹配；

（4）根据功能要求，应配置音频矩阵切换器，并应有备用端口；

（5）音频矩阵切换器与视频矩阵切换器应具同步切换功能。

（四）功率放大器的配置规定

（1）功率放大器应根据扬声器系统的数量、功率等因素配置；

（2）功率放大器额定输出功率不应小于所驱动扬声器额定功率的1.50倍；

（3）功率放大器输出阻抗及性能参数应与被驱动的扬声器相匹配；

（4）功率放大器与扬声器之间联结的功率损耗应小于扬声器功率的10%。

（五）监听、录音设备的配置规定

（1）在控制室内应配置有源监听音箱，并应与会场的声音变化量相一致；

（2）在编解码器的输入端口，宜配置单独的音量电平表。主会场的总控室宜配置多路音量电平表；

（3）系统宜配置录音设备。

（六）编解码器应符合的规定

（1）编解码器应具有回声抑制功能。当其不具备回声抑制功能时，应单独配置回声抑制器；

（2）编解码器的音频端口为非平衡端口时，宜将非平衡转换至平衡；

（3）编解码器与音频电路接口之间，应电平匹配；

（4）应根据编解码器的音频端口类型，配置性能相匹配的传输电缆。

三、视频系统

视频系统应由摄像机、信号源、屏幕显示器、切换控制、监视、录像编辑和编解码器组成。

（一）摄像机及信号源的设置规定

（1）会场应设置至少2台摄像机，并应分别用于摄取发言者图像和会场全景。摄像机宜选用清晰度高的产品。

（2）摄像机应根据会场的大小和安装位置配置变焦镜头。

（3）摄像机宜配置云台及摄像机控制设备。云台支承装置应牢固、平衡。

（4）摄像机传输电缆在5.50MHz衰减大于3dB时，应配置电缆补偿器。

（5）宜配置放像机、播放器、图文摄像机等视频信号源设备，其性能指标应符合系统整体技术指标要求。

（6）当会场需要显示计算机图像信号时，应设置计算机图像信号输入接口。接口数量、位置应根据系统功能确定。

（二）屏幕显示器的设置规定

（1）在会场应设置至少2台屏幕显示器，并应分别用于显示本端会场和远端会场的图像或数据信息。

（2）屏幕显示器的设置应根据会场的形状、大小、高度等具体条件，使参会者处在屏幕显示器视角范围之内。屏幕显示器大小应按下式计算：

$$h = d/k \tag{6-1}$$

式中　　h——屏幕显示器高度（m）；

d——最佳视距（m）；

　　k——系数，宜取 6。

　　（3）屏幕显示器与参会者之间应无遮挡，应使参会者能清晰地观看到屏幕内容。

　　（4）在正常海拔高度时，可采用 PDP、LCD、CRT、投影等显示器；当海拔高度大于 2200m 时，不得采用 PDP 显示器。

　　（5）当采用前投影时，投影机应低噪声。

　　（6）会场不宜采用有缝的视频拼接显示墙。

　　（7）为主席台人员设置的显示器，应采用 PDP、LCD、CRT，并宜落地安装，高度不应遮挡参会者的视线。

　　（三）切换控制设备的配置规定

　　（1）会场摄像机为 2 台及以上时，宜配置同步切换设备，并应选择最佳画面同步播出；

　　（2）当一路视频信号需要同时分送至几个接收点时，应配置视频分配器；

　　（3）当几路视频信号需要选送至一个接收点时，应配置视频切换器；

　　（4）当同时输入输出多路视频信号，并对视频信号进行切换选择时，应配置视频矩阵切换器，并应有备用端口；

　　（5）视频切换控制设备的输入输出端口应与编解码器、屏幕显示器等接口相匹配；

　　（6）当系统具有计算机图像信号传输功能时，应根据图像信号的分辨率配置性能相符的分配器、切换器或矩阵切换器。

　　（四）监视、录像编辑设备的配置规定

　　（1）在摄像机、信号源、切换设备输出等端口处，宜配置监视器，其性能指标应符合系统整体指标要求；

　　（2）当监视多路图像信号时，宜采用大屏幕多画面显示设备；

　　（3）系统宜配置录像机、刻录机等录像编辑设备，其性能指标应符合系统整体指标要求，并应符合不间断录像的要求。

　　（五）编解码器的配置规定

　　（1）应根据编码器的视频端口类型，选配性能相匹配的传输电缆；

　　（2）当在会议电视系统传输带宽以内设置网络管理系统时，其控制信号宜采用分级控制方式，并应由网络管理系统统一管理；

　　（3）当在会议电视系统传输带宽以外设置网络管理、数据传输等内容时，应根据功能需要单独设计。

四、灯光系统

　　（1）灯光系统由光源、灯具、调光、控制系统等组成。

　　（2）会场灯光照明平均照度应符合表 6-16 的规定。

会场灯光照明平均照度值表　　　　　　　　　　表 6-16

照明区域	垂直照度（lx）	参考平面	水平照度（lx）	参考平面
主席台座席区	≥400	1.40m 垂直面	≥600	0.75m 水平面
听众摄像区	≥300	1.40m 垂直面	≥500	0.75m 水平面

　　（3）光源、灯具的设计应符合下列规定：

1）光源的显色指数 Ra 应大于等于 85。

2）光源的色温应为 3200K、4000K 或 5600K，并应使所有的光源色温一致。

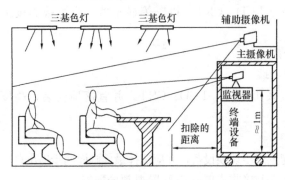

图 6-45 会议室剖面图

因此会议室应避免采用自然光源，而采用人工光源，所有窗户都应用深色窗帘遮挡。在使用人工光源时，应选择冷光源，以包温为 3200K 的"三基色灯"（RGB）效果最佳。避免使用热光源，如高照度的碘钨灯等。图 6-45 为会议室的剖面图。

3）光源应采用发光效能高、寿命长的产品。

4）灯具应配置效率高的产品，亮度宜具有连续可调功能。

5）在主席台座席区和会场第一排座席区宜设置面光灯。

6）灯具的外壳应可靠接地。

7）灯具及其附件应采取防坠落措施。

8）当灯具需要使用悬吊装置时，其悬吊装置的安全系数不应小于 9。

9）灯具的电气、机械、防火性能应符合现行国家标准《灯具一般安全要求与试验》GB 7000.1、《舞台灯光、电视、电影及摄影场所（室内外）用灯具安全要求》GB 7000.15 的有关规定。

（4）调光、控制系统的设计应符合下列规定：

1）系统应能实现分区控制，并宜将部分分区设置具有调光功能；

2）灯具应根据光源的不同配置相应的调光设备；

3）当调控设备较多时，宜设置单独灯光控制室或机房；

4）采用可控硅调光设备的电源时，应与会场音频、视频系统中的设备电源分开设计，并必须采取必要的防止干扰音、视频设备的措施；

5）调光设备的金属外壳应可靠接地；

6）灯光电缆必须采用阻燃型铜芯电缆。

五、设备布置

1. 摄像机的布置应符合的规定

（1）摄像机的安装高度宜按下列公式确定：

$$H = H_1 + H_2 + H_3 \tag{6-2}$$

$$H_1 = D\tan\theta \tag{6-3}$$

式中　H——摄像机的安装高度（m）；

　　　D——摄像机与被摄对象之间的水平距离（m）；

　　　H_1——摄像机与被摄对象坐姿水平视线之间的垂直距离（m）；

　　　H_2——被摄对象坐姿平均身高（m），宜取 1.40；

　　　H_3——主席台高度（m），取 0.20～0.40，当无主席台时，取 0；

θ——摄像机的垂直摄像角（°）

（2）摄取发言者图像的主摄像机垂直摄像角宜小于等10°，水平左摄角或水平右摄角宜小于等于45°。

（3）摄取会场全景或局部场景的辅助摄像机宜根据会场的规模和布置设置。

（4）在摄影机的图像画面内不应有灯具、前投影等遮挡画面的物体，并应避免强光直射干扰。

（5）摄像机可采用固定安装或流动安装方式。

（6）当摄像机在墙面固定安装时，摄像机的安装高度宜小于等于2.50m；当摄像机吊挂安装时，摄像机底部高度宜大于等于2.20m。

2. PDP、LCD、CRT 显示器的布置应符合的规定

（1）会场主显示器的墙装高度宜按下列分式计算确定：

$$H' = H'_1 + H'_2 + H'_3 \tag{6-4}$$

$$H'_1 = D'\tan\theta' \tag{6-5}$$

式中 H'——显示屏的安装高度（m）；

D'——参会者与显示器之间的水平距离（m）；

H'_1——参会者坐姿水平视线与显示器中心水平线之间的垂直距离（m）；

H'_2——参会者坐姿平均身高（m），宜取1.40；

H'_3——主席台高度（m），取0.20～0.40，当无主席台时，取0；

θ'——参会者与显示器中心法线的垂直视角。

（2）参会者与会场主显示器屏幕的垂直摄像角宜小于等于20°，与会场主显示器屏幕水平观看角应小于主屏幕显示器的水平视角参数。

（3）主显示器的底边离地面高度宜大于等于参会者坐姿平均身高和主席台高度之和。

（4）会场辅助显示器宜根据会场的规模和布置设置；当显示器吊挂安装时，显示器底部距地面宜大于等于2.20m。落地显示器宜配置垂直观看角可调节的活动支架，并应使其法线方向对准观看者。

（5）显示器屏幕前应避免直射光、眩光的影响。

3. 投影机的布置应符合的规定

（1）会场投影机屏幕的布置宜符合《会议电视会场系统工程设计规范》GB 50635—2010 第 3.5.2 条的规定；

（2）投影机与屏幕的投射距离应根据屏幕尺寸、投影机和镜头参数确定；

（3）当投影机吊挂安装时，机架底部距地面宜大于等于2.20m。

4. 扬声器的布置应符合的规定

（1）扬声器系统应按声场设计的位置、高度、角度布置。

（2）扬声器系统的布置和传声器位置应避免产生反馈啸叫，并应使传声器指向性的正向主轴置于扬声器主轴辐射角之外。

（3）固定墙面安装的扬声器与墙面、侧墙的距离宜大于200mm。当吊挂安装时，扬声器底部距地面宜大于等于2.20m。

5. 灯光的布置应符合的规定

（1）主席台面光灯的布置应投射座席处，投射夹角与主席台座席处的1.40m水平面

的角度宜为 45°~50°。

（2）主席台背景墙的垂直照度宜为主席台垂直照度的 40%~60%；会场墙面的垂直照度应小于会场垂直照度的 50%。

（3）前投影屏幕中心区的垂直照度应小于主席台垂直照度的 20%。

6. 桌椅的布置应符合的规定

（1）会场桌椅布置宜采用排桌式，并宜按主席台每人不小于 1500mm×900mm、参会席每人不小于 1500mm×700mm 的使用空间布放。

（2）在主席台、发言席、参会第一排座席附近应根据功能需要分别设置接线盒和电源插座。

（3）控制台正面与墙面的净距离不应小于 1500mm，背面与墙面的净距不宜小于800mm。机柜背面或侧面与墙面的净距不宜小于 800mm。控制室内主要走道宽度不应小于 1500mm，次要走道宽度不应小于 800mm。

六、电缆敷设

会议电视应采用暗敷方式布放缆线，会议室距机房应预先埋设地槽或管子，布设时，在不影响美观的情况下尽可能走最短路线。为保证电视会议室供电系统的安全可靠，减少通过电源的接触而带来的串扰，会议室音视频及计算机控制系统的设备供电应与照明、空调及其他相关设施的供电电缆分别铺设；并分别配置专用的配电箱，用以对相应的设备，即照明、空调等配电箱及音视频配电箱分别进行开关控制。会议室供电系统所需线缆均应走金属电线管，如改造工程不具备铺设金属管时应走金属线槽或金属环绕管（蛇皮管）。

（1）会场内传输电缆宜采用金属管道暗敷的方式布放；在控制室、机房内应采用金属线槽或设置桥架的方式布放。

（2）传输电缆与具有强电磁场的电气设备之间应保持必要的间距。当采用金属线槽或管道敷设时，线槽或管道应保持连续的电气连接，并在两端应有良好的接地。

（3）传输电缆与电力电缆的最小净距应符合表 6-17 的规定。

传输电缆与电力电缆的最小净距　　　　　　　　　　　　　表 6-17

类　别	与传输电缆接近情况	最小净距（mm）
380V 电力电缆 <2kVA	与缆线平行敷设	130
	有一方在接地的金属线槽或钢管中	70
	双方都在接地的金属线槽或钢管中	10
380V 电力电缆 （2~5)kVA	与缆线平行敷设	300
	有一方在接地的金属线槽或钢管中	150
	双方都在接地的金属线槽或钢管中	80
380V 电力电缆 >5kVA	与缆线平行敷设	600
	有一方在接地的金属线槽或钢管中	300
	双方都在接地的金属线槽或钢管中	150

注：（1）平行长度不大于 10m 时，380V 电力电缆与缆线平行敷设的最小净距可为 10mm。

（2）双方都在接地的线槽中，指两个不同的线槽，也可在同一线槽中用金属板隔开。线槽应整体带盖板。

（4）传输电缆管线与其他管线的最小净距应符合表 6-18 的规定。

传输电缆管线与其他管线的最小净距　　　　　　　　表 6-18

其他管线	最小平行净距（mm）	最小交叉净距（mm）
	传输电缆管线	传输电缆管线
避雷引下线	1000	300
保护地线	50	20
给水管	150	20
压缩空气管	150	20
热力管（不包封）	500	500
热力管（包封）	300	300
煤气管	300	20

（5）管线路由应短捷，安全可靠，施工维护方便。

（6）管道内穿放电缆的截面利用率应为 25%～30%，线槽布放电缆的截面利用率不应超过 50%。

传输方式与布线要求　　　　　　　　表 6-19

信号分辨率	传输距离	传输方式	传输线缆
XGA 及以下	≤15m	模拟或数字传输方式	RGB 同轴屏蔽电缆或 DVI 屏蔽电缆
	>15m	数字传输方式	DVI 屏蔽电缆或光缆＋均衡器
SXGA 及以上	≤10m	模拟或数字传输方式	RGB 同轴屏蔽电缆或 DVI 屏蔽电缆
	>10m	数字传输方式	DVI 屏蔽电缆或光缆＋均衡器
HDTV	≤15m	模拟或数字传输方式	RGB 同轴屏蔽电缆或 DVI 屏蔽电缆
	>5m	数字传输方式	HDMI、DisplayPort 屏蔽电缆或 DVI 屏蔽电缆或光缆＋均衡器
IP 视频	≤100m	网络传输方式	超 5 类及以上类别对绞电缆
	>100m	网络传输方式	超 5 类及以上类别对绞电缆＋均衡器

七、音频系统的性能指标

（1）音频系统声学特性指标应符合表 6-20 的规定。应该指出，它与第五章第二节的会议类扩声系统特性的要求有所不同。

音频系统声学特性指标　　　　　　　　表 6-20

项　目	一　级	二　级
最大声压级	额定通带内的有效值≥93dB	额定通带内的有效值≥90dB
传输频率特性	以 125～6300Hz 的有效值算术平均声级为 0dB，在此频带内允许偏移±4dB。80～125Hz 和 6300～12500Hz 允许偏移见图 6-46	以 125～4000Hz 的有效值算术平均声压级为 0dB，在此频带内允许偏移＋4dB、－6dB。80～125Hz 和 4000～8000Hz 允许偏移见图 6-47

项 目	一 级	二 级
传声增益	125～6300Hz 的平均值≥−10dB	125～4000Hz 的平均值≥−12dB
声场不均匀度	1000Hz、2000Hz、4000Hz 时≤8dB	1000Hz、2000Hz、4000Hz 时≤10dB
扩声系统语言传输指数	≥0.60	≥0.50
总噪声级	NR30	NR35

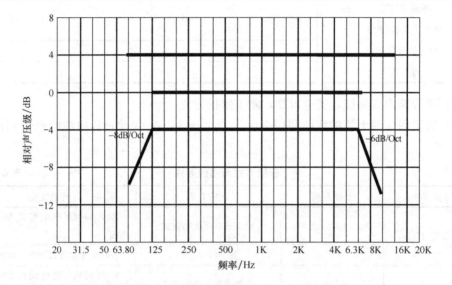

图 6-46　音频系统传输频率特性一级指标

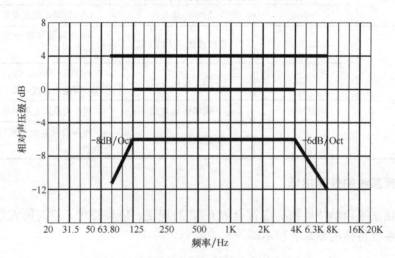

图 6-47　音频系统传输频率特性二级指标

（2）音频系统电性能主要指标应符合表 6-21 的规定。

音频系统电性能主要指标　　　　　　　　表 6-21

项 目	单 位	一 级	二 级
信噪比（不加权）	dB	≥70	≥70

续表

项　目		单　位	一　级	二　级
幅频特性	频率范围	Hz	80～12500	80～8000
	幅值允差	dB	±0.50	±0.50
总谐波失真		％	≤1.00	≤1.40
额定输入/输出电平和允许差值		dBu	4±0.50 或 0±0.50	4±0.50 或 0±0.50

注：(1) 表中额定输入/输出电平，指编解码器的输入/输出电平。

(2) 系统电性能指标指从会议传声器接入端口经一次编解码通路至功放输入端口所经过的全部音频设备的运行指标。

八、视频系统的性能指标

(1) 视频系统显示特性指标应符合表 6-22 的规定。

视频系统显示特性指标　　　　　　　　　表 6-22

项　目		单　位	一　级	二　级
显示屏亮度	背投影	cd/m²	≥200	≥150
	LCD		≥350	≥300
	PDP		≥60	≥40
	CRT		≥80	≥60
图像对比度		倍	≥200∶1	≥150∶1
亮度均匀性		％	≥75	≥60
图像清晰度（水平）		电视线	≥450	≥380
色域覆盖率		％	≥30	≥26
视角（L/2）	水平	(°)	≥90	≥70
	垂直		≥50	≥45

注：(1) 测量时环境照度应小于 100lx。

(2) 显示屏亮度在测量时采用"有用平均亮度"，即用平场信号得到的最大亮度值。

(3) 图像清晰度指从摄像机经一次编解码通路至屏幕显示器所经过的全部视频设备的运行指标。

(2) 视频系统电性能指标应符合表 6-23 的规定。

视频系统电性能主要指标　　　　　　　　　表 6-23

项　目	单　位	一　级	二　级
信噪比（加权）	dB	≥56	≥56
微分增益	％	±3	±5
微分相位	(°)	±3	±5
K 系数	％	≤3	≤5
色、亮延时差	ns	±30	±50
色、亮增益差	％	±5	±8

续表

项 目		单 位	一 级	二 级
幅频特性	≤4.80MHz	dB	±0.50	±0.50
	>4.80MHz，≤5MHz	dB	−10.50	−10.50
	>50MHz，≤5.50MHz	dB	−30.50	−40.50
视频信号的输出幅度		mV	700±20	700±20
外同步信号幅度		mV	300±9	300±9
行同步前沿抖动		mV	≤20	≤20

注：系统电性能指标指从摄像机接入端口经一次编解码通路至屏幕显示器输入端口所经过的全部视频设备的运行指标。

第八节　会议电视系统的安装

一、会议电视的建筑要求

（一）房屋建筑面积应符合的规定

房屋建筑宜由会场、控制室、机房等组成，并应符合下列规定：

（1）会场面积应根据容纳参会的总人数确定，并可按每人平均 $2.20m^2$ 计算。其体形宜为长方体，应避免在座席中间存在结构立柱。

（2）控制室面积不宜小于 $30m^2$。当会场功能较多时，可按实际需要增加面积或增加调光控制室。

（3）当系统需要设置单独机房时，其面积不宜小于 $20m^2$。

（二）建筑平面布置应符合的规定

（1）控制室应与会场相邻，控制室与会场之间的隔墙可设置单向透明玻璃观察窗。观察窗高度宜为 800mm，宽度宜为 1200mm，观察窗底边距地面宜为 900mm。

（2）在会场附近宜设置参会者休息、饮水场所和卫生间等公共用房，并宜设置室外停车场地。

（3）会场的位置应远离噪声源；当无法避免时，应采取隔声和隔振措施。

（三）建筑和装修要求应符合的规定（表 6-24）

建筑和装修要求　　　　　　　　　　　表 6-24

项 目	会 场	控制室	机 房
最低净高（m）	3.50	3	3
楼、地面等效均布活荷载	3000	6000	6000
地面	防静电地毯	防静电地板	防静电地板
墙面	符合声学要求	吸声、防尘	隔声、防尘
顶棚	吸声	吸声	—
门	双扇外开隔声门，宽度不应小于1.50m	单扇外开门，宽度不应小于1m	单扇外开门，宽度不应小于1m

续表

项　目	会　场	控制室	机　房
外窗	隔声、遮光	隔声	防尘
温度（℃）	18～26	18～26	15～30
湿度（%）	45～70	45～70	小于60
照度（lx）	符合照度要求	100	100

注：垂直工作面距地面高度应为1.20m；水平工作面距地面高度应为0.75m。

（四）装修总体设计应符合的规定

（1）会场装修总体设计应满足获取最佳图像效果的要求，宜庄重、简洁、朴素、大方。

（2）墙面装饰应统一色调，宜浅中色为主，双色搭配。严禁采用黑色或白色作为背景色，以避免对人物摄像产生光吸收或光反射等不良效应。

（3）桌椅、地毯的颜色宜与墙面颜色相协调，且涂漆表面应采用亚光处理。

二、建筑声学与环境要求

（一）建筑声学设计应符合的规定

（1）建筑声学设计应满足语言清晰和声场均匀的要求，并应避免出现声聚焦、共振、回声、多重回声和颤动回声等缺陷。

（2）会场的混响时间应符合现行国家标准《剧场、电影院和多用途厅堂建筑声学设计规范》GB/T 50356中对多用途厅堂的有关规定（参见第五章第二节的图5-5）。

为保证隔声和吸声效果，室内铺有地毯，窗户宜采用双层玻璃，进出门应考虑隔声装置。会议室的混响时间要求如图6-48所示，即会议室容积＜200m³时，混响时间取0.3～0.5s；200～500m³时取0.5～0.6s；500～1000m³时取0.6～0.8s。

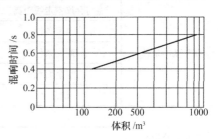

图6-48　会议室混响时间曲线

（3）会场墙面、吊顶应进行声学设计，并选用阻燃型吸声材料，同时应满足混响时间要求。

（4）会场窗户应采用具有吸声效果的隔光窗帘，窗帘材料应选用阻燃型。

（5）控制室内应做吸声处理，中频混响时间宜小于0.50s。

（二）噪声控制应符合的规定

（1）会场、控制室的噪声控制设计，应按现行国家标准《剧场、电影院和多用途厅堂建筑声学设计规范》GB/T 50356的有关规定执行。

（2）会场背景噪声级的大小应按噪声评价曲线表示。当音频系统按一级标准设计时，背景噪声级应小于NR30；当音频系统按二级标准设计时，背景噪声级应小于NR35。

（3）会场门、窗的结构应结实，不易变形，并应具有密封措施。

（4）空调设备及通风机应采取控制噪声措施。

（5）会场内的电器设备应采用低噪声产品。

下面将会议电视系统的会场条件汇总于表 6-25，以便检查和做好设备安装前的准备。

会议电视系统会场环境条件检查表　　　　　　　　　　　　　　表 6-25

项目	技术要求		完成情况及备注
会议室基本条件	温度条件	18～25℃	
	湿度条件	60%～80%	
	环境噪声	小于 40dB	
	清洁度	优良	
会议室照明情况	灯光效果良好	使用三基色灯，每排灯开关单独控制	
	第一排前上方安装射灯，增加主席区照度		
	平均照度	大于 500lx	
	主席区照度	大于 800lx	
	电视屏幕周围	小于 80lx	
会议室装修情况	窗帘要求	能有效隔绝自然光	
	门窗要求	能有效隔音	
会议室装修情况	墙壁装修	有吸音材料	
	顶棚板装修	增加吸音面积	
	地板装修	有防静电、防火地毯	
	桌椅色调	浅色为主，忌用白色	
	摄像背景	浅色为主，柔和不花哨，背景不复杂	
机房基本条件	与会议室走线距离	小于 40m	
	温度条件	18～25℃	
	湿度条件	60%～80%	
	空余面积	大于 10m²	
	清洁度	优良	
机房装修情况	走线槽位已经预留		
	室内走线槽位已经预留		
	地板装修	有防静电、防火地板	
会议室及机房电源供电情况	照明、系统设备、空调分别是三套供电系统		
	电源电压及波动范围	220V（±10%）	
	会议室第一排或前两排灯采用 UPS 供电		
	UPS 电源	2000W 以上	
会议室及机房设备接地情况	设备放置处墙上或地插配备足够的三相插座，每隔 1～2m 一个，分布合理		
	保护地与交流零线严格分开		
	□单独接地	保护地电阻小于 4Ω	
	□联合接地	保护地电阻小于 0.5Ω	
	UPS 输出接保护地线		
	三相电源插座接地良好		

续表

项目	技术要求		完成情况及备注
传输情况	传输机房与会议室走线距离小于 150m		
	传输机房与会议室走线距离介于 150m 与 5000m 之间		
	传输机房是否有 -48V 电源		
	走线槽位已经预留		
	传输类型传输 2M		
	电缆传输线规格型号	75Ω 单股同轴电缆（或 120Ω 的对称电缆），主、备用各一对	
	传输线进入会议室或控制间		
	电缆传输线实际长度不超过 150m		
其他建议	墙面为米黄色，墙群线咖啡色，地毯驼色		
	桌子米黄色，椅子咖啡色，墙面不挂画幅		

三、会议电视系统的机房布置

对于采用大型会议室型的高清晰会议电视系统，一般都配有专用的会议电视设备机房（也称会议控制室），用于放置会议设备、视音频设备、传输接口设备、控制设备等。为便于实时观察会议室情况，会议机房最好建在会议室隔壁，并在与会议室之间的墙壁上设置观察窗。

（1）机房的大小随设备多少和会场的重要性而定。

1）非主会场单位，一般在 20m² 左右，顶棚板高度 3m 以上即可。

2）主会场单位，会议机房应有 30～40m² 大小；一般主会场机房都设有监视各分会场图像的多画面电视墙，所以顶棚板高度要在 4m 以上。

（2）作为主会场机房，一般要放置 4 类设备：

1）第一类是会议设备、传输接口设备及不需控制的视音频设备，放在 19 英寸标准机柜或机架上；

2）第二类是用于显示各分会场图像和主会场各视频源的电视墙，一般靠一面墙放置；

3）第三类是用于放置会议控制设备和视音频设备控制器的操作台，放在电视墙的前方，便于观察电视墙画面；

4）第四类则是 UPS 电源部分。

（3）非主会场单位由于设备较少，则只有第三部分和第四部分。而第一部分的会议设备等就放在操作台下方，用于监视远端图像和本地视频源的监视器则可放在操作台上前方的位置。

（4）机房设备的布置应保证适当的维护距离，机面与墙的净距离不应小于 150cm，机背和机侧（需维护时）与墙的净距离不应小于 80cm。

（5）机房应铺设防火、防静电地板，下设走线槽，走传输线、视音频线、控制线及电源线等，电源线要和其他信号线分开走，避免电源信号干扰。

（6）集中放置设备的机柜内要做好通风、散热措施，机房温度要求 18～25℃，相对湿度 60%～80%。

（7）保持机房内的空气新鲜，每人每小时的换气量不小于 $15m^3$，室内空调气体的流速不宜大于 1.5m/s。设备和操作台区域光线要良好，宜采用日光灯。安全消防方面要配备通信设备专用的灭火器。

（8）控制室的机架设备区平均照度不低于 100lx，垂直工作面计算距地高度为 1.2m。

四、会议电视系统的供电与接地

（1）系统采用的交流电源应按一级负荷供电，其电压允许变化范围为 220V＋20% 至 220V－15%，电压波动超过范围的，应采用交流稳压或调压设备。电源系统要按三相五线制设计，即系统的交流电源的零线与交流电源的保护地线不共用，且应严格分开。

（2）为保证会议室供电系统的安全可靠，以减少经电源途径带来的电气串扰，应采用三套供电系统。第一套供电系统作为会议室照明供电；第二套供电系统作为整个机房设备的供电，并采用不间断电源系统（UPS）；第三套供电系统用于空调等设备的供电。

（3）摄像机、监视器、编辑导演设备等视频设备应采用同相电源，确保这些设备间传送的视频信号，不因电源相位的差异而影响质量。功放、混音器、调音台及其他音频转接设备应与会议终端设备采用同相电源，并且采用同一套地线接地屏蔽，确保音频信号在转接的过程中不会因屏蔽接地不良或电源相位的差异产生杂音。交流电源的杂音干扰电压不应大于 100mV。

（4）会议室周围墙上每隔 3～5m 装一个 220V 的三芯电源插座。每个插座容量不低于 2kW，地线接触可靠。供电系统总容量应大于实际容量的 1～1.5 倍。

（5）供电系统线缆截面积应符合用电容量要求。选用主线为 $4mm^2$、辅线为 $1.5mm^2$，供电电缆主会场用线为 $16mm^2$、分会场用线为 $10mm^2$ 的多股聚氯乙烯绝缘阻燃软导线。

（6）接地是电源系统中比较重要的问题。控制室或机房、会议室所需的地线，宜在控制室或机房设置的接地汇流排上引接。如果是单独设置接地体，接地电阻不应大于 4Ω；设置单独接地体有困难时，也可与其他接地系统合用接地体。接地电阻不应大于 0.5Ω。必须强调的是，采用联合接地的方式，保护地线必须采用三相五线制中的第五根线，与交流电源的零线必须严格分开，否则零线不平衡电源将会对图像产生严重的干扰。

（7）电视会议室、控制室、传输室等房间的周围墙上或地面上应每隔 3～5m 安装一个 220V 三芯电源插座。

五、会议电视系统的设备安装

设备安装包括会议设备（多点控制机和终端机）的安装以及与外部配套设备和传输设备的连接三部分，步骤如下：

（一）会议设备安装

1. 多点控制机（MCU）和终端机的上架固定

一般高清晰会议电视系统的 MCU 和终端机都是标准 19 英寸宽，MCU 服务器可视用户情况放在传输机房或者视频会议机房。前者便于和传输设备连接，后者和终端放在一起，便于日常使用和维护。如果 MCU 放在视频会议机房，由于 MCU 服务器一般要用直流 48V 供电，而视频会议机房一般只有交流 220V 电源，则还要增加一台 220V 转 48V 的电源模块。该电源模块也是标准 19 英寸宽，可放在 MCU 上方。

终端放在视频会议机房，放在标准 19 英寸机柜上或操作台前上方的 19 英寸槽中，一般和矩阵、DVD、录像机、功放等放在一起。

2. MCU 网管控制台和终端控制台的安装

MCU 网管控制台采用个人计算机（PC）服务器，随 MCU 服务器放在传输机房的操作室或视频会议机房，位置就放在操作台中，和 MCU 服务器之间通过以太网口连接，可通过集线器（Hub）连接，也可用交叉网线直接点对点连接。网管控制台服务器上须安装用于会议管理和诊断的网管控制台软件，有 T.120 数据会议应用的还要安装数据会议服务器软件。

终端控制台一般采用个人计算机（PC），放在视频会议机房的操作台中，与高清终端之间也是用以太网线连接，可用集线器或用交叉网线直接连接。终端控制台 PC 上要安装高清晰会议系统终端软件，有 T.120 数据会议的还要安装 T.120 数据会议网关。

（二）会议设备与配套设备的连接

1. MCU 和终端机与电源连接及接地保护

为保证会议系统的供电安全可靠，减少电源途径带来的串扰整个会议设备和机房设备的供电，应该和会议室照明供电、空调等动力设备的供电隔离，并配备不间断电源系统（UPS）供电。一套满配置的高清 MCU 和终端（含控制台）功率在 1500V·A 之内，其他配套设备的功耗可查其使用手册，考虑后期扩容会增加设备，UPS 余量按 50%～100% 考虑。为避免电源波动对信号干扰，电源走线要和信号线隔离，机柜（或机架）内的电源线和信号线也应分边走。

设备接电源时应注意所有设备火线（L）、零线（N）接入时要一致。零线千万不要和工作地线（G）混接。

接地保护是会议电视设备安装中比较重要的问题，会议电视设备一般在后背板左下部提供了接地螺钉，用带接线端子的铜导线接到机房的通信设备保护电排上。

2. MCU 和多画面解码阵列的连接

由于会议终端在同一时间只能收看一个远端会场的图像，而 MCU 是所有下挂终端的视频码流的汇接点。所以，为了实时观察各分会场的图像，可以在 MCU 处配置多画面系统（即解码阵列），解出各分会场的图像输出到电视墙或经画面分割器到大屏幕显示。由于高清晰会议电视系统是采用 MPEG-2 编码，所以 MCU 处的码流是同步数据流（TS），与解码阵列的接口则是异步串行接口（ASI）。ASI 接口所用电缆也是 75Ω 同轴电缆，不过，由于传送的码流高达 270M，所以长度不能超过 20m。一般一个 ASI 接口可以传递 4 个端口的码流，所以满配置 24 端口的 MCU 也只用 6 个多画面 ASI 输出接口。为了能将多画面（用画面分割器混合的）传送到各分会场，MCU 还设立了一个多画面回传的 ASI 输入接口。

3. 终端机视频输入、输出接口的连接

终端机的输入视频接口一般有 4 个，分别为复合视频（CVBS）1-4。如果会场没配视频切换矩阵，则 4 个视频源分别接主、辅摄像机及 DVD、录像机等视频输入设备。有视频切换矩阵，则只将 CVBSI 接到矩阵 1 路输出，视频输入设备经过矩阵切换送给终端。

摄像机的转动、镜头聚焦等操作可由终端控制台软件控制，或外置云台控制器控制，一般一体化单 CCD 摄像机都由终端软件控制，外置云台的 3CCD 等高级摄像机用外置控制器控制。终端控制摄像机的串口可用控制台 PC 机的串口或终端上的串口。

终端的视频输出分两种：一是本地图像监控输出，接会场本地图像显示电视和机房本地监控电视；二是远端图像输出，接会场远端图像显示电视和机房远端监控电视。同样若是有视频切换矩阵，则全接到矩阵，以进行切换。

视频线缆采用 75Ω 同轴电缆，带屏蔽层电缆最大有效长度为 100m，超过范围的要加分配器等中继设备延长。终端、矩阵和监视器的视频接头端子一般为 BNC，电视机、投影等显示输出设备的接口为莲花头。

4. 终端音频输入、输出接口的连接

终端的音频输入接口类型分两种：一是 MIC（麦克风）输入，接有源 MIC；二是 LINE IN（线路输入），接调音台、DVD、录像机等设备。选择 MIC 还是 LINE 输入都要在终端控制台上进行设置。

终端音频输出为 LINE 信号输出，有调音台等音频系统的，接调音台输入，送到会场扩音系统。没有调音台的直接接扩音设备或会场电视音频输入口。终端音频输入、输出和音频外设一样都是非平衡接口，音频线缆采用 2 芯带屏蔽电缆，最大有效长度 100m。接头端子终端和调音台都是 $\phi6.3$mm 标准单声道插头，DVD、录像机、电视、扩音等设备是莲花头。

（三）会议电视设备布置的要求

（1）话筒和扬声器的布置应尽量使话筒置于各扬声器的辐射角之外。

（2）摄像机的布置应使被摄入物都收入视角范围之内，并宜从几个方位摄取画面，方便地获得会场全景或局部特写镜头。

（3）监视器或大屏幕背投影机的布置，应尽量使与会者处在较好的视距和视角范围之内。

（4）机房设备布置应保证适当的维护间距，机面与墙的净距不应小于 1500mm；机背和机侧（需维护时）与墙的净距不应小于 800mm。当设备按列布置时，列间净距不应小于 1000mm；若列间有座席时，列间净距不应小于 1500mm。

（5）会议室桌椅布置应保证每个与会者有适当的空间，一般不应小于 1500mm×700mm。主席台还宜适当加宽至 1500mm×900mm。

（6）会议电视的相关房间应采用暗敷的方式布放缆线，在建造或改建房屋时，应事先埋设管子、安置桥架、预留地槽和孔洞、安装防静电地板等，以便穿线。

（7）安装设备应符合下列要求：

1）机架应平直，其垂直偏差度不应大于 2mm；

2）机架应排列整齐，有利于通风散热，相邻机架的架面和主走道机架侧面均应成直线，误差不应大于 2mm；

3）缆线布放应整齐合理，在电缆走道或槽道中布放电缆，以及机架内布放电缆均应绑扎，松紧适度；

4）电缆走道或槽道的布置均应水平或直角相交，其偏差不应大于 2mm；

5）任何缆线与设备采用插接件连接时，必须使插接件免受外力的影响，保持良好的接触；

6）设备或机架的抗震加固应符合设计要求；

7）布放缆线不应扭曲或护套破损，并不应使缆线降低绝缘或其他特性。

（四）会议设备与传输设备的连接

1. MCU 与传输 2Mbit/s 接口（E1）的连接

MCU 是终端的线路汇接点，是传输接口集中点，尤其是高清晰会议系统，每个会场要 4 对 E1 线路，如 FOCUS8000MCU 满配置 24 个端口共 96 对 E1 接口，所以线缆比较多。为了走线方便整洁，MCU 到传输 E1 接口的线缆都采用 8 股 75Ω 同轴电缆，每根电缆接 1 个会场。采用细缆最大有效长度为 100m，粗缆最大有效长度可到 120m。MCU 的 E1 接头端子采用的是 BNC 接头，传输 DDF 配线架采用的是 L9 头。

2. MCU 与会场终端的 E1 接口连接

同上，为了走线方便整洁，也采用 8 股 75Ω 同轴电缆。如果 MCU 和终端不在同一机房，最大走线长度不能超过 150m，电缆两端接头均为 BNC 头。

3. 分会场终端与传输 E1 接口的连接

同样建议采用 8 股 75Ω 同轴电缆，最大走线长度不能超过 120m，终端是 BNC 接头，传输 DDF 配线架是 L9 头。

第九节　视频会议室设计举例

（1）某电视会议室的平面布置示例参见图 6-49，图 6-49 上设备名称参见表 6-26。

（2）图 6-50 是某大型专业会议室的视频会议系统。

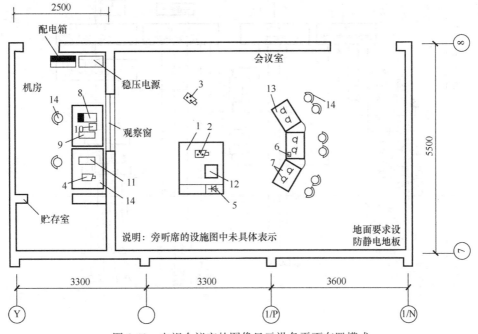

图 6-49　电视会议室的图像显示设备平面布置模式

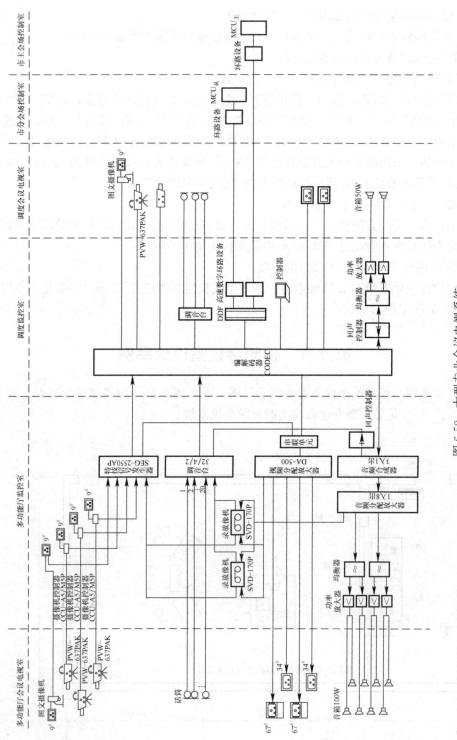

图 6-50 大型专业会议电视系统

电视会议设备一览表 表 6-26

编 号	名 称	单 位	数 量	编 号	名 称	单 位	数 量
1	会议终端处理器	套	1	8	终端管理系统	套	1
2	主摄像机	台	1	9	打印机	台	1
3	辅助摄像机	台	1	10	录像机	台	1
4	图文摄像机	台	1	11	多点控制单元	台	1
5	音箱	台	1	12	监视器	台	1
6	会议控制盒	台	1	13	会议桌	个	3
7	传声器（桌式）	个	6	14	转椅、工作台	个	按需要

大型会议电视主会场系统有下列系统功能：

1）全部会场显示统一画面，可用双监视器或画中画方式显示画面。

2）主会场可遥控操作参加会议的全部受控摄像机的动作，调整画面的内容和清晰度，保证摄像机摇摆、倾斜、焦距调整和聚焦等动作要求。

3）主会场能任意选择下列 4 种切换方式：

主席控制方式：在指定时间内可以选择转播任一会场的画面。

导演控制方式：通过 MCU 的 PC 机管理软件（CMMS）选择转播任一会场的画面。

声音控制方式：MCU 根据与会者发言的声音强度和持续时间，选择其中最符合设定条件的发言者，将其画面转播给其他各会场。

演讲人控制方式：适用于教学或作报告，各会场可以看到教师或演讲人，教师或演讲人也可以选择观看任何一个会场的画面。

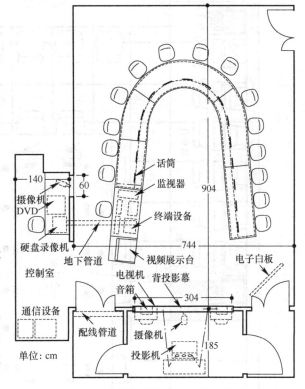

图 6-51 视频会议室的一种布置方式

4）除主会场与发言会场可以进行对话外，还允许 1～2 个会场进行插话。

5）任何会场有权请求发言，申请发言的信号应在主会场的特设显示屏上显示，该显示屏放在主席容易观察到的位置。

6）当某一会场需要长时间发言，主会场能任意切换其他会场的画面进行轮换广播，而不中断发言会场的声音。

为了保证电视会议准备阶段能高效率地进行工作，使会议电视系统的联调、检测和试运行顺利进行，必须设置专门的调度电话系统。

（3）图 6-51 是一种电视会议室的配置与布置方式。图中前方采用背投式投影显示，另在两旁安装两台大屏幕监视器。图 6-52 是另一种电视会议室布置示例。

（4）图 6-52 是一种桌面计算机的视频会议系统。它采用圆桌式会议方式。其中液晶

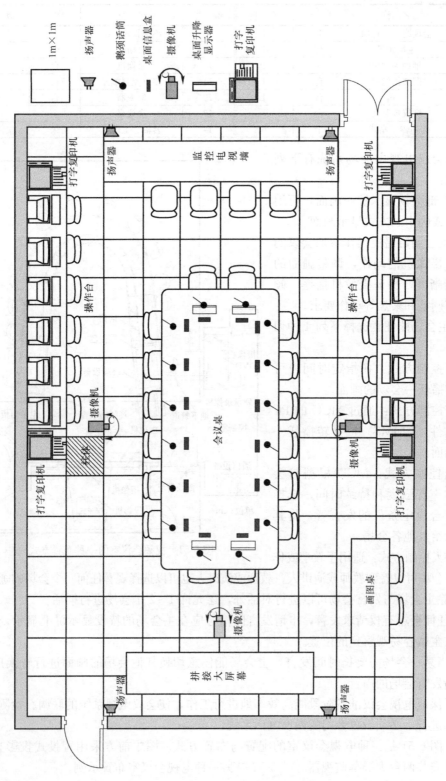

图 6-52　视频会议室另一种布置方式

显示器采用电动升降方式，平时液晶显示器藏于桌面下面，开会时，可通过电动升至桌面。这种升降显示屏的液晶显示屏有 13.3 英寸、15 英寸等几种规格。例如，某机型 (SHJ-15B) 额定电压为 AC220V，保险丝管电流为 1A，液晶显示屏尺寸为 15 英寸，分辨率为 1024×768，外形尺寸为 440mm×180mm×560mm。该系统可广泛用于视频会议系统、指挥调度系统、生产分析系统、金融分析系统、大型会议系统等。

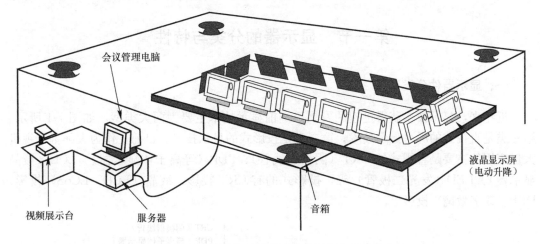

图 6-53　采用液晶升降屏的音视频会议系统

第七章 大屏幕显示技术

第一节 显示器的分类与特性

一、显示器件分类

近年来，显示技术获得迅速的发展，当前显示技术主要为两大类型，如图7-1所示。第一类是直视式的屏幕显示技术；第二类是投影式的显示技术。目前，作为大屏幕电视机大量应用的主要是直视式的 CRT（阴极射线管）、PDP（等离子体显示器）、LCD（液晶显示器）、LED（发光二极管）等，投影式的有 CRT 投影、液晶（LCD、LCoS）投影、DLP（数字微镜）投影等。

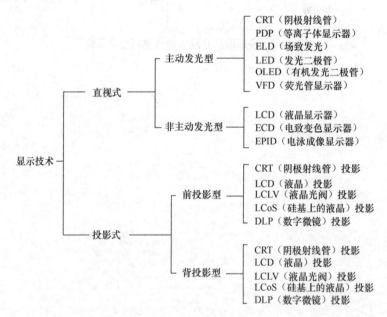

图 7-1 显示技术分类

表 7-1 列出了各种显示器的特性比较。表 7-2 列出了主要几种显示器的优缺点。

各种显示器特性比较　　　　　　　　　　　　　　　　　　　　表 7-1

性能	CRT	LCD	PDP	VFD	OLED	LED
画面尺寸	中	中	大	小	中	很大
显示容量	很好	很好	好	差	好	好
清晰度	好	很好	普通	差	普通	差
亮度	很好	好	好	很好	好	很好

续表

性能	CRT	LCD	PDP	VFD	OLED	LED
对比度	好	很好	普通	普通	普通	普通
灰度	好	好	好	差	普通	普通
显示色数	好	好	好	差	色不纯	好
响应速度	快	慢	较快	较快	较快	较快
视角	好	较好	好	好	好	好
功耗	普通	小	较大	大	小	较大
体积/质量	差	好	好	好	最好	—
寿命	长	长	长	长	较短	很长
性价比	好	较好	可接受	很好	差	很长

CRT、PDP、LCD 电视机和背投电视机的主要性能比较 表 7-2

	CRT	PDP	LCD	背投电视
静止图像清晰度	中	良	优	良
亮度	良	中	优	优
亮场景图像层次	良	良	中	优
暗场景图像层次	优	优	中	优
可视角	优	优	中	中
运动图像拖尾	优	优	中	良
静止图像的残像	优	差	中	优
色域覆盖率	优	优	中	中
功耗	较大	较大	一般	较小
重量	较重	较轻	较轻	一般
厚度	厚	薄	薄	较薄
性价比	优	中	中	中
主要应用尺寸范围	14～36 英寸	32 英寸以上	10～60 英寸	50～100 英寸

各种直视式显示器的特点：

目前常见的直视式显示器主要为 CRT、LCD、PDP、OLED，它们的优缺点如表 7-3 所示。

各种直视式显示器的特点 表 7-3

名称	主要优点	主要缺点
CRT 型直显式显示器	（1）历史悠久，技术成熟，为电真空器件，可靠性高，一致性好，温度稳定性能优良； （2）发光强度较高，平均 $100\sim120cd/m^2$； （3）对比度、灰度等级、发光效率高或甚高； （4）清晰度高，目前只有它能以较高的性价比满足 HDTV 显示格式要求； （5）可视角度大，可达 160°； （6）惰性小，响应速度快，显示运动图像无拖尾； （7）图像调制、寻址方式简单，故其性价比目前为最好； （8）寿命长，一般大于 2 万 h； （9）综合性能好	（1）为电真空器件，体积大，质量重，由于是玻璃封装，有爆碎可能； （2）屏幕尺寸在 91cm（36in）以下，再大有难度； （3）由于是电子束偏转，作行场扫描，故光栅有几何失真及扫描的非线性失真； （4）全屏光栅亮度不够均匀； （5）屏幕边缘色纯裕度小，清晰度差，分辨率低； （6）光栅受地磁场影响大； （7）高压阳极的电压高，有 X 射线辐射； （8）显像管有非线性，需 γ 校正； （9）功耗较大

续表

名称	主要优点	主要缺点
LCD 型直显式液晶显示器	(1) 由于是数字化寻址重显图像，故可实现逐行寻址和高场频显示，可消除行间闪烁和图像的大面积闪烁； (2) 基本数字化寻址显示，故光栅的几何失真和非线性失真最小，且屏幕边沿的图像亮度、清晰度与屏幕中心相同； (3) 清晰度高，如铁电液晶显示器（FLCD）的画面可达 1280×1312 像素； (4) 质量轻，厚度薄，体积小，可作壁挂式屏幕； (5) 屏幕可做大，可达 102cm（40in）以上； (6) 光栅位置、倾斜度不受地磁场影响； (7) 供电电压低，无 X 射线辐射，防爆、防碎性能也好； (8) 功耗小（不考虑背光源时）； (9) 电光转换近于线性，无需非线性 γ 校正； (10) FLCD 显示器具有记忆功能，可自动保存最后显示的图像作为壁挂画； (11) 综合性能良好，可成为发展方向； (12) 寿命长，可达 5～6 万 h	(1) 生产成本较高，价格稍贵； (2) 清晰度目前不很高，仍以 4：3、720×576 像素标准清晰度电视（SDTV）显示格式和 16：9、1280×720 像素准高清晰度显示格式为主，但很快会达到 200 万像素的高清晰度电视（HDTV）格式； (3) 惰性大，响应时间长（18～20ms），显示快速运动图像时有拖尾现象存在； (4) 不能主动发光，需背光源； (5) 屏幕亮度低于 CRT 直显示显示器； (6) 可视角度略小，水平在 120°～170°范围
PDP 型等离子体显示器	(1) 这是自主发光平面显示器件，不需背光源； (2) 屏幕尺寸大，均在 102cm（40in）以上，可达 203cm（80in）； (3) 采用电子寻址方式显像，属固定分辨率器件，全屏亮度、清晰度、色纯等均一致，没有会聚、聚焦问题，图像失真小； (4) 采用子帧驱动方式，消除了行间闪烁和图像大面积闪烁； (5) 响应时间短，重显高速运动图像时无拖尾； (6) 清晰度目前已达 1280×720p 的准高清晰度显示格式； (7) 亮度、对比度、视场角均优于 LCD、CRT 等背投显示方式； (8) 屏幕薄，有记忆功能，可作壁挂显示屏； (9) 电压低（几百伏），无 X 射线辐射	(1) 难以作小屏幕显示，一般均在 102cm（40in）以上； (2) PDP 显示屏表面为玻璃体，机械强度不高，易碎，不能承受太大的压力； (3) 发光效率低，功耗大，以 207cm（42in）显示屏为例，功耗在 300W 以上； (4) 价格稍高
有机电致发光显示器(OLED)	(1) 最有发展前途的显示器件； (2) 自主发光、全彩色、超轻超薄； (3) 亮度高，可达 300cd/m² 以上； (4) 视角宽，上下左右均可超过 170°； (5) 数字寻址方式显像，亮度、清晰度、色纯等全屏一致，无聚焦、会聚问题，图像几何失真、非线性失真小，图像质量高； (6) 分辨率高，可达 30 线/mm 以上； (7) 响应速度快，为 μs 级，比 LCD 快 1000 倍； (8) 全固态集成器件，工作稳定，高温特性好，寿命长； (9) 工作电压低，通常为几伏至几十伏，功耗低； (10) 发光材料资源丰富，制造工艺简单，生产成本低	(1) 尚未大批量生产，产品性能有待进一步验证； (2) 成品率低，价格高； (3) 材料发光老化问题有待进一步解决； (4) 彩色重显有待改进

二、显示器的主要性能

显示功能方面可分为：静态图像、动态图像及立体图像。

显示器性能的主要指标包括：画面尺寸、显示容量（分辨率）、亮度、对比度、灰度、显示色数、响应速度、视角、功耗、体积/质量等。

（一）画面尺寸

画面尺寸一般用画面对角线的长度表示，单位用英寸或厘米。常用对角线的英寸数作为型号表示。

（二）显示容量

显示容量表示总像素数。在彩色显示时，一般将 RGB 3 点加起来表示一个像素。有时，总像素数也以分辨率表示。分辨率可以用每 1mm 的像素数表示，也常用像素节距（pitch）表示。但在显示器领域，分辨率一词的用法并不完全统一。显示格式与对应的像素数和宽高比见表 7-4。

显示系统的像素数与画面宽高比 表 7-4

名称/方式		有效像素数		宽高比	备　注
		水平×垂直	总像素数		
计算机系	VGA	640×480	307200	4：3	作为液晶投影仪已商品化
	SVGA	800×600	480000		
	XGA	1024×768	786432		
	SXGA	1280×1024	1310720	5：4	
	SXGA+	1400×1050	1470000		
	UXGA	1600×1200	1920000	4：3	
	QXGA	2048×1536	3145728		也用作电子影院，开发中
	QSXGA	2560×2048	5242880	5：4	投影仪用的元件尚未开发
	QUXGA	3200×2400	7680000	4：3	
电视机系	宽 VGA	852×480	408960	约 16：9	数字电视：与 480 方式对应
	宽 XGA	1280~1366 ×768	983040~ 1049088		数字电视：与 720 方式对应
	宽 UXGA	1920×1200 1920×1024	2304000 1966080		数字电视：与 1080 方式对应
	480i 标清	750×480	360000	4：3/16：9	数字电视放像格式
	480p 标清				
	720p 高清	1280×720	921600	16：9	
	1080i 或 p 全高清	1920×1080	2073600		
数字影院系	SXGA	1280×1024	1310720	5：4	用变形透镜变换纵横比，用在 DLP 影院
	QXGA	2048×1536	3145728	4：3	用变形透镜变换纵横比，用在 LCoS
	2K	2048×1080	2211840	17：9	使用 DLP、LCoS 器件等
	4K	4096×2160	8847360	17：9	

　　分辨率是影响图像质量的一项重要指标。通常有屏分辨率与图像分辨之分，两者不可混淆。屏分辨率是指屏幕上所能呈现的图像像素的密度，以水平和垂直像素的多少来表示。显示器上的像素总数量是固定的。分辨率与画面尺寸及像素间距（或点距）有关。

　　图像分辨率是指数字化图像的大小，是对信号和图像视频格式而言，也是以水平和垂直像素的多少来表示。两者之间的区别在于：屏分辨率是由显示器屏的结构、类型、像素组成方式，即由产品本身所确定的一个不变的量。而图像分辨率是说明图像系统（根据人眼对图像细节的分辨率而制定的）的分解像素的能力（数目），是由扫描行数、信号带宽等所确定的。例如，PAL制图像分辨率为720×576扫描格式，NTSC制为720×480。

　　中国信息产业部公布的SJ/T 11343—2006"数字电视液晶显示器通用规范"中规定：

　　● HDTV（高清电视）水平、垂直方向的清晰度（即分辨率）≥720电视线；

　　● SDTV（标清电视）水平、垂直方向的清晰度（即分辨率）≥450电视线。

　　高清晰度电视具有以下特点：

　　（1）图像清晰度在水平和垂直方向上均是常规电视的2倍以上；

　　（2）扩大了彩色重显范围，使色彩更加逼真，还原效果好；

　　（3）具有大屏幕显示器，画面幅型比（宽高比）从常规电视的4∶3变为16∶9，符合人眼的视觉特性；

　　（4）配有高保真、多声道环绕立体声。

　　（三）亮度

　　亮度表示显示器的发光强度。用cd/m^2（又称尼特）或$ft \cdot L$（英尺朗伯）表示，目前常用前者。对画面亮度的要求与环境光强有关，室内要求显示器画面亮度可以小些，室外应该大些。

　　在非发光型液晶显示器中，内装背光源的，被视为表观发光型的，在亮度的评价中将采用这种亮度单位。对于不装背光源而利用周围光反射的液晶显示器，则常用与标准白板的反射光量的比较表示其亮度。

　　在测量电视机（或显示器）的亮度时，因对电视机调整状态不同，表征屏亮度的参数指标也不同，主要有4种，即有用峰值亮度、有用平均亮度、最大峰值亮度及最大平均亮度。

　　液晶显示屏本身不发光，要外加光源。用寻址方式开关像素，显示图像。所以通常情况下，有用平均亮度和有用峰值亮度是一样的，最大平均亮度和最大峰值亮度是一样的；对于主动发光的显示器（例如CRT、PDP）平均亮度与峰值亮度是不一样的。对于正常观看电视图像节目而言，只有有用平均亮度才有实际意义。因此，在标准《数字电视液晶显示器通用规范》SJ/T 11343—2006中只规定它的有用平均亮度值≥$350cd/m^2$。这个数值要比PDP、CRT大得多。

　　（1）CRT电视机有用平均亮度标准规定值≥$60cd/m^2$。

　　（2）PDP电视机有用平均亮度标准规定值≥$60cd/m^2$。

　　现在产品标称的亮度数值都远高于这个数值。不过亮度过高并不好，容易造成眼睛疲劳。

　　我国新公布的标准中还规定了亮度均匀性标准：

　　（1）LCD亮度均匀性≥75％；

(2) PDP 亮度均匀性≥80%；

(3) CRT 亮度均匀性≥50%。

（四）对比度

对比度是用最大亮度和最小亮度之比来表示，分暗场对比度和亮场对比度。暗场对比度是在全黑环境下测得的，亮场对比度是在有一定环境光的条件下测得的。对比度值与测试方法有很大关系。

电视机或显示器的对比度是在对比度和亮度控制正常位置，在同一幅图像中，显示图像最亮部分的亮度和最暗部分的亮度之比。对比度越高，图像的层次越多，清晰度越高。

采用不同的测量方法和不同的测试信号得到的对比度值是不同的。在《数字电视液晶显示器通用规范》SJ/T 11343—2006 中，规定 HDTV 采用黑白窗口信号（16∶9）进行测量。该标准规定：

(1) LCD TV 对比度值≥150∶1；

(2) PDP、CRT 的对比度值≥150∶1。

在通常情况下，好的图像显示要求显示器的对比度至少要大于 30∶1。

（五）灰度

灰度通常是指图像的黑白亮度之间的一系列过渡层次。灰度与图像的对比度的对数成正比，并受图像最大对比度的限制。日常生活中，一般图像的对比度不超过 100。

为了精确表示灰度，人们在黑白亮度之间划分若干灰度等级。而在彩色显示时，灰度等级表示各基色的等级。在现代显示技术中，通常用 2 的整数次幂来划分灰度级。例如，人们将灰度分为 256 级（用 0～255 表示），它正好占据了 8 个 bit 的计算机空间，所以 256 级灰度又称 8bit 灰度级，在彩色显示时，就是 1670 万色全色。

电视图像要小于 1/30s 响应时间，一般主动发光的显示器响应时间都可小于 0.1ms，而非主动发光的 LCD 的响应时间为 10～500ms。

（六）视角

一般用面向画面的上下左右的有效视场角度来表示。在国际电工委员会公布的文件中对视角作了规定，即在屏中心的亮度减小到最大亮度的 1/3 时（也可以是 1/2 或 1/10 时）的水平和垂直方向的视角。也就是说，首先测量屏中心点的亮度为 L_0，然后水平移动测量仪器的位置，分别在中心点的左右水平方向测得亮度为 $L_0/3$ 时，得到的左视角和右视角的和，即为水平视角；同样的方法，在垂直方向测得上、下视角的和，即为垂直视角。

在《数字电视液晶显示器通用规范》SJ/T 11343—2006 中规定：

(1) 水平可视角≥120°；

(2) 垂直可视角≥80°。

（七）功耗

功耗分只测定显示器件的情况和测定包括驱动电路等在内的模块的情况。一般用户往往用后者，因为它比较实用。

反射式 LCD 的功耗很低，属 $\mu W/cm^2$ 量级。但是透射式 LCD 的功耗基本上由背光源的功耗所决定，也就不低了。

第二节 大型 LED 显示屏

LED 是发光二极管的英文缩写，LED 显示屏是由 LED 排列组成的一个显示器件。

一、LED 显示屏的分类

（一）按显示屏的基色划分

（1）单色显示屏：采用标准 8×8 单色 LED 矩阵模块标准组件，一般为红色，可显示各种文字、数据、两维图形。室内单色显示屏经济实用，只是色彩有些单调。

（2）双基色显示屏：顾名思义，LED 双基色显示屏就是可同时显示两种颜色的显示屏。常用的有室外双基色大型 LED 屏和室内 LED 双色单面显示屏两大类。

（3）三基色显示屏（全彩）：采用标准 8×8 双基 LED 矩阵模块，每一像素点有红、黄、绿三种颜色，每种基色有 16×16 级灰度＝256 或 256×256 级灰度≈64000 种颜色，甚至更多。

一般来说，显示文字信息宜选用单色或双色 LED 屏。显示图形、图像信息宜选用双色或全彩色（三基色）显示屏。

（二）按点阵密度划分

按点阵密度分主要有普通密度和高密度显示屏。

显示屏的密度与像素直径相关，像素直径越小，显示屏的密度就越高。对于具体选型来说，观看距离越近，显示屏的密度就应越高；观看距离越远，显示屏的密度就可越低。室内 LED 显示屏按采用的 LED 单点直径可分为 $\phi3mm$、$\phi3.75mm$、$\phi5mm$、$\phi8mm$、$\phi10mm$ 等显示屏，以 $\phi5mm$ 和 $\phi3.7mm$ 最为常见。室外 LED 显示屏按采用的像素直径可分为 $\phi19mm$、$\phi22mm$ 和 $\phi26mm$ 等显示屏。表 7-5 表示 LED 显示屏的技术参数对比表。

LED 电子显示屏技术参数对比参考一览表　　　　　　　　　　表 7-5

规格	密度（点/m²）	显示颜色	灰度等级	显示颜色
PH20mm	2500	双基色	无	红、绿、黄
			64 级	4096 色
			256 级	65536 色
		全彩色	256 级	16777216 色
PH16mm	3906	双基色	无	红、绿、黄
			64 级	4096 色
			256 级	65536 色
		全彩色	256 级	16777216 色
PH10mm	10000	单色	无	红色或绿色
		双基色	无	红、绿、黄
			64 级	4096 色
			256 级	65536 色
		全彩色	256 级	16777216 色

续表

规格	密度（点/m²）	显示颜色	灰度等级	显示颜色
PH8mm	15625	单色	无	红色或绿色
	15625	全彩色	256 级	16777216 色
φ3.0mm	60591	单色	无	红色或绿色
		双基色	64 级	4096 色
			256 级	65536 色
φ3.7mm	43743	单色	无	红色或绿色
		双基色	64 级	4096 色
			256 级	65536 色
φ5.0mm	17341	单色	无	红色或绿色
		双基色	64 级	4096 色
			256 级	65536 色
	17220	全彩色	256 级	16777216 色

（三）按工作方式划分

按工作方式划分主要有两大类：一类称全功能型显示屏，另一类称智能型显示屏。两者均采用国际标准 8×8 LED 矩阵模块拼装而成，屏体表面完全相同，基本显示功能相同。智能型显示屏平时无须连接上位机，显示屏有内置 CPU，能掉电保存多幅画面，可脱离上位机独立运行；需要修改显示内容时，通过 RS-232 连接微机修改。全功能型显示屏则必须连接一台微机才能工作。但智能型显示屏的显示方式通常较少，全功能型显示屏则显示方式多样。此外，智能型显示屏的操作简单；全功能型显示屏则需有专人操作、维护，如果要制作动画节目，还需专业知识。

（四）按使用环境划分

LED 显示屏按使用环境可分为室内 LED 显示屏和室外 LED 显示屏。室内显示屏：发光点较小，一般 φ3～φ8mm，显示面积一般几平方米至十几平方米；室外显示屏：面积一般几十平方米至几百平方米，亮度高，可在阳光下工作，具有防风、防雨、防水功能。

表 7-6 给出 LED 显示屏的不同分类方法。

LED 显示屏的分类   表 7-6

分类标准	种类
按显示颜色分	单基色显示屏（红色或绿色，含伪彩色 LED 显示屏）、双基色显示屏（红色、绿色）和全彩色显示屏（三基色，即红色、绿色、蓝色）
按显示性能分	文本 LED 显示屏、图文 LED 显示屏、计算机视频 LED 显示屏、电视视频 LED 显示屏和行情 LED 显示屏等。其中，行情 LED 显示屏一般包括证券、利率、期货等用途的 LED 显示屏
按发光材料、发光点直径或点间距分	（1）模块（用于室内屏）：按采用的 LED 单点直径可分为 φ3.0mm、φ3.75mm、φ4.8mm、φ5.0mm、φ8mm 和 φ10mm 等； （2）模块及像素管（用于室外屏）：按采用的像素直径（点间距）可分为 PH8mm、PH10mm、PH16mm、PH20mm 等； （3）数码管（用于行情显示屏）：按采用的数码管尺寸（点间距）可分为 2.0cm（0.8in）、2.5cm（1.0in）、3.0cm（1.2in）、4.6cm（1.8in）、5.8cm（2.3in）、7.6cm（3in）等。 一般来讲，观看距离近，显示面积小，选用的中心距也小，密度就高，单位面积显示屏的造价也高；观看距离远，屏体面积大，则选用的中心距也大，密度相比而言较低，单位面积显示屏的造价也相对就低

分类标准	种类
按使用环境分	室内屏、室外屏和半户外屏
按灰度级别分	分为 16 级、32 级、64 级、128 级、256 级等
根据制作时的 LED 封装形式分	(1) 表贴 LED 屏：把 LED 芯片封装成 LED 灯→做成单元板→把单元板拼装成箱体→把箱体拼接成电子屏。表贴 LED 屏幕只能使用于户内环境。 表贴 LED 屏又分为表贴三合一屏和分离式表贴屏，其主要区别是表贴三合一屏是把三个 LED 芯片封装在一个 LED 灯里，而分离式表贴 LED 屏的每一个 LED 灯里只有一个芯片。 (2) 亚表贴 LED 屏：也称直插式 LED 屏，其发光器件的形状为圆形、椭圆形。由于其聚光性好，亮度好，故适用于户外环境。 (3) 点阵 LED 屏：这种方法是不使用 LED 灯，先直接把 LED 芯片制作成 8×8 的 LED 点阵模块，再把点阵制作成单元板，最后把单元板拼接成显示屏。由于点阵 LED 屏的角度大，亮度低，故可使用于室内环境
根据 LED 屏幕外观分	(1) LED 喷绘屏：白天是喷绘效果，晚上可让 LED 广告牌显示不同的效果，目前在市场上非常流行。 (2) 网络 LED 屏：主要应用于舞台表演等场合，制作方法多种多样，屏体轻便，制作简单，模块化设计，非常有利于 LED 屏幕的安装拼接、拆卸移动，是目前 LED 舞台背景屏幕的最佳选择。 (3) 弧形 LED 屏：由于安装地点、环境、要求的显示效果等特殊，需要把显示屏做成弧形。由于在户外环境中一般弧度不大，所以也可把箱体做成弧形的，模块仍然使用普通的 LED 模块；如果弧度过大，则可使用特制的单元板与模块来制作 LED 标示牌。 (4) LED 条屏：这是目前市场上使用最广泛的显示屏，主要用做简单的 LED 招牌，显示单色或者双色字体；全彩的条屏在市场上不多见
根据播放要求分	(1) 同步 LED 屏：显示屏屏体显示的内容与播放设备（计算机、录像机、DVD、卫星电视等）显示的内容同步。由于同步 LED 大屏幕显示系统成本比较高，故一般 LED 同步屏幕主要是在屏体比较大的情况下使用。 (2) 异步 LED 屏：外接设备起着修改、发送显示内容的作用，只要把需要显示的内容传输到屏体接收设备上即可，即使把发送系统关掉也不影响 LED 电子大屏幕的显示。异步 LED 屏又分为异步弧度系统与不带灰度的系统，异步灰度系统可以接受视频、图片等需要带灰度显示的内容，不带灰度的适用于播放表格、文字性的内容

二、LED 显示屏的特点与系统组成

（一）LED 显示屏的特点

LED 显示屏的优点如下：

（1）亮度高，屏幕视角大。LED 属于自发光器件，亮度高，可在室外阳光下显现出清晰的图像，这是 LED 显示屏的最大优势。室外屏亮度大于 $8000 mcd/m^2$，室内屏大于 $2000 mcd/m^2$。LED 室内屏视角大于 $160°$，室外屏视角达 $110°$，视角大小取决于 LED 的形状。

（2）薄型，轻量，高像素密度。LED 显示屏具有轻量，薄型，可显示弯曲面和安装成本低等优点，而且可在建筑物墙面完工后再安装，适合安装的场所较多。LED 显示屏能够实现高像素密度。室外使用的直径不到 4mm 的炮弹形 LED，像素间距为 8mm，近年发展到 6mm 和 3mm 的间距，清晰度大大提高，但价格也相对提高。室内使用的 LED

显示屏是将三种颜色的边长 0.3mm 的四方形半导体芯片封装在一起（称为表面贴装器件，Surface Mount Device，SMD）构成的，像素间距为 3mm。显示屏的点间距越小，则显示的画面越细腻，越清晰；而点间距越大，单位面积的发光点越小，单位面积价格越低，而显示效果则越差。

（3）寿命长。LED 显示屏结构牢固，耐冲击，寿命长，维护成本低。它采用低电压（DC 5V）驱动，安全性和可靠性高。LED 显示系统不需要日常维护，由于 LED 显示屏是模块化结构，个别 LED 损坏时更换起来非常简便。LED 显示屏的寿命长达 10 万小时，使用时不要让 LED 显示屏过热。显示屏的通风和冷却装置可以保证其内部元件和 LED 的长期连续安全运行。

（4）发光效率，对比度高，耗电少。

（5）色彩表现能力强，绿色、红色的色度好，色再现范围广，理论上它可显示 16384 级灰度和 1 万亿种色彩。

（6）动态响应速度快（ns 级），能实现视频级的显示刷新速度，全屏刷新速度 72 帧/秒以上。

目前，LED 显示屏还存在如下缺点：

（1）分辨率较低。

（2）可能存在亮斑和色斑。由于 LED 器件亮度的分散性较大，整个屏幕可能出现不均匀的亮斑。另外由于用于室外的 LED 显示屏的配光视角较狭窄而且光轴的分散大，加上绿、蓝与红的配向特性不同，所以从偏离正面的位置看可能出现不均匀的色斑。

（3）局部更换后，亮度不均。LED 显示屏是模块化的，几乎可以做成任意大小。但是，一旦某模块出故障后，就要更换，新的模块比较高（因为 LED 是新的），换上去之后很突出。

（4）价格较贵。

室内 LED 全彩显示屏方案有点阵模块方案、单灯方案、贴片方案和亚表贴方案，这四种显示屏方案的优缺点的比较如表 7-7 所示。

室内 LED 全彩显示屏方案优缺点的比较 表 7-7

显示屏方案	优点	缺点	说明
点阵模块方案	原材料成本最有优势，且生产加工工艺简单，质量稳定	色彩一致性差，马赛克现象较严重，显示效果较差	最早的设计方案，由室内伪彩点阵屏发展而来
单灯方案	色彩一致性比点阵模块方式的好	混色效果不佳，视角不大，水平方向左右观看有色差。加工较复杂，抗静电要求高。实际像素分辨率做到10000点以上较难	为解决点阵屏色彩问题，借鉴了户外显示屏技术的一种方案，同时将户外的像素复用技术（又叫像素共享技术，虚拟像素技术）移植到了室内显示屏中
亚表贴方案	显示色彩一致性、视角等技术指标有所提高，成本较低，显示效果较好，分辨率理论上可以做到 17200 以上	加工较复杂，抗静电要求高	实际上是单灯方案的一种改进，现在还在完善之中

续表

显示屏方案	优点	缺点	说明
贴片方案	色彩一致性、视角等技术指标是现有方案中最好的一种，特别是三合一表贴显示屏，其混色效果非常好	加工工艺麻烦，成本太高	采用贴片 LED 为显示元件的方案

（二）LED 显示屏系统组成

LED 显示屏系统一般由显示屏本体、显示屏控制系统、外围设备等组成。其中，显示屏本体包括 LED 发光显示单元和电源，显示屏控制系统包括主控器、分配卡、HUB卡、专用显卡、编辑卡、播放软件等，外围设备包括计算机、功放、音响、摄像机、打印机、防雷器和其他相关软件。LED 显示屏系统如图 7-2 所示。具体说来，它一般由以下几个部分组成：

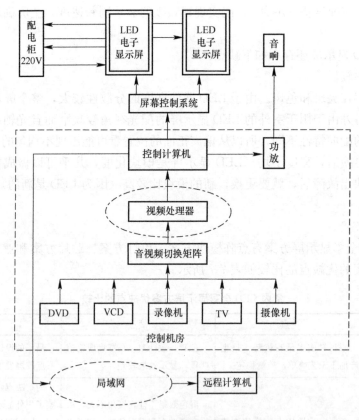

图 7-2　LED 显示屏系统原理图

1. 金属结构框架

室内屏一般由铝合金（角铝或铝方管）构成内框架，搭载显示板等各种面板以及开关电源，外边框采用茶色铝合金方管，或铝合金包不锈钢，或钣金一体化制成。室外屏框架根据屏体大小及承重能力一般由角钢或工字钢构成，外框可采用铝塑板进行装饰。

2. 显示单元

由发光材料及驱动电路构成。室内屏就是各种规格的单元显示板，室外屏就是单元箱体。显示单元一般由带有灰度级控制功能的移位寄存器、锁存器构成，只是视频 LED 显示屏的规模往往更大，通常使用超大规模的集成电路。

显示单元是 LED 显示屏的主体部分，应用于显示屏的 LED 发光材料有以下三种形式：

（1）LED 发光灯（或称单灯）—— 一般由单个 LED 晶片、反光碗、金属阳极和金属阴极构成，外包具有透光、聚光能力的环氧树脂外壳。可用一个或多个（不同颜色的）单灯构成一个基本像素，由于亮度高，多用于室外显示屏。

（2）LED 点阵模块——由若干晶片构成发光矩阵，用环氧树脂封装于塑料壳内。它适合行、列扫描驱动，容易构成高密度的显示屏，多用于室内显示屏。

（3）贴片式 LED 发光灯（或称 SMD LED）——就是 LED 发光灯的贴焊形式的封装，可用于室内全彩色显示屏，可实现单点维护，有效克服马赛克现象。

3. 扫描板

扫描板所起的作用正所谓承上启下，一方面它接收主控制器的视频信号，另一方面把属于本级的数据传送给自己的各个显示控制单元，同时还要把不属于本级的数据向下一个级联的扫描板传输。

4. 开关电源

将 220V 交流电变为各种直流电提供给各种电路。

5. 双绞线传输电缆

主控制仪产生的显示数据及各种控制信号由双绞线电缆传输至屏体。

6. 屏幕控制器

从计算机显示配卡获取一屏各像素的各色亮度数据，然后分配给若干块扫描板，每块扫描板负责控制 LED 显示屏上的若干行（列），而每一行（列）上的 LED 显示信号则用串行方式通过本行的各个显示控制单元级联传输，每个显示控制单元直接面向 LED 显示屏体。屏幕控制器所做的工作，是把计算机显示配卡的信号转换成 LED 显示屏所需要的数据和控制信号格式。

7. 专用显示卡及多媒体卡

除具有计算机显示配卡的基本功能外，还同时输出数字 RGB 信号及行、场、消隐等信号给屏幕控制器。多媒体除以上功能外，还可将输入的模拟视频信号变为数字 RGB 信号（即视频采集）。

8. 计算机及其外围设备

如电视机、DVD/VCD 机、摄/录像机及切换矩阵等。

三、LED 显示屏主要技术指标

（一）像素和像素失控率

LED 显示屏中的每一个可被单独控制的发光单元称为像素。

像素直径 ϕ 是指每一个 LED 发光像素点的直径，单位为毫米。对于室内屏，较常见的有 $\phi 3$、$\phi 3.7$、$\phi 5$、$\phi 8$、$\phi 10$ 等，其中又以 $\phi 5$ 最多。对于室外屏，有 $\phi 10$、$\phi 12$、$\phi 16$、$\phi 18$、$\phi 21$、$\phi 26$、$\phi 48$ 等（单位均为 mm）。通常室外屏的一像素内有多个 LED。

相邻像素中心之间的距离，称为像素中心距，也称点间距，单位为 mm。

像素失控率是指显示屏的最小成像单元（像素）工作不正常（失控）所占的比例。像素失控有两种模式：一是盲点，也就是瞎点，即在需要亮的时候它不亮；二是常亮点，即在需要不亮的时候它反而一直在亮着。一般地，像素的组成有 2R1G1B（2 个红灯、1 个绿灯和 1 个蓝灯，下述同理）、1R1G1B、2R1G、3R6G 等。失控一般不会是同一个像素里的红、绿、蓝灯同时全部失控，但只要其中一个灯失控，即认为此像素失控。为简单起见，按 LED 显示屏的各基色（即红、绿、蓝）分别进行失控像素的统计和计算，取其中的最大值作为显示屏的像素失控率。

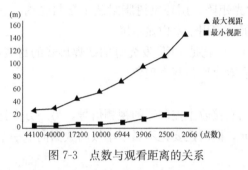

图 7-3　点数与观看距离的关系

失控的像素数占全屏像素总数的比例叫做整屏像素失控率。另外，为避免失控像素集中于某一个区域，提出了区域像素失控率的概念，即在 100×100 像素区域内，失控的像素数与区域像素总数（即 10000）之比。此指标对《LED 显示屏通用规范》SJ/T 11141—2003 中"失控的像素是呈离散分布"要求进行了量化，方便直观。

一般来说，LED 显示屏用于视频播放，将其控制在 1/104 之内是可以接受，也是可以达到的；若用于简单的字符信息发布，将其控制在 12/104 之内是合理的（图 7-3）。

（二）密度

单位面积上像素点的数量（单位：点/m²）就叫密度。像素点数同点间距存在一定计算关系，其计算公式为

$$密度＝(1000÷像素中心距)$$

LED 显示屏的密度越高，图像越清晰，最佳观看距离就越小，如图 7-3 所示。LED 显示屏的最佳视距如表 7-8 所示。

LED 显示屏的最佳视距　　　　　　　　　　　　　　　　表 7-8

密度（点/m²）	点间距（mm）	最佳视距（m）	
		最近	最远
44100	4.75	2	26
40000	5	3	28
17200	7.625	4	42
10000	10	5	55
6944	12	8	66
3906	16	15	88
2500	20	20	110
2066	22	20	140

（三）平整度

平整度指发光二极管、像素、显示模块、显示模组在组成 LED 显示屏平面时的凹凸偏差。LED 显示屏的平整度不好易导致观看时屏体颜色不均匀。

（四）分辨率

分辨率也称解释度，是指显示器所能显示的像素的多少。由于屏幕上的点、线和面都是由像素组成的，故显示器可显示的像素越多，画面就越精细，同样的屏幕区域内能显示的信息也越多。

（五）灰度等级和灰度非线性变换

灰度也称色阶或灰阶，是指亮度的明暗程度。灰度是显示色彩数的决定因素。一般而言，灰度越高，显示的色彩越丰富，画面也越细腻，更易表现丰富的细节。

灰度等级主要取决于系统的 A/D 转换位数。当然系统的视频处理芯片、存储器及传输系统都要提供相应位数的支持才行。灰度等级一般分为无灰度、8 级、16 级、32 级、64 级、128 级、256 级等。LED 显示屏的灰度等级越高，颜色越丰富，色彩越艳丽；反之，显示颜色单一，则变化简单。

目前国内 LED 显示屏主要采用 8 位处理系统，即 $256(2^8)$ 级灰度。其简单理解就是从黑到白共有 256 种亮度变化。采用 RGB 三原色即可构成 $256 \times 256 \times 256 = 16777216$ 种颜色，即通常所说的 16 兆色。国际品牌显示屏主要采用 10 位处理系统，即 1024 级灰度，利用 RGB 三原色可构成 10.7 亿色。

灰度非线性变换是指将灰度数据按照经验数据或某种算术非线性关系进行变换后再提供给显示屏显示。由于 LED 是线性器件，故其与传统显示器的非线性显示特性不同。为了让 LED 显示效果既符合传统数据源同时又不损失灰度等级，一般在 LED 显示系统后级会做灰度数据的非线性变换，变换后的数据位数会增加（保证不丢失灰度数据）。现在国内一些控制系统供应商所谓的 4096 级灰度，或 16384 级灰度或更高都是指经过非线性变换后的灰度空间大小。如同灰度一样，这个参数也不是越大越好，一般 12 位就可以做足够的变换了。

（六）换帧频率

换帧频率指 LED 显示屏画面信息更新的频率，一般为 25Hz、30Hz、50Hz、60Hz 等。换帧频率越高，变化的图像连续性越好。

（七）刷新频率

刷新频率指 LED 显示屏显示数据时每秒钟被重复显示的次数，通常为 60Hz、120Hz、240Hz 等。刷新频率越高，图像显示越稳定。

（八）亮度和亮度鉴别等级

亮度指 LED 显示屏在法线方向的平均亮度，单位为 cd/m^2。在同等点密度下，LED 显示屏的亮度取决于所采用的 LED 晶片的材质、封装形式和尺寸大小。晶片越大，亮度越高；反之，亮度越低。

亮度鉴别等级是指人眼能够分辨的图像从最黑到最白之间的亮度等级。前面提到了有的显示屏的灰度等级很高，可以达到 256 级甚至 1024 级。但是由于人眼对亮度的敏感性有限，并不能完全识别这些灰度等级，所以很多相邻等级的灰度从人眼看上去是一样的。而且每个人的眼睛分辨能力各不相同。对于显示屏，人眼识别的等级自然是越多越好，因为显示的图像毕竟是给人看的。人眼能分辨的亮度等级越多，意味着显示屏的显色范围越大，显示丰富色彩的潜力也就越大。亮度鉴别等级可以用专用的软件来测试，一般显示屏若能够达到 20 级以上就算是比较好的等级。

（九）视角

当水平和垂直两个方向的亮度分别为 LED 显示屏法线方向亮度的一半时，该观察方向与 LED 显示屏法线的夹角分别称为水平视角和垂直视角，一般用"±"表示左右和上下各多少度。

如果一块显示屏的水平视角为 120°，垂直视角为 45°，在此观看范围内能使所有观众享受到最佳的观看效果。超出此范围，观众将收看到低于正常亮度 50% 的视觉效果。LED 显示屏的视角越大，其受众群体越多，覆盖面积越广，反之越小。

LED 晶片的封装方式决定了 LED 显示屏视角的大小，其中，表贴 LED 灯的视角较好，椭圆形 LED 单灯的水平视角较好，如表 7-9 所示。视角与亮度成反比。

LED 封装方式与视角大小的关系 表 7-9

LED 芯片封装方式	水平视角	垂直视角
表贴 LED 灯	160°	160°
椭圆形 LED 灯	120°	45°
圆形 LED 灯	60°	60°

（十）显示屏寿命

LED 是一种半导体器件，其理论寿命为 10 万小时。LED 显示屏的寿命取决于其所采用的 LED 灯的寿命和电子元器件的寿命。一般其平均无故障时间不低于 1 万小时。

四、LED 显示系统的分级

LED 视频显示系统按性能分级可分为甲、乙、丙三级。各级 LED 视频显示系统的性能和指标应符合表 7-10 的规定。

各级 LED 视频显示系统的性能和指标 表 7-10

项目		甲级	乙级	丙级
系统可靠性	基本要求	系统中主要设备应符合工业级标准，不间断运行时间 7d×24h		系统中主要设备符合商业级标准，不间断运行时间 3d×24h
	平均无故障时间（MTBF）	MTBF>10000h	10000h≥MTBF>5000h	5000h≥MTBF>3000h
	像素失控率 P_Z 室内屏	$P_Z \leqslant 1 \times 10^{-4}$	$P_Z \leqslant 2 \times 10^{-4}$	$P_Z \leqslant 3 \times 10^{-4}$
	像素失控率 P_Z 室外屏	$P_Z \leqslant 1 \times 10^{-4}$	$P_Z \leqslant 4 \times 10^{-4}$	$P_Z \leqslant 2 \times 10^{-4}$
光电性能	换帧频率（F_H）	$F_H \geqslant 50$Hz	$F_H \geqslant 25$Hz	$F_H < 25$Hz
	刷新频率（F_C）	$F_C \geqslant 300$Hz	$300 > F_C \geqslant 200$Hz	$200 > F_C \geqslant 100$Hz
	亮度均匀性（B）	$B \geqslant 95\%$	$B \geqslant 75\%$	$B \geqslant 50\%$
机械性能	像素中心距相对偏差（J）	$J \leqslant 5\%$	$J \leqslant 7.5\%$	$J \leqslant 10\%$
	平整度（P）	$P \leqslant 0.5$mm	$P \leqslant 1.5$mm	$P \leqslant 2.5$mm
图像质量		>4 级		4 级

续表

项目	甲级	乙级	丙级
接口、数据处理能力	（1）输入信号：兼容各种系统需要的视频和 PC 接口； （2）模拟信号：达到 10bit 精度的 A/D 转换； （3）数字信号：能够接收和处理每种颜色 10bit 信号	（1）输入信号：兼容各种系统需要的视频和 PC 接口； （2）模拟信号：达到 8bit 精度的 A/D 转换； （3）数字信号：能够接收和处理每种颜色 8bit 信号	输入信号：兼容各种系统需要的视频和 PC 接口

五、显示屏的一般设计考虑

（一）显示屏体大小的选择

在设计屏体大小时，有 3 个重要因素需要考虑：

（1）显示内容的需要。

（2）场地的空间条件。根据场地的空间条件，设计屏体大小时主要应该考虑以下 5 点：

1）有效视距与实际场地尺寸的关系；

2）像素尺寸与分辨率；

3）单元为基数的面积估计；

4）屏体机械安装及维护操作空间；

5）屏体倾角对距离的影响。

（3）显示屏单元模板尺寸（室内屏）或像素大小（户外屏）。

室内屏的设计参考尺寸：$\phi3.0mm$ 的点间距是 4.00mm，屏体最大尺寸约为 2.0m（高）×3m；$\phi3.75mm$ 的点间距是 4.75mm，屏体的最大尺寸约为 2.5m（高）×4m；$\phi5.0mm$ 的点间距是 7.62mm，屏体的最大尺寸约为 3.7m（高）×6m。

在设计室内显示屏的几何尺寸时，应以显示屏单元模板的尺寸为基础。一块单元模板的分辨率一般为 32×64，即共有 2048 个像素。其几何尺寸为：$\phi3.75mm$ 单元模板的尺寸为 152mm（高）×304mm（宽），$\phi5mm$ 单元模板的尺寸为 244mm（高）×487mm（宽）。

室内显示屏屏体外边框的尺寸可按要求确定，一般应与屏体大小成比例。外边框的尺寸通常为 5～10cm（每边）。

对于户外屏而言，首先要确定像素尺寸。像素尺寸的选定除了应考虑前面提到的显示内容的需要和场地空间因素外，还应考虑安装位置和视距。若安装位置与主体视距越远，则像素尺寸应越大。因为像素尺寸越大，像素内的发光管就越多，亮度就越高，而有效视距也就越远。但是，像素尺寸越大，单位面积的像素分辨率就越低，显示的内容也就越少。

总之，室内 LED 显示屏以采用单点直径为 $\Phi10$（10mm）以下或点间距 P10 以下为宜。

室外 LED 显示屏以采用单点直径为 $\Phi5$（5mm）以上或点间距 P6 以上的 LED 显示屏为宜。

（二）LED 视频显示屏系统的安装现场设计应符合的规定

（1）显示屏发光面应避开强光直射。

（2）显示屏图像分辨力应大于等于 320×240。

（3）视距和像素中心距应按下式计算：

$$H = k \cdot P$$

式中　H——视距（m）；

k——视距系数，最大视距宜取 5520，最小视距宜取 1380；

P——像素中心距（mm）。

理想视距为最大视距的一半，或最小视距的 2 倍。

（三）模组规格和单管亮度的计算

1. 间距计算方法

每个像素点到另外一个像素点之间的距离，每个像素点可以是 1 只 LED 灯，如 PH10(1R)；2 只 LED 灯，如 PH16(2R)；3 只 LED 灯，如 PH16(2R1G)；4 只 LED 灯，如 PH16(2R1G1B)；8 只灯、12 只灯等。

2. 长度和高度计算方法

长度、高度的计算公式如下：

$$点间距×点数＝长/高$$

【例 1】PH16 长度＝16 点×1.6cm＝25.6（cm），高度＝8 点×1.6cm＝12.8（cm）；PH10 长度＝32 点×1.0cm＝32cm，高度＝16 点×1.0cm＝16（cm）。

3. 屏体使用模组数

屏体使用模组数的计算公式如下：

$$总面积÷模组长度÷模组高度＝使用模组数$$

【例 2】10m² 的 PH16 室外单色 LED 显示屏使用模组数为：

$$10m² ÷ 0.256m ÷ 0.128m ＝ 305.17578 ≈ 305 （个）$$

更加精确的计算方法为：

$$长度使用模组数×高度使用模组数＝使用模组总数$$

【例 3】长 5m、高 2m 的 PH16 单色 LED 显示屏使用模组数为：

长度使用模组数：5m÷0.256m＝19.53125≈20（个）

高度使用模组数：2m÷0.128m＝15.625≈16（个）

使用模组总数目：20 个×16 个＝320（个）

4. 单管亮度的计算

以两红、一绿、一蓝为例，其计算方法如下：

红色 LED 灯亮度：亮度（cd/m²）÷点数/m²×0.3÷2

绿色 LED 灯亮度：亮度（cd/m²）÷点数/m²×0.6

蓝色 LED 灯亮度：亮度（cd/m²）÷点数/m²×0.1

例如：每平方米 2500 点密度，2R1G1B，每平方米亮度要求为 5000cd/m²，则

红色 LED 灯亮度：5000÷2500×0.3÷2＝0.3（cd/m²）

绿色 LED 灯亮度：5000÷2500×0.6＝1.2（cd/m²）

蓝色 LED 灯亮度：5000÷2500×0.1＝0.2（cd/m²）

因此，每像素点的亮度为：$0.3 \times 2 + 1.2 + 0.2 = 2.0 (cd/m^2)$

六、LED 显示屏的设计

（一）LED 视频显示屏系统设计：

（1）像素中心距应根据合理或最佳视距计算。

（2）显示屏的水平左右视角分别不宜小于 $\pm 50°$，垂直上视角不宜小于 $10°$，垂直下视角不宜小于 $20°$。

（3）显示屏亮度应符合表 7-11 的规定，在重要的公共场所亮度应可调节。

视频显示屏的亮度（cd/m^2）　　表 7-11

场　所	种　类		
	三基色（全彩色）	双色	单色
室外	≥5000	≥4000	≥2000
室内	≥800	≥100	≥60

（4）背景照度小于 20lx 时，全彩色室外 LED 显示屏最高对比度不应小于 800：1，室内不应小于 200：1。

（5）显示屏的白场色坐标，在色温 5000～9500K 应可调，允许误差应为 $|\Delta x| \leqslant 0.030$，$|\Delta y| \leqslant 0.030$。

（6）显示屏的色度不均匀性不应大于 0.14（或大于 85%）。

（7）显示屏的每种基色应具有 256 级（8bit）的灰度处理能力。

（二）LED 视频显示屏系统的安全性设计

（1）安全性设计应符合国家现行标准《LED 显示屏通用规范》SJ/T 11141 的有关规定。

（2）显示屏应有完整的接地系统。

（3）室外 LED 视频显示屏应有防雷系统。

（4）显示屏的外壳防护等级应符合现行国家标准《外壳防护等级（IP 代码）》GB 4208 的有关规定。室内 LED 显示屏屏体不应低于 IP20，室外 LED 显示屏屏体外露部分不应低于 IP65。

（5）处于游泳馆、沿海地区等腐蚀性环境的 LED 视频显示屏应采取防腐蚀措施。

（三）器件的选择

1. 发光管的选择

目前中、高档发光管管芯的生产厂家主要有日本的日亚公司、丰田公司、美国的科瑞公司、惠普公司、德国的西门子公司、中国台湾的国联公司、鼎元公司和光磊公司等。其中，日本、美国及欧洲的公司主要以生产纯蓝/纯绿发光管芯为主，而中国台湾的公司则以生产红绿管管芯为主。

从目前的实际应用及红绿色彩搭配看，一红四绿的显示屏，红管采用的是四元素的红，绿管采用的是三元素的绿。在管芯的使用上，一般采用中国台湾国联公司的 712SOL 红管管芯，采用中国台湾鼎元公司的 113YGU 绿管管芯，这种管芯的搭配是目前双基色室内显示屏配置较高的一种。另外，还有 2 红加 1 纯绿的配置方式（室外双色）。

2. 光电驱动器件的选择

光电驱动电路用于接收来自计算机传至分配卡中的数字信号，驱动发光管亮与暗，从而形成需要的文字或者图形，其质量是否可靠稳定直接决定了发光管能否正常工作。

从目前室外屏的运行来看，故障率出现最高的地方就在光电驱动部分，因为所选用的集成 IC 器件的质量直接决定了光电驱动部分的质量。目前，室外显示屏采用的通用芯片是配对的 4953 和 HC595。档次高一点的，则采用了专用驱动芯片和美国德州生产的 6B 系列的 595 芯片。

3. 耗电要求与电源选择

显示屏的耗电量分为平均耗电量和最大耗电量。平均耗电量又称工作耗电量，它是显示屏平时的实际耗电量。最大耗电量是在启动或全亮等极端情况下的耗电量，最大耗电量是交流电供电（线径、开关等）必须考虑的要素。平均耗电量一般为最大耗电量的 1/3 左右。如 ϕ5mm 显示屏的平均耗电量为 $200W/m^2$，最大耗电量为 $450W/m^2$。

LED 显示屏电源的常用规格有 30A 和 40A。一般来说，单色显示屏是 8 块单元板选用 1 个 40A 的电源，双色显示屏是 6 块单元板选用 1 个电源；对于全彩的单元板，则应根据全亮时的最大功率来计算。

4. 编辑系统和播放系统软件的选择

系统软件的总体要求是能提供简单和交互的节目制作/播放环境，可采用层次化、模块化的设计方法，使其具有良好的可靠性和可扩充性。

5. 网络功能

配有网络接口，可以与计算机联网，同时播出网络信息，实现网络控制；根据客户要求，针对不同地点多块显示屏通过网络集中控制，可采用"VPM＋宽带"进行远程控制。

在选择屏体大小时，要结合显示内容的需求、场地空间条件的限制以及投资等诸多因素。例如：要看显示屏是用在室内还是室外；主要用途是主要显示文字，或主要显示简单的图片及文字，或主要播放各种视频信号、动画、图像及文字等情况；另外，显示屏观看距离、准备采取哪种控制方式（同步控制或异步控制或无线控制等）也是非常重要的因素。

表 7-12～表 7-14 列出 LED 显示屏的各种技术参数供参考。

LED 显示屏主要技术参数　　　　　　　　　　　　　　　　　　　表 7-12

像素间距(mm)	点数（点/m²）	像素组成	颜色	系统分类	显示屏类型	备注
7.625	17200	1R/1R1G	单色/双基色	图文系统	室内屏	模块类
10	10000	1R/1R1C	单色/双基色	图文系统	室内屏	—
16	3906	1R/1R1G	单色/双基色	图文系统	室内屏	—
7.625	17200	表贴三合一	全彩色	视频系统	室内屏	—
10	10000	表贴三合一	全彩色	视频系统	室内屏	—
12	6944	表贴三合一	全彩色	视频系统	室内屏	可像素共享
14	5102	1R1G/2R1G1B	双基色/全彩色	视频系统	室内屏、室外屏	可像素共享
16	3906	2R1G/2R1G1B	双基色/全彩色	视频系统	室外屏	可像素共享
18	3086	2R1G/2R1G1B	双基色/全彩色	视频系统	室外屏	可像素共享

续表

像素间距(mm)	点数（点/m²)	像素组成	颜色	系统分类	显示屏类型	备注
20	2500	2R1G/2R1G1B	双基色/全彩色	视频系统	室外屏	可像素共享
22	2056	2R1G/2R1G1B	双基色/全彩色	视频系统	室外屏	可像素共享
25	1600	2R1G/2R1G1B	双基色/全彩色	视频系统	室外屏	可像素共享

室内 LED 显示屏功耗及重量　　　　　　　　表 7-13

发光器件	密度	颜色	功能	功耗（W/m²)	重量（kg/m²)
φ3mm	6.25 万点/m²	单色	图文、动画	500（最大）	30
		三色		750（最大）	30
		256 色	图文、动画、视频	750（最大）	30
φ3.7mm φ4.8mm	4.41～4.5 万点/m² 2.78 万点/m²	单色	图文、动画	1000（最大），500（平均）	32
		三色		2000（最大），720（平均）	32
		256 色	图文、动画、视频	2000（最大），900（平均）	32
φ5mm	1.72 万点/m²	单色	图文、动画	450（最大），200（平均）	20
		三色		900（最大），290～350（平均）	20
		256 色	图文、动画、视频	950（最大），350（平均）	30
φ8mm	1 万点/m²	全彩色	图文、动画、视频	1300（最大）	
φ10mm	4300 点/m²	单色	图文、动画	130（最大），120（平均）	20～30
		三色		260（最大），180（平均）	20～30
		256 色	图文、动画、视频	260（最大），240（平均）	20～30
□12mm×12mm	4290 点/m²	全彩色	图文、动画、视频	670（最大），340（平均）	50（含承重框架）

室外 LED 显示屏功耗及重量　　　　　　　　表 7-14

发光器件	密度	颜色	功能	功耗（W/m²)	重量（kg/m²)
φ15mm	2500 点/m²	256 色	图文、动画、视频	550（平均）	32
		4096 色		620（平均）	32
		全彩色		800（平均）	32
φ19mm	2050 点/m²	256 色	图文、动画、视频	900（最大），600（平均）	55
		4096 色		680（平均）	55
		全彩色		820（平均）	55
□21mm×21mm	1600 点/m² (1479 点/m²)	256 色	图文、动画、视频	600（平均）	52
		4096 色		650（平均）	52
		全彩色		800（平均）	52
□16mm×16mm	2066 点/m²	全彩色	图文、动画、视频	860（最大），410（平均）	54～57
□28mm×28mm	976 点/m²	全彩色	图文、动画、视频	390～1400（最大）	53

续表

发光器件	密度	颜色	功能	功耗（W/m²）	重量（kg/m²）
□38mm×38mm	370 点/m²	全彩色	图文、动画、视频	370～630（最大）	46
φ21mm	1400 点/m²	全彩色	图文、动画、视频	900（平均）	45
φ26mm	1024 点/m²	256 色	图文、动画、视频	900（最大），520（平均）	45
		4096 色		600（平均）	45
		全彩色		700（平均）	53
φ32mm	772 点/m²	256 色	图文、动画、视频	400（平均）	—
		4096 色		470（平均）	—
		全颜色		600（平均）	50

七、LED 显示系统的安装工艺

（1）电子显示屏机房面积不应小于 18m²。机房内应有采暖和空调、防静电架空地板，架空地板高度 150～200mm。

屏幕应尽量靠近机房安装，因室内单色屏或三色屏最远通信距离不应超过 1000m。视频屏和室外屏最远通信距离不应超过 300m。

（2）LED 显示屏在安装时土建应预留足够的视觉条件。即室内屏不管何种安装方式，可视距离应满足 5m≤有效视距≥50m，可视角度最大不得超过±60°。室外屏可视距离＞300m，可视角度±30°。

（3）LED 显示屏的电源在有条件时，电源应由专设隔离变压器供给。一般情况下应由变电室专供。

在机房内应设有屏幕电源柜、维修和照明用配电箱。

（4）LED 显示屏的负荷等级应按一级负荷设计，计算机应配置 UPS 电源。

（5）显示屏的用电可根据如下条件预留电量：单色、三色屏按 0.3kW～0.5kW/m²；二基色、三基色按 1.5kW/m²；室外屏按 2.5kW/m²。

（6）由机房至每块屏应预留两根金属管暗敷设在楼板内，或吊顶内或墙内。其中一根管穿电源线，管径按容量预留；另一根管穿信号线，管径按 RC25 预留。

电源线应采用 BV-500V 铜线并带 PE 线，信号线应采用四芯屏蔽通信电缆。

（7）在机房应设工作接地端子，接地引出线应采用绝缘铜线，并将其引至室外的接地极。当采用公共接地体时，其工作接地线亦应引至室外，再与公共接地体连接。接地电阻应≤1Ω。

（8）计算机及其软件宜符合下列要求：

1）软件功能：通信屏应显示文字、图形、数字、表格等信息，时间和速度应可调。

2）视频屏：应是计算机与显示屏点对点同步显示，应能播放动画、录像、影碟、电视节目等。

3）计算机的配置：配微机的运算速率应在 2.0Gbps 以上，并有 R232 接口。

4）重要场所的屏幕如：体育场馆的电子计分屏、证券交易厅的证券屏，所配的计算机，应按双机运行的容错计算机或小型机来配置。

5）还应选配如下设备：电视监视器、录像机、摄像机、影碟机、扫描仪等。

6）软件应支持 WINDOWS 和微机网络，以及各种汉字操作系统。

应支持三维动画类、证券行情类、数据库类，以及多媒体视频操作软件。

7）线缆的配备：单色和三色屏应采用四芯屏蔽通信电缆；256 色视频屏和全彩色屏应采用视频通信缆。

8）室外屏应采用屏蔽五类双绞线作为通信线。

① 当室外屏贴墙安装时，机房应在屏后面，并与屏之间留有通道，为检修用。大屏内应预留检修用照明和维修电源插座，其电源由照明箱供给。

② 当室外屏在地面用支架安装时，机房距离屏幕不宜过远，电源线应穿管埋地敷设。在其支架旁的地面上应设手孔井或在支架的基座内预留暗装接线箱，箱门应有防雨措施并加锁。

八、信息显示系统主要设备配置及其举例

信息显示系统主要设备配置见表 7-15。

显示系统主要设备配置   表 7-15

产品种类	单色、双色显示屏	视频显示屏
计算机	IBM、PC 及兼容机 586 以上	IBM、PC 及兼容机 586 以上
显示卡	TVGA 卡	TVGA 卡
扫描仪	单色、彩色	彩色
视放设备	—	录像机、VCD 机、LD 机、摄像机、控制箱、电视机等
专用卡	通信卡	多媒体卡、调色板卡
音响设备	—	功放、音箱
通信线、信号线	8 芯五类、双绞线	8 芯五类、双绞线
屏体	模块、单元箱体、单元板	模块、单元箱体、单元板
控制软件	根据系统功能用途配置	根据系统功能用途配置
备注	根据系统功能、用途进行设备产品配置	

作为示例，LED 显示系统的组成如图 7-4 所示。来自各种视频设备（广播电视、录像机、DCD、DVD 等）的视频信号经 LED 专用多媒体卡转换后送入控制计算机，也可利用计算机常规外设（扫描仪、书写板等）和计算机网络将要显示的各种内容输入控制计算机，在控制计算机中选择后送至 LED 视频控制仪，转换成大屏幕控制电路可接受的数字信号。LED 显示大屏幕由 LED 发光二极管模块及其控制、驱动电路组成，LED 模块有各种规格，如 8×8，32×32 等；显示屏中的控制电路负责接收来自控制计算机的显示信号，再由驱动电路驱动 LED 发光形成画面。因此大屏幕系统可任意播放图片、文字、广播电视、录像、DCD 及各种三维动画。大屏幕还可与计算机的 VGA 显示屏实现同步输出显示，还可连接互联网实时播发各种媒体的信息。系统能对屏幕的白平衡、对比度、色调、亮度进行调节。LED 大屏幕还应画面清晰，色彩均匀，立体层次感强。

一种实际 LED 室外全彩色 LED 显示屏的技术规格如表 7-16 所示，其功能如下：

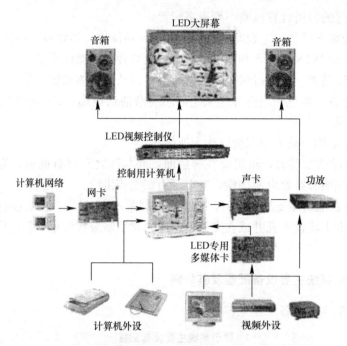

图 7-4　LED 显示屏工作原理图

室外全彩色 LED 显示屏的技术规格　　　　　　　　　　　　　表 7-16

序号	项目	规格		
1	像素点组成	1红1绿1蓝		
2	像素点间距	10mm		
3	像素密度	10000 点/m²		
4	屏幕净面积	3.04m（长）×2.24m（高）＝6.81m²		
5	管芯参数		波长	亮度
	红管		625nm	≥600mcd
	绿管		525nm	≥1500mcd
	蓝管		470nm	≥350mcd
6	亮度	最大白平衡亮度≥6000cd/m²		
7	可视角度	水平≥160°，垂直≥150°		
8	像素均匀度	采用逐点校正技术，均匀度≤5％		
9	灰度级别	红、绿、蓝各 4096 级，具有 γ 校正		
10	灰度失控率	交付时无坏点。运行后坏点呈离散分布，像素失控率小于万分之一		
11	换帧频率	≥60Hz		
12	刷新频率	≥480Hz		
13	驱动方式	恒流驱动，静态扫描		
14	控制方式	同步控制，与计算机点点对应，实时显示		
15	工作环境	温度：－20℃～＋60℃，10％～95％		

续表

序号	项目	规格
16	亮度调节	手动/自动
17	平整度	箱体结构整屏小于 1mm；箱体间拼缝小于 0.5mm
18	视频信号	Video、S-Video、RGB、YUV、TV、DVI
19	屏体寿命	≥100000h
20	连续工作时间	≥72h
21	平均无故障时间	≥10000h
22	防护等级	IP65 或以上等级，具有检测机构出具的检测报告及相关证明
23	供电要求	380V 50Hz（三相五线制）
24	软件	(1) 专业 LED 控制软件，可控制图像均衡、色调、饱和度、亮度、动态稳定、黑色平衡； (2) 一旦出现情况，可记录日志、发出警告信息； (3) 配备视频编辑软件及亮度调节软件等

该 LED 全彩色显示屏系统的功能如下：

(1) 可实时显示各种视频源的真彩色视频图像，包括录像机、影碟机、摄像机、广播电视及卫星电视，并可实现现场转播；

(2) 支持 VGA 显示，可显示各种计算机信息、图形、图像和各种 2、3 维动画；

(3) 可以 4∶3 到 16∶9 范围内调整纵横比，且图像大小位置可调，可通过软件精确定位；

(4) 播出方式有单行左移、多行上移、左右拉、旋转、缩小、放大、反白、翻页、移动、旋转、飘雪、滚屏、闪烁等几十多种方式；

(5) 可播放不同格式的图形、图像文件，可显示各种计算机信息，如 BMP、JPG、JPEG、GIF、FLASH、FLC、TXT 等；

(6) 支持各种输入方式；

(7) 具备方便的控制方式和开放的接口协议，配有标准网络接口，可与计算机联网，同时播放网络信息；

(8) 采集播出各种数据库实时数据，实现远程网络控制；

(9) 重要通告可即时发布，随时播放广告信息；

(10) 有多种字体和字形可供选择；

(11) 可实现各种视频信号间的自由切换，支持各种声卡、视频卡、CD-ROM、DVD-ROM 等多媒体设备，可播放 WAV、MID 等各种格式音乐，并可实现音像同步；

(12) 音、视频接收电路、存储电路、高速读写电路、显示屏控制扫描电路等关键点进行抗干扰处理，保证信号不受干扰；

(13) 采用光纤通信，可通过控制中心对显示屏系统进行远程遥控和监视，实现远程播放、开关屏等操作；

(14) 配电系统具有全面保护功能，对过压、欠压、过流、缺相、短路等异常情况监测、记录、自动保护功能；

(15) 大屏幕具有防雨、防潮、防晒、防风雪、防高温、防盐雾、防腐蚀、防霉变、防风、防尘、防工业干扰、抗震、阻燃、防电磁干扰、防静电、防雷击、防老鼠等防护功能。

九、LED 显示屏的选用

(一) 室内 LED 显示屏的选用

要结合自身的需求、场地的限制及投资等诸多因素来决定如何选择户内 LED 显示屏。例如，显示屏的主要用途是显示简单的图片及文字，或播放各种视频信号、动画、图像及文字等。显示屏的观看距离和准备采取哪种控制方式（同步控制或异步控制或无线控制等）也是非常重要的因素。

一般来说，如果图像要求高和可视距离近，则应选择点密度高的规格双基色或全彩色的显示屏；如果文字播放量大，则应选择点密度低的规格。此外，还应该根据投资资金情况选择全色、双基色或单色显示屏，根据装修情况选择不同的外框用材，根据使用特点选择不同的控制方式。

具体来说，选用户内 LED 显示屏时应注意以下几点：

（1）尽量选用新型广视角管。它的视角宽阔，色彩纯正，寿命超过 10 万小时。

（2）显示屏的外封装选择。目前最流行的外封装是带遮沿方形筒体，硅胶密封，无金属化装配。其外形精致美观，坚固耐用。

表 7-17 所示为室内全彩色（三基色）LED 显示屏的技术参数，供参考。

室内全彩色（三基色）LED 显示屏技术参数　　　　　　　　表 7-17

	规格	$\phi 5mm$	$\phi 8mm$	$\phi 10mm$	$\phi 12mm$
模块组成	单点直径（mm）	5	8	10	12
	单点间距（mm）	7.62	10	12.5	14
	LED 组成	红、绿、蓝			
	结构	单元板			
	尺寸（mm）	横 24.5，竖 24.5	横 32，竖 16	横 38.4，竖 19.2	横 44.8，竖 22.4
	点数（点）	横 32，竖 32	横 32，竖 16	横 32，竖 16	横 32，竖 16
技术指标	显示颜色	全彩色、红、绿、蓝各 256 级灰色，16777216 种色阶变化			
	视频输入	VGA、NTSC、PAL、RGB、YC、YUV			
	显示能力	支持 VGA 标准模式（1024×768）			
	像素密度（点/m²）	17200	10000	6400	5120
	可视角度（°）	水平：±60；上：10～15；下：40～50			
	工作温度（℃）	−20～+60			
	工作电压（V）	220±10%			
	峰值功耗（W/m²）	800	1000	1000	1000
	平均功耗（W/m²）	350～400	500～700	450～600	400～600
	视频纠偏功能	每色逐点实现非线性视频纠偏功能			
	显示方式	硬件直接实现与控制机监视器的点点对应			
	数据传输方式	全数字式串行数据传输			
	通信距离（m）	200			
	显示接口	VGA 特征卡直接连接			
	寿命（h）	100000			

（二）室外 LED 显示屏的选用

户外显示屏因为使用环境恶劣，所以对其质量有更高的要求，选用时应主要考虑以下因素：

（1）显示屏安装在户外，经常会遭受日晒雨林，风吹尘盖，工作环境恶劣。而且电子设备被淋湿或严重受潮后会引起短路甚至起火，造成损失。

（2）显示屏可能会受到雷电引起的强电强磁袭击。

（3）环境温度变化极大。显示屏工作时本身就要产生一定的热量，如果环境温度过高而散热又不良，集成电路可能工作不正常，甚至被烧毁，从而使显示系统无法正常工作。

（4）受众面宽，视距要求远，视野要求广；环境光变化大，特别是可能会受到阳光的直射。

（5）从使用角度看，全彩色屏是当前的主流。因其亮度高，色彩全，可全天候工作，但其价格偏高。

（6）从应用的角度看，满足用户需求的产品就有存在的理由。双基色显示屏在显示文字、色彩要求不高、没有蓝色的场合，以其价格低廉、成熟稳定占领着很大市场。

（7）室外屏的朝向、距离对价格起着决定性的作用；距离越远，像素越大，亮度越高。另外，朝向东北的要比朝向西南的便宜得多。

（8）屏体及屏体与建筑的结合部位必须严格防水防漏。屏体要有良好的排水措施，一旦发生积水要能顺利排放。

针对以上特殊要求，室外显示屏必须采取以下措施：

（1）屏体及屏体与建筑的结合部必须严格防水防漏；屏体要有良好的排水措施，一旦发生积水能顺利排放。

（2）在显示屏及建筑物上安装避雷装置。显示屏主体和外壳保持良好接地，接地电阻小于 3Ω，使雷电引起的大电流及时泄放。

（3）安装通风设备降温，使屏体内部温度在 $-10\sim40℃$ 之间。屏体背后上方安装轴流风机，排出热量。

（4）选用工作温度在 $-40\sim80℃$ 之间的工业级集成电路芯片，防止冬季温度过低使显示屏不能启动。

（5）为了保证在环境光强烈的情况下远距离可视，必须选用超高亮度发光二极管。

从使用角度看，全彩色屏是目前的主流。因其亮度高，色彩全，可全天候工作，但价格偏高。从应用的角度看，双基色显示屏价格低廉，技术成熟稳定，可满足于显示文字、色彩要求不高、没有蓝色的场合。室外屏的朝向、距离对价格起着决定性的作用。距离越远，像素越大，亮度越高。朝向东北的显示屏要比朝向西南的显示屏便宜得多。

室外显示屏应具有的功能与室内屏基本相同。

十、使用显示屏的注意事项

（1）开关机顺序：开屏时，先开机，后开屏；关屏时，先关屏，后关机。若先关计算机而不关显示屏，会造成屏体出现高亮点，烧毁行管，后果严重。

（2）开、关屏时，间隔时间要大于 5min。

（3）计算机进入工程控制软件后，方可开屏通电。

（4）避免在全黄状态下开屏，因为此时系统的冲击电流最大。

（5）避免在以下 3 种失控状态下开屏，因为此时系统的冲击电流最大。

1）计算机没有进入工程控制软件等程序。

2）计算机未通电。

3）控制部分电源未打开。

（6）计算机系统外壳带电，不能开屏。

（7）环境温度过高或散热条件不好时，应注意不要长时间开屏。

（8）显示屏体一部分出现一行非常亮时，应注意及时关屏；在此状态下不宜长时间开屏。

（9）经常出现显示屏的电源开关跳闸确认时，应及时检查屏体或更换电源开关。

（10）定期检查屏体挂接处的牢固情况；如有松动现象，应注意及时调整，必要时可重新加固或更换吊件。

（11）观察显示屏体、控制部分所处环境情况，应避免屏体被虫咬，必要时应放置防鼠药。

第三节　投影显示技术

一、投影显示的分类

投影显示按投影方式的不同可分为前投影显示和背投影显示。习惯上把前投影显示称为前投影机或投影机，把背投影显示称为背投影机。

前投影机是图像投射在光学反射屏幕的观众一侧，或者说图像投影方向与观众的观看方向一致。前投影机的优点是体积和质量小，便于携带；缺点是投射的图像质量受环境光的影响较大，太亮的环境中投射的图像质量下降；另外，用于便携时还需带着投影屏幕。前投影机近些年发展很快，技术不断改进，各种规格、型号的前投影机大批量生产和销售，应用于商务活动、办公室、会议室、教学、科研等各种领域。

背投影显示是图像投射方向与观众的观看方向相对，或者说图像投射到光学透射屏幕上，图像光透过屏幕后到达观众的眼中。背投影机的特点是投影机和屏幕做成一个整体，使用起来很方便。背投影机的优点是图像质量受环境光的影响小，缺点是体积较大。背投影机一般都包含有高、中频电路，而且它的音频放大电路和音频功放电路做得都很考究，扬声器的尺寸可以较大，声音的音质好，是一台完整的电视机，所以习惯上把背投影机叫背投电视机。

投影显示按所用投影显示器件分类可分为 CRT（阴极射线管）投影显示和微显示器件投影显示。微显示器件投影显示包括：①LCD 液晶微显示器件；②LCOS 硅基液晶微显示器件；③DLP 数字光处理微显示器件。用于投影显示的这些微显示器件的尺寸都很小，而且随着技术和制造工艺的进步，微显示器件的几何尺寸在向小型化发展，同时成本也不断降低，现在微显示器件的尺寸大小一般在 0.5～2.0 英寸之间。

表 7-18 给出常用各种投影显示器的主要优缺点。

各种投影显示器的主要优缺点

表 7-18

名称	主要优点	主要缺点
CRT 型投影式显示器（含前投方式和背投方式）	（1）显示屏是光学原理组成的部件，可实现大屏幕显示，屏幕可达 203cm（80in）以上； （2）技术较成熟，易实现 HDTV 显示，图像的临场感强； （3）亮度、对比度较高，灰度等级很高或最高； （4）惰性小，响应时间短，显示高速运动图像无拖尾； （5）图像调制、寻址方式简单； （6）价格较低或最低	（1）整机体积大，太笨重； （2）由于是利用 3 只投射管直投或反射后再会聚到屏幕上成像，故光栅的会聚及白平衡电路等的调整较复杂； （3）光栅的几何失真大，扫描的非线性失真也大； （4）可视角度小，清晰度受限制； （5）屏幕尺寸大时，光栅亮度低，屏幕边缘图像的清晰度和亮度低于屏幕中心； （6）功耗大，屏幕愈大功耗愈大； （7）投射管的寿命低于 CRT 显像管，工作时温度高，需加冷却液冷却； （8）投射管加有数万伏高压，有 X 射线辐射
LCD 型投影式显示器	与 LCD 直显式显示器的优点大致相同，如下： （1）可实现大屏幕显示，一般可达 152cm（60in）以上； （2）光栅的几何失真和非线性失真最小； （3）光栅的位置、倾斜度不受地磁场的影响； （4）屏幕边缘图像的清晰度、亮度与屏幕中心相同，为全彩色； （5）易于实现逐行寻址和高场频显示，可消除行间闪烁和大面积闪烁； （6）易于与大规模集成电路技术兼容，制造简便； （7）电压低，功耗小，无 X 射线辐射	（1）由于显示屏是由光学原理制成的部件，故会聚、聚焦、调整等均较复杂； （2）惰性大，响应时间较长（10～20ms），快速图像显示时有拖尾现象； （3）图像有颗粒感，不细腻； （4）屏幕亮度不很高； （5）被动发光，背光源（灯）的寿命低于 LED 显示器，通常为 3000～1 万 h，需经常更换，费用较高； （6）价格略高
LCoS 型晶片上液晶投影屏幕	与 LCD 显示器的优点大致相同，如下： （1）图像失真小，由于是固定分辨率器件，故全屏的清晰度相同，亮度相同，会聚不受地磁场干扰； （2）易于实现平板显示，逐行寻址和高场频显示，可消除行间闪烁和图像大面积闪烁； （3）图像失真小，图像质量高； （4）三片式 LCOS 投影显示器的亮度高，开口率可达 90%	（1）采用光学原理构成显示器部件，故会聚、聚焦等的调整较复杂； （2）芯片制造的成品率低，价格高； （3）投影灯寿命没有 LCD 显示屏长； （4）惰性大，响应时间长，显示快速运动图像时有拖尾现象； （5）不久可实现高清晰度电视 HDTV 显示格式

续表

名称	主要优点	主要缺点
DLP 型数字光处理投影显示器	（1）利用微镜反射，光效率高，亮度强，分辨率高，灰度等级丰富，开口率可达 80% 以上，图像质量优良； （2）对比度优于 LCD，略低于 CRT，灰度跟踪比 LCD、CRT 好； （3）电子寻址方式显示图像，属固定分辨率显示器件，色纯、会聚、聚焦不受地磁影响，图像失真小； （4）采用子帧驱动方式，很好地消除了行间闪烁和大面积图像闪烁，噪声小，彩色真实，图像质量高； （5）屏幕薄，适于大屏幕显示； （6）彩色图像无缝显示，无扫描线或像素粗糙的痕迹； （7）惰性小，响应时间短，每秒可变化 5200 次以上，适于高速运动图像的显示； （8）屏的可靠性高，寿命长； （9）可随意变焦，调整十分方便	（1）投影灯寿命有问题； （2）生产有难度； （3）单片式投影屏幕的彩色有分裂的感觉，分辨率稍低； （4）成本高，售价高

（一）LCD 液晶投影机

LCD 是英文 Liquid Crystal Display 的英文缩写，译为液晶显示。LCD 技术是利用液晶的光电效应，通过电路控制液晶单元的透光率及影机反射率，从而产生不同灰度层次及多达 1670 百万种色彩的靓丽图像。

液晶光阀式投影机的光学系统因为只用一个投影透镜，所以可用变焦距透镜，画面大小调节和投影调整都很方便，没有 CRT 式投影机那样的麻烦。液晶光阀式投影机种类很多，按照所用液晶片数量分为单片式和三片式两类；按光源的光束是否透过液晶光阀，又分为透射式和反射式。通常三片式的亮度比单片式要高，但价格也较贵，同样反射式的亮度也高于透射式。

按照液晶片的图像信号写入方法来分，液晶光阀式投影机又可分为电写入和光写入两种。

电写入型透射式液晶光阀投影机就是通常所谓的液晶显示投影机。它是用电写入方法在三块液晶片或一块液晶片上分别产生 R、G、B 电视图像，以此作为光的阀门，在相应的三基色强光源照射下，液晶片对光强度进行调制，并通过光学放大投影到屏幕产生大屏幕彩色图像。它与 CRT 式投影机相比，具有体积小、结构简单、质量轻和调整方便等优点。图 7-5 所示是顺序反射镜方式的液晶显示彩色投影机原理图。

由图 7-5 可见，从光源发出的白光经过分色镜分解成红（R）、绿（G）、蓝（B）三基色光。其中 DM1 能反射绿光而通过红光和蓝光，DM2 能反射蓝光而通过红光。M1、M2、M3 均为反光镜。M1 将光源的白光全部反射，UV/IR 滤光镜为紫外线/红外线滤光镜，可滤除不可见光的干扰。经 DM1 反射的绿光再经 M2 反射，通过聚光镜和液晶板

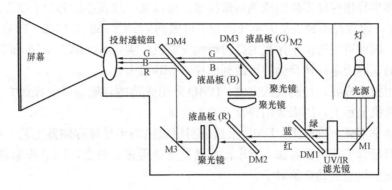

图 7-5 三片式电写入法液晶投影系统光路示意图

（G），受液晶板（G）调制的绿光通过 DM3、DM4 和投射镜头将绿色图像投射到屏幕上。DM2 反射的蓝光通过聚光镜和液晶板（B）形成受蓝光液晶板调制的蓝光。经 DM3 反射通过 DM4 和投射镜头将蓝色图像投射到屏幕上。被液晶板（R）调制的红光则由 M3 和 DM4 反射后，通过投射镜头将红色图像投射到屏幕上。三基色图像合成后就成为全彩色图像。

近来兴起的硅基液晶（LCoS）投影机也是反射式，对比度可达 1300：1 以上。

（二）数字光学处理（DLP）投影机

数字光学处理（Digit Light Procession，DLP）投影机是美国德州仪器公司发明的一种全新的投影显示方式。它以数字式微型反射镜器件（Digital Micromirror Device，DMD，简称微镜）作为光阀成像器件，采用 DLP 技术调制视频信号，驱动 DMD 光路系统，并通过投影透镜获得大屏幕图像显示。

DLP 投影机的技术核心是 DMD（微镜）。这是一种基于机电半导体技术的微型铝质反射镜矩阵芯片，矩阵中每一个 DMD 相当于一个像素，面积仅有 $16\mu m \times 16\mu m$，共计数十万个以上，并可通过静电控制使 DMD 作 $\pm 10°$ 转动。当对芯片某 DMD 输入数字"1"时，DMD 被转动 $+10°$。此时 DMD 将入射光反射到成像透镜，并投射到屏幕上，呈"开"的亮状态；当输入数字"0"时，DMD 被转动 $-10°$，从而把入射光反射到透镜以外的地方，呈"关"的暗状态。这种数字式的投影机还可以通过控制 DMD 开关的时间比来改变像素的灰度等级。DLP 投影机见图 7-6 所示。

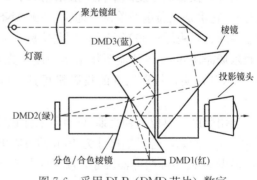

图 7-6 采用 DLP（DMD 芯片）数字影院投影机结构原理图

DLP 投影机的主要特点如下：

（1）由于 DMD 是利用 DMD 反射光线的，所以它具有反射式投影系统的共同优点，即光效率很高，光通量也由外光源的功率决定，可达到数千流明，最高可达 30000ANSI 流明。再则，由于 DMD 在有光照射和无反射之间亮度值相差极大，所以可以显示很高的对比度，达到 800：1 或 1000：1 以上。

（2）依靠半导体存储器件的成熟制造技术，可以在一块很小的芯片上制作出许多像素（DMD）单元，通常在不到一平方英寸面积上可做到 1028×768 或 1600×1200，甚至高达 2048×1680，因而可制造出小体积的高清晰度投影机，满足 SVGA、XGA 和 HDTV 显示是不成问题的，因为半导体存储器可做到单片 16MB 以上。

（3）运用技术成熟，控制灵活方便。DMD 采用成熟的存储器寻址操纵方式，可以方便地用在计算机显示上，因而运用普及，发展迅猛。

（4）成品率不高，价格贵。DMD 虽然是利用成熟的半导体存储器工艺，可以做出高密度像素，但是其工艺流程和加工要求比存储器复杂得多。总之，DLP 投影机发展迅速，已成为液晶投影机的强劲竞争对手。

二、投影电视的主要技术指标

技术指标是衡量投影电视机性能优劣、级别高低的一个重要参数，下面要对投影电视接收机的主要技术指标作一简介：

（一）投影尺寸（屏幕对角线尺寸）及宽高比

目前家用三管式背投电视机的投影画面尺寸一般为 $40 \sim 120$in，可按用户需要进行大范围的调整。屏幕的宽高比正由传统的 4：3 逐步向 16：9 的方向转型。

（二）亮度或光输出

亮度这一指标，在传统电视机中并非十分重要，但对投影电视机而言却十分关键。亮度（brightness）是指屏幕表面受到光照射发出的光能量与屏幕面积之比；而光输出是指投影电视机输出的光能量，单位为流明（lm）。很显然，亮度这一指标会受到屏幕反射率、投影画面尺寸（画面尺寸可调）等的影响，故它不能真实反映投影机的亮度水平。而投影机的总光输出（光通量）基本是固定的，它不受外界因素影响，故能真实反映投影机的亮度指标。

国外，投影机亮度的单位一般采用 ANSI 流明（ANSI 为美国国家标准化学会之英文缩写），它也是光通量的单位。通常，100ANSI 流明是入门级亮度（光输出），适用于小型歌舞厅、影视厅；300ANSI 流明是家庭影院的基本亮度（光输出）；电教、办公室或大型娱乐场需用 800ANSI 流明作基本亮度（光输出）。目前，中档投影机的亮度为 $1000 \sim 1600$ANSI 流明，特别亮度的投影机可达 6000ANSI 流明，已完全满足各种应用环境的需求。

当用照度［单位为勒克斯（lx）］来标识投影机的光输出时，应当附带说明测量时的屏幕尺寸。例如，若屏幕尺寸为 40in 的投影电视机，其照度为 450lx，则标注合理；若仅标明多少 lx 而不标明屏幕尺寸，就无法与光输出量（亮度）作比较了。

（三）分辨率

对电视图像而言，分辨率是一个重要指标。分辨率高则图像清晰，分解率低则图像模糊。其表述方法通常有下述两种形式：

1. 以"行×列"画面像素总量表述

这一分辨率也称 RGB 分辨率，如某投影电视机的 RGB 分辨率为 1024（水平列）$\times$ 768（垂直行）$= 78.6432$ 万像素；有些机型已达到 $1280 \times 1024 = 131.0720$ 万像素。

常用的显示格式与对应的像素数及宽高比的关系如表 7-19 所示。

显示格式与对应的像素数和宽高比　　　　表 7-19

显示格式的名称		像素数		宽高比（宽：高）
		宽	高	
QVGA	Quarter VGA	320	240	4：3
VGA	Video Graphic Array	640	480	4：3
SVGA	Super VGA	800	600	4：3
XGA	Extended Graphic Array	1024	768	4：3
WXGA	Wide XGA	1366	768	16：9
SXGA	Super XGA	1280	1024	5：4
SXGA	Super XGA	1366	1024	4：3
SXGA+	SXGA plus	1400	1050	4：3
UXGA	Ulrta XGA	1600	1200	4：3
QXGA	Quad XGA	2048	1536	4：3
数字电视	DTV（720p）	1280	720	16：9
	DTV（1080i）	1920	1080	16：9

2. 以电视的扫描线多少表述

常以画面的水平扫描行数代表之，也称水平分辨率。例如，PAL 制电视广播中，画面垂直方向上有 625 行，考虑到场消隐时占去的 50 行及电子束的扫描误差，垂直分辨率应由下式计算，即：

$$625 \times 0.65 = 406 \text{ 线}$$

式中，系数 0.65 称为凯尔（kell）系数。由 406 线的垂直分辨率，再根据宽×高＝4：3 的幅面比，在保证垂直分辨率与水平分辨率相当的前提下，可求得 625 行制图像水平分辨率，即：

$$406 \text{ 线} \times \frac{4}{3} = 541 \text{ 线}$$

还应指出，图像的清晰度（分辨率）会因图像的噪声存在而变差，因投影管的聚焦不良使扫描线变粗、导致清晰度下降。

另外，分辨率还与图像信号输入方式有关，即以 R、G、B 三基色输入方式清晰度最佳；以 S-VHS 输入方式（简称 S 方式）次之；以视频（video）输入方式时最差。原因是视频信号在传输过程中经过编码与解码等一系列变换，会导致清晰度下降。例如，某电视接收机以 R、G、B 输入方式时，水平分辨率为 1200 线；以 S-VHS 输入方式时，水平分辨率为 1000 线；以视频（video）输入方式时，水平分辨率为 700 线。

还有，分辨率与画面亮度有关。在同一系列的投影机中，亮度较低的画面分辨率较高，亮度较高的画面分辨率较低。例如，某机型的照度为 450lx 时，分辨率为 560 线；照度为 800lx 时，分辨率降至 400 线。近年来已有照度＞2500lx、分辨率高于 1000 线的投影电视机问世，但价格昂贵。

LCD 液晶投影电视机最高水平扫描线可达 700 线以上。

3. 对比度

对比度是在全黑的环境下投影图像的最黑（暗）部位与最白（亮）部位照度（亮度）的比值。比值越大表明，由黑至白的渐变层次越多，色彩也越丰富。CRT 显像管电视机的对比度一般为 500：1，DLP 投影机的对比度为 500：1 至 1000：1，液晶投影机常为 200：1 至 400：1。一些用特殊材料、特殊工艺制成的液晶投影机，其对比度可达 500：1 至 800：1。人眼的主观感受在对比度为 100：1 时，就可获得较好的观看效果；在 250：1 时即能达到满意效果。

4. 扫描频率

投影电视机的扫描频率有水平扫描频率和垂直扫描频率之分，前者也称行扫描频率，后者也称场扫描频率。水平扫描频率的高低是区分投影电视机档次的重要指标，通常：

（1）普通三管投影电视机的水平扫描频率为 15.625kHz（PAL 制）或 15.750kHz（NTSC 制）；

（2）数据级三管投影电视机的水平扫描频率通常为 31.25kHz 或 31.5kHz（2 倍行频）；

（3）少数高级投影电视机的水平扫描频率可在 62.5kHz 或 63kHz 以上，可使用 4 倍行频处理器。

水平扫描频率的升高可使画面的清晰度和亮度指标得到提高，画质更好。行频超过 60kHz 的投影电视机通常称为图形投影电视机。

水平扫描频率（行频 f_H）与垂直扫描频率（场频 f_V）的关系可用下式表明，即：

$$f_H = 1.2 \times f_V \times 垂直分辨率$$

若场频 $f_V = 50Hz$，垂直分辨率为 768 线，则水平扫描频率为 40.08kHz。为了保证图像质量及视觉效果，场频应高于 50Hz，故行频也需相应增高。

5. 视频信号带宽

视频信号带宽应与图像的水平分辨率、垂直分辨率直接有关，或者说与行（水平）扫描频率及场（垂直）扫描频率直接有关，其关系式为：

$$视频信号带宽 = \frac{1}{2} \times 水平分辨率 \times 垂直分辨率 \times 垂直扫描频率$$

$$= \frac{1}{2} \times 总像素/幅 \times 垂直扫描频率（场频或幅频）$$

例如，若某幅图像的水平分辨率为 1024 线，垂直分辨率为 768 线，垂直扫描频率（场频或幅频）为 50Hz，则：

$$视频信号带宽 = \left(\frac{1}{2} \times 1024 \times 768 \times 50 \right) Hz \approx 19.66MHz$$

又如，若已知某图像的像素为 100 万个（即 10^6 个），若每秒要传送 50 幅此类图像（即垂直扫描频率为 50Hz），则：

$$视频信号带宽 = \left(\frac{1}{2} \times 10^6 \times 50 \right) Hz = 25MHz$$

对于传统的 PAL 制电视而言，按垂直分辨率为 406 行，水平分辨率为 541 行，垂直扫描频率（场频）为 50Hz 计算，则：

$$视频信号带宽 = \left(\frac{1}{2} \times 541 \times 406 \times 50 \right) Hz \approx 5.49MHz$$

上述各例中的视频信号带宽值实际上就是图像信号（视频信号）的最高频率值。

三、投影显示系统的分级

我国对投影型显示系统分为甲、乙、丙三级，各级投影显示系统的性能和指标如表7-20所示。

各级投影型视频显示系统性能和指标　　　　　　　　　表 7-20

项目		甲级	乙级	丙级
系统可靠性	基本要求	系统中主要设备应符合工业级标准，不间断运行时间 7d×24h		系统中主要设备符合商业级标准，不间断运行时间 3d×24h
	平均无故障时间（MTBF）	MTBF>40000h	MTBF>30000h	MTBF>20000h
显示性能	拼接要求	各个独立视频显示屏单元应在逻辑上拼接成一个完整的显示屏，所有显示信号均应能随机实现任意缩放、任意移动、漫游、叠加覆盖等功能	各个独立视频显示屏单元可在逻辑上拼接成一个完整的显示屏，所有显示信号均应能随机实现任意缩放、任意移动、漫游、叠加覆盖等功能	—
	信号显示要求	任何一路信号应能实现整屏显示、区域显示及单屏显示	任何一路信号宜实现整屏显示、区域显示及单屏显示	—
	同时实时信号显示数量	≥M（层）×N（列）×2	≥M（层）×N（列）×1.5	≥M（层）×N（列）×1
	计算机信号刷新频率	>25f/s		≥15f/s
	视频信号刷新频率	≥24f/s		
	任一视频显示屏单元同时显示信号数量	≥8 路信号	≥6 路信号	—
	任一显示模式间的显示切换时间	≤2s	≤5s	≤10s
	亮度与色彩控制功能要求	宜分别具有亮度与色彩锁定功能，保证显示亮度、色彩的稳定性	宜分别具有亮度与色彩锁定功能，保证显示亮度、色彩的稳定性	—
机械性能	拼缝宽度	≤1倍的像素中心距或1mm	≤1.5倍的像素中心距	≤2倍的像素中心距
	关键易耗品结构要求	应采用冗余设计与现场拆卸式模块结构	宜采用冗余设计与现场拆卸式模块结构	—
	图像质量	>4级		4级
	支持输入信号系统类型	数字系统	数字系统	—

四、投影机的技术选型

1. 投影机技术选型应遵循的规定

（1）投影机物理分辨率不应低于主流显示信号的显示分辨率。显示文字信息的物理分辨率应不小于 800×600；显示图像、图形、文字信息的物理分辨率应不小于 1024×768；显示高清电视信号的分辨率应不小于 1920×1080。

（2）投影机按亮度划分为低亮度、中等亮度、高亮度和超高亮度四个等级，与使用环境空间面积、屏幕尺寸和屏幕最低亮度的对应关系应参照表 7-21 规定执行。

投影机与环境空间面积等的对应关系

表 7-21

亮度等级	亮度范围 （lm）	应用环境面积 （m²）	屏幕尺寸 （in）	屏幕最低亮度 （cd/m²）
低亮度	2000～3000	40～80	72～100	80～100
中等亮度	3000～5000	90～400	120～250	100～120
高亮度	6000～10000	450～800	280～400	120～150
超高亮度	12000～30000	800～3000	400～600	150～200

注：屏前垂直照度为 80～150lx。

2. 投影距离与投射画面设计应遵循的规定

（1）投影尺寸越大，投影距离越远，相应的光路损耗越大。亮度损耗与投影距离的平方成正比。

（2）最小投射距离(m)＝最小焦距(m)×画面尺寸(in)÷液晶片尺寸(in)。

（3）最大投射距离(m)＝最大焦距(m)×画面尺寸(in)÷液晶片尺寸(in)。

（4）最大投射画面(m)＝投射距离(m)×液晶片尺寸(in)÷最小焦距(in)。

（5）最小投射画面(m)＝投射距离(m)×液晶片尺寸(in)÷最大焦距(in)。

3. 投影机的 I/O（输入/输出）界面设计应符合的规定

（1）应至少具有一路（RCA）音频输入。

（2）复合视频输入接口（RCA）或 S 视频输入接口（S Video）应不少于一路。

（3）VGA（15 针 D-sub）或 RGB（RGBHV）输入接口应不少于两路。

（4）显示高清电视信号的投影机除具有复合视频输入接口或 S-Video 视频输入接口、VGA 或 RGB 输入接口外，DP（Display Port）或 DVI、HDMI 输入接口应不少于两路。

（5）教学环境使用的投影机除具备红外遥控功能外，还必须至少有一路 RS-232 或 RS-422、RS-485 串口控制接口。

（6）投影机的电源供电应是标准的 AC 220-250V，系统应具备热插拔功能。

（7）投影机的额定灯泡寿命应不低于 2000h，有效使用寿命（光通量衰减至额定亮度 70％时）不应低于 1500h。

4. 投影机质量性能及指标

投影机按质量性能可分为一级、二级、三级，性能指标应符合表 7-22 的规定。三级指标为必须满足的最低标准，二级及二级以上指标为推荐标准。

投影机的质量与性能等级划分

表 7-22

性能指标	一级	二级	三级
不间断运行时间（h）	≥10	≥8	≥6
平均无故障时间（h）	≥10000	≥8000	≥5000
亮度均匀度（%）	≥90	≥85	≥80
色彩还原度（%）	≥90	≥85	≥80
PC 信号刷新频率（f/s）	≥25	≥25	≥15
视频信号刷新频率（f/s）	≥24	≥24	≥24
输入模式切换时间（s）	≤1	≤2	≤3
红外遥控装置	有	有	有
串口控制界面	有	有	有
图像质量	>4 级	≥4 级	≤4 级
噪声控制（dB）	≤30	≤35	≤40

五、投影机的使用与维护

投影机使用中的注意事项如下：

（1）尽量使用投影机原装电缆、电线。

（2）投影机使用时要远离水或潮湿的地方。

（3）注意防尘，可在咨询专业人员后采取防尘措施。目前使用的多晶硅 LCD 板一般只有 3.3cm（1.3 英寸），有的甚至只有 2.3cm（0.9 英寸），而分辨率已达 1024×768 或 800×600。也就是说，每个像素只有 0.02mm，灰尘颗粒足够把它阻挡。由于投影机 LCD 板充分散热，一般都有专门的风扇以每分钟几十升空气的流量对其进行风冷，高速气流经过滤尘网后还有可能夹带微小尘粒，它们相互摩擦产生静电而容易吸附于光学系统中。

（4）投影机使用中需远离热源。

（5）注意电源电压的标称值，机器的地线和电源极性不要接错。

（6）用户不可自行维修和打开机体；内部电缆、零件更换时尽量使用原配件。

（7）投影机不使用时，必须切断电源。

（8）投影机使用时，如发现异常情况，应先拔掉电源。

（9）注意使用后应先使投影机冷却。

（10）机器的移动要轻拿轻放，运输中要注意包装、防震。

（11）要经常清洗进风口处的滤尘网，每月至少清洗一次。

目前的多晶硅 LCD 板还是比较怕高温，因此较新型号机型在 LCD 板附近都装有温度传感器。当进风口及滤尘网被堵塞、气流不畅时，投影机内温度会迅速升高，这时温度传感器会报警并切断灯源电路。所以，保持进风口的畅通，及时清洁过滤网十分必要。吊顶安装的投影机，要保证房间上部空间的通风散热。在开机状态下严禁震动、搬移投影机，以防灯泡炸裂。停止使用后不能马上断开电源，要让机器散热完后自动停机，在机器处于热状态断电造成的损坏是投影机最常见的返修原因之一。另外，减少开机次数对灯泡寿命有益。

（12）严禁带电插拔电缆，信号源与投影机电源最好同时共同接地。投影机在使用时，有些用户要求信号源和投影机之间有较大距离，如吊装的投影机一般都距信号源15m以上，这时相应的信号电缆必须延长。由此会造成输入投影机的信号发生衰减，投影出的画面会发生模糊拖尾甚至抖动的现象。这不是投影机发生的故障，也不会损坏机器。解决这个问题的最好办法是在信号源后加装一个信号放大器，可以保证信号传输20m以上而没问题。另外，如果出现投影机输出图像不稳定、有条纹波动的现象，这可能是投影机电源信号与信号源电源信号不共地。为此可将投影机与信号源设备电源线插头插在同一电源接线板上。

投影机的保养和维护如表7-23所示。

投影机的保养与维护　　　　　　　　　　　　　　　表7-23

项　目	说　明
镜头保养	常会在投影机镜头上看到灰尘，其实它并不会影响投影品质，若真的很脏，可用镜头纸擦拭处理
机器使用	大多数的投影机在关机时必须散热，用完不可直接把总电源关掉。若正常开关机，机器可用得更久
散热检查	投影机在使用时一定注意，其进风口与出风口是否保持畅通
滤网清洗	为了让投影机有良好的使用状况，请定时地清洗滤网（滤网通常在进风口处），清洗时间视环境而定，一般办公室环境约半年清洗一次
连接	投影机所提供的接口很多，所以就有很多的接线，在接信号线时，必须注意是否拿对线、插对孔，以减少故障
遥控器	使用完时，最好把电池取出，避免下次使用时没电

第四节　投　影　屏　幕

一、投影屏幕的性能参数

屏幕的重要参数是衡量屏幕表面材料质量优劣的重要依据。屏幕常用的重要参数有：增益、半增益角、宽高比率、对比度、解析度（分辨率）和均匀度等。在具体选购屏幕前，需要了解屏幕的主要性能和技术指标。

（一）增益

增益是用来测量屏前亮度的相对值和不同屏幕材料的光学特性。

屏幕的增益通常是测量垂直屏幕中心位置反射光线的数量，并没有实际的光量增加。在入射光角度一定、入射光通量不变的情况下，屏幕某一方向上亮度与理想状态下的亮度之比，叫做该方向上的亮度系数，把其中最大值称为屏幕的增益。通常把无光泽白墙的增益定为1，如果屏幕增益小于1，将削弱入射光；如果屏幕增益大于1，将反射或折射更多的入射光。

（二）半增益和半增益角

屏幕的半增益角度将直接影响到屏幕的观看效果。为了确保更多的人可以从不同的角度欣赏亮丽完美的画面，我们就对屏幕的半增益视角提出了严格的要求。半增益是衡量屏幕亮度的一项重要指标，它是指屏幕中心位置垂直屏幕方向观看时的屏幕的最亮点，当观看者偏离屏幕中轴方向观看，屏幕亮度降低为最高亮度一半时的增益。另外，屏幕的增益降为一半时的观察角度——半增益角，也是衡量屏幕技术的一项重要指标。半增益角度越大，我们所能清晰观看到屏幕上面的内容就越多，屏幕内容也就被更多的人从不同的角度清晰而且完美地欣赏到。

所有屏幕都为不同的应用环境设计，具有不同的功能，根据使用环境正确选择屏幕的增益和半增益角度非常重要。

（三）屏幕的宽高比率

投影屏幕的宽高比率直接影响着画面的质量，只有投影屏幕的宽高比率和投影机的自然分辨率、信号源的分辨率（解析度）完全适合的时候，才会使显示画面更加精彩。投影屏幕的宽高比率主要有以下几种：

（1）4∶3（1.33∶1）：主要用于显示视频/PC 图像，对角线×0.8＝宽度；

（2）16∶9（1.78∶1）：主要用于显示高清电视图像（HDTV）；

（3）1.85∶1：主要用于显示宽银幕电视信号图像；

（4）2.35∶1：主要用于宽银幕立体声影像显示。

（四）视角

屏幕在所有方向上的反射是不同的，在水平方向离屏幕中心越远，亮度越低。当亮度降到50％时的观看角度，定义为视角。在视角之内观看图像，亮度令人满意；在视角之外观看图像，亮度显得不够。一般来说，屏幕的增益越大，视角越小（金属幕）；增益越小，视角越大（由于照顾学生，教育幕多采用白塑幕）。比较流行采用玻珠幕。

（五）对比度

对比度对于画面的均匀性和解析度非常重要，主要指投影机投在屏幕画面上所反映的高电平和低电平的比率。通俗地讲，就是画面亮区和暗区的比。

高对比度的屏幕对于画面的层次显示至关重要。一般而言，对比度跟增益成反比。增益越高的屏幕，对比度就越低；相反要提高对比度，增益就必须做一定的牺牲。对比度越高的屏幕，图像越清晰，越有层次感，色彩也比较均匀。目前，在背投屏幕的技术中，要提高增益，可通过增加荧光材料或减浅颜色等途径来实现，但是提高对比度却不是那么容易的一项技术。

（六）屏幕的均匀度

屏幕的均匀度不但表现在画面的质量上，而且和投影机的投影技术息息相关。好的均匀度能够保证屏幕水平方向、垂直方向从 0°～180°观看时，画面亮度和色彩一致。屏幕表面材料的均匀度对投影机的画面均匀性起到了良好的补充作用。

目前常用的几种正投屏幕如表 7-24 所示。

几种常见正投屏幕技术参数对比一览表　　　　　　　　表 7-24

幕料参数	光学正投银幕	白塑幕	灰幕	玻珠幕	金属幕
抗环境光	抗 AG 层	一般	较好	较差	最差
色彩还原性	最好	一般	较好	较差	最差

续表

幕料参数	光学正投银幕	白塑幕	灰幕	玻珠幕	金属幕
抗腐蚀性	最佳	一般	较好	最差	一般
幕布基色	无基色	白色	灰色	亮白色	深灰色或灰色
幕面材料	聚碳酸酯	PVC	灰布/油漆	微粒珠粉	金属涂层
幕底材料	刚性保护层	PVC	PVC	PVC	PVC
增益	6.0	1～1.5	0.8	2.5～3	3～7
视角	160°	55°	45°	35°	45°

二、投影屏幕的安装使用

使用投影屏幕时，必须明确如下一些关系：

（一）屏幕增益与视角的关系

一般说来，投影屏幕的增益与视角是一对矛盾，在某些条件不变的情况下，增益越高，视角越小；反之，视角越大，增益越低。所以，在增益不变的情况下增大视角或在视角不变的情况下提高增益，是投影屏幕研发人员不断研究和需要解决的问题。

金属软幕的研发专家通过不断调整金属反射涂层的配方和幕基的制作工艺，努力在不降低亮度增益的情况下增大视角。目前有些金属软幕的视角最大已达到110°。但是，人眼的视角毕竟是局限的，当在40°外观看时，图像已开始变形；在80°外观看时，图像已变形得毫无意义。

（二）距离与亮度的关系

距离光源越近就越亮，越远就越暗，这是人人皆知的基本常识。同理，在投影显示领域，相同的投影机及相同的画面打在相同的屏幕上，距离不同，屏幕的亮度就不同。换句话说，相同的投影机及画面要打满不同尺寸的屏幕，因其距离不同，屏幕的亮度也就不同。

（三）屏幕大小与视距及顶棚高度的关系

通常可按下列公式确定：

$$观众最近处视距 \quad L = 1.5 \sim 2W \tag{7-1}$$

$$观众最远处视距 \quad L = 5 \sim 6W \tag{7-2}$$

式中 W——屏幕有效宽度（m）。

根据上述最远视距公式也可推算出观众厅最长距离（最远视距）要求多大的屏幕。

表 7-25 给出屏幕大小与视距及顶棚必要的高度之关系。

屏幕大小与视距及顶棚高度的关系 表 7-25

屏幕大小（英寸）	屏幕（高×宽）(mm)	最近视距（m）	最远视距（m）		顶棚必要高度（m）
			静止图像	动画	
70	1067×1422	2.2	6.4	9.6	2.60
80	1219×1626	2.5	7.3	11.0	2.75
100	1524×2032	3.1	9.1	13.7	3.07
120	1830×2440	3.7	11.0	16.5	3.38

续表

屏幕大小（英寸）	屏幕（高×宽）(mm)	最近视距（m）	最远视距（m）		顶棚必要高度（m）
			静止图像	动画	
150	2286×3048	4.5	13.7	20.6	3.85
200	3048×4064	6.1	18.3	27.4	4.64
300	4572×6096	9.2	27.4	41.1	6.30

图 7-7 和图 7-8 分别表示投影屏幕适宜观看的水平角度和垂直角度。图 7-7 中也给出最近视距（或座位）和最近视距的公式。在水平角度 60° 范围为视觉适宜区域。

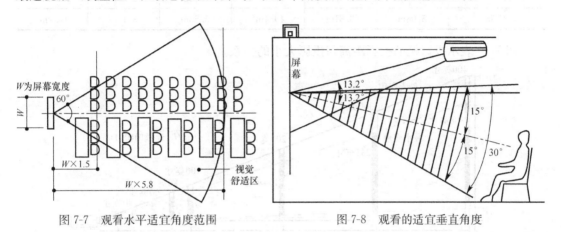

图 7-7 观看水平适宜角度范围　　　　图 7-8 观看的适宜垂直角度

此外，在前投式中，还常见电动投影幕。图 7-9 表示电动幕的几种安装方式。安装时应注意安装在观众最佳视角位置，而且当幕布完全展开时，其底部应高于观众的头部。

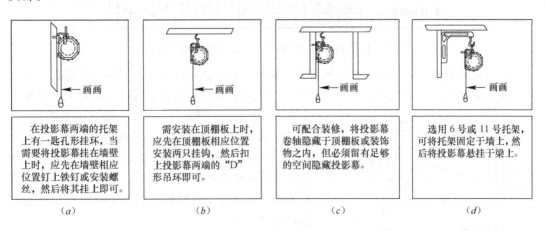

图 7-9 电动幕的几种安装方式
(a) 挂墙式；(b) 顶棚安装；(c) 隐藏安装；(d) 吊架安装

表 7-26 列出投影屏幕对角线尺寸（英寸）与屏幕宽度（W）及屏幕高度（H）的关系。

4：3 和 16：9 屏幕的对角线尺寸与其宽度高度面积的数据表　　　　表 7-26

屏幕类型	4：3 屏幕			16：9 屏幕		
对角线　数据	W（宽度）	H（高度）	S（面积）	W（宽度）	H（高度）	S（面积）
100in	2.03m	1.52m	3.1m²	2.21m	1.24m	2.75m²
120in	2.5m	1.83m	4.5m²	2.65m	1.49m	3.97m²
150in	3.05m	2.29m	7.0m²	3.31m	1.87m	6.2m²
180in	3.66m	2.74m	10m²	3.98m	2.24m	8.93m²
200in	4.06m	3.05m	12.4m²	4.42m	2.49m	11.02m²
250in	5.08m	3.81m	19.4m²	5.53m	3.11m	17.2m²

图 7-10 表示投影机的投影距离与投影大小的关系。

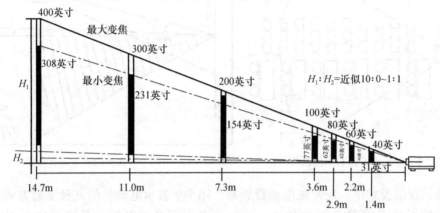

图像尺寸（英寸）		400	300	200	150	120	100	80	60	40
投影距离（m）	最小焦距	—	14.2	9.5	7.1	5.6	4.7	3.7	2.8	1.8
	最大焦距	14.7	11.0	7.3	5.5	4.3	3.6	2.9	2.1	1.4

图 7-10　LCD 投影机的投影尺寸与距离的关系（可变焦）

前投式和背投式的投影管投影机各有优缺点。前投式的优点在于光路可以加长，因此屏幕尺寸能做得较大，能容许上百名观众同时观看；缺点是由于屏幕尺寸的增大，图像质量有不同程度的下降。它要求有较好的观看环境，外界杂散光会影响对比度（必须遮光），因此一般适合于娱乐场所和专业场合使用。背投式投影机的优点是可在明亮的环境下观看，常在会堂、舞台两侧使用。其缺点是对背后空间大小有较为严格的要求，见图 7-11。

总之，投影屏幕的技术选型应遵循下列规定。

（1）正投系统应选用白塑幕、玻珠幕或金属幕。

（2）对比度较低的投影机不宜选用白塑幕。

（3）需要较大观看视角的场所，不宜选用玻珠

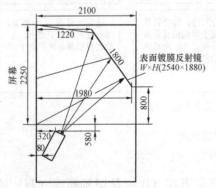

图 7-11　BG6500 投影机分离背投式
安装图（使用透镜焦距为 1.27 的镜头）

幕或金属幕。

（4）为提高投影屏幕亮度增益，可采用玻珠幕或金属幕。但当投影机吊顶安装时，不宜采用入射角上增益反射（即光学回射型）的玻珠幕。

（5）开放性背投系统宜采用透射幕。

（6）箱体背投系统以采用光学背投屏幕为宜。

（7）高清系统或具有影院功能的环境必须采用 16∶9 或 16∶10 屏幕。

常用的投影屏幕技术规格指标可参考表 7-27 之规定。

常用投影屏幕的技术指标 表 7-27

屏幕类型	增益	视角	面料特点
白塑幕	0.8~1.1	45°~75°	防火、防霉，可清洁
玻珠幕	2.0~2.8	28°~42°	防火、防霉
金属幕	2.5~3.5	25°~40°	防火、防霉，可清洁
高级金属幕	4.8~8	高等级的 60°~80°	防火、防霉，可清洁

注：屏幕的增益与视角成反比关系。屏幕的增益越大，视角越小；增益越小，视角越大。

第五节 拼接显示技术

前述的几种视频显示设备，只有一种，即 LED 显示屏不受显示图像大小的限制，只要将更多的 LED 模块堆砌起来即可得到大型、特大型屏幕的显示效果。因此 LED 显示屏在体育场馆、户外广告和大型演出的背景烘托等方面获得广泛的应用。但 LED 显示屏存在的一些缺点（价格高昂、分辨率偏低、色彩均匀度和色的忠实度稍偏低等）制约了其更广阔的应用范围，特别是对分辨率要求较高的场所，如监控中心、指挥中心以及大量的高档多功能厅和会议厅等场所，LED 显示屏还很少有用武之地。

长期以来，人们为了获得更大的画面采用了另一种方法，就是将多台视频显示设备"拼接"成更大的显示屏幕。

视频显示设备的"拼接"基本上包括两种类型的技术：

（1）仍然采用电视墙的传统技术，将若干台视频显示设备（单元）堆叠起来，如图 7-12 所示。但其所组成的"单元"已经由 CRT 变成 DLP 背投，或 PDP 或 LCD。通常称这种拼接方式为"箱体拼接"或简称为"拼墙"技术。

（2）在一张大屏幕（这张屏幕也可以由若干张较小的屏幕拼接而成）上用若干台投影机同时投射出一个大的图像，或"开窗"成若干个可大可小的图像。这种拼接方式称为"多图像系统"技术，简称为"拼图"技术。近年则以其核心技术命名为"图像融合"技术。

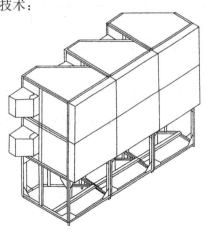

图 7-12　3×2 箱体拼接墙（DLP）

一、大屏拼接墙的分类与系统组成

大屏拼接墙系统主要由若干个或几十个子屏幕系统拼接组成，每一个子屏幕系统均为一个独立的显示系统。

（一）大屏拼接墙的类型

根据子屏幕单元的成分，可分为：

（1）CRT 电视墙：以 CRT 显示器为子屏单元的电视墙。

（2）LCD 大屏幕墙：以 LCD 显示器为子屏单元的大屏幕墙。

（3）PDP 大屏幕墙：以等离子显示器为子屏单元的大屏幕墙。

（4）大屏幕背投墙：以多媒体背投（CRT、LCD、DLP、LCoS）一体机为子系统的大屏幕背投墙。表 7-28 给出 DLP、LCD、MPDP 三种拼接墙的特点。

DLP、LCD、MPDP 三种拼接显示的比较　　　　　　　　　表 7-28

性能	背投 DLP 拼接	液晶 LCD 拼接	等离子 MPDP 拼接	结论
拼缝	0.5～1mm	5.3～7.3mm	1～4mm	MPDP 与 DLP 的拼缝能满足控制室系统应用，LCD 拼接稍大的拼缝不适用于精细显示
体积	厚，较大	轻薄	轻薄	DLP 背投超大的体积限制了其商业信息显示、安防监控等新兴市场的应用
屏幕尺寸	50 英寸/60 英寸/67 英寸/80 英寸	46 英寸/55 英寸	42 英寸/60 英寸/120 英寸	基本无差异
视角	120～160 度	178 度	179 度	DLP 背投有限的可视角度间接提高了显示成本
亮度	650～800cd/m²	1200～1500cd/m²	3000～5000cd/m²	背投 DLP 技术本身的局限，使得其在光亮环境下使用与高质量画质显示等方面的局限性
对比度	1000～2000∶1	3000～4000∶1	30000～1000000∶1	
色彩饱和度	较低	92%（DID屏）	93%	色彩饱和度越高，显示出来图像越艳丽。背投 DLP 技术本身的局限，在商业显示方面存在硬伤
分辨率	XGA、SXGA	WXGA、FHD	480、WXGA	分辨率决定画面的清晰程度，LCD 的分辨率相对较高，画面更细腻
最大功耗	300～500W（50 英寸）	275W（46 英寸）	360W（42 英寸）	液晶的发光效率高，功耗相对较低。背投 DLP 除驱动灯泡外，还需驱动光机等一系列设备，功耗最高，为高能耗产品

续表

性能	背投 DLP 拼接	液晶 LCD 拼接	等离子 MPDP 拼接	结论
寿命	8000~10000 小时（灯泡）	50000 小时（背光）	60000~100000 小时（屏幕）	背投 DLP 单元灯泡寿命有限，更换维护成本最高；使用 LED 光源机芯后无需灯泡，但单元采购成本更高
灼伤	基本不会灼伤	不会灼伤	基本不会灼伤	在早期等离子存在灼伤问题，目前业界采用防灼伤技术后，基本杜绝了灼伤问题

（二）大屏拼接墙的系统组成

在公共信息展示及监控显示等系统中需要大尺寸、高分辨率图像信息显示，而标准的显示设备不能满足这个需求时，在显示系统工程上有了这样的解决方式：把多个显示单元整齐地堆叠拼接起来，构成一个类似墙体的显示结构就产生了大屏幕墙。大屏幕墙的组成结构看似非常复杂，其实系统组成非常简单，图 7-13 为大屏幕拼接墙基本构造。它主要包括三大部分：子屏（单个画面）显示单元、大屏幕墙拼接控制器、信号接入设备（AV矩阵、RGB/VGA 矩阵）等。拼接控制系统包括多屏处理器和拼接控制器，或者是它们两者组合而成。

1. 多屏处理器

多屏处理器是整个拼接显示系统的核心组件，它是一种基于某一操作系统平台并且具有多屏显示功能的；可用不同方式对各种类型的外部输入信号（包含 RGB信号、视频信号、网络信号）进行远程显示处理及控制的专用图形处理设备。多屏处理器的所有显示通道输出组合成一个单一逻辑屏，或把一个完整的输入信号（RGB 信号、视频信号、网络信号等）经过图像处理（分割、放大）输出为 $m \times n$个标准的显示画面。整屏清晰度目前最高

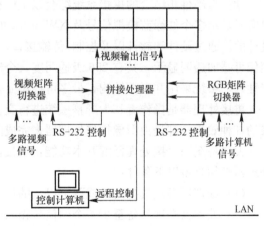

图 7-13 大屏拼接墙系统

超过 100M 像素。其外部的所有信号（包括计算机信号、视频信号和网络信号）都可以通过它进行相应处理后在拼接显示系统中显示出来，并且这些信号窗口可以在拼接系统中以任意大小、在任意位置相互叠加显示。

2. 大屏幕拼接控制器

大屏幕拼接控制器又称电视拼接墙控制器、大屏幕墙处理器、数码拼接处理器。其实质上是一台图像处理器或视频服务器，主要功能是将一个完整的图像信号划分成 N 块后分配给 N 个视频显示单元（如背投单元），用多个普通视频单元组成一个超大屏幕动态图像显示屏。它可以支持多种视频设备的同时接入，如 DVD、摄像机、卫星接收机、电视或机顶盒和计算机信号。屏幕拼接控制器可以实现多路输出组合成一个分辨率叠加后的超高分辨率显示输出，使屏幕墙构成一个超高分辨率、超高亮度、超大显示尺寸的逻

辑显示屏，完成多个信号源（网络信号、RGB 信号和视频信号）在屏幕墙上的开窗、移动、缩放等各种方式的显示功能。大屏幕控制系统是整个大屏幕背投拼接显示系统的控制核心，一个系统的易用性和稳定性，很大一部分取决于控制系统所具有的功能和性能优劣。

目前世界上流行的拼接控制系统主要有三种类型：硬件拼接系统、软件拼接系统、软件与硬件相结合的拼接系统。

硬件拼接系统是较早使用的一种拼接方法。代表性产品可实现的功能有分割显示、分屏显示、开窗口显示——即在多屏组成的底图上，用任意一屏显示一个独立的画面。由于采用硬件拼接，图像处理完全是实时动态显示，安装操作简单。缺点是拼接规模小，不适应数目较多屏的拼接需要，扩展很不方便；而且所开窗口大小限定为一个拼接单元屏幕，不可放大、缩小或移动。

软件拼接系统是用软件来分割图像，如 MSCS 多屏拼接系统。采用软件方法拼接图像，可十分灵活地对图像进行特别控制，如在任意位置开窗口，任意地放大、缩小，利用鼠标即可对所开的窗口任意拖动。有了这种功能，在控制台上控制屏幕墙，就如同控制自己的计算机显示器一样方便。缺点是它目前只能在 Unix 系统上运行，无法与 Windows 上开发的软件兼容；微机产生的图形也无法与其接口。当构成一个由几十台拼接单元组成的大系统时，其相应的硬件部分显得繁杂。

软件与硬件相结合的拼接系统综合以上两种方法的优点，克服了其缺点。这种系统可以实时显示多个红绿蓝模拟信号及 XWindow 的动态图形，是为多通道现场即时显示专门设计的。通过硬件和软件以及控制/传输接口，可实现不同窗口的动态显示。它分辨率高，图像可叠加透明显示，共有 256 级透明度，令动态图像和背景极其清晰生动。它的并联扩展性好，系统采用并联框结构，最多可控制 4 个投影机同时工作。

拼接处理器是操作者和大屏幕系统进行交互的一个重要平台，在大屏幕系统中显示出来的各种效果，都是由图像拼接处理器来完成的。

大屏幕图像拼接处理器的基本功能：拼接，信号输入，信号处理，受控。因此，拼接处理器必须具备以下条件：

（1）处理器必须具备两个或两个以上的信号输出通道；

（2）处理器必须具备至少一个的信号输入能力；

（3）处理器必须具备信号处理能力，最基本的就是把一个图像切割后交由后面的显示单元来组成一个大的画面；

（4）处理器必须具备受控能力，无论是硬件控制还是软件控制。

大屏幕图像拼接处理器的基本构成如下：

（1）工作平台：处理器需要一个工作平台，包括硬件工作平台和操作系统。硬件工作平台的内容基本和单片机或 PC 结构相似；操作系统部分基本是 Windows XP/2000 和 Linux 或 Unix。

（2）信号输出单元：基本相当于计算机的显卡，可以调节输出的分辨率和刷新频率。

（3）信号输入单元：可以对常见的信号（复合视频或模拟、数字 RGB）进行采集。

目前绝大部分拼接处理器，都是采用拼接卡＋电脑（PC 或工控机）实现。这种实现方式优点比较多，它除可得到高分辨率的拼接画面外，由于处理器本身就是一台高性能的电脑，因此它可和各种设备进行通信，运行各种应用软件，实现更强大的功能，利用处理器高分辨率输出，就可拼接得到高分辨率的清晰的软件大画面。

处理器有 n 路 VGA 或 DVI 输出，每路输出连接到一台等离子或投影机等显示单元，以显示画面的一部分，所有单元拼在一起就构成了一个大画面。为了使其他电脑的 VGA 信号能在拼墙上以拼接方式显示大画面，还会配备 RGB 采集或网络抓屏软件；通过视频输入实现对 DVD、摄像机等实时视频信号的输入、拼接、实时显示。这些电脑的画面和视频信号以软件窗口的方式在拼墙上显示，窗口可以拉大、缩小、移动。

同时，高档的处理器还会配备有专门的管理软件，实现网络控制、提供中控系统接口、对矩阵和投影机等硬件设备进行网络集中控制等，它能有效地组织多台投影机进行显示。

图 7-14 是典型的大屏幕拼接显示系统图。

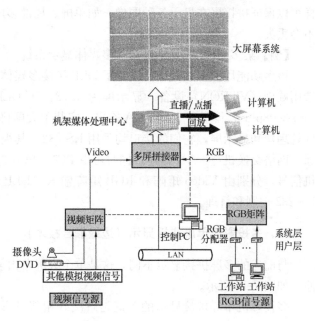

图 7-14 大屏幕拼接显示系统

二、大屏拼接墙的特点及其示例

（一）显示面积大

采用积木式拼接，可达几十、几百平方米，甚至更大；例如深圳地铁调度中心的拼接墙由 3×27 共 81 个 67 英寸的"箱体"拼接而成。北京奥运交通指挥中心的拼接墙则由 7×14 共 98 个 80 英寸的箱体拼接而成，高度 10m，总宽 28m，面积达 $194m^2$。

（二）分辨率高，清晰度高

理论上讲，分辨率和清晰度可以随着拼接规模增大而不断累加。箱体拼接墙的物理分辨率等于多套一体化投影单元分辨率的总和。例如投影显示单元的分辨率为 1024×768 像素，则 6×4 拼接墙的分辨率为 $(1024 \times 6) \times (768 \times 4)$ 像素，即 6144×3072 像素。在这一点上其他大屏幕显示技术目前尚难与之竞争。

（三）各类信号混合显示

多屏处理器具有处理计算机图形信号、视频信号及红绿蓝信号，以进行跨屏显示和不同类型信号叠加显示，其中任一路信号均可任意缩小、放大、跨屏或全屏显示。

（四）网络信号的显示

通过网络方式连接的计算机工作站数量无限制，可同时在大屏幕上的任意位置以任意比例显示，且具备快速响应速度。

因此拼接屏显示技术被大量应用于大型指挥、控制以及监控调度系统。

由于是多屏拼接，因此存在拼接缝大小的问题。目前多单元拼接的电视墙一般均采用无缝的拼接技术，即拼接单元之间的物理接缝小于1mm，而各单元的图像拼接精度（水平、竖直方向）要求为±1个像素。换句话，各单元之间的图像拼缝小于±1个像素。这样可以保证拼接屏在显示各种图像，如单屏、局部多屏、交叉多屏、全屏图像时显示信息不会丢失。

【例】 某多功能厅DLP拼接墙多媒体显示系统

该多功能厅面积380m²，设置了DLP拼接多媒体显示系统。DLP多屏背投显示系统选用威创（VTRON）设备。显示屏为3×3，50″DLP显示单元，多屏处理器选用Digi-com 3008plus，设置了9路VGA输出，安装了大屏幕控制计算机PC，直接控制矩阵、多屏处理器和显示屏，它们的接口均采用RS-232。其视频部分的组成如图7-15所示。系统通过网络交换机与LAN相连，同时可由PC1～PC6进行调控；多种视频信号、各路计算机信号，分别由Video矩阵和RGB矩阵输入。DLP背投影机的显示受PC-COM1通过RS-232控制和管理。

三、多投影机单屏拼接显示（边缘融合技术）

与前述的多屏拼接显示不同，这是单个大屏幕由多台投影机进行背投影显示方式。其原理如图7-16所示。

多投影机单屏拼接显示的关键是解决好相邻投影机的边缘融合问题。要解决边缘融合，首先是选择合适的投影机。边缘融合的核心就是融合带的处理。投影机有一个叫黑电平的参数，也就是投影机输出全黑图像时有一个基础亮度，这个亮度是无法通过信号处理予以调节的。在融合带，两台投影机的黑电平叠加，产生了一个比其他部分高一倍的黑电平，在图像较暗时会很明显，所以用于边缘融合的投影机，黑电平越低越好，通常DLP投影机就比LCD更合适。另外，由于不同投影机的色彩有偏差，所以用一致性好的投影机效果会更理想。不过，新近设计的硬件边缘融合器具备颜色调整功能，可以较好地弥补这一点。目前新型的三片高端DLP投影机已具备黑电平局部调整功能，运用边缘融合系统，将各个部分的黑电平调整到一致，提升了边缘融合的效果。

另一种处理方式是软边化，这是应用设置光学孔阑的方法，强制性地使每台投影机交叠区域的图像亮度降低，保证两台投影机叠加亮度与非交叠区域相近，为后一步的软拼接算法图像处理奠定基础。而采用软拼接算法，即图像处理的方法，就能使得交叠区域的图像完美融合，真正实现无缝拼接。

边缘融合式拼接投影机的调整包括水平融合区调整、图像对齐和缩放比调整、倾角调整、梯形失真调整、亮度和色温调整以及融合区阴影的调整等。通常采用DLP投影机比LCD更合适。水平融合区的面积应调整在10%～20%范围最合适，融合区过大或过小都会影响融合图像的视觉效果。图7-16(a)是常用的15%融合区。

边缘融合拼接投影显示的优点有：

（1）增加画面尺寸和画面完整性。

（2）增加图像亮度。即画面增大，亮度不减少，但保持了每台原有投影机的亮度。

（3）提高分辨率，增加画面层次感。

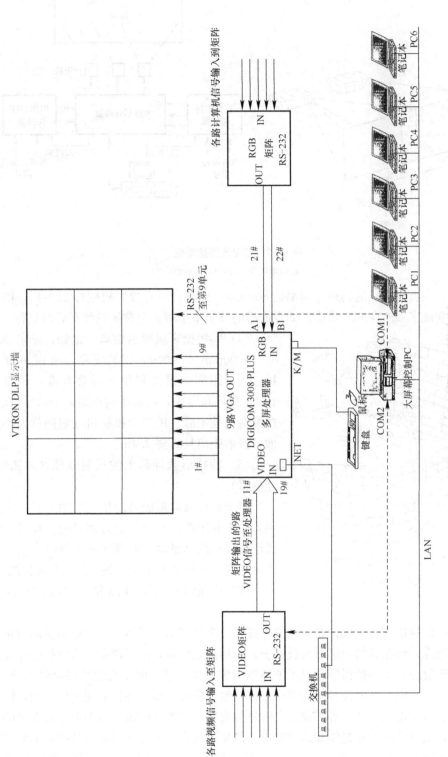

图 7-15 DLP 拼接显示系统实例

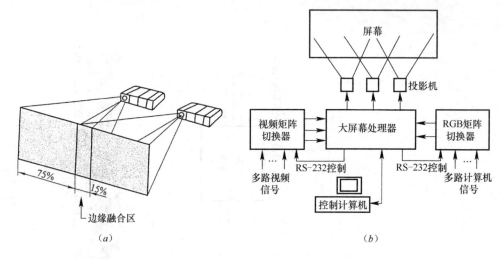

图 7-16   多图像拼接系统

(*a*) 边缘融合原理；(*b*) 系统图

例如，一台投影机的物理分辨率是 800×600 像素，三台投影机融合 25％后，图像的分辨率就变成了 2000×600 像素。即合成后的分辨率是减去交叠区域像素后的总和。

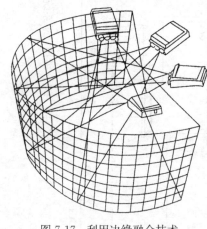

图 7-17   利用边缘融合技术
实现巨幕显示

(4) 缩短投影机投射距离。比如，原来 200 英寸（4000mm×3000mm）的屏幕，采用一台投影机，投影距离＝镜头焦距×屏幕宽度，即使采用 12∶1 的广角镜头，投影距离也要 4.8m。现在采用边缘融合技术后，用四台投影机投射同样大小的画面，投射距离只需要 2.4m。

(5) 特殊形状屏幕上的投射成像（如弧形幕/球形幕）。

对于弧形或球形屏幕应用，见图 7-17，作为示例，图中利用四台投影机通过边缘融合技术，实现弧形或环形巨幕显示。而且使用边缘融合技术后图像分辨率、明亮度和聚焦效果会得到明显提高。

(6) 避免由于屏幕缝隙和光学缝隙造成观察误差。

在传统的拼接方式中无论是箱体的拼接还是多张屏幕的拼接，都无法消除画面本身存在的物理缝隙，而在新的边缘融合技术中，采用整幅屏幕，所以消除了传统拼接存在的屏幕间的物理缝隙，从而使得屏幕显示的整幅图像保持完整。而采用边缘融合处理技术后，更消除了光学缝隙，从而使显示的图像完全一致，保证了显示图像的完整性和美观性。这在边缘融合显示地图、图纸等图像信息时更为重要。因为在图纸、地图上存在大量的线条或路线等，而屏幕缝隙和光学缝隙会造成图像显示污染，容易使观察人员把显示的图像线条和拼接系统本身的线条误认为是一体，从而导致决策和研究失误。而通过边缘融合处理，就可以避免出现这种情况。

第八章　有线电视和卫星电视接收系统

第一节　CATV系统组成与类型

一、CATV系统的组成

CATV系统一般由前端、干线传输和用户分配三个部分组成，如图8-1所示。前端部分主要包括电视接收天线、频道放大器、频率变换器、自播节目设备、卫星电视接收设备、导频信号发生器、调制器、混合器以及连接线缆等部件。前端信号的来源一般有三种：①接收无线电视台的信号；②卫星地面接收的信号；③各种自办节目信号。CATV系统的前端主要作用是：

（1）将天线接收的各频道电视信号分别调整到一定电平，然后经混合器混合后送入干线；

（2）必要时将电视信号变换成另一频道的信号，然后按这一频道信号进行处理；

（3）将卫星电视接收设备输出的信号通过调制器变换成某一频道的电视信号送入混合器；

（4）自办节目信号通过调制器变换成某一频道的电视信号而送入混合器；

（5）若干线传输距离长（如大型系统），由于电缆对不同频道信号衰减不同等原因，故加入导频信号发生器，用以进行自动增益控制（AGC）和自动斜率控制。

在图8-1中，对于接收无线电视频道的强信号，一般是在前端使用V/V频率变换器，将此频道的节目转换到另一频道上去，这样空中的强信号即使直接串入用户电视机也不会造成重影干扰，因为频道已经转换。如果要转换UHF频段的电视信号，一般采用U/V频率变换器将它转换到VHF频段的某个空闲频道上。但对于全频段的CATV系统，则不需要U/V变换

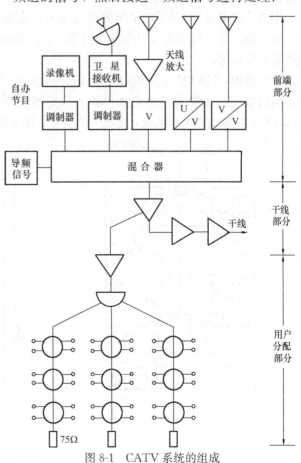

图8-1　CATV系统的组成

器，可直接用 UHF 频道传送。

进入前端的卫星信号常常需要经过两个前端设备：其一为卫星电视接收机。它的作用是将第一中频电视信号调制成音频和视频电视信号。其二为邻频调制器。它的作用是将音、视频电视信号调制到所需要的电视频道（VHF 或 UHF 频段），然后送入混合器。

自办节目的信号来自室内演播室、室外采访摄像机或室内录像机。他们输出的都为音、视频信号，进入前端以后都需用邻频调制器调制成指定的 VHF/UHF 邻频频道再送入混合器。

在大型系统中还会遇到使用导频信号发生器的情况。它是提供整个系统自动电平控制和自动斜率控制的基准信号装置，可以在环境温度和电源电压不稳定时，保证输出载波电平的稳定。这种装置在一般中型或小型系统中不常采用。

干线传输系统是把前端接收处理、混合后的电视信号，传输给用户分配系统的一系列传输设备。一般在较大型的 CATV 系统中才有干线部分。例如一个小区许多建筑物共用一个前端，自前端至各建筑物的传输部分称为干线。干线距离较长，为了保证末端信号有足够高的电平，需加入干线放大器，以补偿电缆的衰减。电缆对信号的衰减基本上与信号频率的平方根成正比，故有时需加入均衡器以补偿干线部分的频谱特性，保证干线末端的各频道信号电平基本相同。对于单幢大楼或小型 CATV 系统，可以不包括干线部分，而直接由前端和用户分配网络组成。

用户分配部分是 CATV 系统的最后部分，主要包括放大器（宽带放大器等）、分配器、分支器、系统输出端以及电缆线路等。它的最终目的是向所有用户提供电平大致相等的优质电视信号。

应该指出，CATV 原为共用天线（Community Antenna TV）的英文缩写，现一般指通过同轴电缆、光缆或其组合来传输、分配和交换声音与图像信号的电缆电视（Cable TV，缩写也是 CATV）系统，如图 8-2 所示。图 8-2(a) 是传统的共用天线电视系统，是

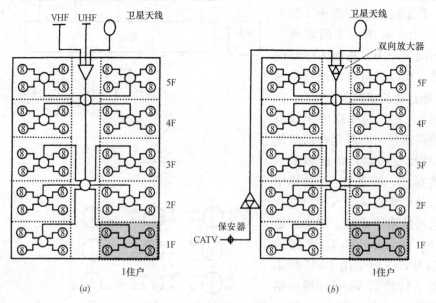

图 8-2 两种 CATV 系统

(a) 共用天线电视系统；(b) 有线电视系统（双向电视）

单向广播电视系统；图 8-2(*b*) 是现今的有线电视（CATV）系统，又是双向电视接收系统。其中主要不同是放大器采用双向放大器，而分配器、分支器因是无源网络器件，因此也是双向器件。双向传输是有线电视传输网络的发展趋势，如图 8-3 所示。

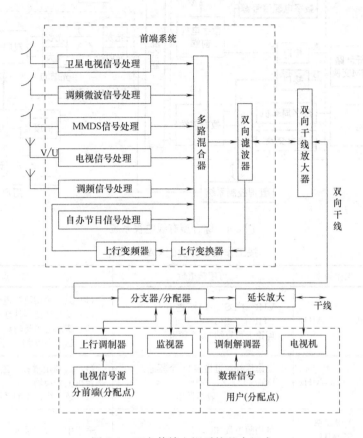

图 8-3　双向传输电视系统基本组成

图 8-4 是综合型有线电视系统，其前端包括模拟前端、数字电视前端和数据前端。数据前端的主要任务是完成数据的交互任务。数据前端系统主要有 CMTS 头端系统、服务器、路由器、交换机等设备构成。

二、有线电视系统的分类

（1）有线电视系统规模宜按用户终端数量分为下列四类：

A 类：10000 户以上；

B 类：2001～10000 户；

C 类：301～2000 户；

D 类：300 户以下。

（2）在城市中设计有线电视系统时，其信号源应从城市有线电视网接入，可根据需要设备自设分前端。A 类、B 类及 C 类系统传输上限频率宜采用 862MHz 系统，D 类系统可根据需要和有线电视网发展规划选择上限频率。按工作频率分类的 CATV 系统如表 8-1 所示。

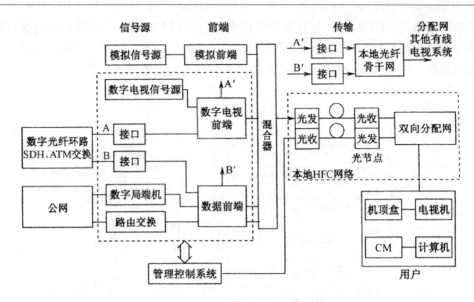

图 8-4　综合型有线电视系统

按工作频率分类的 CATV 系统　　　　　　　　　　　　　　表 8-1

名称	工作频率	可用频道数	特　点
全频道系统	48.5～958MHz	VHF 有 DS1～12 频道 UHF 有 DS13～68 频道 理论上可容纳 68 个频道	(1) 只能采用隔频道传输方式 (2) 受全频道器件性能指标限制 (3) 实际上可传输约 12 个频道左右 (4) 适于小型系统。传输距离小于 1km
300MHz 邻频传输系统	48.5～300MHz	考虑增补频道最多 28 个频道： DS1～12, Z1～Z16 （其中 DS5 一般不采用）	(1) 因利用增补频道，故用户需增设一台机上变换器 (2) 适于中、小型系统
550MHz 邻频传输系统	上限频率 550MHz	可用频道数 60 个	适于中、大型系统
750MHz 邻频传输系统	上限频率 750MHz	除 60 个模拟频道外，550MHz～750MHz 带宽可传送 25 个数字频道	适于中、大型系统
862MHz 邻频传输系统	上限频率 862MHz	除 60 个模拟频道外 550MHz～862MHz 带宽可传送 39 个数字频道	适于中、大型系统

　　当小型城镇不具备有线电视网，采用自设接收天线及前端设备系统时，C 类及以下的小系统或干线长度不超过 1.5km 的系统，可保持原接收频道的直播。B 类及以上的较大系统、干线长度超过 1.5km 的系统或传输频道超过 20 套节目的系统，宜采用 550MHz 及以上传输方式。

　　（3）在新建和扩建小区的组网设计中，宜以自设前端或子分前端、光纤同轴电缆混合网（HFC）方式组网如图 8-5 所示；或光纤直接入户（FTTH）。网络宜具备宽带、双向、高速及三网融合功能。

　　在 HFC 的有线电视中，通常干线传输部分采用光纤传输，用户分配部分仍然采用同轴电缆传输。HFC 网络分为单向 HFC 网络和双向 HFC 网络。单向 HFC 网与传统的 CATV 类似。这里着重介绍双向 HFC 网，即双向有线电视网。

图 8-5　典型的网络拓扑结构图

双向 HFC 系统由前端、光缆传输、光节点、电缆分配和用户终端设备等组成。前端与光节点是通过光缆连接的，光节点与用户之间是由电缆分配网络连接的。

双向光缆（干线）系统的组成有以下 3 种形式：即环型、星型和树型。在大中型干线传输系统中常采用环型结构，一般城域网常采用星型结构。在光缆传输电缆分配系统（HFC）中的电缆分配系统一般为树枝型结构。在 HFC 双向传输系统中，光缆传输部分为空间分割，即用 1 芯光纤传输下行信号，用另 1 芯光纤传输上行信号；电缆分配系统为频率分割。在双向 HFC 系统中的光节点，既是光下行信号的光/电（O/E）转换之处，又是上行信号的电/光（E/O）转换之处，也是频分和空分的交汇处。

（4）使用星形分光器的分支系统——在较大的住宅小区（或建筑群），可以将全小区分成若干片，每片有 500～2000 个用户，输出端每个片为一个光节点，每个光节点设一台接收机。根据小区规模情况，可算出每个光发射机能够提供的光节点数，以及中心前端需要的光发射机台数。分光器通常不应多于 10 路为宜。星形分光器的分支系统结构如图 8-6～图 8-8 所示。

有多个住宅小区或建筑群距离光发射端较远时，一般应增设光中继站或光放大器，采取如图 8-7、图 8-8 所示传输模式。图 8-9 是光纤到节点的典型传输系统。

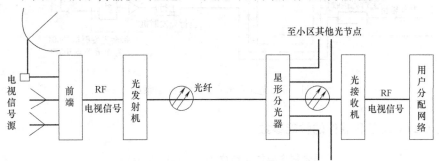

图 8-6　CATV 光纤传输系统采用星形分光器

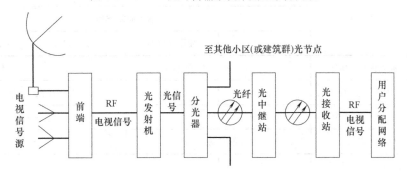

图 8-7　CATV 光纤传输系统距离较远时采用光中继器

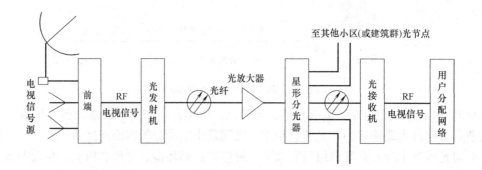

图 8-8 CATV 光纤传输系统距离较远时采用光放大器

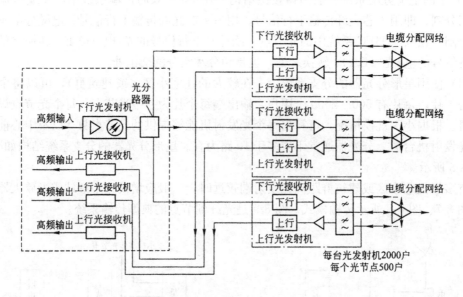

图 8-9 光纤到节点的典型传输系统

三、CATV 设备和器件的性能参数

混合器主要性能参数 (GB 11318.2—89)　　　　表 8-2

序号	项　目		性能参数			
			输入通路类型			
			频道（TV）	频段（FM）	频段（TV）	宽带变压器
1	插入损耗（dB）		≤4			不作规定
2	带内平坦度（dB）		±1	±2	±2（各频道内频响±1）	
3	带外衰减（dB）		≥20		不作规定	
4	相互隔离（dB）		不作规定		≥20	
5	反射损耗（dB）	VHF	≥10		≥10	
		UHF	≥7.6			

(a) 频道型天线放大器（GB 11318.2—89）　　表 8-3

序号	项　目		单位	性　能　参　数						
1	增益	额定值	dB	18	21	24	27	30	33	36
		允许偏差	dB	+3　−1						
2	最大输出电平		dBμV	90	90	90	90	90	95	95
3	带内平坦度	VHF	dB	±1						
		UHF		±1.5						
		FM		±2						
4	带外衰减		dB	≥20						
5	噪声系数		dB	≤5、≤7、≤10						
6	反射损耗	VHF FM	dB	≥7.5						
		UHF		≥6						
7	供电电压		V	DC：≤24　AC：≤36						

(b) 宽带型天线放大器（GB 11318.2—89）

序号	项　目		单位	性　能　参　数						
1	增益	额定值	dB	18	21	24	27	30	33	36
		允许偏差	dB	+3　−1						
2	最大输出电平		dBμV	90	90	90	90	90	95	95
3	带内平坦度		dB	+3　−1						
4	噪声系数		dB	≤3、≤5、≤7						
5	反射损耗	VHF	dB	≥10						
		UHF		≥7.5						
6	供电电压		V	DC：≤24　AC：≤36						

宽频带放大器（包括频段放大器）（GB 11318.2—89）**性能指标**　　表 8-4

序号	项　目		单位	性　能　参　数
1	增益	额定值	dB	15、18、21、24、27、30、33、36、39
		允许偏差	dB	+3　−1
2	带内平坦度		dB	+3　−1
3	最大输出电平		dBμV	105、108、111、114、117、120、123、126
4	载波二次互调比		dB	≥42、≥52
5	噪声系数	VHF	dB	≤10
		UHF		≤12
6	反射损耗	VHF	dB	≥10
		UHF		≥7.5

注：标称增益和最大输出电平应当合理组合，以免输入电平过高或过低。

频道放大器（GB 11318.2—89）**性能指标** 表 8-5

序号	项 目		单位	性 能 参 数
1	增益	额定值	dB	24、27、30、33、36、39、42、45、48、51、54
		允许偏差	dB	＋3 －1
2	带内平坦度	VHF	dB	±1
		UHF		±1.5
		FM		±2
3	带外衰减		dB	≥20
4	最大输出电平		dBμV	110、115、120
5	工作输出电平		dBμV	105、110、115
6	噪声系数	VHF	dB	≤8
		UHF FM		≤10
7	反射损耗	VHF FM	dB	≥10
		UHF		≥7.5
8	AGC 特性		dB	输入电平变化±10时，输出电平变化±1以内

注：1. 标称增益和最大输出电平应合理组合，以免输入电平过高或过低。
　　2. 第 8 项指仅适用于具有 AGC 功能的部件。

频率变换器（GB 11318.2—89） 表 8-6

序号	项目		单位	性能参数		备 注
				Ⅰ类	Ⅱ类	
1	增益	标称值	dB	24、27、30、33、36、 39、42、45、48、51、54		
		允许偏差	dB	＋3 －1		
2	带内平坦度	VHF	dB	±1		按输出端口研究 VHF 或 UHF
		UHF		±1.5		
3	带外衰减		dB	≤20		V/V 变换为 $f_0 \pm$ 12MHz 外，其余为 f_0 ±20MHz 外
4	最大输出电平		dBμV	110、115、120		
5	工作输出电平		dBμV	105、110、115		
6	噪声系数	VHF	dB	≤8		
		UHF		≤20		
7	反射损耗	VHF	dB	≥10		
		UHF		≥7.5		
8	AGG 特性		dB	输入电平变化在±10时，输出电平变化 在±1以内		
9	频率准确度	VHF	kHz	≤5	≤20	
		UHF		≤25	≤50	

续表

序号	项目		单位	性能参数		备　注
				Ⅰ类	Ⅱ类	
10	频率总偏差	VHF	kHz	≤20	≤75	V-V 按 V 其余按 U
		UHF		≤100	≤500	
11	无用输出抑制		dB	≤−60	不作规定	

注：同表 4-30 的注。

电视调制器性能参数（GB 11318.2—89）　　　　表 8-7

序号	项目		单位	性能参数		备　注
				Ⅰ类	Ⅱ类	
1	视频输入信号	幅度	V_{p-p}	1（全电视信号）		
2		极性		正极性（白色电平为正）		
3		输入抗阻	Ω	75		
4	音频输入信号	标称电平	V	0.775		
5		输入阻抗	Ω	600Ω 平衡或≥10kΩ 不平衡	≥10kΩ 不平衡	
6	视频信号箝位能力		dB	≥26	不作规定	
7	视频信号调制度		%	80	75±10	
8	视频带内平坦度		dB	≤3	≤6	5MHz 以内
9	微分增益		%	≤8	≤10	
10	微分相位		(°)	≤8	≤12	
11	色/亮度时延差		ns	≤60	≤100	
12	视频信噪比		dB	≥45	不作规定	
13	频率准确度	VHF	kHz	≤5	≤20	
		UHF		≤25	≤50	
14	频率总偏差	VHF	kHz	≤20	≤7.5	
		UHF		≤100	≤500	
15	图像载波输出电平		dBμV	≥92		
16	图像一伴音功率比		dB	10～20 连续可调	13±3	
17	射频输出阻抗		Ω	75		
18	射频输出反射损耗	VHF	dB	≥10	≥9	
		UHF	dB	≥7.5		
19	带外寄生输出抑制		dB	≥60	不作规定	$f_0±4MHz$ 外
20	图像伴音载频间距		kHz	6500±10	6500±10	
21	伴音	最大频偏	kHz	±50		
22		预加重	μs	50	不测	
23		带内平坦度	dB	(80Hz～10kHz) ±2	(330Hz～7kHz) ±3	参考点 1kHz
24		失真度	%	≤2	不作规定	±60kHz 频偏时
25		音频信噪比	dB	≥50	不作规定	

分配器主要性能参数 （GB 11318.2—89） 表 8-8

序号	项 目		性能参数			
			二分配器	三分配器	四分配器	六分配器
1	分配损耗（dB）	VHF	≤3.7	≤5.8	≤7.5	≤10.5
		UHF	≤4	≤6.5	≤8	≤11
2	相互隔离（dB）	VHF	≥20			
		UHF	≥18			
3	反射损耗（dB）	VHF	≥16			
		UHF	≥10			

分支器主要性能参数 （GB 11318.2—89） 表 8-9

序号	项目		性 能 参 数										
			二分支器						四分支器				
1	分支损耗（dB）	标称值	8	12	16	20	24	28	12	16	20	24	28
		允许偏差	±1.5										
2	插入损耗（dB）	VHF	3.5	≤2	≤1.5	≤1	≤0.5	≤0.5	≤3.5	≤2	≤1.5	≤1	≤1
		UHF	≤4.5	≤3	≤2	≤1.5	≤1.5	1.5	≤4.5	≤3	≤2	≤2	≤2
3	反向隔离（dB）	VHF	≥18	≥22	≥26	≥30	≥34	≥38	≥22	≥26	≥30	≥34	≥38
		UHF	≥13	≥17	≥21	≥25	≥29	≥33	≥17	≥21	≥25	≥29	≥33
4	相互隔离（dB）	VHF	≥22										
		UHF	≥18										
5	反射隔离（dB）	VHF	≥16										
		UHF	≥10										

注：全频道按最高频率点测量。

一分支器和串接单元主要性能参数 （GB 11318.2—89） 表 8-10

序号	项 目		性 能 参 数				
1	分支损耗（dB）	标称值	8	12	16	20	24
		允许偏差	±1.5				
2	插入损耗（dB）	VHF	≤2	≤1.5	≤1	≤0.5	≤0.5
		UHF	≤3	≤2	≤1.5	≤1	≤1
3	反向隔离（dB）	VHF	≥18	≥22	≥26	≥30	≥34
		UHF	≥13	≥17	≥21	≥25	≥29
4	相互隔离（dB）	VHF	≥16				
		UHF	≥10				

避雷针主要性能参数表（GB 11318.2—89）　　　　**表 8-11**

序号	项　目		单位	性能参数	
				天线避雷针	干线避雷器
1	插入损耗	VHF	dB	≤0.5	≤0.5
		UHF		≤1	≤1
2	反射损耗	VHF	dB	≥16	≥16
		UHF		≥12	≥12
3	耐冲击电压	1.2/50μs	kV	±15	不作规定
		10/700μs		不作规定	±5
4	耐冲击电流	8/20μs	kA	5，2.5，1.5	2.5，1.5

高频型避雷器性能表　　　　**表 8-12**

型号	使用条件	频带	插入损耗（dB）	驻波比	阻抗（Ω）	雷电电流	雷电电压（kV）	绝缘电压（V/min）
TL-1	·适合于户内外 ·环境温度为−40～70℃ ·频率范围为40～870MHz	VHF	0.5	≤1.4	75	500A (8×20μs)	±5 (10×200μs)	AC1000
		UHF	1.0	≤1.6				
TL-2		VHF	0.5	≤1.4	75	100A (8×20μs)	±5 (1×40μs)	AC1000
		UHF	1.0	≤1.6				

第二节　CATV 系统性能指标

一、无线电视的频率分配

（一）我国关于电视频道的划分（表 8-13）

我国电视频道划分表　　　　**表 8-13**

波　段	电视频道	频率范围（MHz）	中心频率（MHz）	图像载波（MHz）	伴音载波（MHz）
Ⅰ 波段	DS—1	48.5～56.5	52.5	49.75	56.25
	DS—2	56.5～64.5	60.5	57.75	64.25
	DS—3	64.5～72.5	68.5	65.75	72.25
	DS—4	76～84	80	77.25	83.75
	DS—5	84～92	88	85.25	91.75
Ⅱ 波段（增补频道 A₁）	Z—1	111～119	115	112.25	118.75
	Z—2	119～127	123	120.25	126.75
	Z—3	127～135	131	128.25	134.75
	Z—4	135～143	139	136.25	142.75
	Z—5	143～151	147	144.25	150.75
	Z—6	151～159	155	152.25	158.75
	Z—7	159～167	163	160.25	166.75

续表

波　段	电视频道	频率范围 （MHz）	中心频率 （MHz）	图像载波 （MHz）	伴音载波 （MHz）
Ⅲ　波　段	DS—6	167～175	171	168.25	174.75
	DS—7	175～183	179	176.25	182.75
	DS—8	183～191	187	184.25	190.75
	DS—9	191～199	195	192.25	198.75
	DS—10	199～207	203	200.25	206.75
	DS—11	207～215	211	208.25	214.75
	DS—12	215～223	219	216.25	222.75
A_2 波段 （增补频道）	Z—8	223～231	227	224.25	230.75
	Z—9	231～239	235	232.25	238.75
	Z—10	239～247	243	240.25	246.75
	Z—12	247～255	251	248.25	254.75
	Z—13	255～263	259	256.25	262.75
	Z—14	263～271	267	264.25	270.75
	Z—15	271～279	275	272.25	278.75
	Z—16	279～287	283	280.25	286.75
	Z—16	287～295	291	288.25	294.75
B波段 （增补频道）	Z—17	295～303	299	296.25	302.75
	Z—18	303～311	307	304.25	310.75
	Z—19	311～319	315	312.25	318.75
	Z—20	319～327	323	320.25	326.75
	Z—21	327～335	331	328.25	334.75
	Z—22	335～343	339	336.25	342.75
	Z—23	343～351	347	344.25	350.75
	Z—24	351～359	355	352.25	358.75
	Z—25	359～367	363	360.25	366.75
	Z—26	367～375	371	368.25	374.75
	Z—27	375～383	379	376.25	382.75
	Z—28	383～391	387	384.25	390.75
	Z—29	391～399	395	392.25	398.75
	Z—30	399～407	403	400.25	406.75
	Z—31	407～415	411	408.25	414.75
	Z—32	415～423	419	416.25	422.75
	Z—33	423～431	427	424.25	430.75
	Z—34	431～439	435	432.25	438.75
	Z—35	439～447	443	440.25	446.75
	Z—36	447～455	451	448.25	454.75
	Z—37	455～463	459	456.25	462.75
Ⅳ波段	DS—13	470～478	474	471.25	477.75
	DS—14	478～486	482	479.25	485.75
	DS—15	486～494	490	487.25	493.75
	DS—16	494～502	498	495.25	501.75
	DS—17	502～510	506	503.25	509.75
	DS—18	510～518	514	511.25	517.75
	DS—19	518～526	522	519.25	525.75
	DS—20	526～534	530	527.25	533.75
	DS—21	534～542	538	535.25	541.75
	DS—22	542～550	546	543.25	549.75
	DS—23	550～558	554	561.25	557.75
	DS—24	558～566	562	559.25	565.75

续表

波　　段	电视频道	频率范围 （MHz）	中心频率 （MHz）	图像载波 （MHz）	伴音载波 （MHz）
Ⅴ　波　段	DS—25	604～612	608	605.25	611.75
	DS—26	612～620	616	613.25	619.75
	DS—27	620～628	624	621.25	627.75
	DS—28	628～636	632	629.25	635.75
	DS—29	636～644	640	637.25	643.75
	DS—30	644～652	648	645.25	651.75
	DS—31	652～660	656	653.25	659.75
	DS—32	660～668	664	661.25	667.75
	DS—33	668～676	672	669.25	675.75
	DS—34	676～684	680	677.25	683.75
	DS—35	684～692	688	685.25	691.75
	DS—36	692～700	696	693.25	699.75
	DS—37	700～708	704	701.25	707.75
	DS—38	708～716	712	709.25	715.75

（1）目前我国电视广播采用Ⅰ、Ⅲ、Ⅳ、Ⅴ四个波段，Ⅰ、Ⅲ波段为VHF频段（1～12频道），Ⅳ、Ⅴ波段为UHF频段（13～68频道）。

（2）Ⅰ与Ⅲ波段之间和Ⅲ与Ⅳ波段之间为增补频道A、B波段。这是因为CATV节目不断增加和服务范围不断扩大而开辟的新频道。

（3）每个频道之间的间隔为8MHz。

（4）在Ⅰ波段与A波段（增补频道）之间空出的88～171MHz频道划归调频（FM）广播、通信等使用，有时称Ⅱ波段。其中87～108MHz为FM广播频段。

（二）CATV波段的划分（表8-14）

5～1000MHz上行、下行波段划分表（GY/T 106—1999）　　　表8-14

序号	波段名称	标准频率分割范围（MHz）	使用业务内容
1	R	5～65	上行业务
2	X	65～87	过渡带
3	FM	87～108	调频广播
4	A	110～1000	模拟电视、数字电视、数据通信业务

上行信道频率配置　　　表8-15

波段	上行信道	频率范围 （MHz）	中心频率 （MHz）	备注
Ra	R1	5.0～7.4	6.2	上行窄带数据信道区，实际配置时可细分。尽可能避开窄带强干扰（如短波电台干扰等）。
	R2	7.4～10.6	9	
	R3	10.6～13.8	12.2	在5MHz～8MHz左右，群延时可能较大。
	R4	13.8～17.0	15.4	若本频段干扰较低，也可选择作为宽带数据信道使用。
	R5	17.0～20.2	18.6	实际配置时也可将每个信道划分为2～16个子信道

续表

波段	上行信道	频率范围 (MHz)	中心频率 (MHz)	备注
Rb	R6	20.2～23.4	21.8	上行宽带数据区，也可将每个信息划分为2～16个子信道供较低数据调制率时使用
	R7	23.4～26.6	25	
	R8	26.6～29.8	28.2	
	R9	29.8～33.0	31.4	
	R10	33.0～36.2	34.6	
	R11	36.2～39.4	37.8	
	R12	39.4～42.6	41	
	R13	42.6～45.8	44.2	
	R14	45.8～49.0	47.4	
	R15	49.0～52.2	50.6	
	R16	52.2～55.4	53.8	
	R17	55.4～58.6	57	
Rc	R18	58.6～61.8	60.2	上行窄带数据区，该区在实际配置时可细分。 62MHz～65MHz 群延时可能较大
	R19	61.8～65.0	63.4	

二、CATV 系统性能参数

（一）CATV 系统下行传输主要技术参数

CATV 系统下行传输主要技术参数见表 8-16。

（二）双向传输网络

（1）上行传输通道主要技术要求见表 8-17。

（2）上行信道频率配置见前表 8-15。

（3）有线电视网络目前已广泛采用光纤、同轴电缆混合（HFC）网络结构。根据社会信息化发展的需求，升级为双向交互网的 HFC 网络可以开展多种数据业务。为此国家广播电影电视总局发布了《HFC 网络上行传输物理通道技术规范》GY/T 180—2001。规定了上行传输信道的技术要求。而上行信息的频率配置只作为使用的建议。

CATV 系统下行传输主要技术参数　　　　　　　　　　表 8-16

序号	项目		电视广播	调频广播
1	系统输出口电平（dBμV）		60～80	47～70 （单声道或立体声）
2	系统输出口频道间载波电平差	任意频道间（dB）	≤10　≤8（任意 60MHz 内）	≤8（VHF）
		相邻频道间（dB）	≤3	≤6（任意 60MHz 内）
		伴音对图像（dB）	−17±3（邻频传输系统） −7～−20（其他）	—
3	频道内幅度/频率特性（dB）		任意频道幅度变化范围为 2（以载频加 1.5MHz 为基准），在任何 0.5MHz 频率范围内，幅度变化不大于 0.5	任何频道内幅度变化不大于 2，在载频的 75kHz 频率范围内变化斜率每 10kHz 不大于 0.2

续表

序号	项目		电视广播	调频广播
4	载噪比（dB）		≥43（B=5.75MHz）	≥41（单声道） ≥51（立体声）
5	载波互调比（dB）		≥57（对电视频道的单频干扰） ≥54（电视频道内单频互调干扰）	≥60 （频道内单频干扰）
6	载波复合三次差拍比（dB）		≥54	—
7	交扰调制比（dB）		≥46±10log（N−1） 式中 N 为电视频道数	—
8	载波交流声比（%）		≤3	
9	载波复合二次差拍比（dB）		≥54	
10	色/亮度时延差（ns）		≤100	
11	回波值（%）		≤7	
12	微分增益（%）		≤10	
13	微分相应（度）		≤10	
14	频率稳定度	频道频率（kHz）	±25	±10（24 小时内） ±20（长时间内）
		图像伴音频率 间隔（kHz）	±5	—
15	系统输出口相互隔离度（dB）		≥30（VHF） ≥22（其他）	
16	特性阻抗（Ω）		75	75
17	相邻频道间隔		8MHz	≥400kHz
18	辐射与干扰	寄生辐射	待定	—
		电视中频干扰 （dB）	<−10° （相对于最低电视信号）	—
		抗扰度（dB）	待定	
		其他干扰	按相应国家标准	

注：在任何系统输出口，电视接收机中频范围内的任何信号电平应比最低的 VHF 电视信号电平低 10dB 以上，不高于最低的 UHF 电视信号电平。

上行传输通道主要技术要求　　　　　　　　　　表 8-17

序　号	项　目	技术指标	备　注
1	标称系统特性阻抗（Ω）	75	—
2	上行通道频率范围（MHz）	5～65	基本信道
3	标称上行端口输入电平 （dBμV）	100	此电平为设计标称值，并非设备实际工作电平
4	上行传输路由增益差（dB）	≤10	服务区内任意用户端口上行
5	上行通道频率响应（dB）	≤10	7.4MHz～61.8MHz
		≤1.5	7.4MHz～61.8MHz 任意 3.2MHz 范围内

续表

序　号	项　目	技术指标	备　注
6	上行最大过载电平（dBμV）	≥112	三路载波输入，当二次或三次非线性产物为-40dB时测量
7	载波/汇集噪声比（dB）	≥20（Ra波段） ≥26（Rb、Rc波段）	电磁环境最恶劣的时间段测量。一般为18：00～22：00；注入上行载波电平为100dBμV；波段划分见表16.11.1-4
8	上行通道传输延时（μs）	≤800	—
9	回波值（%）	≤10	
10	上行通道群延时（ns）	≤300	任意3.2MHz范围内
11	信号交流调制比（%）	≤7	—
12	用户电视端口噪声抑制能力（dB）	≥40	
13	通道串扰抑制比（dB）	≥54	—

（4）有线电视系统光缆—电缆混合（HFC）网络双向传输网络设计的原则如下：

1）光纤节点到小区（FTTF）——分配节点后放大器的级连3～5级，覆盖用户500～2000户。

2）光纤节点到路边（FTTC）——分配节点后放大器的级连1～2级，覆盖用户500户以下，是有线电视传输宽带综合业务网的主要形式。

3）光纤节点到楼（FTTB）——直接用光接收机输出RF信号电平，直带几十个用户。为无放大器系统。

（三）有线电视系统总技术指标（表8-18）

有线电视系统总技术指标 表8-18

	载噪比CNR 44dB	组合三次差拍比CTB 56dB	组合二次差拍比CSO 55dB
有线电视系统运行 总技术指标	载噪比CNR 43dB	组合三次差拍比CTB 54dB	组合二次差拍比CSO 54dB

（四）有线电视子系统设计技术指标分配（表8-19）

有线电视子系统设计技术指标分配 表8-19

项目	类别	前端子系统		光纤系统子系统		电缆传输分配网子系统	
		分配值	设计值	分配值	设计值	分配值	设计值
A	CNR	1%	64	49%	47.1	50%	47
	CTBR	5%	82	55%	61.2	40%	64
	CSOR	10%	65	50%	58	40%	59
B	CNR	2.5%	60	50%	61.2	47.5%	47.2
	CTBR	10%	76	50%	62	40%	64
	CSOR	10%	65	50%	58	40%	59

续表

类别 项目		前端子系统		光纤系统子系统		电缆传输分配网子系统	
		分配值	设计值	分配值	设计值	分配值	设计值
C	CNR	6%	56	50%	47	44%	46.8
	CTBR	20%	70	40%	64	40%	64
	CSOR	20%	62	40%	59	40%	59
D	CNR	16%	52	50%	47	34%	48.7
	CTBR	20%	70	40%	64	40%	64
	CSOR	20%	62	40%	59	40%	59

注：表中 A、B、C、D 的分类：A——10000 户以上；B——2000 户以上；C——300 户以上；D——300 户以下。

（五）系统输出口电平设计值要求

（1）非邻频系统可取（70±5）dBμV；

（2）采用邻频传输的系统可取（60±4）dBμV；

（3）系统输出口频道间的电平差的设计值不应大于表 8-20 的规定。

系统输出口频道间电平差（单位：dB）　　　　　　　　　　表 8-20

频　道	频　段	系统输出口电平差
任意频段	超高频段	13
	甚高频段	10
	甚高频段中任意 60MHz 内	6
	超高频段中任意 100MHz 内	7
相邻频道		2

有线电视系统的前端各项技术指标　　　　　　　　　　表 8-21

序号	项　目	技　术　参　数
1	载噪比 C/N（dB）	≥46
2	载波互调比 IM（频道内干扰）	≥54
3	回波值 E（%）	≤7
4	微分增益 DG（%）	≤10
	微分相位（度）	≤10
5	色/亮度时延差（ns）	≤100
6	频道内幅度/频率特性（dB）	任何频道内变化不大于 2dB，在任何 0.5MHz 频带内，幅度变化不大于 0.5dB

在系统设计时，主要考虑非线性失真和载噪比等主要的技术指标。

前端系统在设计时应依据技术指标要求来进行，同时考虑它的输入电平应在 60～90dBμV 之间，输出电平应在 120dBμV 以下，不能过高。邻频传输前端每个频道的频率特性应符合以下要求：相邻频道电平差应小于 2dB，任意频道间电平差应小于 10dB；相邻频道的抑制应大于 60dB，带外寄生输出抑制也应大于 60dB。

（六）有线电视系统质量的主观评价（表 8-22）

图像质量主观评价五级损伤制标准 表 8-22

图像等级	图像质量损伤程度	信噪比（S/N）	电视信号强弱（dBμV/m）
5 分（优）	图像上不觉察有损伤或干扰存在	45.5	大于 60
4 分（良）	图像上有稍可觉察损伤或干扰，但并不令人讨厌	34.5	45～60
3 分（中）	图像上有明显觉察的损伤或干扰，令人感到讨厌	30	30～45
2 分（差）	图像上损伤或干扰较严重，令人相当讨厌	25	20～30
1 分（劣）	图像上损伤或干扰极严重，不能观看	23	小于 20

图像和伴音（包括调频广播声音）质量损伤的主观评价项目见表 8-23。

主观评价项目 表 8-23

项 目	损伤的主观评价现象
载噪比	噪波，即"雪花干扰"
交扰调制比	图像中移动的垂直或倾斜图案，即"串台"
载波互调比	图像中垂直、倾斜纹或水平条纹，即"网纹"
载波交流声比	图像中上下移动的水平条纹，即"滚道"
回波值	图像中沿水平方向分布在右边一条或多条轮廓线，即"重影"
色/亮度时延差	色、光信号没有对齐，即"彩色鬼影"
伴音和调频广播的声音	背景噪声，如咝咝声、哼声、蜂声和串音等

第三节 电视接收天线

一、电视接收天线及其装配

电视接收天线是从空间接收电磁波能量的装置。它是无线电波进入 CATV 系统的大门，它将电视信号馈给前端，然后进行处理和传输，因此 CATV 信号传输质量的好坏与接收天线的设计安装有很大的关系。

接收天线的种类很多，并有不同的分类方法。

按其结构形式可分为：八木天线、环形天线、对数周期天线（单元的长度、排列间隔按对数变化的天线）和抛物面天线等。CATV 广泛采用八木天线及其复合天线，对于卫星电视接收天线则多使用抛物面天线。有关卫星电视天线将在后面专门阐述。

接收天线按其接收频段可分为三类，即甚高频（VHF）、特高频（UHF）和超高频（SHF）。

对于 VHF 天线，按接收带宽可分为单频道、分频段、全频段三种。单频道接收天线又称专用频道天线，适合于中、近程距离接收。其增益高、方向性强、驻波比好，并且可以针对每一个频道选择场强电平高、传播电波方向好的地方来设置，故被普遍采用。分频段 VHF 天线一般分为低频段（即 1～5 频道）和高频段（即 6～12 频道）两种。它兼顾接收几个频道的信号，频带较宽，电气性能参数一般不如单频道天线好，实际上是一种宽频带天线。VHF 全频段接收天线能接收 1～12 频道的电视信号，也是一种宽频带天线。

图 8-10（a）为 VHF 单频道天线；图 8-10（b）为分频段接收天线。其中在八木天线中插入 X 形振子（角形振子），使之具有较宽的频带。

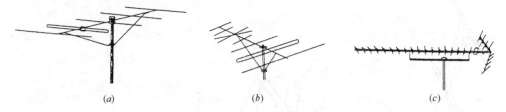

图 8-10 三种接收天线
（a）VHF 频道天线；（b）宽频带天线；（c）UHF 频道天线

对于 UHF 天线，由于频率很高，一般都做成宽频带天线，如分成（13～24 频道）和（25～68 频道）两个频段的天线。UHF 接收天线目前多采用 20 单元或 50 单元的八木天线，如图 8-10（c）所示。其他结构形式如对数周期天线、环形天线等用得较少。

表 8-24 列出 CATV 的八木天线特性要求。

种 类		频 道	增 益	驻波比	半功率角	前后比
频 带	振子数		（dB）		（度）	（dB）
VHF 宽频段	3	1～5 6～12	2.5～5	2.0 以下	70 以下	9 以上
	5	1～5 6～12	3～7	2.0 以下	65 以下	10 以上
	8	6～12	4～8	2.0 以下	55 以下	12 以上
VHF 单频道专用	3	低频道	5 以上	2.0 以下	70 以下	9.5 以上
	5	低频道	6 以上	2.0 以下	65 以下	10.5 以上
	8	高频道	9.5 以上	2.0 以下	55 以下	12 以上
UHF 低频道	20 以上	13～24	12 以上	2.0 以下	45 以下	15
UHF 高频道	20 以上	25～68	12 以上	2.0 以下	45 以下	15

CATV 八木天线的特性要求　　　表 8-24

图 8-11、图 8-12 表示 CATV 电视天线的装配示意图。

二、接收天线的架设

（一）天线架设位置的选择

正确选择接收天线的架设位置，是使系统取得一定的信号电平及良好信噪比的关键。在实际工作过程中，首先应对当地接收情况有所了解，可用带图像的场强计如 APM-741FM（用 LFC 型或同类型场强计亦可）进行信号场强测量及图像信号分析，以信号电平及接收图像信号质量最佳处为接收天线安装位置，并将天线方向固定在最高场强方向上，完成初安装、调试工作。有时由于接收环境比较恶劣，要接收的某频道信号存在重影、干扰及场强较低的情况，此时应在一定范围内实际选点，以求最佳接收效果，选择该频道天线的最佳安装位置。在具体选择天线安装位置时，主要应注意如下几点：

（1）天线与发射台之间不要有高山、高楼等障碍物，以免造成绕射损失。

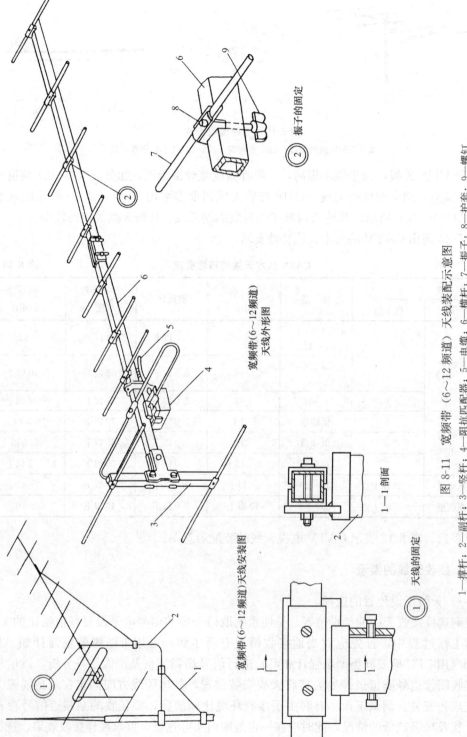

宽频带（6～12 频道）
天线外形图

1—1 剖面

宽频带（6～12 频道）天线安装图

② 振子的固定

① 天线的固定

图 8-11　宽频带（6～12 频道）天线装配示意图

1—撑杆；2—副杆；3—竖杆；4—阻抗匹配器；5—电缆；6—横杆；7—振子；8—护套；9—螺钉

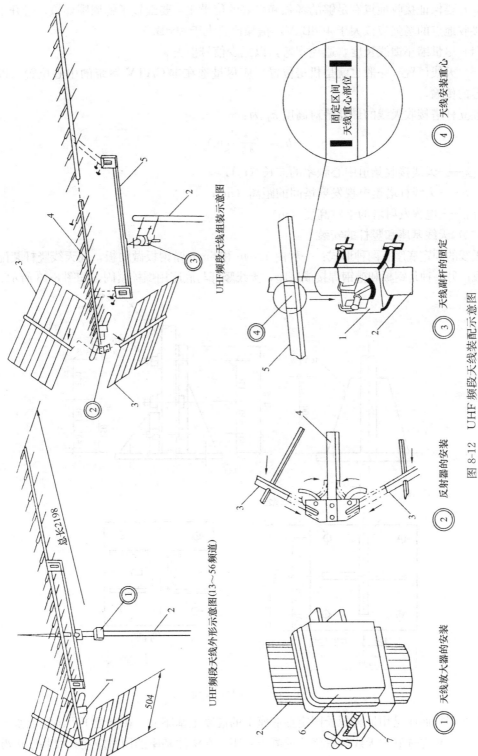

UHF频段天线组装示意图

UHF频段天线外形示意图(13~56频道)

① 天线放大器的安装

② 反射器的安装

③ 天线副杆的固定

④ 天线安装重心

图 8-12 UHF 频段天线装配示意图

1—阻抗匹配器；2—立杆；3—反射器；4—横杆；5—副杆；6—天线放大器；7—卡板；8—固定夹

（2）天线可架设在山顶或高大建筑物上，以提高天线的实际高度，也有利于避开干扰源。

（3）要保证接收地点有足够的场强和良好的信噪比，要细致了解周围环境，避开干扰源。接收地点的场强应该大于 46dBμV，信噪比要大于 40dB。

（4）尽量缩小馈线长度，避免拐弯，以减少信号损失。

（5）天线位置（一般也就是机房位置）应尽量选在本 CATV 系统的中心位置，以方便信号的传输。

独立杆塔接收天线的最佳绝对高度 h_j 为：

$$h_j = \frac{\lambda \cdot d}{4h_1}(m)$$

式中　λ——天线接收频道中心频率的波长（m）；

　　d——天线杆塔至电视发射塔间的距离（m）；

　　h_1——电视发射塔的绝对高度（m）。

（二）天线基座和竖杆的安装

天线的固定底座有两种形式：一种由 12mm 和 6mm 厚钢板做肋板，同天线竖杆装配焊接而成；另一种是钢板和槽钢焊接成底座，天线竖杆与底座用螺栓紧固，如图 8-13 所示。

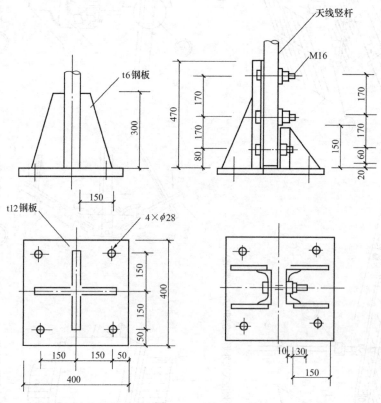

图 8-13　天线竖杆底座

天线竖杆底座是用地脚螺栓固定在底座下的混凝土基座上。在土建工程浇注混凝土屋面时，应在事先选好的天线位置浇注混凝土基座。在浇注基座的同时应在天线基座边沿适当位置上预埋几根电缆导入管（装几副天线就预埋几根）。导入管上端应处理成防水弯或者使用防水弯头，并将暗设接地圆钢敷设好，一同埋入基座内，如图 8-14 所示。

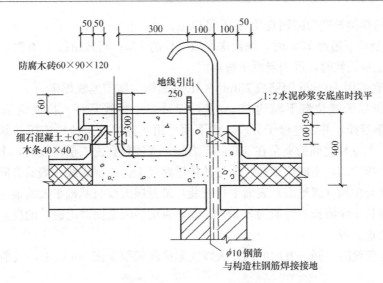

图 8-14　底座式天线基座安装图（单位：mm）

在浇灌水泥底座的同时，应在距底座中心 2m 的半径上每隔120°处预埋 3 个拉耳环

（地锚），以便紧固钢丝拉绳用。为避免钢丝拉绳对天线接收性能的影响，每隔小于 1/4 最高接收频道的波长处串入一个绝缘子（即拉绳瓷绝缘子）以绝缘。拉绳与拉耳环（地锚）之间用花篮螺丝连接，并用它来调节拉绳的松紧。拉绳与竖杆的角度一般在30°～45°。此外，在水泥底座沿适当距离预埋若干防水型弯管，以便穿进接收天线的引入电缆，如图8-15 所示。

当接收信号源多，且不在同一方向上时，则需采用多副接收天线。根据接收点环境条件等，接收天线可同杆安装或多杆安装。为了合理架设天线，应注意以下事项：

（1）竖杆选择与架设注意事项：

1）一般情况下，竖杆可选钢管。其机械强度应符合天线承重及负荷要求，以免遇强风时发生事故。

2）避雷针（有关天线避雷要求参见后述第五节之三）与金属竖杆之间用电焊焊牢。焊点应光滑、无孔、无毛刺，并做防锈处理。避雷针可选用 $\phi20mm$ 的镀锌圆钢，长度不少于

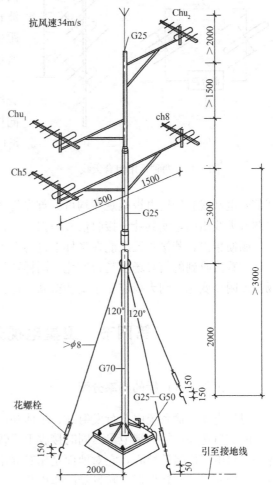

图 8-15　同杆多副天线架设示意图（单位：mm）

2.5m，竖杆的焊接长度为圆钢直径的 10 倍以上。

　　3）竖杆全长不超过 15m 时，埋设深度取全长的 1/6；当其超过 15m 时，埋设深度取 2.5m；若遇土质松软时，可用混凝土墩加固。

　　4）竖杆底部用 $\phi10mm$ 钢筋或 $25mm\times4mm$ 扁钢与防雷地线焊牢。

　　5）在最低层天线位置下面约 30cm 处，焊装 3 个拉线耳环。拉线应采用直径大于 6mm 的多股钢绞线，并以绝缘子分段，最下面可用花篮螺栓与地锚连接并紧固。三根拉线互成 120°，与立杆之间的夹角在 30°～45°之间。天线较高需二层拉线时，上层拉线不应穿越天线的主接收面，不能位于接收信号的传播路径上，二层天线一般共有同一地锚。

　　（2）天线与屋顶（或地面）表面平行安装，最低层天线与基础平面的最小垂直距离不小于天线的最长工作波长，一般为 3.5～4.5m，否则会因地面对电磁波的反射，使接收信号产生严重的重影等。

　　（3）多杆架设时，同一方向的两杆天线支架横向间距应在 5m 以上，或前后间距应在 10m 以上。

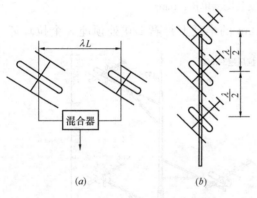

图 8-16　两种常用组合天线

　　（4）接收不同信号的两副天线叠层架设，两天线间的垂直距离应大于或等于半个工作波长；在同一横杆上架设，两天线的横向间距也应大于或等于半个工作波长，如图 8-16 所示。

　　（5）多副天线同杆架设，一般将高频道天线架设在上层，低频道天线架设在下层。同杆多副天线架设的示例可参阅前述的图 8-15。

　　（三）接收天线的调试

　　接收天线的调试比较简单，用场强仪测其信号电平或直接用电视机观察均可。首先将场强仪或电视机准确调整在接收频道上，慢慢调节天线指向，使其处于接收信号最强、干扰信号最弱的位置，然后将天线固定牢靠。

　　顺便指出，若接收天线能在竖杆上进行上下调整，当其指向调好以后，也可上下移动一下，看接收到的信号场强是否变化。同样选择信号强、干扰小的位置固定下来，若信号场强无明显变化，则天线应尽量安装得高一些。

第四节　卫星电视天线与接收设备

一、卫星电视广播的频率分配

　　卫星电视广播系统由上行发射站、星体和接收站三大部分组成。上行发射站是将电视中心的节目送往广播电视卫星，同时接收卫星转发的广播电视信号，以监视节目质量。星体是卫星电视广播的核心，它对地面是相对静止的，卫星上的星载设备包括天线、太阳能电源、控制系统和转发器。转发器的作用是把上行信号经过频率变换及放大后，由定向天线向地面发射，以供地面的接收站接收卫星信号。

我国目前卫星电视接收多在 C 波段，其频率覆盖为 3.7~4.2GHz，C 波段通信卫星传输电视频率分配如表 8-25 所示。

C 波段电视频道划分　　　　　　　　　　　　　　　　　　　　　　表 8-25

频道	1	2	3	4	5	6	7	8	9	10	11	12
频率 (MHz)	3727.48	3746.66	3765.84	3785.04	3804.20	3823.38	3842.56	3861.74	3880.92	3900.10	3919.28	3938.46
频道	13	14	15	16	17	18	19	20	21	22	23	24
频率 (MHz)	3957.64	3976.82	3996.00	4015.18	4034.36	4053.54	4072.72	4091.90	4111.08	4130.26	4149.44	4168.62

根据 WARC 1979 年规定，12GHz 即 Ku 波段广播卫星主发射站的上行频率，欧洲为 10.7~11.7GHz，其他地区为 14.5~14.8GHz，另外还规定 7.3~18.1GHz 为全世界通用。我国已将 12GHz 频段作为今后的卫星广播使用频率，表 8-26 为 Ku 波段电视频道分配表。

Ku 波段电视频道的划分　　　　　　　　　　　　　　　　　　　　表 8-26

频道	1	2	3	4	5	6	7	8	9	10	11	12
频率 (MHz)	11727.48	11746.46	11765.84	11789.02	11804.20	11823.38	11842.56	11861.74	11880.92	11900.10	11919.28	11938.46
频道	13	14	15	16	17	18	19	20	21	22	23	24
频率 (MHz)	11957.64	11976.82	11996.00	12015.18	12035.36	12053.54	12072.72	12091.90	12110.08	12130.26	12149.44	12186.62

卫星电视广播的一个频道带宽应有 27MHz，而实际只有 19.18MHz，因此相邻频道频带重叠，有效辐射区将会产生相邻频道干扰。为了防止这种干扰，采用了改变电波极化的方法，邻国之间采用不同的频道和不同的极化方式进行卫星电视广播。

二、卫星电视接收系统的组成

卫星电视接收系统通常由接收天线、高频头和卫星接收机三大部分组成，如图 8-17 所示。接收天线与天线馈源相连的高频头，通常放置在室外，所以又合称为室外单元设备。卫星接收机一般是放置在室内，与电视机相接，所以又称为室内单元设备。室外单元设备与室内单元设备之间通过一根同轴电缆相连，将接收的信号由室外单元送给室内单元设备，即接收机。

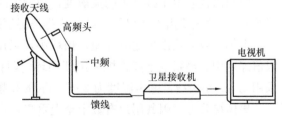

图 8-17　卫星电视直接接收系统的组成

卫星电视接收，首先是由接收天线收集广播卫星转发的电磁波信号，并由馈源送给高频头；高频头将天线接收的射频信号 f_{RF}（C 频段的频率范围是 3700~4200MHz，Ku 频段的频率范围是 11.7~12.5GHz）经低噪声放大后，变频到固定为 950~1450MHz 或 950~1750MHz 频率的第一中频信号 f_{1F1}；第一中频信号由同轴电缆送给室内单元的接收机，接收机从宽带的第一中频信号（$B=500$MHz 或 $B=800$MHz）中选出所需接收的某一固定的电视调频载波（带宽的通常为 27MHz），再变频至解调前的固定第二中频频率（通常为 400MHz）上，由门限扩展解调器解调出复合基带信号，最后经视频处理和伴音解调电路输出图像和伴音信号。有的电视机没有视频输入接口，所以接收机又将解调出来的图像和伴音信号进行残留边带调幅，以形成 VHF 或 UHF 频段的地面广播形式的信号，与电视机的天线输入方便接口。

卫星电视的接收，按接收设备的组成形式分为家庭用的个体接收和 CATV 用的集体接收两种方式。家用个体接收方式一般为一碟（天线）一机，比较简单。用户电视机与接收电视信号的制式相同，或者使用了多制式电视机，则不必加制式转换器；若用户电视机制式与接收电视节目制式不同，可在接收机解调出信号之后加上电视制式转换器进行收看。

CATV 用的集体接收方式如图 8-18 所示。它是将接收机解调出来的图像和伴音信号，通过调制器进行 VHF 或 UHF 频段的再调制，然后经制式转换器再由混合器将多路节目送入 CATV 系统中去。这样在该系统内的用户不需增加任何设备就可以通过闭路系统的集体接收设备来收看卫星电视了。收看节目的数量，取决于集体接收设备送入闭路系统的节目数量。由于集体接收方式的信号要经过再调制，以及中间传输环节才能送到用户电视机上，因此要求接收质量高，设备特别是接收天线要选用性能较好（口径大）的。此外，送入闭路电视系统的节目数越多，需要的接收机、制转器（如果需要制式转换）、调制器相应增加，即要求每一套节目，都需要用接收机、制转器和调制器设备。如要接收几颗广播卫星的多套电视节目，也就需要几副天线和多套接收设备。

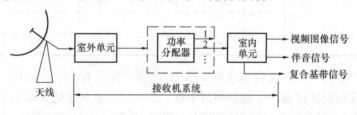

图 8-18　卫星电视接收站设备组成

应该指出，集体接收和个体接收在设备配置上是有区别的，其主要区别有：

1. 对卫星电视接收的载噪比 C/N 值要求不同

门限值代表卫星接收机的灵敏度，载噪比的门限电平越低，灵敏度越高。卫星接收机系统 C/N 值主要由天线口径和高频头噪声温度决定。

个体接收方式因传输电缆短，损耗小，只用一台卫星接收机，所以 C/N 值刚达到门限值即可用。最新卫星接收机采用锁相环门限扩展解调技术，门限电平已降为 60dB，故采用 1.5m 小天线，噪声温度为 $25\sim28\,^\circ$K 的高频头，接收效果就很好了。

集体接收方式因其用户有数十至上百户，且必须把信号传输到远处，故要求将信号放大、分配和混合等处理，使信号的信噪比减低，因此要求信号源的载噪比 C/N 值高。为此天线口径要采用 3m 以上，并选用 $25\,^\circ$K 的高频头。

2. 设备使用条件不同

集体接收方式在接收同一颗卫星上的信号时，一套节目（即一个频道）配一台卫星接收机，调整好后不要轻易改变频道，以便用户的电视机固定预置频道，而且在接收不同卫星时要另外安装天线，几副天线能方便调准不同卫星，一般不再调整。

个体接收方式则希望用一副天线能方便调准不同卫星，所以对天线要求能电动驱动、电子跟踪，对馈源也要求极化可调，且室内要有电子控制调整极化器，使一副天线能达到最大使用效益。

三、卫星接收天线的种类与性能要求

（一）卫星接收天线的种类与选用

天线分系统是接收站的前端设备。它的作用是将反射面内收集到的经卫星转发的电磁波聚集到馈源口，形成适合于波导传输的电磁波，然后送给高频头进行处理。

用于卫星电视接收系统的接收站天线，其主要电性能要求宜符合表 8-27 的规定。

C 频段、Ku 频段天线主要电性能要求   表 8-27

技术参数	C 频段要求	Ku 频段要求	天线直径、仰角
接收频段	3.7～4.2GHz	10.9～12.8GHz	C 频段≥φ3m
天线增益	40dB	46dB	C 频段≥φ3m
天线效率	55%	58%	C、Ku≥φ3m
噪声温度	≤48K	≤55K	仰角 20°时
驻波系数	≤1.3	≤1.35	C 频段≥φ3m

接收天线，顾名思义，它只是作为接收信号的单一功用。由于它比通信天线少了一个双工器，因而造价和性能要求都低于前者。接收天线，按其馈电方式不同分为三类：前馈式抛物面天线、后馈式卡塞格伦天线和偏馈式抛物面天线。接收天线，按其反射面的构成材料来分，又可分为铝合金、铸铝、玻璃钢、铁皮和铝合金网状四种。目前，铝合金板材加工成反射面的天线，其性能最好，使用寿命也长；铸铝反射面的天线，尽管成本有所降低，但反射面的光洁度不高，天线效率低，性能要低于铝合金反射面的天线；玻璃钢反射面的天线，成本也低，但反射面的镀层容易脱落，使用寿命不长；铁皮反射面天线，其成本最低，但容易生锈腐蚀，使用寿命最短；铝合金网状天线，其效率均不如前面的板状天线，但由于重量轻、价格低、风阻小及架设容易，较适合于多风、多雨雪等场所采用。

板状天线的反射面，是由合金铝板、玻璃钢喷涂特种涂料等以相同瓜瓣状的数块（如 8 块、12 块、18 块等）拼装起来，或是整块压铸而成的。网状天线的反射面，多采用铝丝编织材料，用密集的辐射梁及加强盘组成。网状天线虽不及板状天线的增益高（因漏场大）、经久耐用，精密度高，但是它具有重量轻、价格低、风阻小及架设容易等优点，因而较多地作为楼顶架设的闭路电视系统，以及在多风、多雨雪等场所采用。各种接收天线的性能比较如表 8-28 和表 8-29 所示。

各种接收天线的性能比较   表 8-28

天线类型		优　点	缺　点
后馈板状		效率高，性能好	成本高，加工安装复杂
前馈板状	铝合金	性能较好，效率高，强度大	成本较高，重量较大
	铸　铝	成本低，加工简单	面的光洁度不高，易碎
	玻璃钢	成本低，加工简单，耐酸、碱、盐雾	镀层易脱落，寿命不长
	铁　皮	成本最低	易锈，寿命不长
前馈网状		抗风、雨、雪性能好，重量轻	效率低，增益不高

3 种材料的抛物面天线比较   表 8-29

结构	制 作 工 艺	优 点	缺 点
铝合金板状结构	采用硬铝板或易成型的 LF21-22 防锈铝板在模具中用气压、旋压成型（整体）或拉伸成型（多瓣），然后铆接在支撑径向梁架上，形成抛物面主反射面	强度大、精度高、结实耐用、效率高、组装方便	重量较大，对基座要求高，价格较贵
网状结构	由铝网或不锈钢网在抛物线辐射筋上敷设而成，多用于前馈天线，精度由辐射筋保证。因辐射筋是有间距，加上网面凹凸不平，网面上有能量泄漏损失	重量轻、风阻小、运输安装方便、对基座要求低、价格便宜	效率等指标比实体天线差，耐用性差
玻璃钢结构	在玻璃表面覆盖金属网或喷涂一层 0.5mm 厚铝合金，构成整个抛物面结构形式，也可以做成多瓣式	造价低、适应温度范围大、耐酸碱、耐盐雾、耐潮湿，适用于沿海、岛屿地区	易变形老化

（二）反射面

1. 前馈式抛物面天线（图 8-19）

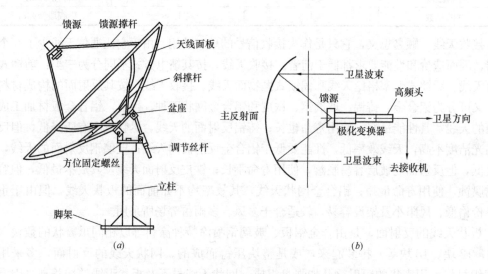

图 8-19 前馈式抛物面天线结构示意图

(a) 结构图；(b) 剖面图

2. 后馈式抛物面天线（图 8-20）

后馈式抛物面天线效率较高，在要求相同增益的条件下，其口径比前馈式抛物面天线小，对较大型的天线来说，可降低造价。但后馈式抛物面天线结构复杂，加工、安装和调试要求高，如主副反射面交角、同心度、焦距和相位中心至副反射面的距离等。因此在实际的工程中对天线的几何尺寸要做必要的修正。

3. 偏馈式抛物面天线

偏馈式抛物面天线适于小口径场合。口径小于 2m 的卫星电视接收天线，特别是 Ku 波段大功率卫星电视接收天线，多用这种天线。这类天线也有单偏置和双偏置之分。以单偏置为例，其结构如图 8-21 所示。这种天线是由抛物面的一部分截面构成。

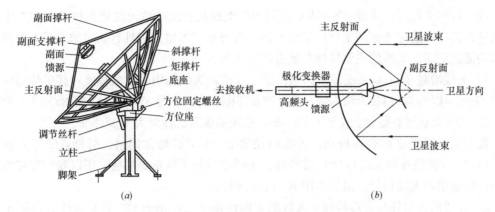

图 8-20 后馈式抛物面天线结构示意图

(a) 结构图（后馈线）；(b) 剖面图

偏馈式抛物面天线与前、后馈式抛物面天线相比有以下优点：

（1）它能有效地降低口面遮挡的影响，使旁瓣电平比前、后馈式抛物面天线的都低得多，使天线噪声电平明显降低。

（2）从馈源发出的电波仅一小部分返回馈源，因而反射波不会影响偏置天线，尤其是其阻抗几乎不受反射波影响。因此，可获得较佳的驻波系数。

（3）当采用较大的 f/D 设计时，不会影响天线结构的刚性。架设时，反射器与地面近乎垂直，积雪的影响较小。

（4）效率较前、后馈抛物面天线高。普通前馈式抛物面天线的效率只有 50%，后馈式抛物面天线的为 50%～60%，而偏馈式抛物面天线可达 70%。偏馈式抛物面天线的缺点是存在交叉极化，即与天线极化垂直的有害极化电平较高。另外，结构不对称会使加工成本提高。

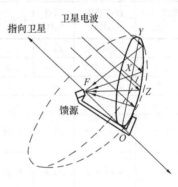

图 8-21 偏馈天线

4. 卫星天线的选用

（1）天线口径的选择：当天线直径小于 4.5m 时，宜采用前馈式抛物面天线。当天线直径大于或等于 4.5m，且对其效率及信噪比均有较高要求时，宜采用后馈式抛物面天线。当天线直径小于或等于 1.5m 时，特别是 Ku 频段电视接收天线宜采用偏馈式抛物面天线。当天线直径大于或等于 5m 时，宜采用电动跟踪天线。

目前我国 C 波段卫星电视的天线口径主要是 1.5～3m，对于收看大功率的卫星，可选用 1.8m 口径天线。在要求不高时，用户可选 2m 左右天线，Ku 波段为 0.6～1.2m。大家知道，如果高频头噪声温度减小时，相应的天线口径可减小；否则，天线口径将增大，用户可根据价格进行综合考虑。实际上，天线价格占整套系统的一半左右，天线口径尺寸 D 与价格的关系是：价格正比于 $D^{2.5}$ 左右，不同口径天线差价较大，而高频头的噪声温度对价格的影响就相对小得多，所以应尽可能用低噪声温度的高频头，以便减小天线口径，使系统价格下降。另外，还要考虑天线抗风能力、调整的灵活性、锁定装置的精密牢固、馈源的密封特性等问题。

（2）选购天线时，应按"Ku 或 C 波段卫星电视接收地球站天线通用技术条件"中的要求进行选择，还应考虑到生产厂家的产品是否通过技术鉴定和具有认定的专门天线测试机构的测试记录。天线的主要特性参量有以下几种：

1）天线增益（G）和系统品质因素（Q）：G 表示天线集中辐射的程度，其单位通常用"dB"表示。以 0.6m 口径天线为例，信息产业部标准为：优等 35.6dB，一等 35.2dB，合格 34.8dB。3m 天线增益要大于或等于 39.5dB，系统品质因素 Q 要大于 17.8dB。

我们从天线增益 G 公式得知，天线口径增加一倍，G 增加四倍。另外，G 与 f 成正比，所以 Ku 波段接收天线 G 比 C 波段高。天线增益是天线重要参数，所以我们在接收信号时，尽量增加天线口径，最好选用 Ku 波段接收。

2）天线的方向性与旁瓣特性：天线的方向性用半功率角表示。它是天线方向图中主瓣上功率值下降一半时所对应的角度。增益高，波束就窄，半功率角就小。标准要求：天线广角旁瓣峰值 90% 应满足给定的包络线；第一副瓣电平应不大于 −14dB（优等和一等值）。不同口径无线的技术参数见表 8-30。

不同口径天线的技术参数　　　　　　　　　　　　　　　　　　表 8-30

天线口径（m）	频率范围（GHz）	增益（dB）	驻波比	第一旁瓣（dB）	焦距（mm）	俯仰调整	方位调整	使用环境（℃）	抗风	重量（kg）
1.8	3.7~4.2	35.5	1.2	−12	720	0°~90°	360°	−30~50		80
2.4	3.7~4.2	37.8	1.2	−12	960	0°~90°	360°	−30~50		95
3	3.7~4.2	40	1.2	≤−12	1125	0°~90°	360°	−30~50		180
3.2	3.7~4.2	40.5	1.2	≤−12	1125	0°~90°	360°	−30~50		195
3.5	3.7~4.2	41.5	1.16	−12	前 1130 后 1185	0°~90°	360°	−30~50	8 级工作正常，10 级保精度，12 级不破坏	250
4.5	3.7~4.2	43.5	1.16	−13	前 1800 后 1630	0°~90°	360°	−30~50		480
6	3.7~4.2	47	1.16	−13	前 2100 后 1906	0°~90°	360°	−30~50		1500
7.6	3.7~4.2	57	≤1.25	−14	后 2000	0°~90°	电动 ±80°	−30~50		2200

3）电压驻波比（$VSWR$）：标准要求：优等 1.25：1，合格＜1.3：1。

4）天线效率（η）：天线效率为有效面积/抛物面天线外径所包含的面积之比。也可定义为开口面积中捕获电波能量的有效部分。标准要求：优等 65%，一等 60%，合格 55%。

实体天线的效率 η 比网状高 50%。天线的 η 与天线精度和材质有关，精度高，材质优良，η 也高。

5）天线噪声温度（T）：要求：优等＞35dB，一等＞30dB，合格＞25dB。

（3）应考虑安装调试是否方便。安装时应有能正确地指导用户使用俯仰座上的刻度对星。

（4）应考虑工艺水平和造型。一般采用模具成型技术生产的天线，可保证反射面的机械加工精度，手工作坊生产的天线则难以保证精度要求。

（5）应考虑结构设计是否合理。一个好的系统结构设计，能通过机械定位装置保证天线的焦点与馈源的相位中心相重合，并保证天线的指向精度，从而满足天线系统的总精度。此外，还应考虑结构是否坚实、牢固。

（6）由于天线都安装在室外，容易受到大气腐蚀，因此还应考虑天线的防腐性能处理。

（7）天线种类的选用：网状天线增益比实体低 0.5～1dB，玻璃钢天线增益同实体差不多。这两种天线价格都较实体便宜，特别是网状天线，几乎较实体便宜一半。选择时，应根据各种天线特点和所在地环境等因素考虑，如要经济一些可选用网状或玻璃钢天线；沿海和风力较大的山区，可选用结构强度较好的网状天线；沿海、岛屿和多雨地区可选用玻璃钢天线。而对要求收看质量高、经济条件又较好的可选用实体天线，在大中城市、工业区集中的地方，因空气污染严重，从延长寿命考虑可选用实体板状天线。

（三）馈源喇叭（馈源扬声器）

馈源是天馈系统的心脏。馈源的作用是将被天线拓射面收集聚集的电磁波转换为适合于波导传输的某种单一模式的电磁波。由于馈源形如喇叭，又称为馈源喇叭（馈源扬声器）。馈源喇叭本身具有辐射相位中心。当其相位中心与天线反射面焦点重合，方能使接收信号的功率全部转换到天线负载上去。

天线常用的馈源盘形式有角锥扬声器、圆锥扬声器、开口波导和波纹扬声器等。前馈馈源常采用波纹扬声器，又称波纹盘；后馈馈源常用介质加载型扬声器，它是在普通圆锥扬声器里面加上一段聚四氟乙烯衬套构成的。

现给出一体化三环型馈源的结构示意图（图 8-22）及一体化单环形槽馈源结构剖面图（图 8-23）。图中波导口应加装塑料密封盖（或密封套），这样可防止脏物、昆虫等进入波导内，否则会出现图像信号弱、噪点严重、伴音小、噪声大等现象。图中圆矩形波导变换器又称过渡波导。

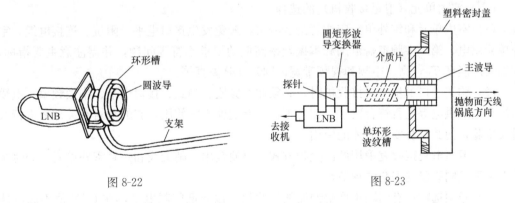

图 8-22　　　　　　　　　　　　　　　　　图 8-23

（四）极化器

现代卫星电视为了扩大传输容量，采用两个不同方式的极化波相互隔离的特性来传送不同的节目，即频率复用。在馈源系统中，采用极化器的目的就是为了实现双极化接收。极化器采用 90°移相器作为控制馈源系统的极化方向，选择与卫星电视信号一致的极化波，抑制其他形式的极化波，以获得极化匹配，实现最佳接收。

常用的双极化馈源有两种类型，一种是馈源的两个法兰盘位于同一个平面上，而另一种是馈源的两个法兰盘位于相互垂直的平面上。此外还有将 C、Ku 波段双极化馈源安装在一起的组合式馈源。

我国自己发射的卫星，均接收水平（H）或垂直（V）线极化波。收垂直极化波时，使接收天线的矩形波导的窄边垂直于水平面；当接收水平极化波时，使接收天线的矩形波导窄边平行于水平面，但在实际收视中还应微微转动矩形波导，即调节极化角 ρ，直至接收机电平指示最大，这时就达到极化匹配的目的。

（五）高频头的选购

高频头一定要选用噪声温度低（C 频段 $20\sim30\,{}^{\circ}\mathrm{K}$，Ku 频段 $0.7\sim0.9\mathrm{dB}$）、本振相位噪声小、本振频率稳定度高、动态增益大（约 $65\mathrm{dB}$）的高频头，尤其在接收卫星数字信号时，高频头的本振相位噪声和本振频率稳定度大小对接收信号质量是至关重要的。用于数字压缩卫星接收系统的高频头要求本振相位噪声小于 $-65\mathrm{dB/Hz}$（在 $1\mathrm{kHz}$ 处），本振频率稳定度小于 $\pm500\mathrm{kHz}$。选购时应按我国标准的技术要求选用（表 8-31）。

C 频段、Ku 频段高频头主要技术参数　　　　　表 8-31

技术参数	C 频段要求	Ku 频段要求	备注
工作频段	$3.7\sim4.2\mathrm{GHz}$	$11.7\sim12.2\mathrm{GHz}$	可扩展
输出频率范围	$950\sim2150\mathrm{MHz}$		—
功率增益	$\geqslant60\mathrm{dB}$	$\geqslant50\mathrm{dB}$	—
振幅/频率特性	$\leqslant3.5\mathrm{dB}$	$\pm3\mathrm{dB}$	宽带 $500\mathrm{MHz}$
噪声温度	$\leqslant18\mathrm{K}$	$\leqslant20\mathrm{K}$	$-25\sim25\,{}^{\circ}\mathrm{C}$
镜像干扰抑制比	$\geqslant50\mathrm{dB}$	$\geqslant40\mathrm{dB}$	
输出口回波损耗	$\geqslant10\mathrm{dB}$	$\geqslant10\mathrm{dB}$	

此外，使用一体化馈源高频头最好选用双线极化馈源高频头，这样卫星下行的两种极化波可以在 IRD 上通过极化电控切换来选择所需的垂直或水平极化波。

（六）室内单元（卫星接收机）的选择

（1）室内单元和室外单元应注意配套购买，避免发生接口电平、阻抗、连接电缆、室外单元供电、第一中频覆盖范围和本振频率高低的要求不符等问题，并需注意主要指标，例如噪声温度 T_E，高、中频和视频带宽，DG、DP 失真等。

（2）购买进口卫星电视接收机时，必须注意频段、制式、接口电平、中频频率、电缆阻抗和电源供电等是否符合要求。如有不符，有的就不能使用，有的须对有关部分进行改机及检验，使其符合要求后才能使用。

（3）卫星电视接收宜采用两次变频方式，以便其用一副天线和一套室外单元，同时接收卫星下发同频段内多套电视节目。

（4）必须选购具有门限扩展解调器的接收机，以降低门限电平，在 C/N 值不高的情况下，使其具有一定的门限储备余量，以获得稳定和较高的图像质量。

（5）关于选购卫星数字电视接收机 IRD，其各项技术要求必须符合国家广电行业标准《卫星数字电视接收机技术要求》GY/T 148—2000。要求门限值越小越好。

第五节　卫星天线的安装

一、站址选择

卫星地面站站址选择关系到接收卫星电视信号的质量、基建投资以及维护管理是否方便等。站址的选择要考虑诸多因素，如地理位置、视野范围、电磁干扰、地质和气象条件等，有时还要进行实地勘察和收测，最后选定最佳站址。其主要考虑有：

1. 计算接收天线的仰角和方位角

根据站址的地理经度、纬度及欲收卫星轨道的经度，可采用图表法或计算公式计算出站址处接收天线的方位角和仰角，观察接收前方（正南方向东西范围）视野是否开阔，应无任何阻挡。

2. 要避开微波线路、高压输电线路、飞机场、雷达站等干扰源

一般用微波干扰场强测试仪来测站址处有否微波杂波干扰。当接收机灵敏度为－60dBm 时，如干扰电平小于－35dBm，则不会对图像信号造成干扰。

3. 卫星电视接收站以尽可能与 CATV 前端合建在一起为宜

这样既节约基建费用，亦便于操作和管理。室内单元可置于机房内，接收天线的架设地点距室内单元一般以小于 30m、衰减不超过 12dB 为宜。但当采用 6m 天线、$G \geqslant 60dB$ 的高增益高频头时，可用小于 50m 长度的电缆；如采用 3m 天线、$G=54dB$ 左右的高频头，则电缆长度应小于 20m。如因场地、干扰等某种原因，需要把天线架设在离室内单元较远之处时，它们之间的连接应改用低耗同轴电缆，或增设一个能补偿电缆损耗（放大信号）的高频宽带线性放大器。

4. 其他因素考虑

如交通方便、地质结构坚实及气象条件等。

表 8-32 给出了我国主要城市卫星地面接收站的接收天线仰角和方位角，供天线安装调试时使用。

二、卫星天线的安装

抛物面天线的安装，一般按照厂家提供的结构安装图安装。抛物面天线的反射板有整体结构和分瓣结构两种，大口径天线多为分瓣结构。天线座架主要有立柱座架和三角脚座架两种（立柱座架较为常见），下面介绍安装步骤：

1. 安装天线座架

把脚座架安装在准备好的基座上，校正水平后，固紧座脚螺丝，然后装上俯仰角和方位角调节部件。安装天线座架要注意方向。

2. 拼装天线反射板

天线反射板的拼装要求按生产厂家说明进行安装。反射板和反射板相拼接时，螺丝暂不紧固，待拼装完后，在调整板面平整时再固紧。在安装过程中不要碰伤反射板，同时还注意安装馈源支杆的三瓣反射板的位置。

3. 安装馈源支架和馈源固定盘

4. 固定天线面

将拼装好的天线反射面装到天线座架上，并用螺钉固紧，使天线面大致对准所接收的卫星方向。

5. 馈源、高频头的安装

把高频头的矩形波导口对准馈源的矩形波导口，两波导口之间应对齐，并在凹槽内垫上防水橡皮圈，用螺钉紧固。将连接好的馈源、高频头装入固定盘内，对准抛物面天线中

表 8-32

我国 31 个省会城市、直辖市接收 11 颗重要电视卫星的天线仰角和方位角　单位（度）

卫星名称	轨道位置（度）（东经）		亚洲 3S 号 105.5		亚洲 2 号 100.5		亚太 1 号 138		亚太 1A 号 134		亚太 2R 号 76.5		泛美 2 号 169		泛美 4 号 68.5		泛美 8 号 166		中星 1 号 87.5		中新 1 号 88		鑫诺 1 号 110.5	
主要城市	东经（度）	北纬（度）	仰角（度）	方位角（度）	仰角（度）	方位角（度）	仰角（度）	方位角（度）	仰角（度）	方位角（度）	仰角（度）	方位角（度）	仰角（度）	方位角（度）	仰角（度）	方位角（度）	仰角（度）	方位角（度）	仰角（度）	方位角（度）	仰角（度）	方位角（度）	仰角（度）	方位角（度）
北京	116.45	39.92	42.45	196.77	40.96	204.00	38.74	148.39	40.38	153.76	28.37	232.54	19.62	116.17	22.91	239.93	21.77	118.68	35.05	220.76	35.32	220.17	43.41	189.22
天津	117.2	39.13	43.09	198.16	41.49	205.42	39.82	148.95	41.45	154.43	28.38	233.73	20.53	116.40	22.79	240.99	22.72	118.91	35.28	222.10	35.56	221.52	44.17	190.54
石家庄	114.48	38.03	44.94	194.38	43.56	202.00	39.55	144.76	41.43	150.08	30.93	231.72	18.99	113.70	25.34	239.23	21.25	116.09	37.72	219.56	37.99	218.95	45.74	186.44
太原	112.53	37.87	45.50	191.35	44.34	199.14	38.68	142.19	40.70	147.35	32.34	229.83	17.57	112.13	26.83	237.58	19.86	114.45	38.91	217.25	39.18	216.62	46.07	183.30
呼和浩特	111.63	40.82	42.39	189.33	41.44	196.74	35.64	142.85	37.53	147.80	30.78	227.10	15.72	112.71	25.70	235.09	17.89	115.10	36.72	214.42	36.96	213.79	42.80	181.72
沈阳	123.38	41.8	38.39	205.82	36.39	212.33	39.47	158.62	40.52	164.28	22.62	238.02	23.46	123.11	17.09	244.38	25.43	125.91	29.61	227.34	29.91	226.81	39.96	198.93
长春	125.35	43.88	35.63	207.51	33.62	213.74	37.84	162.05	38.67	167.62	20.16	238.79	23.47	126.00	14.81	245.64	25.30	128.91	26.95	228.26	27.24	227.75	37.26	200.93
哈尔滨	126.63	45.75	33.36	208.34	31.38	214.40	36.16	164.31	36.85	169.76	18.33	239.10	23.04	128.14	13.16	245.99	24.76	131.12	24.89	228.63	25.17	228.12	34.98	201.98
上海	121.48	31.22	49.69	208.92	47.08	216.49	49.43	150.22	51.16	156.80	29.68	242.58	27.58	115.39	23.00	248.65	30.06	117.79	38.36	232.43	38.73	231.91	51.72	200.52
南京	118.78	31.04	51.05	204.59	48.72	212.64	48.23	145.93	50.22	152.18	31.98	240.44	25.40	113.23	25.35	246.81	27.91	115.50	40.48	229.67	40.84	229.11	52.73	195.76
杭州	120.19	30.26	51.24	207.48	48.69	215.37	49.71	147.48	51.63	153.99	31.23	242.18	26.93	113.79	24.47	248.29	29.46	116.09	39.98	231.85	40.36	231.32	53.17	198.71
合肥	117.27	31.86	50.77	201.54	48.69	209.72	46.64	144.35	48.70	150.34	32.73	238.52	23.79	112.60	26.25	245.17	26.29	114.85	40.94	227.29	41.29	226.71	52.19	192.67
福州	119.30	26.08	55.86	209.19	53.02	217.75	53.09	142.40	55.39	149.17	34.03	244.60	27.84	110.44	26.84	250.27	30.55	112.50	43.46	234.66	43.87	234.13	57.98	199.39
南昌	115.89	28.68	54.63	200.90	52.48	209.83	48.64	139.75	51.04	145.72	35.64	239.69	23.83	109.80	28.83	246.18	26.46	111.85	44.31	228.39	44.67	227.79	56.01	191.12
济南	117.00	36.65	45.78	198.82	44.05	206.39	42.06	147.25	43.85	152.87	30.08	235.04	21.52	115.00	24.19	242.16	23.81	117.42	37.39	223.46	37.70	222.88	46.94	190.80
郑州	113.63	34.76	48.69	194.06	47.25	202.25	42.00	141.53	44.14	146.92	33.70	233.01	19.65	111.49	27.74	240.42	22.06	113.72	40.98	220.70	41.27	220.08	49.48	185.47

续表

卫星名称 轨道位置(东经)(度)		亚洲3S号 105.5		亚洲2号 100.5		亚太1号 138		亚太1A号 134		亚太2R号 76.5		泛美2号 169		泛美4号 68.5		泛美8号 166		中星1号 87.5		中新1号 88		鑫诺1号 110.5	
主要城市	北纬(度)	东经(度)	仰角(度)	方位角(度)	仰角(度)	方位角(度)	仰角(度)	方位角(度)	仰角(度)	方位角(度)	仰角(度)	方位角(度)	仰角(度)	方位角(度)	仰角(度)	方位角(度)	仰角(度)	方位角(度)	仰角(度)	方位角(度)	仰角(度)	方位角(度)	仰角(度)	方位角(度)
武汉	30.52	114.31	53.15	196.97	51.36	205.82	46.06	139.17	48.45	144.82	35.86	236.79	21.80	109.78	29.33	243.72	24.37	111.86	44.01	224.85	44.35	224.23	54.19	187.47
长沙	28.21	113.00	56.05	195.56	54.29	205.12	47.10	135.39	49.75	140.92	38.29	237.42	21.44	107.68	31.54	244.31	24.10	109.60	46.75	225.25	47.10	224.60	56.96	185.27
广州	23.16	113.23	61.52	199.04	59.32	209.87	51.16	130.44	54.21	136.04	40.91	242.20	23.16	104.98	33.55	248.34	25.99	106.63	50.39	230.78	50.79	230.14	62.71	186.91
海口	20.02	110.35	65.88	193.92	63.97	206.89	50.86	123.16	54	128.01	45.17	242.96	21.16	101.78	37.54	249.08	24.09	103.16	55.01	230.90	55.42	230.21	66.53	179.56
南宁	22.84	108.33	63.07	187.25	61.83	199.50	47.32	124.26	50.67	128.92	45.45	237.98	18.60	102.30	38.23	245.04	21.44	103.80	54.43	224.42	54.79	223.66	63.15	174.42
成都	30.07	104.04	54.91	177.08	54.74	187.03	39.14	126.64	42.14	130.99	43.86	226.14	13.02	103.17	37.92	234.95	15.64	104.94	50.55	210.65	50.79	209.84	54.24	167.26
贵阳	26.57	106.71	58.93	182.70	58.20	193.67	43.56	126.35	46.69	130.92	44.42	232.46	16.23	103.22	37.79	240.39	18.96	104.87	52.33	217.91	52.64	217.13	58.67	171.57
昆明	25.04	102.73	60.56	173.47	60.61	185.25	41.18	120.89	44.57	124.87	48.63	229.33	12.91	100.53	42.07	238.11	15.68	102.03	56.12	212.75	56.39	211.84	59.45	162.13
拉萨	29.71	91.11	51.93	152.63	53.86	161.54	28.80	114.88	32.17	118.08	51.83	207.74	1.81	96.07	47.43	220.04	4.42	97.62	55.14	187.25	55.19	186.25	49.37	144.61
西安	34.27	108.95	50.00	186.11	49.19	194.77	39.57	135.39	42.03	140.30	37.31	228.47	16.02	107.97	31.57	236.55	18.47	110.05	44.04	214.90	44.30	214.21	50.14	177.24
兰州	36.03	103.73	48.15	176.99	48.05	185.48	34.81	130.80	37.41	135.22	39.26	221.18	11.25	105.15	34.16	230.20	13.66	107.18	44.78	206.33	44.96	205.58	47.57	168.58
西宁	36.56	101.74	47.40	173.70	47.57	182.08	33.09	129.07	35.74	133.34	39.95	218.35	9.52	104.01	35.11	227.73	11.91	106.02	44.99	203.07	45.17	202.31	46.59	165.49
银川	38.47	106.27	45.44	181.23	45.04	189.22	34.61	135.17	36.93	139.80	35.77	222.59	12.54	107.78	30.78	231.23	14.85	109.95	41.33	208.64	41.53	207.95	45.22	173.21
乌鲁木齐	43.77	87.68	36.45	155.07	37.91	161.79	19.26	119.85	21.85	123.44	38.30	195.94	-2.42	96.02	35.98	206.69	-0.27	98.13	39.54	180.26	39.37	179.53	34.58	148.68
重庆	29.58	106.50	55.56	182.04	54.89	192.10	41.36	128.64	44.04	133.27	42.45	229.68	15.72	104.30	36.28	237.90	17.90	106.12	50.58	209.90	50.40	213.96	55.07	171.86

心焦点位置。理论和实践证明，由于矩形波导中的主模 TE_{10} 电场矢量平行于窄边，当馈源矩形波导口的窄边平行地面时，为水平极化，矩形波导口窄边垂直地面时，为垂直极化。对于圆极化波（如历旋圆极化波），应使矩形导波口的两窄边垂直线与移相器内的螺钉或介质片所在平面相交成 45°角。

6. 高频头的安装

高频头的安装较为简单，将高频头的输入波导口与馈源或极化器输出波导口对齐，中间加密封橡胶垫圈，并用螺钉固紧。高频头的输出端与中频电缆线的播送端相接拧紧，并敷上防水粘胶或橡皮防水套，加钢制防水保护管套效果更理想。

7. 接收机的安装

接收机放置于室内。应选择通风良好，能防尘、防震，不受风吹、雨淋、日晒，并靠近监视器或电视机的位置。将中频输入线、电源输出线、音视频输出线和射频输出线按说明书的要求进行连接。

下面以国产 3m 天线为例介绍安装过程：

在选定的接收地点按图 8-24 所示预制天线基座。基座下面的底层应是大于 $1kg/cm^2$ 压强的坚实土质（顶层）组成。基座中采用 $\phi12mm$ 的螺纹钢筋，钢筋间相互扎紧固定。浇注混凝土前，将地脚螺栓按图 8-24 所示尺寸正确安放。混凝土按 300 级考虑。$1m^3$ 材料比为 425 号水泥 430kg；中砂 623kg；碎石 1245kg；水 $0.18m^3$。水的比例要严格控制，否则影响混凝土质量。在浇筑过程中必须振动捣实，保养期 15 天，以达到 $210kg/cm^2$ 的压强。

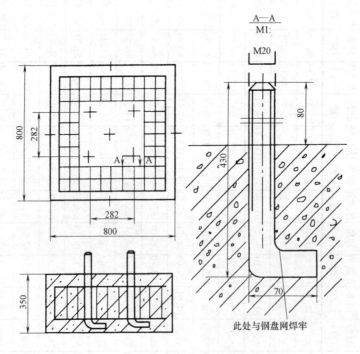

图 8-24 卫星天线基座结构图

天线安装时先清除基座上的水泥灰渣，并将地脚螺栓涂上黄油，参照图 8-25 和表 8-33，然后按如下步骤进行安装：

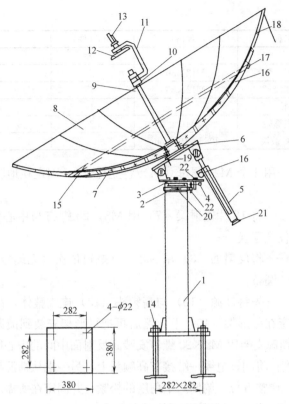

图 8-25 3m 卫星天线结构图

3m 天线安装零部件明细表
表 8-33

序号	零部件名称	规格	3m（件）	备注
1	立柱		1	
2	固定夹		1	厂方装配
3	固定螺栓	M20×60	1	厂方装配
		M12×60	3	厂方装配
4	方位微调装置		1	厂方装配
5	俯仰调节装置		1	厂方装配
6	中心筒		1	厂方装配，按用户需要
7	辐射梁		12	无编号、任意安装
8	反射面（主面）		12	无编号、任意安装
9	馈源杆		1	
10	调节螺帽	M24	2	厂方装配
11	馈源座		1	
12	馈源		1	
13	高频头		1	
14	地角螺栓	M20×410	4	厂方供
	螺母	M20	4	厂方供
15	撑杆		12	
16	夹紧螺栓		1	厂方装配
17	螺栓	M8×20	63	标准件袋装
18	螺栓	M8×20	60	标准件袋装
	平垫	Φ8	153	标准件袋装

续表

序号	零部件名称	规格	3m（件）	备注
	螺母	M8	28	标准件袋装
19	螺栓	M12×30	6	厂方装配
20	固定夹螺栓	M12×35	1	厂方装配
21	调节手轮		1	厂方装配
22	方位调节座螺帽	M12	2	厂方装配
	3米焦距　C波段	1065~1068mm		

（1）安装立柱——用4个M20螺母（14）将立柱（1）固定在地脚螺栓上，注意保持中心和地面垂直。

（2）安装辐射梁——将12片辐射梁（7）用M8×20螺钉与中心筒（6）顺序连成整体。辐射梁无编号可任意互换。

（3）反射面安装——将反射面（8）用M8×20螺钉依次（无编号）与辐射梁连接好，保证反射面边接平滑、圆整。

（4）馈源组安装——先将馈源（12）与高频头（13）连成整体，高频头不得错位；再将馈源组用哈夫夹固定在弓形架（10）上，然后再把弓形架安装到馈源杆（9）上。

（5）总装——将馈源支架用M8×20螺钉安装到反射面中间的中心筒上，按极化方式的要求调整好馈源的角度；将同轴电缆一端接在高频头上，另一端从馈源杆上端孔穿入，而从天线背后引出至前端；调整方位、俯仰两个角度的松紧，并固定在所需的工作位置上。

图8-26是一种3.5m网状卫星接收天线的装配图。

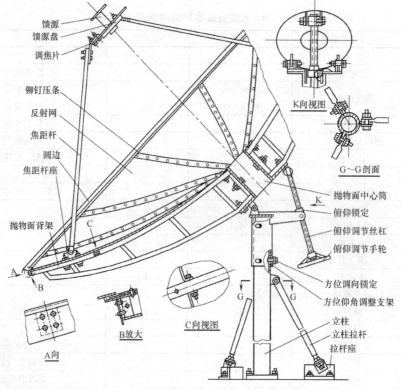

图8-26　3.5m网状卫星电视接收天线装配图

图 8-27 是偏馈天线的几种安装方式。图（a）是用三角架的墙上安装法；图（b）是用支撑底座的墙上安装方式；图（c）则是立杆型安装方式。

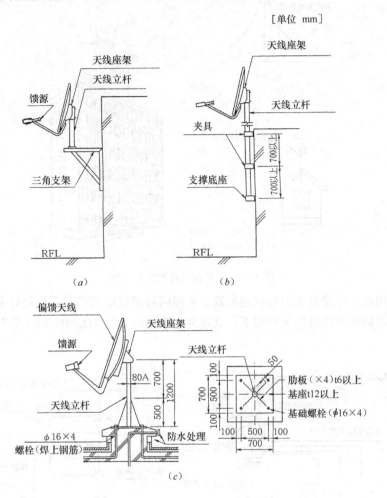

图 8-27　偏馈天线安装方式

（a）ANT-1 墙上安装 I 型；（b）ANT-2 墙上安装 II 型；（c）立杆型

三、天线系统的防雷与接地

（一）避雷针的安装

（1）避雷针的高度应满足天线在避雷针的 45°保护角之内，如图 8-28 所示。避雷针可装在天线竖杆上，也可安装独立的避雷针。独立避雷针与天线之间的最小水平间距应大于 3m。

（2）避雷针一般采用圆钢或紫铜制成。避雷针长度应按设计要求确定，并不应小于 2.5m，直径不应小于 20mm。接闪器与竖杆的连接宜采用焊接。焊接的搭接长度宜为圆钢直径的 10 倍。当采用法兰连接时，应另加横截面不小于 48mm^2 的镀锌圆钢电焊跨接。

（3）独立避雷针和接收天线的竖杆均应有可靠的接地。当建筑物已有防雷接地系统时，避雷针和天线竖杆的接地应与建筑物的防雷接地系统的地连接。当建筑物无专门的防

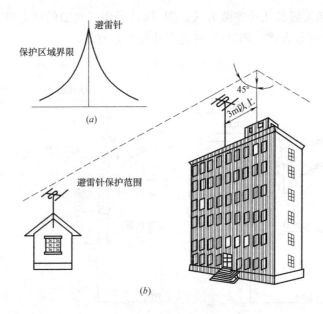

图 8-28   单根避雷针的保护区域

雷接地可利用时，应设置专门的接地装置。从接闪器至接地端的引下线最好采用两根，从不同方位以最短的距离沿建筑物引下；其接地电阻不应大于 4Ω。图 8-29 是天线前端等电位连接图。

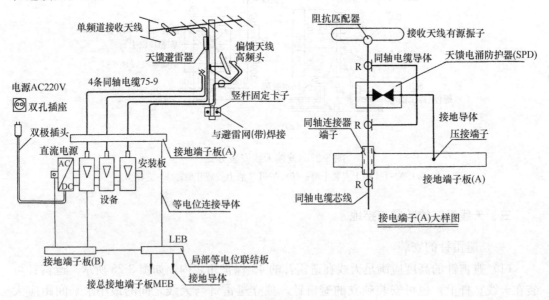

图 8-29   天线前端等电位连接示意图

注：(1) 地电位起伏会产生交流声干扰，前端的载波交流声比应达到 66dB。

(2) 同轴连接器端子应软焊在铜接地端子板上，型号数量由工程设计决定。

(3) 接地端子板（A）、（B）安装在前端箱内。

（4）避雷针引下线一般采用圆钢或扁钢，圆钢直径为 10mm，扁钢为 $25 \times 4 (mm^2)$。暗敷时，截面应加大一倍，可参见图 8-30 所示。

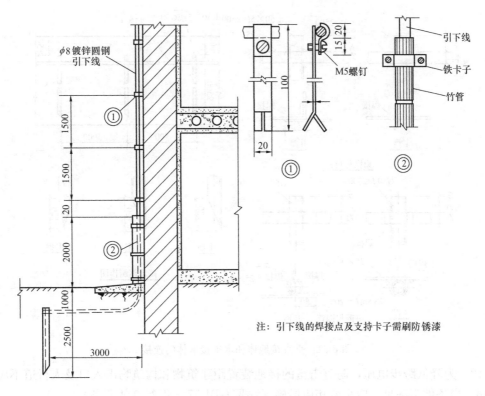

图 8-30 防雷装置引下线做法图

（5）避雷带支撑件间的距离在水平直线部分一般为 1～1.5m，垂直部分为 1.5～2m，转弯部分为 0.5m。

（6）避雷针和引下线如用铁质材料，应经镀锌处理，在腐蚀性强的场所还应加大其截面或采取其他防腐措施。

（7）垂直埋设的接地体一般采用角钢、圆钢、钢管等，水平埋设的接地体，一般采用扁钢、圆钢等，参见图 8-31。人工接地体的尺寸应不小于下列数值：

圆钢直径为 20mm，扁钢 100×4（mm^2），角钢厚度 50×4（mm^2），钢管的直径 50mm，壁厚 3.5mm。

（二）接地极的埋设

接地极采用 ϕ50mm 镀锌钢管，长度为 2.0～2.5m。钢管一端削成 30°斜面，在深 0.8m 的地线坑内，用大锤将接地极垂直砸入地下，在坑底露出部一端与接地极焊接，两侧焊缝长度不小于 12cm，另一端引出地面 80cm。在接地极周围先填埋约 10kg 中性降阻剂（如食盐、铁屑、长效化学降阻剂等），用地阻摇表检测接地电阻是否达到规定的阻值，如未达到要求，需埋设第二个、第三个、…接地极，直至接地电阻值达到规定的要求。各接地极之间距离为 5m，用 25×4（mm^2）扁钢或 ϕ10 圆钢焊接，两侧焊接缝长度不小于 12cm。接地极接地电阻值达到要求后，再填埋 20cm 厚的细土，然后回填、夯实，地面按原貌恢复。

（1）水平接地体埋设深度不应小于 0.5m。接地应远离由于高温的影响（如烟道、锅炉房）使土壤电阻率升高的地方。

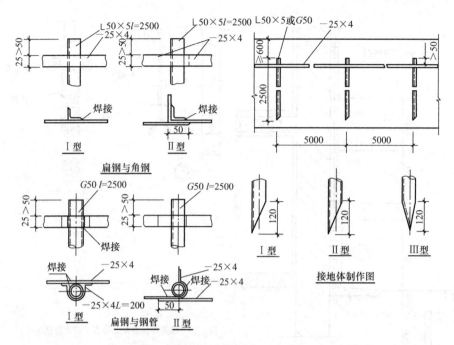

图 8-31   垂直接地体和水平接地体的连接

(2) 为降低跨步电压，防直击雷的接地装置距建筑物和构筑物出入口及人行道不应小于 3m。当条件不满足，应采取相应措施（详见 GBJ 57—83 第 3.4.5 条）。

(3) 接地体(线)的连接应用搭接焊，焊接必须牢固，无虚焊，其焊接长度参见图 8-32。

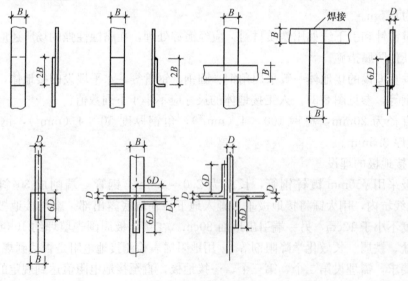

图 8-32   接地线连接

1) 扁钢宽度的两倍以上。

2) 圆钢直径的 6 倍以上。

3) 圆钢与扁钢连接时，长度为圆钢直径的 6 倍以上，接至设备上的接地线应用螺栓连接。

（4）接地体与建筑物的距离不宜小于 1.5m。

（5）干线放大器的外壳和供电器的外壳均应就近接地，但不得与电源变压器和有线广播接地线相连。

（6）架空光缆在终端杆、角杆及每隔 10～15 根电杆上加装避雷针，吊线应接地处理。接地装置用 35mm×35mm×2000mm 角钢或直径 10mm 以上圆钢，埋深 2m。

（7）引入机房和室外的供电器、放大器的电源均须采用防雷专用设备或采用相应的保护措施。

四、卫星天线的调试

卫星接收天线的调试，主要是指天线的方位角、仰角以及馈源焦距和极化变换器的调整。在实际中，一般可将天线的调试分为粗调和细调两部分来进行。

通常可使用常规法进行天线的调整，所谓"常规法"是通过计算接收天线的方位角、仰角，使接收天线对准所要接收的卫星。

（一）粗调

粗调以接收到卫星信号为目标，一旦接收到卫星信号，粗调工作就算完成了。粗调工作的步骤如下：

1. 极化方式的调整

只有卫星接收天线的极化方式与卫星转发器上的极化方式一致时，接收的信号才能达到最佳状态。我国自己发射或租用卫星上的转发器均采用线极化方式，调整卫星接收天线的极化，主要看馈源输出的矩形波导口窄边和地平面的位置。若窄边和地面平行则为水平极化，若窄边和地面垂直则为垂直极化。收哪颗卫星信号就按该卫星上的极化方式对接收天线的极化进行调整。在实际调整的过程中，要特别注意位于接收地点西南方向的卫星与位于接收地点东南方向的卫星的极化角调整方向是完全不同的。以前馈天线为例，从馈源向反射面看，在接收正南方向的卫星信号时，馈源法兰盘的窄边代表了天线的极化方向；在接收西南方向的卫星信号时（接收地点的经度大于卫星的经度），需要将馈源逆时针转动一个极化角；而接收东南方向的卫星信号时（接收地点的经度小于卫星的经度），需要将馈源顺时针转动一个极化角，具体见图 8-33。

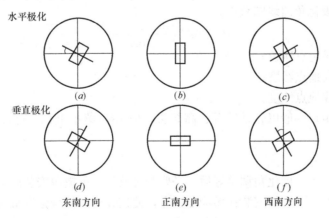

图 8-33　极化角的调整

2. 方位角的粗调

调整天线的方位角时，要明确本地的正南方向。寻找正南方向的方法有几种：例如，可以使用罗盘或指南针，但是要注意磁偏角的问题，因为地球的磁南极和磁北极与地理的南极和北极并不重合，指南针指的是磁南，不是真南，两者之差为磁偏角。不同地理位置的磁偏角不同，可查表获得。注意磁偏角是以真南的东或西分为正或负，磁南在真南的东侧，磁偏角为正，否则为负。

3. 仰角的粗调。

可以用一个半径较大的量角器和有重锤的细长绳制作仰角测量仪。用一根长绳将天线口径分成两个半圆，把测量仪的始边靠在天线口径的绳上，调整天线的仰角，使重垂线所指示的角度等于天线的仰角。

通过以上调整，可使天线大致指向卫星。接着将高频头输出电缆接上卫星接收机，用视频、音频线将卫星接收机的视、音频输出与监视器相接，开启两机的电源，根据所要接收的卫星上的频道参数，调节卫星电视接收机所接收的频道频率，同时观察监视器屏幕的反应；如无信号，慢慢地左右转动天线方位角，然后反复上下调节，直至出现卫星电视节目为止。待确认为所要接收的卫星电视节目后，可进行下一步的方位角、仰角和焦距的细调。

（二）细调

先细调方位角，使天线的反射面沿水平单一方向转动，观察监视器上的图像，使天线收到信号从有到无，从强到信号刚好消失为止，在天线上做一标记后再与地面垂直做一记号。再反转天线，使天线所接收的原信号从无到有，从弱到强，再由强到弱，直至信号刚好消失为止，再在天线原标记处与地面垂直做一标记。这样反复调试数次无误后，在地面两标记的中心位置就是方位角的最佳位置。把方位角的螺钉紧固，方位角调试结束。

仰角细调采用细调方位角的方法，在仰角调节杆上做两点标记，取其中心点为最佳仰角点。

（三）馈源极化角的调整

当卫星电波采用线极化方式时，调整馈源极化角是保证天线接收卫星信号，使之处于最佳接收状态的重要一环。由于受地理位置和地球曲率的影响，各地接收同一颗卫星的线极化电波的极化角不同，同一地点接收不同的卫星，其极化角也不同。极化角可由下式计算，也可通过查极化角曲线图获得。

$$P = \text{tg}^{-1}\frac{\sin(\varphi_S - \varphi_A)}{\text{tg}\theta}$$

式中 φ_S——卫星定点轨位；

φ_A——接收地点经度；

θ——接收地点纬度。

在实际调整中，一般以转动馈源、高频头，使 IRD 菜单上信号强度显示最大，作为调好的标准。

（四）焦距的调整

在仰角、方位角、极化角调整好后，必要时可调整一下馈源安装的上下位置，保证馈源安装垂直度良好，并恰好安装在抛物面焦点，使接收到的信号强度最大。

馈源焦距调节比较简单，只要缓慢上下移动馈源，使电视画面噪波点最少或消失为止，然后用螺钉固紧。

如用频谱仪、场强仪或数字接收机面板上的信号强度指示，可很快将天线调到最佳位置。

第六节　前　　端

一、前端系统的组成与示例

前端是 CATV 系统的核心，它的主要作用是将天线接收的信号和各种自办节目信号（如摄像、录像、VCD、DVD 等）进行处理（包括频率变换、解调、调制、放大和混合等），并混合成一路宽带复合信号输往后续的传输系统。因此，前端系统主要由电视调制器、频道处理器、解调器、频道放大器、导频信号发生器以及多路混合器等设备组成。前端系统设备质量与调试效果的好坏，将直接影响整个 CATV 系统图像和伴音的传输质量及收视效果。

CATV 前端设备选型从信号传输方式来说，目前基本上可划分为两大类：即全频道传输系统（包括隔频传输系统）的前端和邻频道传输系统的前端。目前，新建的系统一般以采用邻频前端为宜，如图 8-34 所示。

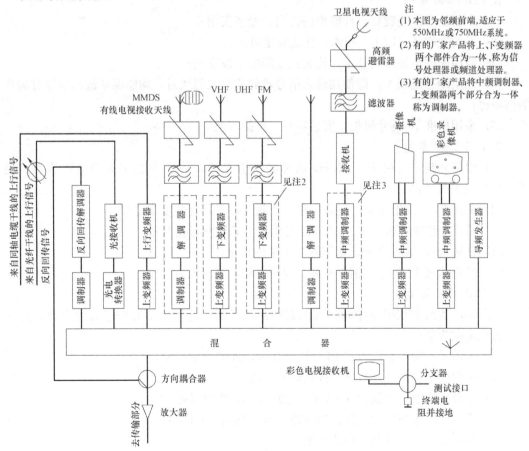

图 8-34　邻频前端系统的典型模式

对邻频前端的主要技术要求是：

（1）邻频抑制：为防止上、下邻频载波干扰及视频中频干扰，要求带外抑制达到45dB以上。

（2）寄生输出抑制：为防止频道寄生产物的干扰，寄生输出抑制应达到60dB以上。

（3）载频稳定性：邻频系统各频道的载频总偏差应不大于20kHz，本频道图像伴音载波间距的误差不大于10kHz，以防止因频率漂移产生图像和伴音失真。

（4）相邻频道间电平差不大于1dB，以防止高电平频道对低电平频道的干扰。

（5）各频道电平差：要求相距9个频道间的载波电平差不大于2dB。

（6）A/V功率比：为防止本频道的伴音信号对相邻频道的图像信号产生干扰，要求A/V比应达到-17dB，而且在$-10\sim-20$dB间可调。

（7）通带特性：要求$-0.75\sim+6$MHz内的幅度变化不大于±1dB，以免造成图像清晰度的下降、镶边和轮廓不清等现象。

前端系统举例：

【例1】介绍美国PBI公司生产的前端设备。美国PBI国际企业集团是著名的CATV产品生产企业。该企业先后推出PBI-1000、PBI-2000、PBI-2500、PBI-3000和PBI-4000等前端设备，可满足不同档次的需要。各系列PBI产品的特点如下：

1. PBI-2000系列

（1）产品技术性能较好，性能价格比高，经济实用；

（2）采用锁相环（PLL）技术，性能稳定可靠；

（3）使用先进杂波抑制技术，能大幅度降低杂波影响；

（4）输出动态范围大，即使在输入信号较弱或较大起伏时，均能保证输出信号有满意的信噪比；

（5）采用标准19英寸机柜，安装容易，维护方便。

2. PBI-2500系列

（1）中频调制，适用于750MHz的邻频传输系统，可传输更多频道电视节目，是PBI-2000的升级产品；

（2）采用PLL锁相技术，使图像和伴音载波频率具有高度稳定性；

（3）采用高性能声表面波（SAW）滤波器，带外抑制能力强；

（4）视频具有AGC功能，确保输出电平的稳定；

（5）采用标准19英寸机柜，安装、维护方便，美观大方。

3. PBI-3000系列

（1）是广播级750MHz中频处理的邻频前端系统，适用于十万户左右大中型新建系统或老系统的改造；

（2）采用双重频率合成方式PLL锁定技术，性能稳定可靠；

（3）采用中频调制处理方案，提高调制性能；

（4）内含高性能声表面波（SAW）滤波器，带外抑制强；

（5）采用优质单频道放大器，射频输出电平高达120dBμV；

（6）具有优异的高频及视频线性度；

（7）采用标准19英寸机柜，安装、维护方便，美观大方。

4. PBI-4000M 捷变式邻频调制器

PBI-4000M 是可编程高性能电视调制器，适用于 870MHz 邻频有线电视系统。

下面先介绍适于中小型 CATV 系统的 PBI-2000 系列的应用。图 8-35 是其典型应用示例，它是用于接收北京地区 16 路邻频传输的 PBI-2000 通用型邻频前端系统。它可接收亚太 1A 和亚卫 2 号两颗卫星，计 8 个电视节目；还接收两路来自北京有线电视台发出的 MMDS 微波电视信号以及一路北京电视 2 台开路发射（通过八木天线接收）的电视信号。此外还有一路自办节目，共计 14 路电视节目信号。

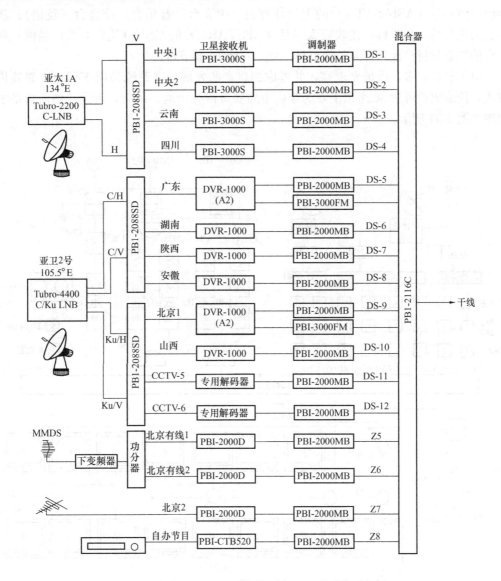

图 8-35　中小型 CATV 系统的 PBI-2000 系列典型实例

Turbo-2200 是 C 波段工程专用双极性双输出馈源一体化高频头。由于双极化输出是由密封在高频头体内的两块电路独立完成，因此信号基本没有损耗，从而保证同时接收完美的双极化卫星电视信号。Turbo-4400 是 C/Ku 双波段双极性四输出的高频头，汇集 C、

Ku 波段及水平、垂直极化的接收功能于一体，具有四个独立输出端口，并配有精巧的一体化馈源。C、Ku 高频头采用分体式设计，可独立调整极化方向，以保证最佳接收效果，具有超低的噪声温度和相位噪声，完全满足数字压缩节目的接收。其主要技术性能如下：输入频率为 3.4～4.2GHz（C 波段）、12.2～12.7GHz（Ku 波段）；对应本振频率为 5.15GHz、11.25GHz；增益为 65dB；镜频抑制度为 45dB（最小值）；输出端电压驻波比为 2.5∶1（最大值）；交叉极化隔离度为 30dB；电源为 DC12～24V。

【例2】某宾馆大楼要求接收无线电视信号 8、14、20、26、33 频道的五套节目；并接收亚洲一号（ASIASAT-1）的卫视体育台、中文台、音乐台、综合台（英语）、新闻台、云贵台的六套节目；接收亚太一号（APSTAR-1）的 CNN（英国有线广播网）和华娱台的二套节目；此外自办录像节目一套，共计 14 套节目。

由于节目较多，质量要求高，并考虑到将来的发展，本系统采用 550MHz 邻频传输方式，传输频道可达 30 个以上，为今后增加频道留有余地。最后，所设计的前端系统方框图如图 8-36 所示。

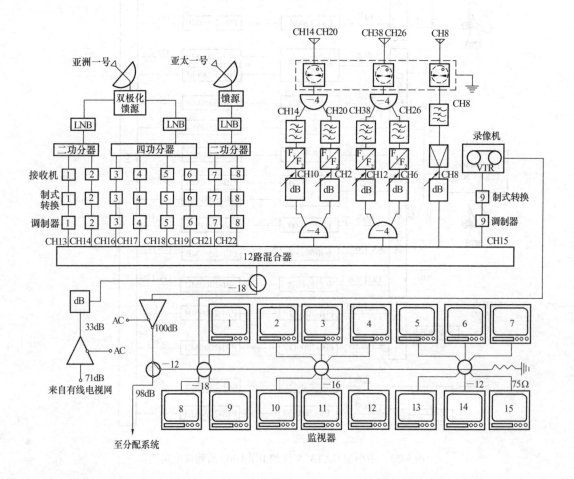

图 8-36　［例2］的前端系统方框图

图 8-37 是另一个有线电视邻频前端系统示例。图 8-38 是前端机柜安装示意图。

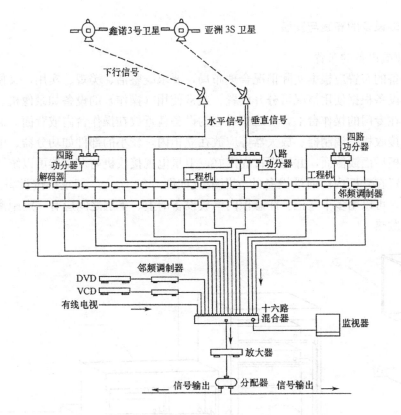

图 8-37　CATV 系统示例

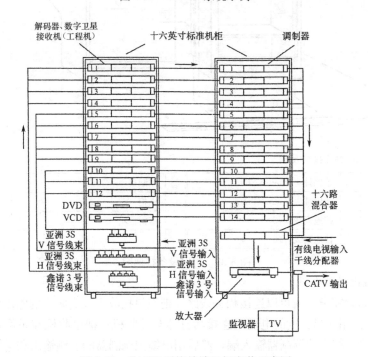

图 8-38　CATV 系统前端机柜安装示意图

二、前端设备的布线与安装

（一）前端设备的布置

前端设备的布置应根据实际情况合理布局，要求既整洁、美观、实用，又便于管理和维护。前端设备根据使用情况可分开放置，经常使用（操作）的设备如录像机、字幕添加器等应放置在专门的操作台上，与之相对应的设备就近放在操作台内或背面。而其他设备如卫星电视接收机、调制器、放大器等应放在立柜内，较小的部件如功分器、电源插座等可放置在立柜后面或侧面，并用螺钉固定好。卫星电视接收机与调制器可以统一放置，也可以分开放置在立柜内。前端设备的立柜装置如图 8-39 所示，其规格按设备规模而定，如设备过多，可以用多个立柜。注意柜内堆放设备的上、下层之间应有一定距离，以利设备的放置和散热。

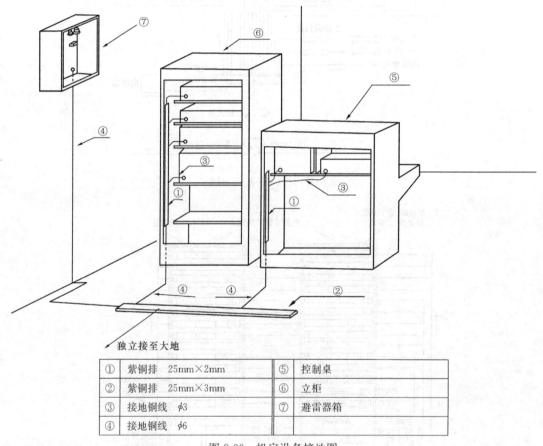

独立接至大地

①	紫铜排　25mm×2mm	⑤	控制桌
②	紫铜排　25mm×3mm	⑥	立柜
③	接地铜线　$\phi 3$	⑦	避雷器箱
④	接地铜线　$\phi 6$		

图 8-39　机房设备接地图

（二）前端设备的布线

前端设备布置完毕，就可以连接相关线路。把卫星接收天线高频头的输出电缆接入功分器（或接收机），用适当长度的电缆线连接功分器与接收机；把接收机和录像机等设备的视频、音频输出接入相应的调制器输入端，然后用电缆把调制器的射频输出和电视接收天线输出接入混合器相对应的输入频道上；最后用电缆连接混合器的输出端与主放大器的输入端。

由于前端设备在低电压、大电流和高频率的状况下工作，因此布线工作十分重要，如布线不当，会产生不必要的干扰和信号衰减，影响信号的传输质量，同时又不便于对线路的识别。在布线时，要注意以下几个方面：

(1) 电源、射频、视频、音频线绝不能相互缠绕在一起，应分开敷设；

(2) 射频电缆线的长度越短越好，走线不宜迂回，射频输入、输出电缆尽量减少交叉；

(3) 视频、音频线不宜过长，不能与电源线平行敷设；

(4) 各设备之间接地线要良好接地，射频电缆的屏蔽层要与设备的机壳接触良好；

(5) 电缆与电源线穿入室内处要留防水弯头，以防雨水流入室内；

(6) 电源线与传输电缆要有避雷装置。

(三) 前端机房和自办节目站

(1) 确定前端机房和自办节目站的面积宜符合以下要求：

有自办节目功能的前端，应设置单独的前端机房。其使用面积为 12～30m²；播出节目在 10 套以下时，前端机房的使用面积宜为 20m²；播出节目每增加 5 套，机房面积宜增加 10m²。另外，如有用于自制节目的演播室，其使用面积约为 30～100m²。

(2) 演播室的工艺设计宜符合下列要求：

1) 演播室天幕高度：3.0～4.5m；

2) 室内噪声：NR25；

3) 混响时间：0.35～0.8s；

4) 室内温度：夏季不高于 28℃，冬季不低于 18℃；

5) 演播室演区照度不低于 500lx，色温 3200K。

自办节目用演播厅和摄、录像演播室的平面布置示例如图 8-40 所示。图 8-41 则画出摄像机、传声器的信号直接通过调制器引入 CATV 前端系统的方法。

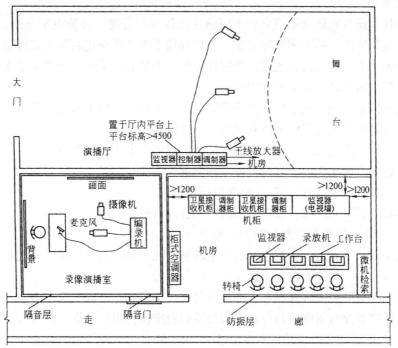

图 8-40　演播室的平面布置

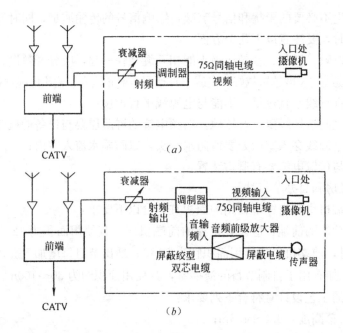

图 8-41　摄像机、传声器引入 CATV 前端系统

(a) 将摄像机引入 CATV 系统；(b) 将摄像机、传声器引入 CATV 前端系统

（3）前端机房系统设计时要根据系统规模的大小、使用电视频道的多少等情况，确定使用标准箱或标准立柜的数量。

（4）标准前端箱或立柜应采用屏蔽性能良好的金属材料。箱或柜的结构要坚固，防尘、散热效果良好。

（5）部件和设备在前端箱或立柜中应满足流程布局合理、高低电平分开、操作方便、便于维修、安装牢固、标识明确等要求，并应保留不少于两个电视频道部件的空余位置。

（6）街道以上前端机房系统应设置图像质量监视装置；采用三台以上监视器时，各监视器间应采用屏蔽措施，防止互相串扰。

（7）街道以上系统在前端机房内应设置电源、电压、分路电流监视装置，还应能分别监视机房内各集中供电线路的电压和电流的工作情况。

（8）街道以上前端机房系统在前端应设置前端输出电平监视装置。

（9）街道以上前端机房应有温湿度监视装置。

（10）街道以上系统的前端应有电源稳压设备。

（11）前端机房的安全防火应按二级以上的标准设计。

（四）前端机房设备与控制台的安装要求

（1）前端设备的安装不宜靠近具有强电磁场干扰和具有高电位危险的设备，如电梯机房控制屏（盘）旁、交流配电盘和低压配电屏旁等处。

（2）前端箱应避免安装在高温、潮湿或易受损伤的场所（如厨房、浴室、锅炉房等）。

（3）按机房平面布置图进行设备机架与控制台定位。机架背面、侧面与墙净距不小于 0.8m。控制台正面与墙的净距离不应小于 1.2m，侧面与墙或其他设备的净距在主要通道上不应小于 1.5m，在次要通道不应小于 0.8m。

（4）机架与控制台到位后，均应进行垂直度调整，并从一端按顺序进行。几个机架并排在一起时，两机架间的缝隙不得大于 3mm。机架面板应在同一直线上，并与基准平行，前后偏差不大于 3mm。相互有一定间隔而排成一列的设备，其面板前后偏差不应大于 5mm。

（5）机架与控制台安装竖直平稳，前端机房所有设备应摆放在购置或自制的标准机架上。

（6）机架内机盘、部件和控制台的设备安装应牢固，固定用的螺丝、垫片、弹簧垫片均应按要求安装，不得遗漏。

（五）机房内电缆的布放要求

（1）当采用地槽时，电缆由机架底部引入，顺着地槽方向理直，按电缆的排列顺序放入槽内，顺直无扭绞，不得绑扎。电缆进出槽口时，拐弯处应成捆绑扎，并应符合最小弯曲半径要求。

（2）当采用架槽时，电缆在槽架内布放可不绑扎，并宜留有出线口。电缆应由机架上方的出线口引入，引入机架的电缆应成捆绑扎，绑扎应整齐美观。

（3）当采用电缆走道时，电缆也应由机架上方引入。走道上布放的电缆应在每个梯铁上进行绑扎。上下走道间的电缆或电缆离开走道进入机架内时，应在距离弯点 1cm 处开始，每隔 20cm 空绑一次。

（4）当采用防静电地板时，电缆应顺直无扭绞，不得使电缆盘结，在引入机架处应成捆绑扎。

（5）各种电缆用管道要分开敷设，绑扎时要分类，视、音频电缆严禁与电源线及射频线等同管理设或一起绑扎。

（6）电缆的敷设在两端应留有余量，并标示明显的永久性标记。

（7）各种电缆插头的装设应遵照生产厂家的要求实施，并应做到接触良好、牢固、美观。

（六）机房内接地母线的路由、规格规定及要求

（1）接地母线表面应完整，并应无明显锤痕以及残余焊剂渣；铜带母线应光滑无毛刺，绝缘线的绝缘层不得有老化龟裂现象。

（2）接地母线应铺放在地槽和电缆走道中央或固定在架槽的外侧，并应平整，不歪斜，不弯曲。母线与机架或机顶的连接应牢固端正。

（3）铜带母线在电缆走道上应采用螺丝固定，铜绞线的母线在电缆走道上应绑扎在梯铁上。

（4）机房地线接地母线电阻≤1Ω。机房地线装置单独设置，其接地阻≤4Ω。

（5）电缆从房屋引入引出，在入口处要加装防水罩。电缆向上引时，应在入口处做成滴水弯，其弯度不得小于电缆的最小弯曲半径。电缆沿墙上下时，应设支撑物，将电缆固定（绑扎）在支撑物上。支撑物的间距可根据电缆的数量确定，但不得大于 1m。

（6）在有光端机（发送机、接收机）的机房中，光缆经由走线架、拐弯点（前、后）应予绑扎，上下走道或爬墙的绑扎部件应垫胶管，端机上的光缆留 10～20m 余量，余缆应盘成圈放在机房外终端点。

（7）前端机房的总接地装置不应与工频交流地互通，也不应与房屋建筑避雷装置互

通，应单独设置接地装置，接地电阻不大于 4Ω。

（8）由于条件限制，前端机房的总接地线只能利用房屋建筑避雷接地或工频交流供电系统的接地时，只能在地面或地下总接地排处连接在一起。此时，总接地排的接地电阻不应大于 1Ω。

（9）避雷器箱汇接到机房总接地装置时，连接线应用铜质线，直径不小于 6mm。在室内的其余设备接地连接线也应用大于 3mm 的铜质线，且保证无损伤。

（10）总接地排在室内应用不小于 $25mm \times 3mm$ 或 $50m \times 1mm$ 的铜排，在室外时，可用扁铁、圆钢等材料，室内外接地线连接时一定要可靠。机架接地要求有 $25mm \times 2mm$ 的紫铜汇流排，各设备单元接地可用直径 3mm 软铜线（也可用铜编织线）接到汇流排上。机架与总接地排用直径大于等于 6mm 以上的铜质线连接（参见图 8-39）。

（11）前端机房的电源插座都应固定，且应安装在不易危及人身安全不易损坏的地方，电源线的绝缘层不得有老化龟裂的现象。

（12）配电进线各相线及零线均接电源避雷器，接地接至设备地。

（13）机房内应配有消防器材和满足相应的保安要求。

三、前端设备的调试

前端设备调试，一般先对信号源进行测试，用场强仪测天线的输出电平，未加天线放大器的天线输出电平在 VHF 频段应大于 $55dB\mu V$，在 UHF 频段应大于 $75dB\mu V$。加天线放大器的天线输出电平在 VHF 频段应在 $75\sim95dB$ 之间，在 UHF 频段应在 $80\sim100dB\mu V$ 之间，如过高应适当衰减。用带 AV 端子的彩色电视机收看天线输入的电视图像 V，和用 AV 端子收看录像机和卫星电视接收机等视频设备的图像，如图像质量好，把录像机和卫星电视接收机等视频设备的视频、音频信号送入调制器，并把各调制器的射频输出与电视接收天线输出接入混合器相对应的频道端子上，在混合器的输出端接入场强仪，分别把调制器的射频增益调为一致，其射频电平一般调在 $80\sim95dB$ 之间。在调试时，高频段的增益比低频段的增益稍为调高些。然后把混合器输出信号送入彩电，用彩电收看各频道信号图像，分别依次调整各调制器的视频、音频增益，使各频道图像色彩鲜艳、自然，伴音清晰、均匀。最后把混合器输出接入主放大器进行功率放大，调整放大器输出电平在 $110\sim115dB$ 之间。在前端设备调试过程中，可能出现下列情况应予纠正：

（1）图像雪花干扰明显：应查相应频道信号是否接通，相应的设备是否工作，天线方向是否正确。用场强仪或电视机检查，可很快查明故障所在位置。

（2）有交扰现象：用场强仪测输入到放大器的各频道信号电平，可适当降低强信号频道的输入电平，提高弱信号的输入电平，或全部降低各频道信号输入电平。如还出现交扰现象，可用电视机直接收看放大器输入端信号，如交扰消除，说明放大器存在非线性失真，需更换或检修放大器。

（3）出现重影：应检查各频道输入、输出端的接头是否匹配，周围有无反射存在。

（4）输出端各频道信号电平差较大：需调整放大器不同频道的增益，一般调整混合器输入端各频道的电平值和放大器不同频道的增益，降低高电平，提高低电平。

第七节 传输分配系统和传输线

一、传输分配系统方式

CATV 传输分配系统的基本方式有四种，如图 8-42 所示。

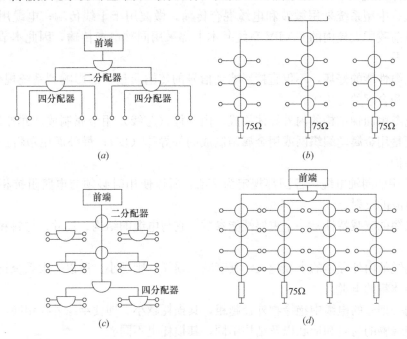

图 8-42 传输分配系统方式

(a) 分配—分配方式；(b) 分支—分支方式；(c) 分支—分配方式；(d) 分配—分支方式

设计传输分配系统时应注意：

(1) 通常用户电平（系统输出口电平）可按（70±6）dB 进行设计。

(2) 为做到均衡分配，一般都从楼房中间输入信号，经过分配器均匀送出，对距离较远的用户端，则采用较粗的电缆，是各个分支器输入电平的差别尽可能小。

(3) 为了带动更多的用户，应选择分配损失小的分配器，尽量减少分支线的电缆长度。

(4) 计算用户电平时应把最高频道和最低频道分开计算，使它们都符合设计要求。

(5) 分配网络应尽量采用星状网络分配。在满足隔离度的情况下，可以采用一分支器、二分支器、三分支器或四分支器。

(6) 一条支路上串接的分支器的数目不能超过 4 个。离分配放大器近的分支器应选择分支损失大的分支器，离分配放大器远的分支器应选择分支损失小的分支器，以保证各用户输出口电平差尽可能小。

(7) 为了保证用户端相互隔离度大于 30dB 的要求，邻频系统中每一路串接分支器最后两个分支器的分支损失之和不能小于 20dB。

二、传输线缆

作为 CATV 的传输媒介主要包括：电缆、光缆和微波以及它们的混合型。电缆是 CATV 最早采用的传输媒介，目前大多数中、小型 CATV（如大楼）系统还是用完全电缆传输。电缆网一般是树形结构，而大、中型 CATV 系统通常采用光缆和电缆混合传输（HFC）。其中光缆网一般是星形结构，用于干线传输；电缆网是树形结构，用于分配网络。有的大、中型系统采用微波和电缆混合传输。微波用于干线传输；电缆用于分配网络。由于目前我国大楼内的 CATV 系统基本上都采用同轴电缆传输，因此本节着重介绍射频同轴电缆。

同轴电缆性能的好坏，不仅直接影响到信号的传输质量，还影响到系统规模的大小、寿命的长短和合理的造价等。

同轴电缆由同轴结构的内外导体构成。内导体（芯线）用金属制成，并外包绝缘物；绝缘物外面是用金属丝编织网或用金属箔制成的外导体（皮）；最外面用塑料护套或其他特种护套保护。

CATV 用的同轴电缆，各国都规定为 75Ω，所以使用时必须与电路阻抗相匹配，否则会引起电波的反射。

同轴电缆的衰减特性是一个重要性能参数。它与电缆的结构、尺寸、材料和使用频率等均有关系。

（1）电缆的内外导体的半径越大，其衰减（损耗）则越小。所以，大系统长距离传输多采用内导体粗的电缆。

（2）同一型号的电缆中绝缘物外径越粗，其损耗越小。即使绝缘外径相同，但型号不同，则因绝缘物的材料和形状以及结构不同，其损耗也不同。

（3）同一同轴电缆的损耗与工作频率的平方根成正比，即：

$$\frac{A_2}{A_1} = \sqrt{\frac{f_2}{f_1}}$$

式中　A_1——为频率 f_1 下的衰减（dB）；

　　　A_2——为频率 f_2 下的衰减（dB）。

例如，某一同轴电缆频率为 200MHz 时损耗为 10dB，则在 800MHz 频率时的损耗增加到 20dB。这是结算值，实际上考虑到高频介质损耗等，所以损耗值大一些。

（4）由于同轴电缆的内外导体是金属，中间是塑料或空气介质，所以电缆的衰减与温度有关。随着温度增高，其衰减值也增大。经验估计，电缆的衰减是随温度增加而增加的，比例约为 0.15%（dB/℃）。

在选用同轴电缆时，要选用频率特性好、电缆衰减小、传输稳定、防水性能好的电缆。目前，国内生产的 CATV 用同轴电缆的类型可分为实芯和藕芯电缆两种。芯线一般用铜线，外导体有两种：一种是铝管，另一种为铜网加铝箔。绝缘外套又分单护套和双护套两种。

在 CATV 工程中，以往常用 SYKV 型同轴电缆，近来由于宽带发展要求，常用 SYWV 型同轴电缆。干线一般采用 SYWV-75-12 型（或光缆），支干线和分支干线多用 SYWV-75-12 或 SYWV-75-9 型，用户配线多用 SYWV-75-5 型。

SYKV 型和 SYWV 型同轴电缆的电气性能参数如表 8-34 和表 8-35 所示。

SYKV-75 型电缆电气性能 表 8-34

型号（SYKV-75）		−5	−7	−9	−12
绝缘电阻/（MΩ·km）		≥5000	≥5000	≥5000	≥5000
介质强度/kV		1.6	1.6	1.6	1.6
波速比/%		80	80	80	80
电容/（pF/m）		56	56	56	56
特性阻抗/Ω		75	75	75	75
回波损耗/dB	VHF	20	20	20	20
	UHF	18	18	18	20
衰减常数（dB/100m）	5MHz	1.6	1.0	0.8	0.55
	55MHz	5.4	3.6	2.8	2.2
	83MHz	6.6	4.4	3.6	2.7
	211MHz	11.0	7.0	5.8	4.5
	300MHz	13.0	8.6	7.1	5.4
	450MHz	16.1	12.0	9.0	6.9
	500MHz	17.0	13.2	9.3	7.5
	550MHz	17.8	12.6	10.0	8.0
	865MHz	24.0	15.2	12.5	10.0
	1000MHz	26.0	17.0	14.0	11.5

注：还可参阅表 9-34。

SYWV（Y）-75 型电缆电气性能 表 8-35

型号（SYWV（Y）−75）		−5	−6	−7	−9	−12
绝缘电阻（MΩ·km）		≥5000	≥5000	≥5000	≥5000	≥5000
介质强度/kV		1.2	1.2	1.0	1.0	1.6
波速比/%						
电容/（pF/m）		55	54	52	51	50
特性阻抗/Ω		75±3	75±3	75±2.5	75±2.5	75±2.5
回波损耗/dB	VHF	20	20	22	23	23
	UHF	18	18	20	21	21
衰减常数（dB/100m）	50MHz	4.0	3.8	2.9	2.2	1.7
	200MHz	8.5	7.7	5.6	4.4	3.5
	300Mz	10.5	9.5	7.0	5.4	4.25
	450MHz	13.4	11.9	9.1	7.2	5.40
	550MHz	14.9	13.4	10.0	7.5	6.00
	750MHz	17.5	15.6	12.2	9.6	7.20
	800MHz	18.1	16.4	12.5	9.9	7.50

第八节　传输分配系统的施工

一、建筑物之间的线路施工

（一）建筑物之间线路架空敷设要求

（1）从支撑杆上引入电缆跨过街道或庭院时，电缆架设最小高度应大于 5m。电缆固定到建筑物上时，应安装吊钩和电缆夹板，电缆在进入到建筑物之前先做一个 10cm 的滴水弯。

（2）在居民小区内建筑物之间跨线时，有车道的地方不低于 4.5m，无车道的地方不低于 4m。

（3）建筑物之间电缆的架设。应根据电缆及钢绞线的自重而采用不同的结构安装方式，如图 8-43 所示。其中图（a）、（b）为两种不同结构的安装方式，进出建筑物的电缆应穿带滴水弯的钢管敷设。钢管在建筑物上安装完毕后，应对墙体按原貌修复。

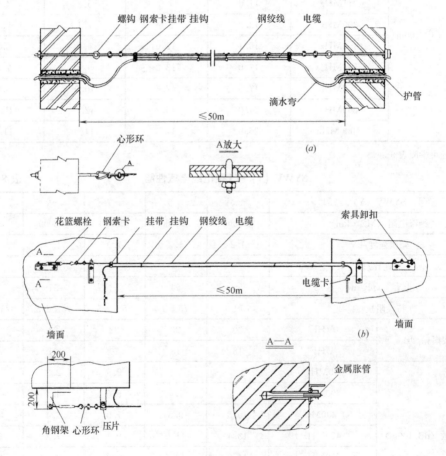

图 8-43　支线电缆跨接方式

（4）在架设电缆时，一般要求建筑物之间电缆跨距不得大于 50m，在其跨距大于 50m 时，应在中间另加立杆支撑。在跨距大于 20m 的建筑物之间的吊线，采用规格为 1×7-

4.2mm 的钢绞线；在跨距小于 20mm 的建筑物之间的吊线可用 1×7-2.4mm。同一条吊线最多吊挂两根电缆，用电缆挂钩将支线电缆挂在吊线上面；挂钩间距为 0.5m，如图 8-44 所示。

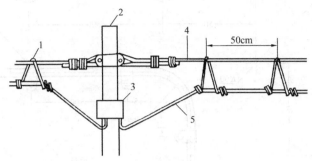

图 8-44　架空明线的安装示意图
1—电缆挂环；2—电杆；3—干线部件防水箱；4—钢丝；5—电缆

（二）建筑物之间线路暗埋敷设要求

建筑物之间跨线需暗埋时，应加钢管保护，埋深不得小于 0.8m。钢管出地面后应高出地面 2.5m 以上，用卡环固定在墙上。电缆出口加防雨保护罩。

（三）建筑物上沿墙敷设电缆要求

（1）在建筑物上安装的墙担（拉台）应在一层至二层楼之间，墙担间距不超过 15m，墙担用 ϕ10 膨胀螺栓固定在建筑物外墙上。电缆经过建筑物转角处要安装转角担，电缆终端处安装终端担。

（2）沿建筑物外墙敷设的吊线可用 1×7-2.4mm 的钢绞线。钢绞线应架在一二层间空余处，以不影响开窗为宜。

（3）电缆沿墙敷设应横平竖直，弯曲自然，符合弯曲半径要求。挂钩或线卡间距为 0.5m。

二、建筑物内的电缆敷设

建筑物内的电缆敷设按新旧建筑物分成明装和暗装两种方式。

（一）建筑物内电缆的明装要求

（1）电缆由建筑物门栋窗户侧墙打孔进入楼道。孔内要求穿带防水弯的钢管保护，以免雨水进入。电缆要留滴水弯，在钢绞线处用绑线扎牢。

（2）电缆进入建筑物内后，需沿楼梯墙上方用钢钉卡或木螺丝加铁卡，将电缆固定并引至分支盒。电缆转弯处要注意电缆的弯曲半径要求。电缆卡之间的间距为 0.5m，如图 8-45 所示。

（3）楼层之间的电缆必须加装不少于 2m 长的保护管加以保护。一种是用分支器箱配 ϕ45mm 或 ϕ30mm 的镀锌钢管保护；分支器放在分支盒内，钢管用铁卡环固定在墙上。另一种是用铁盒或塑料防水盒配 ϕ20～ϕ25mm 的 PVC 管保护；分支器放在防水盒内，PVC 管用铁卡加膨胀管木螺丝固定在墙上。

（4）在电缆的敷设过程中，不得对电缆进行挤压、扭绞及施加过大拉力，外皮不得有破损。

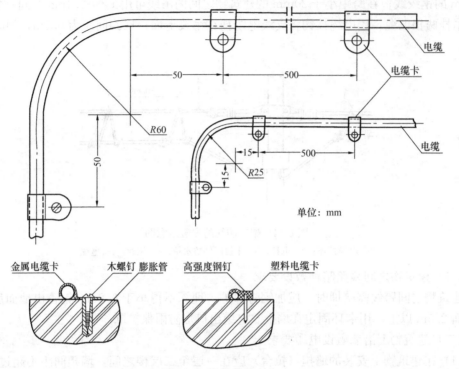

图 8-45　电缆的固定方法

（二）建筑物内电缆的暗装要求

对于新建房屋应采用分支—分配式设计，并暗管预埋。电缆的暗装是指电缆在管道、线槽、竖井内敷设。有线电视系统管线是由建筑设计人员进行设计的，不同建筑物内的管道设计会有所不同。有的宾馆、饭店和写字楼的各种专用线路，包括有线系统是利用竖井和顶棚中的线槽或管道敷设的。砖结构建筑物的管道是在建筑施工时预埋在墙中，而板状结构建筑物的管道可事先预埋浇注在板墙内。敷设电缆时必须按照建筑设计图纸施工。电缆的暗装如图 8-46 所示。

在管道中敷设电缆时应注意下列问题：

（1）电缆管道在大于 25m 及转弯时，应在管道中间及拐角处配装预埋盒，以利电缆顺利穿过。

（2）预埋的管道内要穿有细铁丝（称为带丝），以便拉入电缆。管道口要用软物或专用塑料帽堵上，以防泥浆、碎石等杂物进入管道中。

（3）电缆在线槽或竖井内敷设时，要求电缆与其他线路分开走线，以避免出现对电视信号的干扰。

（4）敷设电缆的两端应留有一定的余量，并要在端口做上标记，以免将输入、输出线搞混。

三、分配系统的施工

分配系统在有线电视系统中分布最广，也最贴近用户，主要设备和装置有：分配放大器、分配器、分支器、终端盒及电缆等。

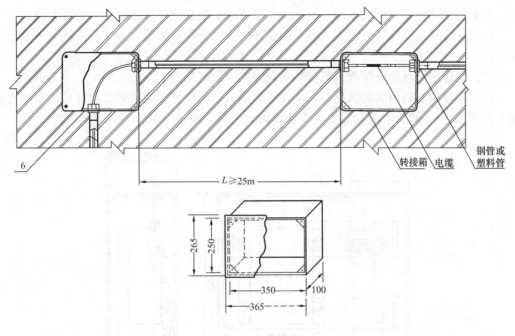

图 8-46　电缆的暗装

（一）电缆接头要求

电缆经连接器接入分配放入器，所用的连接器型号由分配放大器输入口决定。一般要求对 SYWV-75-9、SYWV-75-12 型电缆应使用针形连接器，而不提倡使用冷压或环加 F 形连接器。对 SYWV-75-7 型电缆应使用带插针的防水 F 形连接器，如图 8-47（a）所示。对 SYWV-75-5 型电缆可使用冷压或环加 F 形连接器，如图 8-47（b）所示。

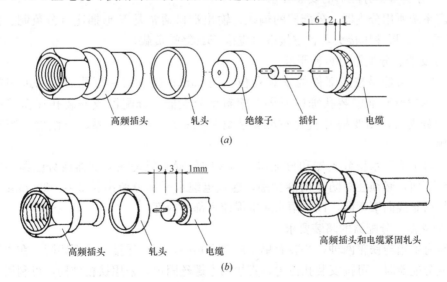

图 8-47　F 形连接器

（a）带插针的 F 形连接器；（b）环加 F 形连接器

（二）分配放大器的安装要求（图8-48）

根据建筑物设计方案的不同，分配放大器可能安装在室外，也可能安装在室内。

（1）在建筑物外安装分配放大器，应使用防水型分配放大器，其安装方法与干线放大器相同。

（2）新建房屋可将分配放大器安装在预埋的分前端箱内。

（3）在建筑物内明装的情况下，应在不影响人行的位置安装铁箱。箱体底部距楼道地面不低于1.8m，将分配放大器安装在铁箱内。

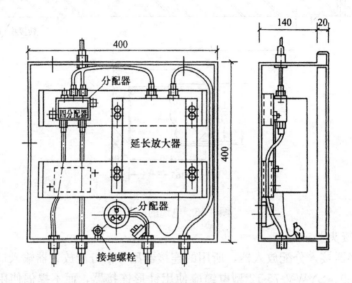

图8-48　信号分配共用箱内布置

（三）分支器、分配器的安装要求

分配系统所用分支器、分配器的输入、输出端口通常是F形插座（分英制、公制两种），可配接F形冷压接头，各空接端口应接75Ω终端负载。

1. 分支器、分配器的明装要求

（1）安装方法是按照部件的安装孔位，用ϕ6mm合金钻头打孔后，塞进塑料膨胀管，再用木螺丝对准安装孔加以紧固。塑料型分支器、分配器或安装孔在盒盖内的金属型分配分支器，则要揭开盒盖对准安装盒钻眼；压铸型分支器、分配器，则对准安装孔钻眼。

（2）对于非防水型分支器和分配器，明装的位置一般是在分支器或分配器箱内或走廊、阳台下面，必须注意防止雨淋受潮，连接电缆水平部分留出长250～300mm左右的余量；然后导线向下弯曲，以防雨水顺电缆流入部件内部。

2. 分支器、分配器的暗装要求

暗装有木箱与铁箱两种，并装有单扇或双扇箱门，颜色尽量与墙面相同。在木箱上装分支器或分配器时，可按安装孔位置，直接用木螺丝固定。采用铁箱结构，可利用二层板将分支器或分配器固定在二层板上，再将二层板固定在铁箱上。

（四）用户盒安装

用户盒也分明装与暗装，明装用户盒（插座）只有塑料盒一种，暗装盒有塑料盒、铁盒两种，应根据施工图要求进行安装。一般盒底边距地0.3～1.8m，用户盒与电源插座盒应尽量靠近，间距一般为0.25m，如图 8-49 所示。

1. 明装

明装用户盒直接用塑料胀管和木螺丝固定在墙上，因盒突出墙体，应特别注意在墙上明装，施工时要注意保护，以免碰坏。

2. 暗装

暗装用户盒应在土建主体施工时将盒与电缆保护管预先埋入墙体内，盒口应和墙体抹灰面平齐，待装饰工程结束后，进行穿放电缆、接线和安装盒体面板。面板应紧贴建筑物表面。

用户终端盒是系统与用户电视机连接的端口。用户盒的面板有单孔

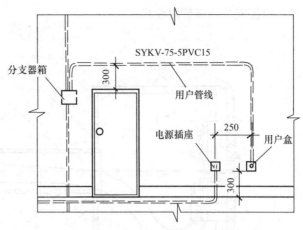

图 8-49　用户盒安装位置

（TV）和双孔（TV、FM），盒底的尺寸是统一的，如图 8-50 所示。一般统一的安装在室内安放电视机位置附近的墙壁上，（但每幢楼或每个单元的布线及用户终端盒的安装应统一在一边）。用户终端盒的安装要求牢固、端正、美观，接线牢靠。

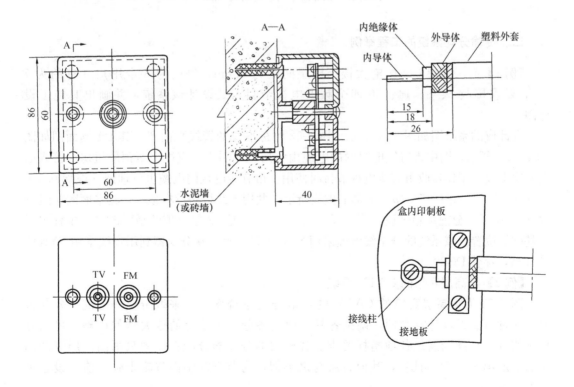

图 8-50　用户盒（串接—分支）明装示意图

用户电缆应从门框上端附近钻孔进入住户，用塑料钉卡住钉牢，卡距应小于 0.4m，

布线要横平竖直，弯曲自然，符合弯曲半径要求。用户盒的安装如图 8-50（明装）和图 8-51（暗装）所示。用户盒无论明装还是暗装，盒内均应留有约 100～150mm 的电缆余量，以便安装和维修时使用。

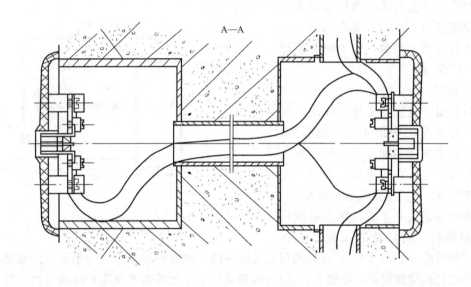

图 8-51　相邻两个用户盒暗装示意图

四、传输分配系统的工程举例

【例 1】有一幢 18 层住宅大楼，楼层间距为 2.8m，每层为 8 个用户（有的为 7 户），要求接收 5、8、14、20 四个频道电视节目，试设计该系统，并画出其施工设计图。

设计成的系统图如图 8-52 所示。图 8-53 为标准层的管线平面图。其 1-1 剖面图如图 8-54（a）所示，图中市有线电视网的电缆由一层挂墙引入，直往上至顶层机房，接入前端的输出处，用作接收市有线电视节目时使用。市有线电视网电缆也可埋地（埋深 0.6～0.8m）引入，如图 8-54（a）下部的虚线所示。共用天线机房设在顶层，其平面图如图 8-54（b）所示，分前端箱则设在第 9 层。图 8-54（c）是 18 层屋顶的平面图，图中标出天线基础的位置。该系统的分干线电缆采用 SYKV-75-9 型。从分支器到用户线采用 SYKV-75-5 型，穿管 DG20。

【例 2】某高层宾馆的 CATV 系统。

图 8-55 为某高层宾馆的 CATV 的传输分配系统图。它采取分支—分配—分支方式，这种方式设计计算简便，调试容易，通过各分支干线上的放大器的调整，可以方便地使各用户终端满足各项指标要求。各楼层的分支器分配在图中只画出两层（即图中右侧的第 15、26 两层），其他各层与之类似，为节省篇幅而省略未画。前端设备可参阅图 8-36。

图 8-56 是某小区公寓楼有线电视传输分配系统图，有线电视通过光缆和光接收机进入公寓楼。

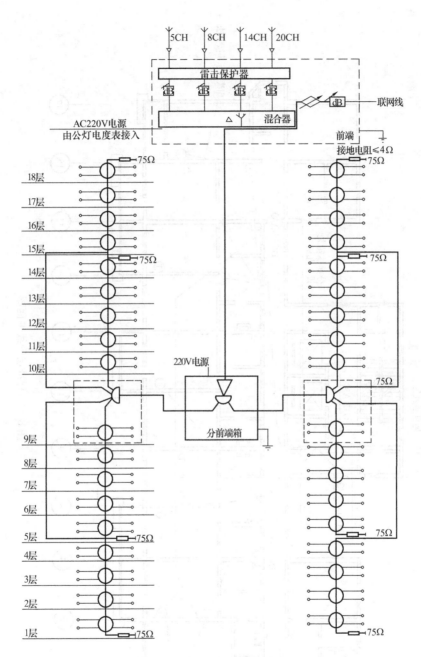

图 8-52 18 层住宅楼系统设计图

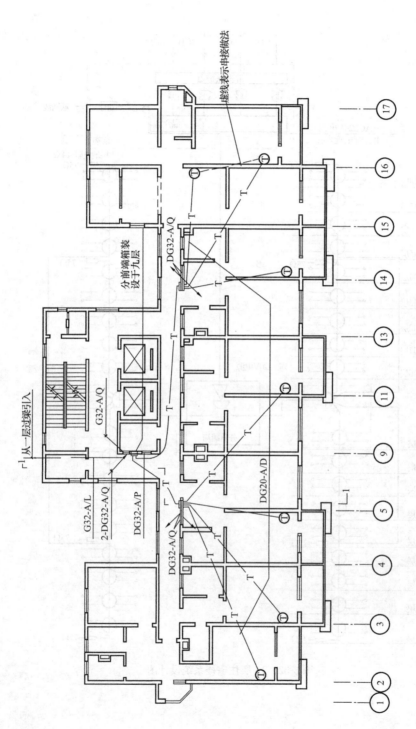

图 8-53　标准层管线平面图

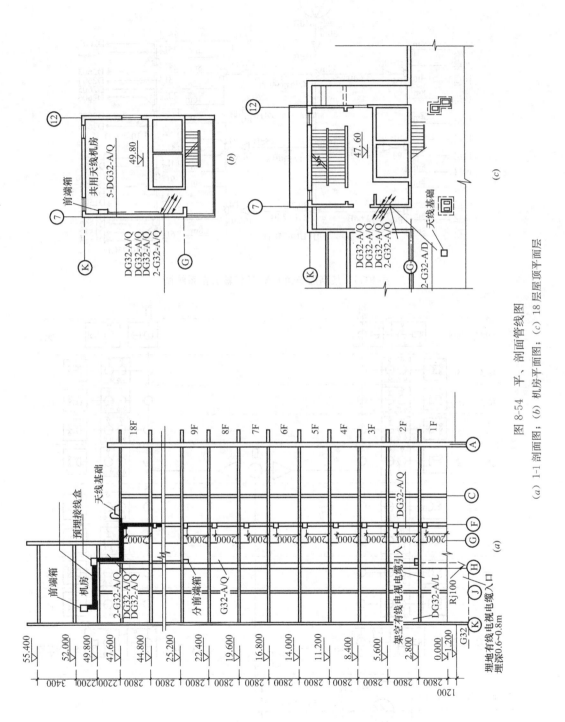

图 8-54　平、剖面管线图

(a) 1-1 剖面图; (b) 机房平面图; (c) 18 层屋顶平面层

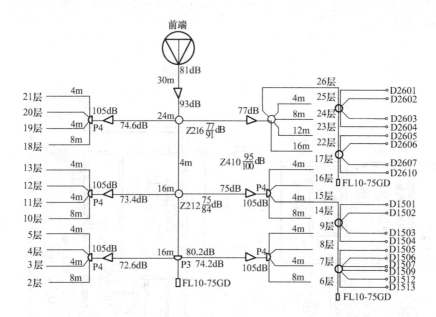

图 8-55　某高层宾馆 CATV 传输分配系统图

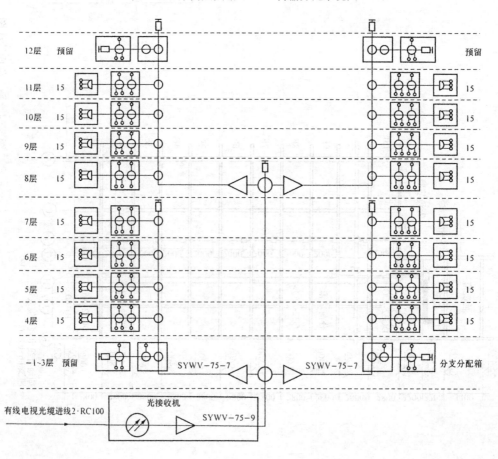

图 8-56　某小区公寓楼有线电视系统图

第九章　视频监控系统

第一节　视频监控系统的构成

一、视频监控系统的基本组成

视频监控系统根据其使用环境、使用部门和系统的功能而具有不同的组成方式，无论系统规模的大小和功能的多少，一般视频监控系统由摄像、传输、控制、显示和记录显示等四个部分组成，如图 9-1 所示。

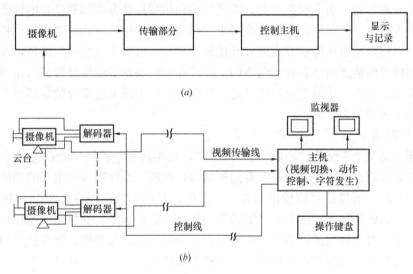

图 9-1　视频监控系统的基本组成

（a）组成框图；（b）简例

（一）摄像机部分

摄像部分是视频监控系统的前端，是整个系统的"眼睛"，其作用是将所监视目标的光信号变为电信号。它布置在视频监视场所的某一位置上，使其视场角能覆盖整个被监视的各个部位。有时，视频监视场所面积较大，为了节省摄像机所用的数量，简化传输系统及控制与显示系统，在摄像机上加装电动的（可遥控的）可变焦距（变倍）镜头，使摄像机所能观察的距离更远，更清楚。有时还把摄像机安装在电动云台上，通过控制台的控制，可以使云台带动摄像机进行水平和垂直方向的转动，从而使摄像机能覆盖的角度、面积更大。总之，摄像机就像整个系统的眼睛一样，把它监视的内容变为图像信号，传送到控制中心的监视器上。由于摄像部分是系统的最前端，并且被监视场所的情况是由它变成图像信号传送到控制中心的监视器上，所以从整个系统来讲，摄像部分是系统的原始信号源。因此，摄像部分的好坏以及它产生的图像信号的质量将影响着整个系统的质量。从系统噪声计算理论的角度来讲，影响系统噪声的最大因素是系统中第一级的输出（在这里即为摄像机的图像信号输出）信号信噪比的情况。所以，认真选择和处理摄像部分是至关重要的。

（二）传输部分

传输部分就是系统的图像信号通路。一般来说，传输部分单指的是传输图像信号。但是，由于某些系统中除图像外，还要传输声音信号。同时，由于需要在控制中心通过控制台对摄像机、镜头、云台、防护罩等进行控制，因而在传输系统中还包含有控制信号的传输。所以我们这里所讲的传输部分，通常是指所有要传输的信号形成的传输系统的总和。这样，在以后有关传输部分的讨论中，在重点介绍图像信号传输的基础上，还将对声音信号及控制信号的传输问题加以讨论和研究。

如前所述，传输部分主要传输的内容是图像信号，因此重点研究图像信号的传输方式及传输中的有关问题是非常重要的。对图像信号的传输，重点要求是在图像信号经过传输系统后，不产生明显的噪声、失真（色度信号与亮度信号均不产生明显的失真），保证原始图像信号（从摄像机输出的图像信号）的清晰度和灰度等级没有明显下降等。这就要求传输系统在衰减方面、引入噪声方面、幅频特性和相频特性方面都有良好的性能。

在传输方式上，目前视频监控系统多半采用视频基带传输方式。如果摄像机距离控制中心较远，也有采用射频传输方式或光纤传输方式的。对以上这些不同的传输方式，所使用的传输部件及传输线路都有较大的不同。这些在后面的章节中将要专门讨论和研究。总之，虽然从表面上看，传输部分好像只是一些线路，但实际上这部分的好坏也是影响整个系统质量的重要环节之一。

（三）控制部分

控制部分是整个系统的"心脏"和"大脑"，是实现整个系统功能的指挥中心。控制部分主要由总控制台（有些系统还设有副控制台）组成。总控制台中主要的功能有：视频信号放大与分配、图像信号的校正与补偿、图像信号的切换、图像信号（或包括声音信号）的记录、摄像机及其辅助部件（如镜头、云台、防护罩等）的控制（遥控）等。在上述的各部分中，对图像质量影响最大的是放大与分配、校正与补偿、图像信号的切换三部分。在某些摄像机距离控制中心很近，或对整个系统指标要求不高的情况下，在总控制台中往往不设校正与补偿部分。但对某些距离较远，或由于传输方式的要求等原因，校正与补偿是非常必要的。因为图像信号经过传输之后，往往其幅频特性（由于不同频率成分到达总控制台时，衰减是不同的，因而造成图像信号不同频率成分的幅度不同，此称为幅频特性）、相频特性（不同频率的图像信号通过传输部分后产生的相移不同，此称为相频特性）无法绝对保证指标的要求，所以在控制台上要对传输过来的图像信号进行幅频和相频的校正和补偿。经过校正和补偿的图像信号，再经过分配或放大，进入视频切换部分，然后送到监视器上。总控制台的另一个重要方面是能对摄像机、镜头、云台、防护罩等进行遥控，以完成对被监视的场所全面、详细的监视或跟踪监视。总控制台上设有的录像机，可以随时把发生情况的被监视场所的图像记录下来，以便事后备查或作为重要依据。目前，有些控制台上设有一台或两台"长延时录像机"。这种录像机可用一盘录像带记录长达12、24小时甚至更长时间的图像信号，这样就可以对被监视场所的图像以一定时间间隔记录一次的方式进行长时间记录，从而不必使用大量的录像带。应该指出，现在广泛采用硬盘录像机取代磁带录像机。还有的总控制台上设有"多画面分割器"，如4画面、9

画面、16画面等。也就是说，通过这个设备，可以在一台监视器上同时显示出4个、9个、16个摄像机送来的各个被监视场所的图像画面，并用一台常规录像机或长延时录像机进行记录。上述这些功能的设置，要根据系统的要求而定，对于一些重要场所，为保证图像的连续和清晰，不采取以上方法或选用以上设备。

目前生产的总控制台，在控制功能上、控制摄像机的台数上往往都做成积木式的，可以根据要求进行组合。另外，在总控制台上还设有时间及地址的字符发生器，通过这个装置可以把年、月、日、时、分、秒都显示出来，并把被监视场所的地址、名称显示出来。在录像机上可以记录，这样对以后的备查提供了方便。

总控制台对摄像机及其辅助设备（如镜头、云台、防护罩等）的控制一般采用总线方式，把控制信号送给各摄像机附近的"终端解码箱"，在终端解码箱上将总控制台送来的编码控制信号解出，成为控制动作的命令信号，再去控制摄像机及其辅助设备的各种动作（如镜头的变倍、云台的转动等）。在某些摄像机距离控制中心很近的情况下，为节省开支，也可采用由控制台直接送出控制动作的命令信号，即"开、关"信号。总之，根据系统构成的情况及要求，可以综合考虑，以完成对总控制台的设计要求或订购要求。

（四）显示部分

显示部分一般由几台或多台监视器组成。它的功能是将传送过来的图像一一显示出来。在视频监控系统中，除了特别重要的部位，一般都不是一台监视器对应一台摄像机进行显示，而是几台摄像机的图像信号用一台监视器轮流切换显示。这样做一是可以节省设备，减少空间的占用；二是因为被监视场所的情况不可能同时都发生意外，所以平时只要隔一定的时间（比如几秒）显示一下即可。当某个被监视的场所发生情况时，可以通过切换器将这一路信号切换到某一台监视器上一直显示，并通过控制台对其遥控跟踪记录。所以，在一般的系统中通常都采用四比一、甚至八比一的摄像机对监视器的比例数设置监视器的数量。目前，常用的摄像机对监视器的比例数为4：1，即4台摄像机对应1台监视器进行轮流显示，当摄像机的台数很多时，再采用8：1。另外，由于"画面分割器"的应用，在有些摄像机台数很多的系统中，用画面分割器把几台摄像机送来的图像信号同时显示在一台监视器上，也就是在一台较大屏幕的监视器上，把屏幕分成几个面积相等的小画面，每个画面显示一个摄像机送来的画面。这样可以大大节省监视器，并且操作人员观看起来也比较方便。但是，这种方案不宜在一台监视器上同时显示太多的分割画面，否则会使某些细节难以看清楚，影响监控的效果，一般以4分割或9分割较为合适。监视器（或视频机）的屏幕尺寸宜采用14～18英寸，如果采用了"画图分割器"，可选用较大屏幕的监视器。

二、视频监控系统的构成方式及示例

（一）视频监控系统组成

视频监控系统（英文缩写CCTV），亦称视频安防监控系统，包括前端设备、传输设备、处理/控制设备和记录/显示设备四部分。

（二）视频监控系统结构模式

根据对视频图像信号处理/控制方式的不同，视频安防监控系统结构宜分为以下模式：

1. 简单对应模式

监视器和摄像机简单对应，如图 9-2 和图 9-3 所示。

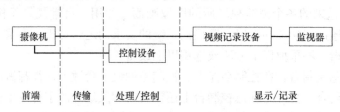

图 9-2　简单对应模式

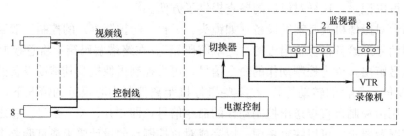

图 9-3　简单监控系统

2. 时序切换模式

视频输出中至少有一路可进行视频图像的时序切换，如图 9-4 和图 9-5 所示。

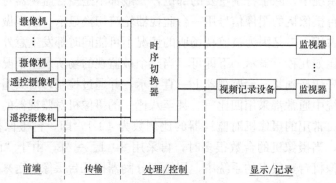

图 9-4　时序切换模式

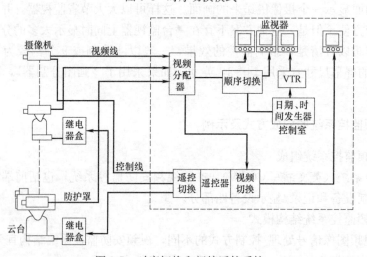

图 9-5　时序切换和间接遥控系统

3. 矩阵切换模式

可以通过任一控制键盘，将任意一路前端视频输入信号切换到任意一路输出的监视器上，并可编制各种时序切换程序，如图 9-6 和图 9-7 所示。图 9-8 是采用矩阵切换方式的视频监控系统示例。

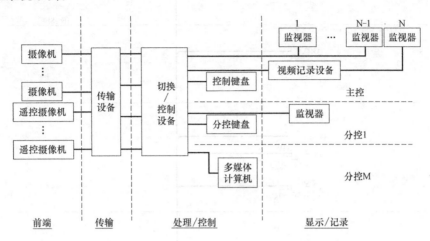

图 9-6　矩阵切换模式

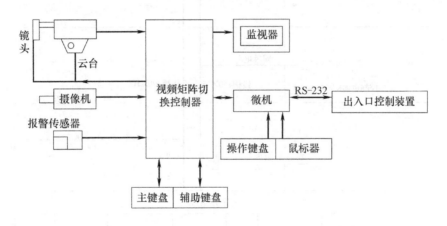

图 9-7　微机加矩阵切换器方框图

4. 数字视频网络虚拟交换/切换模式

模拟摄像机增加数字编码功能，被称作网络摄像机，数字视频前端可以是网络摄像机，也可以是别的数字摄像机。数字交换传输网络可以是以太网和 DDN、SDH 等传输网络。数字编码设备可采用具有记录功能的 DVR 或视频服务器，数字视频的处理、控制和记录措施可以在前端、传输和显示的任何环节实施，如图 9-9 所示。

视频安防监控系统示意图示例见图 9-10（a）、（b）。

三、视频监控系统的发展过程

视频监控系统已有三代发展历史：

1. 全模拟图像监控方式

主要由摄像机、视频矩阵、监视器、录像机组成，采用模拟方式传输，如图9-3、图9-5、图9-7及图9-8所示。

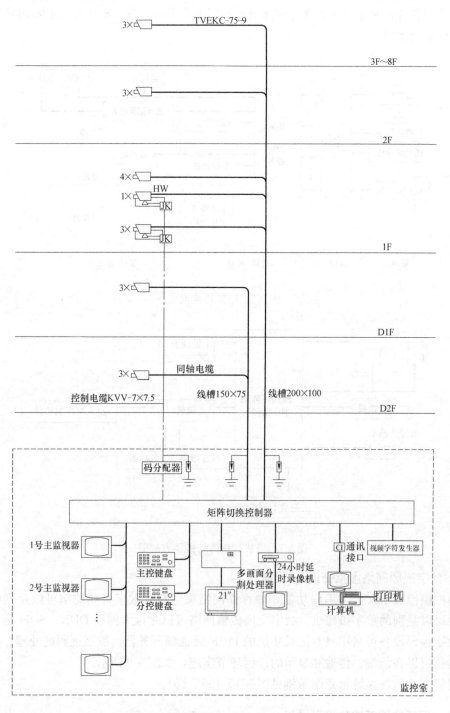

图9-8 矩阵切换式视频监控系统示例

注：（1）摄像机配管图中未注管路的均为RC25。

（2）四层为3×，五～七层为4×，顶层为2×。

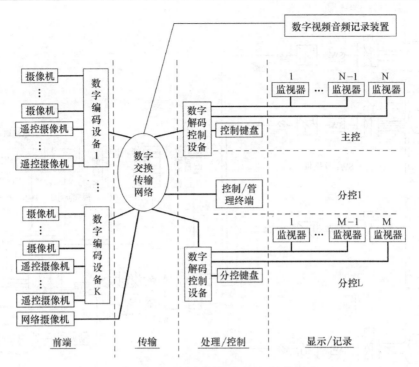

图 9-9　数字视频网络虚拟交换/切换模式

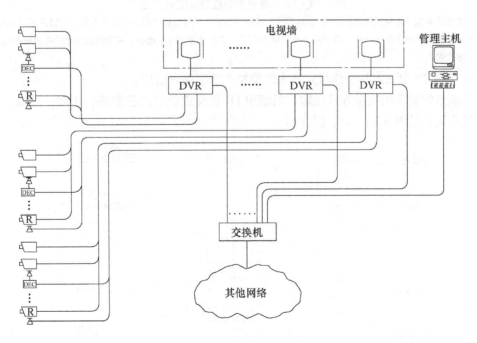

图 9-10（*a*）　视频安防监控系统示例之一

注：（1）本系统为采用数字录像机监控及记录的视频监控系统。数字录像机（DVR）构成本地局域网，
　　　　由管理主机统一控制。视频墙图像信号直接来自数字录像机的输出。

　　（2）数字录像机构成的本地网络经过一定的安全防护措施，可与其他网络连通，将数字视频信号送
　　　　到其他网络终端上去。

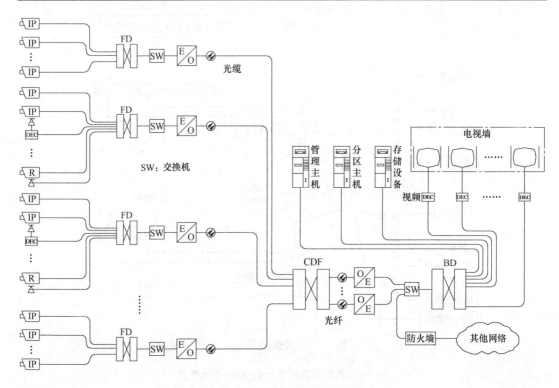

图 9-10 (b) 视频安防监控系统示例之二

注：(1) 本系统为数字视频网络虚拟交换/切换模式的视频监控系统，摄像机采用具有数字视频信号输出的网络摄像机。
    (2) 本系统采用集中存储方式。若采用分布存储方式时，要求增加具有本地数字视频数据存储的视频服务器或数字录像机。

2. 基于 DVR（硬盘录像机）技术的模拟＋数字混合监控方式

前端摄像机采用模拟方式传输，后端用 DVR 完成数字图像处理、压缩、录像、显示和网络传输，见图 9-10 (a)、图 9-11。

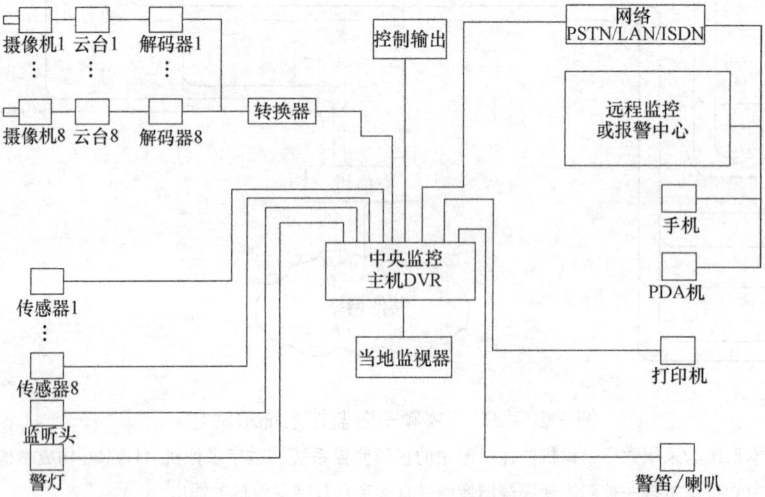

图 9-11 以 DVR 为核心的小型视频监控系统

3. 全数字化网络监控方式

摄像信号经数字压缩，送到网络或服务器，网络上用户可通过软件或浏览器观看图像，并可控制云台镜头等，见图 9-10（b）。

表 9-1 给出视频监控系统的三个发展过程。

视频监控的发展进程 表 9-1

项目 \ 代别	第一代（模拟矩阵）	第二代（多媒体主机或 DVR）	第三代（网络虚拟矩阵）
前端	普通摄像机、高速球	同第一代	网络摄像机、网络高速球"第一代"的前端设备＋网络视频接入器
传输	视频：视频电缆 控制：双绞缆 电源：电源电缆	同第一代	视频 控制 ｝网线 电源：电源电缆
后端	矩阵 画面分割器 切换器 录像机（或 DVR） 监视器	多媒体控制主机或 DVR 监视器 多媒体监控系统控制软件	可上网的普通电脑 系统管理及控制软件
互联互通	仅可"一对一" 不可"互联互通"	同第一代	可以"互联互通"，通过上网在普通浏览器下即可进行，无需特殊软件支持，"想在哪看，就在哪看"
传输方式	摄像头与监控者是一对一式的传输	同第一代	摄像头与监控者是通过网络形式传输，不是一对一式传输
线缆利用	一条视频线上只能传一路视频	同第一代	多路视频和控制可以在一条网线上反复用
监控主机选择	监控主机的输入/输出路数需固定且扩容困难	同第一代	视频输入/输出路数可任意由软件设定，无需硬件扩容，十分方便
视频监控输入/输出	每路输入或输出视频均需一路电缆与主机相连，导致成捆电缆进入监控室，并接入主机	同第一代	"一根网线"进主控室和主控电脑相联，即构成控制主机
增减前端摄像机	增减前后端摄像机时需重新布线	同第一代	无需在工程前认真设计监控系统，可随时增减、更改前端摄像头位置
设置分控	分控监视器需逐一布线连接	某些 DVR 和多媒体主机可通过网络增设分控	在网络内可任意设置分控而无需再布线
实现远程监控	实现远程联网困难	可实现远程监控，但操控不方便	十分方便实现远程联网，无需增加任何其他设备
控制协议	高速球、解码器与主机协议需一致，某些视频主机协议不公开	同第一代	网络协议是国际统一标准，不存在主机与高速球、解码器等协议兼容问题

四、视频监控系统的功能和性能

（一）视频监控系统的功能要求

（1）应根据各类建筑物安全防范管理的需要，对建筑物内（外）的主要公共活动场所、通道、电梯及重要部位等进行视频探测、图像实时监视和有效记录、回放。监视图像信息和声音信息应具有原始完整性。

（2）系统的画面显示应能任意编程，能自动或手动切换，画面上应有摄像机的编号、部位、地址和时间、日期显示。系统记录的图像信息应包含图像编号、地址、记录时的时间和日期。

（3）矩阵切换和数字视频网络虚拟交换/切换模式的系统应具有系统信息存储功能，在供电中断或关机后，对所有编程信息和时间信息均应保持。

（4）系统应能独立运行，也能与入侵报警系统、出入口控制系统、火灾报警系统、电梯控制系统等联动。当发生报警或其他系统向视频系统发出联动信号时，系统能按照预定工作模式，切换出相应部位的图像至指定监视器上，并能启动视频记录设备。其联动响应时间不大于4s。

（5）辅助照明联动应与相应联动摄像机的图像显示协调同步。同时具有音频监控能力的系统宜具有视频、音频同步切换的能力。

（6）系统应预留与安全防范管理系统联网的接口，实现安全防范管理系统对视频安防监控系统的智能化管理与控制。

（二）视频监控系统的性能指标

（1）在正常工作照明条件下模拟复合视频信号应符合以下规定：

视频信号输出幅度　　　　　　　　　$1V_{P-P} \pm 3dB$ VBS（全视频信号）

实时显示黑白视频水平清晰度　　　　$\geqslant 400TVL$

实时显示彩色视频水平清晰度　　　　$\geqslant 270TVL$

回放图像中心水平清晰度　　　　　　$\geqslant 220TVL$

黑白视频灰度等级　　　　　　　　　$\geqslant 8$

随机信噪比　　　　　　　　　　　　$\geqslant 36dB$

（2）在正常工作照明条件下数字信号应符合以下规定：

单路画面像素数量　　　　　　　　　$\geqslant 352 \times 288$（CIF）

单路显示基本帧率：　　　　　　　　$\geqslant 25fps$

数字视频的最终显示清晰度应满足本条第1款的要求。

（3）图像质量的主观评价，可采用五级损伤制评定，图像等级应符合表9-2的规定。系统在正常工作条件下，监视图像质量不应低于4级，回放图像质量不应低于3级。在允许的最恶劣工作条件下或应急照明情况下，监视图像质量不应低于3级；在显示屏上应能有效识别目标。

五级损伤制评定图像等级　　　　　　　　　　　　　　表9-2

图像等级	图像质量损伤主观评价	图像等级	图像质量损伤主观评价
5	不觉察损伤或干扰	2	损伤或干扰较严重，令人相当讨厌
4	稍有觉察损伤或干扰，但不令人讨厌	1	损伤或干扰极严重，不能观看
3	有明显损伤或干扰，令人感到讨厌		

（4）视频安防监控系统的制式应与通用的视频制式一致；选用设备、部件的视频输入

和输出阻抗以及电缆的特性阻抗均应为 75Ω，音频设备的输入、输出阻抗为高阻抗。

（5）沿警戒线设置的视频安防监控系统，宜对沿警戒线 5m 宽的警戒范围实现无盲区监控。

（6）系统应自成网络独立运行，并宜与入侵报警系统、出入口控制系统、火灾自动报警系统及摄像机辅助照明装置联动。当与入侵报警系统联动时，系统应对报警现场进行声音或图像复核。

五、视频监控系统的摄像设防要求

（1）重要建筑物周界宜设置监控摄像机。

（2）地面层出入口、电梯桥厢宜设置监控摄像机。停车库（场）出入口和停车库（场）内宜设置监控摄像机。

（3）重要通道应设置监控摄像机，各楼层通道宜设置监控摄像机。电梯厅和自动扶梯口，宜预留视频监控系统管线和接口。

（4）集中收款处、重要物品库房、重要设备机房应设置监控摄像机。

（5）通用型建筑物摄像机的设置部位应符合表 9-3 的规定。

摄像机的设置部位　　　　　　　　　　　　　　　　表 9-3

建设项目 部位	饭店	商场	办公楼	商住楼	住宅	会议展览	文化中心	医院	体育场馆	学校
主要出入口	★	★	★	★	☆	★	★	★	★	☆
主要通道	★	★	★	★	△	★	★	★	★	☆
大堂	★	☆	☆	☆	☆	☆	☆	☆	☆	△
总服务台	★	☆	△	△	—	☆	☆	△	☆	—
电梯厅	△	☆	☆	△	△	☆	☆	☆	☆	△
电梯轿厢	★	★	☆	△	△	★	☆	☆	☆	△
财务、收银	★	★	★	—	☆	★	☆	★	☆	☆
卸货处	☆	★	—	—	—	★	—	☆	—	—
多功能厅	☆	△	△	△	△	☆	☆	☆	☆	—
重要机房或其出入口	★	★	★	☆	☆	★	★	★	★	☆
避难层	★	—	★	★	—	—	—	—	—	—
检票、检查处	—	—	—	—	—	☆	☆	—	★	—
停车库（场）	★	★	★	☆	△	☆	☆	☆	☆	△
室外广场	☆	☆	☆	△	—	☆	☆	△	☆	☆

注：★应设置摄像机的部位；☆宜设置摄像机的部位；△可设置或预埋管线部位。

第二节　摄像机及其布置

一、摄像机分类

摄像机处于 CCTV 系统的最前端，它将被摄物体的光图像转变为电信号——视频信号，为系统提供信号源。因此，它是 CCTV 系统中最重要的设备之一。

摄像机按摄像器件类型分为电真空摄像管的摄像机和 CCD（固体摄像器件）摄像机，目前一般都采用 CCD 摄像机。

（一）按颜色划分

有黑白摄像机和彩色摄像机。由于目前彩色摄像机的价格与黑白摄像机相差不多，故大多采用彩色摄像机。

（二）按图像信号处理方式划分

（1）数字式摄像机（网络摄像机）；

（2）带数字信号处理（DSP）功能的摄像机；

（3）模拟式摄像机。

（三）按摄像机结构划分

（1）普通单机型，镜头需另配。

（2）机板型（board type）：摄像机部件和镜头全部在一块印刷电路板上。

（3）针孔型（pinhole type）：带针孔镜头的微型化摄像机。

（4）球型（dome type）：是将摄像机、镜头、防护罩或者还包括云台和解码器组合在一起的球形或半球形摄像前端系统，使用方便。

（四）按摄像机分辨率划分

（1）影像像素在 25 万像素（pixel）左右、彩色分辨率为 330 线、黑白分辨率 400 线左右的低档型；

（2）影像像素在 25～38 万之间、彩色分辨率为 420 线、黑白分辨率 500 线上下的中档型；

（3）影像像素在 38 万点以上、彩色分辨率大于或等于 480 线、黑白分辨率 600 线以上的高分辨率型。

（五）按摄像机灵敏度划分

（1）普通型：正常工作所需照度为 1～3lx。

（2）月光型：正常工作所需照度为 0.1lx 左右。

（3）星光型：正常工作所需照度为 0.01lx 以下。

（4）红外照明型：原则上可以为零照度，采用红外光源成像。

（六）按摄像元件的 CCD 靶面大小划分

有 1 英寸、⅔ 英寸、½ 英寸、⅓ 英寸、¼ 英寸等几种。目前是 ½ 英寸摄像机所占比例急剧下降，⅓ 英寸摄像机占据主导地位，¼ 英寸摄像机将会迅速上升。各种英寸靶面的高、宽尺寸见表 9-4 所示。

CCD 摄像机靶面像场 a、b 值   表 9-4

摄像机管径/in(mm)〉像场尺寸	1 (25.4)	$\dfrac{2}{3}$ (17)	$\dfrac{1}{2}$ (13)	$\dfrac{1}{3}$ (8.5)	$\dfrac{1}{4}$ (6.5)
像场高度 a/mm	9.6	6.6	4.6	3.6	2.4
像场宽度 b/mm	12.8	8.8	6.4	4.8	3.2

二、摄像机的镜头

（一）摄像机镜头的分类

1. 按摄像机镜头规格分

有 1 英寸……¼ 英寸等规格。镜头规格应与 CCD 靶面尺寸相对应，即摄像机靶面大小为⅓英寸时，镜头同样应选⅓英寸的。

2. 按镜头安装分

C 安装座和 CS 安装（特种 C 安装）座。两者之螺纹相同，但两者到感光表面的距离不同。前者从镜头安装基准面到焦点的距离为 17.526mm，后者为 12.5mm。

3. 按镜头光圈分

手动光圈和自动光圈。自动光圈镜头有两类：

（1）视频输入型——将视频信号及电源从摄像机输送到镜头来控制光圈；

（2）DC 输入型——利用摄像机上的直流电压直接控制光圈。

4. 按镜头的视场大小分

（1）标准镜头——视角 30°左右，在 ½ 英寸 CCD 摄像机中，标准镜头焦距定为 12mm；在⅓英寸 CCD 摄像机中，标准镜头焦距定为 8mm。

（2）广角镜头——视角在 90°以上，可提供较宽广的视景。1/2 和 1/3 英寸 CCD 摄像机的广角镜头标准焦距分别为 6mm 和 4mm。

（3）远摄镜头——视角在 20°以内，此镜头可在远距离情况下将拍摄的物体影像放大，但使观察范围变小。½英寸和⅓英寸 CCD 摄像机远摄镜头焦距分别为大于 12mm 和大于 8mm。

（4）变焦镜头（zoom lens）——也称为伸缩镜头，有手动变焦镜头（manual zoom lens）和电动变焦镜头（motorized zoom lens）两类。其输入电压多为直流 8~16V，最大电流为 30mA。

（5）手动可变焦点镜头（vari-focus lens）——介于标准镜头与广角镜头之间，焦距连续可变，既可将远距离物体放大，同时又可提供一个宽广视景，使监视宽度增加。这种变焦镜头可通过设置自动聚焦于最小焦距和最大焦距两个位置，但是从最小焦距到最大焦距之间的聚焦，则必须通过手动聚焦实现。

（6）针孔镜头——镜头端头直径几毫米，可隐蔽安装。

5. 按镜头焦距分

（1）短焦距镜头——因入射角较宽，故可提供较宽广的视景。

（2）中焦距镜头——标准镜头，焦距长度视 CCD 尺寸而定。

（3）长焦距镜头——因入射角较窄，故仅能提供狭窄视景，适用于长距离监视。

（4）变焦距镜头——通常为电动式，可作广角、标准或远望镜头用。

（二）镜头特性参数

镜头的特性参数很多，主要有焦距、光圈、视场角、镜头安装接口、景深等。

所有的镜头都是按照焦距和光圈来确定的，这两项参数不仅决定了镜头的聚光能力和放大倍数，而且决定了它的外形尺寸。

焦距一般用毫米表示，它是从镜头中心到主焦点的距离。光圈即是光圈指数 F，它被定义为镜头的焦距（f）和镜头有效直径（D）的比值，即：

$$F = \frac{f}{D} \qquad (9-1)$$

也即光圈 F 是相对孔径 D/f 的倒数，在使用时可以通过调整光阑口径的大小来改变相对孔径。光圈 F 值的分档是以 $\sqrt{2}$ 的倍数排列的，即 $\sqrt{2^0}$、$\sqrt{2}$、$\sqrt{2^2}$、$\sqrt{2^3}$、$\sqrt{2^4}$、$\sqrt{2^5}$、$\sqrt{2^6}$、$\sqrt{2^7}$、$\sqrt{2^8}$、$\sqrt{2^9}$……即 F 值为 1、1.4、2、2.8、4、5.6、8、11、16、22……

光圈值决定了镜头的聚光质量，镜头的光通量与光圈的平方值成反比（$1/F^2$）。具有自动可变光圈的镜头可依据景物的亮度来自动调节光圈。光圈 F 值越大，相对孔径越小。不过，在选择镜头时要结合工程的实际需要，一般不应选用相对孔径过大的镜头，因为相对孔径越大，由边缘光量造成的像差就大，如要去校正像差，就得加大镜头的重量和体积，成本也相应增加。

视场是指被摄物体的大小。视场的大小应根据镜头至被摄物体的距离、镜头焦距及所要求的成像大小来确定，如图 9-12 所示。其关系可按下式计算：

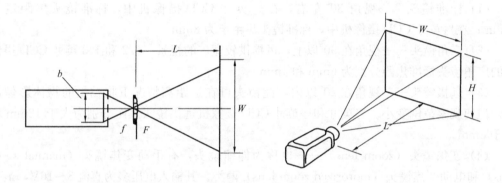

图 9-12　镜头特性参数之间的关系

$$H = \frac{aL}{f} \qquad (9-2)$$

$$W = \frac{bL}{f} \qquad (9-3)$$

式中　H——视场高度（m）；

　　　W——视场宽度（m），通常 $W = \frac{4}{3}H$；

　　　L——镜头至被摄物体的距离（视距 m）；

　　　f——焦距（mm）；

　　　a——像场高度（mm）；

　　　b——像场宽度（mm）。

例如，已知被摄物体距镜头中心的距离为 3m，物体的高度为 1.8m，所用摄像机 CCD 靶面为 $\frac{1}{2}$ 英寸，由表 9-4 查得其靶面垂直尺寸 a 为 4.6mm，则由上式可求得镜头的焦距为：

$$f = \frac{aL}{H} = \frac{4.6 \times 3000}{1800} \approx 8\text{mm}$$

由以上公式可见，焦距 f 越长，视场角越小，监视的目标也越小。利用公式（9-2）和（9-3）可计算出不同尺寸的摄像管，在不同镜头焦距 f 下的视场高度和宽度值；或者相反，当镜头和物体之间的距离（L）和物体水平宽度（W）或高度（H）已知时，可利用公式（9-2）和（9-3）计算出焦距 f，也可以用图 9-13 算出。

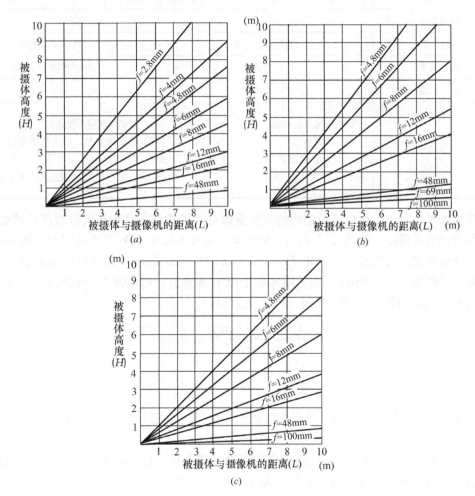

图 9-13 镜头参数计算图

（a）⅓英寸摄像机；（b）⅔英寸摄像机；（c）½英寸摄像机

对于镜头焦距的选择，相同的成像尺寸，不同焦距长度的镜头的视场角也不同，焦距越短，视场角越大，所以短焦距镜头又称广角镜头。根据视场角的大小可以划分为以下五种焦距的镜头：长角镜头视场小于 $45°$；标准镜头视场角为 $45°\sim50°$；广角镜头视场角在 $50°$ 以上；超广角镜头视场角可接近 $180°$；大于 $180°$ 的镜头称为鱼眼镜头。在 CCTV 系统中常用的是广角镜头、标准镜头、长角镜头。表 9-5 列出了长角镜头与广角镜头各项性能之对比，供选择镜头焦距时参考。标准镜头的各项性能是广角镜头与长角镜头的折中效果。

长焦距镜头和广角镜头的性能比较　　　　　　　　　　　表 9-5

性能 ＼ 类别	广 角 镜 头	长 焦 镜 头
景　深	深	浅
取景显像	小	大
聚焦要求	低	高
远近感	有夸张效果，甚至变形	画面压缩，深度感小，变形小
使用效果	适应全景	应用于特写
画　调	硬　调	软　调
适合场合	(1) 实况全景场面 (2) 拍摄小场所 (3) 显示被摄体为主，又要交代其背景	(1) 被摄体离镜头较远 (2) 被摄体清楚，而其他距离的物体模糊 (3) 适用于不变形的展现近景的摄制

作为例子，对于银行柜员所使用的监控摄像机，其覆盖的景物范围有着严格的要求，因此景物视场的高度（或垂直尺寸）H 和宽度（或水平尺寸）W 是能确定的。例如摄取一张办公桌及部分周边范围，假定 $H=1500\text{mm}$，$W=2000\text{mm}$，并设定摄像机的安装位置至景物的距离 $L=4000\text{mm}$。现选用 $\frac{1}{3}$ 英寸 CCD 摄像机，则由表 9-4 查得：$a=3.6\text{mm}$，$b=4.8\text{mm}$，将它代入 (9-2) 式和 (9-3) 式可得：

$$f=\frac{aL}{H}=\frac{3.6\times 4000}{1500}=9.6\text{mm}$$

$$f=\frac{bL}{W}=\frac{4.8\times 4000}{2000}=9.6\text{mm}$$

因此，选用焦距为 9.6mm 的镜头，便可在摄像机上摄取最佳的、范围一定的景物图像。

以上是指定焦距镜头的选择方法，可知长焦距镜头可以得到较大的目标图像，适合于展现近景和特写画面，而短焦距镜头适合于展现全景和远景画面。在 CCTV 系统中，有时需要先找寻被摄目标，此时需要短焦距镜头，而当找寻到被摄目标后又需看清目标的一部分细节。例如防盗监视系统，首先要监视防盗现场，此时要把视野放大而用短焦距镜头。图 9-14 为不同焦距镜头所对应的视场角图（设所用镜头配接 $\frac{2}{3}$ 英寸 CCD 摄像机）。

景深是指焦距范围内的景物的最近和最远点之间的距离。改变景深有三种

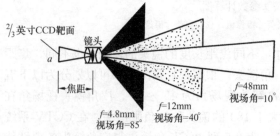

图 9-14　不同焦距镜头所对应的视场角

方法:

(1) 使用长焦距镜头;

(2) 增大摄像机和被摄物体的实际距离;

(3) 缩小镜头的焦距。这种是最常用的改变景深的方法。

(三) 镜头的选择

合适镜头的选择由下列因素决定:

(1) 再现景物的图像尺寸;

(2) 处于焦距内的摄像机与被摄体之间的距离;

(3) 景物的亮度。

因素 (1) 和 (2) 决定了所用镜头的规格,而 (3) 对于摄像机的选择有一定影响。在一定的意义上,(2) 和 (3) 具有相互依赖的关系,景深在很大程度上取决于镜头最大的光圈值,它也决定于光通量的获得。

以上是指定焦距镜头的选择方法,可知长焦距镜头可以得到较大的目标图像,适合于展现近景和特写画面,而短焦距镜头适合于展现全景和远景画面。在 CCTV 系统中,有时需要先找寻被摄目标,此时需要短焦距镜头,而当找寻到被摄目标后又需看清目标的一部分细节。例如防盗监视系统,首先要监视防盗现场,此时要把视野放大而用短焦距镜头。

一旦发现窃贼,则需要把行窃人的某一部分如脸部进行放大,此时则要用长焦距镜头。变焦距镜头的特点是在成像清楚的情况下通过镜头焦距的变化,来改变图像的大小和视场角的大小。因此上述防盗监视系统适合选择变焦距镜头,不过变焦距镜头的价格远高于定焦距镜头。对广播视频系统,因被摄体一般都是移动的,故一般不采用定焦距镜头。对 CCTV 系统,由于被摄体的移动速度和最大移动距离远小于广播视频拍摄视频节目时被摄体的移动速度和最大移动距离,又由于变焦距镜头价格高,所以在选择镜头时首先要考虑被摄体的位置是否变化。如果被摄体相对于摄像机一直处于相对静止的位置,或是沿该被摄体成像的水平方向具有轻微的水平移动(如监视仪表指数等),应该以选择定焦距镜头为主。而在景深和视角范围较大,且被摄体属于移动性的情况下,则应选择变焦距镜头。

三、云台和防护罩的选择

(一) 云台

摄像机云台是一种安装在摄像机支撑物上的工作台,用于摄像机与支撑物之间的连接。云台具有水平和垂直回转的功能。云台与摄像机配合使用能达到扩大监视范围的作用。

云台的种类很多,可按不同方式分类如下:

1. 按安装部位分

室内云台和室外云台(全天候云台)。室外云台对防雨和抗风力的要求高,而其仰角一般较小,以保护摄像机镜头。

2. 按运动方式分

有固定支架云台和电动云台。电动云台按运动方向又分水平旋转云台(转台)和全方位云台两类。表 9-6 列出几种常用电动云台的特性。

几种常用电动云台的特性 表 9-6

性能项目 \ 种类		室内限位旋转式	室外限位旋转式	室外连续旋转式	室外自动反转式
水平旋转速度		6°/s	3.2°/s	—	6°/s
垂直旋转速度		3°/s	3°/s	3°/s	—
水平旋转角		0°～350°	0°～350°	0°～350°	0°～350°
垂直旋转角	仰	45°	15°	30°	30°
	俯	45°	60°	60°	60°
抗风力		—	60m/s	60m/s	60m/s

3. 按承受负载能力分

轻载云台——最大负重 20 磅 （9.08kg）；

中载云台——最大负重 50 磅 （22.7kg）；

重载云台——最大负重 100 磅 （45kg）；

防爆云台——用于危险环境，可负重 100 磅。

4. 按旋转速度分

恒速云台——只有一档速度，一般水平转速最小值为 6°/s～12°/s，垂直俯仰速度为 3°/s～3.5°/s。

可变速云台——水平转速为 0～>400°/s，垂直倾斜速度多为 0～120°/s，最高可达 400°/s。

（二）防护罩

摄像机作为电子设备，其使用范围受元器件的使用环境条件的限制。为了使摄像机能在各种条件下应用，就要使用防护罩。防护罩的种类很多，这里按其使用的环境不同，有如图 9-15 所示的分类。

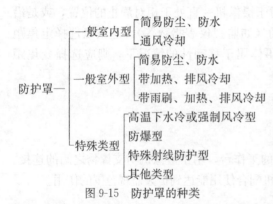

图 9-15 防护罩的种类

摄像机防护罩按其功能和使用环境可分为室内型防护罩、室外型防护罩、特殊型防护罩。

室内型防护罩的要求比较简单，其主要功能是保护摄像机在室内更好地使用，能防灰尘，有时也起隐蔽作用，使监视更具隐蔽性，使被监视场合和对象不易察觉，可采用针孔镜头，并带有装饰性的隐蔽防护外罩，但是隐蔽方式多样。例如带有半球型玻璃防护罩的 CCD 摄像机，外形类似一般家用照明灯具，安装在室内顶棚板或墙上，可对室内进行窥摄，具有隐蔽性强、监视范围大等特点。对室内防护罩还要求外形美观、简单，安装也要求简单实用等。不过，有些使用环境条件良好，也可省去室内防护罩，直接将摄像机安装在支架上进行现场监视。

室外防护罩要比室内防护罩复杂得多，其主要功能有防晒、防雨、防尘、防冻、防结露。气温 35℃ 以上时，要有冷却装置，在低于 0℃ 时要有加热装置。一般室外防护罩配有温度继电器，在温度高时自动打开风扇冷却，低时自动加热，下雨时可以人为控制雨刷器刷雨。有些室外防护罩的玻璃可以加热，如果防护罩有结霜，可以加热除霜。我国幅员辽阔，气候复杂，南方高温、潮湿，北方干燥、寒冷，在选择防护罩时应注意使用的地理环境。譬如在南方，最冷在 0℃ 左右，不需要带加热功能的防护罩，而在北方，则需要有此功能。室外防护罩的优劣对摄像机在室外应用非常重要，在设计时不可忽视。

摄像机防护罩的附属设备包括刮水器、清洁器、防霜器、加热器和风扇等，在选择防护罩时，应根据摄像机安装环境条件适当配备上述部分附属设备。

刮水器用于防止雨雪附着在摄像机镜头上，一般都安装于机头朝上的摄像机罩上。防霜器实际上是把防护罩前的窗玻璃改为导电玻璃，并用约 10W 功率的电源加热，即可避免霜雾。加热器用于温度在 −10℃ 以下的环境使机罩内的温度保持在 0℃ 以上。风扇则用于温度比较高的环境，采用风冷方式以保证摄像机正常的工作温度。

第三节　视频监控系统设备的选择与安装

一、摄像机选择与设置要求

（一）摄像机的选择与设置

（1）监视目标亮度变化范围大或需逆光摄像时，宜选用具有自动电子快门和背光补偿的摄像机。

（2）需夜间隐蔽监视时，宜选用带红外光源的摄像机（或加装红外灯作光源）。

（3）所选摄像机的技术性能宜满足系统最终指标要求；电源变化范围不应大于 ±10%（必要时可加稳压装置）；温度、湿度适应范围如不能满足现场气候条件的变化时，可采用加有自动调温控制系统的防护罩。

（4）监视目标的最低环境照度应高于摄像机要求最低照度的 50 倍。设计时应根据各个摄像机安装场所的环境特点，选择不同灵敏度的摄像机。一般摄像机最低照度要求为 0.3lx（彩色）和 0.1lx（黑白）。

（5）根据安装现场的环境条件，应给摄像机加装防护外罩。防护罩的功能包括防高温、防低温、防雨、防尘，特别场合还要求能有防辐射、防爆、防强振等的功能。在室外使用时（即高低温差大，露天工作，要求防雨、防尘），防护罩内宜加有自动调温控制系统和遥控雨刷等。

（6）根据摄像机与移动物体的距离确定摄像机的跟踪速度，高速球摄像机在自动跟踪时的旋转速度一般设定为 100°/s。

（7）摄像机应设置在监视目标区域附近不易受外界损伤的位置，不应影响现场设备运行和人员正常活动，同时保证摄像机的视野范围满足监视的要求。摄像机应有稳定牢固的支架，其设置的高度，室内距地面不宜低于 2.5m；室外距地面不宜低于 3.5m。室外如采用立杆安装，立杆的强度和稳定度应满足摄像机的使用要求。电梯轿厢内的摄像机应设置在电梯轿厢门侧左或右上角。

（8）摄像机应尽量避免逆光设置，必须逆光设置的场合（如汽车库、门庭），除对摄像机的技术性能进行考虑外，还应设法减小监视区域的明暗对比度。

（9）网络摄像机的网络传输方式，主要有以太网络、XDSL 模式、ISDN 电话模式、有线视频 Cable Modem、无线网络、移动电话模式等。根据网络线路的特点，以太网络适用于城市联网传输和大型公共建筑内的传输；XDSL 适用于办公室、商店和住宅；电话模式适用于不需要高速传输的地方；移动电话或无线网络适用于远程摄像机。

（二）镜头选择与设置要求

（1）镜头尺寸应与摄像机靶面尺寸一致。视频监控系统所采用的一般为 1 英寸以下（如 1/2 英寸、1/3 英寸）摄像机。

（2）监视对象为固定目标时，可选用定焦镜头，如贵重物品展柜。

（3）监视目标视距较大时，可选用长焦镜头。

（4）监视目标视距较小而视角较大时，可选用广角镜头，如电梯轿厢内。

（5）监视目标的观察视角需要改变和视角范围较大时，应选用变焦镜头。

（6）监视目标的照度变化范围相差 100 倍以上，或昼夜使用摄像机的场所，应选用光圈可调（自动或电动）镜头。

（7）需要进行遥控监视的（带云台摄像机）应选用可电动聚焦、变聚焦、变光圈的遥控镜头。

（8）摄像机需要隐藏安装时，如顶棚内、墙壁内、物品里，镜头可采用小孔镜头、棱镜镜头或微型镜头。

（三）云台选择与设置要求

（1）所选云台的负荷能力应大于实际负荷的 1.2 倍，并满足力矩的要求。

（2）监视对象为固定目标时，摄像机宜配置手动云台（又称为支架或半固定支架），其水平方向可调 $15°\sim30°$，垂直方向可调 $\pm45°$。

（3）电动云台可分为室内或室外云台，应按实际使用环境来选用。

（4）电动云台要根据回转范围、承载能力和旋转速度等三项指标来选择。

（5）云台的输入电压有交流 220V、交流 24V、直流 12V 等。选择时要结合控制器的类型和视频监控系统中的其他设备统一考虑。一般应选用带交流电机的云台，它的转速是恒定的，水平旋转速度一般为 $3°/s\sim10°/s$，垂直转速为 $4°/s$；需要在很短时间内移动到指定位置的应选用带预置位快球型一体化摄像机。

（6）云台转动停止时，应具有良好的自锁性能，水平和垂直转向回差应不大于 $1°$。

（7）室内云台在承受最大负载时，噪声应不大于 50dB。

（8）云台电缆接口宜位于云台固定不动的位置，在固定部位与转动部位之间（摄像机为固定部位）的控制输入线和视频输出线应采用软螺旋线连接。

（四）防护罩选择与设置要求

（1）防护罩尺寸规格要与摄像机的大小相配套。

（2）室内防护罩，除具有保护、防尘、防潮湿等功能，有的还起装饰作用，如针孔镜头、半球形玻璃防护罩。

（3）室外防护罩一般应具有全天候防护功能，如防晒、防高温（>35℃）、防低温（<0℃）、防雨、防尘、防风沙、防雪、防结霜等；罩内设有自动调节温度、自动除霜装置，宜采用双重壳体密封结构。选择防护罩的功能可依实际使用环境的气候条件加以取舍。

（4）特殊环境可选用防爆、防冲击、防腐蚀、防辐射等特殊功能的防护罩。

二、视频切换控制器选择与设置要求

（1）视频切换控制器（以下简称控制器）的容量应根据系统所需视频输入、输出的最低接口路数确定，并留有适当的扩展余量。

（2）视频输出接口的最低路数由监视器、录像机等显示与记录设备的配置数量及视频信号外送路数决定。

（3）控制器应能手动或自动编程，并使所有的视频信号在指定的监视器上进行固定的时序显示，对摄像机、电动云台的各种动作（如转向、变焦、聚焦、调制光圈等动作）进行遥控。

（4）控制器应具有存储功能。当市电中断或关机时，对所有编程设置、摄像机号、时间、地址等均可记忆。

（5）控制器应具有与报警控制器（如火警、盗警）的联动接口，报警发生时能切换出相应部位摄像机图像，予以显示与记录。

（6）大型综合安全消防系统需多点或多级控制时，宜采用多媒体技术，使文字信息、图表、图像、系统操作在一台 PC 机上完成。

三、视频报警器选择与设置要求

（1）视频报警器将监视与报警功能合为一体，可以进行实时的、大视场、远距离的监视报警。激光夜视视频报警器可实现夜晚的监视报警，适用于博物馆、商场、宾馆、仓库、金库等处。

（2）视频报警器对于光线的缓慢变化不会触发报警，能适应时段（早、中、晚等）和气候不同所引起的光线变化。

（3）当监视区域内出现火光或黑烟时，图像的变化同样可触发报警，因此视频报警器可兼有火灾报警和火情监视功能。

（4）数字式视频报警器可在室内、室外全天候使用。

（5）视频报警器对监视区域里快速的光线变化比较敏感。在架设摄像机时，应避免环境光对镜头的直接照射，并尽量避免在摄像现场内经常开、关的照明光源。

四、监视器选择与设置要求

（1）视频监控系统实行分级监视时，摄像机与监视器之间应有恰当的比例。重点观察的部位不宜大于 2∶1，一般部位不宜大于 10∶1。录像专用监视器宜另行设置。

（2）安全防范系统至少应有两台监视器，一台做固定监视用，另一台做时序监视或多画面监视用。

（3）清晰度：应根据所用摄像机的清晰度指标，选用高一档清晰度的监视器。一般黑白监视器的水平清晰度不宜小于 600TVL，彩色监视器的水平清晰度不宜小于 300TVL。

（4）根据用户需要可采用视频接收机作为监视器。有特殊要求时可采用背投式大屏幕监视器或投影机。

（5）彩色摄像机应配用彩色监视器，黑白摄像机应配用黑白监视器。

（6）监视者与监视器屏幕之间的距离宜为屏幕对角线的 4～6 倍，监视器屏幕宜为230～635mm（9～25 英寸）。

五、录像机 (DVR) 选择与设置要求

(1) 防范要求高的监视点可采用所在区域的摄像机图像全部录像的模式。

(2) 数字录像机 (DVR) 是将视频图像以数字方式记录、保存在计算机硬盘里，并能在屏幕上以多画面方式实时显示多个视频输入图像。数字录像机又称硬盘录像机。硬盘录像机 (Digital Video Recorder，DVR) 相对于传统的模拟磁盘式装置，采用硬盘录像，故被称为硬盘录像机。它具有对图像/语音进行长时间录像、录音、远程监视和控制的功能。DVR集合了录像机、画面分割器、云台镜头控制、报警控制、网络传输等五种功能于一体。

DVR的最主要功能是视频存储、视频查看。视频查看分为视频实时查看和视频回放。DVR具有视频输出的 BNC、VGA 标准接口，可以与监视器、电脑显示器配合使用。有的厂家把显示器与 DVR 做成一体化设备。所有厂家的 DVR 出厂都配有集中管理软件，可以用该软件管理多个硬盘录像机的视频图像与视频统一存储等功能。

(3) 选用 DVR 的注意事项如下:

1) DVR 的配套功能：如画面分割、报警联动、录音功能、动态侦测等指标；

2) DVR 储存容量及备份状况，如挂接硬盘的数量、硬盘的工作方式、传输备份等；

3) DVR 远程监控一般要求有一定的带宽，如果距离较远，无法铺设宽带网，则采用电信网络进行远程视频监控。

(4) 数字录像机的储存容量应按载体的数据量及储存时间确定。载体的数据量可参考表 9-7 数据。

载体数据量参考值   表 9-7

序　号	名　　称	数　据　量	15min 平均数据量
1	MS Word 文档	6.5KB/页	100KB (15 页)
2	IP 电话	G729，10Kbps	1MB
3	照片	JPEG，100KB/页	3MB (30 页)
4	手机视频	QCIF H. 264，300Kbps	33MB
5	标清视频	SDTV H. 264，2Mbps	222MB
6	高清视频	HDTV H. 264，10Mbps	1120MB

注：标清视频可作为参考，目前安防视频监控中看到的视像质量要比标清视像质量差一些。H3C 数字视频监控存储视像是按照 D1 格式，因此回放的质量较高。一般的视频监控解决方案用 DVR 录像达不到 D1，回放的质量就差一些。

(5) 用户根据应用的实际需求，选择各种类型的录像机产品：

1) 可选择 4、8、16 路，记录格式可选用 CIF，4CIF，D1 (标清视像压缩后的2Mbps 传输率即 D1) 等；

2) 以 mpeg4/h. 264 为主，可根据需要支持抓拍；

3) 实时播放、实时查询、快速下载等；

4) 保存容量及记录时间等。

六、摄像点的布置

摄像点的合理布置是影响设计方案是否合理的一个方面 (还可参考前述表 9-3)。对要求监视区域范围内的景物，要尽可能都进入摄像画面，减小摄像区的死角。要做到这一点，当然摄像机的数量越多越好，这显然是不合理的。为了在不增加较多的摄像机的情况

下能达到上述要求，就需要对拟定数量的摄像机进行合理的布局设计。

摄像点的合理布局，应根据监视区域或景物的不同，首先明确主摄体和副摄体是什么，将宏观监视与局部重点监视相结合。图 9-16 是几种监视系统摄像机的布置实例。当然，这些例子并不是说是最佳布置，因为各使用场合即使类型相同其使用要求也可能不同。另外，还需考虑系统的规模和造价等因素。

当一个摄像机需要监视多个不同方向时，如前所述应配置遥控电动云台和变焦镜头。但如果多设一二个固定式摄像机能监视整个场所时，建议不设带云台的摄像机，而设几个固定式摄像机。因为，云台造价很高，而且还需为此增设一些附属设备。如图 9-17a 所

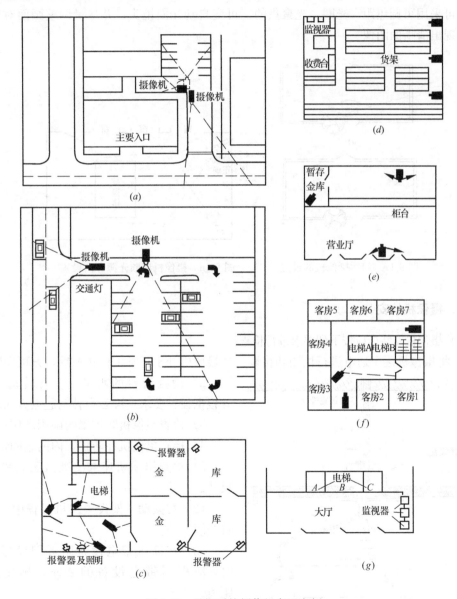

图 9-16 监视系统摄像机布置实例

（a）需要变焦场合；（b）停车场监视；（c）银行金库监控；（d）超级市场监视；

（e）银行营业厅监视；（f）宾馆保安监视；（g）公共电梯监视

示，当带云台的摄像机监视门厅 A 方向时，B 方向就成了一个死角，而云台的水平回转速度一般在 50Hz 时约为 $3°/s\sim6°/s$，从 A 方向转到 B 方向约为 $20\sim40s$，这样当摄像机来回转动时就有部分时间不能监视目标。如果按图 9-17b 设置两个固定式摄像机，就能 24h 不间断地监视整个场所，而且系统造价也较低。

摄像机镜头应顺光源方向对准监视目标，避免逆光安装。如图 9-18 所示，被摄物旁是窗（或照明灯），摄像机若安装在图中 a 位置，由于摄像机内的亮度自动控制（自动靶压调整，自动光圈调整）的作用，使得被摄体部分很暗，清晰度也降低，影响观看效果。这时应改变取景位置（图 9-18 中 b），或用遮挡物将强光线遮住。如果必须在逆光地方安装，则可采用可调焦距、光圈、光聚焦的三可变自动光圈镜头，并尽量调整画面对比度，使之呈现出清晰的图像。

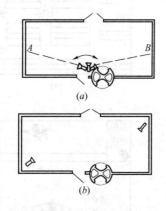

图 9-17   门厅摄像机的设置

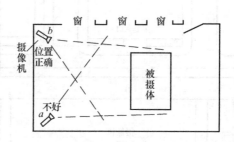

图 9-18   摄像机应顺光源方向设置

七、摄像机的安装

（1）摄像机安装前应按下列要求进行检查：

1）将摄像机逐个通电进行检测和粗调，在摄像机处于正常工作状态后，方可安装；

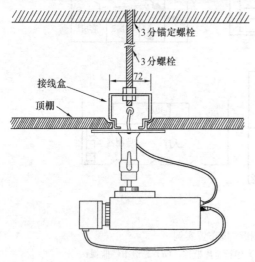

图 9-19   吊顶安装之一

2）检查云台的水平、垂直转动角度，并根据设计要求定准云台转动起点方向；

3）检查摄像机防护罩的雨刷动作；

4）检查摄像机在防护罩内的紧固情况；

5）检查摄像机座与支架或云台的安装尺寸。

（2）在搬动、架设摄像机过程中，不得打开镜头盖。

（3）在高压带电设备附近架设摄像机时，应根据带电设备的要求，确定安全距离。

（4）摄像装置的安装应牢靠、稳固。摄像机的安装示例如图 9-19～图 9-27 所示。

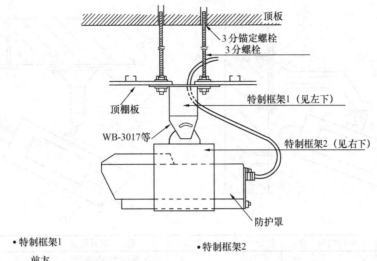

 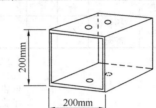

图 9-20 吊顶安装之二

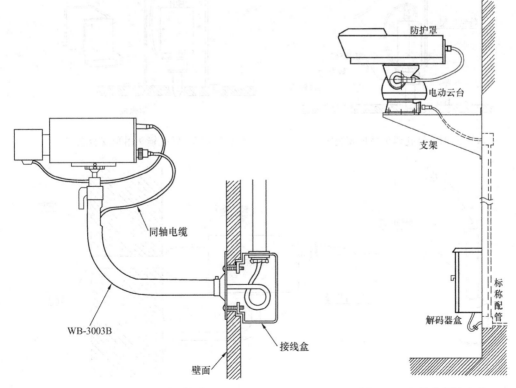

图 9-21 墙壁安装   图 9-22 室外水泥墙安装

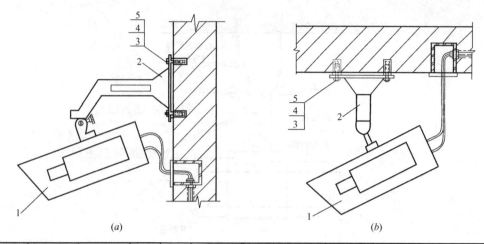

编号	名　称	型号规格	单位	数量	备　注	编号	名　称	型号规格	单位	数量	备　注
1	摄像机		台	1		3	膨胀螺栓	M8×70	个	4	
2	支架	与摄像机配套	个	1		4	螺母	M8	个	4	GB 52—76
						5	垫圈	φ8	个	4	GB 97—76

图 9-23　壁装与吊装

(a) 壁装；(b) 吊装

注：1. 壁装支架距屋顶 1.5m 左右。
　　2. 吊装适用于层高 2.5m 以下场所。

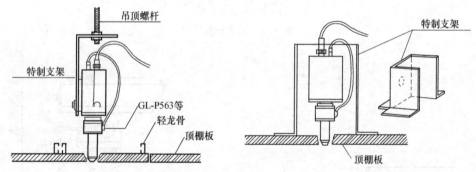

图 9-24　针孔镜头吊顶安装之一　　　　图 9-25　针孔镜头吊顶安装之二

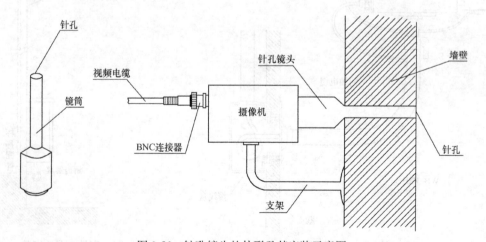

图 9-26　针孔镜头的外形及其安装示意图

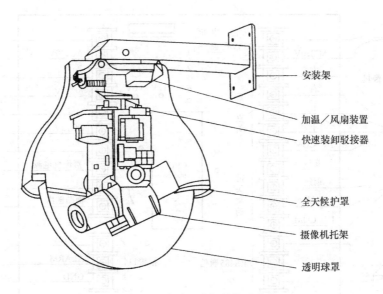

图 9-27 球形云台的结构及安装

（5）从摄像机引出的电缆宜留有 1m 的余量，不得影响摄像机的转动。摄像机的电缆和电源线均应固定，并不得用插头承受电缆的自重。

（6）先对摄像机进行初步安装，经通电试看，细调，检查各项功能，观察监视区域的覆盖范围和图像质量，符合要求后方可固定。

（7）电梯厢内的摄像机应安装在电梯厢顶部、电梯操作器的对角处，并应能监视电梯厢内全景。

（8）解码器的安装：

解码器通常安装在现场摄像机附近；安装在吊顶内，要预留检修口；室外安装时要选用具有良好的密封防水性能的室外解码器。

解码器通过总线实现云台旋转，镜头变焦、聚焦、光圈调整，灯光、摄像机开关，防护罩清洗器、雨刷，辅助功能输入、位置预置等功能。

解码器一般多为 220V 50Hz 输入，6～12V DC 输出供聚焦、变焦和改变光圈速度，另有电源输出供给云台，都为 24V AC/50Hz 标准云台。

解码器安装时需完成以下 6 项工作：

1）解码器地址设定：解码器地址通常由 8 位二进制开关确定，开关置 OFF 时为 0（零），ON 时为 1。

2）镜头电压选择（6V、10V）。

3）摄像机 DC 电压选择。

4）雨刷工作电压选择。

5）云台工作电压选择。

6）辅助功能输入。

图 9-28 是某解码器的接线示意图。

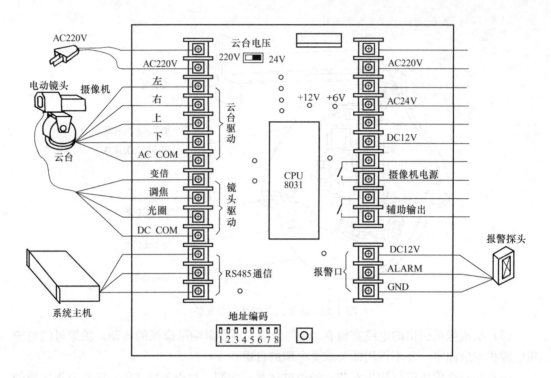

图 9-28 某解码器的接线示意图

第四节 传输方式与线缆工艺

一、传输方式

视频监控系统有视频信号和控制信号两种信号传输。

（一）视频信号传输

视频信号传输又有两种方式：

（1）模拟视频监控系统的视频信号传输方式分为有线和无线方式。有线方式则采用同轴电缆（几百米传输距离）和光端机加光缆（可达几十公里）两种传输方式。智能建筑中每路视频传输距离多为几百米，故常用同轴电缆传输。

（2）数字视频监控系统的视频信号传输方式也有三种，如图 9-29。它的关键设备是网络视频服务器和网络摄像机，基于宽带 IP 网络传输，故其传输技术就是局域网技术。

1）网络视频服务器

网络视频服务器是最近几年面世的第三代全数字化远程视频集中监控系统的核心设备，利用它可以将传统摄像机捕捉的图像进行数字化编码压缩处理后，通过局域网、广域网、无线网络、Internet 或其他网络方式传送到网络所延伸到的任何地方。千里之外的网络终端用户通过普通计算机就可以对远程图像进行实时的监控、录像、管理。网络视频服务器基于网络实现动态图像实时传输的特点，使得以往必须局限在区域范围的图像监控系统，变成可以不受时间与地域的限制。

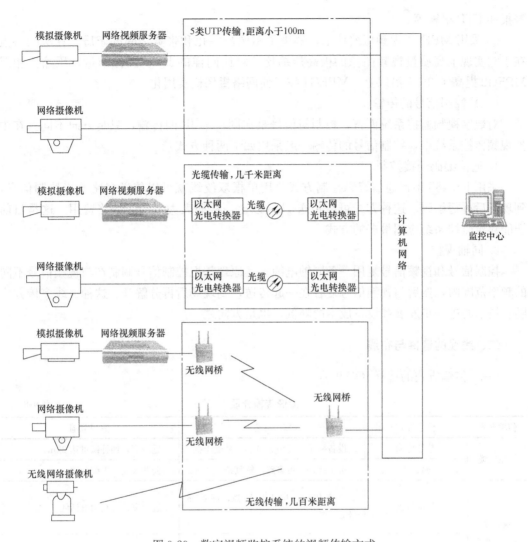

图 9-29　数字视频监控系统的视频传输方式

2）网络摄像机

网络摄像机是集视频压缩技术、计算机技术、网络技术、嵌入式技术等多种先进技术于一体的数字摄像设备，是传统摄像机＋网络视频服务器的集合。它的主要特点为：

① 包括一个镜头、光学过滤器、影像感应器、视频压缩卡、Web 服务器、网卡等设备。

② 采用嵌入式系统，无需计算机的协助便可独立工作。

③ 有独立的 IP 地址，可通过 LAN、DSL，连接或无线网络适配器直接与以太网连接。

④ 支持多种网络通信协议。如 TCP/IP，局域网上的用户以及 Internet 上的用户使用标准的网络浏览器，就可以根据 IP 地址对网络摄像机进行访问。

⑤ 观看通过网络传输的实时图像。

⑥ 通过对镜头、云台的控制，对目标进行全方位的监控。

⑦ 先进的网络摄像机还包含很多其他更有吸引力的功能，例如运动探查、电子邮件

警报和 FTP 报警等。

⑧ 采用 MPEG4 视频压缩技术，解决了图像数字化和带宽之间的矛盾。算法的特点在于它实现了高质量视频图像的极高压缩比。对比同样的 DVD 图像质量，压缩比相对 MPEG2 提高了 3~5 倍以上，MPEG4 技术使网络摄像机实用化。

（二）控制信号的传输

对数字视频监控系统而言，控制与信号是在同一个 IP 网传输，只是方向不同。在模拟视频监控系统中，控制信号的传输一般采用如下两种方式：

1. 通信编码间接控制

采用 RS-485 串行通信编码控制方式，用单根双绞线就可以传送多路编码控制信号，到现场后再行解码。这种方式可以传送 1km 以上，从而大大节约了线路费用。这是目前智能建筑监控系统应用最多的方式。

2. 同轴视控

控制信号和视频信号复用一条同轴电缆。其原理是把控制信号调制在与视频信号不同的频率范围内，然后与视频信号复合在一起传送，到现场后再分解开。这种一线多传方式随着技术的进一步发展和设备成本的降低，也是方向之一。

二、线缆的选择与布线

（一）传输方式的选择（表 9-8）

图像传输介质   表 9-8

传输介质	传输方式	特　点	适用范围
同轴电缆	基带传输	设备简单、经济、可靠，易受干扰	近距离，加补偿可达 2km
	调幅、调频	抗干扰好，可多路，较复杂	公共天线、电缆视频
双绞线（电话线）	基带传输	平衡传输，抗干扰性强，图像质量差	近距离，可利用电话线
	数字编码	传送静止、准实时图像，抗干扰性强	报警系统，可视电话，也可传输基带信号，可利用网线
光纤传输	基带传输	IM 直接调制，图像质量好，抗电磁干扰好	应用视频，特别是大型系统
	PCM FDM（频分多路） WDM（波分多路）	双向传输，多路传输	干线传输
无线	微波、调频	灵活、可靠，易受干扰和建筑遮挡	临时性、移动监控
网络	数字编码、TCP/IP	实时性、连续性要求不高时可保证基本质量，灵活性、保密性强	远程传输，系统自主生成，临时性监控

（1）传输距离较近，可采用同轴电缆传输视频基带信号的视频传输方式。采用视频同轴电缆传输方式时，同轴电缆应采用 SYV75 系列产品。SYV75-5 的同轴电缆适用于

300m 以内模拟视频信号的传输。当传输的彩色视频基带信号，在 5.5MHz 点的不平坦度大于 3dB 时，宜加电缆均衡器；当大于 6dB 时，应加电缆均衡放大器。

（2）传输距离较远，监视点分布范围广，或需进电缆视频网时，宜采用射频同轴电缆传输。采用射频同轴电缆传输方式时，应配置射频调制、解调器、混合器、放大器等。射频同轴电缆（SYWV）适用于距离较远、多路模拟视频信号的传输。

（3）长距离传输或需避免强电磁场干扰的传输，宜采用传输光调制信号的光缆传输方式。当有防雷要求时，应采用无金属光缆。

（4）系统的控制信号可采用多芯线直接传输或将遥控信号进行数字编码用电（光）缆进行传输。

（二）线缆选型

（1）同轴电缆：

1）应根据图像信号采用基带传输还是射频传输，确定选用视频电缆还是射频电缆。

2）所选用电缆的防护层应适合电缆敷设方式及使用环境（如环境气候、存在有害物质、干扰源等）。

3）室外线路宜选用外导体内径为 9mm 的同轴电缆，采用聚乙烯外套。

4）室内距离不超过 500m 时，宜选用外导体内径为 7mm 的同轴电缆，且采用防火的聚氯乙烯外套。

5）终端机房设备间的连接线距离较短时，宜选用的外导体内径为 3mm 或 5mm，且具有密编铜网外导体的同轴电缆。

（2）其他线缆选择：

1）通信总线　　　　　　　　　RVVP2×1.5mm²；

2）摄像机电源　　　　　　　　RVS2×0.5mm²；

3）云台电源　　　　　　　　　RVS5×0.5mm²；

4）镜头　　　　　　　　　　　RVS（4～6）×0.5mm²；

5）灯光控制　　　　　　　　　RVS2×1.0mm²；

6）探头电源　　　　　　　　　RVS2×1.0mm²；

7）报警信号输入　　　　　　　RVS2×0.5mm²；

8）解码器电源　　　　　　　　RVS2×0.5mm²。

（3）光缆：

1）光缆的传输模式，可依传输距离而定。长距离时宜采用单模光缆，距离较短时宜采用多模光缆。

2）光缆芯线数目，应根据监视点的个数、监视点的分布情况来确定，并注意留有一定的余量。

3）光缆的结构及允许的最小弯曲半径、最大抗拉力等机械参数，应满足施工条件的要求。光缆的最小弯曲半径应不小于其外径的 20 倍。

4）光缆外护层的选择应符合下列规定：

① 当光缆采用管道、架空敷设时，宜采用铝——聚乙烯粘结护层；

② 当光缆采用直埋时，宜采用充油膏铝塑粘结加铠装聚乙烯外护套；

③ 当光缆在室内敷设时，宜采用聚氯乙烯外护套，或其他的塑料阻燃护套。当采用

聚乙烯护套时，应采取有效的防火措施；

④ 当光缆在水下敷设时，应采用铝塑粘结（或铝套、铅套、钢套）钢丝铠装聚乙烯外护套；

⑤ 无金属的光缆线路，应采用聚乙烯外护套或纤维增强塑料护层。

（4）室内布线设计：

1）室内线路敷设应符合《建筑电气设计技术规程》JBJ 16—83 的有关规定。

2）在新建或有内装修要求的已建建筑物内，宜采用暗管敷设方式，对无内装修要求的已建建筑物可采用线卡明敷方式。

3）室内明敷电缆线路宜采用配管、配槽敷设方式。明敷线路布设应尽量与室内装饰协调一致。

4）电缆线路不得与电力线同线槽、同出线盒、同连接箱安装。

5）明敷电缆与明敷电力线的间距不应小于 0.3m。

6）布线使用的非金属管材、线槽及附件应采用不燃或阻燃性材料制成。

7）电缆竖井宜与强电电缆的竖井分别设置，如受条件限制必须合用时，报警系统线路和强电线路应分别布置在竖井两侧。

（5）室外布线设计：

1）电缆在室外敷设，应符合《工业企业通信设计规范》GBJ 42—81 中的要求及国家现行的有关规定和规范。

2）室外线路敷设方式宜按以下原则确定：

① 有可利用的管道时，可考虑采用管道敷设方式；

② 监视点的位置和数量比较稳定时，可采用直埋电缆敷设方式；

③ 有建筑物可利用时，可考虑采用墙壁固定敷设方式；

④ 有可供利用的架空线杆时，可采用架空敷设方式。

3）电缆、光缆线路路径设计，应使线路短直、安全、美观，信号传输稳定、可靠，线路便于检修、检测，并应使线路避开易受损地段，减少与其他管线等障碍物的交叉跨越。

4）电缆线路宜穿金属管或塑料管加以防护。

5）电缆架空敷设时，同共杆架设的电力线（1kV 以下）的间距不应小于 1.5m，同广播线的间距不应小于 1m，同通信线的间距不应小于 0.6m。

6）在电磁干扰较强的地段（如电台天线附近），电缆应穿金属管并尽可能埋入地下，或采用光缆传输方式。

7）交流供电电缆应与视频电缆、控制信号线单独分管敷设。

8）地埋式引出地面的出线口，应尽量选在隐蔽地点，并应在出口处设置从地面计算高度不低于 3m 的出线防护钢管，且周围 5m 内不应有易攀登的物体。

9）电缆线路由建筑物引出时，应尽量避开避雷针引下线，不能避开处两者平行距离不应小于 1.5m，交叉间距不应小于 1m，并应尽量防止长距离平行走线。在不能满足上述要求处，可在间距过近处对电缆加缠铜皮屏蔽。屏蔽层要有良好的就近接地装置。

10）在中心控制室电缆汇集处，应对每根入室电缆在接线架上加装避雷装置。

（6）无线传输系统设计：

1）传输频率必须经过国家无线电管理委员会批准；

2）发射功率应适当，以免干扰广播和民用视频；

3）无线图像传输宜采用调频制；

4）无线图像传输方式主要有高频开路传输方式和微波传输方式：

① 监控距离在10km范围内时，可采用高频开路传输方式。

② 监控距离较远且监视点在某一区域较集中时，应采用微波传输方式，其传输距离最远可达几十公里。需要传输距离更远或中间有阻挡物的情况时，可考虑加微波中继。

(7) 电缆的敷设要求：

1）电缆的弯曲半径应大于电缆直径的15倍。

2）电源线宜与信号线、控制线分开敷设。

3）室外设备连接电缆时，宜从设备的下部进线。

4）电缆长度应逐盘核对，并根据设计图上各段线路的长度来选配电缆。宜避免电缆的接续，当电缆接续时，应采用专用接插件。

(8) 架设架空电缆时，宜将电缆吊线固定在电杆上，再用电缆挂钩把电缆卡挂在吊线上；挂钩的间距宜为0.5~0.6m。根据气候条件，每一杆档应留出余兜。

(9) 墙壁电缆的敷设，沿室外墙面宜采用吊挂方式；室内墙面宜采用卡子方式。

墙壁电缆当沿墙角转弯时，应在墙角处设转角墙担。电缆卡子的间距在水平路径上宜为0.6m；在垂直路径上宜为1m。

(10) 直埋电缆的埋深不得小于0.8m，并应埋在冻土层以下；紧靠电缆处应用沙或细土覆盖，其厚度应大于0.1m，且上压一层砖石保护。通过交通要道时，应穿钢管保护，电缆应采用具有铠装的直埋电缆，不得用非直埋式电缆作直接埋地敷设。转弯地段的电缆，地面上应有电缆标志。

(11) 敷设管道电缆，应符合下列要求：

1）敷设管道线之前应先清刷管孔；

2）管孔内预设一根镀锌铁线；

3）穿放电缆时宜涂抹黄油或滑石粉；

4）管口与电缆间应衬垫铅皮，铅皮应包在管口上；

5）进入管孔的电缆应保持平直，并应采取防潮、防腐蚀、防鼠等处理措施。

(12) 管道电缆或直埋电缆在引出地面时，均应采用钢管保护。钢管伸出地面不宜小于2.5m；埋入地下宜为0.3~0.5m。

(13) 光缆的敷设应符合下列规定：

1）敷设光缆前，应对光纤进行检查，光纤应无断点，其衰耗值应符合设计要求。

2）核对光缆的长度，并应根据施工图的敷设长度来选配光缆。配盘时应使接头避开河沟、交通要道和其他障碍物；架空光缆的接头应设在杆旁1m以内。

3）敷设光缆时，其弯曲半径不应小于光缆外径的20倍。光缆的牵引端头应做好技术处理；可采用牵引力有自动控制性能的牵引机进行牵引。牵引力应加于加强芯上，其牵引力不应超过150kg；牵引速度宜为10m/min；一次牵引的直线长度不宜超过1km。

4）光缆接头的预留长度不应小于0.8m。

5）光缆敷设完毕，应检查光纤有无损伤，并对光缆敷设损耗进行抽测。确认没有损伤时，再进行接续。

（14）架空光缆应在杆下设置伸缩余兜，其数量应根据所在负荷区级别确定，对重负荷区宜每杆设一个；中负荷区 2～3 根杆宜设一个；轻负荷区可不设，但中间不得绷紧。光缆余兜的宽度宜为 1.52～2m；深度宜为 0.2～0.25m（图 9-30）。

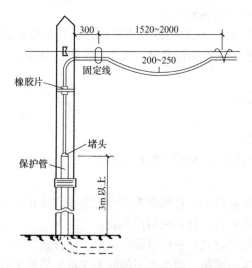

光缆架设完毕，应将余缆端头用塑料胶带包扎，盘成圈置于光缆预留盒中；预留盒应固定在杆上。地下光缆引上电杆，必须采用钢管保护，如图 9-30 下部所示。

（15）在桥上敷设光缆时，宜采用牵引机终点牵引和中间人工辅助牵引。光缆在电缆槽内敷设不应过紧；当遇桥身伸缩接口处时，应作 3～5 个"S"弯，并每处宜预留 0.5m。当穿越铁路桥面时，应外加金属管保护。光缆经垂直走道时，应固定在支持物上。

（16）管道光缆敷设时，无接头的光缆在直道上敷设应由人工逐个人孔同步牵引。预先做好接头的光缆，其接头部分不得在管道内穿行；光缆端头应用塑料胶带包好，并盘成圈放置在托架高处。

图 9-30   光缆的余兜及引上线钢管保护
（单位：mm）

（17）光缆的接续应由受过专门训练的人员操作。接续时应采用光功率计或其他仪器进行监视，使接续损耗达到最小；接续后应做好接续保护，并安装好光缆接头护套。

（18）光缆敷设后，宜测量通道的总损耗，并用光时域反射计观察光纤通道全程波导衰减特性曲线。

（19）在光缆的接续点和终端应作永久性标志。

第五节   监控室施工设计

一、监控室的设备选择

（一）控制中心设备的选择

1. 监视器

（1）数量

监视器的配置数量，由摄像机配置的数量决定，一般采用 4：1 方式（即若有 16 个摄像点，则应选配 4 台监视器），录像专用监视器可另行设置。

（2）清晰度

1）应根据所用摄像机的分解力指标，选用高一档清晰度的监视器，一般应高 100TVL；

2）满足系统最终指标要求。

（3）颜色

彩色摄像机应配用彩色监视器，黑白摄像机应配用黑白监视器。

（4）尺寸

监视器的屏幕尺寸，应根据监视者与监视器屏幕之间的距离为屏幕对角线的 4～6 倍的关系来选定。一般采用 23～51cm 屏幕的监视器。

2. 控制台

一般由视频切换控制器、遥控器、时间日期地址信号发生器、附加传输部件等部分组成。

（1）视频切换控制器

1）视频切换控制器的切换比，应根据系统所需视频输入、输出最低接口路数，并考虑留有适当余量来选定。其中：

① 视频输入接口的最低路数由摄像机配置的数量决定；

② 视频输出接口的最低路数由监视器、录像机等显示与记录设备的配置数量及视频信号外送路数决定。

2）视频切换控制器应能手动或自动编程，对摄像机、电动云台的各种动作（如转向、变焦、聚焦、光圈等动作）进行遥控。

3）应能手动或自动编程，对所有的视频信号在指定的监视器上进行固定或时序显示。

4）应具有存储功能，当市电中断或关机时，对所有编程设置、摄像机号、时间、地址等均可记忆。

5）应具有与报警控制器联动的接口，报警发生时能切换出相应部位摄像机的图像，予以显示与记录。

6）视频信号远距离传输时，宜采用远地视频切换方式。

（2）遥控器

遥控器的控制功能，应根据摄像机所用镜头的类型及云台的选用与否来确定。

控制方式常用的有直接控制和总线控制两种，选择原则：

1）监控点距离较近、较少且为固定监视时，一般可采用直接控制方式。

2）监控点距离较远且相对较多，又多采用变焦镜头和云台的情况，一般宜选用总线控制方式。

（3）时间日期地址信号发生器

应能产生并能在视频图像上叠加摄像机号、地址、时间等字符，并可修改。

（4）附加传输部件

1）视频同轴电缆传输方式，当传输距离较远时，宜加装电缆均衡器；

2）采用射频同轴电缆传输方式时，应配置射频调制解调器；

3）采用光纤传输方式时，应配置光调制解调器；

4）采用电话线传输方式时，应配置线路接收装置。

【说明】

1）监控系统的运行控制和功能操作宜在控制台面板上进行，操作部分应简单方便、灵活可靠；

2）在控制台上应能控制摄像机、监视器及其他设备供电电源的通断；

3）控制台的配置应留有扩充余地。

（二）其他常用配套设备

1．录像机

（1）录像机的规格及档次应与摄像机相一致。

（2）防范要求高的特殊监视点：可采用普通录像机直接录像方式（即录像机与摄像机进行一对一录像）。

（3）普通监视点：当图像实时性要求不很高时，可采用长时间录像机一对一录像（延时时间越长，实时性越差）。

（4）普通监视点：当图像实时性要求不很高，且监控点较多时，可采用一路对多路切换录像控制方式。切换录像控制方式有时序切换、帧切换和智能切换等（参与录像的路数越多，实时性越差）。

（5）普通监视点：当图像质量要求不很高，且监视点较多时，可采用多画面分割录像方式对多路视频信号同时记录（一般画面分割越多，图像质量越差）。

（6）录像控制应与报警系统联动。

2．多画面分割器

采用画面分割器可在一台监视器或录像机上同时显示或录制、重放一路或多路图像。当资金或控制室空间受限，且防范要求不很高而监视点较多时可选用。

二、监控室的布局

（1）根据系统大小，宜设置监控点或监控室。监控室的设计应符合下列规定：

1）监控室宜设置在环境噪声较小的场所。

2）监控室的使用面积应根据设备容量确定，宜为 $12\sim50m^2$。

3）监控室的地面应光滑、平整、不起尘。门的宽度不应小于 0.9m，高度不应小于 2.1m。

4）监控室内的温度宜为 $16\sim30℃$，相对湿度宜为 30％～75％。

5）监控室内的电缆、控制线的敷设宜设置地槽。当属改建工程或监控室不宜设置地槽时，也可敷设在电缆架槽、电缆走道、墙上槽板内，或采用活动地板。

6）根据机柜、控制台等设备的相应位置，应设置电缆槽和进线孔，槽的高度和宽度应满足敷设电缆的容量和电缆弯曲半径的要求。

7）监控室内设备的排列，应便于维护与操作，并应满足安全、消防的规定要求。

图 9-31、图 9-32 为监控室的设备布置示例。图 9-33 为控制台样式示例。

（2）监控室根据需要宜具备下列基本功能：

1）能提供系统设备所需的电源；

2）监视和记录；

3）输出各种遥控信号；

4）接收各种报警信号；

5）同时输入输出多路视频信号，并对视频信号进行切换；

6）时间、编码等字符显示；

7）内外通信联络。

（3）控制室一般分为两个区，即终端显示区及操作区。操作区与显示区的距离以监视

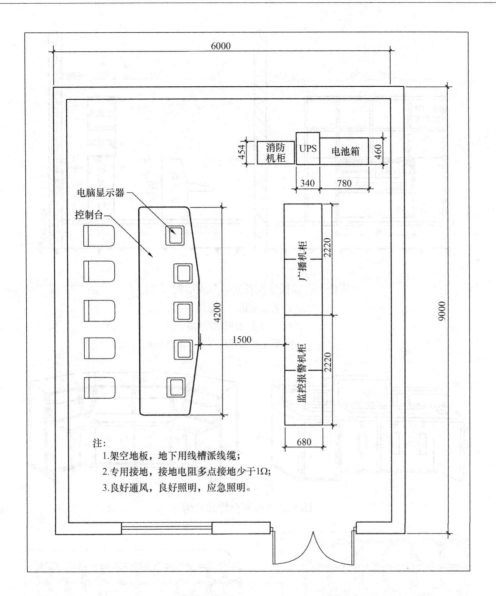

图 9-31　监控室设备平面布置示例（一）（单位：mm）

者与屏幕之间的距离为屏幕对角线的 4～6 倍设置为宜。

（4）控制台的设置：

1）控制台的设置应便于操作和维修，正面与墙的净距离不应小于 1.2m，两侧面与墙或其他设备的净距离在主通道不应小于 1.5m，在次要通道不应小于 0.8m。

2）监视器的安装位置应使屏幕不受外界强光直射。当有不可避免的强光入射时，应加光罩遮挡。

3）与室内照明设计合理配合，以减少在屏幕上因灯光反射引起对操作人员的眩目。

4）监视器的外部调节旋钮应暴露在方便操作的位置，并加防护盖。

图 9-34 为监视器机架布置示例，表 9-9 则表示监视器屏幕尺寸与可供观看的最佳距离。

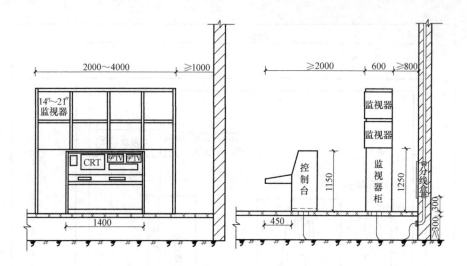

图 9-32　监控室设备立面布置示例（二）

注：1. 控制室供电容量约 3～5kVA。

2. 控制室内应设接地端子。

3. 图中尺寸仅供参考，单位 mm。

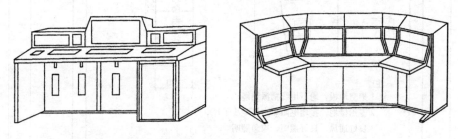

图 9-33　控制台样式示例

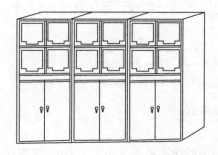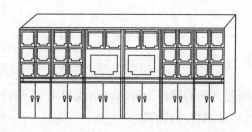

图 9-34　监视器机架布置示例

监视器屏幕尺寸与可供观看的最佳距离　　　　　　　　　　表 9-9

监视器规格（对角线）		屏幕标称尺寸		可供观看的最佳距离	
（cm）	（英寸）	宽（cm）	高（cm）	最小观看距离（m）	最大观看距离（m）
23	9	18.4	13.8	0.92	1.6
31	12	24.8	18.6	1.22	2.2
35	14	28.0	21.0	1.42	2.5
43	17	34.4	25.8	1.72	3.0

（5）控制室内照明：

1）控制室内的平均照度应≥200Lx；

2）照度均匀度（即最低照度与平均照度之比）应≥0.7。

（6）控制室内布线设计：

1）控制室内的电缆、控制线的敷设宜采用地槽。槽高、槽宽应满足敷设电缆的需要和电缆弯曲半径的要求。

2）对活动地板的要求：

① 防静电；

② 架空高度≥0.25m；

③ 根据机柜、控制台等设备的相应位置，留进线槽和进线孔。

3）对不宜设置地槽的控制室，可采用电缆槽或电缆架架空敷设。

（7）系统照明：

1）监视目标所需最低照度：

① 黑白视频系统，监视目标最低照度应≥10lx；

② 彩色视频系统，监视目标最低照度应≥50lx。

2）监视目标处于雾气环境时，黑白视频系统宜采用高压水银灯作配光，彩色视频系统宜采用碘钨灯作配光。

3）具有电动云台的监视系统，照明灯宜设置在摄像机防护罩上或设置在与云台同方向转动的其他装置上。

三、监控室的安装施工

（1）机架安装应符合下列规定：

1）机架安装位置应符合设计要求，当有困难时可根据电缆地槽和接线盒位置作适当调整。

2）机架的底座应与地面固定。

3）机架安装应竖直平稳；垂直偏差不得超过 1‰。

4）几个机架并排在一起，面板应在同一平面上并与基准线平行，前后偏差不得大于3mm；两个机架中间缝隙不得大于 3mm。对于相互有一定间隔而排成一列的设备，其面板前后偏差不得大于 5mm。

5）机架内的设备、部件的安装，应在机架定位完毕并加固后进行，并安装的设备应牢固、端正。

6）机架上的固定螺丝、垫片和弹簧垫圈均应按要求紧固，不得遗漏。

（2）控制台安装应符合下列规定：

1）控制台位置应符合设计要求；

2）控制台应安放竖直，台面水平；

3）附件完整、无损伤、螺丝紧固，台面整洁无划痕；

4）台内接插件和设备接触应可靠，安装应牢固，内部接线应符合设计要求，无扭曲脱落现象。

（3）监控室内，电缆的敷设应符合下列要求：

1）采用地槽或墙槽时，电缆应从机架、控制台底部引入，将电缆顺着所盘方向理直，按电缆的排列次序放入槽内；拐弯处应符合电缆曲率半径要求。

电缆离开机架和控制台时，应在距起弯点 10mm 处成捆空绑，根据电缆的数量应隔 100～200mm 空绑一次。

2）采用架槽时，架槽宜每隔一定距离留出线口。电缆由出线口从机架上方引入，在引入机架时应成捆绑扎。

3）采用电缆走道时，电缆应从机架上方引入，并应在每个梯铁上进行绑扎。

4）采用活动地板时，电缆在地板下可灵活布放，并应顺直无扭绞；在引入机架和控制台处还应成捆绑扎。

（4）在敷设的电缆两端应留适度余量，并标示明显的永久性标记。

（5）各种电缆和控制线插头的装设应符合产品生产厂的要求。

（6）引入、引出房屋的电（光）缆，在出入口处应加装防水罩。向上引入、引出的电（光）缆，在出入口处还应做滴水弯，其弯度不得小于电（光）缆的最小弯曲半径。电（光）缆沿墙上下引入、引出时应设支持物。电（光）缆应固定（绑扎）在支持物上，支持物的间隔距离不宜大于 1m。

（7）监控室内光缆的敷设，在电缆走道上时，光端机上的光缆宜预留 10m；余缆盘成圈后应妥善放置，光缆至光端机的光纤连接器的耦合工艺，应严格按有关要求进行。

（8）监视器的安装应符合下列要求：

1）监视器可装设在固定的机架和柜上，也可装设在控制台操作柜上。当装在柜内时，应采取通风散热措施。

2）监视器的安装位置应使屏幕不受外来光直射。当有不可避免的光时，应加遮光罩遮挡。

3）监视器的外部可调节部分，应暴露在便于操作的位置，并可加保护盖。

四、供电与接地

（1）系统的供电电源应采用 220V、50Hz 的单相交流电源，并应配置专门的配电箱。当电压波动超出＋5%～−10%范围时，应设稳压电源装置。稳压装置的标称功率不得小于系统使用功率的 1.5 倍。

（2）摄像机宜由监控室引专线经隔离变压器统一供电。当供电线与控制线合用多芯线时，多芯线与电缆可一起敷设。远端摄像机可就近供电，但设备应设置电源开关、熔断器和稳压等保护装置。

（3）系统的接地，宜采用一点接地方式。接地母线应采用铜质线。接地线不得形成封闭回路，不得与强电的电网零线短接或混接。

（4）系统采用专用接地装置时，其接地电阻不得大于 4Ω；采用综合接地网时，其接地电阻不得大于 1Ω。

（5）应采用专用接地干线，由控制室引入接地体。专用接地干线所用铜芯绝缘导线或电缆，其芯线截面不应小于 16mm² 。

（6）接地线不能与强电交流的地线以及电网零线短接或混接，接地线不能形成封闭回路。

（7）由控制室引到系统其他各设备的接地线，应选用铜芯绝缘软线，其截面积不应小于 4mm²。

（8）光缆传输系统中，各监控点的光端机外壳应接地，且宜与分监控点统一连接接地。光缆加强芯、架空光缆接续护套应接地。

（9）架空电缆吊线的两端和架空电缆线路中的金属管道应接地。

（10）进入监控室的架空电缆入室端和摄像机装于旷野、塔顶或高于附近建筑物的电缆端，应设置避雷保护装置。

（11）防雷接地装置宜与电气设备接地装置和埋地金属管道相连。当不相连时，两者间的距离不宜小于 20m。

（12）不得直接在两建筑屋顶之间敷设电缆，应将电缆沿墙敷设于防雷保护区以内，并不得妨碍车辆的运行。

（13）系统的防雷接地与安全防护设计应符合现行国家标准《工业企业通信接地设计规范》GBJ 79—85、《建筑物防雷设计规范》GB 50057—94 和《声音和视频信号的电缆分配系统》GB/T 6510—1996 的规定。

第六节 工 程 举 例

【例 1】 某大楼的视频监控系统

该大楼共 22 层，设置摄像机 76 台，采用矩阵主机进行控制。控制室设在首层。该视频监控系统图及摄像机的楼层配置图如图 9-35 所示。下面着重介绍一下该大楼大堂和电梯间的摄像机布置。

图 9-36 是该大楼大堂门口和电梯间的摄像机布置示例。用来摄像监视大堂门口的摄像机 C，由于直对屋外，需采用具有逆光补偿的摄像机。对于电梯轿厢内摄像机的布置，以往通常设在电梯操作器对角轿厢顶部处，左右上下互成 45°对角，如图中 A 处。但这种布置摄取乘客大部分时间为背部，不如布置在 B 处，能大部分时间摄取乘客正面。摄像机可选用带 3mm 自动光圈广角镜头、隐蔽式黑白或彩色摄像机。

【例 2】 某智能小区的视频监控系统（图 9-37）

该小区在主要出入口、管理大楼等处共设置摄像机 80 台，其中小区内集中绿地及景观的中心区域还设置 2 台云台摄像机。装设在车库内的摄像机将与设置在各自拍摄范围内的双鉴移动探测器联动，当这些探测器探测到车库内的移动物体并发生报警时，系统将联动相应的摄像机，并在监视器上显示相应的报警画面，安保人员还可以控制其中的 1 台云台摄像机进行监控。布置在周界上的摄像机将与周界红外探测器联动。

考虑到系统既要有一定的先进性，还要提高系统的性价比，因此采用国产极锐数字硬盘录像系统。80 台摄像机所摄取的监控画面通过 5 台硬盘录像机的分割、处理及控制，在 5 台 19 英寸专业监视器上全面显示。系统另设 1 台 19 英寸专业显示器作为显示报警联动画面使用。所有监控画面及报警联动画面 24h 记录在硬盘上。

该系统配置如表 9-10 所示，整个系统的连接图如图 9-38 所示。

图 9-38 是一种派出所监控中心的方案图。

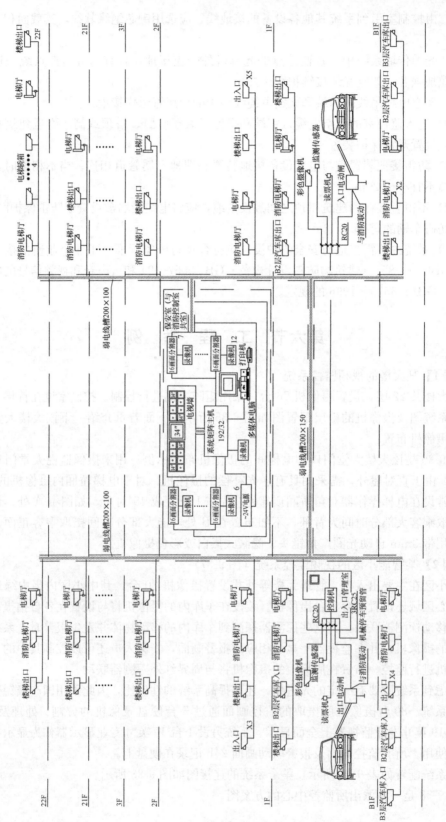

图 9-35 某大楼电视监控系统及摄像机的楼层配置图

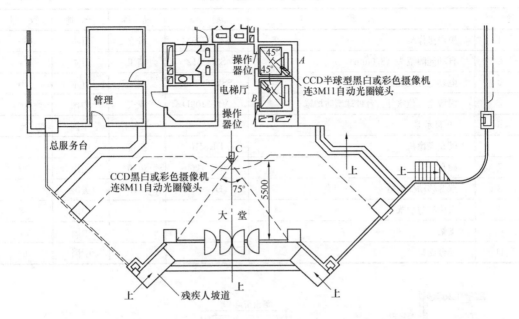

图 9-36 某大楼大堂门口、电梯间的摄像机布置

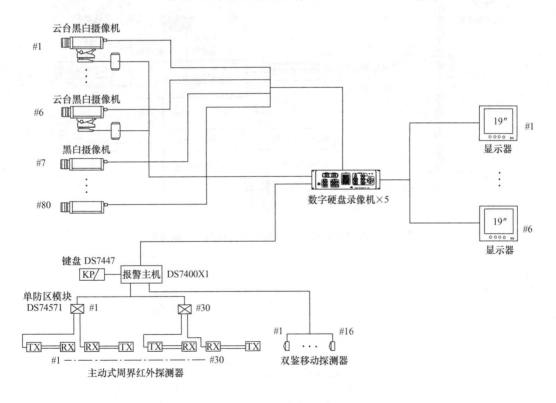

图 9-37 某智能小区闭路视频监控系统结构图

视频监控系统配置一览表   表 9-10

序 号	名 称	型 号	品 牌	产 地	数 量
1	黑白摄像机	ST-BC3064	日立	日本	80
2	自动光圈镜头（8.0mm）	SSG0812	精工	日本	74
3	电动三可变镜头	SSL06036M	精工	日本	6
4	内置全方位室外云台带球型防护罩	VD-9109D	亚安	中国	6
5	19″显示器		大水牛	中国	6
6	硬盘录像机	DRM16	极锐	中国	5
7	硬盘	80G/7200	迈拓	美国	10
8	双鉴移动探测器	DT-906	CK	美国	16
9	摄像机防护罩			中国	74
10	支架			中国	74
11	云台支架			中国	6

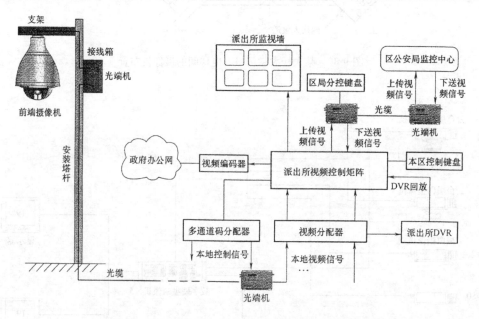

图 9-38 派出所监控中心方案图（只画出一个摄像机）

第十章 安全防范系统

第一节 入侵（防盗）报警系统

一、安全防范系统的内容（表10-1）

安全防范系统内容 表10-1

项　目	说　明
视频安防（闭路电视）监控系统	采用各类摄像机，对建筑物内及周边的公共场所、通道和重要部位进行实时监视、录像，通常和报警系统、出入口控制系统等实现联动。 视频监控系统通常分模拟式视频监控系统和数字式视频监控系统，后者还可网络传输、远程监视。视频监控系统内容已在第九章阐述
入侵（防盗）报警系统	采用各类探测器，包括对周界防护、建筑物内区域/空间防护和某些实物目标的防护。 常用的探测器有：主动红外探测器、被动红外探测器、双鉴探测器、三鉴探测器、振动探测器、微波探测器、超声探测器、玻璃破碎探测器等。在工程中还经常采用手动报警器、脚挑开关等作为人工紧急报警器件
出入口控制（门禁）系统	采用读卡器等设备，对人员的进、出、放行、拒绝、记录和报警等操作的一种电子自动化系统。 根据对通行特征的不同辨识方法，通常有密码、磁卡、IC卡或根据生物特征，如指纹、掌纹、瞳孔、声音等对通行者进行辨识
巡更管理系统	是人防和技防相结合的系统。通过预先编制的巡逻软件，对保安人员巡逻的运动状态（是否准时、遵守顺序巡逻等）进行记录、监督，并对意外情况及时报警。 巡更管理系统通常分为离线式巡更管理系统和在线式（或联网式）巡更管理系统。在线式巡更管理系统通常采用读卡器、巡更开关等识别。采用读卡器时，读卡器安装在现场往往和出入口（门禁）管理系统共用，也可由巡更人员持手持式读卡器读取信息
停车场（库）管理系统	对停车场（库）内车辆的通行实施出入控制、监视以及行车指示、停车计费等的综合管理。停车场管理系统主要分内部停车场、对外开放的临时停车场以及两者共用的停车场
访客对讲系统	是对出入建筑物实现安全检查，以保障住户的安全。 访客对讲系统在住宅、智能化小区中已得到广泛采用，将在第十三章阐述

续表

项　　目	说　　明
安全防范综合管理系统	早期的安全防范系统大都是以各子系统独立的方式工作，特点是子系统单独设置，独立运行。子系统间若需联动，通常都通过硬件连接实现彼此之间的联动管理。目前，由于计算机技术、通信技术和网络技术的飞速发展，开始采用安全防范综合管理系统，也称集成化安全防范系统。 　　集成化安全防范系统的特点是采用标准的通信协议，通过统一的管理平台和软件将各子系统联网，从而实现对全系统的集中监视、集中控制和集中管理，甚至可通过因特网进行远程监视和远程控制。 　　集成化安全防范系统使建筑物的安全防范系统成为一个有机整体，可方便地接入建筑智能化集成管理系统。从而可有效地提高建筑物抗事故、灾害的综合防范能力和发生事故、灾害时的应变能力以及增强调度、指挥、疏散的管理手段等

常见的安全防范系统有：

（一）出入口控制系统

出入口控制就是对建筑内外正常的出入通道进行管理。该系统可以控制人员的出入，还能控制人员在楼内及其相关区域的行动。过去，此项任务是由保安人员、门锁和围墙来完成的。但是，人有疏忽的时候，钥匙会丢失、被盗和复制。智能大厦采用的是电子出入口控制系统，可以解决上述问题。在大楼的入口处、金库门、档案室门、电梯等处可以安装出入口控制装置，比如磁卡识别器或者密码键盘等。用户要想进入，必须拿出自己的磁卡或输入正确的密码，或两者兼备。只有持有有效卡或密码的人才允许通过。采用这样的系统有许多特点：

（1）每个用户持有一个独立的卡或密码，这些卡和密码的特点是它们可以随时从系统中取消。卡片一旦丢失即可使其失效，而不必像使用机械锁那样重新给锁配钥匙，或者更换所有人的钥匙。同样，离开一个单位的人持有的磁卡或密码也可以轻而易举地被取消。

（2）可以用程序预先设置任何一个人进入的优先权，一部分人可以进入某个部门的一些门，而另一些人只可以进入另一组门。这样使你能够控制谁可以去什么地方，还可以设置一个人在一周里有几天、一天里有多少次可以使用磁卡或密码。这样就能在部门内控制一个人进入的次数和活动。

（3）系统所有的活动都可以用打印机或计算机记录下来，为管理人员提供系统所有运转的详细记载，以备事后分析。

（4）使用这样的系统，很少的人在控制中心就可以控制整个大楼内外所有的出入口，节省了人员，提高了效率，也提高了保安效果。

采用出入口控制为防止罪犯从正常的通道侵入提供了保证。

（二）防盗报警系统（入侵报警系统）

防盗报警系统亦称入侵报警系统，它是用探测装置对建筑内外重要地点和区域进行布防。它可以探测非法侵入，并且在探测到有非法侵入时，及时向有关人员示警。另外，人为的报警装置，如电梯内的报警按钮，人员受到威胁时使用的紧急按钮、脚踏开关等也属于此系统。在上述三个防护层次中，都有防盗报警系统的任务。譬如安装在墙上的振动探测器、玻璃破碎报警器及门磁开关等可有效探测罪犯从外部的侵入，安装在楼内的运动探测器和红外探测器可感知人员在楼内的活动,接近探测器可以用来保护财物、文物等珍贵物品。探测器是此系统的重要组成部分,目前市场上种类繁多,我们将在后面详述。另外,此系统还有一个任务,就是一旦有报警,要记录入侵的时间、地点,同时要向监视系统发出信号,让其录下现场情况。

（三）闭路电视监视系统

闭路电视监视系统在重要的场所安装摄像机,它为保安人员提供了利用眼睛直接监视建筑内外情况的手段,使保安人员在控制中心便可以监视整个大楼内外的情况。从而大大加强了保安的效果。监视系统除起到正常的监视作用外,在接到报警系统和出入口控制系统的示警信号后,还可以进行实时录像,录下报警时的现场情况,以供事后重放分析。目前,先进的视频报警系统还可以直接完成探测任务。有关电视监控系统已在第九章阐述。

目前,一般建筑物的安全防范系统主要是指出入口控制、防盗报警和电视监控这三部分系统。除此之外,安全防范系统还包括:

（四）访客对讲系统

在高层公寓楼（高层商住楼）或居住小区,应设能为来访客人与居室中的人们提供双向通话或可视通话和住户遥控入口大门的电磁开关,及向安保管理中心进行紧急报警的功能,乃至向公安机关"110"报警。

（五）电子巡更系统

电子巡更系统是采用设定程序路径上的巡更开关或读卡器,确保保安人员能够按照预定的顺序在安全防范区域内的巡视站进行巡逻,同时保障保安人员的安全以及大楼的安全。

（六）停车库管理系统

在各类现代建筑中,对停车场的综合管理也显得愈来愈重要。停车场综合管理系统的主要功能和作用为:汽车出入口通道管理;停车计费;车库内外行车信号指示;库内车位空额显示诱导等。亦即对进出车辆进行自动登录、监控管理和控制的电子系统及网络。

近来,安全防范系统正在向综合化、智能化方向发展。以往,出入口控制系统、防盗报警系统、电视监控系统、停车库管理系统等是各自独立的系统。目前,先进的安全防范系统（保安系统）一般由计算机协调起来共同工作,构成集成化安全防范系统,可以对大面积范围、多部位地区进行实时、多功能的监控,并能对得到的信息进行及时的分析与处理,实现高度的安全防范目的。

二、入侵（防盗）报警系统构成

（1）入侵报警系统通常由前端设备（包括探测器和紧急报警装置）、传输设备、处理/控制/管理设备和显示/记录设备四个部分构成,如图 10-1 所示。探测器检测到意外情况就产生报警信号,通过传输系统（有线或无线）传送给报警控制器。报警控制器经识别、判断后发出声响报警和灯光报警,还可控制多种外围设备,如打开照明灯,开启摄像机、录像机摄像,并记录现场图像,同时还可将报警信息输出至上一级指挥中心或有关部门。

（2）入侵报警系统根据信号传输方式的不同分为四种基本模式:分线制、总线制、无线制、公共网络。

1）分线制入侵报警系统模式：探测器、紧急报警装置通过多芯电缆与报警控制主机之间采用一对一专线相联，见图10-1。

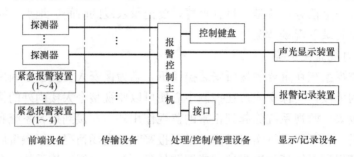

前端设备　　　传输设备　　　处理/控制/管理设备　　　显示/记录设备

图 10-1　分线制入侵报警系统模式一

分线制入侵报警系统模式之二如图 10-2 所示。探测器的数量小于报警主机的容量，系统可根据区域联动开启相关区域的照明和声光报警器，备用电源切换时间应满足报警控制主机的供电要求。有源探测器宜采用不少于四芯的 RVV 线，无源探测器宜采用两芯线。

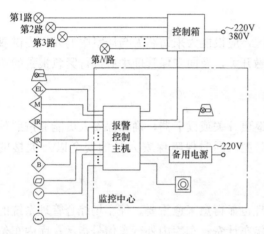

图 10-2　分线制入侵报警系统模式二

分线制入侵报警系统模式三如图 10-3 所示。备用电源切换时间应满足周界报警控制器的供电要求，前端设备的选择、选型应由工程设计确定。

2）总线制入侵报警系统模式：

总线制入侵报警系统模式如图 10-4 所示。该系统模式是将探测器、紧急报警装置通过其相应的编址模块，与报警控制器主机之间采用报警总线（专线）相连。与分线制入侵报警系统相同，它也是由前端设备、传输设备、处理/控制/管理设备和显示/记录设备四部分组成，二者不同之处是其传输设

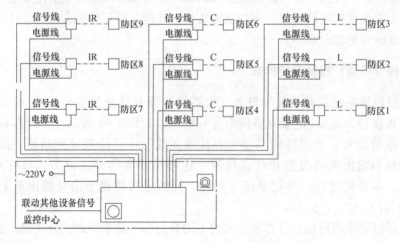

图 10-3　分线制入侵报警系统模式三

备通过编址模块使传输线路变成了总线制，极大地减少了传输导线的数量。

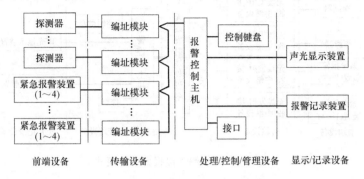

图 10-4　总线制入侵报警系统模式

总线制入侵报警系统模式示例见图 10-5。

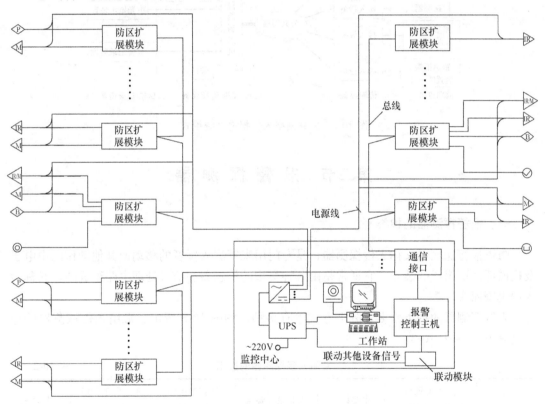

图 10-5　总线制入侵报警系统模式示例

注：总线的长度不宜超过 1200m。防区扩展模块是将多少编址模块集中设置。

3）无线制入侵报警系统模式：探测器、紧急报警装置通过其相应的无线设备与报警控制主机通信。其中一个防区内的紧急报警装置不得大于 4 个（图 10-6）。

4）公共网络入侵报警系统模式：探测器、紧急报警装置通过现场报警控制设备和/或网络传输接入设备与报警控制主机之间采用公共网络相连。公共网络可以是有线网络，也可以是有线—无线—有线网络（图 10-7）。

以上四种模式可以单独使用，也可以组合使用；可单级使用，也可多级使用。

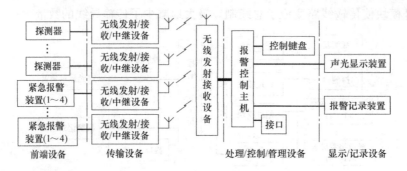

图 10-6　无线制入侵报警系统模式

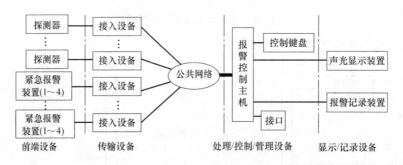

图 10-7　公共网络入侵报警系统模式

第二节　报警探测器

一、报警探测器的种类

防盗报警探测器又称入侵探测器，是专门用来探测入侵者的移动或其他动作的由电子及机械部件所组成的装置。它通常是由各种类型的传感器和信号处理电路组成的，又称为入侵报警探头。

入侵探测器的种类繁多，分类方式也有多种，如图 10-8 所示。常用入侵探测器的选用见表 10-2 和表 10-3。

常用入侵探测器的选用　　　　　　　　　　　　　　　　　　　　　　　　　　　　　　表 10-2

名称	适用场所与安装方式		主要特点	安装设计要点	适宜工作环境和条件	不适宜工作环境和条件	附加功能
超声波多普勒探测器	室内空间型	吸顶式	没有死角且成本低	水平安装，距地宜小于3.6m	警戒空间要有较好的密封性	简易或密封性不好的室内；有活动物和可能活动物；环境嘈杂，附近有金属打击声、汽笛声、电铃等高频声响	智能鉴别技术
		壁挂式		距地2.2m左右，透镜的法线方向与可能入侵方向成180°角			

名称	适用场所与安装方式		主要特点	安装设计要点	适宜工作环境和条件	不适宜工作环境和条件	附加功能
微波多普勒探测器	室内空间型，挂墙式		不受声、光、热的影响	距地 1.5～2.2m 左右，严禁对着房间的外墙、外窗、透镜的法线方向，宜与可能入侵方向成 180°角	可在环境噪声较强、光变化、热变化较大的条件下工作	有活动物和可能活动物；微波段高频电磁场环境；防护区域内有过大、过厚的物体	平面天线技术；智能鉴别技术
被动红外入侵探测器	室内空间型	吸顶式	被动式（多台交叉使用互不干扰），功耗低，可靠性较好	水平安装，距地宜小于 3.6m	日常环境噪声，温度在 15～25℃时探测效果最佳	背景有热冷变化，如冷热气流、强光间歇照射等；背景温度接近人体温度；强电磁场干扰；小动物频繁出没场合等	自动温度补偿技术；抗小动物干扰技术；防遮挡；抗强光干扰技术
		挂墙式		距地 2.2m 左右，透镜的法线方向宜与可能入侵方向成 90°角			
		楼道式		距地 2.2m 左右，视场面对楼道			
		幕帘式		在顶棚与立墙拐角处，透镜的法线方向宜与窗户平行	窗户内窗台较大或与窗户平行的墙面无遮挡，其他与上同	窗户内窗台较小或与窗户平行的墙面有遮挡或紧贴窗帘安装，其他与上同	智能鉴别技术
微波和被动红外复合入侵探测器	室内空间型	吸顶式	误报警少（与被动红外探测器相比）；可靠性较好	水平安装，距地宜小于 4.5m	日常环境噪声，温度在 15～25℃时探测效果最佳	背景温度接近人体温度；环境嘈杂，附近有金属打击声、汽笛声、电铃等高频声响；小动物频繁出没场合等	双一单转换型；自动温度补偿技术；抗小动物干扰技术；防遮挡技术；智能鉴别技术
		挂墙式		距地 2.2m 左右，透镜的法线方向宜与可能入侵方向成 135°角			
		楼道式		距地 2.2m 左右，视场面对楼道			
被动式玻璃破碎探测器	室内空间型，有吸顶、壁挂等		被动式；仅对玻璃破碎等高频声响敏感	所要保护的玻璃应在探测器保护范围之内，并应尽量靠近所要保护玻璃附近的墙壁或顶棚板上。具体按说明书的安装要求进行	日常环境噪声	环境嘈杂，附近有金属打击声、汽笛声、电铃等高频声响	智能鉴别技术

名称	适用场所与安装方式	主要特点	安装设计要点	适宜工作环境和条件	不适宜工作环境和条件	附加功能
振动入侵探测器	室内、室外	被动式	墙壁、顶棚、玻璃；室外地面表层物下面，保护栏网或桩柱，最好与防护对象实现刚性连接	远离振源	地质板结的冻土或土质松软的泥土地，时常引起振动或环境过于嘈杂的场合	智能鉴别技术
主动红外入侵探测器	室内、室外（一般室内机不能用于室外）	红外线、便于隐蔽	红外光路不能有阻挡物；严禁阳光直射接收机透镜内；防止入侵者从光路下方或上方侵入	室内周界控制；室外"静态"干燥气候	室外恶劣气候，特别是经常有浓雾、毛毛雨的地域或动物出没的场所、灌木丛、杂草、树叶和树枝多的地方	
遮挡式微波入侵探测器	室内、室外周界控制	受气候影响小	高度应一致，一般为设备垂直作用高度的一半	无高频电磁场存在场所；收发机间无遮挡物	高频电磁场存在场所；收发机间有可能有遮挡物	报警控制设备宜有智能鉴别技术
振动电缆入侵探测器	室内、室外均可	可与室内各种实体防护周界配合使用	在围栏、房屋墙体、围墙内侧或外侧高度的2/3处。网状围栏上安装固定间隔应小于30m，每100m预留8～10m维护环	非嘈杂振动环境	嘈杂振动环境	报警控制设备宜有智能鉴别技术
泄漏电缆入侵探测器	室内、室外周界控制	可随地形埋设，可埋入墙体	埋入地域应尽量避开金属堆积物	两探测电缆间无活动物体；无高频电磁场存在场所	高频电磁场存在场所；两探测电缆间有易活动物体（如灌木丛等）	报警控制设备宜有智能鉴别技术

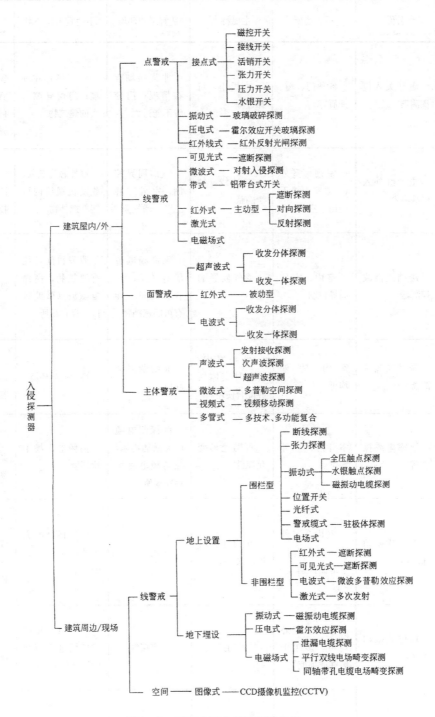

图 10-8 现行主要入侵探测器分类

各种探测器选用　　　　　　　　　　　　　表 10-3

警戒范围	名称	适应场所	主要特点	适宜工作环境	不适宜工作环境	宜选如下技术和器材
点	磁开关入侵探测器	各种门、窗、抽屉等	体积小，可靠性好	非强磁场存在情况；门窗缝不能过大	强磁场存在环境；门窗缝隙过大的建筑物	在铁制门窗使用时，宜选用铁制门窗专用磁开关
线	主动红外入侵探测器	室内、室外（一般室内机不能用于室外）	红外线，便于隐蔽	室内周界控制；室外"静态"干燥气候	室外恶劣气候；收发机视线内可能有遮挡物	双光束或四光束鉴别技术
	遮挡式微波探测器	室内、室外周界控制	受气候影响较小	无高频电磁场存在场所；收发机间不能有可能遮挡物	收发机间可能有遮挡物；高频电磁波（微波频段）存在场所	报警控制器宜加智能鉴别技术
	振动电缆探测器	室内、室外均可	可与室内、外各种实体周界配合使用	非嘈杂振动环境	嘈杂振动环境	报警控制器宜加智能鉴别技术
	泄露电缆探测器	室内、室外均可	可随地形变化埋设	两探测电缆间无活动物体，无高频电磁场存在场所	高频电磁场干扰环境	报警探测器宜加智能鉴别技术
面	电动式振动探测器	室内、室外均可，主要用于地面控制	灵敏度高；被动式	远离振源	地质板结的冻土地或土质松软的泥土地	所选用报警控制器需有信号比较和鉴别技术
	压电式振动探测器	室内、室外均可，多用于墙壁或顶棚上	被动式	远离振源	时常引起振动或环境过于嘈杂的场所	智能鉴别技术
	声波——振动式玻璃破碎双鉴器	室内；用于各种可能产生玻璃破碎场所	与单技术玻璃破碎探测器比，误报少	日常环境噪声	环境过于嘈杂的场所	双/单转换型；智能鉴别技术

续表

警戒范围	名称	适应场所	主要特点	适宜工作环境	不适宜工作环境	宜选如下技术和器材
体	被动红外入侵探测器	室内空间型，有吸顶式、壁挂式、楼道式、幕帘式等	被动式（多台交叉使用互不干扰），功耗低，可靠性较好	日常环境噪声；温度在15～25℃时探测效果最佳	背景有热变化，如冷热气流，强光间歇照射等；背景温度接近人体温度；强电磁场干扰场合；小动物频繁出没场合	宜增加自动温度补偿技术；抗小动物干扰技术；防遮挡技术；抗强光干扰技术；智能鉴别技术
	微波——被动红外双鉴器	室内空间型，有吸顶式、壁挂式、楼道式等	误报警少（与被动红外入侵探测器相比）；可靠性较好	日常环境噪声；温度在15～25℃时探测效果最佳	现场温度接近人体温度时，灵敏度下降；强电磁场干扰情况；小动物出没频繁场合	双/单转换；自动温度补偿技术；防遮挡技术；抗小动物干扰技术；智能鉴别技术
	声控单技术式玻璃破碎探测器	室内空间型，有吸顶型、壁挂式等	被动式；仅对玻璃破碎等高频声响敏感	日常环境噪声	环境嘈杂，附近有金属打击声、汽笛声、电铃声等高频声响	智能鉴别技术
	微波多普勒探测器	室内空间型，壁挂式	不受声、光、热的影响	可在环境噪声较强及光变化、热变化较大的条件下工作	不适宜简易房间或临时展厅使用，不适宜高频（微波段）电磁场环境使用，防范现场也不宜有活动物和可能活动物	平面天线技术；智能鉴别技术
	声控——次声波式玻璃破碎双鉴器	室内空间型（警戒空间要有较好的密封性）	与单技术玻璃破碎探测器相比误报少；可靠性较高	密封性较好的室内	简易或密封性不好的室内	智能鉴别技术

二、微波探测器（微波报警器）

微波探测器是利用微波能量的辐射和探测的探测器，按工作原理可分为微波移动（雷达式）探测器和微波阻挡探测器两种。这里主要介绍微波移动探测器。

（一）微波移动探测器（雷达式微波探测器）

它是利用频率为 300～300000MHz（通常为 10000MHz）的电磁波对运动目标产生的多普勒效应构成的微波探测器。它又称为多普勒式微波探测器，或称雷达式微波探测器，如图 10-9（a）所示。

所谓多普勒效应是指微波探头与探测目标之间有相对运动时，接收的回波信号频率会发生变化。探头所接收的回波（反射波）与发射波之间的频率差就称为多普勒频率 f_d，它等于 $f_d = \dfrac{2v_r}{c} \cdot f_0$（式中 v_r 为目标与探头相对运动的径向速度；c 为光速；f_0 为探头的发射微波频率）。

亦即，微波探头产生固定频率 f_0 的连续发射信号，当遇到运动目标时，由于多普勒效应，反射波频率变为 $f_0 \pm f_d$，通过接收天线送入混频器产生差频信号 f_d，经放大处理后再传输至控制器。此差频信号也称为报警信号，它触发控制电路报警或显示。这种报警器对静止目标不产生多普勒效应（$f_d = 0$），没有报警信号输出。它一般用于监控室内目标。

图 10-9（b）、（c）为微波报警器的探测区域和安装方法。

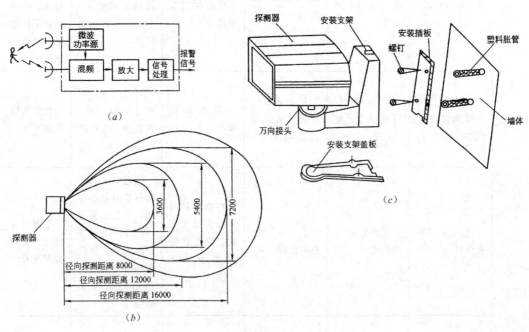

图 10-9　微波报警器的安装（单位：mm）

（a）组成框图；（b）探测区域；（c）安装方法

（二）微波阻挡报警器

这种报警器由微波发射机、微波接收机和信号处理器组成，使用时将发射天线和接收天线相对放置在监控场地的两端，发射天线发射微波束直接送达接收天线。当没有运动物体遮断微波波束时，微波能量被接收天线接收，发出正常工作信号；当有运动目标阻挡微波束时，接收天线接收到的微波能量减弱或消失，此时产生报警信号。

下面主要对微波移动探测器（又称雷达式微波探测器）说明其安装使用注意要点：

（1）微波移动探测器对警戒区域内活动目标的探测是有一定范围的。其警戒范围为一个立体防范空间，其控制范围比较大，可以覆盖 60°～95°的水平辐射角，控制面积可达几十～几百平方米。

（2）微波对非金属物质的穿透性既有好的一面，也有坏的一面。好的一面是可以用一个微波探测器监控几个房间，同时还可外加修饰物进行伪装，便于隐蔽安装。坏的一面是，如果安装调整不当，墙外行走的人或马路上行驶的车辆以及窗外树木晃动等都可能造成误报警。解决的办法是，微波探测器应严禁对着被保护房间的外墙、外窗安装。同时，在安装时应调整好微波探测器的控制范围和其指向性。通常是将报警探测器悬挂在高处（距地面 1.5～2m 左右），探头稍向下俯视，使其方向性指向地面，并把探测器的探测覆盖区限定在所要保护的区域之内。这样可使因其穿透性能造成的不良影响减至最小。

（3）微波移动探测器的探头不应对准可能会活动的物体，如门帘、窗帘、电风扇、排气扇或门、窗等可能会活动的部位。否则，这些物体都可能会成为移动目标而引起误报。

（4）在监控区域内不应有过大、过厚的物体，特别是金属物体，否则在这些物体的后面会产生探测的盲区。

（5）微波移动探测器不应对着大型金属物体或具有金属镀层的物体（如金属档案柜等），否则这些物体可能会将微波辐射能反射到外墙或外窗的人行道或马路上。当有行人和车辆经过时，经它们反射回的微波信号又可能通过这些金属物体再次反射给探头，从而引起误报。

（6）微波移动探测器不应对准日光灯、水银灯等气体放电灯光源。日光灯直接产生的 100Hz 的调制信号会引起误报，尤其是发生故障的闪烁日光灯更易引起干扰。这是因为，在闪烁灯内的电离气体更易成为微波的运动反射体而造成误报警。

（7）雷达式微波探测器属于室内应用型探测器。由其工作原理可知，在室外环境中应用时，无法保证其探测的可靠性。

（8）当在同一室内需要安装两台以上的微波移动探测器时，它们之间的微波发射频率应当有所差异（一般相差 25MHz 左右），而且不要相对放置，以防止交叉干扰，产生误报警。

三、超声波报警器

超声波报警器的工作方式与上述微波报警器类似，只是使用的不是微波而是超声波。因此，多普勒式超声波报警器也是利用多普勒效应，超声发射器发射 25～40kHz 的超声波充满室内空间，超声接收机接收从墙壁、顶棚、地板及室内其他物体反射回来的超声能量，并不断与发射波的频率加以比较。当室内没有移动物体时，反射波与发射波的频率相同，不报警；当入侵者在探测区内移动时，超声反射波会产生大约±100Hz 多普勒频移，接收机检测出发射波与反射波之间的频率差异后，即发出报警信号。

超声波报警器在密封性较好的房间（不能有过多的门窗）效果大，成本较低，而且没有探测死角，即不受物体遮蔽等影响而产生死角，但容易受风和空气流动的影响。因此，安装超声收发器时不要靠近排风扇和暖气设备，也不要对着玻璃和门窗。

四、红外线报警器

红外线报警器是利用红外线的辐射和接收技术构成的报警装置。根据其工作原理又可分为主动式和被动式两种类型。

（一）主动式红外报警器

1. 主动式红外报警器的组成

主动式红外报警器是由收、发装置两部分组成，如图 10-10 所示。发射装置向装在几米甚至几百米远的接收装置辐射一束红外线，当被遮断时，接收装置即发出报警信号。因此它也是阻挡式报警器，或称对射式报警器。

图 10-10　主动式红外报警器的组成

通常发射装置由多谐振荡器、波形变换电路、红外发光管及光学透镜等组成。振荡器产生脉冲信号，经波形变换及放大后控制红外发光管产生红外脉冲光线，通过聚焦透镜将红外光变为较细的红外光束，射向接收端。接收装置由光觉透镜、红外光电管、放大整形电路、功率驱动器及执行机构等组成。光电管将接收到的红外光信号转变为电信号，经整形放大后推动执行机构启动报警设备。

主动式红外报警器有较远的传输距离，因红外线属于非可见光源，入侵者难以发现与躲避，主御界线非常明确；尤其在室内应用时，简单可靠，应用广泛；但因暴露于外面，易被损坏或被入侵者故意移位或逃避等；在室外应用时则受雾、雨雪等天气因素影响比较大。因此，室外探测距离的设计，应是室内探测距离的 $\frac{1}{2} \sim \frac{1}{3}$。

2. 主动式红外探测器的特点与安装要点

主动式红外探测器是线警戒型探测器，由于红外光为非可见光，所以主动式红外报警器具有较好的隐蔽性。主动式红外探测器的监控距离较远，可长达百米以上。而且灵敏度较高，通常将触发报警器的最短遮光时间，设计成 0.02s 左右。这相当于人以跑百米的速度穿过红外光束的时间。同时此种探测器还具有体积小、重量轻、耗电省、操作安装简便、价格低廉等优点。因此，获得广泛应用。

主动式红外探测器用于室内警戒时，工作可靠性较高。但用于室外警戒时，受环境气候影响较大。如遇雾天、下雪、下雨、刮风沙等恶劣天气时，能见度下降，作用距离因此而缩短。同时，因室外环境复杂，有时遇到野生动物闯过，或落叶飘下也可能会造成误报警。为了确保工作的可靠性，室外应用型主动式红外探测器在结构和电路等方面的设计上要比室内应用型复杂。如加设自动增益控制（AGC）电路，当天气恶劣时，探测器会自动增强灵敏度。并采用双射束，以减低误报。还要附加防雨、防霜、防雾等功能。一般来说，在室外应用时，最好还是再配合一些其他形式的警戒手段，以确保安全防范的可靠性。

由于光学系统的透镜表面是裸露在空气之中，极易被尘埃等杂物所污染，因此，要经常清扫，保持镜面的清洁。否则，实际监控距离将会缩短，从而影响其工作的可靠性。

由此可见，主动式红外探测器适用于如下场合：

（1）室内房间周边、重点区域周边警戒；

（2）室外周界警戒。

主动式红外探测器的安装设计要点如下：

（1）红外光路中不能有可能阻挡物（如室内窗帘飘动、室外树木晃动等）；

（2）探测器安装方位应严禁阳光直射接收机透镜内；

（3）周界需由两组以上收发射机构成时，宜选用不同的脉冲调制红外发射频率，以防止交叉干扰；

（4）正确选用探测器的环境适应性能，室内用探测器严禁用于室外；

（5）室外用探测器的最远警戒距离，应按其最大射束距离的 1/6 计算；

（6）室外应用要注意隐蔽安装；

（7）主动红外探测器不宜应用于气候恶劣，特别是经常有浓雾、毛毛细雨的地域，以及环境脏乱或动物经常出没的场所。

图 10-11 表示主动式红外探测器的几种布置方式：

1）单光路由一只发射器和一只接收器组成，如图 10-11（a）所示，但要注意入侵者跳跃或下爬入而产生漏报。

2）双光路由两对发射器和接收器组成，如图 10-11（b）所示。图中两对收、发装置分别相对，是为了消除交叉误射。不过，有的厂家产品通过选择振荡频率的方法来消除交叉误射；这时，两只发射器可放在同一侧，两只接收器放在另一侧。

3）多光路构成警戒面，如图 10-11（c）所示。

4）反射单光路构成警戒区，如图 10-11（d）所示。

图 10-12 是利用四组主动式红外发射器和接收器构成一个矩形的周界警戒线示例。

（二）被动式红外报警器

1. 被动式红外报警器原理

被动式红外报警器不向空间辐射能量，而是依靠接收人体发出的红外辐射来进行报警的。我们知道，任何有温度的物体都在不断地向外界辐射红外线，人体的表面温度为 36℃，其大部分辐射能量集中在 $8\sim12\mu m$ 的波长范围内。

被动式红外报警器在结构上可分为红外探测器（红外探头）和报警控制部分。红外探测器目前用得最多的是热释电探测器，作为人体红外辐射转变为电量的传感器。如果把人的红外辐射直接照射在探测器上，当然也

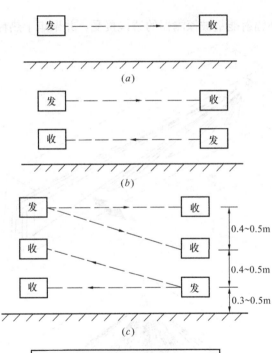

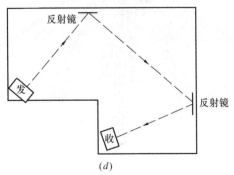

图 10-11 主动式红外报警器的几种布置

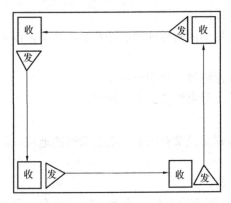

图 10-12　利用红外收、发器构成的
周界警戒线

会引起温度变化而输出信号，但这样做，探测距离是不会远的。为了加长探测距离，必须附加光学系统来收集红外辐射，通常采用塑料镀金属的光学反射系统，或塑料做的菲涅耳透镜作为红外辐射的聚焦系统。由于塑料透镜是压铸出来的，故使成本显著降低，从而在价格上可与其他类型报警器相竞争。

为了消除日光灯中的红外干扰，在探测器前装有波长为 $8\sim14\mu m$ 的滤光片。为了更好地发挥光学视场的探测效果，目前光学系统的视场探测模式常设计成多种方式，例如有多线明暗间距探测模式，又可划分上、中、下三个层次，即所谓广角型；也有呈狭长形（长廊型）的，如图 10-13 所示。

在探测区域内，人体透过衣饰的红外辐射能量被探测器的透镜接受，并聚焦于热释电传感器上。图中所形成的视场既不连续，也不交叠，且都相隔一个盲区。当人体（入侵者）在这一监视范围中运动时，顺次地进入某一视场又走出这一视场，热释电传感器对运动的人体一会儿看到，一会儿又看不到，再过一会儿又看到，然后又看不到，于是人体的红外线辐射不断地改变热释电体的温度，使它输出一个又一个相应的信号，此信号就是作为报警信号。传感器输出信号的频率大约为 $0.1\sim10Hz$。这一频率范围由探测器中的菲涅尔透镜、人体运动速度和热释电传感器本身的特性决定。

2. 被动式红外探测器的特点及安装使用要点

（1）主要特点

1）被动式红外探测器属于空间控制型探测器。由于其本身不向外界辐射任何能量，因此就隐蔽性而言更优于主动式红外探测器。另外，其功耗可以做得极低，普通的电池就可以维持长时

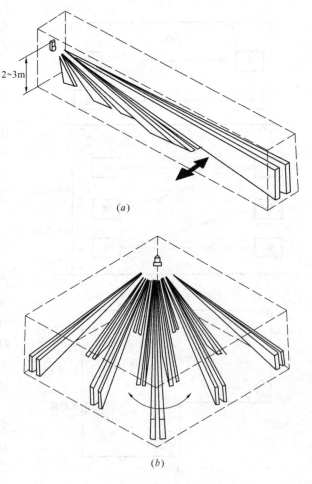

图 10-13　红外探测器的探测模式
(a) IR71M（4×2）；(b) IR73M（11×2）

间的工作。

2）由于红外线的穿透性能较差，在监控区域内不应有障碍物，否则会造成探测"盲区"。

3）为了防止误报警，不应将被动式红外探测器探头对准任何温度会快速改变的物体，特别是发热体，如电加热器、火炉、暖气、空调器的出风口、白炽灯等强光源以及受到阳光直射的窗口等。这样可以防止由于热气流的流动而引起的误报警。

（2）安装使用要点

被动式红外探测器根据视场探测模式，可直接安装在墙上、顶棚上或墙角，其布置和安装的原则如下：

1）探测器对横向切割（即垂直于）探测区方向的人体运动最敏感，故布置时应尽量利用这个特性达到最佳效果。如图 10-14 中 A 点布置的效果好；B 点正对大门，其效果差。

2）布置时要注意探测器的探测范围和水平视

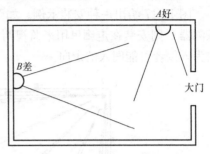

图 10-14 被动式红外探测器的布置之一

角。如图 10-15 所示，可以安装在顶棚上（也是横向切割方式），也可以安装在墙面或墙角，但要注意探测器的窗口（菲涅耳透镜）与警戒的相对角度，防止"死角"。

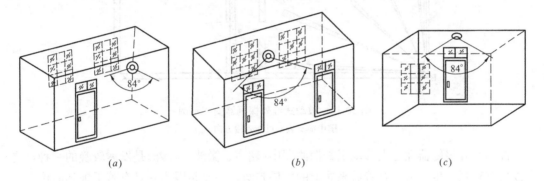

(a)　　　　　　　　　　　*(b)*　　　　　　　　　　　*(c)*

图 10-15 被动式红外探测器的布置之二

(a) 安装在墙角可监视窗户；(b) 安装在墙面监视门窗；(c) 安装在房顶监视门

图 10-16 是全方位（360°视场）被动式红外探测器安装在室内顶棚上的部位及其配管装法。

3）探测器不要对准加热器、空调出风口管道。警戒区内最好不要有空调或热源，如

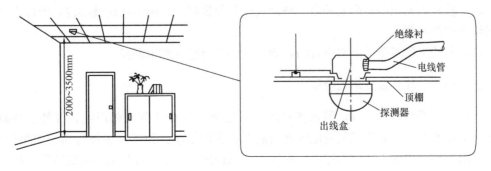

图 10-16 被动式红外探测器的安装

果无法避免热源，则应与热源保持至少 1.5m 以上的间隔距离。

4）探测器不要对准强光源和受阳光直射的门窗。

5）警戒区内注意不要有高大的遮挡物遮挡和电风扇叶片的干扰，也不要安装在强电处。

6）选择安装墙面或墙角时，安装高度在 2～4m，通常为 2～2.5m。

图 10-17 给出一种安装示例。如图所示，在房间的两个墙角分别安装探测器 A 和 B，探测器 C 则安装在走廊里用来监视两个无窗的储藏室和主通道（入口）。图中箭头所指方向为入侵者可能闯入的走向。

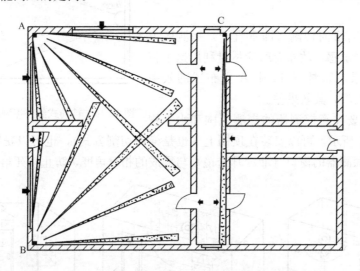

图 10-17 被动式红外探测器安装示例
（图中箭头表示可能入侵方向）

被动红外报警器在三大移动报警探测器中(超声、微波、红外)是发展较晚的一种，之所以具有较强的生命力，有着后来居上的发展趋势，主要是因为它具有若干独到的优点：

（1）由于它是被动式的，不主动发射红外线。因此，它的功耗非常小，有的只有数十毫安，有的则只有几毫安，所以在一些要求低功耗的场合尤为适用。

（2）由于是被动式，也就没有发射机与接收机之间严格校直的麻烦。

（3）与微波报警器相比，红外波长不能穿越砖头水泥等一般建筑物，在室内使用时不必担心由于室外的运动目标会造成误报。

（4）在较大面积的室内安装多个被动式红外报警器时，因为它是被动的，所以不会产生系统互扰的问题。

（5）它的工作不受噪声与声音的影响，声音不会使它产生误报。

五、微波—红外双技术报警器

各种报警器都有其优点，但也各有其不足之处，表 10-4 列出超声波、红外、微波三种单技术报警器因环境干扰及其他因素引起误报警的情况。为了减少报警器的误报问题，人们提出互补双技术方法，即把两种不同探测原理的探测器结合起来，组成所谓双技术的组合报警器，又称双鉴报警器。

环境干扰及其他因素引起假报警的情况 表 10-4

环境干扰及其他因素	超声波报警器	被动式红外报警器	微波报警器	微波—被动红外双技术报警器
振动	平衡调整后无问题否则有问题	极少有问题	可能成为主要问题	没有问题
湿度变化	若干	无	无	无
温度变化	少许	有问题	无	无（被动红外已温度补偿）
大件金属物体的反射	极少	无	可能成为主要问题	无
门窗的抖动	需仔细放置、安装	极少	可能成为主要问题	无
帘幕或地毯	若干	无	无	无
小动物	接近时有问题	接近时有问题	接近时有问题	一般无问题
薄墙或玻璃外的移动物体	无	无	需仔细放置	无
通风、空气流动	需仔细放置	温度差较大的热对流有问题	无	无
窗外射入的阳光及移动光源	无	需仔细放置	无	无
超声波噪声	铃嘘声、听不见的噪声可能有问题	无	无	无
火炉	有问题	需仔细放置、设法避开	无	无
开动的机械风扇、叶片等	需仔细放置	极少（不能正对）	安装时要避开	无
无线电波干扰、交流瞬态过程	严重时有问题	严重时有问题	严重时有问题	可能有问题
雷达干扰	极少有问题	极少有问题	探测器接近雷达时有问题	无

目前常用的双技术报警器是微波—被动红外报警器。它是把微波和被动红外两种探测技术结合在一起，同时对人体的移动和体温进行探测并相互鉴证之后才发出报警。由于两种探测器的误报基本上互相抑制了，而两者同时发生误报的概率又极小，所以误报率大大下降。例如，微波—被动红外双技术报警器的误报率可以达到单技术报警器误报率的 $\frac{1}{421}$；并且通过采用温度补偿措施，弥补了单技术被动红外探测器灵敏度随温度变化的缺点，使双技术探测器的灵敏度不受环境温度的影响，故使它得到广泛的应用。双技术报警器的缺点是价格比单技术报警器昂贵，安装时需将两种探测器的灵敏度都调至最佳状态较为困难。

图 10-18 是美国 C&K 公司生产的 DT-400 系列双技术移动探测器的探测图形，图

10-18(a)为顶视图，图 10-18(b)为侧视图。该双技术探测器是使用微波＋被动红外线双重鉴证。微波的中心频率为 10.525GHz，微波探测距离可调。这种组合探测器的灵敏度为 2～4 步，探测范围有 6m×6m（DT420T 型）；11m×9m（DT435T 型）；15m×12m（DT450T 型）；12m×12m（DT440S 型）；18m×18m（DT460S 型）等规格产品。工作温度为－18～65.6℃。

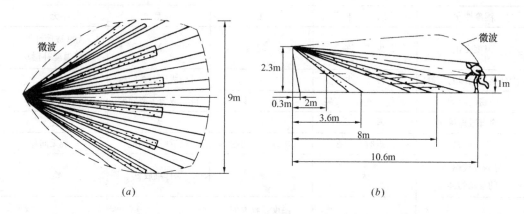

图 10-18　DT-400 系列双技术移动探测器的探测图形

(a) 顶视器；(b) 侧视图

图 10-19 是 C&K 公司新开发的 DT-5360 型吸顶式双技术探测器。这是可安装在顶棚上的视角为 360°的微波—被动红外探测器，具有直径 15m 的探测范围，分别有 72 视区，分成三个 360°视场，安装高度为 2.4～5m。尤其是它可嵌入式安装，使探测器外壳大部分埋在顶棚内，因此隐蔽性好，并可减少撞坏的可能。其他特性与上述 DT-400 系列相类似。

微波—被动红外双技术探测器的特点和安装要求如下：

微波—被动红外双技术探测器适用于室内防护目标的空间区域警戒。与被动红外单技术探测器相比，微波—被动红外双技术探测器具有如下特点：

（1）误报警少，可靠性高；

（2）安装使用方便（对环境条件要求宽）；

（3）价格较高，功耗也较大。

选用时，宜含有如下防误报、漏报技术措施：

（1）抗小动物干扰技术；

（2）当两种探测技术中有一种失效或发生故障时，在发出故障报警的同时，应能自动转换为单技术

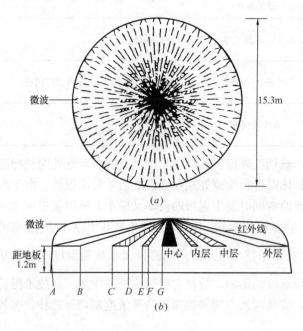

图 10-19　DT-5360 型吸顶式双技术探测器

(a) 顶视器；(b) 侧视图

探测工作状态。

其安装设计要点如下：

（1）壁挂式微波—被动红外探测器，安装高度距地面 2.2m 左右，视场与可能入侵方向应成 45°角为宜（若受条件所限，应首先考虑被动红外单元的灵敏度）。探测器与墙壁的倾角视防护区域覆盖要求确定。

布置和安装双技术探测器时，要求在警戒范围内两种探测器的灵敏度全可能保持均衡。微波探测器一般对沿轴向移动的物体最敏感，而被动红外探测器则对横向切割探测区的人体最敏感，因此为使这两种探测传感器都处于较敏感状态，在安装微波—被动红外双技术探测器时，宜使探测器轴线与保护对象的方向成 45°夹角为好。当然，最佳夹角还与视场图形结构有关，故实际安装时应参阅产品说明书而定。

（2）吸顶式微波—被动红外探测器，一般安装在重点防范部位上方附近的顶棚上，应水平安装。

（3）楼道式微波—被动红外探测器，视场面对楼道（通道）走向，安装位置以能有效封锁楼道（或通道）为准，距地面高度 2.2m 左右。

（4）应避开能引起两种探测技术同时产生误报的环境因素。

（5）防范区内不应有障碍物。

（6）安装时，探测器通常要指向室内，避免直射朝向室外的窗户。如果躲不开，应仔细调整好探测器的指向和视场。

六、玻璃破碎入侵探测器

（一）工作原理

玻璃破碎探测器是专门用来探测玻璃破碎功能的一种探测器。当入侵者打碎玻璃试图作案时，即可发出报警信号。

按照工作原理的不同，玻璃破碎探测器大体可以分为两大类：一类是声控型的单技术玻璃破碎探测器；另一类是双技术玻璃破碎探测器。这其中又分为两种：一种是声控型与振动型组合在一起的双技术玻璃破碎探测器；另一种是同时探测次声波及玻璃破碎高频声响的双技术玻璃破碎探测器。

声控型单技术玻璃破碎探测器的工作原理与前述的声控探测器的工作原理很相似，其组成方框图如图 10-20 所示。

利用驻极体话筒来作为接收声音信号的声电传感器，由于它可将防范区内所有频率的音频信号（20～20000Hz）都经过声→电转换而变成电信号。因此，为了使探测器对玻璃破碎的声响具有鉴别的能力，就必须要加一个带通放大器，以便用它来取出玻璃破碎时发出的高频声音信号频率。

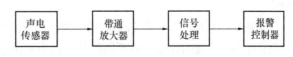

图 10-20 玻璃破碎报警器的组成方框图

经过分析与实验表明：在玻璃破碎时发出的响亮而刺耳的声响中，包括的主要声音信号的频率是处于大约在 10～15kHz 的高频段范围之内。而周围环境的噪声一般很少能达到这么高的频率。因此，将带通放大器的带宽选在 10～15kHz 的范围内，就可将玻璃破碎时产生的高频声音信号取出，从而触发报警。但对人的走路、说话、雷雨声等却具有较强的抑制作用，从而可以降低误报率。

与声控探测器相类似，在玻璃破碎探测器的控制部分也可设置监听装置。只要将报警/监听开关置于"报警"位置，便可进入警戒守候报警工作状态。当开关置于"监听"位置时，也能听到警戒现场的高频声音。

综上所述，这种单技术玻璃破碎探测器实际上可以看作是一种具有选频作用和具有特殊用途的声控探测器。

（二）声控—振动型双技术玻璃破碎探测器

声控—振动型双技术玻璃破碎探测器是将声控探测与振动探测两种技术组合在一起，只有同时探测到玻璃破碎时发出的高频声音信号和敲击玻璃引起的振动时，才能输出报警信号。因此，与前述的声控型单技术玻璃破碎探测器相比，可以有效地降低误报率，增加探测系统的可靠性。它不会因周围环境中其他声响而发生误报警。因此，可以全天时（24小时）地进行防范工作。

（三）次声波—玻璃破碎高频声响双技术玻璃破碎探测器

这种双技术玻璃破碎探测器比前一种声控—振动型双技术玻璃破碎探测器的性能又有了进一步的提高，是目前较好的一种玻璃破碎探测器。

次声波是频率低于20Hz的声波，属于不可闻声波。

经过实验分析表明：当敲击门、窗等处的玻璃（此时玻璃还未破碎）时，会产生一个超低频的弹性振动波，这时的机械振动波就属于次声波的范围，而当玻璃破碎时，才会发出高频的声音。

当入侵者试图进室作案时，必定要选择在这个房间的某个位置打开一个通道，如打碎玻璃，强行而入；或在墙壁、天窗顶棚、门板上钻眼凿洞，打开缺口；或强行打开门窗等才能进入室内。由于室内外环境不同所造成的气压、气流差，致使在打开的缺口或通道处的空气受到扰动，造成一定的流动性。此外，在门、窗强行被推开时，因具有一定的加速运动，造成空气受到挤压也会进一步加深这一扰动。上述这两种因素都会产生超低频的机械振动波，即为次声波，其频率甚至可低于10Hz以下。

产生的次声波会通过室内的空气介质向房间各处传播，并通过室内的各种物体进行反射。由此可见，当入侵者在打碎玻璃强行入室作案的瞬间，不仅会产生玻璃破碎时的可闻声波和相关物体（如窗框、墙壁等）的振动，还会产生次声波，并在短时间充满室内空间。

与图10-20的探测玻璃破碎高频声响的原理相似，采用具有选频作用的声控探测技术，即可探测到次声波的存在。所不同的是，由声电传感器将接收到的包含有高、中、低频等多种频率的声波信号转换为相应的电信号后，必须要加一级低通放大器，以便将次声波频率范围内的声波取出，并加以放大，再经信号处理后，达到一定的阈值即可触发报警。

次声波—玻璃破碎高频声响双技术玻璃破碎探测器就是将次声波探测技术与玻璃破碎高频声响探测技术这样两种不同频率范围的探测技术组合在一起。只有同时探测到敲击玻璃和玻璃破碎时发生的高频声音信号和引起的次声波信号时，才可触发报警。实际上，是将弹性波检测技术（用于检测敲击玻璃窗时所产生的超低频次声波振动）与音频识别技术（用于探测玻璃破碎时发出的高频声响）两种技术融为一体来探测玻璃的破碎。一般设计成当探测器探测到超低频的次声波后才开始进行音频识别，如果在一个特定的时间内探测到玻璃的破碎音，则探测器才会发出报警信号。由于采用两种技术对玻璃破碎进行探测，可以大大地减少误报。与声控—振动型双技术玻璃破碎探测器相比，尤其可以避免由于外界干扰因素所引起的窗、墙壁等振动所引起的误报。

美国 C&K 公司开发生产的 FG 系列双技术玻璃破碎探测器就是采用超低频次声波检测和音频识别技术对玻璃破碎进行探测的。如果超低频检测技术探测到玻璃被敲击时所发出的超低频波，而在随后的一段特定时间间隔内，音频识别技术也捕捉到玻璃被击碎后发出的高频声波，那么双技术探测器就会确认发生玻璃破碎，并触发报警，其可靠性很高。其中 FG-1025 系列探测器可防护的玻璃（无论何种玻璃）最小尺寸为 28cm×28cm。玻璃必须牢固地固定在房间的墙壁上或安装在宽度不小于 0.9m 的隔板上。可防护的玻璃的最小厚度和最大厚度如表 10-5 所示。

FG-1025 系列探测器可防护的玻璃的最小、最大厚度　　　　　　　　表 10-5

玻璃类型	最小厚度	最大厚度	玻璃类型	最小厚度	最大厚度
平板	3/32 英寸（2.4mm）	1/4（6.4mm）	嵌线	1/4 英寸（6.4mm）	1/4（6.4mm）
钢化	1/8 英寸（3.2mm）	1/4（6.4mm）	镀膜②	1/8 英寸（3.2mm）	1/4（6.4mm）
层压①	1/8 英寸（3.2mm）	9/16（14.3mm）	密封绝缘①	1/8 英寸（3.2mm）	1/4 英寸（6.4mm）

① 对层压型和密封绝缘型玻璃，仅当玻璃的两个表面被击碎时才能起到保护作用。

② 对于镀膜玻璃，如果其内表面覆有 $3\mu m$ 的防裂纹膜或高强度玻璃完全防护膜，则最大探测距离缩小到 4.6m。

玻璃破碎探测器的安装位置是装在镶嵌着玻璃的硬墙上或顶棚上，如图 10-21 所示的 A、B、C 等。探测器与被防范玻璃之间的距离不应超过探测器的探测距离。注意探测器与被防范的玻璃之间，不要放置障碍物，以免影响声波的传播；也不要安装在过强振动的环境中。

顺便指出，美国 C&K 公司还生产一种玻璃破碎探测器（也是双技术型）与门磁开关组合在一起的组合探测器，型号为 FG-708。FG-708 内除备有一只报警继电器（常闭触点）外另有一块条形永久磁铁。安装与门磁开关类似（见本节七开关报警器），无论是玻璃破碎探测器还是门磁开关，只要有一方探测到入侵行为（如被防范玻璃被打破或门窗被打开），就触发报警。

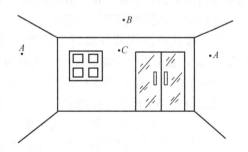

图 10-21　玻璃破碎探测器安装示意图

（四）玻璃破碎探测器的主要特点及安装使用要点

（1）玻璃破碎探测器适用于一切需要警戒玻璃防碎的场所；除保护一般的门、窗玻璃外，对大面积的玻璃橱窗、展柜、商亭等均能进行有效的控制。

（2）安装时应将声电传感器正对着警戒的主要方向。传感器部分可适当加以隐蔽，但在其正面不应有遮挡物。也就是说，探测器对防护玻璃面必须有清晰的视线，以免影响声波的传播，降低探测的灵敏度。

（3）安装时要尽量靠近所要保护的玻璃，尽可能地远离噪声干扰源，以减少误报警。

例如像尖锐的金属撞击声、铃声、汽笛的啸叫声等均可能会产生误报警。

实际应用中，探测器的灵敏度应调整到一个合适的值，一般以能探测到距探测器最远的被保护玻璃即可，灵敏度过高或过低，就可能会产生误报或漏报。

（4）不同种类的玻璃破碎探测器，根据其工作原理的不同，有的需要安装在窗框旁边（一般距离框 5cm 左右），有的可以安装在靠近玻璃附近的墙壁或顶棚上，但要求玻璃与墙壁或顶棚之间的夹角不得大于 90°，以免降低其探测力。

次声波—玻璃破碎高频声响双鉴式玻璃破碎探测器安装方式比较简易，可以安装在室内任何地方，只需满足探测器的探测范围半径要求即可。如 C&K FG-730 系列双鉴式玻璃破碎探测器的探测范围半径为 9m。其安装位置如图 10-21 所示的 A 点，最远距离为 9m。

（5）也可以用一个玻璃破碎探测器来保护多面玻璃窗。这时可将玻璃破碎探测器安装在房间的顶棚板上，并应与几个被保护玻璃窗之间保持大致相同的探测距离，以使探测灵敏度均衡。

（6）窗帘、百叶窗或其他遮盖物会部分吸收玻璃破碎时发出的能量，特别是厚重的窗帘将严重阻挡声音的传播。在这种情况下，探测器应安装在窗帘背面的门窗框架上或门窗的上方；同时为保证探测效果，应在安装后进行现场调试。

（7）探测器不要装在通风口或换气扇的前面，也不要靠近门铃，以确保工作的可靠性。

（8）为了方便玻璃破碎探测器的安装或对其探测灵敏度进行调试和检验，目前已生产出专用的玻璃破碎仿真器。如 C&K FG-700 型玻璃破碎仿真器采用数字信号处理方式来模拟产生玻璃的破碎音，并能分别产生钢化（Temp）和平板（Plate）玻璃的破碎音。它设有人工（Manual）和弹性波（Flex）检验方式。

当检验探测玻璃破碎的高频声响时，可将仿真器置于"MAN"方式，在防护距离最远处开启仿真器，若探测器上相应的绿色 LED 点亮，表示该探测器的音频探测部分能够在规定的范围内探测到玻璃的破碎音。

当检验次声波探测性能时，可用手或带软套的工具轻敲玻璃窗，若探测器上黄色 LED 点亮，表示该探测器的弹性波探测部分在规定范围内有足够的探测灵敏度。

再将 FG-700 置于"FLEX"方式，然后轻敲玻璃窗产生超低频振动波，此时仿真器能自动触发玻璃破碎音，探测器上的红色 LED 将点亮，表示报警。

这种调试方法给用户及安装人员带来很大的方便。

（9）目前生产的探测器，有的还把玻璃破碎探测器（单技术型或双技术型）与磁控开关或被动红外探测器组合在一起，做成复合型的双鉴器。这样可以对玻璃破碎探测和入侵者闯入室内作案进行更进一步的鉴证。

七、开关报警器

开关报警器是一种电子装置。它可以把防范现场传感器的位置或工作状态的变化转换为控制电路通断的变化，并以此来触发报警电路。由于这类报警器的传感器的工作状态类似于电路开关，故称为"开关报警器"。它属于点控型报警器。

开关报警器常用的传感器有磁控开关、微动开关和易断金属条等。当它们被触发时，传感器就输出信号，使控制电路通或断，引起报警装置发出声、光报警。

（一）磁控开关

磁控开关全称为磁开关入侵探测器，又称门磁开关。它是由带金属触点的两个簧片封装在充有惰性气体的玻璃管（称干簧管）和一块磁铁组成，见图10-22。

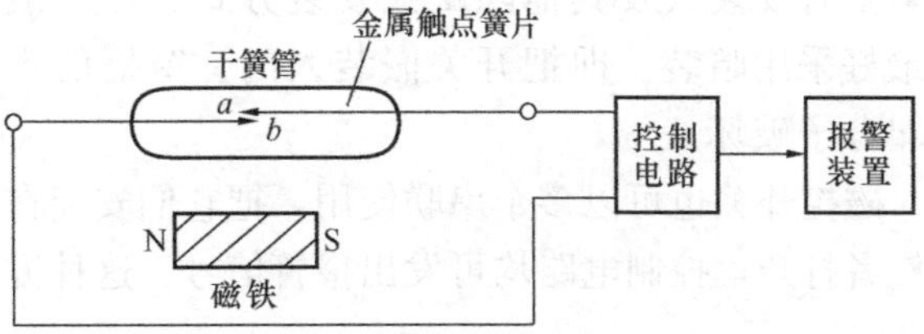

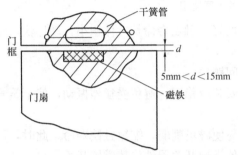

图 10-22 磁控开关报警器示意图

当磁铁靠近干簧管时，管中带金属触点两个簧片，在磁场作用下被吸合，a、b接通；磁铁远离干簧管达一定距离时干簧管附近磁场消失或减弱，簧片靠自身弹性作用恢复到原位置，a、b断开。

使用时，一般是把磁铁安装在被防范物体（如门、窗等）的活动部位（门扇、窗扇），如图10-23所示。干簧管装在固定部位（如门框、窗框）。磁铁与干簧管的位置需保持适当距离，以保证门、窗关闭磁铁与簧管接近时，在磁场作用下，干簧管触点闭合，形成通路。当门、窗打开时，磁铁与干簧管远离，干簧管附近磁场消失其触点断开，控制器产生断路报警信号。图10-24表示磁控开关在门、窗的安装情况。

图 10-23 磁控开关安装示意图

干簧管与磁铁之间的距离应按所选购的产品要求予以正确安装，像有些磁控开关一般控制距离只有1~1.5cm左右，而国外生产的某些磁控开关控制距离可达几厘米，显然，控制距离越大对安装准确度的要求就越低。因此，应注意选用其接点的释放、吸合自如，且控制距离又较大的磁控开关。同时，也要注意选择正确的安装场所和部位，像古代建筑物的大门，不仅缝隙大，而且会随风晃动，就不适宜安装这种磁控开关。在卷帘门上使用的磁控开关的控制距离起码应大于4cm以上。

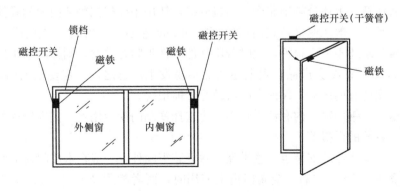

图 10-24 安装在门、窗上的磁控开关

磁控开关的产品大致分为明装式（表面安装式）和暗装式（隐藏安装式）两种，应根据防范部位的特点和防范要求加以选择。安装方式可选择螺丝固定、双面胶贴固定

或紧配合安装式及其他隐藏式安装方式。在一般情况下，特别是人员流动性较大的场合最好采用暗装。即把开关嵌装入门、窗框的木头里，引出线也要加以伪装，以免遭犯罪分子破坏。

磁控开关也可以多个串联使用，把它们安装在多处门、窗上，无论任何一处门、窗被入侵者打开，控制电路均可发出报警信号。这种方法可以扩大防范范围，见图 10-25。

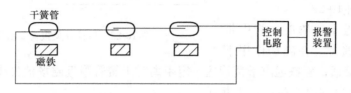

图 10-25　磁控开关的串联使用

磁控开关由于结构简单，价格低廉，抗腐蚀性好，触点寿命长，体积小，动作快，吸合功率小，因此普遍采用。

安装、使用磁控开关时，也应注意如下一些问题：

（1）干簧管应装在被防范物体的固定部分。安装应稳固，避免受猛烈振动，使干簧管碎裂。

（2）磁控开关不适用于金属门窗，因为金属易使磁场削弱，缩短磁铁寿命。此时，可选用钢门专门型磁控开关，或选用微动开关或其他类型开关器件代替磁控开关。

（3）报警控制部门的布线图应尽量保密，联线接点接触可靠。

（4）要经常注意检查永久磁铁的磁性是否减弱，否则会导致开关失灵。

（5）安装时要注意安装间隙。

磁开关入侵探测器，由于它价格便宜，性能可靠，所以一直备受用户青睐。磁开关入侵探测器有一个重要的技术指标是分隔隙，即磁铁盒与开关盒相对移开至开关状态发生变化时的距离。国家标准《磁开关入侵探测器》GB 15209—94 中规定，磁开关入侵探测器按分隔间隙分为 3 类。

A 类：大于 20mm；B 类：大于 40mm；C 类：大于 60mm。

务请读者注意，上述分类绝非产品质量分级，使用中要根据警戒门窗的具体情况选用不同类别的产品。一般家庭推拉式门窗厚度在 40mm 左右，若安装 C 类门磁，门窗已被打开缝，报警系统还不一定报警，此时若用其他磁铁吸附开关盒，则探测系统失灵，作案可能成功。如果选用 A 类产品，则上述情况不易发生。总之，一定要根据门窗的厚度、间隙、质地选用适宜的产品，保证在门窗被开缝前报警。

铁质门窗、塑钢门窗（内有铁质骨架）应选择铁制门窗专用磁开关入侵探测器，以防磁能损失导致系统的误报警。

磁开关入侵探测器的安装也有些讲究，除安装牢固外，一般在木质门窗上使用时，开关盒与磁铁盒相距 5mm 左右；金属门窗上使用时，两者相距 2mm 左右；安装在推拉式门窗上时，应距拉手边 150mm 处，若距拉手边过近系统易误报警，过远便出现门窗已被开缝，还未报警的漏报警现象。

（二）微动开关

微动开关是一种依靠外部机械力的推动，实现电路通断的电路开关，见图 10-26。

外力通过传动元件（如按钮）作用于动作簧片上，使其产生瞬时动作，簧片末端的动触点 a 与静触点 b、c 快速接通（a 与 b）和切断（a 与 c）。外力移去后，动作簧片在压簧作用下，迅速弹回原位，电路又恢复 a、c 接通，a、b 切断状态。

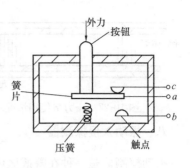

图 10-26　微动开关示意图

我们可以将微动开关装在门框或窗框的合页处，当门、窗被打时，开关接点断开，通过电路启动报警装置发出报警信号。也可将微动开关放在需要被保护的物体下面，平时靠物体本身的重量使开关触点闭合，当有人拿走该物体时，开关触点断开，从而发出报警信号。

微动开关的优点是：结构简单、安装方便、价格便宜、防震性能好、触点可承受较大的电流，而且可以安装在金属物体上。缺点是抗腐蚀性及动作灵敏程度不如前述的磁控开关。

（三）紧急报警开关

当在银行、家庭、机关、工厂等各种场合出现入室抢劫、盗窃等险情或其他异常情况时，往往需要采用人工操作来实现紧急报警。这时，就可采用紧急报警按钮开关和脚挑式或脚踏式开关。

紧急报警按钮开关安装在隐蔽之处，需要由人按下其按钮，使开关接通（或断开）来实现报警。此种开关安全可靠，不易被误按下，也不会因振动等因素而误报警。要解除报警必需要由人工复位。

在某些场合也可以使用脚挑式或脚踏式开关。如在银行储蓄所工作人员的脚下可隐蔽性地安装这种类型的开关。一旦有坏人进行抢劫时，即可用脚挑或脚踏的方法使开关接通（或断开）来报警。要解除报警同样要由人工复位。安装这种形式的开关一方面可以起到及时向保卫部门或上一级接警中心发出报警信号的作用，另一方面不易被犯罪分子觉察，有利于保护银行工作人员的人身安全。

利用紧急报警开关发出报警信号，可以根据需要采用有线或无线的发送方式。

（四）易断金属导线

易断金属导线是一种用导电性能好的金属材料制作的机械强度不高、容易断裂的导线。用它作为开关报警器的传感器时，可将其捆绕在门、窗把手或被保护的物体之上，当门窗被强行打开，或物体被意外移动搬起时，金属线断裂，控制电路发生通断变化，产生报警信号。目前，我国使用线径在 $0.1 \sim 0.5\text{mm}$ 之间的漆包线作为易断金属导线。国外采用一种金属胶带，可以像胶布一样粘贴在玻璃上并与控制电路连接。当玻璃破碎时，金属胶条断裂而报警。但是，建筑物窗户太多或玻璃面积太大，则金属条不太适用。易断金属导线具有结构简单、价格低廉的优点；缺点是不便于伪装，漆包线的绝缘层易磨损而出现短路现象，从而使报警系统失效。

（五）压力垫

压力垫也可以作为开关报警器的一种传感器。压力垫通常放在防范区域的地毯下面，如图 10-27 所示。将两条长条形金属带平行相对应地分别固定在地毯背面和地板之间，两条金属带之间有几个位置使用绝缘材料支撑，使两条金属带互不接触。此时，相当于传感

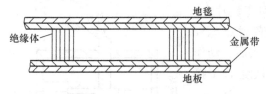

图 10-27 压力垫使用情况示意图

器开关断开。当入侵者进入防范区，踩踏地毯，地毯相应部位受重力而凹陷，使地毯下设有绝缘体支撑部位的两条金属带接触。此时相当于传感器开关闭合，发出报警信号。

八、振动入侵探测器

振动探测器是一种在警戒区内能对入侵者引起的机械振动（冲击）而发出报警的探测装置。它是以探测入侵者的走动或进行各种破坏活动时所产生的振动信号来作为报警的依据。例如，入侵者在进行凿墙、钻洞，破坏门、窗，撬保险柜等破坏活动时，都会引起这些物体的振动。以这些振动信号来触发报警的探测器就称为振动探测器。

（一）振动探测器的基本工作原理

振动探测器的基本工作原理如图 10-28 所示。

振动传感器是振动探测器的核心组成部件。它可以将因各种原因所引起的振动信号转变为模拟电信号，此电信号再经适当的信号处理电

图 10-28 振动探测器的基本工作原理

路进行加工处理后，转换为可以为报警控制器接收的电信号（如开关电压信号）。当引起的振动信号超过一定的强度时，即可触发报警。当然，对于某些结构简单的机械式振动探测器可以不设信号处理这部分电路，振动传感器本身就可直接向报警控制器输出开关电压信号。

应该指出的是，引起振动产生的原因是多种多样的，有爆炸、凿洞、电钻孔、敲击、切割、锯东西等多种方式，各种方式产生的振动波形是不一样的，即产生的振动频率、振动周期、振动幅度三者均不相同。不同的振动传感器因其结构和工作原理不同，所能探测的振动形式也各有所长。因此，应根据防范现场最可能产生的振动形式来选择合适的振动探测器。

振动探测器按其传感器工作原理可分为位移式传感器、速度式传感器和加速度传感器等三种。

1. 位移式传感器

常见的有水银式传感器、重锤式（惯性棒）传感器、钢珠式开关等。它们共同点是：当直接或间接受到机械冲击振动时，水银珠、钢珠、重锤等都离开原来的位置，使之触发报警。这部分传感器灵敏度低，控制范围小，只适合小范围控制，如门窗和保险柜、局部墙面等。钢珠式传感器虽然可用于建筑物振动入侵探测器，但它一般只能控制墙面 $4m^2$ 左右，因此国内很少采用。

2. 速度传感器

一般常用电动式传感器，是由永久磁铁、线圈、弹簧、阻尼器和壳体等组成的。这种传感器灵敏度高，控制范围大，稳定性较好；但加工工艺要求较高，因此，价格比较高。它适合地音振动入侵探测器和建筑物振动入侵探测器。

电动式振动传感器的结构如图 10-29 所示。它主要是由一根条形永久磁铁和一个绕有

线圈的圆形筒组成。永久磁铁的两端用弹簧固定在传感器的外壳上，套在永久磁铁外围的圆筒上绕有一层较密的细铜丝线圈，这样，线圈中就存在着由永久磁铁产生的磁通。

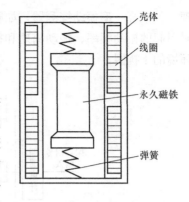

图 10-29　电动式振动传感器

将这种探测器固定在墙壁、顶棚板、地表层或周界的钢丝网上，当外壳受到振动时，就会使永久磁铁和线圈之间产生相对运动。由于线圈中的磁通不断地发生变化，根据电磁感应定律，在线圈两端就会产生感应电动势。此电动势的大小与线圈中磁通的变化率成正比。将线圈与报警电路相连，当感应电动势的幅度大小与持续时间满足报警要求时，即可发出报警信号。

电动式振动探测器对磁铁在线圈中的垂直加速位移尤为敏感。因此，当安装在周界的钢丝网面上时，对强行爬越钢丝网的入侵者有极高的探测率。电动式振动探测器也可用于室外进行掩埋式安装，构成地面周界报警系统，用来探测入侵者在地面上走动时所引起的低频振动。因此，通常又称为地面振动探测器（或地音探测器）。每根传输线可连接几十个（如 25～50 个）探测器，保护约 60～90m 长的周界。

3. 加速度传感器

加速度传感器一般是压电式加速度计。压电式加速度计的心脏是一片压电材料，通常是一种表现出独特压电效应的铁电陶瓷片，当受到机械应力时，在它的两个极面上会产生一个与所加的应力成正比的电荷，即应力越大电荷越多。它适合地音振动入侵探测器和建筑物振动入侵探测器。

压电式振动传感器是一种压电晶体，它可以将施加于其上的机械作用力转变为相应大小的电压，即模拟的电信号。此电信号的频率及幅度与机械振动的频率及幅度成正比。利用压电晶体的压电效应就可做成压电晶体振动探测器，其适用的范围也很广。

将其掩埋在地下，埋在泥土或较硬的表层物下面，可用来探测入侵者在地面上行走时的压力变化对探测器产生的振动，也可以用于室内，探测墙壁、顶棚板等处和玻璃破碎时所产生的振动。例如，将压电晶体振动探测器贴在玻璃上，可用来探测划刻玻璃时产生的振动信号，将此信号送入信号处理电路（如高通放大等电路）后，即可触发报警。

同样，也可用于室外的周界报警系统中。将这种探测器固定在保护栏网或桩柱上，以探测入侵者翻爬和破坏栏网、桩柱时引起的振动。

由于在不同的场合，采用不同的入侵方式所引起的不同物体的机械振动频率会有所差异，因此，为了更准确地探测入侵者的活动，在报警电路中，由压电晶体振动传感器输出的模拟电信号在进入信号处理器之前，有必要先经过某一频率范围的带通滤波器。其带通频率与所要探测入侵者的实际入侵活动所产生的机械振动频率相对应。例如，探测人在地面上行走时产生的振动频率比较低，而人翻越、破坏栅网时所引起的振动频率则比较高，尤其当入侵者在划刻窗玻璃时所产生的振动信号频率则更高。因此，经适当选择通带的频率范围之后，就可以消除那些由于非入侵活动而引起的振动所产生的误报警。

为了提高报警可靠性，且对防范区内人员的正常走动或环境干扰等不会引起误报，出现一种三合一型振动探测器，如图 10-30 所示。它是利用数字信号分析技术，对振动入侵时引起的振动频率、振动周期和振动幅度三者进行分析，从而提高了报警准确性，抑制了环境的干扰因素。

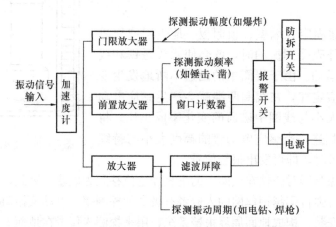

图 10-30 电子式全面型三合一振动探测器的信号分析原理图

三合一型振动探测器的保护范围一般是半径 3～4m，最远可达 14m（与保护面的材质及振动方式有关）；适用于金库、银行保险柜等。设有 5 级灵敏度，可调，可在 6dB 范围内调节，以适合不同的环境。其设有保护措施，内置温度保护。当环境温度达到 93℃时发出报警；电压低于 7V 自动报警；并具有防钻外壳等。如安定宝 UN-3 型振动探测器就是这种类型的三合一型振动探测器。

（二）振动探测器的主要特点及安装使用要点

（1）振动探测器基本上属于面控制型探测器。它可以用于室内，也可以用于室外的周界报警。优点是在人为设置的防护屏障没有遭到破坏之前，就可以做到早期报警。

振动探测器在室内应用明敷、暗敷均可；通常安装于可能入侵的墙壁、顶棚板、地面或保险柜上；安装于墙体时，距地面高度 2～2.4m 为宜，传感器垂直于墙面。其在室外应用时，通常埋入地下，深度在 10cm 左右，不宜埋入土质松软地带。

（2）振动式探测器安装在墙壁或顶棚板等处时，与这些物体必须固定牢固，否则将不易感受到振动。用于探测地面振动时，应将传感器周围的泥土压实，否则振动波也不易传到传感器，探测灵敏度会下降。在室外使用电动式振动探测器（地音探测器），特别是泥土地，在雨季（土质松软）、冬季（土质冻结）时，探测器灵敏度均明显下降，使用者应采取其他报警措施。

（3）振动探测器安装位置应远离振动源（如室内冰箱、空调等，室外树木等）。在室外应用时，埋入地下的振动探测器应与其他埋入地中的一些物体，如树木、电线杆、栏网桩柱等保持适当的距离；否则，这些物体因遇风吹引起的晃动而导致地表层的振动也会引起误报。因此，振动传感器与这些物体之间一般应保持 1～3m 以上的距离。

（4）电动式振动探测器主要用于室外掩埋式周界报警系统中。其探测灵敏度比压电晶体振动探测器的探测灵敏度要高。电动式振动探测器磁铁和线圈之间易磨损，一般相隔半年要检查一次，在潮湿处使用时检查的时间间隔还要缩短。

九、声控报警探测器

声控报警器用传声器做传感器（声控头），用来控制入侵者在防范区域内走动或作案活动发出的声响（如启闭门窗、拆卸搬运物品、撬锁时的声响），并将此声响转换为报警电信号，该信号经传输线送入报警主控器。此类报警电信号即可送入监听电路并转换为音响，供值班人员对防范区直接监听或录音；同时也可以送入报警电路，当现场声响强度达到一定电平时，启动告警装置，发出声光报警，见图 10-31。

这种探测报警系统结构比较简单，仅需在警戒现场适当位置安装

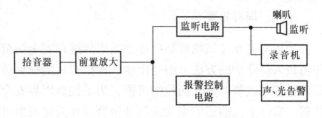

图 10-31　声控报警探测器器示意图

一些声控头，将音响通过音频放大器送到报警主控器即可。因而其成本低廉，安装简便，适合用在环境噪声较小的银行、商店仓库、档案室、机要室、监房、博物馆等场合。

声控报警器通常与其他类型的报警装置配合使用，作为报警复核装置（又称声音复核装置，简称监听头），可以大大降低误报及漏报率。因为任何类型报警器都存在误报或漏报现象。若有声控报警器配合使用，在报警器报警的同时，值班员可监听防范现场有无相应的声响，若听不到异常的声响时，可以认为是报警器出现误报。而当报警器虽未报警，但是由声控报警器听到防范现场有撬门、砸锁、玻璃破碎的异常声响时，可以认为现场已被入侵而报警器产生漏报，可及时采取相应措施。鉴于此类报警器有以上优点，故在规划警戒系统时，可优先考虑采用这种报警器材。

声音复核装置使用时应该注意：

（1）声音复核装置只能配合其他探测器使用。

（2）警戒现场声学环境改变时，要调节声音复核装置的灵敏度。如警戒区从未铺地毯到铺上较厚的地毯；从未挂窗帘到挂上较厚的窗帘；从较少货物到货物的大量增多等。

十、场变化式报警器

对于高价值的财产防盗报警，如对保险箱等，可采用场变化式报警器，亦称电容式报警系统，如图 10-32 所示。

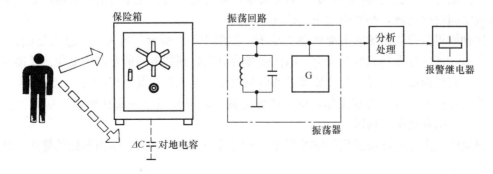

图 10-32　按电容原理工作的信号器用于财产的监控保护

需要保护的财产（如金属保险箱）独立安置，平时加有电压，形成静电场，亦即对地构成一个具有一定电容量的电容器。当有人接近保险箱周围的场空间时，电介质就发生变化，与此同时，等效电容量也随之发生变化，从而引起 LC 振荡回路的振荡频率发生变化。分析处理器一旦采集到这一变化数据，立即触发继电器报警，在作案之前就能发出报警信号。

十一、周界报警器

为了对大型建筑物或某些场地的周界进行安全防范，一般可以建立围墙、栅栏，或采用值班人员守护的方法。但是围墙、栅栏有可能受到破坏或非法翻越，而值班人员也有出现工作疏忽或暂时离开岗位的可能。为了提高周界安全防范的可靠性，可以安装周界报警装置。实际上，前述的主动式红外报警器和摄像机也可作周界报警器。

周界报警器的传感器可以固定安装在现有的围墙或栅栏上，有人翻越或破坏时即可报警。传感器也可以埋设在周界地段的地层下，当入侵者接近或越过周界时产生报警信号，使值守人员及早发现，及时采取制止入侵的措施。

下面介绍几种专用的周界报警传感器。

（一）泄漏电缆传感器

这种传感器类似于电缆结构，见图 10-33。其中心是铜导线，外面包围着绝缘材料（如聚乙烯），绝缘材料外面用两条金属（如铜皮）屏蔽层以螺旋方式交叉缠绕，并留有方形或圆形孔隙，以便露出绝缘材料层。

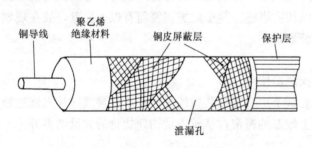

图 10-33 泄漏电缆传感器的结构示意图

电缆最外面是聚乙烯塑料构成的保护层。当电缆传输电磁能量时，屏蔽层的空隙处便将部分电磁能量向空间辐射。为了使电缆在一定长度范围内能够均匀地向空间泄漏能量，电缆空隙的尺寸大小是沿电缆变化的。

把平行安装的两根泄漏电缆分别接到高频信号发射器和接收器就组成了泄漏电缆周界报警器。当发射器产生的脉冲电磁能量沿发射电缆传输，并通过泄漏孔向空间辐射时，在电缆周围形成空间电磁场，同时与发射电缆平行的接收电缆通过泄漏孔接收空间电磁能量，并沿电缆送入接收器。

这种周界报警器的泄漏电缆可埋入地下，如图 10-34 所示。当入侵者进入控测区时，使空间电磁场的分布状态发生变化，因而使接收电缆收到的电磁能量产生变化。此能量变化量就是初始的报警信号，经过处理后即可触发报警器工作。其原理如图 10-35 所示。

此周界报警器可全天候工作，抗干扰能力强，误报和漏报率都比较低，适用于高保安、长周界的安全防范场所。

泄漏电缆入侵探测器适用于室外周界，或隧道、地道、过道、烟囱等处的警戒。其主要特点如下：

（1）隐蔽性好，可形成一堵看不见的，但有一定厚度和高度的电磁场"墙"。

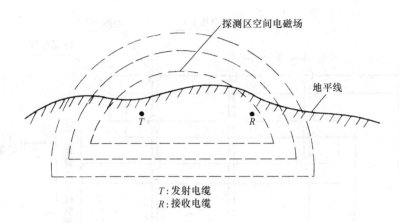

图 10-34 泄漏电缆埋入地下及产生空间场的示意图

（2）电磁场探测区不受热、声、振动、气流干扰源影响，且受气候变化（雾、雨、雪、风、温、湿）影响小。

（3）电磁场探测区不受地形、地面不平坦等因素的限制。

（4）无探测盲区。

（5）功耗较大。

选用时宜具有以下防误报、漏报技术措施：采用信号数字化处理、存储、鉴别技术和入侵位置判别技术。

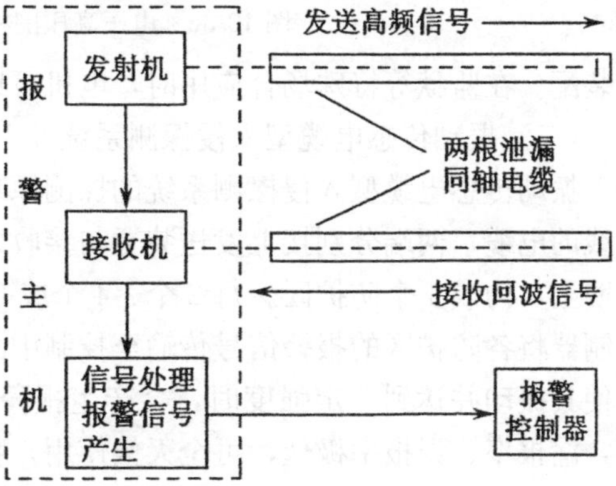

泄漏电缆入侵探测器的安装要点如下：

1）泄漏电缆视情况可隐藏安装在隧道、地道、过道、烟囱、墙内或埋入警戒线的地下。

图 10-35 泄漏电缆周界入侵探测系统原理框图

2）应用于室外时，埋入深度及两根电缆之间的距离视电缆结构、电缆介质、环境及发射机的功率而定。

3）泄漏电缆探测主机就近安装于泄漏电缆附近的适当位置，注意隐蔽安装，以防破坏。

4）泄漏电缆通过高频电缆与泄漏电缆探测主机相连，主机输出送往报警控制器。

5）周界较长，需由一组以上泄漏电缆探测装置警戒时，可将几组泄漏电缆探测装置适当串接起来使用。

6）泄漏电缆埋入的地域要尽量避开金属堆积物，在两电缆间场区不应有易移动物体（如树等）。

（二）电子高压围栏式入侵探测系统

电子高压围栏式入侵探测系统的构成如图 10-36 所示。发生入侵行为时，无论触碰或剪断电子围栏都会发出报警信号。电子围栏上的裸露导线接通后脉冲电压发生器将发生高达 10kV 的脉冲电压（但能量很小，不会对人体造成生命危害），即使入侵者戴上绝缘手套也会产生脉冲感应信号并报警。电子高压围栏式入侵探测系统既可安装于围栏，也可独

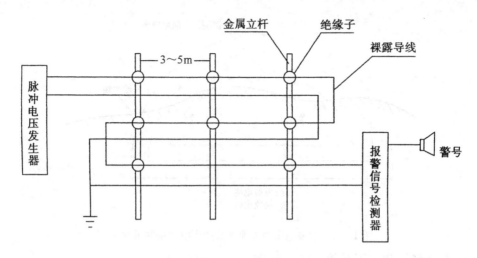

图 10-36　电子高压围栏式入侵探测系统的构成

立装配。在监狱等特殊场合应用时，电机可以设置为致命的。

（三）振动传感电缆型入侵探测系统

振动传感电缆型入侵探测系统的探测原理如图 10-37 所示。一根塑料护套内安装三芯导线的电缆，两端分别接上发送装置与接收装置，将电缆呈波浪状或其他形状固定在网状围墙上，构成 1 个防护区。每 2 个、4 个或 6 个防护区共用一个控制器（多通道控制器），控制器将各防护区的报警信号传输至控制中心，入侵者触动网状围墙、破坏网状围墙等行为使其振动并达到一定强度时，会产生报警信号。振动传感电缆型入侵探测系统精度极高，漏报率、误报率极低，可全天候使用，特别适合网状围墙。

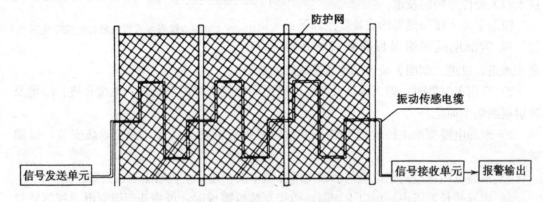

图 10-37　振动传感电缆型入侵探测系统的探测原理图

（四）静电感应围栏入侵探测系统

静电感应围栏式入侵探测系统是一种有别于传统的微波、红外对射、振动电缆、泄漏电缆及高压电网等的周界报警系统，如图 10-38 所示。它具有如下特点：

（1）本系统可以适应于各种复杂地形，不受地形的高低、曲折、转角等限制，不留死角，打破了红外线、微波墙等只适用于视距和平坦区域使用的局限性。

（2）本系统同高压电网有着本质的区别，具有绝对的安全性，不会引起火花，可广泛用于弹药库等易爆、易燃场所，同时不会危害生命。

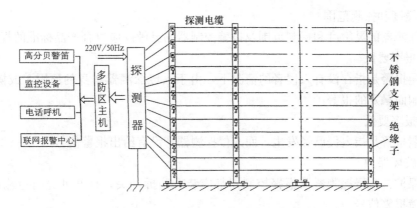

图 10-38 静电感应围栏式周界报警系统

（3）本系统具有强大的整体防御能力和防破坏能力，无论"接近、触摸、剪断、翻越"均报警。传感灵敏度可据用户具体使用情况自行设定。

（4）本系统可同一切接受开关信号的报警主机接口兼容，以实现远程联网报警等多种功能。

（5）探测电缆数目根据需要可以 1～12 根，电缆长度可达数百米。

（6）该系统具有性能稳定、安装适应性强、性价比高等优点，是天然气站、油库、军事设施、养殖场、飞机场、停车场、码头、监狱、看守所、博物馆、电站、工厂、高层住宅、智能小区等长距离周界防范的上佳选择。

几种周界报警系统的性能对比见表 10-6。

几种周界报警系统的性能对比 表 10-6

系统 \ 功能	阻挡作用	威慑感	不规则边界	安全性	误报率	直接成本	使用寿命	维护费用	综合技术
红外对射	无	无	差	好	高	低	低	高	低
振动电缆	有	有	好	好	中	高	长	低	较高
张力网	有	有	中	好	较高	低	长	高	中
高压电网	有	有	好	差	低	高	长	低	高
静电感应系统	有	有	好	好	低	中	长	低	中
埋地电缆	无	无	好	好	低	高	长	中	高

第三节 防盗报警系统的设备选型与工程示例

一、防盗（入侵）报警系统的功能及要求

1. 功能

按照产品说明书进行了正确的安装，并在正常环境情况下使用和执行正确的操作时，应能完成产品标准所规定的入侵探测和报警的所有功能。

2. 灵敏度和探测范围

入侵探测器的灵敏度和探测范围及报警控制器的灵敏度应符合产品标准的规定。

3. 误报率要低

所谓误报警是指在没有入侵者的情况下，由于入侵探测器本身的原因，或操作不当，或环境影响而触发的报警。

4. 漏报率要低

所谓漏报警是指入侵已经发生，而入侵探测器却没有给出报警信号。

5. 防破坏保护

防拆保护：入侵探测器及报警控制器都应装有防拆开关，打开外壳时应输出报警信号，或故障报警信号。

传输线路短路和断路的保护：当信号传输线路短路、断路，或并接其他负载时，应输出报警信号或故障报警信号。

6. 电源适用范围

当电源电压在额定值的±10％范围内变化时，入侵探测器及报警控制器的电源应不需调整仍能正常工作，且性能指标应符合要求。

7. 电源功耗

入侵探测器及报警控制器在警戒状态和报警状态的功耗应符合产品标准的规定。

8. 备用电源

使用交流电源供电的入侵探测器及报警控制器应配有直流备用电源。当交流电源断电时，应能自动切换到备用电源，交流电恢复后又可对备用电源充电。

备用电源的使用时间：银行、仓库、文物等单位的报警系统为24h，商业报警系统为16h。

9. 稳定性要求

入侵探测报警系统在正常气候环境下，连续工作7天不应出现误报警和漏报警，其灵敏度和探测范围的变化不应超过±10％。

10. 耐久性要求

入侵探测报警系统在额定电压和额定负载电流下进行警戒、报警和复位，循环6000次，应无电的或机械的故障，也不应有器件损坏或触点粘连。

11. 抗干扰要求

入侵探测器应符合《电子测量仪器电磁兼容性试验规范》GB 6833.1中规定的静电放电敏感度实验、电源瞬态敏感实验、辐射敏感实验中的要求，不应出现误报警和漏报警。

在警戒状态下受热气流干扰、电火花干扰、灯光干扰和电铃等的干扰时，应能正常工作，也不应出现误报警和漏报警。

12. 可靠性要求

入侵探测报警系统在正常工作条件下的平均无故障工作时间分为 A、B、C、D 四级，各类产品的指标不应低于 A 级的要求。四级的要求如下：

A 级：1×10^3 h；

B 级：5×10^3 h；

C 级：2×10^4 h；

D级：6×10^4h。

二、设备选型与使用

（一）报警探测器的选用原则

报警探测器应按以下要求选择使用：

（1）根据防范现场的最低温度、最高温度，选择工作温度与之相匹配的主动式红外报警探测器；

（2）主动式红外报警探测器由于受雾影响严重，室外使用时均应选择具有自动增益功能的设备；

（3）多雾地区、环境脏乱及风沙较大地区的室外不宜使用主动式红外报警探测器；

（4）探测器的探测距离较实际警戒距离应留出20%以上的余量；

（5）室外使用时应选用双光束或四光束主动式红外报警探测器；

（6）在空旷地带或围墙、屋顶上使用主动式红外报警探测器时，应选用具有避雷功能的设备；

（7）遇有折墙，且距离又较近时，可选用反射器件，从而减少探测器的使用数量；

（8）室外使用主动式红外入侵探测器时，其最大射束距离应是制造厂商规定的探测距离的6倍以上。

（二）小型系统设备设计考虑

1. 控制设备的选型

（1）报警控制器的常见结构主要分为台式、柜式和壁挂式三种。小型系统的控制器多采用壁挂式；

（2）控制器应符合《防盗报警控制器通用技术条件》GB 12663—90中有关要求。

（3）应具有可编程和联网功能。

（4）设有操作员密码，可对操作员密码进行编程。密码组合不应小于10000。

（5）具有本地报警功能，本地报警喇叭声强级应大于80dB。

（6）接入公共电话网的报警控制器应满足有关部门入网技术要求。

（7）具有防破坏功能。

2. 值班室的布局设计

（1）控制器应设置在值班室，室内应无高温、高湿及腐蚀气体，且环境清洁，空气清新。

（2）壁挂式控制器在墙上的安装位置：其底边距地面的高度不应小于1.5m。如靠门安装时，靠近其门轴的侧面距离不应小于0.5m，正面操作距离不应小于1.2m。

（3）控制器的操作、显示面板应避开阳光直射。

（4）引入控制器的电缆或电线的位置应保证配线整齐，避免交叉。

（5）控制器的主电源引入线宜直接与电源连接，应尽量避免用电源插头。

（6）值班室应安装防盗门、防盗窗、防盗锁，设置紧急报警装置以及同处警力量联络和向上级部门报警的通信设施。

（三）大、中型系统设备设计考虑

1. 控制设备的选型

（1）一般采用报警控制台（结构有台式和柜式）。

（2）控制台应符合《防盗报警中心控制台》GB/T 16572—1996 的有关技术性能要求。

（3）控制台应能自动接收用户终端设备发来的所有信息（如报警、音、像复核信息）。采用微处理技术时，应同时有计算机屏幕上实时显示（大型系统可配置大屏幕电子地图或投影装置），并发出声、光报警。

（4）应能对现场进行声音（或图像）复核。

（5）应具有系统工作状态实时记录、查询、打印功能。

（6）宜设置"黑匣子"，用以记录系统开机、关机、报警、故障等多种信息，且值班人员无权更改。

（7）应显示直观，操作简便。

（8）有足够的数据输入、输出接口，包括报警信息接口、视频接口、音频接口，并留有扩充的余地。

（9）具备防破坏和自检功能。

（10）具有联网功能。

（11）接入公共电话网的报警控制台应满足有关部门入网技术要求。

2. 控制室的布局设计

（1）控制室应为设置控制台的专用房间，室内应无高温、高湿及腐蚀气体，且环境清洁，空气清新。

（2）控制台后面板距墙不应小于 0.8m，两侧距墙不应小于 0.8m，正面操作距离不应小于 1.5m。

（3）显示器的屏幕应避开阳光直射。

（4）控制室内的电缆敷设宜采用地槽。槽高、槽宽应满足敷设电缆的需要和电缆弯曲半径的要求。

（5）宜采用防静电活动地板，其架空高度应大于 0.25m，并根据机柜、控制台等设备的相应位置，留进线槽和进线孔。

（6）引入控制台的电缆或电线的位置应保证配线整齐，避免交叉。

（7）控制台的主电源引入线宜直接与电源连接，应尽量避免用电源插头。

（8）应设置同处警力量联络和向上级部门报警的专线电话，通信手段不应少于两种。

（9）控制室应安装防盗门、防盗窗和防盗锁，设置紧急报警装置。

（10）室内应设卫生间和专用空调设备。

三、安全防范工程的线缆敷设

1. 电缆的敷设

（1）根据设计图纸要求选配电缆，尽量避免电缆的接续。必须接续时，应采用焊接方式或采用专用接插件。

（2）电源电缆与信号电缆应分开敷设。

（3）敷设电缆时应尽量避开恶劣环境，如高温热源、化学腐蚀区和煤气管线等。

（4）远离高压线或大电流电缆，不易避开时应各自穿配金属管，以防干扰。

（5）电缆穿管前应将管内积水、杂物清除干净，穿线时涂抹黄油或滑石粉。进入管口的电缆应保持平直，管内电缆不能有接头和扭结。穿好后应做防潮、防腐处理。

（6）管线两固定点之间的距离不得超过 1.5m。下列部位应设置固定点：

1）管线接头处；

2）距接线盒 0.2m 处；

3）管线拐角处。

（7）电缆应从所接设备下部穿出，并留出一定余量。

（8）在地沟或顶棚板内敷设的电缆，必须穿管（视具体情况选用金属管或塑料管）。

（9）电缆端作好标志和编号。

（10）明装管线的颜色、走向和安装位置应与室内布局协调。

（11）在垂直布线与水平布线的交叉处要加装分线盒，以保证接线的牢固和外观整洁。

2. 光缆的敷设

（1）敷设光缆前，应检查光纤有无断点、压痕等损伤。

（2）根据施工图纸选配光缆长度，配盘时应使接头避开河沟、交通要道和其他障碍物。

（3）光缆的弯曲半径不应小于光缆外径的 20 倍。光缆可用牵引机牵引，端头应作好技术处理。牵引力应加于加强芯上，大小不应超过 150kg。牵引速度宜为 10m/min；一次牵引长度不宜超过 1km。

（4）光缆接头的预留长度不应小于 8m。

（5）光缆敷设一段后，应检查光缆有无损伤，并对光缆敷设损耗进行抽测，确认无损伤时，再进行接续。

（6）光缆接续应由受过专门训练的人员操作，接续时应用光功率计或其他仪器进行监视，使接续损耗最小。接续后应做接续保护，并安装好光缆接头护套。

（7）光缆端头应用塑料胶带包扎，盘成圈置于光缆预留盒中，预留盒应固定在电杆上。地下光缆引上电杆，必须穿入金属管。

（8）光缆敷设完毕时，需测量通道的总损耗，并用光时域反射计观察光纤通道全程波导衰减特性曲线。

（9）光缆的接续点和终端应作永久性标志。

四、防盗报警工程举例

（一）某大厦防盗报警系统

某大厦是一幢现代化的 9 层涉外高务办公楼。根据大楼特点和安全要求，在首层各出入口配置 1 个双鉴探头（被动红外/微波探测器），共配置 4 个双鉴探头，对所有出入口的内侧进行保护。二楼至九楼的每层走廊进出通道，各配置 2 个双鉴探头，共配置 16 个双鉴探头；同时每层各配置 4 个紧急按钮，共配置 32 个紧急按钮。紧急按钮安装位置视办公室具体情况而定。整个防盗报警系统如图 10-39 所示。

保安中心设在二楼电梯厅旁，约 10m²。管线利用原有弱电桥架为主线槽，用 DG20 管引至报警探测点（或监控电视摄像点）。防盗报警系统采用美国（ADEMCO）（安定宝）大型多功能主机 4140XMPT2。该主机有 9 个基本接线防区，呈总线式结构，扩充防区十

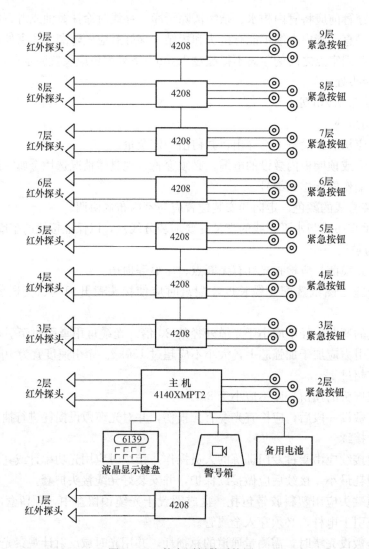

图 10-39　某大厦报警系统图

分方便，可扩充多达 87 个防区，并具备多重密码、布防时间设定、自动拨号以及"黑匣子"记录等功能。

图 10-39 中的 4208 为总线式 8 区（提供 8 个地址）扩展器，可以连接 4 线探测器。6139 为 LCD 键盘。关于各楼层设备（包括摄像机）的分配表如表 10-7 所示。

各楼层设备分布表　　　　　　　　　　　　　　　　表 10-7

楼　　层	摄　像　机		报　警　器		
	固定云台	自动云台	双鉴探头	紧急按钮	门磁开关
1	2	1	4	0	0
2	3	0	2	4	0
3	2	0	2	4	0
4	2	0	2	4	0
5	2	0	2	4	0

续表

楼　　层	摄　像　机		报　警　器		
	固定云台	自动云台	双鉴探头	紧急按钮	门磁开关
6	2	0	2	4	0
7	2	0	2	4	0
8	2	0	2	4	0
9	1	0	2	4	0
电　梯	2	0	0	0	0
合　计	20	1	20	32	0

图 10-40 是金库中利用监控电视和被动红外、微波双鉴报警探测器进行安全防范的布置图。

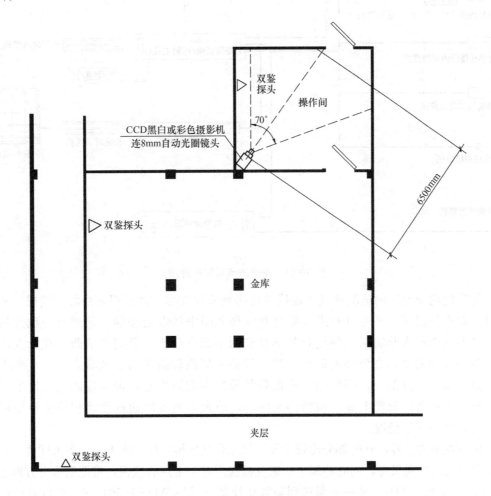

图 10-40　金库监控系统布置图

（二）某大学的安全防范系统设计

该大学占地约 130 亩，有近 5 万 m² 的建筑群。该建筑群包括综合教学楼、图书馆办公楼、学生会堂、电教中心、学生宿舍等几座主要建筑物，主要是教学、办公和各种服务设施。要求设计一个包括电视监控和防盗报警在内的安全防范系统。

本安全防范系统包括电视监控系统（CCTV）和防盗报警系统，共有 47 个电视监控点和 33 个防区 64 个防盗报警点。系统主要由前端的摄像设备和报警设备、监控终端的安防中心和视频传输线路组成。安全防范系统原理图如图 10-41 所示。

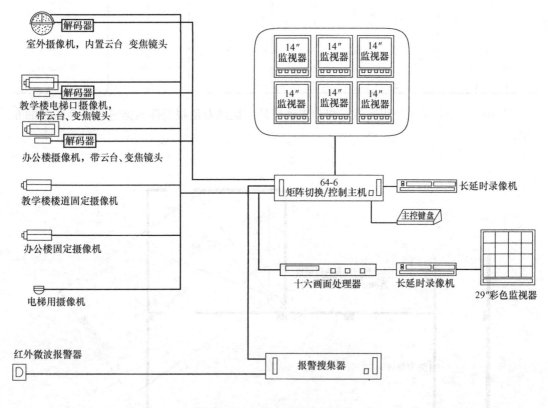

图 10-41   安全防范系统原理图

前端把现场发生的情况通过传输线路传送到监控终端，通过报警系统和监视器来观察并录取现场情况，平时可对进入综合教学楼和图书馆办公楼的人员进行一般性的观察，观察是否有人非法混入到综合教学楼和图书馆办公楼。夜间和节假日在无人出入综合教学楼和图书馆办公楼的时候，报警设备和摄像设备进入警戒状态，一旦有人侵入重点场所和重点部位，报警器发出报警信号传至安防中心，报警控制主机发出报警声，同时在报警监视器上显示报警的房间号，值班人员可以通过手动切换至该楼层的摄像机，观察楼道情况。

由前端来的信号，有些部分比较重要，如综合教学楼门厅、南大门、东大厅等，需要进行长时间的监视录像，而有些属于一般性监视。对于重点的监视，将把信号一方面送到 16 画面机（美国 AD），另一方面送到矩阵切换器（美国 AD—16504—6）进行时序切换（矩阵切换主机考虑到二期工程扩展，我们选用矩阵 64 路输入），再通过 5 台 14″监视器来进行时序观看。前端来的报警信号，通过报警收集器收集，矩阵控制将联动图像，使时序状态立即成为固定观察，确定是否发生意外情况。配置两台日本松下 AG-6024 长时间录像机，对重点部位（共 16 个点）进行存档记录。

分控中心设在院办公室或院长办公室，院领导可以通过分控中心任意调用图像，并控制云台变焦动作，作为管理和了解院内外情况的辅助手段，使院领导不出办公室就可以了解院内各重点部位的情况。

1. 电视监控系统

(1) 电梯

综合教学楼共有 3 部电梯，它是人员出入最频繁的地方，有时也往往是最不容易被人注意的地方。作案人员一是可以通过电梯进入教室或教研室进行犯罪；二是对电梯内的设备进行破坏，故在每个电梯内各安装了一台带伪装的日本 CEC-38 摄像机，该型摄像机系一体化机，3.8mm 镜头，造型美观。这样既不引起正常进出人员的注意，又可对非法人员进行监视，保证了电梯的安全和教室等场所设备的安全。

(2) 综合教学楼一层

一层是来往人员最多且最复杂的地方，作案人员也随时有混入的可能，因此一层的安全尤为重要，而且考虑到一层的监控设备要求也相对要高些，做到美观实用。在一层的门厅安装一套全方位黑白高分辨率日本 WATEC 摄像机，6 倍变焦，微型云台，360 度全方位旋转，体积小，带伪装，不易被人察觉；电梯厅和楼梯口处也安装一套日本 WATEC 摄像机；在左右两个消防楼梯口各安装一台黑白固定日本 CEC-60 摄像机，6mm 镜头和摄像机一体化，体积小巧，适合白天和黑夜有光源情况下使用。这样就将所有通往楼道上的出入口全部置于监控之下，并随时监测着从大门进入楼内、上下电梯、进出楼梯的各种人员情况，一旦发现问题，可以通过记录下来的录像带查找可疑人员。

(3) 综合教学楼 6～12 层

从综合教学楼的平面图中可以看到，6～12 层共有两个楼梯和一个电梯口，作案人员除了从电梯直接进入各层外，楼梯也是一个进入教室、教研室等处的主要途径。为了预防可能发生的事情，在 6 层、10 层、11 层左右两个消防楼梯口各安装一台黑白、固定式日本 CEC-60 摄像机；在电梯厅和楼梯口各安装一台全方位、变焦、日本 WATEC 摄像机。当发现可疑情况时，通过旋转云台跟踪可疑目标，并对图像进行放大观察；同时为了确保楼道内的安全，在楼层的东西两端各安装一台黑白、固定式日本 CEC-60 摄像机，一旦发现有人擅自闯入教室、实验室等处，便可被及时发现。

(4) 图书馆办公楼一层

由于办公楼和图书馆合用一楼，而且像财务室、院长办公室和院档案室等重要部门均设在本楼，所以本层的监控设备也需要做到全方位观察，美观实用。在图书馆出入大厅安装两台全方位、黑白、日本 WATEC 摄像机，用于观察出入图书馆及办公区的人员；在财务室的走廊安装一台全方位、黑白、日本 WATEC 摄像机，用于观察出入财务室的人员情况。在两个楼梯口各安装一台固定、黑白、日本 CEC-60 摄像机。

(5) 图书馆办公楼 2～5 层

在办公区楼道东西两端各安装一台固定、黑白、日本 CEC-60 摄像机，用于观察进入各楼层及楼道内的人员情况。

(6) 校园周界

在距南大门 10m、东大门 6m 处的弱电井边上，各安装了一根 3m 高的摄像机专用铁杆，铁杆上装有一台日本松下室外球形黑白全方位摄像机，视频线缆和控制线缆通过弱电井和弱电综合管道引至安防中心。摄像机属全天候，具有自动加温、自动散热，360°旋转及 10 倍变焦镜头，用于观察出入校园和周围人员及校园内部的情况，以便及时发现情况，提前做好应急准备。

2. 防盗报警系统

（1）综合教学楼 6 层、11 层、12 层

6 层的主要部位是资料室和教室；11 层的主要部位是 PMI 加工室、机房、PMI 调机室和 PMI 研究室；12 层的主要部位是 PMI 研究室、电磁屏蔽室、PMI 加工室、PMI 调机 1 室、PMI 调机 2 室。因此对这些部位的防范相当重要，在上述房间安装了 2～3 只美国 ADEMCO 1484EX 双鉴报警器，主要控制门窗，以防人擅自闯入，若有人进入，报警器将发出信号通知安防中心，以便迅速处理。此双鉴报警器是微波红外型，控测范围大，且不受温度影响。由于采用两种探测技术，必须同时感应到入侵者的体温及移动才发出报警信号，因此误报率低，稳定性高；另外，它对于各种环境干扰和其他因素引起的假报警有相互抑制作用，抗干扰能力强。报警器采用广角墙壁安装，安装高度为 2.4～2.5m。这样，既有利于提高报警灵敏度，同时报警器不易受空气气流、射频等的干扰，降低误报率。

（2）图书馆办公楼 1 层、5 层

1 层的重要部位是财务室和财务机房，在财务办公室安装 1 台报警器，在财务机房安装 2 台报警器。

5 层的重要部位是大小两个档案室，所以在大档案室安装 4 台报警器，在小档案室安装 3 台报警器，确保档案室的安全。

报警器为美国 ADEMCO148EX 双鉴报警器，均采用广角墙壁安装，安装高度为 2.4～2.5m，一旦有人在无人时段侵入上述区域，立即将报警信号传送到安防中心。

3. 安防中心

安防中心是整个安全防范系统的神经中枢，它不允许非值班人员随意进入。而且一旦有重大案件发生时，首先遭袭击的便是安防中心的工作人员，因此在安防中心的门口安装了一套台湾 PH-902 可视对讲系统。如有人欲进入安防中心，必先按门铃通知值班人员，值班人员在室内观察，经确认后，只要一按开关，门即自动打开。这样既保证了值班人员的生命安全，也避免了外界不必要的干扰。

安防中心设在综合教学楼一层，面积为 37.4m²，其具体情况如下：

1）地面敷设抗静电架空活动地板，架空高度 30cm。

2）为保证设备和系统可靠地工作，电源由专用的配电箱双路供电，总容量为 5kW。摄像机和报警器由安防中心引专线集中供电，并由中心操作通断。

3）室内有通风设施和柜机空调。

4）整个系统采用综合接地，接地电阻小于 1Ω。进安防中心的封闭金属桥架与综合接地作了可靠联结。

4. 系统检测结果分析

系统施工完成并运行一阶段后，我们邀请了公安部安全与警用电子产品质量检测中心对整个系统进行了全面的测试。

（1）性能指标检验

1）监视器图像质量的主观评价（5 人）：选取若干摄像机和监视器进行主观评价与

打分。

2）报警声级：声级计距报警主机 1m，报警声级为 107dB（A）。

3）平均照度：

①电梯内（47 号摄像机）灯光照明，平均照度为 45.6lx；

②综合教学楼一层门厅（4 号摄像机）平均照度为 312lx；

③室外为自然光；

④综合教学楼（38 号摄像机）均为灯光照明，平均照度为 75.4lx。

（以上的平均照度均能满足摄像机的正常工作）

（2）电源功耗及电源电压适用范围

1）电源功耗：电源电压 AC220V 系统满负载工作时，电流为 3.9A。

2）电源电压适用范围：

电源电压 AC242V 系统满负载工作时，电流为 4.8A，系统工作正常。

电源电压为 AC187V 系统满负载工作时，电流为 3.2A，系统工作正常。

（3）抗干扰能力

1）电快速瞬变脉冲干扰试验：系统处于工作状态，将脉冲幅度为 0.5kV、重复频率为 5kHz 的快速瞬变脉冲群，分别加到电源线的火线、中线和地线进行干扰，系统工作正常。

2）静电放电敏感度试验：系统处于工作状态，将静电放电仪接地线接到系统电源的安全接地线上，放电探头充电到 15000V，在控制台键盘、开关上任选几点进行静电放电，系统工作正常。

（4）安全性

1）绝缘电阻测试：常温下，系统电源插头与外壳裸露金属件间用 500V 摇表测试，绝缘电阻大于 200MΩ。

2）泄漏电流试验：系统静泄漏电流为 0.4mA。

3）抗电强度试验：在系统电源插头与外壳裸露金属件间施加 50Hz、1500V 电压，保持 1min，没有出现击穿和飞弧现象。试验后，系统功能正常。

通过检测试验认为，此安全防范系统的设计和施工，符合国家和行业规范。

第四节 出入口控制系统（门禁控制系统）

一、出入口控制系统的组成与要求

出入口控制系统又称门禁控制系统（Access Control System），安全要由识读、执行、传输和管理/控制四部分组成，见图 10-42 和图 10-43 所示。

图 10-42 出入口控制系统的基本组成

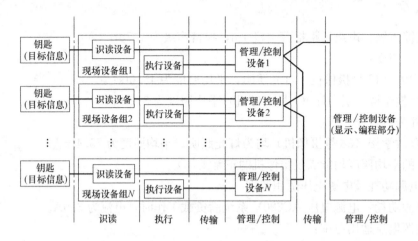

图 10-43 网络型出入口控制系统组成示意图

（一）身份识读（目标识别）

身份识读是出入口控制系统的重要组成部分，其作用是对通行人员的身份进行识别和确认。实现身份识读的种类和方式很多，主要包括密码类、卡证类、生物识别类以及复合类身份识别方式。

（二）出入口管理控制主机

出入口管理子系统是出入口控制系统的管理与控制中心，亦即是出入口控制主机。它是将出入口目标识别装置提取的目标身份等的信息，通过识别、对比，以便进行各种控制处理。

出入口控制主机可根据保安密级要求，设置出入口管理法则。既可对出入者按多重控制原则进行管理，也可对出入人员实现时间限制等，对整个系统实现控制；并能对允许出入者的有关信息、出入检验过程等进行记录，还可随时打印和查阅。

（三）电锁与执行

电锁与执行部分包括各种电子锁具、挡车器、三辊闸等控制设备。这些设备动作灵敏，执行可靠性高，且具有良好的防潮、防腐性能；具有足够的机械强度及防破坏的能力。

电子锁具种类繁多，按工作原理不同可分为电插锁、磁力锁、阳极锁、阴极锁和剪力锁等，可以满足各种木门、玻璃门、金属门的安装需要。每种电子锁具都有自己的特点，在安全性、方便性和可靠性上也各有差异，应视具体情况来选择使用。

二、个人识别技术

在出入口控制装置中使用的出入凭证或个人识别方法，主要有如下三大类：密码、卡片和人体特征识别技术。它们的优缺点见表 10-8。

各种识别方法的比较 表 10-8

分类	原理	优点	缺点	备注
代码识别	对输入预先登记的密码进行确认	不用携带物品、价廉	不能识别个人身份、会泄密或遗忘	要定期更改密码

续表

	分类	原理	优点	缺点	备注
卡片	磁卡	对磁卡上的磁条存储的个人数据进行读取与识别	价廉、有效	伪造更改容易、会忘带卡或丢失	为防止丢失和伪造，可与密码法并用
	IC卡	对存储在IC卡中的个人数据进行读取与识别	伪造难、存储量大、用途广泛	会忘带卡或丢失	
	非接触式IC卡	对存储在IC卡中的个人数据进行非接触式的读取与识别	伪造难、操作方便、耐用	会忘带卡或丢失	
生物特征识别	指纹	对输入指纹与预先存储的指纹进行比较与识别	无携带问题、安全性极高、装置易小型化	对无指纹者不能识别	效果好
	掌纹	输入掌纹与预先存储的掌纹进行比较与识别	无携带问题、安全性很高	精确度比指纹法略低	
	视网膜	用摄像输入视网膜与存储的视网膜进行比较与识别	无携带问题、安全性极高	对弱视或瞳眼不足而视网膜充血以及视网膜病变者无法对比	注意摄像光源强度不一致对眼睛有伤害

　　常用编码识读设备的选择与安装见表10-9。用人体生物特征识读设备的选择与安装见表10-10。常见执行设备的选择与安装见表10-11。

常用编码识读设备及应用特点 表10-9

序号	名称	适应场所	主要特点	适宜工作环境和条件	不适宜工作环境和条件
1	普通密码键盘	人员出入口；授权目标较少的场所	密码易泄漏、易被窥视，保密性差，密码需经常更换	室内安装；如需室外安装，需选用密封性良好的产品	不易经常更换密码，且授权目标较多的场所
2	乱序密码键盘	人员出入口；授权目标较少的场所	密码易泄漏，密码不易被窥视，保密性较普通密码键盘高，需经常更换		
3	磁卡识读设备	人员出入口；较少用于车辆出入口	磁卡携带方便，便宜，易被复制、磁化，卡片及读卡设备易被磨损，需经常维护		室外可被雨淋处；尘土较多的地方；环境磁场较强的场所
4	接触式IC卡读卡器	人员出入口	安全性高，卡片携带方便，卡片及读卡设备易被磨损，需经常维护	室内安装；适合人员通道；可安装在室内、室外；适合人员通道	室外可被雨淋处；静电较多的场所
5	接触式TM卡（组扣式）读卡器	人员出入口	安全性高，卡片携带方便，不易被磨损		尘土较多的地方
6	条码识读设备	用于临时车辆出入口	介质一次性使用，易被复制、易损坏	停车场收费岗亭内	非临时目标出入口

续表

序号	名称	适应场所	主要特点	适宜工作环境和条件	不适宜工作环境和条件
7	非接触只读式读卡器	人员出入口；停车场出入口	安全性较高，卡片携带方便，不易被磨损，全密封的产品具有较高的防水、防尘能力	可安装在室内、室外；近距离读卡器（读卡距离<500mm）适合人员通道；远距离读卡器（读卡距离>500mm）适合车辆出入口	电磁干扰较强的场所；较厚的金属材料表面；工作在900MHz频段下的人员出入口；无防冲撞机制（防冲撞：可依次读取同时进入感应区域的多张卡）；读卡距离>1m的人员出入口
8	非接触可写、不加密式读卡器	人员出入口；消费系统一卡通应用的场所；停车场出入口	安全性不高，卡片携带方便，易被复制，不易被磨损，全密封的产品具有较高的防水、防尘能力		
9	非接触可写、加密式读卡器	人员出入口；与消费系统一卡通应用的场所；停车场出入口	安全性高，无源卡片，携带方便，不易被磨损，不易被复制，全密封的产品具有较高的防水、防尘能力		

常用人体生物特征识读设备及应用特点 表 10-10

序号	名称	主要特点		适宜工作环境和条件	不适宜工作环境和条件
1	指纹识读设备	指纹头设备易于小型化；识别速度很快，使用方便；需人体配合的程度较高	操作时需人体接触识读设备	室内安装；使用环境应满足产品选用的不同传感器所要求的使用环境要求	操作时需人体接触识读设备，不适宜安装在医院等容易引起交叉感染的场所
2	掌形识读设备	识别速度较快；需人体配合的程度较高			
3	虹膜识读设备	虹膜被损伤、修饰的可能性很小，也不易留下被可能复制的痕迹；需人体配合的程度很高；需要培训才能使用	操作时不需人体接触识读设备	环境亮度适宜、变化不大的场所	环境亮度变化大的场所，背光较强的地方
4	面部识读设备	需人体配合的程度较低，易用性好，适于隐蔽地进行面像采集、对比			

常用执行设备技术参数 表 10-11

序号	应用场所	执行设备名称	安装设计要点
1	单向开启、平开木门（含带木框的复合材料门）	阴极电控锁	适用于单扇门；安装位置距地面900～1100mm门边框处；可与普通单舌机械锁配合使用
		电控撞锁、一体化电子锁	适用于单扇；安装于门体靠近开启边，距地面900～1100mm处；配合件安装在边门框上
		磁力锁、阳极电控锁	安装于上门框，靠近开启边；配合件安装在门体上；磁力锁的锁体不应暴露在防护面（门外）
		自动平开门机	安装于上门框；应选用带闭锁装置的设备或另加电控锁；外挂式门机不应暴露在防护面（门外）；应有防夹措施

续表

序号	应用场所	执行设备名称	安装设计要点
2	单向开启、平开镶玻璃门(不含带木框门)	阳极电控锁	适用于单扇门；安装位置距地面90～110cm的边门框处；可与普通单舌机械锁配合用
		磁力锁	安装于上门框，靠近开启边；配合件安装于门体上；磁力锁的锁体不应暴露在防护面(门外)
		自动平开门机	安装于上门框；应选择带闭锁装置的设备或另加电控锁；外挂式门机不应暴露在防护面(门外)；应有防夹措施
3	单向开启、平开玻璃门	带专用玻璃门夹的阳极电控锁	安装位置同本表第1条相关内容；玻璃门夹的作用面小，应安装在防护面(门外)；无框(单玻璃框)门的锁引线应有防护措施
		带专门玻璃门夹的磁力锁	
		玻璃门夹电控锁	
4	双向开启、平开玻璃门	带专用玻璃门夹的阳极电控锁	同本表第3条相关内容
		玻璃门夹电控锁	
5	单扇、推拉门	阳极电控锁	同本表第1、3条相关内容
		磁力锁	安装于边门框；配合件安装于门体上；不应暴露在防护面(门外)
		推拉门专用电控挂钩锁	根据锁体结构不同，可安装于上门框或边门框；配合件安装于门体上；不应暴露在防护面(门外)
		自动推拉门机	安装于上门框；应选用带闭锁装置的设备或另加电控锁；应有防火措施
6	双扇、插拉门	阳极电控锁	同本表第1、3条相关内容
		推拉门专用电控挂钩锁	应选用安装于上门框的设备；配合件安装于门体上；不应暴露在防护面(门外)
		自动推拉门机	同本表第5条相关内容
7	金属防盗门	电控撞锁、磁力锁、自动门机	同本表第1条、第5条相关内容
		电机驱动锁舌电控锁	根据锁体结构不同，可安装于门框或门体上
8	防尾随人员快速通道	电控三棍闸、自动启闭速通门	应与地面有牢固的连接；常与非接触式读卡器配合使用；自动启闭速通门应有防夹措施
9	小区大门、院门等(人员、车辆混行通道)	电动伸缩栅栏门	固定端与地面应牢固连接；滑轨应水平铺设；门开口方向应在值班室一侧；启闭时应有声、光指示，并有防夹措施
		电动栅栏式栏杆机	应与地面有牢固的连接，适用于不限高的场所，不宜选用闭合时间小于3s的产品，应有防砸措施
10	一般车辆出入口	电动栏杆机	应与地面有牢固的连接；用于有限高的场所时，栏杆应有曲臂装置；应有防砸措施
11	防闯车辆出入口	电动升降式地挡	应与地面有牢固的连接；地挡落下后，应与地面在同一水平面上；应有防止车辆通过时，地挡顶车的措施

三、出入口控制系统的设计

系统应根据建筑物的使用功能和安全防范管理的要求，对需要控制的各类出入口，按各种不同的通行对象及其准入级别，对其进、出实施实时控制与管理，并应具有报警功能。

目前，常用的出入口控制系统有基于总线结构和基于网络的出入口控制系统两种。

1）基于总线结构的出入口控制系统（图 10-44）。本系统管理主机与总线之间通过通信器连接，控制器与控制器之间用 RS485 总线连接；通信器通信端口的数量根据所连接的总线数量确定；前端设备的选择由工程设计确定。

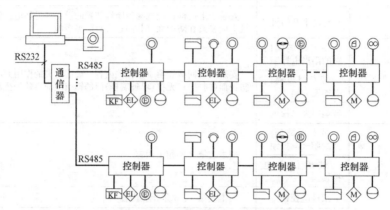

图 10-44 基于总线结构的出入口控制系统

2）基于网络的出入口控制系统（图 10-45）。本系统服务器与各子网主机之间通过网络连接，控制器与控制器之间由 RS485 连接。通信器的通信端口数量根据所连接的总线数量确定；前端设备的选择由工程设计确定。

图 10-46 是使用以太网传输的出入口控制系统。图中有使用 5 类双绞线的以太网和以 RS485 连接的方式示例。

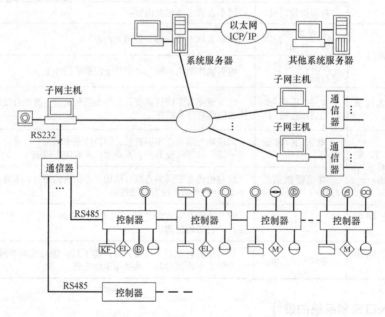

图 10-45 基于网络的出入口控制系统

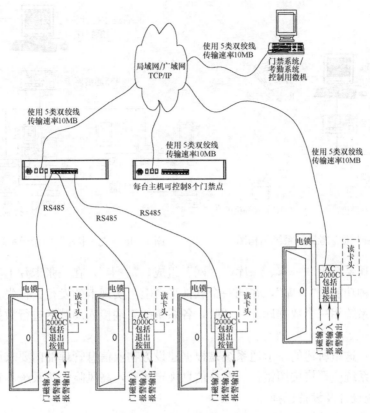

图 10-46　使用以太网传输的门禁系统网络结构示例

四、一卡通系统

(一) 功能要求

(1) 一卡通宜具有出入口控制、电子巡查、停车场管理、考勤管理、消费管理功能,见图 10-47~图 10-49。

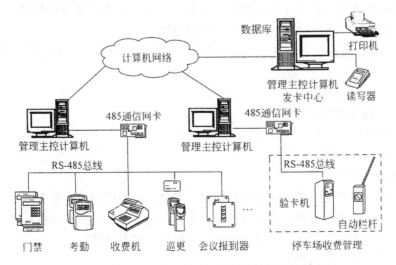

图 10-47　"一卡通"系统硬件结构图

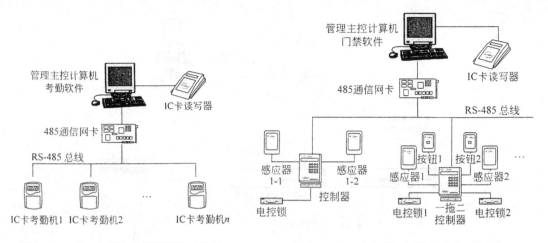

图 10-48   "一卡通"考勤子系统结构图   图 10-49   "一卡通"门禁子系统结构图

（2）一卡通系统由"一卡、一库、一网"组成。"一卡"，在一张卡片上实现开门、考勤、消费等多种功能。"一库"，在同一个软件平台上，实现卡的发行、挂失、充值、资料查询等管理，系统用一个数据库。"一网"，各系统的终端接入局域网进行数据传输和信息交换。

应该指出，这里所述的一卡通系统是根据建设方物业信息管理部门要求设置的。设计应用时，消费系统应严格按照银行、财务信息规定执行，高风险安防系统不宜介入。

（二）系统设计及设备选择

（1）在要求不高的场合，可选用一卡多库的方案。各个应用系统配备一台计算机，一套管理软件。

（2）一卡通系统应选用智能型非接触式 IC 卡。一张 IC 卡能分成多个独立的区域，每个区域都有自己的密码，并能读和写。

（3）感应式 IC 卡与读卡器的读写距离愈大，价格愈高，通常读写距离为 100～300mm。在停车库（场）管理系统中，一般为 400～700mm。较理想的读写距离为 30～150mm。在小型工程中，为了降低投资，停车库（场）管理系统单独使用一张读写距离较大的感应式 IC 卡，不纳入该工程中的一卡通系统。

（4）用于银行储蓄和支出的一卡通系统，卡片选用双面卡，正面为感应式，背面为接触式。

（5）一卡通系统的软件：

1）出入口控制软件；

2）考勤软件；

3）会所收费管理软件；

4）售餐管理软件；

5）企事业"一卡通"软件（出入口控制、考勤、会议报到、售餐消费）；

6）小区"一卡通"软件（出入口控制、考勤、电子巡查、会所消费）；

7）校园"一卡通"软件（食堂、图书馆、机房、宿舍门禁）；

8）其他特殊要求的软件。

五、门禁系统的安装

门禁控制系统的设备布置安装如图10-50和图10-51所示。电控门锁应根据门的材

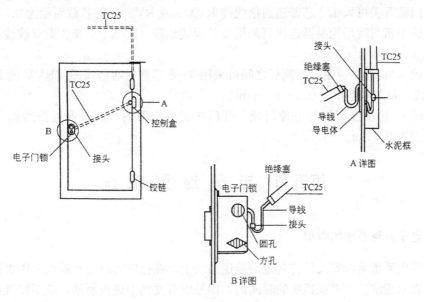

图 10-50 电子门锁的安装示意图

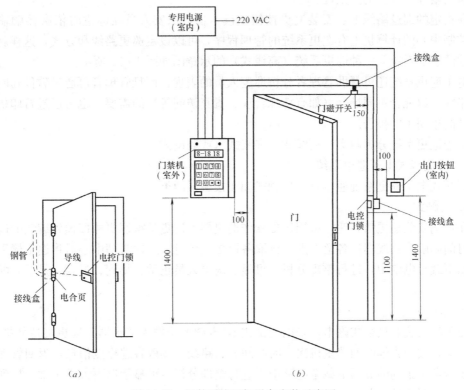

图 10-51 门禁系统现场设备安装示意图

(a) 电控门锁与电合页安装示意图;(b) 电控门锁与门磁开关

质、门的开启方向等选定。门禁控制系统的读卡器距地 1.4m 安装。安装时还应考虑锁的类型、安装位置、安装高度、门的开启方向等。

门禁控制部分的线缆选型如下：

（1）门磁开关可采用 2 芯普通通信线缆 RVV（或 RVS），每芯截面积为 0.5mm^2。

（2）读卡机与现场控制器连线可采用 4 芯通信线缆（RVVP）或 3 类双绞线，每芯截面积为 0.3～0.5mm^2。

（3）读卡机与输入/输出控制板之间可采用 5～8 芯普通通信线缆（RVV 或 RVS）或 3 类双绞线，每芯截面积为 0.3～0.5mm^2。

（4）输入/输出控制板与电控门锁、开门按钮等均采用 2 芯普通通信线缆（RVV），每芯截面积为 0.75mm^2。

第五节 电子巡更系统

一、电子巡更系统的类型

电子巡更系统是保安人员在规定的巡逻路线上，在指定的时间和地点向中央控制站发回信号以表示正常。如果在指定的时间内，信号没有发到中央控制站，或不按规定的次序出现信号，系统将认为异常。有了巡更系统后，如巡逻人员出现问题或危险，会很快被发觉，从而增加了大楼的安全性。

在指定的巡逻路线上，安装巡更按钮或读卡器，保安人员在巡逻时依次接触输入信息。控制中心的计算机上有巡更系统的管理程序，可以设定巡更路线和方式，这样就可实现上述的巡更系统。一种巡更系统（离线式）的示意图如图 10-52 所示。

电子巡更系统还可帮助管理者分析巡逻人员的表现，而且管理者可通过软件随时更改巡逻路线，以配合不同场合（如有特殊会议、贵宾访问等）的需要，也可通过打印机打印出各种简单明了的报告。

电子巡更系统分为两类：离线式、在线式（或联网式）。

（一）离线式电子巡更系统

离线式电子巡更系统通常有：接触式和非接触式两类。

1. 接触式

在现场安装巡更信息钮，采用巡更棒作巡更器。巡更员携巡更棒按预先编制的巡更班次、时间间隔、路线巡视各巡更点，读取各巡更点信息，返回管理中心后将巡更棒采集到的数据下载至电脑中，进行整理分析，可显示巡更人员正常、早到、迟到、是否有漏检的情况。

2. 非接触式

在现场安装非接触式磁卡，采用便携式 IC 卡读卡器作为巡更器。巡更员持便携式 IC 卡读卡器，按预先编制的巡更班次、时间间隔、路线，读取各巡更点信息，返回管理中心后将读卡器采集到的数据下载至电脑中，进行整理分析，可显示巡更人员正常、早到、迟到、是否有漏检的情况。

现场巡更点安装的巡更钮、IC 卡等应埋入非金属物内，周围无电磁干扰，安装应隐

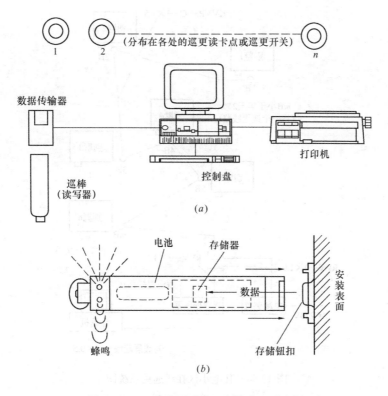

图 10-52 一种巡更系统（离线式）示意图

(a) 电子巡更系统示意图；(b) 巡棒和信息钮扣

蔽安全，不易遭到破坏。

在离线式电子巡更系统的管理中心还配有管理计算机和巡更软件。

（二）在线式电子巡更系统（图 10-53）

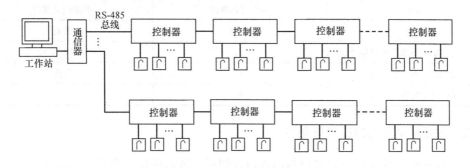

图 10-53 在线式电子巡更系统

在线式一般多以共用防侵入报警系统设备方式实现，可由防侵入报警系统中的警报接收与控制主机编程确定巡更路线。每条路线上有数量不等的巡更点。巡更点可以是门锁或读卡机，视作为一个防区。巡更人员在走到巡更点处，通过按钮、刷卡、开锁等手段，将以无声报警表示该防区巡更信号，从而将巡更人员到达每个巡更点时间、巡更点动作等信息记录到系统中，在中央控制室，通过查阅巡更记录就可以对巡更质量进行考核。图 10-54 是在线巡更系统的巡更方式示例。表 10-12 是在线式和离线式电子巡更系统的比较。

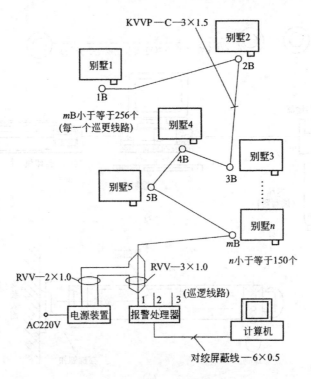

图 10-54　住宅小区在线巡更系统图

在线式和离线式电子巡更系统的比较　　　　　　　　　　表 10-12

比较项目	离线式电子巡更系统	在线式电子巡更系统
系统结构	简单	较复杂
施工	简单	较复杂
系统扩充	方便	较困难
维护	一般无需维修	不需经常维修
投资	较低	较高
对巡更过程中意外事故的反应功能	无	可及时反应
对巡更员的监督功能	有	极强
对巡更员的保护功能	无	有

二、电子巡更系统的设置与安装

（1）该系统可独立设置，也可与出入口控制系统或入侵报警系统联合设置。

（2）该系统应能编制保安人员巡查软件，在预先设定的巡查图中，用读卡器或其他方式，对巡查保安人员的行动、状态进行监督和记录。在线式巡查系统的保安人员在巡查发生意外情况时，可以及时向安防监控中心报警。

（3）该系统设备选择与设置应满足下列要求：

1）对于新建的智能建筑，可根据实际情况选用在线式或离线式巡查系统；

2）对于住宅小区，宜选用离线式巡查系统；

3）对于已建的建筑物，宜选用离线式巡查系统；

4）对实时性要求高的场所，宜选用在线式巡查系统；

5）巡查点宜设置于楼梯口、楼梯间、电梯前室、门厅、走廊、拐弯处、地下停车场、重点保护房间附近及室外重点部位；

（4）在线式电子巡更系统在土建施工时，就应同步进行。每个电子巡更站点需穿RVS（或RVV）4×0.75mm² 铜芯塑料线。

离线式电子巡更系统不需穿管布线，系统设置灵活方便。每个电子巡更站点设置一个信息钮。信息钮有其唯一的地址信息。

设有门禁系统的安防系统，通常可用门禁读卡器用做电子巡更站点。

（5）有线巡更信息开关或无线巡更信息钮，应按设计要求安装在各出入口或其他需要巡更的站点上，其高度离地面宜1.3～1.5m处。

（6）安装应牢固、端正，户外应有防水措施。

（7）巡更系统的调试：

1）读卡式巡更系统应保证确定为巡更用的读卡机在读巡更卡时正确无误，检查实时巡更是否和计划巡更相一致，若不一致能发出报警；

2）采用巡更信息钮（开关）的信息应正确无误，数据能及时收集、统计、打印。

第六节 停车库管理系统

一、系统模式和组成

（一）工作模式

停车场（库）管理系统的组成取决于管理系统的工作模式，通常有以下几类：

（1）半自动停车场（库）管理系统：由管理人员、控制器、自动道闸组成。由人工确认是否对车辆放行。

（2）自动停车场（库）管理系统根据其功能的不同可分成：

1）内部停车场（库）管理系统：面向固定停车户、长期停车户和储值停车户，或仅用于内部安全管理。它只具备车辆的出入管理、监视和记录等功能。

2）收费停车场（库）管理系统：除对进出的车辆实现自动出入管理外，还增加了对临时停车户实行计时、收费管理。

在上述两种自动停车场（库）管理系统中，还可附加图像对比功能的管理：在车辆入口处记录车辆的图像（车型、颜色、车牌号）；在车辆出场（库）时，对比图像资料，一致时放行；防止发生盗车事故。

停车场（库）管理系统的功能结构如图10-55所示。

（二）系统组成

停车场（库）管理系统通常由入口管理系统、出口管理系统和管理中心等部分组成，如图10-56所示。系统的基本部件是车辆探测器、读卡机、发卡（票）机、控制器、自动道闸、满位显示器、计/收费设备和管理计算机。

1. 车辆探测器

车辆探测器是感应数字电路板，传感器都采用地感线圈，由多股铜芯绝缘软线按要求

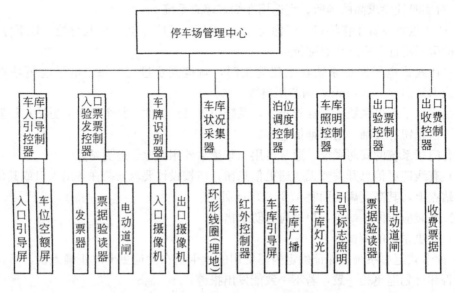

图 10-55 停车场管理的功能结构

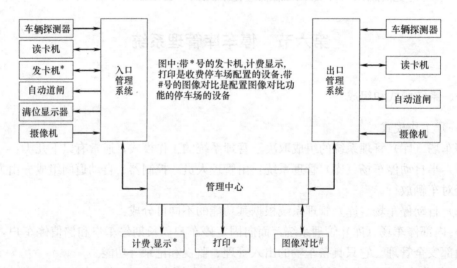

图中:带 * 号的发卡机,计费显示,打印是收费停车场配置的设备;带 # 号的图像对比是配置图像对比功能的停车场的设备

图 10-56 停车场(库)管理系统框图

规格现场制作,线圈埋于栏杆前后地下 5～10cm,只要路面上有车辆经过,线圈产生感应电流传送给电路板,车辆探测器就会发出有车的信号。对车辆探测器的要求是灵敏度和抗干扰性能符合使用要求。

2. 读卡机

对出入口读卡机的要求与出入口控制(门禁)系统对读卡器的要求相同,要求对有效卡、无效卡的识别率高;"误识率"和"拒识率"低;对非接触式感应卡的读卡距离和灵敏度符合设计要求等。

3. 发卡(票)机

发卡(票)机是对临时停车户进场时发放的凭证。有感应卡、票券等多种形式,一般感应卡都回收复用。对收费停车场入口处的发卡(票)机的要求是吐卡(出票)功能正常；卡（票）上记录的进场信息（进场日期、时间）准确。

4. 通行卡

停车场（库）管理系统所采用的通行卡可分：ID卡、接触式IC卡、非接触式IC。非接触式IC卡还按其识别距离分成近距离（20mm左右）、中距离（30mm～50mm左右）和长距离（70mm以上）等几种。

5. 控制器

控制器是根据读卡机对有效卡的识别，符合放行条件时，控制自动道闸抬起放行车辆。对控制器的要求是性能稳定可靠，可单独运行，可手动控制，可由管理中心指令控制，可接受其他系统的联动信号，响应时间符合要求等。

6. 自动道闸

自动道闸对车辆的出入起阻挡作用。自动道闸一般长3～4m（根据车道宽度选择），通常有直臂和曲臂两种形式。前者用于停车场出入口高度较高的场合；后者用于停车场出入口高度较低，影响自动道闸的抬杆。其动作由控制器控制，允许车辆放行时抬杆，车辆通过后落杆。对自动道闸的要求是升降功能准确；具有防砸车功能。防砸车功能是指在栏杆下停有车辆时，栏杆不能下落，以免损坏车辆。

7. 满位显示器

满位显示器是设在停车场入门的指示牌，告知停车场是否有空车位。它由管理中心管理，对满位显示器的要求是显示的数据与具体情况相符。

二、车辆出入检测系统的安装

车辆出入检测方式

车辆出入检测与控制系统如图10-57所示。为了检测出入车库的车辆，目前有两种典型的检测方式：红外线方式和环形线圈方式，如图10-58所示。

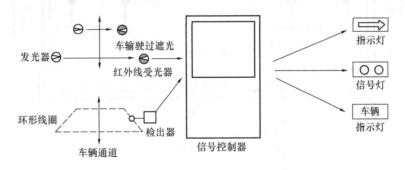

图10-57 车辆出入检测与控制系统

（一）红外线检测方式

如图10-58（a）所示，在水平方向上相对设置红外收、发装置，当车辆通过时，红外光线被遮断，接收端即发出检测信号。图中一组检测器使用两套收发装置，是为了区分通过是人还是汽车。而采用两组检测器是利用两组的遮光顺序，来同时检测车辆行进方向。

安装时如图10-59所示，除了收、发装置相互对准外，还应注意接收装置（受光器）

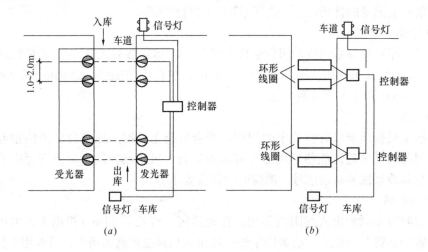

图 10-58　检测出入车辆的两种方式

(a) 红外线方式；(b) 环形线圈方式

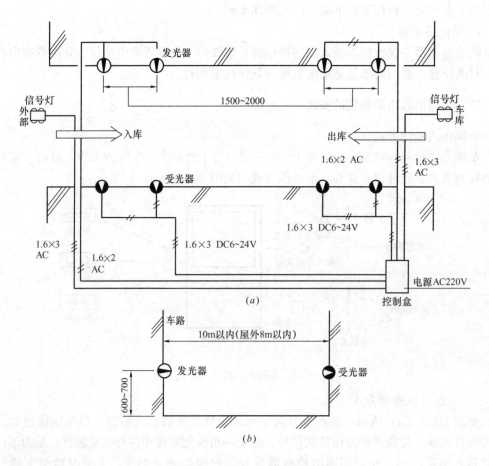

图 10-59　红外线检测的施工

(a) 设备配置平面图；(b) 设备配置侧面图

不可让太阳光线直射到。此外，还有一种将受光器改为反射器的收发器＋反射器的方式。

（二）环形线圈检测方式

如图 10-60（b）所示，使用电缆或绝缘电线做成环形，埋在车路地下，当车辆（金

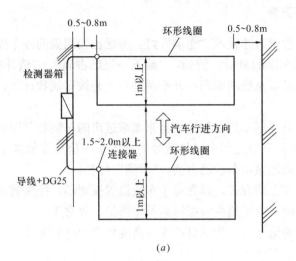

（a）

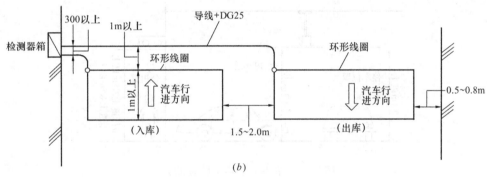

（b）

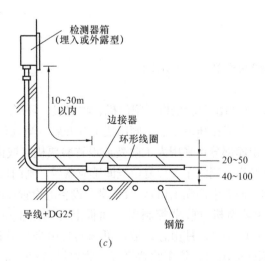

（c）

图 10-60　环形线圈的施工

（a）平面图（出入库单车道）；（b）平面图（出入库双车道）；（c）剖面图

属）驶过时，其金属体使线圈发生短路效应而形成检测信号。所以，线圈埋入车路时，应特别注意有否碰触周围金属。环形线圈周围 0.5m 平面范围内不可有其他金属物。环形线圈的施工可参见图 10-60。

三、车辆显示系统的安装

有些停车库在无停车位置时才显示"车满"灯，考虑比较周到的停车库管理方式则是一个区车满就打出那一区车满的显示。例如，"地下一层已占满"、"请开往第 3 区停放"等指示。不管怎样，车满显示系统的原理不外乎两种：一是按车辆数计数；二是按车位上检测车辆是否存在。

按车辆计数的方式，是利用车道上的检测器来加减进出的车辆数（即利用信号灯系统的检测信号），或是通过入口开票处和出口付款处的进出车库信号来加减车辆数。当计数达到某一设定值时，就自动地显示车位已占满，"车满"灯亮。

按检测车位车辆是否存在的方式，是在每个车位设置探测器。探测器的探测原理有光反射法和超声波反射法两种。由于超声波探测器便于维护，故常用。

关于停车库管理系统的信号灯、指示灯的安装高度如图 10-61 所示。

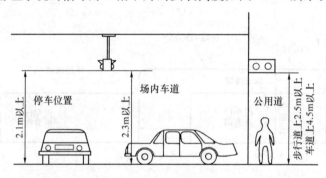

图 10-61　信号灯、指示灯的高度

四、工程举例

（一）采用环形线圈检测方式的示例

1. 系统构成

如图 10-62 所示，它由出票验票机、闸门机、收费机、环形线圈感应器等组成。汽车入库时，在检测到有效月票或按压取票后，闸门机上升开启；当汽车离开复位线圈感应器时闸门机自动放下关闭。出库部分可采用人工收费或设置验票机（或读卡机），检测到有效月票后，闸门机自动上升开启，当汽车驶离复位线圈感应器后，闸门机自动放下关闭。图中收费亭一般设在出库那侧（即图中面朝出口），收费亭各设备的设置如图中的左上方所示。

图中 PRC-90E 型收费机（收费控制器）面板上有四组不可复位装置：车道（进出）总计数、（时租）交易总计数、月租总计数、可选的自由进出总计数；并有指示灯显示收费系统状态。当车辆驶进出口、停车收费亭旁，收费机指示灯亮，收费机并向主收费机传送信息，司机出示原据，收银员利用收费机自动计费，并同时显示给收银员和司机。收费后，收费机发出信号，启动闸门机开闸。汽车驶离复位线圈感应器，收费机指示灯灭，闸

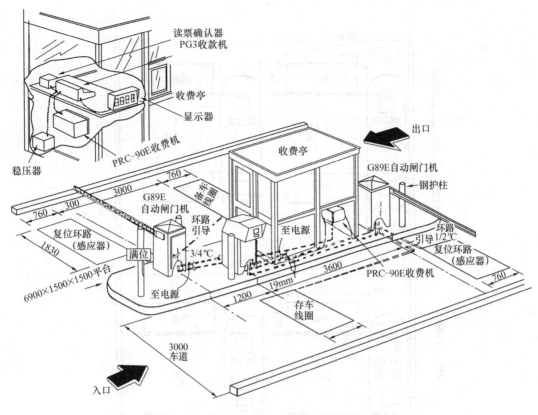

图 10-62　时租、月租出口管理型

门自动关闭，并使车道总计数加一次。

图 10-63 是某交易所的停车库自动管理系统及流程示意图。

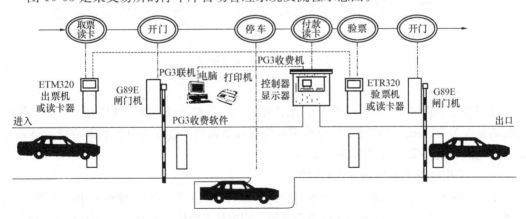

图 10-63　某交易所停车库自动管理系统示意图

2. 车道设备布置设计

本停车库为两进两出车道，其设备布置设计如图 10-64 所示。图中每个环形线圈的沟槽宽×深为 40mm×40mm。

供给出入口每个安装岛的电源容量为 AC220V/20A，并带独立断路器（空气开关）。

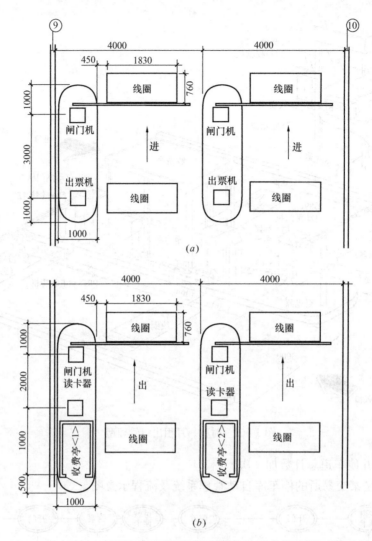

图 10-64　停车场车道设备布置

(a) 入口；(b) 出口

每个收费亭要求提供 2 只 15A/220V 三眼插座。所有线路不得与感应线圈相交，并与线圈的距离至少为 60mm。出口处的备车线圈应埋在收费窗前。装在入口处的满位指示灯和警灯为落地式安装，安装高度不超过 2.1m。

（二）采用红外光电检测方式的示例

本工程在地下 2 层和地下 3 层设有停车库，能停放几百辆汽车。根据要求，在设计时，选择了一种引进视频处理技术的车库管理系统，用现代多媒体技术对视频影像进行存储、加载智能码、调用、对比及识别，使得进出的车辆同时处于该系统电脑的监控之下，与传统的系统只认车辆出入票证就放行相比，要先进、安全、可靠得多。该系统采用多媒体中央控制技术，车库的出入口显示、引导以及收费均可纳入自动运作、人工监督的方式。这样，不管对于管理人员，还是临时或长期用户，其操作使用都更加简便、直观和友好。该系统对于出入口系统进行了特别设计，主要是在支持可靠稳定的手动控制的基础上，增加电脑对手动信号的更高一级的控制。即允许控制及强制控制用户使用时，可任选手动控制与自动控制。该系统采用电脑自动收费系统，从车辆的定位感应开始，从入库的出卡、读卡开始计时，一直到车辆出库的读卡结束，彻底解决了人工收费可能出现的错、乱问题。该系统对用户操作均采用汉字显示与语音播放相结合的提示方式，必要时用户可通过对讲系统和值班工作人员通话，以寻求帮助。因此，不会因为用户不了解系统的操作或误操作而导致不方便或延误进入车库。该车库停车场入口和出口管理系统如图 10-65 所示。

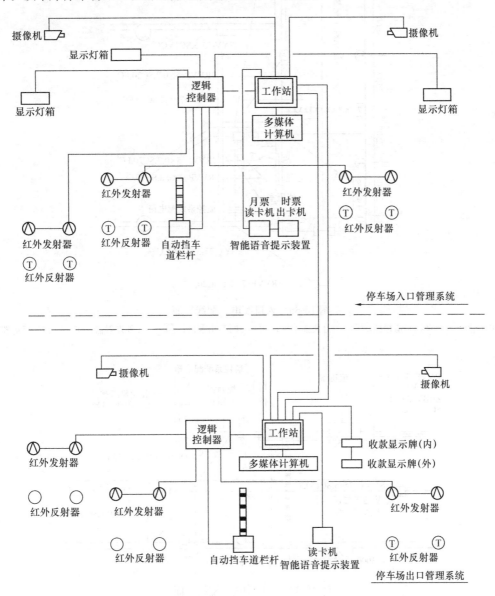

图 10-65　停车场管理系统

图中红外发射器和红外反射器均为一一对应，为避免因为人员通过时遮挡红外线反射而误计数，采取两个红外发射器和两个红外反射器为一组，只有同时遮挡这两个红外发射器发出的红外线，才视为车辆通过。因此，在一组中，两个红外发射器的间距一般在 2.5～3m 左右，高度在 0.5m 左右。图中最左边的一组红外发射(反射)器引至别处(在平面图中有表示),其目的是告知司机,在哪层停车场还有空位。入口和出口的平面布置见图 10-66 和图 10-67。

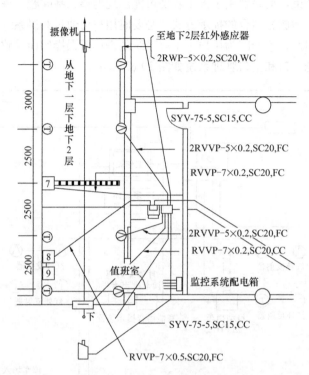

图 10-66 入口配电、配线平面

图中:⑦——自动挡车道栏杆;⑧——月票读卡机;⑨——时票出卡机;Ⓐ——红外发射器;Ⓣ——红外反射器。

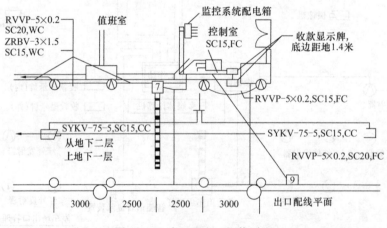

图 10-67 出口配电、配线平面

车辆在进入车库时,在挡杆前停顿取票或刷卡,车辆将一组红外发射器遮挡,两台摄像机同时摄下进场车辆前后两帧图像。图像主要摄下的是车辆的牌号及车辆的特征,如车型、颜色等,并将此图像储存在计算机上。计算机同时将该车司机出票或刷卡的号码一并输入计算机,将这些图像和数据统一作为该车的识别标志。入口处计算机与出口处计算机相连，当该车要出库时，出口处的两台摄像机同时摄下该车前后两帧图像，再根据有效的凭证，从入口处计算机将该车的图像调来，四帧图像进行比较，确认无误后则放行。至于收款，在出口处值班室内外均有提示牌，司机将停车凭证输入后，计算机立即算出该交的费用，并在值班室内外设提示牌。收费结束后，挡车道栏杆升起，车辆放行。

车库的配电线路均采用 ZRBV 型导线，其原因是该工程为超高层建筑，而停车库是在主体建筑的地下 2 层和地下 3 层。若为一般高层建筑，则可采用一般的 BV 线。

此种系统较好地解决了车辆被盗的问题。此系统也可以将入口处和出口处的信息图像等传送到保安监控中心，使中心能实时监视车库出入口的情况，再配以停车场内的闭路监视摄像机，则整个停车库全方位地在保安监视的范围内，提高了停车的安全性。

五、车库管理设备的安装

1. 读卡机（IC 卡机、磁卡机、出票读卡机、验卡票机）的安装（图 10-68）

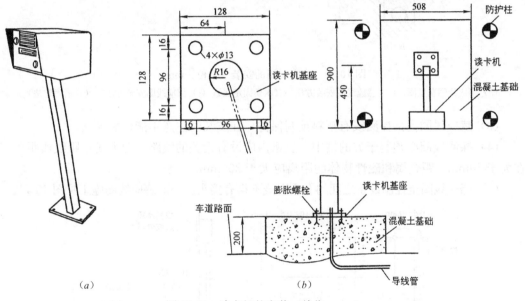

图 10-68　读卡机的安装（单位：mm）

(a) 外形；(b) 安装方法

（1）应安装在平整、坚固的水泥墩上，保持水平，不能倾斜；

（2）宜安装在室内；安装在室外时，应考虑防水及防撞装置措施；

（3）读卡机与闸门机安装的中心间距宜为 2.4～2.8m。

2. 环形感应线圈的安装（图 10-69）

（1）感应线圈放在 100mm 厚的水泥基础上，基础内无金属物体，四角用木楔固定。将木楔钉入水泥基础后，其超出部分不应高于 50mm，然后再浇注 60mm 厚的混凝土，如图 10-70(b) 所示。

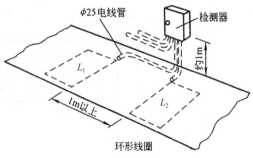

图 10-69　环形线圈的施工

（2）感应线圈也可在地面开槽，然后将线圈放入矩形槽内进行安装固定，但必须探测地面下应无金属物，如图 10-70（c）所示。

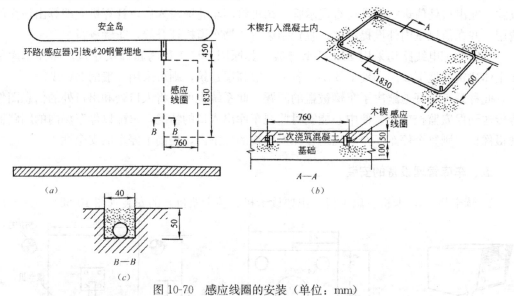

图 10-70 感应线圈的安装（单位：mm）

（a）感应线圈布置图；（b）感应线圈安装方法一（木楔固定法）；（c）感应线圈安装方法二（开槽固定法）

（3）感应线圈内部探测线有塑料预制保护，在安装时注意不能伤害导线。

（4）探测线圈必须装于方的槽中，且槽内应没有无关的线路。动力线路距线槽距离应在大于 50mm。距金属和磁性物体的距离应大于 300mm。

（5）感应线圈至控制设备之间的专用引线不得有接头。环形感应线圈施工见图 10-71。

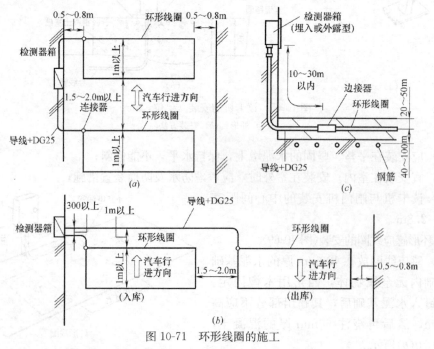

图 10-71 环形线圈的施工

（a）平面图（出入库单车道）；（b）平面图（出入库双车道）；（c）剖面图

3. 闸门机的安装（图 10-72）

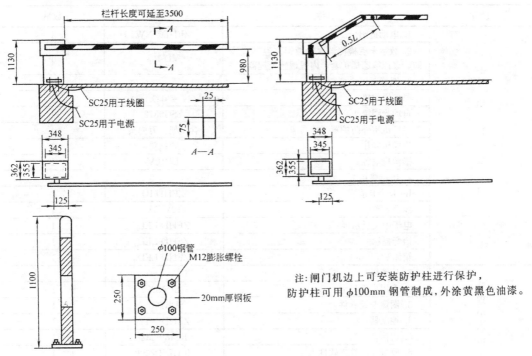

图 10-72　自动闸门的安装（单位：mm）

4. 车库管理系统组成与清单（图 10-73、表 10-13～表 10-16）

停车库设备表（示例）　　　　　　　　　　　　　　　　　　　　表 **10-13**

设备	名称	型号	数量
入口设备	1. 电动道闸	ZFHDZ-NW	1
	2. 数字车辆检测器（含镀银高温感应线圈、聚四氟乙烯护套，内置地感处理器）	VD-108	1
	3. 图像对比设备		
	彩色摄像机	420 线	1
	自动光圈镜头	SSG0812	1
	摄像机室外防护罩	含支架、万向头	1
	摄像机立柱	含抱箍	1
	摄像机电源	DC12V	1
	4. 入口票箱		
	ID 卡读卡系统	ZFHD-ID	1
	自动发卡系统	ZFHD-FK	1
	线性电源	24V/12V/5V	1
	中文电子显示屏	ZFHD-LED	1
	语音提示	ZFHD-VOICE	1
	箱体	ZFHD-PX2	1
	数字车辆检测器	VD-108B	1

续表

设备	名称	型号	数量
出口设备	1. 电动道闸	ZFHDZ-NW	1
	2. 数字车辆检测器（含镀银高温感应线圈、聚四氟乙烯护套，内置地感处理器）	VD-108	1
	3. 图像对比设备		
	彩色摄像机	420 线	1
	自动光圈镜头	SSG0812	1
	摄像机室外防护罩	含支架、万向头	1
	摄像机立柱	含抱箍	1
	摄像机电源	DC12V	1
	4. 出口票箱		
	ID卡读卡系统	ZFHD-ID	1
	线性电源	12V/5V	1
	电子中文显示屏	ZFHD-LED	1
	语音提示	ZFHD-LED	1
	箱体	ZFHD-LED	1
管理中心设备	1. 计算机		
	2. 多用户串口卡	SUNIX	1
	3. 图像卡及软件	SDK2000	1
	4. 控制器	ZFHD-NT2	1
	5. 通信转换器	RS485-232	1
	6. 收费控制管理软件	ZFHDID2000	1
	7. 台式 IC 读卡器		1

电源线（线材：2 芯铜线） 表 10-14

停车场总电源处到收费亭	2 芯（2mm²）	1 根
收费亭到入口票箱、出口票箱各 1 根	2 芯（1.5mm²）	2 根
收费亭到入口道、出口道闸各 1 根	2 芯（1.5mm²）	2 根
收费亭到入口摄像机、出口摄像机各 1 根	2 芯（1mm²）	2 根
从收费亭到入口聚光灯、出口聚光灯各 1 根	2 芯（1.5mm²）	2 根

通信线（线材：超五类屏蔽双绞线 8 芯） 表 10-15

从收费亭到入口票箱 （1 根超五类屏蔽双绞线）	收费计算机和汉字显示屏	2 芯
	控制器和入口票箱内读卡器	2 芯
	对讲主机和对讲分机	2 芯
	剩余 2 芯线暂未使用，留做备份	
从收费亭到入口道闸 （1 根超五类屏蔽双绞线）	道闸控制板和岗亭内手动按钮	4 芯
	道闸控制板和控制器	2 芯
	剩余 2 芯线暂未使用，留做备份	
从收费亭到出口票箱 （1 根超五类屏蔽双绞线）	收费计算机和汉字显示屏	2 芯
	控制器和出口票箱内读卡器	2 芯
	对讲主机和对讲分机	2 芯
	剩余 2 芯线暂未使用，留做备份	
从收费亭到出口道闸 （1 根超五类屏蔽双绞线）	道闸控制板和岗亭内手动按钮	4 芯
	道闸控制板和控制器	2 芯
	剩余 2 芯线暂未使用，留做备份	

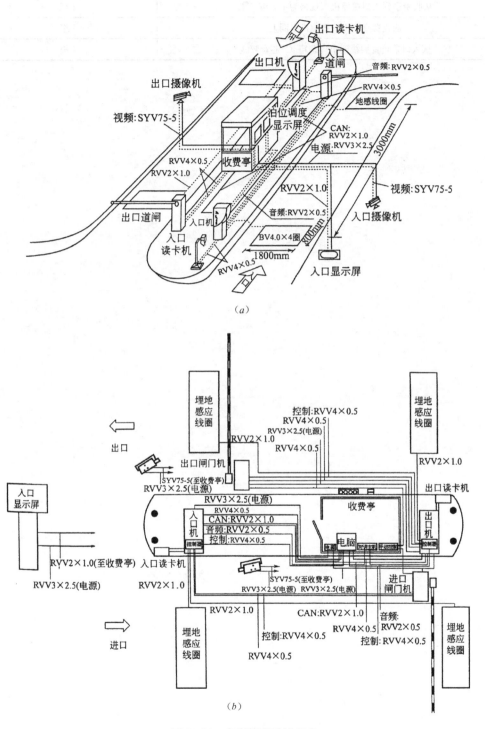

图 10-73 车库管理系统组成

音频、视频线 表 10-16

从收费亭到入口摄像机（规格为 128 编 75Ω）	1 根
从收费亭到出口摄像机（同上）	1 根
从入口票箱音频线到出口票箱（2 芯音频线）	1 根

第十一章　火灾自动报警系统

第一节　火灾报警和灭火系统的设计内容

参见表 11-1～表 11-5。

火灾报警与灭火系统的设计内容　　　　　表 11-1

设备名称	内　　容
报警设备	火灾报警器（探测器、报警器），火灾自动报警控制器，紧急报警设备（电铃、警笛、声光报警、紧急电话、紧急广播）
自动灭火设备	洒水喷头、泡沫、粉末、二氧化碳、卤化物灭火设备
手动灭火设备	消火器（泡沫粉末）、室内外消防栓
防火排烟设备	探测器、控制盘、自动开闭装置、防火卷帘门、防火门、排烟口、排烟机、空调设备（停）
通信设备	应急通信机、一般电话、对讲电话、手机等
避难设备	应急照明装置、引导灯、引导标志牌、应急口、避难楼梯等
有关设施	洒水送水设备、应急插座、消防水池、应急电梯、电气设备监视、闭路监控电视、电梯运行监视、一般照明等

设计项目与电气专业配合的内容　　　　　表 11-2

序　号	设计项目	电气专业配合措施
1	建筑物高度	确定电气防火设计范围
2	建筑防火分类	确定电气消防设计内容和供电方案
3	防火分区	确定区域报警范围，选用探测器种类
4	防烟分区	确定防排烟系统控制方案
5	建筑物室内用途	确定探测器形式类别和安装位置
6	构造耐火极限	确定各电气设备设置部位
7	室内装修	选择探测器形式类别，安装方法
8	家具	确定保护方式，采用探测器类型
9	屋架	确定屋架探测方法和灭火方式
10	疏散时间	确定紧急和疏散标志，事故照明时间
11	疏散路线	确定事故照明位置和疏散通路方向
12	疏散出口	确定标志灯位置指示出口方向
13	疏散楼梯	确定标志灯位置指示出口方向
14	排烟风机	确定控制系统与联锁装置
15	排烟口	确定排烟风机联锁系统
16	排烟阀门	确定排烟风机联锁系统

续表

序　号	设计项目	电气专业配合措施
17	防火烟卷帘门	确定探测器联动方式
18	电动安全门	确定探测器联动方式
19	送回风口	确定探测器位置
20	空调系统	确定有关设备的运行显示及控制
21	消火栓	确定人工报警方式与消防泵联锁控制
22	喷淋灭火系统	确定动作显示方式
23	气体灭火系统	确定人工报警方式,安全启动和运行显示方式
24	消防水泵	确定供电方式及控制系统
25	水箱	确定报警及控制方式
26	电梯机房及电梯井	确定供电方式,探测器的安装位置
27	竖井	确定使用性质,采取隔离火源的各种措施,必要时放置探测器
28	垃圾道	设置探测器
29	管道竖井	根据井的结构及性质,采取隔断火源的各种措施,必要时设置探测器
30	水平运输带	穿越不同防火区,采取封闭措施

电气消防设计与建筑的配合　　　　　　　　　　　　　　　　表 11-3

序号	名称	内　　容
1	消防控制室	在具有报警、防排烟和灭火系统时设置,仅此其中一二项时设置值班室
		地面为活动木地板,宜设在首层出入方便处
		门应向疏散方向开启,并应在入口处设置明显的标志
		盘前操作距离,单列布置≥1.5m,双列布置≥2m。值班人员经常工作一面盘距墙≥3m。控制盘排列长度>4m时,盘两端应设宽度≥1m的通道
		需设置火灾信号接收盘、事故扩音机盘、防排烟控制盘、消防设备控制盘、监视盘、继电器盘和设备电源盘,视其系统规模确定使用面积
		值班室、消防水泵房、空调机房、卤代烷管网灭火系统应急操作处设固定对讲电话
2	建筑物高度	指从室外地坪至女儿墙高度<50m 不做报警系统。>50m 应做报警系统,于规定房间(电梯机房、配电室、空调机房)内设置探测器。特殊工程按建筑防火等级而定
		>50m 按一类建筑做消防设计 <50m 按二类建筑做消防设计
3	报警区域	应按防火分区或楼层划分,可将 1 个防火分区划分为 1 个报警区域,又可将同层几个防火分区划分为 1 个报警区域,但不得跨越楼层
		每个防火分区至少设置 1 个手动报警器,区内任何位置到就近 1 个报警器距离<30m,距地 1.5m 安装
		不同防火分区的路线不宜穿入同 1 根管内
4	探测区域	敞开或封闭楼梯间、防烟楼梯间前室、电梯前室、走廊、电梯井道顶部、电梯机房、疏散楼梯夹层需单独划分
		按独立房间规定,1 个探测区域面积≤500m²。但从入口能看清内部时,则≤1000m²
		对于非重点建筑,相邻 5 间房为 1 个探测区域,其面积≤400m²。若 10 个房间时≤1000m²

序号	名称	内　　容
5	探测器	探测区域内的每个房间至少设置 1 只探测器，特殊工程视建筑防火等级决定
		疏散楼梯 3 层设置 1 个，装于休息板上
		电梯井设置时，于井道上方的机房顶棚上
		周围 0.5m 内不应有遮挡物
		在宽度<3m 的内走道顶棚上居中布置，感烟（温）探测器间距≤1.5m，至端墙间距≤规定距离之半
6	区域报警控制器	设在有人值班的房间或场所
		1 个报警区域设置 1 台，系统中≤3 台
		仅用 1 台警戒数个楼层时，在每层楼梯口设楼层灯光显示装置
		墙上安装时，底边距地≥1.5m。靠近门轴的侧面距离≥0.5m，正面操作距离≥1.2m
7	集中报警控制器	设在有人值班的专用房间或消防值班室内
		设 1 台可配以 2 台以上区域报警控制器
		与后墙距离≥1m。一侧靠墙时另一侧距离≥1m
		正面操作距离，单列布置≥1.5m，双列布置≥2m，值班人员经常工作一面盘距墙≥3m
8	顶板布置	探测器、喷洒头、水流阀、风口、灯具、扬声器与之统一协调
		检查顶板垫层厚度是否提供消防管线暗敷的条件
9	应急照明	双路电源送至走廊灯和大厅内局部设置的顶灯，灯型尽量与之相一致。互投电源盘设置以 6kW 为界限
		消防控制室、柴油发电机房、变配电室、通信、空调、排烟机房等室内照度≥5lx
10	疏散指示标志	出入口上方预留暗装标志灯条件，走廊距地 0.5m 处设标有方向指示的疏散灯，灯间距<20m，视工程性质确定双路电源或应急灯
		疏散走廊及其交叉口、拐弯处、安全出口处安装
11	事故广播	共同磋商扬声器位置，确定事故广播与背景音乐是同置于消防控制室，还是单设广播室
		装于走廊、大厅等处，应保证本楼任何部位到最近扬声器距离≤25m，扬声器功率≥3W
		在床头控制柜内设置扬声器时，应有火灾事故广播功能
		火灾确认后，启动本层和上下两层的事故广播，但首层，着火除启动一二层外，还需启动地下各层
12	电梯	索取电梯订货图，确定设备容量和选择恰当的电源盘位置
		向电梯送双回路电源，于末端互投
		火灾确认后，发出控制信号，强制普通电梯全部停于首层，启动消防电梯，并接受其反馈信号
13	防火卷帘门	向各樘门上电动机送消防电源于吊顶内，其自带操作盘于墙的两面暗装，火灾确认后关闭，并接受其返回信号
		控制在入口处，探测器设置在一面，而防火分区的卷帘门则两侧设探测器
		有小门一次动作，无小门分两次落下
14	电动防火门	向各樘门上送消防电源至顶板或墙上的磁力闭门器，火灾确认失压后返回信号
15	线路敷设	消防控制、通信和警报线路穿金属管暗敷于非燃烧体结构内，保护层厚度≥30mm
16	手动报警器	安装在消火栓附近的墙面距地 1.5m 处，之间步行距离≤0.5m

电气消防设计与结构的配合 表 11-4

序号	名称	内　容
1	梁的高度	＞0.5m 时，需在梁的两侧安装探测器
		在梁上安装一般探测器时，与顶板距离应≤0.5m，安装瓦斯探测器时则应≤0.3m
		探测器距墙、梁边的水平距离≥0.5m
		梁高＞0.5m 时，瓦斯探测器应装在有煤气灶一侧顶板上
2	梁至顶棚间距	决定消防管线暗敷于吊顶内的条件
		与安装探测器有密切关系
3	梁突出顶棚的高度	在＜200mm 的顶棚上设置探测器，可不考虑梁对探测器保护面积的影响
		在 200～600mm 时，按照保护面积设置
		＞600mm 时，被梁隔断的每个梁间区域至少设置 1 只探测器
4	梁间距	＜1m 时可视为平顶棚
5	穿梁	有预制梁时，上下消防立管要求建筑墙往一侧砌
6	房间高度极限	梁高限度 220mm 时，3 级感温探测器为 4m
		梁高限度 225mm 时，2 级感温探测器为 6m
		梁高限度 275mm 时，1 级感温探测器为 8m
		梁高限度 375mm 时，感烟探测器为 12m
7	弱电竖井	较复杂工程，区域报警器间的线路经竖井内通过时，井位关系需选择适当
8	墙面留洞	提交防火卷帘门控制盘两面墙留洞部位及标高
		提交应急照明盘墙面留洞部位及标高

电气消防设计与设备的配合 表 11-5

序号	名称	内　容
1	探测器	安装在回风口附近时，距进风口水平距离≥1.5m
		湿式自动喷水灭火系统：温度达 68℃时→喷头玻璃泡破→闭式喷头喷水→水流指示器报警指示某个区域着火→与此同时管内压力降低→报警阀开启→侧水流使压力开关动作→启动喷淋泵→并向消防控制室返回启泵和报警阀、闸阀开启信号。本系统的厨房、车库等处可酌情不设感温探测器
		干式自动喷水灭火系统：温度达 68℃时→喷头玻璃泡破→闭式喷头放气（事先由压缩机向报警阀以上干管充气）→气压降低膜片推开报警阀→水流指示器，指示某个区域着火→与此同时侧水流使压力开关动作→启动喷淋泵→并向消防控制室返回启泵和报警阀、闸阀开启信号。本系统的厨房、车库等处可酌情不设感温探测器

序号	名称	内　容
2	探测器	预作用自动喷水灭火系统：温度达 65℃时→感温探测器报警→操作释压阀→泄水后预作用报警阀开启→管道充水的同时侧水流使压力开关动作→启动喷淋泵→温度达 68℃时→喷头玻璃泡破裂而喷水
		雨淋水幕自动喷水灭火系统：温度达 65℃时→感温探测器报警→操作释压阀→泄水后雨淋报警阀开启水充上去，开式喷头大量喷水→与此同时，侧水流使压力开关动作→启动喷淋泵
3	手动报警器	一般和消火栓按钮成双成对安装，手动给信号，消防控制室启泵
4	排烟风机	送双路电源，在火灾报警、开启排烟口后，启动排烟风机并接受其返回信号
5	排烟阀	平时关闭，火灾时接受自动发来的或远距离操纵系统输入的电气信号，阀门开启（微动开关常开接点闭合）→向消防控制室输出信号
6	正压送风机	送双路电源，火灾报警后开启有关排烟阀，联动启动有关部位的正压送风机并接受其返回信号
7	空调	送单路电源，火灾报警后停止空调系统
		或用分离脱扣方式停掉空调机组的总电源
		或用失压脱扣方式停掉空调机组的控制电源
8	消火栓灭火系统	着火时，按下消火栓按钮，获得启动指令，并返回启泵按钮位置和消防泵工作、故障状态信号
		无消防控制室，有手动报警器，消防泵气压罐控制需此线路，并返回启泵按钮位置和消防泵工作、故障状态信号
		有消防控制室，虽有手动报警器，但消防泵非气压罐控制仍需此线路，并返回启泵按钮位置和消防泵工作、故障状态信号
		有消防控制室和手动报警器，消防泵为气压罐控制，不做此线路。仅返回消防泵工作、故障状态信号即可
9	自动喷水灭火系统	向消防泵、喷淋泵送双路电源，报警、泄水致使报警阀、闸阀开启后，侧水流让压力开关动作而启动消防泵或喷淋泵，并向消防控制室返回工作、故障状态信号
10	水流指示器	水系统灭火中指示某个区域着火的信号显示
11	泡沫干粉灭火	控制系统的启、停显示系统的工作状态
12	卤代烷 CO_2 灭火系统	控制系统的紧急启动、切断装置
		由两个探测器（感烟和感温或离子和光电）联动的控制设备，具有 30s 可调的延时装置
		显示手动、自动工作状态
		具有报警、喷射各阶段的声、光报警信号和切除装置
		延时阶段具有自动关闭防火门、窗，停止空调系统的功能

第二节   火灾自动报警系统的构成与保护对象

一、火灾自动报警系统的组成

火灾自动报警系统主要由火灾探测装置、火灾报警控制器以及信号传输线路等组成。更仔细地分，火灾自动报警系统的构成如下：

(1) 报警控制系统主机；

(2) 操作终端和显示终端；

(3) 打印设备（自动记录报警、故障及各相关消防设备的动作状态）；

(4) 彩色图形显示终端；

(5) 带备用蓄电池的电源装置；

(6) 火灾探测器；

(7) 手动报警器（破玻璃按钮、人工报警）；

(8) 消防广播；

(9) 疏散警铃；

(10) 输入、输出监控模块或中继器（用于监控所有消防关联的设施）；

(11) 消防专用通信电话；

(12) 区域报警装置（区域火灾显示装置）；

(13) 其他有关设施。

二、火灾自动报警与联动设置要求

(1) 应设置火灾自动报警与联动控制系统的多层及单层建筑如表 11-6 所列。

应设置火灾联动系统的多层及单层建筑   表 11-6

序号	低 层 建 筑 类 型
1	9 层及 9 层以下的设有空气调节系统，建筑装修标准高的住宅
2	建筑高度不超过 24m 的单层及多层公共建筑
3	单层主体建筑高度超过 24m 的体育馆、会堂、影剧院等公共建筑
4	设有机械排烟的公共建筑
5	除敞开式汽车库以外的 I 类汽车库，高层汽车库、机械式立体汽车库、复式汽车库，采用升降梯做汽车疏散口的汽车库

(2) 应设置火灾自动报警与联动控制系统的高层建筑如表 11-7 所列。

应设置火灾联动系统的高层建筑   表 11-7

序号	高 层 建 筑 类 型
1	有消防联动控制要求的一二类高层住宅的公共场所
2	建筑高度超过 24m 的其他高层民用建筑，以及与其相连建筑高度不超过 24m 的裙房
3	建筑高度超过 250m 的民用建筑的火灾自动报警与联动控制的设计，应提交国家消防主管部门组织专题研究、论证

（3）应设置火灾自动报警与联动控制系统的地下民用建筑如表 11-8 所列。

应设置火灾联动系统的地下民用建筑　　　　　　　　　　**表 11-8**

序号	地下民用建筑类型
1	铁道、车站、汽车库（Ⅰ类、Ⅱ类）
2	影剧院、礼堂
3	商场、医院、旅馆、展览厅、歌舞娱乐放映游艺场所
4	重要的实验室、图书库、资料库、档案库

三、火灾自动报警系统保护对象分级

（1）民用建筑火灾自动报警系统保护对象分级，应根据其使用性质、火灾危险性、疏散和扑救难度等综合确定，分为特级、一级、二级。火灾自动报警系统保护对象分级详见表 11-9。

火灾自动报警系统保护对象分级（GB 50116—1998）　　　　**表 11-9**

等级	保 护 对 象	
特级	建筑高度超过 100m 的高层民用建筑	
一级	建筑高度不超过 100m 的高层民用建筑	一类建筑
	建筑高度不超过 24m 的民用建筑及建筑高度超过 24m 的单层公共建筑	（1）200 床及以上的病房楼，每层建筑面积 1000m² 及以上的门诊楼； （2）每层建筑面积超过 3000m² 的百货楼、商场、展览楼、高级旅馆、财贸金融楼、电信楼、高级办公楼； （3）藏书超过 100 万册的图书馆、书库； （4）超过 3000 座位的体育馆； （5）重要的科研楼、资料档案楼； （6）省级（含计划单列市）的邮政楼、广播电视楼、电力调度楼、防灾指挥调度楼； （7）重点文物保护场所； （8）大型以上的影剧院、会堂、礼堂
	工业建筑	（1）甲、乙类生产厂房； （2）甲、乙类物品库房； （3）占地面积或总建筑面积超过 1000m² 的丙类物品库房； （4）总建筑面积超过 1000m² 的地下丙、丁类生产车间及物品库房
	地下民用建筑	（1）地下铁道、车站； （2）地下电影院、礼堂； （3）使用面积超过 1000m² 的地下商场、医院、旅馆、展览厅及其他商业或公共活动场所； （4）重要的实验室，图书、资料、档案库

续表

等级	保护对象	
特级	建筑高度超过100m的高层民用建筑	
二级	建筑高度不超过100m的高层民用建筑	二类建筑
	建筑高度不超过24m的民用建筑	(1) 设有空气调节系统的或每层建筑面积超过2000m²、但不超过3000m²的商业楼、财贸金融楼、电信楼、展览楼、旅馆、办公楼，车站、海河客运站、航空港等公共建筑及其他商业或公共活动场所； (2) 市、县级的邮政楼、广播电视楼、电力调度楼、防灾指挥调度楼； (3) 中型以下的影剧院； (4) 高级住宅； (5) 图书馆、书库、档案楼
	工业建筑	(1) 丙类生产厂房； (2) 建筑面积大于50m²，但不超过1000m²的丙类物品库房； (3) 总建筑面积大于50m²，但不超过1000m²的地下丙、丁类生产车间及地下物品库房
	地下民用建筑	(1) 长度超过500m的城市隧道； (2) 使用面积不超过1000m²的地下商场、医院、旅馆、展览厅及其他商业或公共活动场所

注：(1) 一类建筑、二类建筑的划分，应符合现行国家标准《高层民用建筑设计防火规范》GB 50045的规定；工业厂房、仓库的火灾危险性分类，应符合现行国家标准《建筑设计防火规范》GBJ 16的规定。

(2) 本表未列出的建筑的等级可按同类建筑的类比原则确定。

(2) 下列民用建筑的火灾自动报警系统保护对象分级可按表11-10分划。

民用建筑的火灾自动报警系统保护对象分级 表 11-10

等级	保护对象	等级	保护对象
一级	电子计算中心	一级	大型及以上铁路旅客站
	省（市）级档案馆		省（市）级及重要开放城市的航空港
	省（市）级博展馆		一级汽车及码头客运站
	4万以上座位大型体育场	二级	大、中型电子计算站
	星级以上旅游饭店		2万以上座位体育场

四、火灾自动报警系统保护方式和探测范围

(1) 报警区域应按防火分区或楼层划分；一个报警区域宜由一个或同层相邻几个防火分区组成。

(2) 每个防火分区允许的最大建筑面积见表11-11。

每个防火分区的允许最大建筑面积 表 11-11

	未设自动灭火系统	设有自动灭火系统
建筑类别	每个防火分区建筑面积（m²）	每个防火分区建筑面积（m²）
一类建筑	1000	2000
二类建筑	1500	3000
地下室	500	1000

（3）探测区域应按独立房（套）间划分。一个探测区域的面积不宜超过 500m²。从主要出入口能看清其内部，且面积不超过 1000m² 的房间，也可划分一个探测区域。

（4）红外光束线型感烟火灾探测器的探测区域长度不宜超过 100m；缆式感温火灾探测器的探测区域不宜超过 200m；空气管差温火灾探测器的探测区域长度宜在 20～100m。

（5）符合下列条件之一的二级保护建筑，可将数个房间划为一个探测区域。

1）相邻房间不超过 5 个，总面积不超过 400m²，并在每个门口设有灯光显示装置。

2）相邻房间不超过 10 个，总面积不超过 1000m²，在每个房间门口均能看清其内部，并在门口设有灯光显示装置。

（6）表 11-12 所列的建筑场所应分别单独划分探测区域。

应分别单独划分探测区域的建筑场所 表 11-12

序　号	单独划分探测区域的建筑场所类型
1	敞开或封闭楼梯间
2	防烟楼梯间前室
3	消防电梯前室、消防电梯与防烟楼梯间合用的前室
4	走道、坡道、管道井、电缆隧道
5	建筑物闷顶、夹层

第三节　火灾自动报警系统的设计

一、火灾自动报警与消防联动控制的系统方式

（1）区域报警系统，宜用于二级保护对象；

（2）集中报警系统，宜用于一二级保护对象；

（3）控制中心系统，宜用于特级、一级的保护对象。

参见表 11-13 及图 11-1～图 11-3。

火灾报警与消防联动控制系统分类 表 11-13

名称	系统组成	保护范围	适用场所
区域系统	1～n 台区域报警控制器	保护对象仅为某一局部范围或某一设施	图书馆、电子计算机房、专门有人值班

续表

名称	系统组成	保护范围	适用场所
集中系统	1～2台集中报警控制器中间楼层设楼层显示器和复示盘	保护对象少且分散；或保护对象多，但没有条件设区域报警器的场所	无服务台（或楼层值班室）的写字楼、商业楼、综合办公楼
区域—集中系统	1台集中报警控制器2台及以上区域报警器	规模较大，保护控制对象较多，有条件设置区域报警器，需要集中管理或控制	有服务台旅（宾）馆
控制中心系统	多个消防控制室（或值班室）和一个消防控制中心	规模大，需要集中管理	群体建筑与超高层建筑

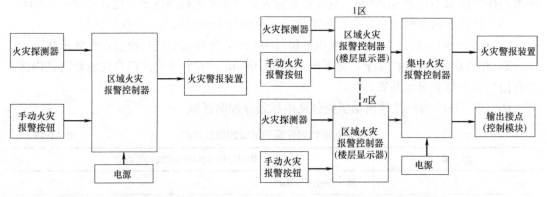

图 11-1　区域报警系统框图　　　　　图 11-2　集中报警系统图

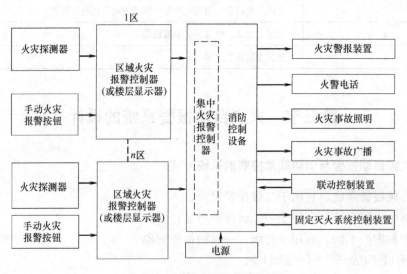

图 11-3　控制中心报警系统图

二、火灾自动报警系统的线制

所谓线制是指探测器与控制器之间的传输线的线数。它分为多线制和总线制，参见图 11-4。

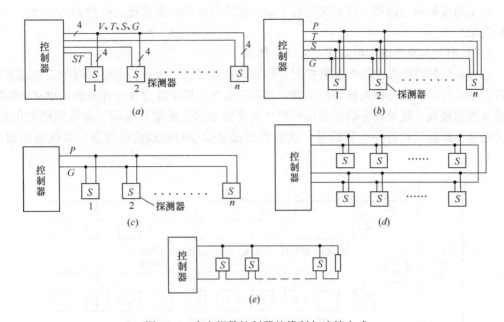

图 11-4　火灾报警控制器的线制与连接方式

(*a*) 多线制；(*b*) 四总线制；(*c*) 二总线制；(*d*) 环形二总线制；(*e*) 链式连接方式

目前，二总线制火灾自动报警系统获得了广泛的应用。在火灾自动报警系统与消防联动控制设备的组合方式上，总线制火灾自动报警系统的设计有两种常用的形式。

（一）消防报警系统与消防联动系统分体式

这种系统的设计思想是分别设置报警控制器和联动控制器。报警控制器负责接收各种火警信号，联动控制器负责发出声光报警信号和启动消防设备。即系统分设报警总线和联动控制总线，所有的火灾探测器通过报警总线回路接入报警控制器，各类联动控制模块则通过联动总线回路接入联动控制器，联动设备的控制信号和火灾探测器的报警信号分别在不同的总线回路上传输。报警控制器和联动控制器之间通过通信总线相互连接。系统简图如图 11-5 所示。

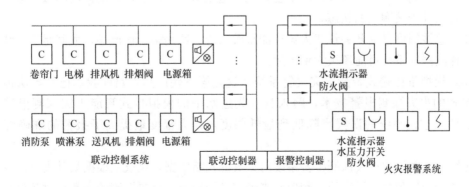

图 11-5　系统简图

此种系统的特点是由于分别设置了控制器及总线回路，报警系统与联动系统相对独立运行，整个报警与联动系统的可靠性较高；但系统的造价也较高，设计较为复杂，管线较多，施工与维护较为困难。该系统适合于消防报警及联动控制系统规模较大的特级、一级保护现象。

（二）消防报警系统与消防联动系统一体式

这种系统的设计思想是将报警控制器和联动控制器合二为一。即将所有的火灾探测器与各类联动控制模块均接入报警控制器，在同一总线回路中既有火灾探测器，也有消防联动设备控制模块，联动设备的控制信号和火灾探测器的报警信号在同一总线回路上传输。报警控制器既能接收各种火警信号，也能发出报警信号和启动消防设备。系统简图如图11-6 所示。

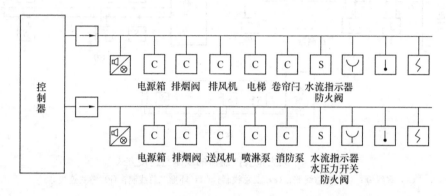

图 11-6　系统简图

此系统的特点是整个报警系统的布线极大简化，设计与施工较为方便，便于降低工程造价；但由于报警系统与联动控制系统共用控制器总线回路，余度较小，系统整体可靠性略低。该系统适合于消防报警及联动控制系统规模不大的二级保护对象。另外，在设计与施工中要注意系统的布线应按消防联动控制线路的布线要求设计施工。

三、智能火灾报警系统

火灾自动报警系统发展至今，大致可分为三个阶段：

（1）多线制开关量式火灾探测报警系统。这是第一代产品，目前国内除极少数厂家生产外，它已处于被淘汰的状态。

（2）总线制可寻址开关量式火灾探测报警系统。这是第二代产品，尤其是二总线制开关量式探测报警系统目前还被大量采用。

（3）模拟量传输式智能火灾报警系统。这是第三代产品，目前我国已开始从传统的开关量式的火灾探测报警技术，跨入具有先进水平的模拟量式智能火灾探测报警技术的新阶段。它使系统的误报率降低到最低限度，并大幅度地提高了报警的准确度和可靠性。

传统的开关量式火灾探测报警系统对火灾的判断依据，仅仅是根据某种火灾探测器探测的参数是否达到某一设定值（阈值）来确定是否报警，只要探测的参数超过其自身的设定值就发出报警信号（开关量信号）。这一判别工作是在火灾探测器中由硬件电路实现，探测器实际上起着触发器件的作用。由于这种火灾报警的判据单一，对环境背景的干扰影响无法消除，或因探测器内部电路的缓慢漂移，从而产生误报警。

模拟量式火灾探测器则不同，它不再起触发器件的作用，即不对灾情进行判断，而仅是用来产生一个与火灾现象成正比的测量值（模拟量），起着传感器的作用，而对火灾的评估和判断由控制器完成。所以，模拟量式火灾探测器确切地说应称为火灾参数传感器。控制器能对传感器送来的火灾探测参数（如烟的浓度）进行分析运算，自动消除环境背景的干扰，同时控制器还具有存储火灾参数变化规律曲线的功能，并能与现场采集的火灾探测参数对比，来确定是否报警。在这里，判断是否发生了火灾，火灾参数的当前值不是判断火灾的唯一条件，还必须考查在此之前一段时间的参数值。也就是说，系统没有一个固定的阈值，而是"可变阈"。火灾参数的变化必须符合某些规律，因此这种系统是智能型系统。当然，智能化程度的高低，与火灾参数变化规律的选取有很大的关系。完善的智能化分析是"多参数模式识别"和"分布式智能"，它既考查火灾中参数的变化规律，又考虑火灾中相关探测器的信号间相互关系，从而把系统的可靠性提高到非常理想的水平。表11-14列出两种火灾自动报警系统的比较。

两种火灾自动报警系统之比较　　　　　　　表 11-14

	传统火灾自动报警系统	智能火灾自动报警系统
探测器（传感器）	开关量	模拟量
火灾探测最佳灵敏度	不唯一	唯一（随外界环境变化而自行调整）
报警阈值	单一	多态（预警、报警、故障等）
探测器灵敏漂移	无补偿	"零点"自动补偿
信号处理算法	简单处理	各种火灾算法
自诊断能力	无	有
误报率	高（达 20∶1）	低（至少降低一个数量级甚低至几乎为零）
可靠性	低	高

应该指出，这里所说的开关量系统或模拟量系统，指的是从探测器到控制器之间传输的信号是开关量还是模拟量。但是，以开关量还是模拟量来区分系统是传统型还是智能型是不准确的。例如，从探测器到控制器传输的信号是模拟量，代表烟的浓度，但控制器却有固定的阈值，没有任何的模式分析，则系统还是传统型的，并无智能化。再如，探测器若本身软硬件结构相当完善，智能化分析能力很强，探测器本身能决定是否报警，且没有固定的阈值，而探测器报警后向控制器传输的信号却是报警后的开关量。显然，这种系统是智能型而不是传统型。因此，区分传统型系统与智能型系统的简单办法不是"开关量"与"模拟量"之别，而是"固定阈"与"可变阈"之别。

目前，智能火灾报警系统按智能的分配来分，可分为三种形式：

（一）智能集中于探测部分，控制部分为一般开关量信号接收型控制器

在这种系统中，探测器内的微处理器能够根据探测环境的变化作出响应，并自动进行补偿，能对探测信号进行火灾模式识别，作出判断，给出报警信号，在确认自身不能可靠工作时给出故障信号。控制器在火灾探测过程中不起任何作用，只完成系统的供电、火警信号的接收、显示、传递以及联动控制等功能。这种智能因受到探测器体积小等的限制，

智能化程度尚处在一般水平，可靠性往往也不是很高。

（二）智能集中于控制部分，探测器输出模拟量信号

这种系统又称主机智能系统。它是将探测器的阈值比较电路取消，使探测器成为火灾传感器，无论烟雾影响大小，探测器本身不报警，而是将烟雾影响产生的电流、电压变化信号以模拟量（或等效的数字编码）形式传输给控制器（主机），由控制器中的微计算机进行计算、分析、判断，作出智能化处理，辨别是否真正发生火灾。

这种主机智能系统的主要优点有：灵敏度信号特征模型可根据探测器所在环境特点来设定；可补偿各类环境干扰和灰尘积累对探测器灵敏度的影响，并能实现报脏功能；主机采用微处理机技术，可实现时钟、存储、密码、自检联动、联网等多种管理功能；可通过软件编辑实现图形显示、键盘控制、翻译等高级扩展功能。但是，由于整个系统的监测、判断功能不仅全部要控制器完成，而且还要一刻不停地处理成百上千个探测器发回的信息，因此出现系统程序复杂、量大、探测器巡检周期长，势必造成探测点大部分时间失去监控、系统可靠性降低和使用维护不便等缺点。目前，此种智能系统的产品较多。

（三）智能同时分布在探测器和控制器中

这种系统称为分布智能系统。它实际上是主机智能与探测器智能两者相结合，因此也称为全智能系统。在这种系统中，探测器具有一定的智能，它对火灾特征信号直接进行分析和智能处理，作出恰当的智能判决，然后将这些判决信息传递给控制器。控制器再作进一步的智能处理，完成更复杂的判决，并显示判决结果。

智能火灾报警系统的传输方式均为总线制，按线制又可分为多总线制和二总线制等。

第四节　消防设施的联动控制

一、消防联动控制的要求与功能

（一）一般规定

（1）消防联动控制对象有灭火设施（消防泵等）、防排烟设施、防火卷帘、防火门、水幕、电梯、非消防电源的断电控制。

（2）消防联动控制应根据工程规模、管理体制、功能要求合理确定控制方式。控制方式一般为两种，即集中控制和分散与集中相结合的控制方式。无论采用何种控制方式，应将被控对象执行机构的动作信号（反馈信号）送至消防控制室。

（3）容易造成混乱带来严重后果的被控对象（如电梯、非消防电源及警报等），应由消防控制室集中管理。

火灾报警与消防联动控制系统框图如图 11-7 所示。消防联动控制系统框图如图 11-8 所示，火灾报警与消防控制关系框图如图 11-9 所示。

（二）消防联动控制的功能

（1）消防控制设备对室内消火栓系统应有下列控制显示功能：

1）控制消防水泵的启、停；

2）显示启泵按钮启动的位置；

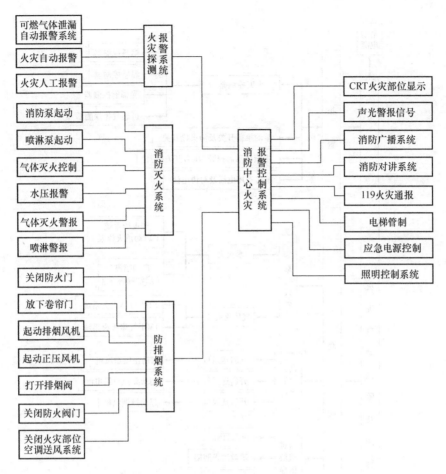

图 11-7 火灾报警与消防联动控制系统框图

3）显示消防水泵的工作、故障状态。

（2）消防控制设备对自动喷水灭火系统应有下列控制显示功能：

1）控制系统的启、停；

2）显示报警阀、闸阀及水流指示器的工作状态；

3）显示喷淋水泵的工作状态、故障状态。

（3）消防控制设备对有管网的二氧化碳等灭火系统应有下列控制显示功能：

1）控制系统的紧急启动和切断；

2）由火灾探测器联动的控制设备应具有 30s 可调的延时；

3）显示系统的手动、自动工作状态；

4）在报警、喷射各阶段，控制室应有相应的声光报警信号，并能手动切除声响信号；

5）在延时阶段，应能自动关闭防火门、窗，停止通风及空调系统。

（4）火灾报警后，消防控制设备对联动控制对象应有下列功能：

1）停止有关部位的风机，关闭防火阀，并接收其反馈信号；

2）启动有关部位的防烟、排烟风机、正压送风机和排烟阀，并接收其反馈信号。

（5）火灾确认后，消防控制设备对联动控制对象应有下列功能：

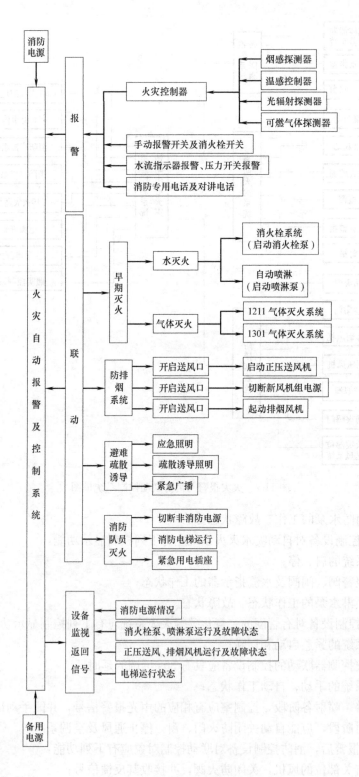

图 11-8   消防联动控制系统框图

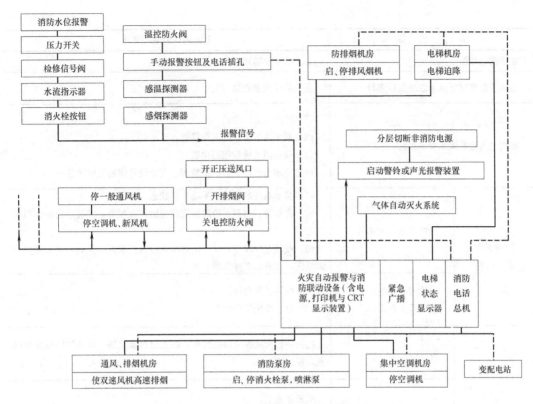

图 11-9 火灾报警与消防控制关系框图

注：对分散于各层的数量较多的装置，如各种阀等，为使线路简单，宜采用总线模块化控制；对于关系全局的重要设备，如消火栓泵、喷淋泵、排烟风机等，为提高可靠性，宜采用专线控制或模块与专线双路控制；对影响很大，万一误动作可能造成混乱的设备，如警铃、断电等，应采用手动控制为主的方式。

1）关闭有关部位的防火门、防火卷帘，并接收其反馈信号；

2）发出控制信号，强制电梯全部停于首层，并接收其反馈信号；

3）接通火灾事故照明灯和疏散指示灯；

4）切断有关部位的非消防电源。

（6）火灾确认后，消防控制设备应按顺序接通火灾报警装置，接通顺序如下：

1）2 层及 2 层以上楼层发生火灾，宜先接通着火层及其相邻的上、下层；

2）首层发生火灾，宜先接通本层、二层及地下各层；

3）地下室发生火灾，宜先接通地下各层及首层。

表 11-15 为消防设备及其联动要求；表 11-16 为消防控制逻辑关系。

消防设备及其联动要求 表 11-15

消 防 设 备	火灾确认后联动要求
火灾警报装置应急广播	（1）二层及以上楼层起火，应先接通着火层及相邻上下层； （2）首层起火，应先接通本层、二层及全部地下层； （3）地下室起火，应先接通地下各层及首层； （4）含多个防火分区的单层建筑，应先接通着火的防火分区

续表

消 防 设 备		火灾确认后联动要求
非消防电源箱		有关部位全部切断
消防应急照明灯及紧急疏散标志灯		有关部位全部点亮
室内消火栓系统水喷淋系统		(1) 控制系统启停； (2) 显示消防水泵的工作状态； (3) 显示消火栓按钮的位置； (4) 显示水流指示器、报警阀、安全信号阀的工作状态
其他灭火系统	管网气体灭火系统	(1) 显示系统的自动、手动工作状态； (2) 在报警、喷射各阶段发出相应的声光报警，并显示防护区报警状态； (3) 在延时阶段，自动关闭本部位防火门窗及防火阀，停止通风空调系统，并显示工作状态
	泡沫灭火系统 干粉灭火系统	(1) 控制系统启停； (2) 显示系统工作状态
其他防火设备	防火门	门任一侧火灾探测器报警后，防火门自动关闭，且关门信号反馈回消防控制室
	防火卷帘	疏散通道上： 1. 烟感报警，卷帘下降至楼面1.8m处； 2. 温感报警，卷帘下降到底。 防火分隔时： 探测器报警后卷帘下降到底； 3. 卷帘的关闭信号反馈回消防控制室
	防排烟设施 空调通风设施	1. 停止有关部位空调送风，关闭防火阀，并接受其反馈信号； 2. 启动有关部位的放烟、排烟风机，排烟阀等，并接受其反馈信号； 3. 控制挡烟垂壁等防烟设施

消防控制逻辑关系表　　　　　　　　　　表 11-16

控制系统	报警设备种类	受控设备及设备动作后结果	位置及说明
水消防系统	消火栓按钮 报警阀压力开关 水流指示器 检修信号阀 消防水池水位或水管压力	启动消火栓泵 启动喷淋泵 （报警，确定起火层） （报警，提醒注意） 启动、停止稳压泵等	泵房 泵房 水支管 水支管
预作用系统	该区域探测器或手动按钮压力开关	启动预作用报警阀充水 启动喷淋泵	该区域（闭式喷头） 泵房
水喷雾系统	温感、烟感同时报警或紧急按钮	启动雨淋阀，启动喷淋泵 （自动时延时30s）	该区域（开式喷头）

续表

控制系统	报警设备种类	受控设备及设备动作后结果	位置及说明
空调系统	烟感探测器或手动按钮	关闭有关系统空调机、新风机、普通送风机； 关闭本层电控防火阀	
	防火阀70℃温控关闭	关闭该系统空调机或新风机、送风机	
防排烟系统	烟感探测器或手动按钮	打开有关排烟风机与正压送风机； 打开有关排烟口（阀）； 打开有关正压送风口； 两用双速风机转入高速排烟状态； 两用风管中，关正常排风口，开排烟口	屋面 着火层、上下各一层
	排烟风机旁防火阀280℃温控关	关闭有关排烟风机	屋面
	厨房、煤气表房、地下燃气锅炉房等	可燃气体报警	打开有关房间排风机，关闭煤气管道阀门
防火卷帘防火门	防火卷帘门旁的烟感探测器	该卷帘或该组卷帘下降一半	
	防火卷帘门旁的温感探测器	该卷帘或该组卷帘归底； 卷帘有水幕保护时，启动水幕电磁阀和雨淋泵	
	电控常开防火门旁烟感或温感	释放电磁铁，关闭该防火门	
	电控挡烟垂壁旁烟感或温感	释放电磁铁，该挡烟垂壁或该组挡烟垂壁下垂	
手动为主的系统	手动/自动，手动为主 手动/自动，手动为主 手动/自动，手动为主 手动	切断起火层非消防电源 启动起火层警铃或声光报警装置 使电梯归首，消防梯投入消防使用 对有关区域进行紧急广播	着火层、上下各一层 着火层、上下各一层 着火层、上下各一层
消　防　电　话		随时报警、联络、指挥灭火	

二、消火栓系统的控制

在现场，对消防泵的手动控制有两种方式：一是通过消火栓按钮（破玻璃按钮）直接启动消防泵；二是通过手动报警按钮，将手动报警信号送入控制室的控制器后，产生手动或自动信号控制消防泵启动，同时接收返回的水位信号。一般，消防泵都是经中控室联动控制。其联动控制系统示意图如图11-10所示。

消防栓内破玻璃按钮直接启动消防泵的安装如图11-11所示。对设有消火栓按钮的消火栓灭火系统的控制要求如下：

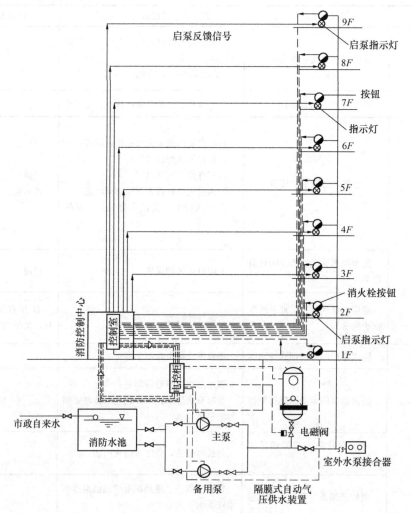

图 11-10 消火栓系统示意图

（1）消火栓按钮控制回路应采用 50V 以下的安全电压。

（2）当消火栓设有消火栓按钮时，应能向消防控制（值班）室发送消火栓工作信号和起动消防水泵。

（3）消防控制室对消火栓灭火系统应有下列控制、显示功能：

1）控制消防水泵的起、停；

2）显示消防水泵的工作、故障状态；

3）显示消火栓按钮的工作部位，当有困难时可按防火分区或楼层显示。

三、防火卷帘门的控制

防火卷帘通常设置于建筑物中防火分区通道口外，可形成门帘式防火分隔。火灾发生时，防火卷帘根据消防控制中心联锁信号（或火灾探测器信号）指令，也可就地手动操作控制，使卷帘首先下降至预定点，经一定延时后，卷帘降至地面，从而达到人员紧急疏

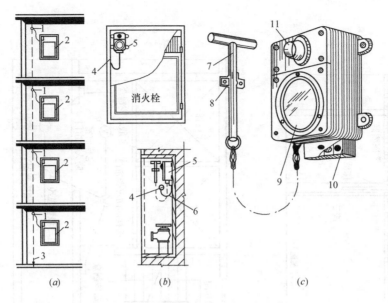

图 11-11　消防栓和消防按钮的安装

(a) 消防按钮安装立管示意图；(b) 消防按钮在消火栓中的安装做法；(c) 消防按钮外形

1—接线盒；2—消火栓箱；3—引至消防泵房管线；4—出线孔；5—消防按钮；

6—塑料管或金属软管；7—敲击锤；8—锤架；9—玻璃窗；10—接线端子；11—指示灯

散、灾区隔烟、隔水、控制火势蔓延的目的。

电动防火门的作用在于防烟与防火。防火门在建筑中的状态是：正常（无火灾）时，防火门处于开启状态，火灾时受控关闭，关后仍可通行。防火门的控制就是在火灾时控制其关闭。其控制方式可由现场感烟探测器控制，也可由消防控制中心控制，还可以手动控制。防火门的工作方式有平时不通电，火灾时通电关闭；和平时通电，火灾时断电关闭两种方式。

（一）电动防火卷帘的控制要求

（1）一般在电动防火卷帘两侧设专用的感烟及感温两种探测器，声、光报警信号及手动控制按钮（应有防误操作措施）。当在两侧装设确有困难时，可在火灾可能性大的一侧装设。

（2）电动防火卷帘应采取两次控制下落方式，第一次由感烟探测器控制下落距地1.5m 处停止；第二次由感温探测器控制下落到底。并应分别将报警及动作信号送至消防控制室。

（3）电动防火卷帘宜由消防控制室集中管理。当选用的探测器控制电路采取相应措施提高了可靠性时，亦可就地联动控制，但在消防控制室应有应急控制手段。

（4）当电动防火卷帘采用水幕保护时，水幕电磁阀的开启宜用定温探测器与水幕管网有关的水流指示器组成的控制电路控制。图 11-12 为电动防火卷帘门的安装。

（二）电动防火门的控制要求

（1）门两侧应装设专用的感烟探测器组成控制电路，在现场自动关闭。此外，亦宜就地设人工手动关闭装置。

（2）电动防火门宜选用平时不耗电的释放器，且宜暗设，要有返回动作信号功能。

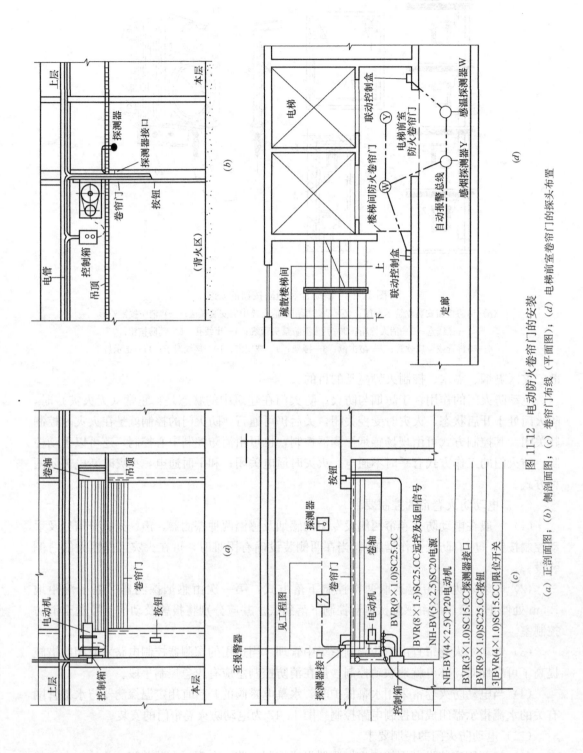

图 11-12　电动防火卷帘门的安装

(a) 正剖面图；(b) 侧剖面图；(c) 卷帘门布线（平面图）；(d) 电梯前室卷帘门的探头布置

第五节　火灾探测器件及其安装设计

一、火灾探测器的种类与性能

参见图 11-13 与表 11-17～表 11-19。

探测器的种类与性能　　　　　　　　　　　　　　　　　　　　　　表 11-17

火灾探测器种类名称			探测器性能
感烟式探测器	定点型	离子感烟式	及时探测火灾初期烟雾，报警功能较好。可探测微小颗粒（油漆味、烤焦味及分子质量相对大的气体分子，均能反应并引起探测器动作；当风速大于 10m 时不稳定，甚至引起误动作）
		光电感烟式	对光电敏感，宜用于特定场合。附近有过强红外光源时可导致探测器不稳定；其寿命较前者短
感温式探测器	缆式线型感温电缆		不以明火或升温速率报警，而是以被测物体温度升高到某定值时报警
	定温式	双金属定温	火灾早、中期产生一定温度时报警，且较稳定。凡不可采用感烟探测器，非爆炸性场所，允许一定损失的场所选用
		热敏电阻	它只以固定限度的温度值发出火警信号，允许环境温度有较大变化而工作比较稳定，但火灾引起的损失较大
		半导体定温	
		易熔合金定温	
	差温式	双金属差温式	
		热敏电阻差温式	适用于早期报警，它以环境温度升高率为动作报警参数，当环境温度达到一定要求时发出报警信号
		半导体差定温式	
	差定温式	膜盒差定温式	
		热敏电阻差定温式	具有感温探测器的一切优点而又比较稳定
		半导体差定温式	
感光式探测器	紫外线火焰式		监测微小火焰发生，灵敏度高，对火焰反应快，抗干扰能力强
	红外线火焰式		能在常温下工作。对任何一种含碳物质燃烧时产生的火焰都能反应。对恒定的红外辐射和一般光源（如灯泡、太阳光和一般的热辐射，x、γ射线）都不起反应
可燃气体探测器			探测空气中可燃气体含量、浓度，超过一定数值时报警
复合型探测器			是全方位火灾探测器，综合各种长处，适用于各种场合，能实现早期火情的全范围报警

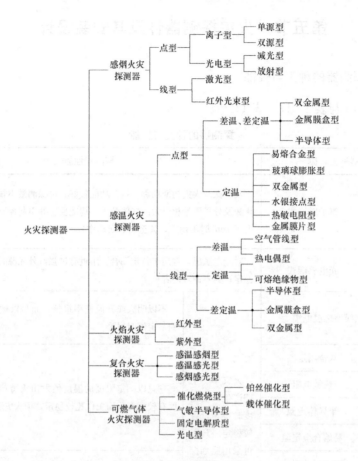

图 11-13　火灾探测器分类

常用火灾探测器分类比较表　　　　　　　　　　　　　　　　　　表 11-18

	探测器型	性能特点	适用范围	备　注
感烟探测器	点型离子感烟探测器	灵敏度高，历史悠久，技术成熟，性能稳定，对阴燃火的反应最灵敏	宾馆客房、办公楼、图书馆、影剧院、邮政大楼等公共场所	
	点型光电感烟探测器	灵敏度高，对湿热气流扰动大的场所适应性好	同上	易受电磁干扰，散射光型黑烟不灵敏
	红外光束（激光）线型感烟探测器	探测范围大，可靠性及环境适应性好	会展中心、演播大厅、大会堂、体育馆、影剧院等无遮挡大空间	易受红外光、紫外光干扰，探测视线易被遮挡

续表

探测器型		性能特点	适用范围	备 注
感温探测器	点型感温探测器	性能稳定,可靠性及环境适应性好	厨房、锅炉间、地下车库、吸烟室等	造价较高,安装维护不便
	缆式线型感温探测器	同上	电气电缆井、变配电装置、各种带式传送机构等	造价较高,安装维护不便
火焰探测器		对明火反应迅速,探测范围广	各种燃油机房、油料储藏库等火灾时有强烈火焰和少量烟热的场所	易受阳光和其他光源干扰,探测易被遮挡,镜头易被污染
复合探测器		综合探测火灾时的烟雾温度信号,探测准确,可靠性高	装有联动装置系统、单一探测器不能确认火灾的场所	价格贵,成本高

感烟探测器适用场所、灵敏度与感烟方式的关系 表 11-19

序号	适用场所	灵敏度级别选择	感烟方式及说明
1	饭店、旅馆、写字楼、教学楼、办公楼等的厅堂、卧室、办公室、娱乐室、会议室等处	厅堂、办公室、大会议室、值班室、娱乐室、接待室等用中低档,可延时工作。吸烟室、小会议室用低档,可延时工作。卧室、病房、休息厅、展室、衣帽室等用高档,一般不延时工作	早期热解产物中烟气溶胶微粒很小的,用离子感烟式更好;微粒较大的,用光电感烟式更好。可按价格选择感烟方式,不必细分
2	计算机房、通信机房、影视放映室等处	高档或高、中档分开布置联合使用,不用延时工作方式	考虑装修情况和探测器价格选择:有装修时,烟浓度大,颗粒大,光电更好;无装修时,离子更好
3	楼梯间、走道、电梯间、机房等处	高档或中档均可,采用非延时工作方式	按价格选定感烟方式
4	博物馆、美术馆、图书馆等文物古建单位的展室、书库、档案库等处	灵敏度级别选高档,采用非延时工作方式	按价格和使用寿命选定感烟方式。同时还应设置火焰探测器,提高反应速率和可靠性
5	有电器火灾危险的场所,如电站、变压器间、变电所和建筑配电间	灵敏度级别必须选高档,采用非延时工作方式	早期热解产物微粒小,用离子,否则,用光电;必须与紫外火焰探测器配用
6	银行、百货商场、仓库	灵敏度级别可选高档或中档,采用非延时工作方式	有联动探测要求时,可用有中、低档灵敏度和双信号探测器,或与感温探测器配用,或采用烟温复合式探测器
7	可能产生阴燃火,或发生火灾不早期报警将造成重大损失的场所	灵敏度级别必须选高档,必须采用非延时工作方式	烟温复合式探测器;烟温光配合使用方式;必须按有联动要求考虑

二、火灾探测器的选择

（一）点型火灾探测器的选择

（1）对不同高度的房间，可按表11-20选择点型火灾探测器。

根据房间高度选择探测器   表 11-20

房间高度 h（mm）	感烟探测器	感 温 探 测 器			火焰探测器
		一 级	二 级	三 级	
$12<h\leqslant20$	不适合	不适合	不适合	不适合	适 合
$8<h\leqslant12$	适合	不适合	不适合	不适合	适 合
$6<h\leqslant8$	适合	适合	不适合	不适合	适 合
$4<h\leqslant6$	适合	适合	适合	不适合	适 合
$h\leqslant4$	适合	适合	适合	适合	适 合

（2）点型火灾探测器选用的场所如表11-21所示。表11-22列出高层民用建筑及其有关部位的火灾探测器类型选择表。

适宜选用或不适宜选用火灾探测器的场所   表 11-21

类 型		适宜选用的场所	不适宜选用的场所
感烟探测器	离子式	（1）饭店、旅馆、商场、教学楼、办公楼的厅堂、卧室、办公室等； （2）电子计算机房、通信机房、电影或电视放映室等； （3）楼梯、走道、电梯机房等； （4）书库、档案库等； （5）有电器火灾危险的场所	（1）相对湿度长期大于95%； （2）气流速度大于5m/s； （3）有大量粉尘、水雾滞留； （4）可能产生腐蚀性气体； （5）在正常情况下有烟滞留； （6）产生醇类、醚类、酮类等有机物质
	光电式		（1）可能产生黑烟； （2）大量积聚粉尘； （3）可能产生蒸气和油雾； （4）在正常情况下有烟滞留
感温探测器		（1）相对湿度经常高于95%以上； （2）可能发生无烟火灾； （3）有大量粉尘； （4）在正常情况下有烟和蒸汽滞留； （5）厨房、锅炉房、发电机房、茶炉房、烘干车间等； （6）吸烟室、小会议室等； （7）其他不宜安装感烟探测器的厅堂和公共场所	（1）可能产生阴燃火或发生火灾不及时报警将造成重大损失的场所，不宜选择感温探测器； （2）温度在0℃以下的场所，不宜选用定温探测器； （3）温度变化较大的场所，不宜选用差温探测器
火焰探测器（感光探测器）		（1）火灾时有强烈的火焰辐射； （2）无阴燃阶段的火灾； （3）需要对火焰作出快速反应	（1）可能发生无焰火灾； （2）在火焰出现前有浓烟扩散； （3）探测器的镜头易被污染； （4）探测器的"视线"易被遮挡； （5）探测器易受阳光或其他光源直接或间接照射； （6）正常情况下有明火作业以及X射线、弧光等影响

续表

类　型	适宜选用的场所	不适宜选用的场所
可燃气体探测器	（1）使用管道煤气或天然气的场所； （2）煤气站和煤气表房以及存储液化石油气罐的场所； （3）其他散发可燃气体和可燃蒸气的场所； （4）有可能产生一氧化碳气体的场所，宜选择一氧化碳气体探测器	除适宜选用场所之外所有的场所
红外光束感烟探测器	无遮挡的大空间或者有特殊要求的场所	（1）有大量粉尘、水雾滞留； （2）可能产生蒸气和油雾； （3）在正常情况下有烟滞留； （4）探测器固定的建筑结构由于振动等会产生较大位移的场所
缆式线型定温探测器	（1）公路隧道、电缆竖井、电缆夹层和电缆桥架等； （2）配电装置、开关设备、变压器等； （3）各种皮带传输装置	
线型感温火灾探测器	（1）公路隧道、铁路隧道等； （2）不易安装点型探测器的夹层、闷顶； （3）其他环境恶劣不适合点型探测器安装的危险场所	
空气管式或线型光纤感温火灾探测器	（1）存在强电磁干扰的场所； （2）除液化石油气外的石油储罐等； （3）需要设置线型感温火灾探测器的易燃易爆场所； （4）需要监测环境温度的电缆隧道、地下空间等场所宜设置具有实时温度监测功能的线型光纤感温火灾探测器	要求对直径小于 10cm 的小火焰或局部过热处进行快速响应电缆类火灾场所
图像式火灾探测器	（1）火灾初期有阴燃阶段，产生大量的烟和少量的热，很少或没有火焰辐射的场所可选择图像式感烟火灾探测器； （2）火灾发展迅速，有强烈的火焰辐射的少量的烟、热的场所，可选择图像式火焰探测器	
一氧化碳火灾探测器	（1）点型感烟、感温和火焰探测器不适宜的场所； （2）烟不容易对流、顶棚下方有热屏障的场所； （3）在房顶上无法安装其他点型探测器的场所； （4）需要多信号复合报警的场所	
吸气式感烟火灾探测器	（1）具有高空气流量的场所； （2）点型感烟、感温探测器不适宜的大空间或有特殊要求的场所； （3）低温场所； （4）需要进行隐蔽探测的场所； （5）需要进行火灾早期探测的关键场所； （6）人员不宜进入的场所	

高层民用建筑及其有关部位火灾探测器类型选择表　　　　　表 11-22

项目	设置场所	差温式			差定温式			定温式			感烟式		
		Ⅰ级	Ⅱ级	Ⅲ级	Ⅰ级	Ⅱ级	Ⅲ级	Ⅰ级	Ⅱ级	Ⅲ级	Ⅰ级	Ⅱ级	Ⅲ级
1	剧场、电影院、礼堂、会场、百货公司、商场、旅馆、饭店、集体宿舍、公寓、住宅、医院、图书馆、博物馆等	△	○	○	△	○	○	○	△	△	×	○	○
2	厨房、锅炉房、开水间、消毒室等	×	×	×	×	×	×	△	○	○	×	×	×
3	进行干燥、烘干的场所	×	×	×	×	×	×	△	○	○	×	×	×
4	有可能产生大量蒸气的场所	×	×	×	×	×	×	△	○	○	×	×	×
5	发电机室、立体停车场、飞机库等	×	○	○	×	○	○	×	×	×	×	△	○
6	电视演播室、电影放映室	×	×	△	×	×	×	○	○	○	×	○	○
7	在第一项中差温式及差定温式有可能不预报火灾发生的场所	×	×	×	×	×	×	○	○	○	×	○	○
8	发生火灾时温度变化缓慢的小间	×	×	×	○	○	○	○	○	○	△	○	○
9	楼梯及倾斜路	×	×	×	×	×	×	×	×	×	△	○	○
10	走廊及通道										△	○	○
11	电梯竖井、管道井	×	×	×	×	×	×	×	×	×	△	○	○
12	电子计算机房、通信机房	△	×	×	△	×	×	△	○	○	△	○	○
13	书库、地下仓库	△	○	○	△	○	○	○	○	○	△	○	○
14	吸烟室、小会议室等	×	×	○	○	○	○	○	×	×	×	×	○

注：(1) ○表示适于使用。

　　(2) △表示根据安装场所等状况，限于能够有效地探测火灾发生的场所使用。

　　(3) ×表示不适于使用。

(二) 线型火灾探测器的选择

1. 宜选用红外光束感烟探测器的场所

(1) 无遮挡高大空间的库房、博物馆、展览馆等；

(2) 古建筑、文物保护的高大厅堂馆所等；

(3) 装设红外光束感烟探测器的场所，需采取防止吊车、叉车等机械日常操作遮挡红外光束引起误报的措施。

2. 宜选择线型感温探测器的场所或部位

（1）公路隧道、铁路隧道等；

（2）不易安装点型探测器的夹层、闷顶；

（3）其他环境恶劣不适合点型探测器安装的危险场所。

3. 宜选择缆式线型定温探测器的场所或部位

（1）电缆隧道、电缆竖井、电缆夹层、电缆桥架等；

（2）配电装置、开关设备、变压器等；

（3）各种皮带输送装置；

（4）控制室、计算机室的闷顶内、地板下及重要设施隐蔽处等；

（5）其他环境恶劣不适合点型探测器安装的危险场所。

4. 宜选择空气管式线型差温探测器的场所

（1）可能产生油类火灾且环境恶劣的场所；

（2）不易安装点型探测器的夹层、闷顶。

（三）图像式火灾探测器的选择

1. 双波段火灾探测器的选用

（1）双波段火灾探测器采用双波段图像火焰探测技术，在报警方式上属于感火焰型火灾探测器件，具有可以同时获取现场的火灾信息和图像信息的功能特点，将火焰探测和图像监控有机地结合在一起，为防爆型。

（2）双波段火灾探测器可用于易产生明火的各类场所，如家具城、档案库、电气机房、物资库、油库等大空间以及环境恶劣场所。

（3）双波段火灾探测器的设计要求各产品不尽相同，实际工程中应参见相关产品样本。

2. 线型光束图像感烟探测器的选用

（1）线型光束图像感烟火灾探测器采用光截面图像感烟火灾探测技术，在报警方式上属于线型感烟火灾探测器件。它可对被保护空间实施任意曲面式覆盖，具有分辨发射光源和其他干扰光源的功能，具有保护面积大、响应时间短的特点。

（2）线型光束图像感烟火灾探测器可用于在发生火灾时产生烟雾的场所，烟草单位的烟叶仓库、成品仓库，纺织企业的棉麻仓库、原料仓库等大空间以及环境恶劣场所。

图 11-14 是同时使用线型光束图像感烟探测器和双波段火灾探测器的大空间火灾报警系统。

（四）可燃气体探测器的选择

1. 宜选用可燃气体探测器的场所

（1）使用管道煤气或天然气的厨房；

（2）燃气站和燃气表房以及大量存储液化石油气罐的场所；

（3）其他散发可燃气体和可燃蒸气的场所；

（4）有可能产生一氧化碳气体的场所，宜选用一氧化碳气体探测器。

2. 爆炸性气体场所气体探测器的选用

（1）防爆场所选用的探测器应为防爆型。

（2）探测器的报警灵敏度应按照所需探测的气体进行标定。一级报警后（达到爆炸下限的 25%）应控制启动有关排风机、送风机，二级报警后（达到爆炸下限的 50%）应控

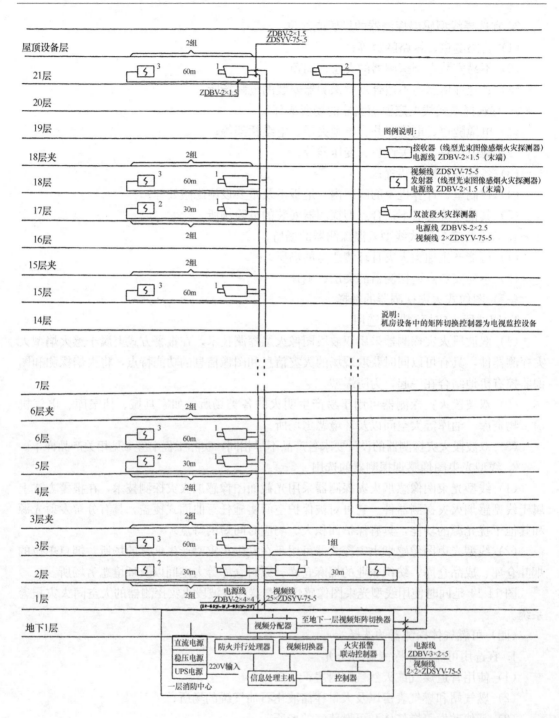

图 11-14 大空间火灾报警系统图

制切断有关可燃气体的供应阀门。

3. 可燃气体探测器的安装

（1）探测器的安装高度应根据所需检测的气体的比重确定。可燃气体密度小于空气密度（如天然气、城市煤气），可燃气体探测器安装位置应距离顶棚 0.3m；可燃气体密度大于空气密度（如液化石油气），可燃气体探测器安装位置应距离地面 0.3m。

（2）探测器的水平安装位置应靠近燃气阀门、管道接头、燃气表、燃气用具等气体容易泄露的部位。

（3）线型光束图像感烟火灾探测器的设计要求各产品不尽相同，实际工程中应参见相关产品样本。

（五）吸气式烟雾探测器的选择

（1）吸气式烟雾探测器适用于火灾的早期监测，下列场所宜采用吸气式烟雾探测器：具有高空气流量、高大开敞空间、隐蔽探测、人员高度密集、有强电磁波产生或不允许有电磁干扰、人员不宜进入等特别重要场所。

（2）探测器按功能分为以下两类：

1）吸气式烟雾探测报警器——具有烟雾探测功能，具有复位、消音、自检功能，可独立于消防报警控制器使用，可对报警信号进行本地或远程输出。

2）吸气式烟雾探测器——具有烟雾探测功能，不具有复位、消音、自检功能，不能够脱离消防报警控制器独立使用，所有对探测器的操作均需通过消防报警控制器来完成。

（3）探测区域不应跨越防火分区，一条管路的探测区域不宜超过 $500m^2$，一台探测器的探测区域不宜超过 $2000m^2$。

（4）吸气式烟雾探测火灾报警系统的每个采样孔可视为一个点型感烟探测器，采样孔的间距不应大于相同条件下点型感烟探测器的布置间距。

（5）在单独的房间设置的采样孔不得小于 2 个。

（6）一台探测器的采样管总长不宜超过 200m，单管长度不宜超过 100m。采样孔总数不宜超过 100 个，单管上的采样孔数量不宜超过 25 个。

（7）吸气式烟雾探测器的工作状态应在消防控制室或值班室内集中显示。

三、火灾探测器的布置与安装

（一）点型火灾探测器的安装

（1）探测区域内的每个房间至少应设置一只点型火灾探测器。探测器安装示意图如图 11-15 所示。

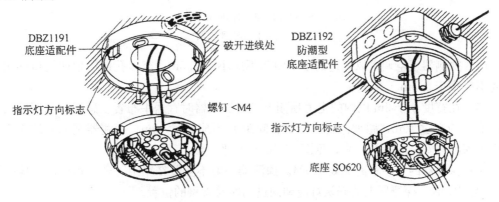

图 11-15　探测器安装示意图

（2）感烟、感温探测器的保护面积和保护半径应按表 11-23 确定。

感烟、感温探测器的保护面积和保护半径   表 11-23

火灾探测器的种类	地面面积 S (m²)	房间高度 h (m)	探测器的保护面积 A 和保护半径 R					
			屋 顶 坡 度					
			θ≤15°		15°<θ≤30°		θ>30°	
			A (m²)	R (m)	A (m²)	R (m)	A (m²)	R (m)
感烟探测器	S≤80	h≤12	80	6.7	80	7.2	80	8.0
	S>80	6<h≤12	80	6.7	100	8.0	120	9.9
		h≤6	60	5.8	80	7.2	100	9.0
感温探测器	S≤30	h≤8	30	4.4	30	4.9	30	5.5
	S>30	h≤8	20	3.6	30	4.9	40	6.3

（3）探测器一般安装在室内顶棚上。探测器周围 0.5m 内不应有遮挡物。探测器至墙壁、梁边的水平距离不应小于 0.5m，如图 11-16 所示。

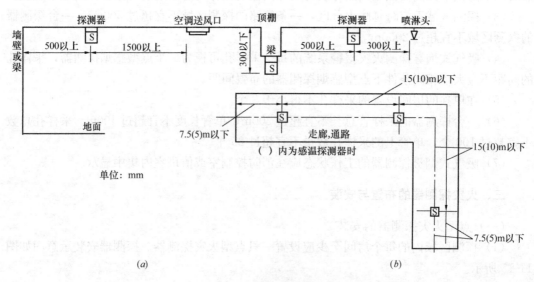

图 11-16　探测器的布置
(a) 剖面图；(b) 平面图

（4）探测器至空调送风口边的水平距离不应小于 1.5m，至多孔送风顶棚孔口的水平距离不应小于 0.5m。

（5）在宽度小于 3m 以内的走道顶棚上设置探测器时宜居中布置。感温探测器的安装间距 L 不应超过 10m，感烟探测器的安装间距 L 不应超过 15m。探测器至端墙的距离不应大于探测器安装间距的一半，见图 11-16（b）平面图。

（6）探测器的安装距离见表 11-24。探测器一般不安装在梁上，若不得已时，应按图 11-16规定安装。探测器上的确认灯应朝向进门时易观察的位置。

（7）在梁突出顶棚的高度小于 200mm 的顶棚上设置感烟、感温探测器时，可不考虑对探测器保护面积的影响。

感烟、感温探测器安装要求　　　　　　　　　　　　　表 11-24

安 装 场 所	要 求	安 装 场 所	要 求
感温探测器间距	<10m	距电风扇净距	≥1.5m
感烟探测器间距	<15m	距不突出的扬声器净距	≥0.1m
探测器至墙壁、梁边的水平距离	≥0.5m	距多孔送风顶棚孔净距	≥0.5m
至空调送风口边的水平距离	>1.5m	与各种自动喷水灭火喷头净距	≥0.3m
与照明灯具的水平净距	>0.2m	与防火门、防火卷帘间距	1～2m
距高温光源灯具	>0.5m	探测器周围 0.5m 内，不应有遮挡物	

当梁突出顶棚的高度在 200～600mm 时，应按有关规定的图表确定探测器的安装位置，和一个探测器能够保护的梁间区域的个数。

当梁突出顶棚的高度超过 600mm 时，被梁隔断的每个梁间区域应至少设置一个探测器。

当被梁隔断的区域面积超过一个探测器的保护范围面积时，则应将被隔断的区域视为一个探测区，并应按有关规定计算探测器的设置数量。

（8）当房屋顶部有热屏障时，感烟探测器下表面至顶棚的距离应符合表 11-25 的规定。

感烟探测器下表面距顶棚（或屋顶）的距离　　　　　　　表 11-25

探测器的安装高度 h (m)	感烟探测器下表面距顶棚（或屋顶）的距离 d (mm)					
	顶棚（或层顶）坡度 θ					
	$\theta \leqslant 15°$		$15° \leqslant \theta < 30°$		$\theta > 30°$	
	最 小	最 大	最 小	最 大	最 小	最 大
$h \leqslant 6$	30	200	200	300	300	500
$6 < h \leqslant 8$	70	250	250	400	400	600
$8 < h \leqslant 10$	100	300	300	500	500	700
$10 < h \leqslant 12$	150	350	350	600	600	800

（9）探测器宜水平安装；如受条件限制必须倾斜安装时，倾斜角不应大于 45°；大于 45°时，应加木台安装，如图 11-17 所示。

（10）电梯井、升降机井、管道井和楼梯间等处应安装感烟探测器。

1）楼梯间及斜坡道：

①楼梯间顶部必须安装一只探测器。

②楼梯间或斜坡道，可按垂直距离每 10～15m 高处安装一只

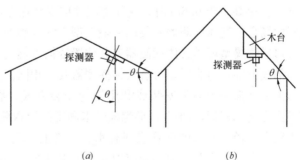

图 11-17　探测器的安装角度
（a）$\theta \leqslant 45°$时；（b）$\theta > 45°$时

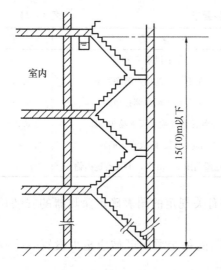

室内

15(10m以下)

图 11-18　探测器在楼梯间的设置

探测器。为便于维护管理，应在房间面对楼梯平台上设置，如图 11-18 所示。

③地上层和地下层楼梯间若需要合并成一个垂直高度考虑时，只允许地下一层和地上层的楼梯间合用一个探测器。

2）电梯井、升降机井和管道井：

①电梯井　只需在正对井道的机房屋顶下装一只探测器。

②管道井（竖井）　未按每层封闭的管道井（竖井）应在最上层顶部安装。在下述场合可以不安装探测器：

a. 隔断楼板高度在三层以下且完全处于水平警戒范围内的管道井（竖井）及其他类似场所；

b. 管道井（竖井）经常有大量停滞灰尘、垃圾、臭气或风速常在 5m/s 以上。

（11）在下列场所可不设置感烟、感温探测器：

1）火灾探测器的安装面距地面高度大于 12m（感烟）、8m（感温）的场所；

2）因气流影响，使探测器不能有效发现火灾的场所；

3）闷顶和夹层间距小于 50cm 的场所；

4）闷顶及相关吊顶内的构筑物和装修材料是难燃型或已装有自动喷水灭火系统的闷顶或吊顶的场所；

5）难以维修的场所；

6）厕所、浴室及类似场所。

（二）可燃气体探测器的安装要求

（1）探测器的安装位置应根据被测气体的密度、安装现场的气流方向、湿度等各种条件而确定。密度大，比空气重的气体，探测器应安装在探测区域的下部；密度小，比空气轻的气体，探测器应安装在探测区域的上部。

（2）在室内梁上安装探测器时，探测器与顶棚距离应在 200mm 以内。

（3）在可燃气体比空气重的场合，气体探测器应安装距煤气灶 4m 以内，距地面应为 300mm。梁高大于 0.6m 时，气体探测器应安装在有煤气灶的梁的一侧，在可燃气体比空气轻的场合，气体探测器安装同一般点型火灾探测器，参见图 11-19 所示。

（4）防爆型可燃气体探测器安装位置依据可燃气体比空气重或轻分别安装在可泄漏处的上部或下部，与非爆型可燃气体探测器安装相同。无论传统型圆形探测器还是变送器式方形探测器都采用墙上安装或利用钢管安装方式。后者利用直径 50mm 钢管或现有水、气管作为支撑钢管，加以 U 形螺栓管卡固定圆形探测器。而方形探测器要以 U 形螺栓管卡固定在直径 80mm 的钢管或现有水、气管上。支撑钢管安装方式适用于可燃气体比空气重的场合，探测器探测端面离地面高度以 0.3～0.6m 为宜。

（三）线型光束感烟探测器的安装

线型光束感烟探测器与点型减光式光电感烟探测器的工作原理是一样的，只是烟不必

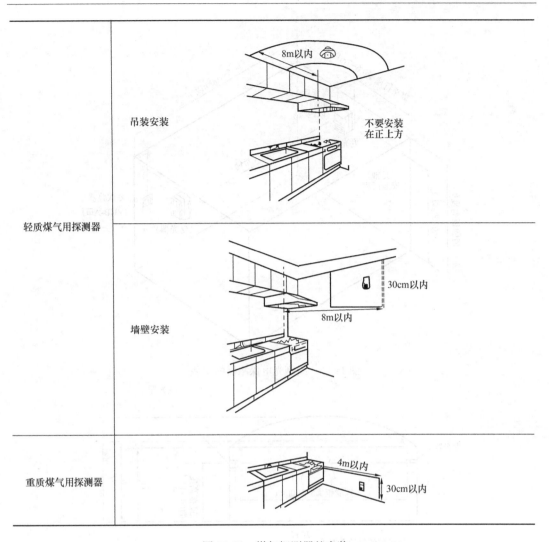

图 11-19 煤气探测器的安装

进入点型光电探测器的采样室中。因此，点型光电感烟探测器能使用的场合，线型光束感烟探测器都可以使用。但是一般说来，线型光束感烟探测器较适宜安装在下列场所：

1）无遮挡大空间的库房、博物馆、纪念馆、档案馆、飞机库等；

2）古建筑、文物保护的厅堂馆所等；

3）发电厂、变配电站等；

4）隧道工程。

下列场所不宜使用线型光束探测器：

1）在保护空间有一定浓度的灰尘、水气粒子，且粒子浓度变化较快的场所；

2）有剧烈振动的场所；

3）有日光照射或强红外光辐射源的场所。

线型光束感烟探测器的安装如下（图 11-20 和图 11-21）：

（1）线型红外光束感烟探测器安装位置应选择烟最容易进入的光束区域，不应有其他障碍遮挡光束及不利的环境条件影响光束，发射器和接收器都必须固定可靠，不得松动。

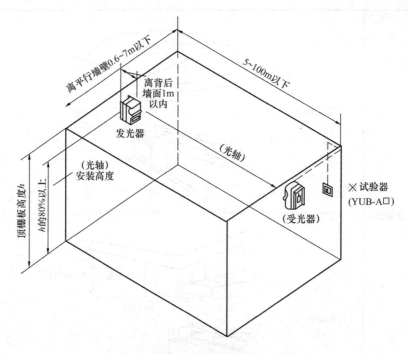

图 11-20　线型光电探测器的安装

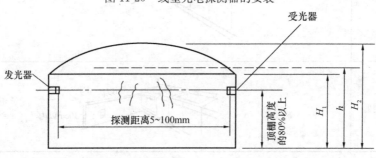

注:顶棚板倾斜的高度 $h=\dfrac{H_1+H_2}{2}$

(a)

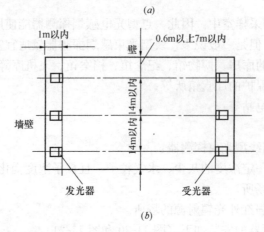

(b)

图 11-21　线型光电探测器的布置

(a) 正面图；(b) 平面图

（2）光束感烟探测器的光束轴线距顶棚的垂直距离宜为 0.3～1.0m，距地面高度不宜超过 20m。

（3）当房间高度为 8～14m 时，除在贴近顶棚下方墙壁的支架上设置外，宜在房间高度 1/2 的墙壁或支架上也设置光束感烟探测器。当房间高度为 14～20m 时，探测器宜分 3 层设置。

（4）相邻两组光束感烟探测器的水平距离最大不应超过 14m，探测器和发射器之间的距离不宜超过 100m。

（四）缆式线型定温探测器的安装方法

线型定温火灾探测器由两根弹性钢丝分别包敷热敏材料，绞对成形，绕包带再加外护套而制成。在正常监视状态下，两根钢丝间阻值接近无穷大。由于有终端电阻的存在，电缆中通过微小的监视电流。当电缆周围温度上升到额定动作温度时，其钢丝间热敏绝缘材料性能被破坏，绝缘电阻发生跃变，几近短路，火灾报警控制器检测到这一变化后报出火灾信号。当线型定温火灾探测器发生断线时，监视电流变为零，控制器据此可发出故障报警信号。

线型定温火灾探测器配加的单芯铜线作为接地保护使用。户外线型定温火灾探测器在最外层编织绝缘纤维护套，起保护内部传感部件的作用，适合室外使用。屏蔽型线型定温火灾探测器在最外层编织金属丝护套，能起到良好的电磁屏蔽作用。使用时将金属丝接地，以防止强电磁场干扰信号串入线型定温火灾探测器，影响报警控制器，可提高系统的安全性和可靠性，同时也适合防爆场所使用。

1. 线型定温火灾探测器的选用

在选用下列保护对象的火灾报警系列时，宜优先选用线型定温火灾探测器：

（1）电缆桥架、电缆隧道、电缆夹层、电缆沟、电缆竖井；

（2）运输机、皮带装置、铁路机车；

（3）配电装置：包括开关设备、变压器、变电所、电机控制中心、电阻排等；

（4）除尘器中的布袋尘机、冷却塔、市政设施；

（5）货架仓库、矿山、管道线栈、桥梁、港口船舰；

（6）冷藏库、液体、气体贮藏容器；

（7）在火药、炸药、弹药火工品等有爆炸危险的场所必须选用防爆系列的线型定温火灾探测器。

2. 线型定温火灾探测器的安装

（1）安装时，应根据安装地点环境温度范围选用线型定温火灾探测器规格等级。一般设计原则是超过安装地点通常最高温度 30℃ 选取线型定温火灾探测器额定动作温度。

（2）线型定温火灾探测器安装在电缆托架或支架上时，宜以正弦波方式敷设于所有被保护的动力电缆或控制电缆的外护套上面，尽可能采用接触安装。其具体安装方法参照图 11-22，固定卡具选用阻燃塑料卡具。

（3）在传送带上安装。在传送带宽度不超过 0.3m 的条件下，用一根和传送带长度相等的线型定温火灾探测器来保护。线型定温火灾探测器应是直接固定于距离传送带中心正上方不大于 225mm 的附属件上。附属件可以是一根吊线，也可以借助于现场原有的固定物。吊线的作用是提供一个支撑件。每隔 75m 用一个紧线螺栓来固定吊线。为防止线型定温火灾探测器下落，每隔 1～5m 用一个紧固件将线型定温火灾探测器和吊线卡紧，吊

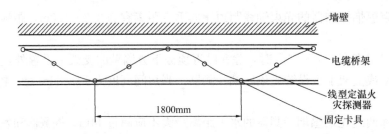

图 11-22 线型定温火灾探测器在电缆或支架上安装

线的材料宜用 Φ2 不锈钢丝。其单根长度不宜超过 150m（在条件不具备时也可用镀锌钢丝来代替），如图 11-23 所示。

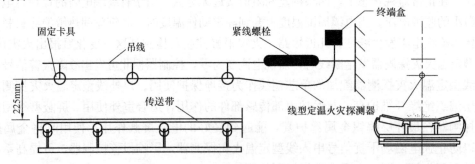

图 11-23 线型定温火灾探测器在传送带上安装

另一种方法是将线型定温火灾探测器安装于靠近传送带的两侧，可将线型定温火灾探测器通过导热板和滚珠轴承连接起来，以探测由于轴承摩擦和煤粉积累引起的过热，一般设计安装原则是在不影响平时运行和维护的情况下根据现场情况而定。

（4）在建筑物内敷设线型定温火灾探测器时，其距顶棚不宜大于 500mm（一般在 200～300mm 内选择）；其与墙壁之间的距离约为 1500mm。它宜以方波形式敷设。方波间的距离不宜超过 4000mm，如图 11-24 所示。

（5）如果线型定温火灾探测器敷设在走廊、过道等长条形状建筑时，宜用吊线以直线方式在中间敷设。吊线应有拉紧装置，每隔 2m 用固定卡具把电缆固定在吊线上，如图 11-25 所示。

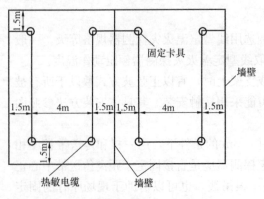

图 11-24 热敏电缆线路之间及其和
墙壁之间的距离

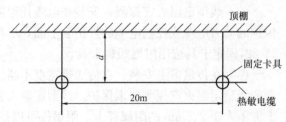

图 11-25 热敏电缆在顶棚下方安装
$d=0.5m$ 以下（通常为 $0.2\sim0.3m$）

（6）安装于动力配电装置上。图 11-26 说明线型定温火灾探测器呈带状安装于电机控制盘上。由于采用了安全可靠的线绕扎结，使整个装置都得到保护。其他电气设备如变压器、刀闸开关、主配电装置、电阻排等在其周围温度不超过线型定温火灾探测器允许工作温度的条件下，均可采用同样的方法。

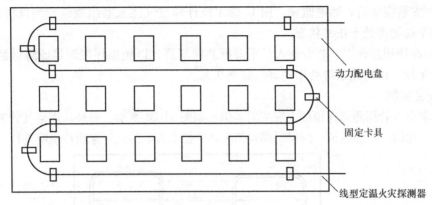

动力配电盘

固定卡具

线型定温火灾探测器

图 11-26　线型定温火灾探测器控制盘内带状敷设

（7）安装于灰尘收集器或沉渣室、袋室、冷却塔、浮顶罐及市政设施、高架仓库等场所，安装方法可参照室内顶棚下的方式，在靠近和接触安装时可参照电缆托架的方式。

（8）缆式线型定温火灾探测器的接线盒、终端盒可安装在电缆隧道内或室内，并应将其固定于现场附近的墙壁上。安装于户外，应加外罩雨箱。

图 11-27 表示缆式线型定温火灾探测器在两总线火灾报警控制器中的接法。

两总线制火灾报警控制器　总线隔离器　线型定温火灾探测器1　线型定温火灾探测器2

接线盒1　终端盒1　接线盒2　终端盒2

图 11-27

（五）空气管线型差温探测器的安装

1. 使用安装时的注意事项

（1）安装前必须做空气管的流通试验，在确认空气管不堵、不漏的情况下再进行安装。

（2）每个探测器报警区的设置必须正确，空气管的设置要有利于一定长度的空气管足以感受到升温速率的变化。

（3）每个探测器的空气管两端应接到传感元件上。

（4）同一探测器的空气管互相间隔宜不大于 5m，空气管至墙壁距离宜为 1～1.5m。当安装现场较高或热量上升后有阻碍，以及顶部有横梁交叉等几何形状复杂的建筑，间隔要适当减小。

（5）空气管必须固定在安装部位，固定点间隔在 1m 之内。

（6）空气管应安装在距安装面 100mm 处，难以达到的场所不得大于 300mm。

（7）在拐弯的部分空气管弯曲半径必须大于 5mm。

（8）安装空气管时不得使铜管扭弯、挤压、堵塞，以防止空气管功能受损。

（9）在穿通墙壁等部位时，必须有保护管、绝缘套管等保护。

（10）在人字架顶棚设置时，应使其顶部空气管间隔小一些，相对顶部比下部较密些，以保证获得良好的感温效果。

（11）安装完毕后，通电监视：用 U 形水压计和空气注入器组成的检测仪进行检验，以确保整个探测器处于正常状态。

（12）在使用过程中，非专业人员不得拆装探测器，以免损坏探测器或降低精度。另外应进行年检，以确保系统处于完好的监视状态。

2. 安装实例

这里举空气管探测器在顶棚上安装的实例，如图 11-28 所示。另外，当空气管需要在人字形顶棚、地沟、电缆隧道、跨梁局部安装时，应按工程经验或厂家出厂说明进行。

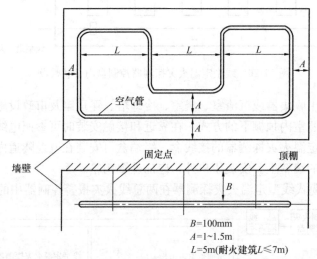

图 11-28　空气管探测器在顶棚上的安装示意

（六）火焰探测器安装要求（图 11-29）

（1）火焰探测器应安装在能提供最大视场角的位置。在有梁顶棚或锯齿形顶棚时，安装位置应选最高处的下面。在探测器的有效探测范围内不应有障碍物。探测器安装时，应避开阳光或灯光直射或反射到探测器上。若无法避开反射来的红外光时，应采取防护措施，对反射光源加以遮挡，以免引起误报。探测器安装间距（L）应小于安装高度（H）的两倍（即 $L < 2H$）。安装在潮湿场所应采取防水措施，防止水滴侵入。

（2）紫外火焰探测器的安装应处于其被监视部位的视角范围以内，但不宜在可能产生火焰区域的正上方，有效探测范围内不应有障碍物。安装在潮湿场所时应采用密封措施。

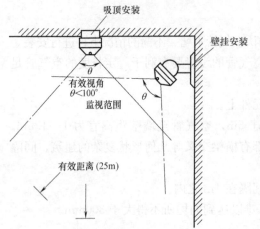

图 11-29　火焰探测器吸顶和壁挂安装

（七）空气抽样火灾探测系统的安装

空气抽样火灾探测系统是一种火灾初始阶段探测的火灾自动报警设备，其安装应符合下列规定：

（1）该系统保护面积应不大于 2000m²。

（2）每个探测器保护面积应不大于 100m²。

（3）按网格覆盖理论规定，探测器与墙壁之间的距离应不超过 5m；两个探测器的间距应不超过 10m。

（4）管路采用顶棚板下方安装，隐藏式安装或在回风口安装。

（5）管路采用单管、双管、三管或四管系统。单管或双管系统，每管的长度应不大于 100m；三管或四管系统，每管的管长度应不大于 50m。每根管的取样孔应不大于 25 个。

四、手动报警装置的安装

国家规范规定：火灾自动报警系统应有自动和手动两种触发装置。所谓触发装置是指能自动或手动产生火灾报警信号的器件。

自动触发器件是火灾探测器、水流指示器、压力开关等。

手动报警按钮、消防泵启动按钮是人工手动发送信号、通报火警的触发器件。人工报警简便易行，可靠性高，是自动系统必备的补充。手动报警按钮一般情况下不兼作启泵的作用，但如果这两个触发装置在某一工程中，设置标准完全重合时，可以考虑兼容。

关于手动火灾报警按钮的设置，要求报警区域内的每个防火分区，至少设置一个手动报警按钮。

（1）手动火灾报警按钮应安装在下列部位：

1）大厅、过厅、主要公共活动场所的出入口；

2）餐厅、多功能厅等处的主要出入口；

3）主要通道等经常有人通过的地方；

4）各楼层的电梯间、电梯前室。

（2）手动火灾报警按钮安装的位置，应满足在一个防火分区内的任何位置到最邻近的一个手动火灾报警按钮的步行距离，不大于 25m。

（3）手动火灾报警按钮在墙上的安装高度为 1.3～1.5m。按钮盒应具有明显的标志和防误动作的保护措施。

（4）手动火灾报警按钮应安装牢固，并不得倾斜。

（5）手动火灾报警按钮的外接导线应留有不小于 100mm 的余量，端部应有明显标志。

五、接口模块的安装

（1）接口模块含输入、输入/输出、切换及各种控制动作模块以及总线隔离器等。

（2）总线隔离器设置应满足以下要求：当隔离器动作时，被隔离保护的输入/输出模块不应超过 32 个。

（3）为了便于维修模块，应将其装于设备控制柜内或吊顶外，若装于吊顶外应安装在墙上距地面高 1.5m 处。若装于吊顶内，需在吊顶上开维修孔洞。

（4）安装有明装和暗装两种方式，前者将模块底盒安装在预埋盒上，后者将模块底盒预埋在墙内或安装在专用装饰盒上。

六、火灾报警控制器的安装

（1）火灾报警控制器的安装应符合下列要求：

1）火灾报警控制器（以下简称控制器）在墙上安装时，其底边距地（楼）面高度宜为 1.3～1.5m；落地安装时，其底宜高出地坪 0.1～0.2m。

2）控制器靠近其门轴的侧面距离不应小于 0.5m，正面操作距离不应小于 1.2m。

落地式安装时，柜下面有进出线地沟；如果需要从后面检修时，柜后面板距离不应小于 1m；当有一侧靠墙安装时，另一侧距离不应小于 1m。

3）控制器的正面操作距离：当设备单列布置时不应小于 1.5m；双列布置时不应小于 2m；在值班人员经常工作的一面，控制盘前距离不应小于 3m。

（2）控制器应安装牢固，不得倾斜。安装在轻质墙上时应采取加固措施。

（3）引入控制器的电缆或导线应符合下列要求：

1）配线应整齐、避免交叉，并应固定牢固。

2）电缆芯线和所配导线的端部均应标明编号，并与图纸一致；字迹清晰不易褪色；并应留有不小于 200mm 的余量。

3）端子板的每个接线端，接线不得超过两根。

4）导线应绑扎成束；其导线引入线穿线后，在进线管处应封堵。

（4）控制器的主电源引入线应直接与消防电源连接，严禁使用电源插头。主电源应有明显标志。

（5）控制器应接地牢固，并有明显标志。

（6）竖向的传输线路应采用竖井敷设。每层竖井分线处应设端子箱。端子箱内的端子宜选择压接或带锡焊接的端子板。其接线端子上应有相应的标号。分线端子除作为电源线、故障信号线、火警信号线、自检线、区域号外，宜设两根公共线供给调试作为通信联络用。

（7）消防控制设备在安装前应进行功能检查，不合格者，不得安装。

（8）消防控制设备的外接导线，当采用金属软管作套管时，其长度不宜大于 2m，且应采用管卡固定。其固定点间距不应大于 0.5m。金属软管与消防控制设备的接线盒（箱）应采用锁母固定，并应根据配管规定接地。

（9）消防控制设备外接导线的端部应有明显标志。

（10）消防控制设备盘（柜）内不同电压等级、不同电流类别的端子应分开，并有明显标志。

七、其他设备的安装

（1）楼层显示器采用壁挂式安装，直接安装在墙上或安装在支架上。其底边距地面的高度宜为 1.3～1.5m，靠近其门轴的侧面距离不应小于 0.5m，正面操作距离不应小于 1.2m。

（2）接线端子箱作为一种转接施工线路，是一种便于布线和查线的接口装置，还可将一些接口模块安装在其内。端子箱采用明、暗两种安装方式，将其安装在弱电竖井内的各分层处，或各楼层便于维修调试的地方。

八、火灾应急广播和警报装置

（一）火灾应急广播的设置范围和技术要求

《火灾自动报警系统设计规范》GB 50116—98 规定：控制中心报警系统应设置火灾应急广播系统；集中报警系统宜设置火灾应急广播系统。火灾应急广播主要用来通知人员疏散及发布灭火指令。

（1）火灾应急广播扬声器的设置，应符合下列要求：

1）在民用建筑内，扬声器应设置在走道和大厅等公共场所。每个扬声器的额定功率不应小于 3W，其数量应能保证从一个防火分区内的任何部位到最近一个扬声器的距离不大于 25m。走道内最后一个扬声器至走道末端的距离不应大于 12.5m。

2）在环境噪声大于 60dB 的场所设置的扬声器，在其播放范围内最远点的播放声压级应高于背景噪声 15dB。

3）客房设置专用扬声器时，其额定功率不宜小于 1W。

（2）火灾事故广播播放疏散指令的控制程序：

1）地下室发生火灾，应先接通地下各层及首层。若首层与二层具有大的共享空间时，也应接通二层。

2）首层发生火灾，应先接通本层、二层及地下各层。

3）二层及二层以上发生火灾，应先接通火灾层及其相邻的上下层。

（3）火灾事故广播线路应独立敷设，不应和其他线路（包括火警信号、联动控制等线路）同管或同线槽槽孔敷设。

（4）火灾应急广播与公共广播（包括背景音乐等）合用时应符合以下要求：

1）火灾时，应能在消防控制室将火灾疏散层的扬声器和公共广播扩音机强制转入火灾应急广播状态。

2）消防控制室应能监测用于火灾应急广播时的扩音机的工作状态，并具有遥控开启扩音机和采用传声器广播的功能。

3）床头控制柜设有扬声器时，应有强制切换到应急广播的功能。

4）火灾应急广播应设置备用扩音机，其容量不应小于火灾应急广播扬声器最大容量总和的 1.5 倍。有关火灾事故广播和背景音乐广播合用的设计可参见第五章第六节。

（5）火灾应急广播的控制方式有以下几种形式：

1）独立的火灾应急广播。这种系统配置专用的扩音机、分路控制盘、音频传输线路及扬声器。当发生火灾时，由值班人员发出控制指令，接通扩音机电源，并按消防程序起动相应楼层的火灾事故广播分路。其系统方框原理见图 11-30。

2）火灾应急广播与广播音响系统合用。在这种系统中，广播室内应设有一套火灾应急广播专用的扩音机及分路控制盘，但音频传输线路及扬声器共用。火灾事故广播扩音机的开机及分路控制指令由消防控制中心输出，通过强拆器中的继电器切除广播音响而接通火灾事故广播，将火灾事故广播送入相应的分路。其分路应与消防报警分区相对应。

利用消防广播具有切换功能的联动模块，可将现场的扬声器接入消防控制器的总线上，由正常广播和消防广播送来的音频广播信号，分别通过此联动模块的无源常闭触点和无源常开触点接在扬声器上。火灾发生时，联动模块根据消防控制室发出的信号，无源常

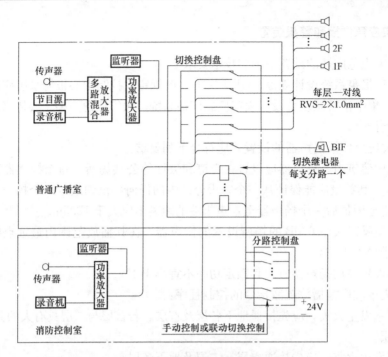

图 11-30　火灾应急广播系统原理

闭触点打开，切除正常广播，无源常开触点闭合，接入消防广播，实现消防强切功能。一个广播区域可由一个联动模块控制，如图 11-31 所示。

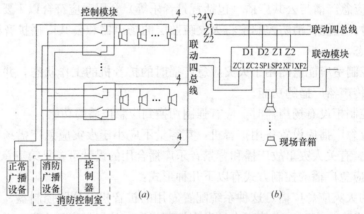

图 11-31　总线制消防应急广播系统示意图

(a) 控制原理方框图；(b) 模块接线示意图

Z1、Z2——信号二总线连接端子；D1、D2——电源二总线连接端子；ZC1、ZC2——正常
广播线输入端子；XF1、XF2——消防广播线输入端子；SP1、SP2——与扬声器连接的输出端子

（二）火灾警报装置

未设置火灾应急广播的火灾自动报警系统，应设置火灾警报装置。

火灾警报装置是在火灾时能发出火灾音响及灯光的设备。由电笛（或电铃）与闪光灯组成一体（也有只有音响而无灯光的）。音响的音调与一般音响有区别，通常是变调声（与消防车的音调类似），其控制方式与火灾应急广播相同。

火灾警报装置的设置范围和技术要求如下：

规范《火灾自动报警系统设计规范》GB 50116—98 规定：设置区域报警系统的建筑，应设置火灾警报装置；设置集中报警系统和控制中心报警系统的建筑，宜装置火灾警报装置。同时还规定：在报警区域内，每个防火分区至少安装一个火灾警报装置。其安装位置宜设在各楼层走道靠近楼梯出口处。警报装置宜采用手动或自动控制方式。

为了保证安全，火灾警报装置应在火灾确认后，由消防中心按疏散顺序统一向有关区域发出警报。在环境噪声大于 60dB（A）的场所设置火灾警报装置时，其声压级应高于背景噪声 15dB（A）。

九、消防专用电话的安装

（1）消防专用电话，应建成独立的消防通信网络系统。

（2）消防控制室、消防值班室或工厂消防队（站）等处应装设向公安消防部门直接报警的外线电话（城市 119 专用火警电话用户线）。

（3）消防控制室应设消防专用电话总机，且宜选择共电式电话总机或对讲通信电话设备。

（4）下列部位应设置消防专用电话分机：

1）消防水泵房、备用发电机房、配变电室、主要通风和空调机房、排烟机房、消防电梯机房及其他与消防联动控制有关的且经常有人值班的机房；

2）灭火控制系统操作装置处或控制室；

3）企业消防站、消防值班室、总调度室。

（5）设有手动火灾报警按钮、消火栓按钮等处宜设置电话塞孔。电话塞孔在墙上安装时，其底边距地面高度宜为 1.3～1.5m。

（6）特级保护对象的各避难层应每隔 20m 设置一个消防专用电话分机或电话塞孔。

（7）工业建筑中下列部位应设置消防专用电话分机：

1）总变、配电站及车间变、配电所；

2）工厂消防队站、总调度室；

3）保卫部门总值班室；

4）消防泵房、取水泵房（处）、电梯机房；

5）车间送、排风及空调机房等处。

工业建筑中手动报警按钮、消火栓启泵按钮等处宜设消防电话塞孔。

作为示例，图 11-30 是西安二六二厂生产的消防联动控制设备中配套使用的 GT-079 型火灾事故广播通信系统图。该系统主要由广播机、广播分路控制盘、消防电话总机、电话录音装置、电源等组成，兼有火灾事故广播和消防电话两项功能。

十、消防控制室和系统接地

（一）消防控制室的设置

（1）消防控制室宜设置在建筑物的首层（或地下 1 层），门应向疏散方向开启，且入口处应设置明显的标志，并应设置直通室外的安全出口。

（2）消防控制室周围不应布置电磁场干扰较强及其他影响消防控制设备工作的设备用房，不应将消防控制室设于厕所、锅炉房、浴室、汽车间、变压器室等的隔壁和上下层相对应的房间。

（3）有条件时宜设置在防灾监控、广播、通信设施等用房附近，并适当考虑长期值班人员房间的朝向。

（二）消防控制室的设备布置

（1）设备面盘前的操作距离：单列布置时不应小于 1.5m；双列布置时不应小于 2m。

（2）在值班人员经常工作的一面，控制屏（台）至墙的距离不应小于 3m。

（3）控制屏（台）后的维修距离不宜小于 1m。

（4）控制屏（台）的排列长度大于 4m 时，控制屏（台）两端应设置宽度不小于 1m 的通道。

（5）集中报警控制器（或火灾通用报警控制器）安装在墙上时，其底边距地高度应为 1.3~1.5m；靠近其门轴的侧面距墙不应小于 0.5m；正面操作距离不应小于 1.2m。

（6）消防控制室的送、回风管在其穿墙处应设防火阀。

（7）消防控制室内严禁与其无关的电气线路及管路穿过。

（8）火灾自动报警系统应设置带有汉化操作的界面，可利用汉化的 CRT 显示和中文屏幕菜单直接对消防联动设备进行操作。

（9）消防控制室在确认火灾后，宜向 BAS 系统及时传输，显示火灾报警信息，且能接收必要的其他信息。

消防报警控制室设备安装如图 11-32 及图 11-33 所示。

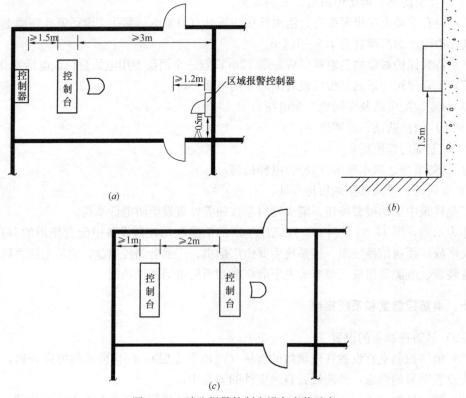

图 11-32　消防报警控制室设备安装示意

(a) 布置图；(b) 壁挂式侧面图；(c) 双列布置图

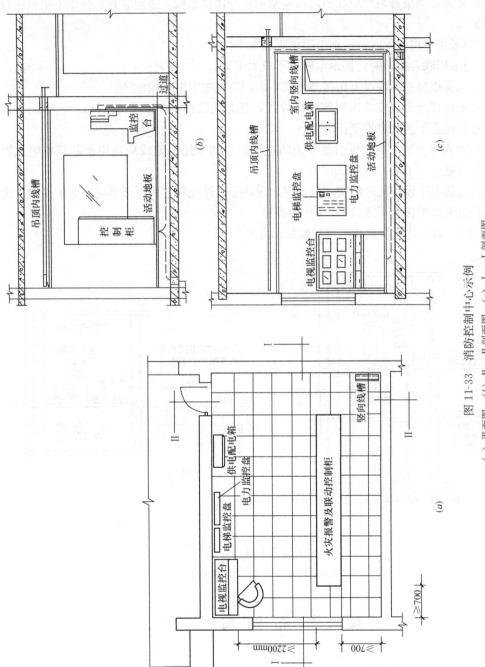

图 11-33　消防控制中心示例

(a) 平面图；(b) Ⅱ—Ⅱ剖面图；(c) Ⅰ—Ⅰ剖面图

（三）系统接地

为保证火灾自动报警系统和消防设备正常工作，对系统的接地规定如下：

（1）火灾自动报警系统应在消防控制室设置专用接地板，接地装置的接地电阻值应符合下列要求：

1）当采用专用接地时，接地电阻值不应大于4Ω；

2）当采用联合接地时，接地电阻值不应大于1Ω。

（2）火灾报警系统应设专用接地干线，由消防控制室引至接地体。

（3）专用接地干线应采用铜芯绝缘导线，其芯线截面积不应小于25mm²。专用接地干线宜穿硬质型塑料管埋设至接地体。

（4）由消防控制室接地板引至各消防电子设备的专用接地线应选用铜芯塑料绝缘导线，其芯线截面积不应小于4mm²。

（5）消防电子设备凡采用交流供电时，设备金属外壳和金属支架等应作保护接地。接地线应与电气保护接地干线（PE线）相连接。

图11-34画出共用接地和专用接地的示意图。

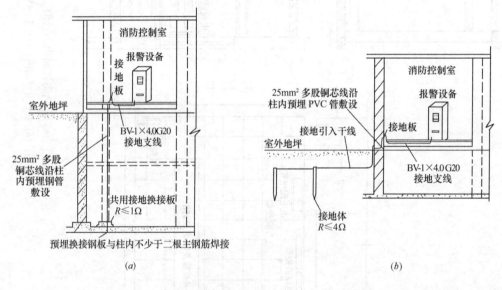

图11-34　接地示意图
(a) 共用接地装置示意图；(b) 专用接地装置示意图

第六节　布　线　与　配　管

一、布线的防火耐热措施

（1）火灾报警系统和消防设备的传输线应采用铜芯绝缘导线或铜芯电缆，推荐采用NH氧化镁防火电缆、耐火电缆或ZR阻燃型电线电缆等产品。这些线缆的电压等级不应低于交流250V，线芯的最小截面一般应符合表11-26的要求。

火灾自动报警系统用导线最小截面 表 11-26

类 别	线芯最小截面（mm²）	备 注
穿管敷设的绝缘导线	1.00	
线槽内敷设的绝缘导线	0.75	
多芯电缆	0.50	
由探测器到区域报警器	0.75	多股铜芯耐热线
由区域报警器到集中报警器	1.00	单股铜芯线
水流指示器控制线	1.00	
湿式报警阀及信号阀	1.00	
排烟防火电源线	1.50	控制线>1.00mm²
电动卷帘门电源线	2.50	控制线>1.50mm²
消火栓控制按钮线	1.50	

（2）系统布线采取必要的防火耐热措施，有较强的抵御火灾能力，即使在火灾十分严重的情况下，仍能保证消防系统安全可靠的工作。

所谓防火配线是指由于火灾影响，室内温度高达 840℃时，仍能使线路在 30min 内可靠供电。

所谓耐热配线是指由于火灾影响，室内温度高达 380℃时，仍能使线路在 15min 内可靠供电。

无论是防火配线还是耐热配线，都必须采取合适的措施：

1）用于消防控制、消防通信、火灾报警以及用于消防设备（如消防水泵、排烟机、消防电梯等）的传输线路均应采取穿管保护。

金属管、PVC（聚氯乙烯）硬质或半硬质塑料管或封闭式线槽等都得到了广泛应用。但需注意，传输线路穿管敷设或暗敷于非延燃的建筑结构内时，其保护层厚度不应小于 30mm。若必须明敷时，在线管外用硅酸钙筒（壁厚 25mm）或用石棉、玻璃纤维隔热筒（壁厚 25mm）保护。

2）在电缆井内敷设有非延燃性绝缘和护套的导线、电缆时，可不穿管保护。对消防电气线路所经过的建筑物基础、顶棚、墙壁、地板等处均应采用阻燃性能良好的建筑材料和建筑装饰材料。

3）电缆井、管道井、排烟道、排气道以及垃圾道等竖向管道，其内壁应为耐火极限不低于 1h 的非燃烧体，并且内壁上的检查门应采用丙级防火门。

（3）为满足防火耐热要求，对金属管端头接线应保留一定余度；配管中途接线盒不应埋设在易于燃烧部位，且盒盖应加套石棉布等耐热材料。

以上是建筑消防系统布线的防火耐热措施，除此之外，消防系统室内布线还应遵照有关消防法规规定，做到：

1）不同系统、不同电压、不同电流类别的线路不应穿于同一根管内或线槽内的同一槽孔内；

2）建筑物内不同防火分区的横向敷设的消防系统传输线路，如采用穿管敷设，不应穿于同一根管内；

3）建筑物内如只有一个电缆井（无强电与弱电井之分），则消防系统弱电部分线路与强电部分线路应分别设置于同一竖井的两侧；

4）火灾探测器的传输线路应选择不同颜色的绝缘导线，同一工程中相同线别的绝缘导线颜色要一致，接线端子要设不同标号；

5）绝缘导线或电缆穿管敷设时，所占总面积不应超过管内截面积的 40％，穿于线槽的绝缘导线或电缆总面积不应大于线槽截面积的 60％。

消防系统的防火耐热布线见图 11-35。

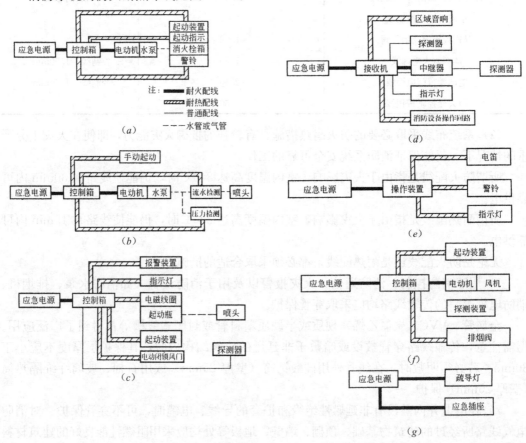

图 11-35 耐火耐热配线方式说明

（a）消火栓系统；（b）、（c）二氧化碳灭火系统（卤化物）（干粉）；

（d）自动报警控制系统；（e）报警装置；（f）排烟设备；（g）疏导灯及应急插座

二、系统的配线

系统的配线如下：

（一）回路总线

指主机到各编址单元之间的联动总线。导线规格为 RVS-2×1.5mm² 双色双绞多股塑料软线。要求回路电阻小于 40Ω，是指从机器到最远编址单元的环线电阻值（两根导线）。

（二）电源总线

指主机或从机对编址控制模块和显示器提供的 DC24V 电源。电源总线采用双色多股塑料软线，型号为 RVS-2×1.5mm²。接模块的电源线用 RVS-2×1.5mm²。

（三）通信总线

指主机与从机之间的联接总线，或者主机——从机——显示器之间的联接总线。通信总线采用双色多绞多股塑料屏蔽导线，型号为 RVVP-2×1.5mm²；距离短（<500m）时，可用 2×1.0mm²。

（四）联动系统控制线

总线联动控制系统选用 RVS 双色双绞线，多线联动控制系统选用 KVV 电缆线，其余用 BVR 或 BV 线。

三、管线的安装

管线安装的要求如下：

（1）火灾自动报警系统报警线路应采用穿金属管、阻燃型硬制塑料管或封闭式线槽保护；消防控制、通信和警报线路在暗敷时宜采用阻燃型电线穿保护管敷设在不燃结构层内（保护层厚度 3cm）。控制线路与报警线路合用明敷时应穿金属管，并喷涂防火涂料，其线采用氧化镁防火电缆。总线制系统的布线，宜采用电缆敷设在耐火电缆桥架内，或有条件的可选用铜皮防火电缆。

（2）消火栓泵、喷淋泵电动机配电线路宜选用穿金属管，并埋设在非燃烧体结构内的电线，或选用耐火电缆敷设在耐火型电缆桥架或选用氧化镁防火型电缆。

（3）建筑物各楼层带双电源切联的配电箱至防火卷帘的电源应采用耐火电缆。

（4）消防电梯配电线路应采用耐火电缆或氧化镁防火电缆。

（5）火灾应急照明线路、消防广播通信应采用穿金属管保护电线，并暗敷于不燃结构内，且保护层厚度不小于 30mm，或采用耐火型电缆明敷于吊顶内。

（6）布线使用的非金属管材、线槽及其附件应采用不燃或非延燃性材料制成。

（7）管线经过建筑物的变形缝（包括沉降缝、伸缩缝、抗震缝等）处，应采用以下措施：

1）管线经过建筑物的变形缝处，宜采用两个接线盒分别设置在变形缝两侧。

2）一个接线盒，两端应开长孔（孔直径大于保护管外径 2 倍以上），变形缝的另一侧管线通过此孔伸入接线盒处。

3）连接线缆及跨接地线均应呈悬垂状而有余量。无论变形缝两侧采用两个或一个接线盒，必须呈弯曲状以留有余量。

4）工作接地线应采用铜芯绝缘导线或电缆，不得利用镀锌扁铁或金属软管。

（8）管线安装时，还应注意如下几点：

1）不同系统、不同电压、不同电流类别的线路，应穿于不同的管内或线槽的不同槽孔内。

2）同一工程中相同线别的绝缘导线颜色应一致。导线的接头应在接线盒内焊接，或用端子连接。接线端子应有标号。

3）敷设在多尘和潮湿场所管路的管口和管子连接处，均应作密封处理。

4）存在下列情况时，应在便于接线处装设接线盒：

①管子长度每超过 45m，无弯曲时；

②管子长度每超过 30m，有 1 个弯曲时；

③管子长度每超过 20m，有 2 个弯曲时；

④管子长度每超过 12m，有 3 个弯曲时。

5）管子入盒时，盒外侧应套锁母，内侧应装护口。在吊顶内敷设时，盒的内外侧均应套锁母。

6）线槽的直线段应每隔 1.0～1.5m 设置吊点或支点，在线槽接头处、距接线盒 0.2m 处及线槽走向改变或转角处亦应设吊点或支点。吊装线槽的吊杆直径应大于 6mm。

四、控制设备的接线要求

（一）报警控制器的配线要求

（1）配线应整齐，避免交叉，并应固定牢靠；

（2）电缆芯线和所配导线的端部均应标明编号，并与图纸一致，字迹清晰不易褪色；

（3）端子板的每个接线端，接线不得超过两根；

（4）电缆芯和导线应留有不小于 20cm 的余量；

（5）导线应绑扎成束，导线引入线穿线后应在进线处封堵。

（二）报警控制器的电源与接地要求

（1）控制器的主电源引入线应直接与消防电源连接，严禁使用电源插头。主电源应有明显标志。

（2）控制器的接地应牢固并有明显标志，工作接地线与保护接地线必须分开。

（三）消防联动控制设备的接线要求

（1）消防控制设备盘（柜）内不同电压等级、不同电流类别的端子应分开，并有明显标志。

（2）消防控制设备的外接导线，当采用金属软管作套管时，其长度不宜大于 1m，并应采用管卡固定，其固定点间距不应大于 0.5m。金属软管与消防控制设备的接线盒应采用锁母固定，并应根据配管规定接地。外接导线端部应有明显标志。

第七节　工　程　举　例

如图 11-36 所示，某综合楼的 1～4 层为商业用房，每层在商业管理办公室设区域报警控制器或楼层显示器；5～12 层是宾馆客房，每层服务台设区域报警控制器；13～15 层是出租办公用房，在 13 层设一台区域控制器警戒 13～15 层；16～18 层是公寓，在 16 层设一台区域控制器。全楼共 18 层，按其各自的用途和要求设置了 14 台区域报警控制器、楼层显示器、一台集中报警控制器和联动控制装置。下面利用上海松江电子仪器厂生产的 JB-2002 型模拟量火灾报警控制器进行工程布线设计。

JB-2002 型控制器是一种模拟量火灾报警控制系统，它集火灾自动报警和消防联动控制于一体，是一个能适应多种规模的智能化系统。下面首先介绍一下 JB-2002 火灾报警控制系统的特点和性能。

（一）JB-2002 型火灾报警控制系统的特点

（1）控制器主机集报警与联动控制于一体，同时满足《火灾报警控制器通用技术条

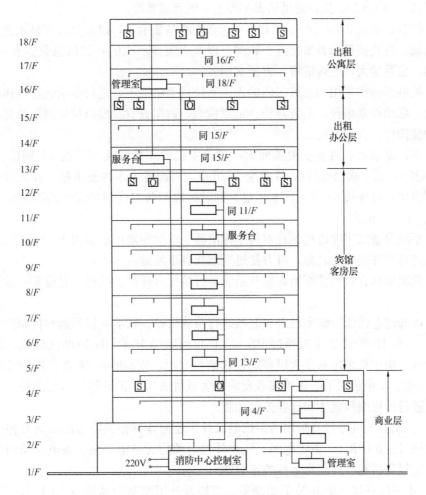

图 11-36 宾馆、商场综合楼自动报警系统示意图

件》GB 4717—93 和《消防联动控制设备通用技术条件》GB 16806—97 双项标准检测要求。系统采用全总线通信技术，报警与联动控制在同一对总线回路，且报警部分模拟量与开关量兼容，从而简化方便了系统设计和现场布线。系统信号传输以串行码数字通信方式、短路保护措施，及强有力的抗干扰措施，使系统能正常有效地处于最佳工作状态。总线长度可达 1500m。

（2）本系统中所有模拟量火灾探测器均采用了新型微功耗单片机（带 A/D 转换），能将各种火灾信息参数（如烟浓度、温度等）及非火灾环境信息参数准确无误地传送至控制器主机。本底补偿、可变窗长、能量积分算法的引入，提高了系统的报警准确率，降低了误报率。控制器还可对模拟量探测器的灵敏度（Ⅰ～Ⅲ级）根据不同场合进行设定和更改。

（3）控制器为多 CPU 系统，每个回路均有 3 个 8 位 CPU，对探测器、模块进行巡检操作（发码、收码）和数据处理，及时将探测器的数据、联动模块的动作信息传输给主CPU。主 CPU 采用 16 位单片机，负责调度各回路板的工作情况，处理火警、联动及故障信息的判别、显示、打印及人机对话与控制。系统通过 RS-485 接口联接火灾显示盘，并标准配备一组 RS-232 接口提供给 BA 等上一级管理系统。

（4）控制器采用 320×240 或 640×480 点阵液晶显示屏，以液晶汉字显示为主，数码管显示为辅，可直接显示各报警点、联动点以及火灾显示盘的各类信息数据和状态信号，内容丰富，信息量大，直观清晰，方便实用。

（5）控制器操作采用一二级密码输入、下拉式菜单提示，进行多项选择操作，可进行系统配置、联动控制编程、系统自检、定点检测、数据查看及模拟量探测器数据曲线动态显示等功能操作，直观方便。

（6）本产品系列主机容量覆盖面大，单台主机的点数可从 200 点（1 回路）至 4800 点（24 回路），其中联动点可从 64 点至 1536 点。可配置十多种模拟量、开关量探测器及联动控制模块，可连接 63 台火灾显示盘。同时标准配备二线制多线联动控制点 6 点（壁挂式）或 16 点（柜式）。

（7）系统自备汉字库通过编程对每个探测器、联动模块可最多用 10 个汉字或 20 个英文字符描述其所在部位的名称，可方便迅速地找到事发地点。

（8）控制器具有对火警原始数据及系统运行情况（开机、关机、复位等）进行备份记录的功能。

（9）可通过电话线传输实现对控制器进行系统设置、联动编程等远程控制操作。

（10）一台 JB-2002 集中机通过 RS-485 接口可联接 16 台 JB-2002 区域机，通信距离可达 1500m。集中机采用彩色大屏幕触摸式液晶显示，Windows 98 视窗操作系统，并自带 CRT 功能。集中机除了能正确接收反映各区域机的运行状态和数据信息外，还具有对各区域机进行远程编程操作和远程控制功能。

（11）控制器主机除自身配用的主机电源外，还配备有相关容量的联动外控电源（容量不够时还可追加增配）。主机电源、联动外控电源均含备电。主、备电自动切换，以保证整个火灾报警控制系统正常运行的连续性。

（12）本系统可接入的开关量探测器、模块及外围配套产品均与 JB-1501A 火灾报警控制器（联动型）系统兼容。

（二）系统说明

利用 JB-2002 型火灾报警控制器构成的火灾自动报警和消防联动控制系统，如图 11-37 所示。从图中可以看出，它具有报警、控制和显示的功能，接上 HJ-1756 和 HJ-1757 还具有消防电话和消防广播等功能。本系统采用二总线制，所以设计和安装十分简便。各种模拟量火灾探测器（开关量探测器也兼容）和设备控制模块、输入模块等并接在总线上即可。某大楼的布线设计如图 11-38 所示，其图例说明如图 11-39 所示。

JB-2002 系列控制器的总线回路最多为 24 回路，每回路可有 200 个编码地址点，因此最大容量可达 4800 点之多。每回路中，开关量部分可占地址≤127 点，其中联动控制模块可占地址≤64 点。开关量点数确定后，其余点数可配置模拟量探测器。对于消防泵、风机等消防设备采用多线联动方式，多线联动点的容量为 16～48 点。

图 11-37 中 1825 控制模块用于对各类层外控消防设施，例如各类电磁阀、警铃、声光报警器、防火卷帘门等实施可靠控制。火警时，经逻辑控制关系，由模块内的继电器输出触点来控制外控设施的动作，动作状态信号可通过无源常开触点接模块无源接点反馈端，或将 AC220V 加至模块交流反馈端，经总线返回给主机。

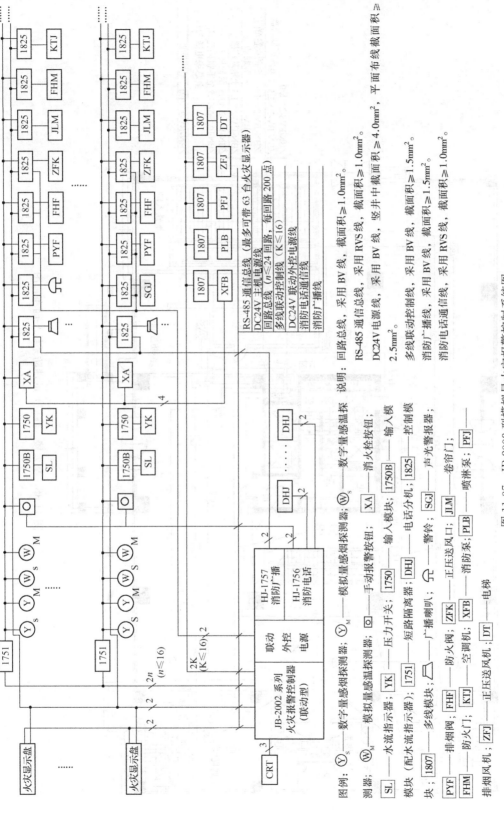

图 11-37 JB-2002 型模拟量火灾报警控制系统图

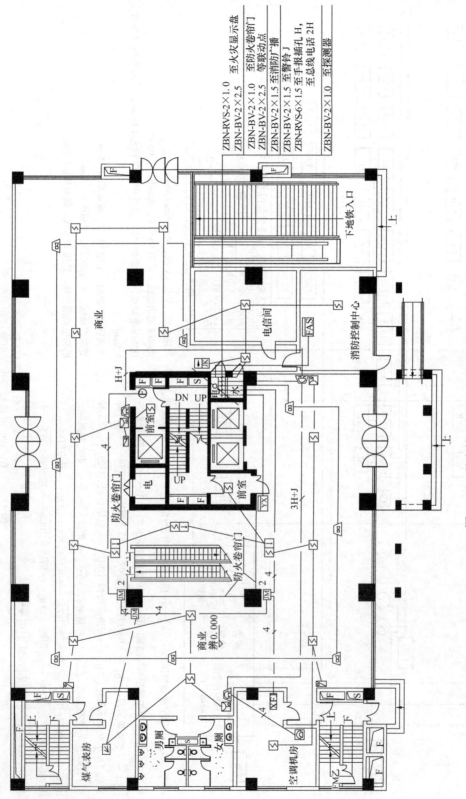

ZBN-RVS-2×1.0 至火灾显示盘
ZBN-BV-2×2.5
ZBN-BV-2×1.0 至防火卷帘门
ZBN-BV-2×2.5 等联动点
ZBN-BV-2×1.5 至消防广播
ZBN-BV-2×1.5 至警铃 J
ZBN-RVS-6×1.5 至手报插孔 H，
ZBN-BV-2×1.0 至总线电话 2H
至探测器

图 11-38 某大楼（底层）的消防系统平面布置图

1807 多线模块用于对消防泵、喷淋泵、排烟风机、正压送风机等消防设施实施可靠控制。控制器经二根线（M＋，M－）控制 1807，实现对消防设施的启动、停机控制、动作状态反馈以及线路开路、短路故障反馈等功能。

图 11-37 系统中还使用 CRT 微机显示系统进行显示与管理。图 11-38 是消防平面布置图，图 11-39 是设备图例说明。

图　例	设　备　名　称	图　例	设　备　名　称
FAS	火灾报警控制器（联动型）	F	排烟阀　正压风阀
	消防广播	⌂	扬声器
	二线式电话主机	DY	非消防电源
	总线式电话主机	SF	湿式报警阀
◁	光电感烟探测器	DT	电梯　控制箱
		JM	防火卷帘门　控制箱
｜	点型差定温探测器	XFJ	新风机　控制箱
		↙	可燃气体探测器
⊠	手动报警按钮（带电话插孔）	SFJ	送风机　控制箱
JK	监控阀	ZYFJ	正压风机　控制箱
⊐	水流指示器	PYFJ	排烟风机　控制箱
⊿	消火栓按钮	YX	火灾显示盘
⌂	警铃	⌂	总线式电话分机
XFB	消防泵　控制箱	▭	接线端子箱
PLB	喷淋泵　控制箱		

图 11-39　设备图例说明

（三）JB-3102 型火灾报警控制系统（图 11-40）

JB-3102 型火灾报警控制系统由上海松江电子仪器厂设计并生产。它在继承了 JB-QGZ-2002 火灾报警控制系统优点的基础上，最新开发了新一代智能火灾报警控制系统。其主要特点是：模拟量智能型、全总线型、联动型、局域网络化（对等结构式）。控制器集火灾报警和联动控制于一体，系统采用全总线通信技术，报警与联动控制共线，模拟量

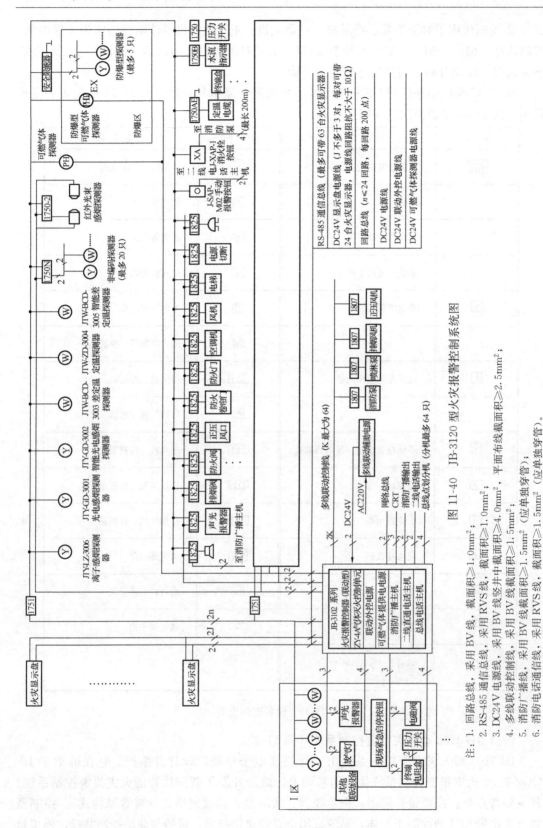

图 11-40 JB-3120 型火灾报警控制系统图

注：1. 回路总线，采用 BV 线，截面积≥1.0mm²；
2. RS-485 通信总线，采用 RVS 线，截面积≥1.0mm²；
3. 多线联动控制电源，采用 BV 线竖井中截面积≥4.0mm²，平面布线截面积≥2.5mm²；
4. 多线联动控制线，采用 BV 线截面积≥1.5mm²（应单独穿管）；
5. 消防广播线，采用 BV 线截面积≥1.5mm²（应单独穿管）；
6. 消防电话通信线，采用 RVS 线，截面积≥1.5mm²（应单独穿管）。

与开关量兼容。控制器单机最大容量为 24 回路，每回路 200 点，总共 4800 点（其中总线联动控制点不超过 1024 点）。多线控制联动点最大容量为 64 点，最多可配火灾显示盘 63 台。可接入 ZY-4A 型气体灭火控制单元，最多为 8 套 32 个灭火区。可通过 CAN 总线将 16 台控制器联网构成火灾报警控制局域网系统，无需集中控制器，局域网系统的报警、联动最大容量可达 7 万多点。

第十二章 建筑设备自动化系统 (BAS)

第一节 建筑设备自动化系统概述

建筑设备自动化系统 (Building Automation system，简称 BAS)，亦称楼宇自动化系统，是将建筑物或建筑群内的电力、照明、空调、给排水、电梯、防灾、保安、车库管理等设备或系统，以集中监视、控制和管理为目的而构成的一个综合系统。它的目的是使建筑物成为安全、健康、舒适、温馨的生活环境和高效的工作环境，并能保证系统运行的经济性和管理的智能化。BAS 有广义 BAS 和狭义 BAS 之说，如图 12-1 所示。广义地说，建筑设备自动化 (BAS) 也包括消防自动化 (FA) 和保安自动化 (SA)。这种广义的 BAS 监控系统亦即建筑设备管理系统 (BMS)。有关消防、保安等内容已在前面几章详述，而且，由于目前我国的管理体制等因素要求独立设置（如消防系统、保安系统等）的情况较多，故本章着重以空调、给排水等系统为主的狭义 BAS 进行叙述。

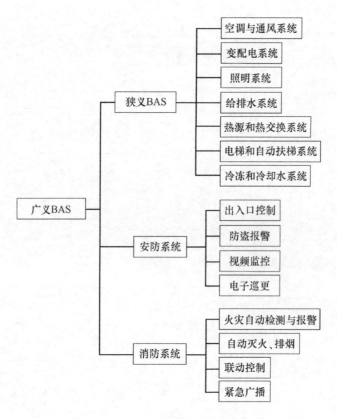

图 12-1 广义 BAS 和狭义 BAS 的内容

第二节　DDC与集散型控制系统

一、集散型控制系统的基本组成

集散型控制系统如图 12-2 所示，主要由如下四部分构成：传感器与执行器、DDC（直接数字控制器）、通信网络及中央管理计算机。通常，中央管理计算机（或称上位机、中央监控计算机）设置在中央监控室内，它将来自现场设备的所有信息数据集中提供给监控人员，并接至室内的显示设备、记录设备和报警装置等。DDC 作为系统与现场设备的接口，它通过分散设置在被控设备的附近，收集来自现场设备的信息，并能独立监控有关现场设备。它通过数据传输线路与中央监控室的中央管理监控计算机保护通信联系，接受其统一控制与优化管理。中央管理计算机与 DDC 之间的信息传送，由数据传输线路（通信网络）实现，较小规模的 BAS 系统可以简单用屏蔽双绞线作为传输介质。BAS 系统的末端为传感器和执行器。它是装置在被控设备的传感（检测）元件和执行元件。这些传感元件如温度传感器、湿度传感器、压力传感器、流量传感器、电流电压转换器、液位检测器、压差器、水流开关等，将现场检测到的模拟量或数字量信号输入至 DDC，DDC 则输出控制信号传送给继电器、调节器等执行元件，对现场被控设备进行控制。图 12-3 是一种典型的大楼 BAS 系统的示例。

图 12-2　集散型控制系统基本组成

二、DDC

DDC（Direct Digital Controller）意为直接数字控制器，它是利用数字计算机实现现场直接控制的控制器。通常它安装在被控设备的附近。因此，DDC 实际上也是一个计算机，它应具有可靠性高、控制功能强、可编写程序，既能独立监控有关设备，又可联网，通过通信网络接受中央管理计算机统一控制与优化管理的优点。

图 12-4 是 DDC 的构成示例。它不仅具有图 12-2 的全部功能，还具备通信功能，控制程序可根据要求进行编写修改，并由此能构成集散型（分布式）计算机控制系统。

在 DDC 的系统设计和使用中，主要掌握 DDC 的输入和输出的连接。根据信号形式的不同，DDC 的输入和输出有如下四种：

（一）模拟量输入（AI）

模拟量输入的物理量有温度、湿度、压力、流量等，这些物理量由相应的传感器感应测得，往往经过变送器转变为电信号送入 DDC 的模拟输入口（AI）。此电信号可以是电流信号，例如 0～10mA，也可以是电压信号，如 0～5V 或 0～10V。一般一个 DDC 控制

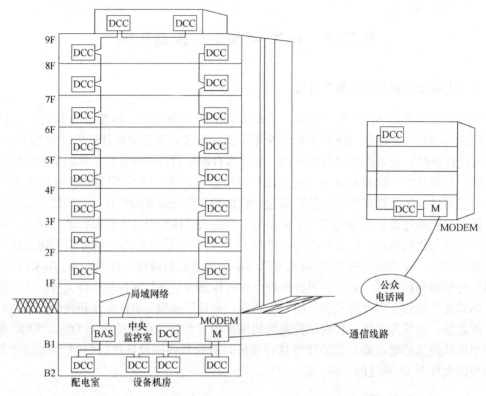

图 12-3   小型 BAS 系统示例

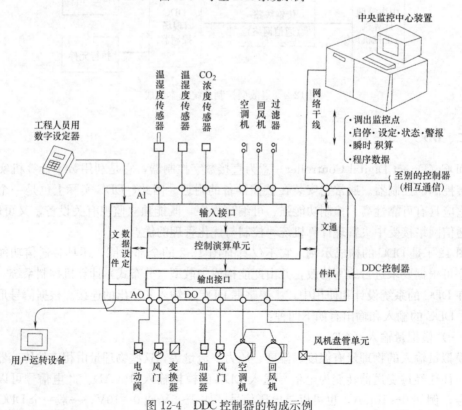

图 12-4   DDC 控制器的构成示例

器可有多个 AI 输入口。若变送器输出为电流信号，通常由接在输入端口的电阻转变为电压信号。电信号送入 DDC 模拟量输入 AI 通道后，经过内部模拟/数字转换器（A/D）将其变为数字量，再由 DDC 计算机进行分析处理。

（二）数字量输入（DI，有的记为 BI）

DDC 能够直接判断 DI 通道上的电平高/低（相当于开/关）两种状态，将其转换为数字量 1 或 0，进而对其进行逻辑分析和计算。DI 亦称开关量输入。

DDC 计算机可以直接判断 DI 通道上的开关信号，如启动继电器辅助接点（运行状态）、热继电器辅助接点（故障）、压差开关、冷冻开关、水流开关、水位开关、电磁开关、风速开关、手自动转换开关、0～100％阀门反馈信号等，并将其转化成数字信号，这些数字量经过 DDC 控制器进行逻辑运算和处理。DDC 控制器对外部的开关、开关量传感器进行采集。DI 通道还可以直接对脉冲信号进行测量，测量脉冲频率，测量其高电平或低电平的脉冲宽度，或对脉冲个数进行计数。

一般数字量接口没有接外设或所接外设是断开状态时，DDC 控制器将其认定为"0"，而当外设开关信号接通时，DDC 控制器将其认定为"1"。

（三）模拟量输出（AO）

DDC 模拟量输出（AO）信号是 0～5V、0～10V 间的电压或 0～10mA、4～20mA 间的电流。其输出电压或电流的大小由计算机内数字量大小决定。由于 DDC 计算机内部处理的信号都是数字信号，所以这种连续变化的模拟量信号是通过内部数字/模拟转换器（D/A）产生的。通常，模拟量输出（AO）信号用来控制电动比例调节阀、电动比例风阀等执行器动作。

（四）数字量输出（DO，有的记为 BO）

开关量输出（DO）亦称数字量输出，它可由计算机输出高电平或低电平，通过驱动电路带动继电器或其他开关元件动作，也可驱动指示灯显示状态。DO 信号可用来控制开关、交流接触器、变频器以及可控硅等执行元件动作。交流接触器是启停风机、水泵及压缩机等设备的执行器。控制时，可以通过 DDC 的 DO 输出信号带动继电器，再由继电器触头接通交流接触器线圈，实现设备的启停控制。

三、传感器（输入设备）

（一）仪表的分类及主要功能

建筑设备监控系统中常用的仪表分为检测仪表（如传感器、变送器）和执行仪表（如电动、气动执行器）两大类。

建筑设备监控系统中常用的检测仪表包括：温度、湿度、压力、压差、流量、水位、一氧化碳、二氧化碳、照度、电量等。执行仪表包括电动调节阀、电动蝶阀、电磁阀、电动风阀等。

检测仪表分为处理模拟量信号的传感器类仪表和处理开关量的控制器类仪表。检测仪表的主要功能是：将被检测的参数稳定、准确、可靠地转换成现场控制器可接受的电信号。

执行仪表分为对被调量可进行连续调节的调节阀类仪表和对被调量进行通断两种状态控制的控制阀类仪表。执行仪表的主要功能是接受现场控制器的信号，对系统参数进行自动或远程调节。

（二）检测仪表的选择原则

检测仪表的选择包括仪表的适用范围、量程、输出信号、测量精度、外形尺寸、防护等级、安装方式等。检测仪表的选择原则：在满足仪表测量精度和安装场所要求的前提下，应尽量选择结构简单、稳定可靠、价格低廉、通用性强的检测仪表。

（三）常用传感器及其要求

常用传感器如表 12-1 所示。各种传感器的要求如下：

（1）温度传感器量程应为测点温度的 1.2～1.5 倍，管道内温度传感器热响应时间不应大于 25s。当在室内或室外安装时，热响应时间不应大于 150s。

（2）压力（压差）传感器的工作压力（压差），应大于测点可能出现的最大压力（压差）的 1.5 倍，量程应为测点压力（压差）的 1.2～1.3 倍。

常用监控用传感器   表 12-1

名　称	用　途
温度开关	可以用于调节空调环境温度（三速开关），主要用于风机盘管的控制
差压开关	可以用于测量送风风道中过滤网是否堵塞，以及测量连通器中的液位高度
气体流量开关	可以用于检测气体的流量及气流的通断状态，以保证系统的正常工作
水流开关	是检测液体流量状态的电子开关，用于检测空调、供暖、供水等系统
温度传感器	传感器的电阻与其温度相对应，测量其电阻即可计算对应温度
湿度传感器	新一代湿度传感器采用了最新的固体化湿度感应元件，湿度感应能力从 0 至 100%，并可以在一个宽阔的温度范围内工作。其响应速度快，可靠性高，使用寿命长，适用于制冷站及空调系统
电阻远传压力表	压力、压差传感器用于测量液体的压力和压差，且大部分用来测量水管中的表压力。输出参数是电压比例信号，工作温度在 -40～$+85℃$，在楼宇自控中用于测量供水管网的压力
压力传感器	模拟量压力、压差传感器可以测量空气、液体的压力及压差等
压差传感器	模拟量压力、压差传感器可以测量空气、液体的压力及压差等，被测压力或压差经过变送器作用于传感器，使桥路的输出电压与被测压力或压差成比例变化
电动平衡阀	安装在供热系统及空调系统的回水干管及支管上，可精确调节阻力，起到开关、测量、调节等重要作用

（3）流量传感器量程应为系统最大流量的 1.2～1.3 倍，且应耐受管道介质最大压力，并且有瞬态输出。

液位传感器宜使正常液位处于仪表满量程的 50%。

（4）成分传感器的量程应按检测气体、浓度进行选择。一氧化碳气体宜按 0～300ppm（1ppm＝1mg/m³，下同）或 0～500ppm；二氧化碳气体宜按 0～2000ppm 或 0～10000ppm（ppm＝10^{-6}）。

（5）风量传感器宜采用皮托管风量测量装置，其测量的风速范围不宜小于 2～16m/s，测量精度不应小于 5%。

（6）水管道的两通阀宜选择等百分比流量特性；蒸气两通阀，当压力损失比大于或等于 0.6 时，宜选用线性流量特性；小于 0.6 时，宜选用等百分比流量特性。

（7）水泵、风机变频器输出频率范围应为 1～55Hz，变频器过载能力不应小于 120%

额定电流，变频器外接给定控制信号应包括电压信号和电流信号。电压信号为直流 0~10V，电流信号为直流 4~20mA。

（8）电量变送器：变配电所各种电气参数要进入计算机监控系统，必须先通过电量变送器，将各种交流电气参数变为统一的直流参数。

常用的电量变送器有电压、电流、频率、有功功率、无功功率、功率因数和有功电度变送器等。

电压变送器通常将单相或三相的交流电压 110、220、380V 变换为直流 0~5V、0~10V 电压，或者 0~20mA、4~20mA 电流输出。

电流变送器通常将 0~5A 的交流电流变换为直流 0~5V、0~10V 电压，或者 0~20mA、4~20mA 电流输出。

频率、有功功率、无功功率、功率因数和有功电度变送器等同样是将相应的电参数变换为与上述相同的电信号输出。

随着微电子技术的发展，计算机硬件设备成本不断降低，产生了内部装有单片机，并将传感器、变送器做在一起的智能型传感器。它的输出完全采用数字通信标准与控制器连接，数据传递方式与控制器之间的方式相同，通信接口一般采用 RS232 或 RS485 标准。由于内部装有计算机，它可以进行全部线性化转换、数据滤波、误差修正等处理，实现真正的"智能化测量"。由于它以数字通信方式传递测量结果，因此不会因干扰而产生误差，处理适当时还可实现长距离传递数据。这种一体化的传感器与变送器代表着今后的发展方向。

四、执行器（输出设备）

在自动控制系统中，执行器的作用是执行控制器的命令，是控制系统最终实现对系统进行调整、控制和启停操作的手段。暖通空调设备自动控制系统中常用的执行器有风阀、水阀、交流开关等。执行器安装在工作现场，长年与工作现场的介质直接接触，执行器的选择不当或维护不善常使整个控制系统工作不可靠，严重影响控制品质。

从结构来说，执行器一般由执行机构、调节机构两部分组成。其中执行机构是执行器的推动部分，按照控制器输送的信号大小产生推力或位移；调节机构是执行器的调节部分。我们常见的调节阀，它接受执行机构的操纵改变阀芯与阀座间的流通面积，达到调节工业介质流量的目的。

执行机构按使用的能源种类可分为气动、电动、液动 3 种。在建筑设备自动化系统中常用电动执行器。

（一）执行器与控制系统的连接

现场控制器通过两类输出通道与执行器连接：

1. 数字量输出通道 DO

它可以由控制软件将输出通道置成高电平或低电平，通过驱动电路即可带动继电器或其他开关元件，也可以驱动指示灯显示状态。

2. 模拟量输出通道 AO

输出的信号是 0~5V、1~10V 间的电压，或 0~10mA、4~20mA 间的电流。其输出的电压或电流的大小由控制软件决定。由于计算机内部处理的信号都是数字信号，因此这种可连续变化的模拟量信号是通过数字/模拟转换电路（D/A）产生的。

各种执行器根据其特点不同，分别与这两种输出通道连接。

（二）电动执行器

电动执行器根据使用要求有各种结构，电磁阀是电动执行器中最简单的一种。它利用电磁铁的吸合和释放对小口径阀门作通、断两种状态的控制。电磁阀由于结构简单，价格低廉，常和两位式简易控制器组成简单的自动调节系统。除电磁阀外，其他连续动作的电动执行器都使用电动机作动力元件，将从控制器来的信号转变为阀的开度。电动执行机构的输出方式有直行程、角行程和多转式3种类型，可和直线移动的调节阀、旋转的蝶阀、多转的感应调压器等配合工作。

（三）气动执行器

气动执行器是指以压缩空气为动力的执行机构，它具有结构简单、负载能力大、防火防爆等特点。气动执行机构主要有薄膜式和活塞式两大类，并以薄膜执行机构应用最广。气动活塞式执行机构由气缸内的活塞输出推力，由于气缸允许操作压力较大，故可获得较大的推力，并容易制造长行程的执行机构，所以它特别适用于高静压、高压差以及需要较大推力和位移（转角或直线位移）的应用场合。由于气动执行器需要压缩空气为动力，故比电动执行器要多一整套的气源装置，使用、安装、维护比较复杂，故在智能建筑中不宜采用。

五、DDC控制的原理与示例

（一）新风机组的DDC控制

下面以新风机组的监测控制为例，来说明如何利用DDC进行计算机监测控制。

图12-5是一台典型的新风处理空调机（简称新风机）。所谓新风机系指处理新风负荷的。它根据送风温度或湿度进行控制。空气—水换热器夏季通入冷水对新风降温降湿，冬季通入热水对空气加热。干蒸气加湿器则在冬季对新风加湿。

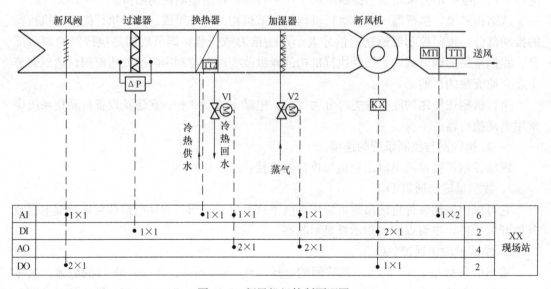

图12-5 新风机组控制原理图

图 12-5 中，新风机组采用直接数字控制器 DDC 进行控制，即利用数字计算机，通过软件编程实现如下控制功能：

1. 风机启停控制及运行状态显示

DDC 通过事先编制的启停控制软件，通过 1 路 DO 通道控制风机的启停，将风机电机主电路上交流接触器的辅助触点作为开关量输入（DI 信号），输入 DDC 监测风机的运行状态。主电路上热继电器的辅助触点信号（1 路 DI 信号）作为风机过载停机报警信号。

2. 送风温、湿度监测及控制

在风机出口处设 4～20mA 电流输出的温、湿度变送器各一个（TT1、MT1），接至 DDC 的 2 路 AI 输入通道上，分别对空气的温度和相对湿度进行监测，以便了解机组是否将新风处理到所要求的状态，并以此控制盘管水阀和加湿器调节阀。

送风温度控制，即定出风温度控制：控制器根据内部时钟设定温度（夏季和冬季设定值不同），比较温度变送器所采集的送风温度，采用 PID 控制算法或其他算法，通过 1 路 AO 通道调节热交换盘管的二通电动调节水阀 V1，以使送风温度与设定值一致。

水阀应为连续可调的电动调节阀。图中采用两个 AO 输出通道控制，一路控制执行器正转，开大阀门；另一路控制执行器反转，关小阀门。为了解准确的阀位还通过 1 路 AI 输入通道检测阀门的阀位反馈信号。如果阀门控制器中安装了阀位定位器，也可以通过 AO 输出通道输出 4～20mA 或 0～10mA 的电流信号直接对阀门的开度进行控制。

新风相对湿度控制：控制器根据测定的湿度值 MT1，与设定湿度值进行比较，用 PI 控制算法，通过 1 个 AO 通道控制加湿电动调节阀 V2，使送风湿度保持在所需的范围。干蒸气加湿器也是通过一个电动调节阀来调节蒸气量，其控制原理与水阀相同。

3. 过滤器状态显示及报警

风机启动后，过滤网前后建立起一个压差，用微压差开关即可监视新风过滤器两侧压差。如果过滤器干净，压差将小于指定值；反之如果过滤器太脏，过滤网前后的压差变大，超过指定值，微压差开关吸合，从而产生"通"的开关信号，通过一个 DI 输入通道接入 DDC。微压差开关吸合时所对应的压差可以根据过滤网阻力的情况预先设定。这种压差开关的成本远低于可以直接测出压差的微压差传感器，并且比微压差传感器可靠耐用。因此，在这种情况下，一般不选择昂贵的可连续输出的微压差传感器。

4. 风机转速控制

由 DDC1 路 AI 通道测量送风管内的送风压力，调节风机的转速，以调节送风量，确保送风管内有足够的风压。

5. 风门控制

在冬季停机后为防止盘管冻结，可选择通断式风阀控制器，通过 1 路 DO 通道来控制。当输出为高电平时，风阀控制器打开风阀，低电平时关闭风阀。为了解风阀实际的状态，还可以将风阀控制器中的全开限位开关和全关限位开关通过 2 个 DI 输入通道接入 DDC。

也可对回风管和新风管的温度与湿度进行检测，计算新风与回风的焓值，按回风与新风的焓值比例，控制回风门和新风门的开启比例，从而达到节能的目的。

6. 安全和消防控制

只有风机确实启动，风速开关检测到风压后，温度控制程序才会工作。

当火灾发生时，由消防联动控制系统发出控制信号，停止风机运行，并通过 1 路 DO 通道关闭新风阀。新风阀开/闭状态通过 2 路 DI 送入控制器。

7. 防冻保护控制

在换热器水盘管出口安装水温传感器，测量出口水温。一方面供控制器用来确定是热水还是冷水，以自动进行工况转换；同时还可以在冬季用来监测热水供应情况，供防冻保护用。水温传感器可使用 4～20mA 电流输出的温度变送器，接到 DDC 的 AI 通道上。

当机组内温度过低时（如盘管出口水温低于 5℃或送风温度低于 10℃），为防止水盘管冻裂，应停止风机，关闭风阀，并将水阀全开，以尽可能增加盘管内与系统间水的对流，同时还可排除由于水阀堵塞或水阀误关闭造成的降温。

防冻保护后，如果热水恢复供应，应重新启动风机，恢复正常运行。为此，需设一防冻保护标志 P_t，当产生防冻动作后，将 P_t 置为 1。当测出盘管出口水温大于 35℃，并且 P_t 为 1 时，可认为热水供应恢复，应重新开启风机，打开新风阀，恢复控制调节动作，同时将标志 P_t 重置为 0。

如果风道内安装了风速开关，还可以根据它来预防冻裂危险。当风机电机由于某种故障停止，而风机开启的反馈信号仍指示风机开通时，或风速开关指示出风速度过低，也应关闭新风阀，防止外界冷空气进入。

8. 连锁控制

启动顺序控制：

启动新风机—开启新风机风阀—开启电动调节水阀—开启加湿电动调节阀。

停机顺序控制：

关闭新风机—关闭加湿电动调节阀—关闭电动调节水阀—关闭新风机风阀。

9. 最小新风量控制

为了保证基本的室内空气品质，通常采用测量室内 CO_2 浓度的方法来衡量。从节能角度考虑，室内空气品质的控制一般希望在满足室内空气品质的前提下，将新风量控制在最小。由于通常情况下人是 CO_2 唯一产生源，控制 CO_2 的浓度在一定的限度下，能有效地保证新风量满足标准的要求。而且与传统的固定新风量的控制方案相比，在保证室内空气品质不变的前提下，以 CO_2 浓度作为指标的控制方案具有明显的节能效果。

按照图 12-5 的设置，可知需要 DI 通道 2 路、AI 通道 6 路（用于湿度测量及电动水阀、电动蒸气阀阀位测量）、DO 通道 2 路、AO 通道 2 路。由此可以选择 DDC 现场控制器。只要它能够提供上述输入、输出通道，并有足够的数据存贮区及编程空间，通信功能与建筑物内空调管理系统选择的通信网络兼容，原则上都可以选用。

（二）空调机组的 DDC 控制

空调机组的 DDC 控制原理如图 12-6 所示。控制中心对空调机组工作状态的监控有：过滤器阻力（ΔP）、冷、热水阀门开度，加湿器阀门开度，送风机与回风机的启、停，新风、回风与排风风阀的开度，新风、回风以及送风的温度、湿度。根据设定的空调机组工作参数与上述监测的状态参数情况，控制中心来控制送、回风机的启、停，新风与回风的比例调节，换热器盘管的冷、热水流量，加湿器的加湿量等，以保证空调区域空气的温度与湿度既能在设定的范围内满足舒适性要求，又能使空调机组以最低的能耗方式运行。

系统的控制原理和功能及其软硬件配置如表 12-2 所示。

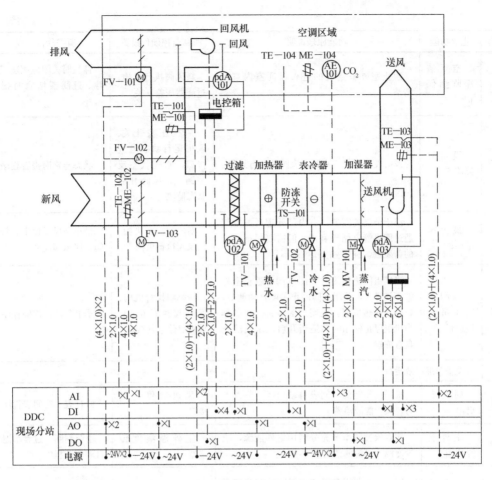

图 12-6 空调机组 DDC 控制系统原理图

系统的控制原理、功能及软硬件配置表 表 12-2

序号	主要功能	功能原理说明	所需监控硬件设置	所需软件实现
1	设备安全运行			
1.1	温度自动调节	保证空调区域内的温度符合设计指标。根据回风温度与设定温度,对冷/热水阀开度进行 PID 调节,从而控制回风温度。在夏季工况时,当回风温度高于设定值时,调节水阀开大;当回风温度低于设定值时,调节水阀开小。在冬季工况时,当回风温度高于设定值时,调节水阀关小;当回风温度低于设定值时,调节水阀开大。使回风温度始终控制在设定值范围内	回风温度传感器、回水调节阀	设定温度、PID 调节程序、设定及调整 PID 调节参数
1.2	湿度自动调节	保证空调区域内的湿度符合设计指标。根据回风湿度与设定湿度比较,开关加湿装置对湿度进行自动调节	回风湿度传感器、加湿装置电气接口	设定湿度、开关加湿装置程序
1.3	盘管防冻保护	防止在冬季时热交换盘管中的水因低温结冰而冻裂盘管	防冻开关	防冻开关动作时的连锁保护程序

续表

序号	主要功能	功能原理说明	所需监控硬件设置	所需软件实现
1.4	空气洁净监测保护	阻止室外脏空气的进入保证室内空气清洁	新风阀执行机构、过滤器压差开关	停机时关闭风阀连锁程序、过滤器堵塞时报警程序
1.5	设备故障监测	及时发现风机、水阀、风阀的运行故障	风机压差开关、风机运行状态电气接口、水阀状态反馈测点、风阀开启状态监测	状态异常时报警程序
1.6	最少风量保证	出于节能的需要，室内已处理后的空气通过回风管道循环利用，但需要保证一定的新风量，避免室内新风量不足	新风阀执行机构、回风阀执行机构	最小新风量设定、新风阀、回风阀连锁运行程序
1.7	风阀水阀风机连锁运行	当机组停止使用时关闭风阀，阻止室外脏空气进入，关闭水阀停止温度自动调节，减少冷或热负荷，关闭加湿装置。在冬季当机组停止使用时需适当开启热水阀防止盘管冻损	新风阀执行机构、回风阀执行机构、风机启停电气接口	季节判断，连锁程序
2	设备节能高效运行			
2.1	时间表启停	机组按预定的时间表自动启停，节省人力，减少能源浪费	风机启停电气接口	假日表、时间表程序
2.2	室外能源利用	在春秋过渡季节充分利用室外能源，减少冷源、热源的消耗	室外温湿度传感器	季节判断，过渡季温度自动调节程序
2.3	调节精度自动调节	同一个空调服务区域在不同的季节和不同的时间段调整调节精度，适当的调节精度可减少设备频繁动作，减少能量抵损	—	控制参数调节程序
3	设备管理			
3.1	设定参数自动调节	同一个空调服务区域在不同的季节和不同的时间段自动调整设定参数，适应不同时间段的使用需要，提高服务质量	—	设定参数自动调整程序
3.2	设备运行时间累积	累积风机运行时间，根据功率计算能耗，累积过滤器运行时间，定期更换	风机压差开关、过滤器压差开关	风机运行时间累积、用电量计算、过滤器运行时间累积、过滤器定期更换提示程序
3.3	设备运行参数或状态监测	监测和记录设备运行参数和状态，积累建筑物和机电设备运行数据，为节能措施提供分析数据，当有故障时便于及时定位故障点解决	风机状态电气接口、水阀反馈测点、风机手、自动状态电气接口、加湿装置状态反馈电气接口、风阀状态监测点、温湿度传感器、送风温湿度传感器、室内温湿度传感器	关键数据长期记录

（三）排风风机的 DDC 控制

排风风机的 DDC 控制方案如图 12-7 所示，其主要功能为：

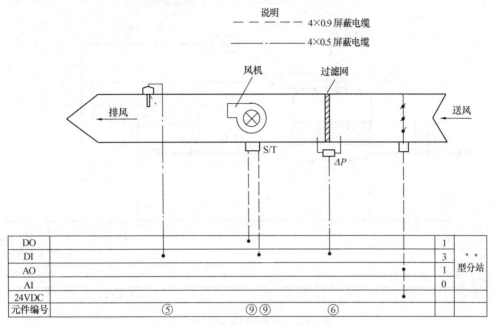

图 12-7　排风风机控制方案示意

1. 风机控制

分站根据其内部的软件及时钟，按时间程序或事件来启动或停止风机（闭合或断开控制回路）。

2. 过滤器报警

风机启动后，过滤网前后将建立起一个风压。如果过滤器干净，风压将小于一个指定值，接触器的干接点会断开。反之如果过滤器太脏，过滤网前后的风压变大，接触器的干接点将闭合。分站根据接触器干接点的情况会发出过滤网报警信息。

（四）冷却水塔的 DDC 控制

冷却水塔的控制方案如图 12-8 所示。该控制方案的主要功能是：分站可以根据软件及内设时钟来控制冷却塔的启动和停止。启动时，首先控制打开水阀，然后启动风机。冷却塔启动期间，分站根据探测到的水温及设定温度，决定风机是否运转或开启风机。如果停止冷却塔，首先关闭水阀，然后停止风机。

（五）水箱的 DDC 控制

典型水箱控制方案如图 12-9 所示。它的主要控制功能是：分站根据水箱水位来控制补水泵的启停。当水箱水位达到高水位时，停止补水泵，直至水位降到低水位。当水箱水位降到低水位时，启动补水泵，直至水箱水位达到高水位。另外可根据要求，采用增加一个水位探测点或采用软件手段来保护供水泵。

（六）电梯的 DDC 控制

大楼的电梯有自动扶梯和直升电梯。电梯的 DDC 控制就是对建筑物内的各种电梯实行集中的控制和管理，并执行联动程度。其控制框图如图 12-10 所示。

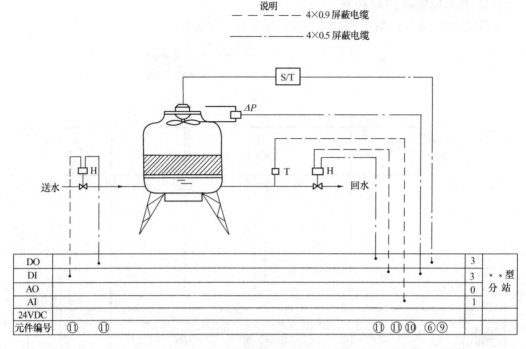

图 12-8　冷却水塔控制方案示意

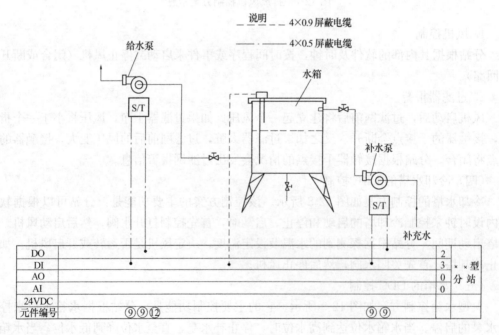

图 12-9　典型水箱控制方案示意

自动扶梯的 DDC 控制主要完成以下功能：

（1）自动扶梯定时启/停；

（2）自动扶梯运行状态检测，在发生故障时向系统管理中心报警；

（3）根据自动扶梯使用繁忙程度，实现最佳调度。

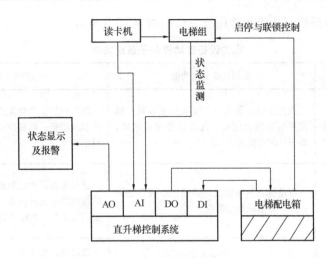

图 12-10　电梯组群控制功能

直升梯的 DDC 控制主要完成以下功能：

（1）多台电梯集中控制，当任一层用户按叫电梯时，最接近用户同方向电梯将率先到达用户层，以节省用户的等待时间。

（2）自动检测电梯运行的繁忙程度，以控制电梯组的启/停台数，节省能源；同时，显示并监视每部电梯的运行状态。

（3）电梯发生故障时，向系统管理中心报警。

（4）根据电梯运行状态，自动启/停电梯。

（5）部分电梯装有智慧卡读卡机，供工作人员（持智慧卡）使用。

（七）电力设备（低压配电）DDC 控制与接线（图 12-11）

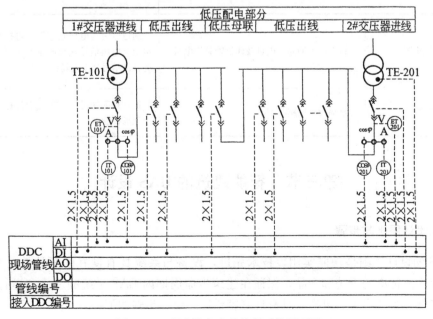

图 12-11　电力设备自动控制系统原理图

低压配电的自动控制功能和常用仪表选用如表 12-3 所示。

电力设备自动控制子系统功能　　　　　　　　　　　表 12-3

监控内容	常用自动控制功能	常用仪表选择
变压器线圈温度过热保护	当变压器过负荷时，线圈温度升高，温度控制器发出信号，自动报警记录故障，并采取相应措施	温度控制器热电阻由制造厂家预埋在变压器线圈里，现场控制器可直接获取开关量信号
电流检测	自动检测回路电流，越限自动报警记录故障，并采取相应措施	通过电控柜中安装的电流互感器，将被测回路的电流转换为 0～5A，再通过电流变送器将其变为标准信号送至现场控制器
电压检测	自动检测回路电压，越限自动报警记录故障，并采取相应措施	通过电控柜中安装的电压互感器，将被测回路的电压转换为 0～100V，再通过电压变送器将其变为标准信号送至现场控制器
开关状态检测	自动检测各重要回路开关状态，跳闸时自动报警记录故障，并采取相应措施	从断路器或自动开关的辅助接点上获取信号
有功功率检测	自动检测回路有功功率	通过电流与电压互感器，将被测回路的电流与电压信号送至有功功率变送器，将其变为标准信号送至现场控制器
无功功率检测	自动检测回路无功功率	通过电流与电压互感器，将被测回路的电流与电压信号送至无功功率变送器，将其变为标准信号送至现场控制器
电量检测	自动检测回路用电量及建筑物总用电量	通过电流与电压互感器，将被测回路的电流与电压信号送至电量变送器，将其变为标准信号送至现场控制器
频率检测	自动检测回路频率	通过频率变送器，将其变为标准信号送至现场控制器

第三节　智能建筑的 BAS 设计

一、设计原则与步骤

BAS 的设计原则是功能实用，技术先进，设备与系统具有良好的开放性与集成性，选择符合主流标准的系统和产品，保证在建筑生命周期内 BAS 系统的造价和运行维护费用尽可能低，系统安全、可靠，具有良好容错性。设计步骤如下：

（1）技术需求分析：设计人员应根据建筑物的实际情况及业主的要求（一般通过招标

文件体现），依据相关规范与规定，确定建筑物内实施自动控制及管理的各个功能子系统。

根据业主提供的技术数据与设计资料（一般为设计图纸），确认各功能子系统所包括的需要监控、管理的设备数量。

（2）确定各功能子系统的控制方案：对于需要进行楼宇设备自动化子系统的控制功能给出详细说明，明确系统的控制方案及要达到的控制目标，以指导工程设备的安装、调试及施工，选定实现 BAS 的系统和产品。

（3）确定系统监控点及监控设备：在控制方案的基础上，确定被控设备进行监控的点位、监控点的性质以及选用的传感器、阀门及执行机构，并选配相应的控制器、控制模块。根据中央监控中心的功能和要求，确定中央监控系统的硬件设备数量及系统软件、工具软件需求的种类与数量。采用监控点表进行统计。

（4）统计汇总控制设备（传感器、控制器）清单：对选配的控制设备、软件列表统计与汇总。

（5）绘制各种被控设备的控制原理图，绘制出整个设备 BAS 施工平面图及系统图。

（6）采用组态软件完成系统、画面及控制组态和软件设计。

二、集散型 BAS 网络结构形式

（一）单层网络结构

单层网络结构为工作站＋现场控制设备（图 12-12）。现场设备通过现场控制网络互相连接，工作站通过通信适配器直接接入现场控制网络。它适用于监控节点少、分布比较集中的小型楼宇自控系统。单层网络结构有如下特点：

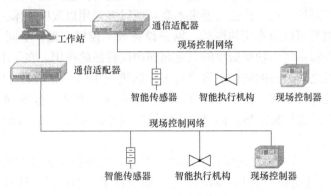

图 12-12　工作站＋现场控制设备的单层网络结构

（1）整个系统的网络配置、集中操作、管理及决策等全部由工作站承担。

（2）控制功能分散在各类现场控制器及智能传感器、智能执行机构之中。

（3）在同一条现场控制总线上所挂接的现场设备之间可以通过点对点或主从的方式直接进行通信，而不同总线的设备直接通信必须通过工作站中转。

目前，绝大多数的 BAS 产品都支持这种网络结构，构建简单，配置方便。缺点是，只支持一个工作站，该工作站承担不同总线设备直接通信中转的任务，控制功能分散不够彻底。

（二）两层网络结构

两层网络结构为操作员站（工作站、服务器）＋通信控制器＋现场控制设备，如图 12-13 所示。现场设备通过现场控制网络互相连接，操作员站（工作站、服务器）采用局域网中比较成熟的以太网等技术构建，现场控制网络和以太网等上层网络之间通过通信控制器实现协议转换、路由选择等。两层网络结构适用大多数 BAS，其特点是：

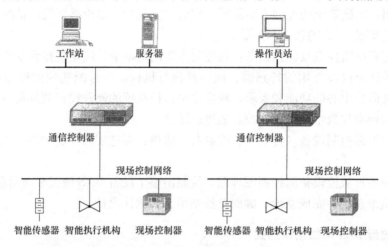

图 12-13   BAS 两层网络结构

（1）现场控制设备之间通信要求实时性高，抗干扰能力强，对通信效率要求不高，一般采用控制总线（例如现场总线、N2 总线等）完成。

（2）操作员站（工作站、服务器）之间由于需要进行大量数据、图形的交互，通信带宽要求高，而对实时性、抗干扰能力要求不高，所以多采用以太网技术。

（3）通信控制器可以由专用的网桥、网关设备或工控机实现。不同 BAS 产品中，通信控制器的功能强弱不同。功能简单的只是起到协议转换的作用，在采用这种产品的网络中，不同现场总线之间设备的通信仍要通过工作站进行中转；复杂的可以实现路由选择、数据存储、程序处理等功能，甚至可以直接控制输入输出模块，起到 DDC 的作用。这种设备已不再是简单的通信控制器，而是一个区域控制器，例如美国 Johnson Controls 的网络控制单元（NCU）。

（4）绝大多数 BAS 产商在底层控制总线上都有一些支持某种开放式现场总线的技术（如由美国 Echelon 公司推出的 Lonworks 现场总线技术）的产品。这样，两层网络都可以构成开放式的网络结构，不同产品之间能够方便地实现互联。

（三）三层网络结构

三层网络结构为操作员站（工作站、服务器）＋通信控制器＋现场大型通用控制设备＋现场控制设备，如图 12-14 所示。现场设备通过现场控制网络互相连接；操作员站（工作站、服务器）采用局域网中比较成熟的以太网等技术构建；现场大型通用控制设备采用中间层控制网络实现互联。中间层控制网络和以太网等上层网络之间通过通信控制器实现协议转换、路由选择等。三层网络结构适用监控点相对分散、联动功能复杂的 BAS 系统。

三层网络结构 BAS 系统特点：

（1）在各末端现场安装一些小点数、功能简单的现场控制设备，完成末端设备基本监控功能，这些小点数现场控制设备通过现场控制总线相连。

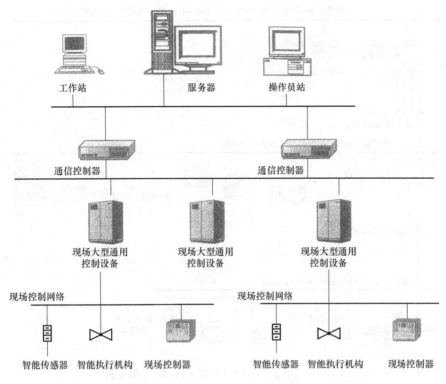

图 12-14　BAS 三层网络结构

（2）小点数现场控制设备通过现场控制总线接入一个大型通用现场控制器，大量联动运算在此控制设备内完成。这些大型通用现场控制器也可以带一些输入、输出模块直接监控现场设备。

（3）大型通用现场控制器之间通过中间控制网络实现互联，这层网络在通信效率、抗干扰能力等方面的性能介于以太网和现场控制总线之间。

图 12-15 所示是西门子 APOGEE 楼宇自动化系统结构，采用三层网络架构。楼宇系统可支持不同的通信协议，包括 BACnet、OPC、LonWorks、Modbus 和 TCP/IP 等。

（四）按系统大小确定网络结构

建设设备监控系统，宜采用分布式系统和多层次的网络结构。并应根据系统的规模、功能要求及选用产品的特点，采用单层、两层或三层的网络结构，但不同网络结构均应满足分布式系统集中监视操作和分散采集控制（分散危险）的原则。BAS 规模如表 12-4 所示。

建筑设备监控系统规模　　表 12-4

系统规模	实时数据库点数
小型系统	999 及以下
中型系统	1000～2999
大型系统	3000 及以上

大型系统宜采用由管理、控制、现场设备三个网络层构成的三层网络结构，其网络结构应符合图 12-14 的规定。

中型系统宜采用两层或三层的网络结构，其中两层网络结构宜由管理层和现场设备层构成。

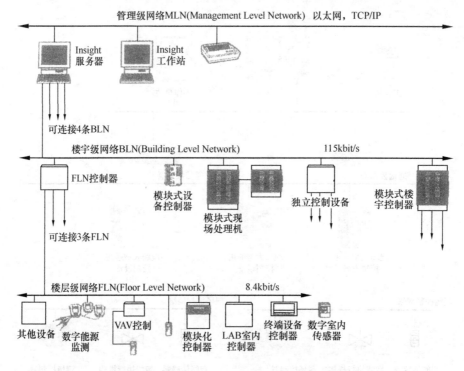

图 12-15　西门子 APOGEE 楼宇自动化系统结构

小型系统宜采用以现场设备层为骨干构成的单层网络结构或两层网络结构。各网络层应符合下列规定：

（1）管理网络层应完成系统集中监控和各种系统的集成；

（2）控制网络层应完成建筑设备的自动控制；

（3）现场设备网络层应完成末端设备控制和现场仪表设备的信息采集和处理。

三、集散型 BAS 设计方法

（一）按楼宇建筑层面组织的集散型 BAS 系统

这种设计方法是先按楼宇建筑层面划分大系统，再按功能划分子系统。对于大型的商用楼宇、办公楼宇，往往是各个楼层有不同的用户和用途（如首层为商场，二层为某机构总部⋯⋯）。因此，各个楼层对 BAS 系统的要求会有所区别，按楼宇建筑层面组织的集散 BAS 系统能很好地满足要求。按楼宇建筑层面组织的集散型 BAS 系统如图 12-16 所示。

这种结构的特点是：

（1）由于是按建筑层面组织的，因此布线设计及施工比较简单，子系统（区域）的控制功能设置比较灵活，调试工作相对独立；

（2）整个系统的可靠性较好，子系统失灵不会波及整个楼宇系统；

（3）设备投资较大，尤其是高层建筑。

（4）较适合商用的多功能建筑。

（二）按楼宇设备功能组织的集散型 BAS 系统

这种设计方法是先按功能划分大系统，再按楼宇建筑层面划分子系统。这是常用的系

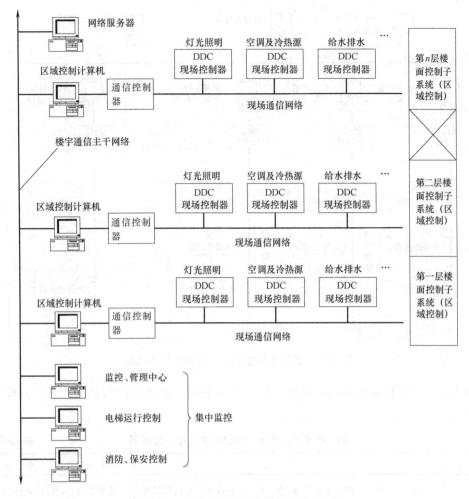

图 12-16 按楼层面组织的集散型 BAS 系统

统结构，按照整座楼宇的各个功能系统来组织（图 12-17）。这种方案的特点有：

（1）由于是按整座建筑设备功能组织的，因此布线设计及施工比较复杂，调试工作量大；

（2）整个系统的可靠性较弱，子系统失灵会波及整个建筑系统；

（3）设备投资省；

（4）较适合功能相对单一的建筑（如企业、政府的办公楼、高级住宅等）。

（三）混合型的集散型 BAS 系统

这是兼有上述两种结构特点的混合型，即某些子系统（如供电、给排水、消防、电梯）采用按整座楼宇设备功能组织的集中控制方式，另外一些子系统（如灯光照明、空调等）则采用按楼宇建筑层面组织的分区控制方式。这是一种灵活的结构系统，它兼有上述两种方案的特点，可以根据实际的需求而调整。

四、BAS 中的监测点及相应传感器

为了明确 BAS 设计对象，根据 BAS 中一般的对象环境和功能要求，总结出 BAS 中

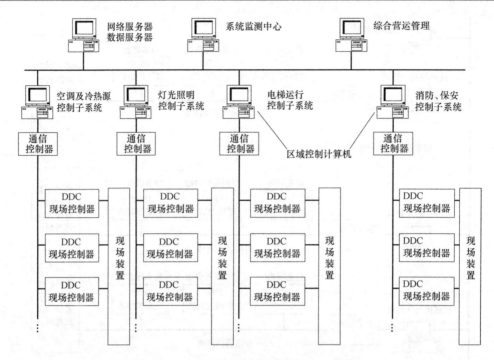

图 12-17　按设备功能组织的集散型 BAS 系统

基本监测点、接口位置及常用传感器，如表 12-5 所示，而实际的监控点应根据具体工程进行设计。

BAS 中基本监测点、接口位置及相应传感器			表 12-5

系　统		监　控　点	接口位置或常用传感器
供配电系统	变配电部分	高压进、出线柜断路器状态/故障；高、低压联络柜母线联络开关状态/故障；直流操作柜断路器/故障；低压进、出线柜断路器/故障；低压配电柜断路器/故障；市电/发电转换柜断路器状态/故障；动力柜断路器状态/故障（DI）；高、低压进线电压、电流，直流操作柜电压、电流；动力电源柜进线电流、电压；低压进线、动力进线有功功率、无功功率、功率因数；低压进线、动力进线电量（AI）	信号取出点：相应断路器辅助触点 电压、电流变送器；有功功率、无功功率、功率因数变送器；电量变送器
		变压器温度（AI）	温度传感器
	应急发电机与蓄电池组	发电机输出电压、电流、有功功率、无功功率、功率因数（AI）	电压、电流变送器；有功功率、无功功率、功率因数变送器
		发电机配电屏蔽断路器状态（DI）	配电屏蔽断路器辅助开关
		发电机油箱油位（AI）	液位传感器
		发电机冷却水泵、冷却风扇的开/关控制（DO）	DDC 数字输出接口
		发电机冷却水泵运行状态（DI）	信号取出点：水流开关
		发电机冷却风扇的故障（DI）	风扇主电路接触器的辅助接口
		发电机冷却水泵、冷却风扇的故障（DI）	相应主电路热继电器的辅助接口
		蓄电池电压（AI）	直流电压传感器

续表

系 统		监 控 点	接口位置或常用传感器
照明系统		室外自然光度测量（AI）	自然光（照度）传感器
		分区（楼层）照明、事故照明、航标灯、景观灯等电源开/关控制（DO）	DDC 数字输出接口
		分区（楼层）照明、事故照明、航标灯、景观灯等电源运行状态/故障（DI）	相应电源接触器的辅助触点
		分区（楼层）照明、事故照明、航标灯、景观灯等电源手/自动状态（DI）	信号取出点：相应电源控制回路
空调与冷热源系统	空调系统	送风机、回风机运行状态（DI）	动力柜主电路接触器的辅助接点
		送风机、回风机故障状态（DI）	相应主电路热继电器的辅助接点
		送风机、回风机手/自动状态（DI）	相应主动力柜控制回路
		送风机，回风机开/关控制（DO）	相应电源接触器的辅助接点
		空调冷冻水/热水阀门、加湿阀门调节；新风口、回风口，排风口风门开度控制（AO）	DDC 模拟输出口
		防冻报警（DI）	低温报警开关
		过滤网压差报警（DI）	过滤网压差传感器
		新风、回风、送风温度（AI）	风管式温度传感器
		室外温度（AI）	室外温度传感器
		新风、回风、送风湿度（AI）	风管式湿度传感器
		送风风速（AI）	风管式风速传感器
		空气质量（AI）	空气质量传感器（CO_2、CO 浓度）
	制冷系统	冷水机组、冷冻水泵、冷却水泵、冷却塔风机、冷却塔进水电动蝶阀开/关控制（DO）	DDC 数字输出接口
		冷水机组、冷却塔风机运行状态（DI）	相应动力柜主电路接触器的辅助接点
		冷冻水泵、冷却水泵运行状态（DI）	相应水泵出水口的水流开关
		冷水机组、冷冻水泵、冷却水泵、冷却塔风机故障（DI）	相应主电路热继电器的辅助接点
		冷水机组、冷冻水泵、冷却水泵、冷却塔风机手/自动控制（DI）	相应动力柜控制回路
		冷冻水压差旁通阀（AO）	DDC 模拟输出接口
		冷冻水供水、回水温度；冷却塔进水、出水温度（AI）	分水器进水口、集水器出水口水管温度传感器；冷却塔进水、回水温度传感器
		冷冻水供水/回水压差（AI）	分水器进水口和集水器之间压差传感器
		冷冻水总回水流量（AI）	集水器出水口电磁流量计
		冷却水泵出口压力（AI）	冷却水泵出水口压力传感器
		电动蝶阀开关位置监测（DI）	开关输出点

续表

系　统			监　控　点	接口位置或常用传感器
空调与冷热源系统	热源系统	电锅炉部分[注]	锅炉出口热水温度、压力测量（AI）	分水器进口温度、压力传感器
			锅炉热水流量测量（AI）	集水器出口流量传感器
			锅炉回水干管压力测量（AI）	集水器出口压力传感器
			锅炉、热水泵运行状态（DI）	动力柜主电路接触器的辅助接点
			锅炉、热水泵故障状态（DI）	相应动力柜主电路热继电器的辅助接点
			锅炉、热水泵、电动蝶阀开关控制（DO）	DDC 数字输出接口
			热水泵手/自动状态（DI）	动力柜控制电路
			电动蝶阀开关位置监测（DI）	开关输出点
		热交换部分	二次水循环泵、补水泵运行状态（DI）	相应动力柜主电路接触器的辅助接点
			二次水循环泵、补水泵故障状态（DI）	相应动力柜主电路热继电器的辅助接点
			二次水循环泵、补水泵手/自动状态（DI）	相应动力柜控制回路
			二次水出口、分水器供水、二次热水回水温度测量	温度传感器
			二次热水回水流量、供回水压力测量（AI）	流量传感器，压力/压差传感器
			二次水循环泵、补水泵自停控制（DO）	DDC 数字输出口
			一次热水/蒸气、换热器二次电动阀控制（AO）	DDC 模拟输出口
			差压旁通阀门开度控制（AO）	DDC 模拟输出口
			膨胀水箱水位监测（DI）	膨胀水箱内液位开关
给排水系统			给、排水泵运行状态（DI）	给、排水泵动力柜主接触辅触点
			给、排水泵运行状态故障（DI）	给、排水泵动力柜主电路热继电器辅助触点
			给、排水泵手/自动转换状态（DI）	给、排水泵动力柜控制电路
			给、排水泵开/关控制（DO）	DDC 数字输出接口
			给、排水水流开关状态（DI）	给、排水水流开关状态输出
			给水系统：地下水、高位水箱（高位水箱给水系统）水位监测；排水系统：集水坑水位监测（DI）	水位开关，一般有溢流、启泵、停泵、低限位报警四个液位开关
			给水系统：管网给水压力监测（水泵直接给水或者气压式给水系统）（DI）	管式液压传感器
电梯系统			电梯运行状态、方向、所处楼层、故障报警、紧急状况报警（DI）	电梯控制箱运行状态、方向、所处楼层、故障报警、紧急状况报警输出口
			电梯运行的开/关控制（DO）	DDC 数字输出接口
			消防控制（DO）	消防联动控制器的输出模块

注：燃煤和燃油锅炉属于压力容器，国家有专门技术规范和管理机构，因此这类锅炉的运行控制不纳入 BAS。最多只对锅炉的开停状态进行监控，而它们的运行由专门的控制系统完成。

五、BAS 监控功能设计

BAS 监控功能设计的基础是建筑设备控制的工艺图及其技术要求。认真研究目标建筑物的建筑图样及变配电、照明、冷热源、空调通风、给排水等系统的设计图样、工艺设计说明、设备清单等工程资料，然后根据实现工程情况，依照各监控对象的监控原理（参见本章第 2 节）进行监控点数及系统方案设计，并完成监控点数表的制作。

监控点数表是把各类建筑设备要求监控的内容按模拟量输入 AI，模拟量输出 AO，数字/开关量输入 DI 及数字/开关量输出 DO 分类，逐一列出的表格。由监控点数表，可以确定在某一区域内设置需监控的内容，从而选择现场控制器（DDC）的形式与容量。典型的监控点数表例如表 12-5 所示。

按监控点数表选择 DDC 时，其输入/输出端一般应留有 15%～20% 的余量，以备输入/输出端口故障或将来有扩展需要时使用。正确确定监控点数是深化 BAS 设计的基础。

此外，DDC 分站位置选择宜相对集中，一般设在机房或弱电间内，以达到末端元件距离（一般不超过 50m）较短为原则。分站设置应远离有压输水管道，在潮湿、有蒸气场所应采取防潮、防结露措施；分站还应该远离（间距至少 1.5m）电动机、大电流母线、电缆通道，以避免电磁干扰。在无法躲避干扰源时，应采取可靠的屏蔽和接地措施。

国家标准《智能建筑设计标准》GB/T 50314—2000 按照各建筑设备监控功能分为三级：甲级、乙级和丙级，对各种建筑设备的监控功能分级标准和要求如表 12-6 所示。

建筑设备监控功能分级表　　　　　　　　　　　表 12-6

设备名称	监　控　功　能	甲级	乙级	丙级
压缩式制冷系统	(1) 启停控制和运行状态显示	○	○	○
	(2) 冷冻水进出口温度、压力测量	○	○	○
	(3) 冷却水进出口温度、压力测量	○	○	○
	(4) 过载报警	○	○	○
	(5) 水流量测量及冷量记录	○	○	○
	(6) 运行时间和启动次数记录	○	○	○
	(7) 制冷系统启停控制程序的设定	○	○	○
	(8) 冷冻水旁通阀压差控制	○	○	○
	(9) 冷冻水温度再设定	○	×	×
	(10) 台数控制	○	×	×
	(11) 制冷系统的控制系统应留有通信接口	○	○	×
吸收式制冷系统	(1) 启停控制和运行状态显示	○	○	○
	(2) 运行模式、设定值的显示	○	○	○
	(3) 蒸发器、冷凝器进出口水温测量	○	○	○
	(4) 制冷剂、溶液蒸发器和冷凝器的温度及压力测量	○	○	×

续表

设备名称	监 控 功 能	甲级	乙级	丙级
吸收式制冷系统	(5) 溶液温度压力、溶液浓度值及结晶温度测量	○	○	×
	(6) 启动次数、运行时间显示	○	○	○
	(7) 水流、水温、结晶保护	○	○	×
	(8) 故障报警	○	○	○
	(9) 台数控制	○	×	×
	(10) 制冷系统的控制系统应留有通信接口	○	○	×
蓄冰制冷系统	(1) 运行模式（主机供冷、溶冰供冷与优化控制）参数设置及运行模式的自动转换	○	○	×
	(2) 蓄冰设置溶冰速度控制，主机供冷量调节，主机与蓄冷设备供冷能力的协调控制	○	○	×
	(3) 蓄冰设备蓄冰量显示，各设备启停控制与顺序启停控制	○	○	×
热力系统	(1) 蒸气、热水出口压力、温度、流量显示	○	○	○
	(2) 锅炉气泡水位显示及报警	○	○	○
	(3) 运行状态显示	○	○	○
	(4) 顺序启停控制	○	○	○
	(5) 油压、气压显示	○	○	○
	(6) 安全保护信号显示	○	○	○
	(7) 设备故障信号显示	○	○	○
	(8) 燃料耗量统计记录	○	×	×
	(9) 锅炉（运行）台数控制	○	×	×
	(10) 锅炉房可燃物、有害物质浓度监测报警	○	×	×
	(11) 烟气含氧量监测及燃烧系统自动调节	○		
	(12) 热交换器能按设定出水温度自动控制进气或水量	○	○	○
	(13) 热交换器进气或水阀与热水循环泵联锁控制	○	×	×
	(14) 热力系统的控制系统应留有通信接口	○	○	×
冷却水系统	(1) 水流状态显示	○	×	×
	(2) 冷却水泵过载报警	○	○	○
	(3) 冷却水泵启停控制及运行状态显示	○	○	○
	(4) 冷却塔风机运行状态显示	○	○	○
	(5) 进出口水温测量及控制	○	○	○

设备名称	监　控　功　能	甲级	乙级	丙级
冷却水系统	(6) 水温再设定	○	×	×
	(7) 冷却塔风机启停控制	○	○	○
	(8) 冷却塔风机过载报警	○	○	×
空气处理系统	(1) 风机状态显示	○	○	○
	(2) 送回风温度测量	○	○	○
	(3) 室内温、湿度测量	○	○	○
	(4) 过滤器状态显示及报警	○	○	○
	(5) 风道风压测量	○	○	×
	(6) 启停控制	○	○	○
	(7) 过载报警	○	○	×
	(8) 冷热水流量调节	○	○	○
	(9) 加湿控制	○	○	○
	(10) 风门控制	○	○	○
	(11) 风机转速控制	○	○	×
	(12) 风机、风门、调节阀之间的联锁控制	○	○	○
	(13) 室内 CO_2 浓度监测	○	×	×
	(14) 寒冷地区换热器防冻控制	○	○	○
	(15) 送回风机与消防系统的联动控制	○	○	○
变风量（VAV）系统	(1) 系统总风量调节	○	○	×
	(2) 最小风量控制	○	○	×
	(3) 最小新风量控制	○	○	×
	(4) 再加热控制	○	○	×
	(5) 变风量（VAV）系统的控制装置应有通信接口	○	○	×
排风系统	(1) 风机状态显示	○	○	×
	(2) 启停控制	○	○	×
	(3) 过载报警	○	○	×
风机盘管	(1) 室内温度测量	○	×	×
	(2) 冷热水阀开关控制	○	×	×
	(3) 风机变速与启停控制	○	×	×
整体式空调机	(1) 室内温、湿度测量	○	×	×
	(2) 启停控制	○	×	×

续表

设备名称	监控功能	甲级	乙级	丙级
给水系统	（1）水泵运行状态显示	○	○	○
	（2）水流状态显示	○	×	×
	（3）水泵启停控制	○	○	○
	（4）水泵过载报警	○	○	×
	（5）水箱高低液位显示及报警	○	○	○
排水及污水处理系统	（1）水泵运行状态显示	○	×	×
	（2）水泵启停控制	○	×	×
	（3）污水处理池高低液位显示及报警	○	×	×
	（4）水泵过载报警	○	×	×
	（5）污水处理系统留有通信接口	○	×	×
供配电设备监视系统	（1）变配电设备各高低压主开关运行状况监视及故障报警	○	○	○
	（2）电源及主供电回路电流值显示	○	○	○
	（3）电源电压值显示	○	○	○
	（4）功率因数测量	○	○	○
	（5）电能计量	○	○	○
	（6）变压器超温报警	○	○	×
	（7）应急电源供电电流、电压及频率监视	○	○	○
	（8）电力系统计算机辅助监控系统应留有通信接口	○	○	×
照明系统	（1）庭园灯控制	○	×	×
	（2）泛光照明控制	○	×	×
	（3）门厅、楼梯及走道照明控制	○	×	×
	（4）停车场照明控制	○	×	×
	（5）航空障碍灯状态显示、故障报警	○	×	×
	（6）重要场所可设智能照明控制系统	○	○	×
电梯	应对电梯、自动扶梯的运行状态进行监视	○	×	×
通信接口	应留有与火灾自动报警系统、公共安全防范系统、车库管理系统通信接口	○	○	×

注：○表示有此功能，×表示无此功能。

六、BAS 设计应注意的问题

（一）中央控制室选址及室内设备布置

（1）中央控制室应尽量靠近控制负荷中心，应离变电所、电梯机房、水泵房等会产生强电磁干扰的场所 15m 以上。上方及毗邻无用水和潮湿的机房及房间。

（2）室内控制台前应有 1.5m 的操作距离，控制台离墙布置时，台后应有大于 1m 的检修距离，并注意避免阳光直射。

（3）当控制台横向排列总长度超过 7m 时，应在两端各留大于 1m 的通道。

（4）中央控制室宜采用抗静电架空活动地板，高度不小于 20cm。

（二）建筑设备自动化系统的电源要求

（1）中央控制室应由变配电所引出专用回路供电。中央控制室内设专用配电盘，负荷等级不低于所处建筑中最高负荷等级。

（2）通常要求系统的供电电源电压不大于 $\pm 10\%$，频率变化不大于 $\pm 1Hz$，波形失真率不大于 20%。

（3）中央管理计算机应配置 UPS 不间断供电设备，其容量应包括建筑设备自动化系统内用电设备总和，并考虑预计的扩展容量，供电时间不低于 30min。

（4）现场控制器的电源应满足下述要求：① Ⅰ 类系统（650～4999 点）：当中央控制室设有 UPS 不间断供电设备时，现场的电源由 UPS 不间断电源以放射式或树干式集中供给；② Ⅱ 类系统（1～649 点）：现场控制器的电源可由就地邻近动力盘专路供给；③含有 CPU 的现场控制器，必须设置备用电池组，并能支持现场控制器运行不少于 72h，保证停电时不间断供电。

（三）现场控制器设置原则

（1）现场控制器的设置应主要考虑系统管理方式、安装调试维护方便和经济性。一般按机电系统平面布置进行划分。

（2）现场控制器要远离输水管道，以免管道、阀门跑水，殃及控制盘。在潮湿、蒸气场所，应采取防潮、防结露等措施。

（3）现场控制器要离电机、大电流母线、电缆 1.5m 以上，以避免电磁干扰。在无法满足要求时，应采取可靠屏蔽和接地措施。

（4）现场控制器位置选择宜相对集中，一般设在机房或弱电小间内，以达到末端元件距离较短为原则（一般不超过 50m）。

（5）现场控制器一般可选用壁挂式结构，在设备集中的机房控制模块较多时，可选落地柜式结构，柜前操作净距不小于 1.5m。

（6）每台现场控制器输入、输出接口数量与种类应与所控制的设备要求相适应，并留有 10%～20%的余量。

（四）建筑设备自动化系统的布线方式

（1）建筑设备自动化系统线路包括：电源线、网络通信线和信号线。①电源线一般 BV—（500V）2.5mm² 铜芯聚氯乙烯绝缘线。②网络通信线需由采用何种计算机局域，及建筑设备自动化系统在数据传输率、未来可兼容性和硬件成本等多方面综合考虑确定。一般有同轴电缆（不同厂商的产品不尽相同）；有的系统采用屏蔽双绞线或非屏蔽双绞线（分 3、4、5 三个级别）；在强干扰环境中和远距离传输时，宜选用光缆。③信号线一般采用线芯截面 1.0mm² 或 1.5mm² 的普通铜芯导线或控制电缆，对信号线是否需要采用软线及屏蔽线，应根据具体控制系统与控制要求确定。

（2）建筑设备自动化系统线路均采用金属管或金属线槽保护，网络通信线和信号线不能与电源线共管敷设。当其必须做无屏蔽平等敷设时，间距不小于 0.3m。如敷于同一金属线槽，需设金属分隔。

（五）建筑设备自动化系统监控点统计

（1）根据各工种设备的选型，核定对指定监控点实施监控的技术可行性。

（2）建筑设备自动化系统监控点可通过编制监控点总表来进行统计，参见表 12-7 和表 12-8。较小型系统可编制一个监控点总表，中型以上系统应按不同对象系统编制多个监控点表，组成监控点总表。

（3）编制监控点总表应满足下述要求：①为划分和确定现场控制提供依据；②为确定系统硬件和应用软件设置提供依据；③为规划通信道提供依据；④为系统能以简捷的键盘操作命令进行访问和调用具有标准格式显示报告与记录文件创造前提。

（4）建筑设备自动化系统监控点总表格式。编制监控点总表，应以现场控制器为单位，按模拟输入、数字输入、模拟输出、数字输出等种类分别统计。

DDC 监控表　　　　　　　　　　　　表 12-7

共　页　第　页

项目：DDC 编号 序号 监控点描述	设备位号	通道号	DI 类型		DO 类型		模拟量输入点 AI 要求							模拟量输出点 AO 要求				DDC 供电电源引自	管线要求			
			接点输入	电压输入 其他	接点输出	电压输出 其他	信号类型				其他	供电电源 其他		信号类型 其他		供电电源 其他			导线规格	型号	管线编号	穿管直径
							温度	湿度	压力	流量												
1																						
2																						
3																						
4																						
5																						
6																						
7																						
8																						
9																						
10																						
11																						
12																						
13																						
14																						
15																						
16																						
17																						
18																						
19																						
20																						
合计																						

BAS 监控点一览表　　　　　　　　　　　　表 12-8

共　页　第　页

项目 序号	设备名称	设备数量	输入输出点数量统计				数字量输入点 DI						数字量输出点 DO			模拟量输入点 AI															模出点 AO		电源
	日期		数字输入 DI	数字输出 DO	模拟输入 AI	模拟输出 AO	运行状态	故障报警	水流检测	差压报警	液位检测	手/自动	启停控制	阀门控制	开关控制	风温检测	水温检测	风压检测	水压检测	湿度检测	差压检测	流量检测	阀位	电压检测	电流检测	有功功率	无功功率	功率因数	频率检测	其他	风阀	水阀	
1	空调机组																																	
2	新风机组																																	
3	通风机																																	
4	排烟机																																	
5	冷水机组																																	
6	冷冻水泵																																	
7	冷却水泵																																	
8	冷却塔																																	
9	热交换器																																	
10	热水循环泵																																	
11	生活水泵																																	
12	清水池																																	
13	生活水箱																																	
14	排水泵																																	

第四节　BAS 工程的施工与安装

BAS 系统施工工艺流程如图 12-18 所示。具体施工实施过程如下：

一、一般要求

（1）BAS 工程的施工，除执行本章的规定外，还应符合设计施工图纸、产品安装使用说明书的要求。

（2）BAS 工程的施工，应做好与建筑、电气、管道、通风、装饰等专业的配合工作。

（3）BAS 工程中的焊接工作，应符合现行国家标准《现场设备、工业管道焊接工程施工及验收规范》GB 50236—2011 的规定。

（4）BAS 工程所采用的设备及主要材料除符合供应商提供的技术标准外，应符合国

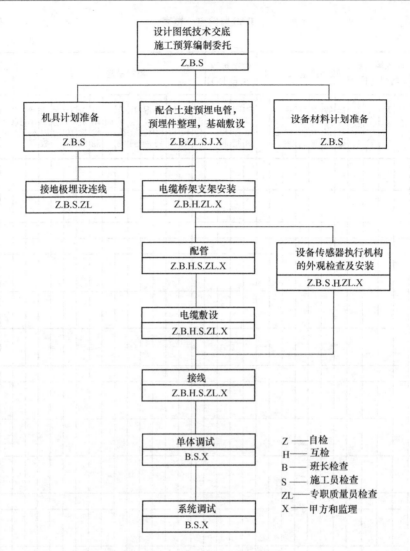

图 12-18 BAS 施工工艺流程图

内现行的有关的标准与规范。

（5）BAS 工程应具备下列条件方可施工：

1）设计施工图纸、有关技术文件及必要的设备安装使用说明书已齐全；

2）施工图纸已经过会审；

3）已经过技术交底和必要的技术培训等技术准备工作；

4）施工现场已具备 BAS 工程的施工条件。

（6）BAS 设备外观检查：

1）根据设计图纸和合同规定，检查设备的型号、规格、数量、产地等主要技术数据、性能是否相符。

2）检查设备的主要尺寸、安装位置是否符合设计要求，设备外表有无变形、缺陷、脱漆、破损、裂痕、撞击痕迹等。

3）印刷电路板质量检查：有无变形、接插件接触可靠、焊点均应光滑发亮，不能有腐蚀现象，不允许用外接线。

4）设备柜内外配线检查：应无缺损、断线、配线标记是否完善。

5）设备的接地应符合图纸和本规定的要求，连接牢固，接触良好。

6）设备内外接线应紧密，无松动现象，无裸露导电部分。

（7）设备接线端子引出的屏蔽电缆的屏蔽线接地检查，应满足本规定的要求。

二、系统设备的安装

（1）中央控制及网络通信设备应在中央控制室的土建和装饰工程完工后安装。

（2）现场控制设备的安装位置选在光线充足、通风良好、操作维修方便的地方。

（3）现场控制设备不应安装在有振动影响的地方。

（4）现场控制设备的安装位置应与管道保持一定距离，如不能避开管道，则必须避开阀门、法兰、过滤器等管道器件及蒸气口。

（5）设备及设备各构件间应连接紧密、牢固，安装用的坚固件应有防锈层。

（6）设备在安装前应作检查，并应符合下列规定：

1）设备外形完整，内外表面漆层完好；

2）设备外形尺寸、设备内主板及接线端口的型号及规格符合设计规定。

（7）有底座设备的底座尺寸应与设备相符，其直线允许偏差为每米±1mm。当底座的总长超过 5m 时，全长允许偏差为±5mm。

（8）设备底座安装时，上表面应保持水平。其水平方向的倾斜度允许偏差为每米±1mm。当底座的总长超过 5m 时，全长允许偏差为±5mm。

（9）柜式中央控制及网络通信设备的安装应符合下列规定：

1）应垂直、平正、牢固；

2）垂直度允许偏差为每米±1.5mm；

3）水平方向的倾斜度允许偏差为每米±1mm；

4）相邻设备顶部高度允许偏差为±2mm；

5）相邻设备接缝处平面度允许偏差为±1mm；

6）相邻设备间接缝的间隙不大于±2mm。

三、输入设备（传感器）的安装

（一）一般规定

（1）各类传感器的安装位置应安装在能正确反映其性能的位置，及便于调试和维护的地方。

（2）水管型温度传感器、蒸气压力传感器、水管压力传感器、水流开关、水管流量计不宜安装在管道焊缝及其边缘上。

（3）风管型温、湿度传感器、室内温度传感器、风管压力传感器、空气质量传感器应避开蒸气放气口及出风口处。

（4）管型温度传感器、水管型压力传感器、蒸气压力传感器、水流开关的安装应在工艺管道安装同时进行。

（5）风管压力、温度、湿度、空气质量、空气速度、压差开关的安装应在风管保温完成之后。

（6）水管型压力、压差、蒸气压力传感器、水流开关、水管流量计的开孔与焊接工作，必须在工艺管道的防腐、衬里、吹扫和压力试验前进行。

（7）各传感器与现场 DDC 的接线一般可选用 RVV 或 RVVP2×1.0（或 3×1.0）线缆。

（二）温、湿度传感器的安装（图 12-19）

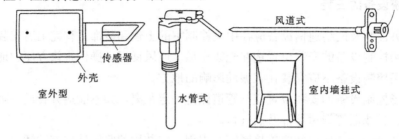

图 12-19　温度传感器

1. 室内外温、湿度传感器的安装要求

室内外温、湿度传感器的安装（图 12-20、图 12-21）除要符合设计的规定和产品说明要求外还应达到下列要求：

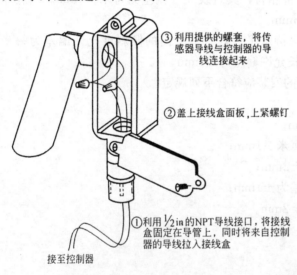

③利用提供的螺套，将传感器导线与控制器的导线连接起来

②盖上接线盒面板，上紧螺钉

①利用½in的NPT导线接口，将接线盒固定在导管上，同时将来自控制器的导线拉入接线盒

接至控制器

图 12-20　室外温度传感器的安装

（1）不应安装在阳光直射、受其他辐射热影响的位置和远离有高振动或电磁场干扰的区域。

（2）室外温、湿度传感器不应安装在环境潮湿的位置。

（3）安装的位置不能破坏建筑物外观及室内装饰布局的完整性。

（4）并列安装的温、湿度传感器距地面高度应一致。高度允许偏差为±1mm。同一区域内安装的温、湿度传感器高度允许偏差为±5mm；

（5）室内温、湿度传感器的安装位置（图 12-22）宜远离墙面出风口，如无法避开，则间距不应小于 2m。

（6）墙面安装附近有其他开关传感器时，距地高度应与之一致。其高度允许偏差为±5mm,传感器外形尺寸与其他开关不一样时，以底边高度为准。

（7）检查传感器到 DDC 之间的连接线的规格（线径截面）是否符合设计要求。对于镍传感器的接线总电阻应小于 3Ω，1kΩ 铂传感器的接线总电阻应小于 1Ω。

2. 风管型温、湿度传感器的安装（图 12-23）

风管型温、湿度传感器应安装在风管的直管段，如不能安装在直管段，则应避开风管内通风死角的位置安装。

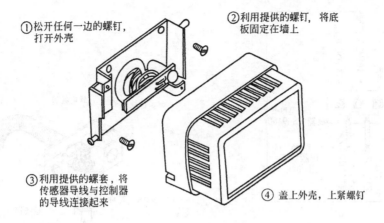

①松开任何一边的螺钉，打开外壳

②利用提供的螺钉，将底板固定在墙上

③利用提供的螺套，将传感器导线与控制器的导线连接起来

④盖上外壳，上紧螺钉

图 12-21 室内温度传感器安装图

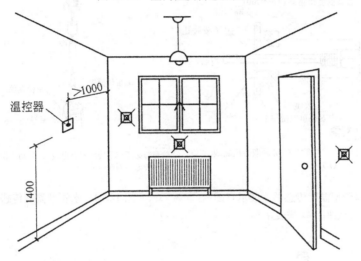

温控器

>1000

1400

图 12-22 室内温、湿度传感器安装示意图

3. 水管型温度传感器（图 12-24）

（1）水管型温度传感器的开孔与焊接工作，必须在工艺管道的防腐、衬里、吹扫和压力试验前进行；

（2）水管型温度传感器的感温段大于管道口径的 1/2 时，可安装在管道顶部；如感温段小于管道口径的 1/2 时，应安装在管道的侧面或底部；

（3）水管型温度传感器的安装位置应选在水流温度变化灵敏和具有代表性的地方，不宜选在阀门等阻力部件的附近、水流束呈死角处以及振动较大的地方。

（三）压力传感器与压差传感器的安装（图 12-25、图 12-26）

1. 风管型压力传感器与压差传感器的安装

（1）风管型压力传感器应安装在气流流束稳定和管道的上半部位置。

（2）风管型压力传感器应安装在风管的直管段。如不能安装在直管段，则应避开风管内通风死角的位置。

（3）风管型压力传感器应安装在温、湿度传感器的上游侧。

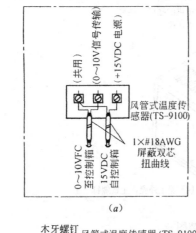

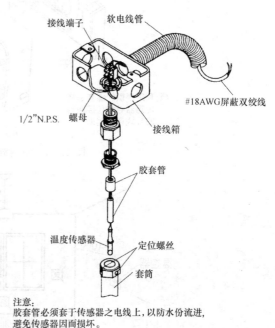

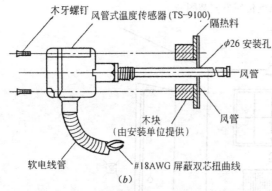

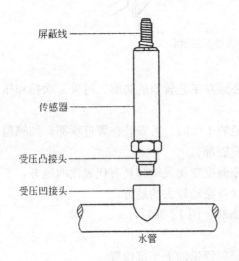

注意:
胶套管必须套于传感器之电线上,以防水份流进,
避免传感器因而损坏。

图 12-23 风管型温度传感器安装示意图
(a) 接线图;(b) 安装方法

图 12-24 水管型温度传感器安装图

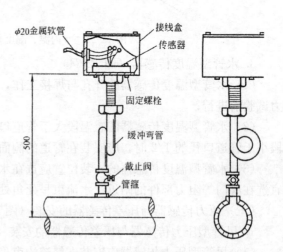

图 12-25 压力传感器安装示意图(一)

图 12-26 压力传感器安装示意图(二)

(4) 高压风管其压力传感器应装在送风口,低压风管其压力传感器应装在回风口。

2. 水管型压力与压差传感器的安装

(1) 水管型压力与压差传感器的取压段大于管道口径的 2/3 时,可安装在管道顶部。

如取压段小于管道口径的 2/3 时，应安装在管道的侧面或底部。

（2）水管型压力与压差传感器的安装位置应选在水流流束稳定的地方，不宜选在阀门等阻力部件的附近和水流束呈死角处，以及振动较大的地方。

（3）水管型压力与压差传感器应安装在温、湿度传感器的上游侧。

（4）高压水管其压力传感器应装在进水管侧；低压水管其压力传感器应装在回水管侧。

3. 蒸气压力传感器

（1）蒸气压力传感器应安装在管道顶部或下半部与工艺管道水平中心线成 45°夹角的范围内；

（2）蒸气压力传感器的安装位置应选在蒸气压力稳定的地方，不宜选在阀门等阻力部件的附近和蒸气流动呈死角处，以及振动较大的地方；

（3）蒸气压力传感器应安装在温湿度传感器的上游侧。

（四）压差开关的安装（图 12-27）

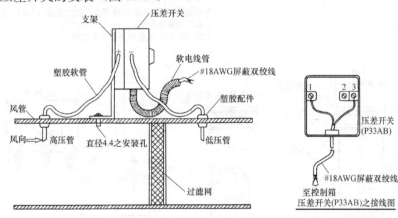

图 12-27　压差开关安装图

（1）风压压差开关安装离地高度不应小于 0.5m；

（2）风压压差开关引出管的安装不应影响空调器本体的密封性；

（3）风压压差开关的线路应通过软管与压差开关连接；

（4）风压压差开关应避开蒸气放空口；

（5）空气压差开关内的薄膜应处于垂直平面位置。

（五）水流开关的安装（图 12-28）

（1）水流开关上标识的箭头方向应与水流方向一致；

（2）水流开关应安装在水平管段上，不应安装在垂直管段上。

（六）水管流量传感器的安装（图 12-29）

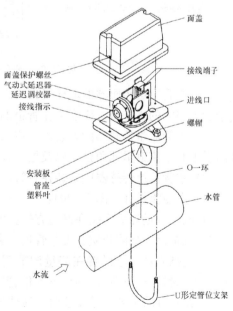

图 12-28　水流开关安装图样

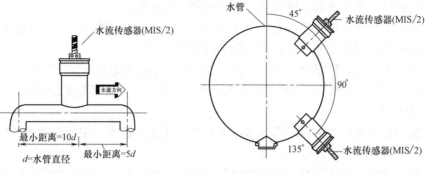

注意事项：
1. 传感器可以垂直安装或水平安装；
2. 安装图1为传感器安装位置，在直管上与转角之间的最少距离；
3. 安装图2为传感器，以水平安装时之角度，应当45°至135°之间，最佳之角度为90°；
4. 除MIS/2外，其他配件由他方提供

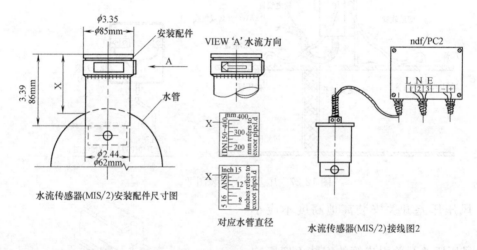

图12-29　水管流量传感器安装接线图

（1）水管流量传感器的取样段大于管道口径的1/2时，可安装在管道顶部。如取样段小于管道口径的1/2时，应安装在管道的侧面或底部。

（2）水管流量传感器的安装位置应选在水流流束稳定的地方，不宜选在阀门等阻力部件的附近和水流束呈死角处，以及振动较大的地方。

（3）水管流量传感器应安装在直管段上，距弯头距离应不小于6倍的管道内径。

（4）电磁流量计（图12-30）：

1）电磁流量计应安装在避免有较强的交直流磁场或有剧烈振动的场所。

2）流量计、被测介质及工艺管道三者之间应该连成等电位，并应接地。

3）电磁流量计应设置在流量调节阀的上游。流量计的上游应有直管段，长度 L 为 $10D$（D—管径）；下游段应有 $4\sim5$ 倍管径的直管段。

4）在垂直的工艺管道安装时，液体流向自下而上，以保证导管内充满被测液体或不致产生气泡。水平安装时，必须使电极处在水平方向，以保证测量精度。

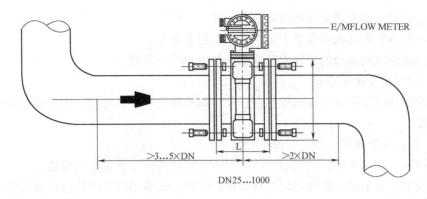

图 12-30 电磁流量器安装图

（5）涡轮式流量传感器：

1）涡轮式流量传感器安装时要水平，流体的流动方向必须与传感器壳体上所示的流向标志一致。

如果没有标志，可按下列方向判断流向：

① 流体的进口端导流器比较尖，中间有圆孔；

② 流体的出口端导流器不尖，中间没有圆孔；

2）当可能产生逆流时，流量变送器后面装设止逆阀。流量变送器应装在测压点上游，并距测压点 3.5～5.5 倍管径的位置。测温应设置在下游侧，距流量传感器 6～8 倍管径的位置。

3）流量传感器需要装在一定长度的直管上，以确保管道内流速平稳。流量传感器上游应留有 10 倍管径的直管，下游有 5 倍管径长度的直管。若传感器前后的管道中安装有阀门，管道缩径、弯管等影响流量平稳的设备，则直管段的长度还需相应增加。

流量传感器信号的传输线宜采用屏蔽和带有绝缘护套的电缆。

（七）电量传感器的安装

（1）按设计和产品说明书的要求，检查各种电量传感器的输入与输出信号是否相符。

（2）检查电量传感器的接线是否符合设计和产品说明书的接线要求。

（3）严防电压传感器输入端短路和电流传感器输入端开路。

（4）电量传感器裸导体相互之间或者与其他裸导体之间的距离不应小于 4mm；当无法满足时，相互间必须绝缘。

（八）空气质量传感器

（1）空气质量传感器应安装在回风通道内。

（2）空气质量传感器应安装在风管的直管段。如不能安装在直管段，则应避开风管内通风死角的位置。

（3）探测气体比重轻的空气质量传感器应安装在风管或房间的上部。探测气体比重重的空气质量传感器应安装在风管或房间的下部。

（九）风机盘管温控设备安装

（1）温控开关与其他开关并列安装时，距地面高度应一致，高度允许偏差为 ±1mm；与其他开关安装于同一室内时，高度允许偏差为 ±5mm。温控开关外形尺寸与其他开关不一样时，以底边高度为准。

（2）电动阀阀体上箭头的指向应与水流方向一致。

（3）风机盘管电动阀应安装于风机盘管的回水管上。

（4）四管制风机盘管的冷热水管电动阀共用线应为零线。

（十）空气速度速传感器

空气速度传感器应安装在风管的直管段。如不能安装在直管段，则应避开风管内通风死角的位置。

（十一）机房控制屏、显示屏设备安装

（1）控制、显示屏安装应在中央控制室的土建和装饰工程完工后安装。

（2）控制、显示屏各构件间应连接紧密，牢固。安装用的坚固件应有防锈层。

（3）控制、显示屏在安装前应作检查，并应符合下列规定：

1）显示屏外形完整，内外表面漆层完好；

2）显示屏外形尺寸、型号及规格符合设计规定。

（4）控制、显示屏的安装应符合下列规定：

1）应垂直、平正、牢固；

2）垂直度允许偏差为每米±1.5mm；

3）水平方向的倾斜度允许偏差为每米±1mm；

4）相邻显示屏顶部高度允许偏差为±2mm；

5）相邻显示屏镶接处平面度允许偏差为±1mm；

6）相邻显示屏镶接处的间隙不大于±0.5mm。

四、输出设备（执行器）的安装

（一）风阀控制器安装

（1）风阀控制器上开闭箭头的指向应与风门开闭方向一致。

（2）风阀控制器与风阀门轴的连接应固定牢固。

（3）风阀的机械机构开闭应灵活、无松动或卡塞现象。

（4）风阀控制器安装后，风阀控制器的开闭指示位应与风阀实际状况一致。风阀控制器宜面向便于观察的位置，参见图12-31。

（5）风阀控制器应与风阀门轴垂直安装，垂直角度不小于85°。

（6）风阀控制器安装前应按安装使用说明书的规定检查线圈。阀体间的绝缘电阻、供电电压、控制输入等应符合设计和产品说明书的要求。

（7）风阀控制器在安装前宜进行模拟动作。

（8）风阀控制器的输出力矩必须与风阀所需的力矩相匹配，并符合设计要求。

（9）当风阀控制器不能直接与风门挡板轴相连接时，则可通过附件与挡板轴相连。其附件装置必须保证风阀控制器旋转角度的调整范围。

（二）电动调节阀（简称电动阀）的安装（图12-32）

（1）电动阀阀体上箭头的指向应与水流方向一致。

（2）与空气处理机、新风机等设备相连的电动阀一般应装有旁通管路。

（3）电动阀的口径与管道通径不一致时，应采用渐缩管件。同时，电动阀口径一般不应低于管道口径两个档次，并应经计算确定满足设计要求。

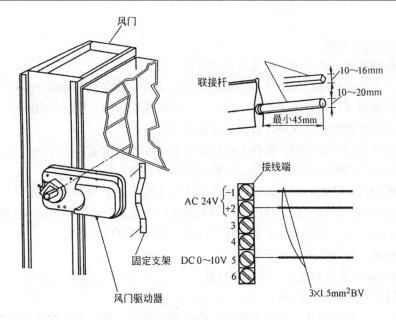

图 12-31 风阀控制器的安装接线（M9116—GGA）

（4）电动阀执行机构应固定牢固。阀门整体应处于便于操作的位置。手动操作机构面向外操作。

（5）电动阀应垂直安装于水平管道上，尤其对大口径电动阀不能有倾斜。

（6）有阀位指示装置的电动阀，阀位指示装置应面向便于观察的位置。

（7）安装于室外的电动阀应有适当的防晒、防雨措施。

（8）电动阀在安装前宜进行模拟动作和试压试验。

（9）电动阀一般安装在回水管上。

（10）电动阀在管道冲洗前，应完全打开，清除污物。

（11）检查电动阀门的驱动器，其行程、压力和最大关闭力（关阀的压力）必须满足设计和产品说明书的要求。

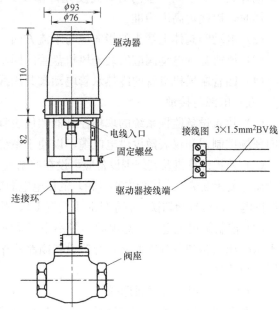

图 12-32 电动调节阀的安装方法（单位：mm）

（12）检查电动调节阀的型号、材质必须符合设计要求。其阀体强度、阀芯泄漏试验必须满足产品说明书有关规定。

（13）电动调节阀安装时，应避免给调节阀带来附加压力。当调节阀安装在管道较长的地方时，其阀体部分应安装支架和采取避振措施。

（14）检查电动调节阀的输入电压、输出信号和接线方式，应符合产品说明书和设计的要求。

（三）电磁阀的安装

（1）电磁阀阀体上箭头的指向应与水流方向一致；

（2）与空气处理机和新风机等设备相连的电磁阀旁一般应装有旁通管路；

（3）电磁阀的口径与管道通径不一致时，应采用渐缩管件，同时电磁阀口径一般不应低于管道口径两个档次，并应经计算确定满足设计要求；

（4）执行机构应固定牢固，操作手柄应处于便于操作的位置；

（5）执行机构的机械传动应灵活，无松动或卡涩现象；

（6）有阀位指示装置的电动阀，阀位指示装置应面向便于观察的位置；

（7）电磁阀安装前应按安装使用说明书的规定检查线圈与阀体间的绝缘电阻；

（8）如条件许可，电磁阀在安装前宜进行模拟动作和试压试验；

（9）电磁阀一般安装在回水管口；

（10）电磁阀在管道冲洗前，应完全打开。

（四）风机盘管温控设备安装

（1）温控开关与其他开关并列安装时，距地面高度应一致，高度允许偏差为±1mm。与其他开关安装于同一室内时，高度允许偏差为±5mm。温控开关外形尺寸与其他开关不一样时，以底边高度为准。

（2）电动阀阀体上箭头的指向应与水流方向一致。

（3）风机盘管电动阀应安装于风机盘管的回水管上。

（4）四管制风机盘管的冷热水管电动阀共用线应为零线。

（五）电源与接地

（1）建筑设备监控系统的现场控制器和仪表宜采用集中供电方式，即从控制机房放射式向现场控制器和仪表敷设供电电缆，以便于系统调试和日常维护。

（2）监控计算机及其外围设备应由设在控制机房的专用配电柜（箱）供电，不与照明或其他动力负荷混接。专用配电柜（箱）的供电电源应符合建筑物的负荷等级要求，宜由两路电源供电至机房自动切换。有条件时可配置UPS不间断电源，其供电时间不少于30min。

（3）控制机房配电柜，总电源容量不小于系统实际需要电源容量的1.2倍。配电柜内对于总电源回路和各分支回路，都应设置断路器作为保护装置，并明显标记出所供电的设备回路与线号。

（4）电源线规格与截面选择：

向每台现场控制器的供电容量，应包括现场控制器与其所带的现场仪表所需用的电容量。其宜选择铜芯控制电缆或电力电缆，导线截面应符合相关规范的要求，一般在1.5～4.0mm² 之间。

（5）接地要求：

1）建筑设备监控系统的控制机房设备、现场控制器和现场管线，均应良好接地。

2）建筑设备监控系统的接地一般包括屏蔽接地和保护接地。屏蔽接地用于屏蔽线缆的信号屏蔽接地处，保护接地用于正常不带电设备，如金属机箱机柜、电缆桥架、金属穿管等处。

3）建筑设备监控系统的接地方式可采用集中的联合接地或单独接地方式，应将本系统中所有接地点连接在一起后在一点接地。采用联合接地时，接地电阻应小于 1Ω，采用单独接地时，接地电阻应小于 4Ω。

五、监控中心的施工

（一）监控中心的设置与安装

（1）监控中心宜设在主楼低层，在确保设备安全的条件下亦可设在地下层。无论设置在何处均应保证：

1）周围环境相对安静，中央控制室应是环境噪声声级最低的场所。

2）无有害气体或蒸气以及烟尘侵入。

3）远离变电所、电梯房、水泵房等易产生电磁辐射干扰的场所，距离不宜小于 15m。

4）远离易燃、易爆场所。

5）无虫害、鼠害。

6）其上方或毗邻无厨房、洗衣房及厕所等潮湿房间。

7）环境参数应满足产品要求。如产品对周围环境无明确的参数要求时，可按下列数值选择监控中心的位置：

① 振幅小于 0.1mm；

② 频率小于 25Hz；

③ 磁场强度小于 800A/m。

（2）监控中心应设空调，一般可取自集中空调系统。当仍不能满足产品对环境的要求时，应增设一台专用的空调装置。此时应设空调室，并采取噪声隔离措施。

（3）中央控制室宜设铝合金骨架架空的活动地板，高度不低于 0.2m。各类导线在活动地板下线槽内敷设，电源线与信号线之间应采取隔离措施。若设有竖井时，活动地板下部应与其相通。

（4）不间断电源设备按规模设专用室时，其面积可参照有关规定及设备占地面积确定，但不得小于 $4m^2$。

放置蓄电池的专用电源室应设机械排风装置，火警时应自动关闭。该室与中央控制室不得有任何门窗或非密闭管道相通。

（5）规模较大的系统且有多台监视设备布置于中央控制室时，监控设备应呈弧形或单排直列布置；屏前净空按操作台前沿计算不得小于 1.5m，屏后净空不得小于 1m。

（6）中央控制室宜采用顶棚暗装室内照明。室内最低平均照度宜取 150～200lx，必要时可采用壁灯作辅助照明。

（7）监控中心应根据系统规模大小设置卤代烷或二氧化碳等固定式或手提式灭火装置，禁止采用水喷淋装置。

（8）规模较大的系统，在中央控制室宜设直通室外的安全出口。

图 12-33 是一种监控中心布局示意图。它的 BAS 与 CCTV 及公共广播等系统合置在一起，仅供参考。

（二）楼宇自动化系统的电源与接地要求

（1）建筑设备监控系统的现场控制器和仪表宜采用集中供电方式，即从控制机房放射式向现场控制器和仪表敷设供电电缆，以便于系统调试和日常维护。

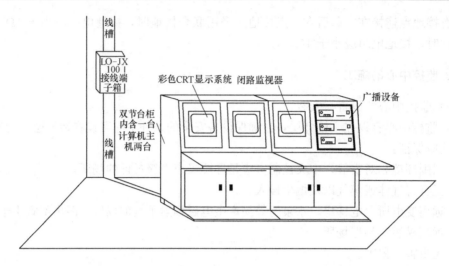

图 12-33 监控中心的布局示意图

（2）监控计算机及其外围设备应由设在控制机房的专用配电柜（箱）供电，不与照明或其他动力负荷混接，专用配电柜（箱）的供电电源应符合建筑物的负荷等级要求，宜由两路电源供电至机房自动切换。有条件时可配置 UPS 不间断电源，其供电时间不少于 30min。

（3）控制机房配电柜，总电源容量不小于系统实际需要电源容量的 1.2 倍。配电柜内对于总电源回路和各分支回路，都应设置断路器作为保护装置，并明显标记出所供电的设备回路与线号。

（4）中央管理计算机应配置 UPS 不间断供电设备。其容量应包括建筑设备自动化系统内用电设备总和，并考虑预计的扩展容量，供电时间不低于 30min。

（5）现场控制器的电源应满足下述要求：

① Ⅰ类系统（650～4999 点），当中央控制室设有 UPS 不间断供电设备时，现场控制器的电源由 UPS 不间断电源以放射式或树干式集中供给；

② Ⅱ类系统（1～649 点），现场控制器的电源可由就地邻近动力盘专路供给；

③ 含有 CPU 的现场控制器，必须设置备用电池组，并能支持现场控制器运行不少于 72h，保证停电时不间断供电。

（6）通常要求系统的供电电源的电压波动不大于±10%，频率变化不大于±1Hz，波形失真率不大于 20%。

（7）电源线规格与截面选择：

向每台现场控制器的供电容量，应包括现场控制器与其所带的现场仪表所需用电容量。宜选择铜芯控制电缆或电力电缆，导线截面应符合相关规范的要求，一般在 1.5～4.0mm² 之间。

（8）接地要求：

① 建筑设备监控系统的控制机房设备、现场控制器和现场管线均应良好接地。

② 建筑设备监控系统的接地一般包括屏蔽接地和保护接地。屏蔽接地用于屏蔽线缆的信号屏蔽接地处，保护接地用于正常不带电设备，如金属机箱机柜、电缆桥架、金属穿管等处。

③ 建筑设备监控系统的接地方式可采用集中的联合接地或单独接地方式，应将本系统中所有接地点连接在一起后在一点接地。采用联合接地时，接地电阻应小于 1Ω；采用单独接地时，接地电阻应小于 4Ω。

六、线缆与管路的选择

（一）线路敷设

（1）BAS 线路通常包括：电源线、网络通信电缆和信号线三类。

电源线一般采用 BV-(500) 2.5mm² 铜芯聚氯乙烯绝缘线。

网络通信电缆采用同轴电缆（有 50、75、93Ω 等几种）和双绞线。

信号线一般选用线芯截面 1.0mm² 或 1.5mm² 的普通铜芯导线或控制电缆。

（2）BAS 线路均采用金属管、金属线槽或带盖板的金属桥架配线方式。网络通信线和信号线不得与电源线共管敷设，当其必须做无屏蔽平行敷设时，间距不小于 0.3m；如敷于同一金属线槽，需设金属隔离。

（3）高层建筑内，通信干道在竖井内与其他线路平行敷设时，应按上述（2）规定办理（同轴电缆可采用难燃塑料管敷设）。

条件允许时应单设弱电信号配线竖井。

每层建筑面积超过 1000m² 或延长距离超过 100m 时，宜设两个竖井，以利分站布置和数据通信。

（4）水平方向布线宜采用：顶棚内的线槽、线架配线方式；地板上的架空活动地板下或地毯下配线方式以及沟槽配线方式；楼板内的配线管、配线槽方式；房间内沿墙配线方式。

（二）通信线缆选择

现场控制器及监控计算机之间的通信线，在设计阶段宜采用控制电缆或计算机专用电缆中的屏蔽双绞线，截面为 0.5～1mm²。如在系统招标后完成设计，则应根据选定系统的要求选择线缆。

（三）仪表控制电缆选择

仪表控制电缆宜采用截面为 0.75～1.5mm² 的控制电缆，根据现场控制器要求选择控制电缆的类型，一般模拟量输入、输出采用屏蔽电缆，开关量输入、输出采用非屏蔽电缆。大口径电动控制阀应根据其实际消耗功率选择电缆截面和保护设备。

（四）电缆桥架选择

在线缆较为集中的场所宜采用电缆桥架敷设方式。

强、弱电电缆宜分别敷设在电缆桥架中，当在同一桥架中敷设时，应在中间设置金属隔板。

电缆在桥架中敷设时，电缆截面积总和与桥架内部截面积比一般应不大于 40%。

电缆桥架在走廊与吊顶中敷设时，设计应注明桥架规格、安装位置与标高。

电缆桥架在设备机房中敷设时，设计应注明桥架规格，安装位置与标高可根据现场实际情况决定。

（五）电缆管道的选择

建筑设备监控系统中的信号、电源与通信电缆所穿保护管，宜采用焊接钢管。电缆截面积总和与保护管内部截面积比应不大于 35%。

（六）仪表导压管路选择与安装

仪表导压管路选择，应符合工业自动化仪表有关设计规范；一般选择 $\phi14\times1.6$ 无缝钢管。

仪表导压管路敷设，应符合工业自动化仪表管路敷设有关规定，一次阀、二次阀、排水阀、放气阀、平衡阀等管路敷设应符合标准坡度要求。

（七）建筑物中通信线路及电源线路处理

当建筑物每层都设有设备机房，并且上下对齐时，宜采用在机房楼板埋管、直接垂直走线方式敷设现场控制器的通信线路及电源线路。

当建筑物设备机房未设置在上下对齐位置时，宜采用在竖井中走线方式敷设现场控制器的通信线路及电源线路。

表 12-9 表示 BAS 常用监控信号与导线规格的对应关系。

楼宇自控系统中常用监控信号与导线规格的对应关系   表 12-9

序号	监控信号	信号类型	导线规格	说　明
1	水道温度	AI	PVVP2×1.0＋RVV2×1.0	状态信号＋电源
2	水道压力	AI	PVVP2×1.0＋PVV2×1.0	状态信号＋电源
3	水道流量	AI	PVVP2×1.0＋PVV2×1.0	状态信号＋电源
4	水流开关状态	DI	RVV2×1.0	状态信号
5	电动蝶阀控制（AO 控制）	AO	RVVP2×1.0＋RVV2×1.0	控制信号＋电源
6	电动蝶阀控制（双 DO 控制）	DO	RVV4×1.0＋RVV2×1.0	控制信号＋电源
7	电动蝶阀阀门开度	AI	RVVP2×1.0	状态信号
8	压差旁通阀控制	AO	RVV2×1.0＋RVV2×1.0	控制信号＋电源
9	压差旁通阀阀门开度	AI	RVVP2×1.0	状态信号
10	蒸气调节阀控制	AO	RVVP2×1.0＋RVV2×1.0	控制信号＋电源
11	蒸气调节阀阀门开度	AI	RVVP2×1.0	状态信号
12	液位开关	DI	RVV2×1.0	状态信号
13	水流开关状态	DI	RVV2×1.0	状态信号
14	水泵启/停状态、故障报警、手/自动开关状态	DI	RVV6×1.0	状态信号
15	水泵启/停控制	DO	RVV2×1.0	控制信号
16	水源热泵启/停状态、故障报警、手/自动开关状态	DI	RVV6×1.0	状态信号
17	水源热泵启/停控制	DO	RVV2×1.0	控制信号
18	变频器启/停状态、故障报警、手/自动开关状态	DI	RVV6×1.0	状态信号
19	变频器启/停控制	DO	RVV2×1.0	控制信号
20	变频器调节控制	AO	RVVP2×1.0	状态信号

序号	监控信号	信号类型	导线规格	说　明
21	冷水机组启/停状态、故障报警、手/自动开关状态	DI	RVV6×1.0	状态信号
22	冷水机组启/停控制	DO	RVV2×1.0	控制信号
23	热交换机组启/停状态、故障报警、手/自动开关状态	DI	RVV6×1.0	状态信号
24	热交换机组启/停控制	DO	RVV2×1.0	控制信号
25	电锅炉启/停状态、故障报警、手/自动开关状态	DI	RVV6×1.0	状态信号
26	电锅炉启/停控制	DO	RVV2×1.0	控制信号
27	电热水器启/停状态、故障报警、手/自动开关状态	DI	RVV6×1.0	状态信号
28	电热水器启/停控制	DO	RVV2×1.0	控制信号
29	风道温度	AI	RVVP2×1.0	状态信号
30	风道温度	AI	RVVP2×1.0	状态信号
31	过滤器压差状态	DI	RVV2×1.0	状态信号
32	防冻开关状态	DI	RVV2×1.0	状态信号
33	电动调节阀控制	AO	RVV2×1.0+RVV2×1.0	控制信号+电源
34	风阀控制	DO	RVV2×1.0+RVV2×1.0	控制信号+电源
35	风阀开度	AI	RVV2×1.0	状态信号
36	风机启/停状态、故障报警、手/自动开关状态	DI	RVV6×1.0	状态信号
37	风机启/停控制	DO	RVV2×1.0	控制信号
38	电加湿器控制	DO	RVV2×1.0	控制信号
39	加湿阀控制	DO	RVV2×1.0	控制信号
40	照明启/停状态、故障报警、手/自动开关状态	DI	RVV6×1.0	状态信号
41	照明启/停控制	DO	RVV2×1.0	控制信号
42	电梯启/停状态、故障报警	DI	RVV4×1.0	状态信号
43	电梯上/下行状态	DI	RVV4×1.0	状态信号
44	变压器超温报警	DI	RVV2×1.0	状态信号
45	进线开关开/关状态、故障报警	DI	RVV4×1.0	状态信号
46	出线开关开/关状态、故障报警	DI	RVV4×1.0	状态信号
47	供电回路启/停状态、故障报警、手/自动开关状态	DI	RVV6×1.0	状态信号
48	供电回路启/停控制	DO	RVV2×1.0	控制信号
49	电压传感器	AI	RVVP2×1.0+PVV2×1.0	状态信号+电源

续表

序号	监控信号	信号类型	导线规格	说　明
50	电流传感器	AI	RVVP2×1.0＋PVV2×1.0	状态信号＋电源
51	功率因数传感器	AI	RVVP2×1.0＋PVV2×1.0	状态信号＋电源
52	有功功率传感器	AI	RVVP2×1.0＋PVV2×1.0	状态信号＋电源
53	无功功率传感器	AI	RVVP2×1.0＋RVV2×1.0	状态信号＋电源

第五节　工　程　举　例

目前国内的楼宇自控系统市场基本为国外品牌一统天下，市场份额最大的是 HON-EY-WELL、SIEMENS、JOHNSON 这三家，其次有 INVENSYS、DELTA、TREND、TAC、ALC、日本山武等。国内有清华同方（RH6000）、海湾公司（HW-BA5000）、浙大中控（OptiSYS）和北京利达（BABEL）等。

【例 1】 图 12-34 是某超高层建筑的 BA 系统结构。图 12-35 为 BAS 分布图。该 BA 系统采用美国 Johnson（江森）公司的 METASYS 楼宇自动化系统。此系统使用工业标准的 ARCNET 高速通信网络作为通信主干线，如图 12-34 所示。各分站控制器和操作站均与 ARCNET 网络相连，其通信速度为 2.5Mbit/s。操作站（中央管理计算机）采用 PC 微机，各分站采用 DDC，系统为两级网络结构。图 12-34 中的网络控制器（NCU）设于现场，直接与 ARCNET 网络和现场的 DDC 控制器连接。它也可脱离 ARCNET 网络独立工作。

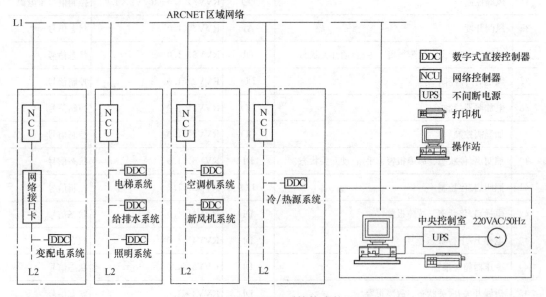

图 12-34　METASYS 系统构成的 BAS

网络控制器 NCU 中带有网络控制模块、数字控制模块、多样化模块。网络控制模块是 NCU 的主处理机，负责监控接到 NCU 上的控制点及与中央控制站互相通信；数字控制模块执行控制程序，如 PID 控制、连锁控制等，可接受 10 个通用输入点和 10 个通用输出点；多样化模块直接连接现场二态输入/输出监控点，并受网络控制模块的指令控制。

图 12-35 中的 DX 或 VAV 都是直接数字控制器 DDC。Johnson91 系列 DDC 装于现

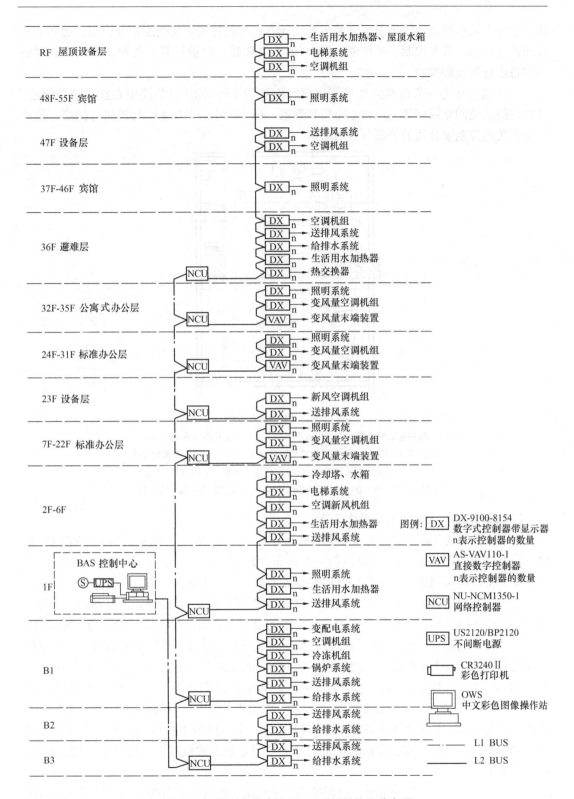

图 12-35　某超高层建筑的 BA 系统结构和分布图

场，它带有显示屏及功能按钮等。其主要功能有：比例控制、比例加积分控制、比例加积分加微分控制、开关控制、平均值、最大/最小值选择、焓值计算、逻辑、联锁等，对被控设备进行监视和控制。

BAS 监控中心一般设在大楼底层，房间面积约 $15\sim20m^2$。监控中心宜与消防中心、公共广播系统同室或相邻，以便于布线和管理。图 12-36 是 BA 系统与消防、保安、公共广播系统的控制室合用的平面布置图示例。

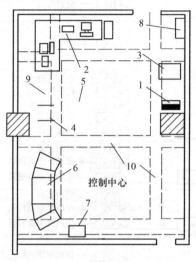

图 12-36　监控中心示例

1—机房电源配电箱（带备用电源）；2—BA 系统总控操作台；3—BA系统 UPS 电源；4—CCTV 监视系统显示屏；5—CCTV 监视系统操作台；6—消防报警系统总控制台；7—紧急广播柜；8—CATV 系统前端设备机箱；9—电梯运行状态显示屏；10—木地板电缆沟（有盖板）

【例 2】 某金融大厦的 BA 系统设计

图 12-37 是某金融大厦的 BA 系统结构及分布图。该大厦为一幢建筑面积 $55000m^2$ 的综合性办公大楼，共 40 层。机电设备主要分布在地下 2 层、地上 5 层、20 层及 39 层四个楼层。整个建筑物根据各专业所提供的监控要求为 459 个输入输出点。

设计前期首先根据各专业所提供的监控资料按楼层分区分类编制监控点数表，以确定各设备层输入的模拟量、数字量点数，及输出的模拟量、数字量点数。模拟量包括温度、压力、湿度、流量、电流、电压等参数。数字量包括状态信号和故障报警信号。而提供数字量的接点必须是无源接点。根据所选用的 DDC 分站设备的容量，即有多少个模拟输入点（AI），多少个数字输入点（DI），多少个模拟输出点（AO），多少个数字输出点（DO），再考虑将来如有可能发展，还应预留一些备用发展点，来确定 DDC 分站的数量和位置。该大厦 BA 系统选用了瑞典 TA-6711 系统，上位机为 486PC 机，整个大厦共设置了 31 个 DDC 控制器。安装设备时，DDC 分站应尽量靠近被控对象，且便于巡视、维护，环境应干燥。

本 BA 系统包括空调子系统、空调冷热源子系统、给排水子系统、消防子系统、电梯子系统和巡更子系统等。

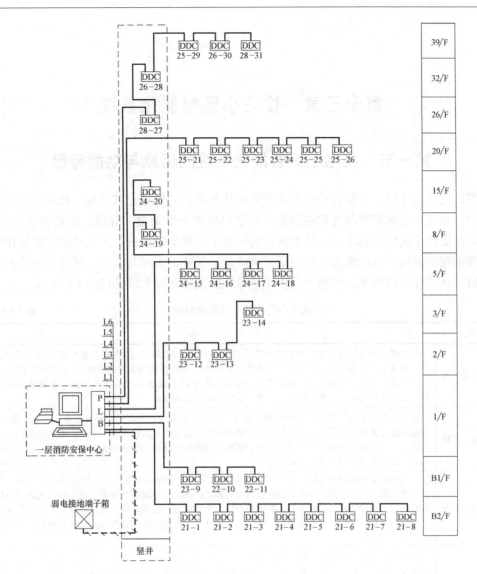

图 12-37 某金融大厦 BA 系统结构及分布图

第十三章　住宅小区智能化系统

第一节　住宅小区智能化系统的组成与功能等级

智能化住宅小区，是指该小区配备有智能化系统，并达到建筑结构与智能化系统的完美结合。通过高效的管理与优质的服务，为住户提供一个安全、舒适、便利的居住环境，同时可享受数字化生活的乐趣。这里所说的住宅小区智能化系统，是指建筑智能化住宅小区需要配置的系统。总的说来，它包括安全防范子系统、管理与监控子系统、通信网络子系统以及其总体集成技术。住宅小区智能化系统的组成如图 13-1 和表 13-1 所示。

住宅小区智能化系统的组成　　　　　　　　　　　　　　　　表 13-1

子系统	说　　明
综合布线系统	为实现社区管理自动化、通信自动化、控制自动化，保证社区内各类信息传送准确、快捷、安全，最基本的设施就是社区综合布线系统。社区综合布线系统的实质是将社区（或各个住宅小区）中的计算机系统、电话系统、监控系统、保安防盗报警系统和电力系统等合成一个体系结构完整的、设备接口规范的、布线施工统一的、管理协调方便的体系
信息通信系统	社区通信系统是智能社区的中枢神经系统，是社区实现对外界联系，获取信息，感知外部世界，加强信息交流的关键系统。该系统可实现高速信息传输和信息交换及电子邮件，可连接多种通信终端设备，确保社区内数字、文字、声音、图形、图像和电视信息的高速流通，与市内、国内和国外等有关部门实现信息交换和资源共享
安全防范系统	在封闭式管理的社区小区周围设置红外线、微波等报警探测装置，并与社区管理中心的主机相连，用于及时发现非法越界者。社区管理中心能实时显示报警路段和报警时间，能自动记录与保存报警信息。例如，在小区出入口、楼宇进出口、主要通道、电梯轿厢等重点部位设置相应的探测器或摄像机，并联网至社区管理中心；通过相关信息，和传输图像进行监视，并将监视的图像和信息进行记录和保存
家庭报警系统	住户室内具有燃气泄漏报警、户门及阳台外窗防范报警、按钮式家庭紧急求助报警等功能。报警时在住户室内发出声、光信号，并将报警信号传至社区管理中心进行实时记录、处理与存储。设置住户室内火灾自动报警功能，家庭燃气进气管设置自动开关，在发出泄漏报警信号的同时自动切断进气。设置电话自动拨出装置，家庭报警和求助信息反映到管理中心的同时，能够自动拨通事先设置的电话，通知有关部门与住户本人
视频点播系统	用户通过计算机连接接入网，进行 VOD 服务和其他多媒体应用。用户也可通过机顶盒连接接入网
可视对讲系统	可视对讲系统是一套住宅服务措施，提供访客与住户之间双向可视通话，达到图像、语音双重识别，从而增加安全可靠性，同时节省大量的时间，提高了工作效率。更重要的是，如果把住户内所安装的门磁开头、红外报警探测器、烟雾探测器、瓦斯报警器等设备连接到可视对讲系统的保全型室内机上以后，可视对讲系统就升级为一个安全技术防范网络。它可以与住宅小区物业管理中心或社区警卫有线或无线通信，从而起到防盗、防灾、防煤气泄漏等安全保护作用
巡更巡逻系统	在社区相应地点设置无线或有线巡更信息点，巡逻人员装备电子巡更器，按规定的路线进行值班巡查并予记录。管理中心设置巡更管理机，使巡更人员巡逻时间、位置能通过管理机实时记录与显示。在社区相应位置设立巡更签到器，规定保安人员巡更路线及巡更时间，保安人员佩带签到器巡逻，控制中心的电子地图上就会显示出所有保安人员（配签到器的）所在位置。当保安人员在规定时间内没有到指定地点巡逻，控制中心即发出声光报警信号，中心即可查询其位置，并用保安对讲机联络

续表

子系统	说　　明
背景音响系统	社区/小区的背景音乐系统一般设置成提供背景音乐和紧急广播两用的系统。公共广播系统主要是针对室外广播系统，通常室外噪声较高，使用扩声系统来改进听音条件。一旦遇有火灾或突发事件非常情况时，背景音乐广播系统可通过切换装置，强制切换成紧急广播
车辆出入系统	对出入社区/小区的机动车辆通过智能卡或其他形式进行管理与计费，并将信息实时送到社区管理中心。社区车辆的出入及收费采用 IC 卡管理系统，对长期用户可用月卡，对来访车辆可用临时 IC 卡，所有 IC 卡均经读卡机自动收费。在社区出入口设置摄像机对来往车辆进行自动监控，把车辆的资料（车牌号码、颜色等）传输到管理中心软件中，当有车辆离开时，司机所持的 IC 卡必须和电脑资料一致，才能升杆放行
设备监控系统	现代社区普遍选用恒压供水系统和 VVVF（变频调速）电梯。这些都为实现社区设备管理自动化提供了先决条件。通过有关网络，控制中心可显示社区内主要设备如水泵、水池水位、电梯、高低压开关、路灯等的运行状况，并可通过软件控制设备，使设备运行于最经济合理模式中。当设备发生故障时，控制中心发生声光报警，并通知管理人员处理事故
物业管理系统	物业管理系统是社区智能化运行的先决条件和必备条件，没有一个良好的物业管理体系，再好的社区智能化设施也无法运行，仅仅是装饰而已。综观信息社会的物业管理，其管理组织将向集团化方向发展。集团化物业管理，一般涵盖了社区、公寓写字楼、饭店、购物中心、会所等多类物业。建立统一的网络信息平台，在总部设立中心数据库。分支机构进行物业的日常处理，总部利用网络，透过数据库进行宏观决策和处理。同时，总部可以通过网管系统对各分支机构的业务进行实时监控，在网络信息平台进行整个集团内部的信息交流。既实现集团内部数据的统一性与完整性，又实现各分支机构间的独立性和能动性。 　　智能化社区的物业管理分为两大类：一类是常规管理，诸如：房产管理、设备管理、维修管理、报案管理、收费管理、投诉管理、内部管理。另一类是非常规管理，又称增值管理，诸如：虚拟社区、远程医疗、远程购物、远程教育、VOD、网络电话、网络游戏、电视会议、音乐点播、一卡通、电子公告、INTERNET 接入等

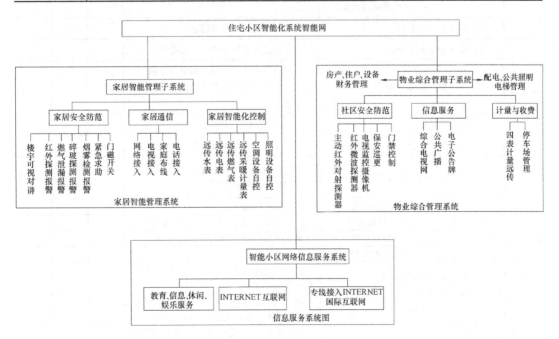

图 13-1　社区智能化系统的组成

　　住宅小区的智能化等级将根据其具备的功能和相应投资来决定，住房和城乡建设部在《全国住宅小区智能化技术示范工程建设大纲》中对智能小区示范工程按技术的全面性、先进性划分为三个层次，对其技术含量作出了如下的划分，见表13-2及表13-3。

住宅小区智能化系统功能及等级表　　　　　　　　表 13-2

功　　能			性　　质	等级标准		
				最低标准	普及标准	较高标准
（一）物业管理及安防	（1）小区管理中心		对小区各子系统进行全面监控	*	*	*
	（2）小区公共安全防范	A. 周界防范系统	对楼宇出入口、小区出入口、主要交通要道、停车场、楼梯等重要场所进行远程监控		*	*
		B. 电子巡更系统	在保安人员巡更路线上设置巡到位触发按钮（或 IC 卡），监督与保护巡更人员		*	*
		C. 防灾及应急联动	与 110、119 等防盗、防火部门建立专线联系，及时处理各种问题		*	*
		D. 小区停车场管理	感应式 IC 卡管理		*	*
	（3）三表（电表，水表、煤气表）计量（IC 卡或远传）		自动将三表读数传送到控制中心	*	*	*
	（4）小区机电设备监控	A. 给排水，变电所集中监控	实时监控水泵的运行情况，对电力系统监控		*	*
		B. 电梯，供暖监控	实时监控电梯，供暖设备的运行情况			*
		C. 区域照明自动监控			*	*
	（5）小区电子广告牌		向小区居民发布各种信息		*	*
（二）信息通信服务与管理	（1）小区信息服务中心		对各信息服务终端进行系统管理		*	*
	（2）小区综合信息管理		房产管理，住户管理，租金与管理费管理统计报表，住户可以通过社区网进行物业报修		*	*
	（3）综合通信网络		HBS、ISDN、ATM 宽带网			*
（三）住宅智能化	（1）家庭保安报警		门禁开关，红外线报警器	*	*	*
	（2）防火，防煤气泄漏报警		煤气泄漏，发生火灾时烟感、温感、煤气泄漏探测器发出告警	*	*	*
	（3）紧急求助报警	消防手动报警	紧急求助按钮-1	*	*	*
		防盗，防抢报警	紧急求助按钮-2（附无线红外按钮）	*	*	*
		医务抢救报警	紧急求助按钮-3（附无线红外按钮）	*	*	*
		其他求助报警	紧急求助按钮-4	*	*	*
	（4）家庭电器自动化控制		在户外通过电话对家用电器进行操作，实现远程控制			*
	（5）家庭通信总线接口	音频	应用 ISDN 线路提供了 128K 的带宽，住户可在家中按需点播 CD 的音乐节目	*	*	*
		视频	宽带网的接入采用 ADSL 和 FTTB 加上五类双绞线分别能提供 MPEG1 和 MPEG2 的 VCD 点播	*	*	*
		数据	通过 HBS 家庭端口传输各类数据		*	*

续表

功　　能		性　　质	等级标准		
			最低标准	普及标准	较高标准
（四）铺设管网	根据各功能要求统一设计，铺设管网	建立小区服务网络	按二级功能	按一级功能	按一级功能

注：表中＊号表示具有此功能。

普通楼宇智能化系统与住宅小区智能化系统的比较　　　　　　表 13-3

项　　目		普通楼宇	住宅小区
安全防范系统	视频监控系统	相同	相同
	入侵报警系统	相同	相同
	出入口控制系统	相同	相同
	巡更系统	基本相同	相同
	停车场管理系统	相同	有小区管理的特点
	访客对讲系统	一般无	小区特有
火灾自动报警系统	自动手动报警系统	基本相同	非强制性要求，参照执行
	联动控制系统	基本相同	内容不全相同
	紧急广播系统	基本相同	原则相同
监控与管理系统	设备监控系统	基本相同	小区的重点不同
	表具数据自动抄收及远传	一般只到楼层	小区特有，计量到户
	物业管理系统	基本相同	基本相同
	家庭控制器	无	小区特有
	智能卡管理系统	相同	相同
通信网络系统	电话系统	相同	相同
	接入网系统	相同	相同
	卫星电视及有线电视	相同	相同
	公共广播系统	相同	相同
信息网络系统	接入网系统	相同	相同
	信息服务系统	相同	相同
	计算机信息网络系统	相同	相同
综合布线系统		基本相同	小区有自身的特点
智能化系统集成		相同	相同

第二节　住宅小区安全防范系统

一、住宅小区安全防范系统的防线构成

为给智能住宅小区建立一个多层次、全方位、科学的安全防范系统，一般可构成五道安全防线，以便为小区居民提供安全、舒适、便捷的生活环境。这五道安全防线是：

第一道防线，由周界防越报警系统构成，以防范翻越围墙和周界进入小区的非法侵入者；

第二道防线，由小区电视监控系统构成，对出入小区和主要通道上的车辆、人员及重要设施进行监控管理；

第三道防线，由保安电子巡逻系统构成，通过保安人员对小区内可疑人员、事件进行监管，以及夜间电子巡更；

第四道防线，由联网的楼宇对讲系统构成，可将闲杂人员拒之楼梯外；

第五道防线，由联网的家庭报警系统构成，当窃贼非法入侵住户家或发生如煤气泄漏、火灾、老人急病等紧急事件时，通过安装在户内的各种自动探测器进行报警，使接警中心很快获得情况，以便迅速派出保安或救护人员赶往住户现场进行处理。

二、住宅小区安全防范系统的分类与设计

住宅小区的安全防范工程，根据建筑面积、建设投资、系统规模、系统功能和安全管理要求等因素，由低至高分为基本型、提高型、先进型三种类型，见表 13-4。5 万 m^2 以上的住宅小区应设置监控中心。

三种类型住宅小区安全防范工程设计标准的分类　　　　　　　表 13-4

住宅小区类型	基 本 型	提 高 型	先 进 型
周界防护	（1）沿小区周界应设置实体防护设施（围栏、围墙等）或周界电子防护系统。 （2）实体防护设施沿小区周界封闭设置，高度不应低于 1.8m，围栏的竖杆间距不应大于 15cm。围栏 1m 以下不应有横撑。 （3）周界电子防护系统沿小区周界封闭设置（小区出入口除外），应能在监控中心通过电子地图或模拟地形图显示周界报警的具体位置，应有声、光指示，应具备防拆和断路报警功能	（1）沿小区周界设置实体防护设施（围栏、围墙等）和周界电子防护系统； （2）小区出入口设置视频安防监控系统； （3）应满足基本型的第（2）、（3）条规定	（1）沿小区周界设置实体防护设施（围栏、围墙等）和周界电子防护系统； （2）小区出入口应设置视频安防监控系统； （3）应满足基本型的第（2）、（3）条规定

续表

住宅小区类型	基 本 型	提 高 型	先 进 型
公共区域安全防范	宜安装电子巡查系统	宜安装电子巡查系统	（1）安装电子巡查系统； （2）在重要部位和区域设置视频安防监控系统； （3）宜设置停车库（场）管理系统
家庭安全防范	（1）住宅一层宜安装内置式防护窗或高强度防护玻璃窗。 （2）应安装访客对讲系统，并配置不间断电源装置。访客对讲系统主机安装在单元防护门上，或墙体主机预埋盒内，应具有与分机对讲的功能。分机设置在住户室内，应具有门控功能，宜具有报警输出接口。 （3）访客对讲系统应与消防系统互联。当发生火灾时，（单元门口的）防盗门锁应能自动打开。 （4）宜在住户室内安装至少一处以上的紧急求助报警装置。紧急求助报警装置应具有防拆卸、防破坏报警功能，且有防误触发措施；安装位置应适宜，应考虑老年人和未成年人的使用要求，选用触发件接触面大、机械部件灵活、可靠的产品。求助信号应能及时报至监控中心（在设防状态下）	（1）住宅一层宜安装内置式防护窗或高强度防护玻璃窗。 （2）应安装访客对讲系统，并配置不间断电源装置。访客对讲系统主机安装在单元防护门上，或墙体主机预埋盒内，应具有与分机对讲的功能。分机设置在住户室内，应具有门控功能，宜具有报警输出接口。 （3）访客对讲系统应与消防系统互联。当发生火灾时，（单元门口的）防盗门锁应能自动打开。 （4）宜在住户室内安装至少一处以上的紧急求助报警装置。紧急求助报警装置应具有防拆卸、防破坏报警功能，且有防误触发措施；安装位置应适宜，应考虑老年人和未成年人的使用要求，选用触发件接触面大、机械部件灵活、可靠的产品。求助信号应能及时报至监控中心（在设防状态下）	（1）应符合基本型住宅小区的第（1）、（2）、（3）款的规定； （2）应安装访客可视对讲系统。可视对讲主机的内置摄像机宜具有逆光补偿功能，或配置环境亮度处理装置，并应符合提高型住宅小区的第（2）款的相关规定； （3）宜在户门及阳台、外窗安装入侵报警系统，并符合提高型住宅小区的第（3）款的相关规定； （4）在户内安装可燃气体泄露自动报警装置
监控中心的设计	（1）监控中心宜设在小区地理位置的中心，避开噪声、污染、振动和较强电磁场干扰的地方。可与住宅小区管理中心合建，使用面积应根据设备容量确定。 （2）监控中心设在一层时，应设内置式防护窗（或高强度防护玻璃窗）及防盗门。 （3）各子系统可单独设置，但由监控中心统一接收、处理来自各子系统的报警信息。 （4）应留有与接处警中心联网的接口。 （5）应配置可靠的通信工具，发生警情时，能及时向接处警中心报警	（1）监控中心宜设在小区地理位置的中心，避开噪声、污染、振动和较强电磁场干扰的地方。可与住宅小区管理中心合建，使用面积应根据设备容量确定。 （2）监控中心设在一层时，应设内置式防护窗（或高强度防护玻璃窗）及防盗门。 （3）各子系统可单独设置，但由监控中心统一接收、处理来自各子系统的报警信息。 （4）应留有与接处警中心联网的接口。 （5）应配置可靠的通信工具，发生警情时，能及时向接处警中心报警	（1）应符合基本型住宅小区的第（1）、（2）款的规定； （2）安全管理系统通过统一的管理软件实现监控中心对各子系统的联动管理与控制，统一接收、处理来自各子系统的报警信息等，且宜与小区综合管理系统联网； （3）应符合基本型住宅小区的第（4）、（5）款的规定

三、住宅小区安全防范系统的安装

（一）周界报警系统

（1）住宅小区围墙、栅栏、河道等封闭屏障处应安装周界报警系统。

（2）周界报警系统应具备以下基本要求：

1）周界报警系统设防应全面，无盲区和死角；

2）防区划分应有利于报警时准确定位；

3）应能在中心控制室通过显示屏、报警控制器或电子地图准确地识别报警区域；

4）中心报警控制主机收到警情时能同时发出声光报警信号，并具有记录、储存、打印功能；

5）报警响应时间不大于 2s。

（3）周界报警系统前端设备宜选用主动红外入侵探测器。

（4）主动红外入侵探测器安装应符合以下要求：

1）入侵探测器的探测距离以 100m 以内为宜。周界入侵探测器在安装时，应充分考虑气候对有效探测距离的影响，实际使用距离不超过制造厂规定探测距离的 70%。

2）入侵探测器应采用交叉安装的方式，即在同一处安装两只指向相反的发射装置或接收装置，并使两装置交叉间距不小于 0.3m。

3）入侵探测器安装在围墙、栅栏上端时，最下一道光轴与围墙、栅栏顶端的间距应为 150mm±10mm。安装在侧面时，应安装在围墙、栅栏外侧的上端，且入侵探测器与围墙、栅栏外侧的间距应为 175mm±25mm。

（二）电视监控系统

（1）住宅小区主要出入口、停车场（库）出入口应安装电视监控系统。

（2）住宅小区的周界、主要通道、住宅楼出入口或电梯轿厢内宜安装电视监控系统。

（3）室外应选用动态范围大、具有低照度功能的摄像机和自动光圈镜头；大范围监控宜选用带有电动云台和变焦镜头的摄像机，并配置室外防护罩。

（4）中心控制室应配置图像显示、记录装置。

（5）系统应能自动、手动切换图像，遥控云台及镜头。

（6）系统应具有时间、日期的显示、记录功能。

（7）住宅小区周界安装电视监控系统的，系统应具有报警联动功能。当周界入侵探测器发出报警信号时，报警区域的电视监控图像（夜间与周界照明灯联动）应能立即自动显示在中心控制室的监视器上。

（8）电梯轿厢内安装摄像机的，应安装在电梯门的左上方或右上方的厢顶部。系统应配置电梯楼层显示器。

（9）磁带录像机应设定为 SP、LP 或 EP 工作方式。硬盘录像机应进行每秒不小于 12 帧的图像记录。记录保存时间不少于 7d。

（10）在摄像机的标准照度情况下电视监控系统图像信号的技术指标应符合第九章指标的规定。

（11）电视监控系统的图像质量要求：在摄像机正常工作条件下按《彩色电视图像质量主观评价方法》GB/T 7401 的规定评价图像质量，评分等级采用第九章的五级损伤制，图像质量应不低于 4 级要求。

（12）住宅小区出入口设置的电视监控系统应能清楚地显示人员的面部特征及出入车辆的车牌号码。

（13）电视监控系统设计、安装的其他要求应符合《民用闭路监视电视系统工程技术规范》GB 50198 的有关规定。

（三）楼宇对讲系统

（1）住宅楼栋口应安装楼宇对讲电控防盗门。住宅小区的出入口、楼栋口应安装楼宇对讲主机。在住宅内应安装楼宇对讲分机。

（2）楼宇对讲（可视）系统应具备如下功能：

1）主机能正确选呼任一对讲分机，并能听到电回铃声；

2）主机选呼后，能实现住宅小区出入口与住户、楼栋口与住户间对讲或可视对讲，语音（图像）清晰；

3）对讲分机能实现电控开锁；

4）对讲主机可使用密码、钥匙或感应卡等方式开启楼宇对讲电控防盗门锁。

（3）带有住户报警功能的楼宇对讲（可视）系统，其报警功能应符合住户报警系统和中心报警控制主机的基本要求。

（4）楼宇对讲系统和楼宇可视对讲系统的其他技术要求应符合《楼宇对讲电控防盗门通用技术条件》GA/T 72、《黑白可视对讲系统》GA/T 269 有关规定。

（四）住户报警系统

（1）住户报警系统由入侵探测器、紧急报警（求助）装置、防盗报警控制器、中心报警控制主机和传输网络组成。当住宅内安装的各类入侵探测器探测到警情、紧急报警（求助）装置被启动、出现故障时，中心报警控制主机应准确显示报警或故障发生的地点、防区、日期、时间及类型等信息。

（2）住宅内应安装紧急报警（求助）装置：多层、高层住宅楼的一二层住宅应安装入侵探测器。

（3）其他层面住宅的阳台、窗户以及所有住宅通向公共走道的门、窗等部位宜安装入侵探测器。

（4）防盗报警控制器应能接收入侵探测器和紧急报警（求助）装置发出的报警及故障信号，具有按时间、部位任意布防和撤防、外出与进入延迟的编程和设置，以及自检、防破坏、声光报警（报警时住宅内应有警笛或报警声）等功能。

（5）防盗报警控制器与中心报警控制主机应通过专线或其他方式联网。

（6）紧急报警（求助）装置应安装在客厅和卧室内隐蔽、便于操作的部位；被启动后能立即发出紧急报警（求助）信号。紧急报警（求助）装置应有防误触发措施，触发报警后能自锁，复位需采用人工操作方式。

（7）入侵探测器的安装应符合以下规定：

1）壁挂式被动红外入侵探测器，安装高度距地面应在 2.2m 左右或按产品技术说明书规定安装。视场中心轴与可能入侵的方向成 90°角左右，入侵探测器与墙壁的倾角应视防护区域覆盖范围确定。

2）壁挂式微波—被动红外入侵探测器，安装高度为 2.2m 左右或按产品技术说明书规定安装。视场中心轴与可能入侵的方向成 45°角左右，入侵探测器与墙壁的倾角应视防护区域覆盖范围确定。

3) 吸顶式入侵探测器，一般安装在需要防护部位的上方，且水平安装。

4) 入侵探测器的视窗不应正对强光源或阳光直射的方向。

5) 入侵探测器的附近及视场内不应有温度快速变化的热源，如暖气、火炉、电加热器、空调出风口等。

6) 入侵探测器的防护区内不应有障碍物。

7) 磁开关入侵探测器应安装在门、窗开合处（干簧管安装在门、窗框上，磁铁安装在门、窗扇上，两者间应对准），间距应保证能可靠工作。

(8) 住户报警系统的其他技术要求应符合《入侵报警探测器通用技术条件》GB 10408.1、《被动红外入侵探测器》GB 10408.5、《微波和被动红外复合入侵探测器》GB 10408.6 的有关规定。

(五) 电子巡更系统

(1) 电子巡更系统：根据住宅小区安全防范的需要在小区重要部位设置巡更点，设定保安人员巡更路线。

(2) 电子巡更系统应具有如下功能：

1) 可在小区重要部位及巡更路线上安装巡更站点；

2) 实现巡更路线、时间的设定和修改；

3) 中心控制室应能查阅、打印各巡更人员的到位时间，应具有对巡更时间、地点、人员和顺序等数据的显示、归档、查询和打印等功能；

4) 巡更违规记录提示。

(六) 中心控制室

(1) 中心控制室应配置中心报警控制主机，能监视和记录入网用户向中心发送的各种信息。该中心能实施对监控目标的监视、监控图像的切换、云台及镜头的控制，并进行录像。

(2) 中心控制室应配置能与报警同步的终端图形显示装置，能实时显示发生警情的区域、日期、时间及报警类型等信息。

(3) 中心控制室的防雷要求应符合《建筑物防雷设计规范》GB 50057 的要求，并应采用一点接地的方式。采用联合接地时，接地电阻≤1Ω；单独接地时，接地电阻≤4Ω。

(4) 中心控制室应安装与区域报警中心联网的紧急报警装置，以及配备有线电话和无线对讲机。

(5) 从电缆桥架或预埋管道进入控制室的电缆应配线整齐，线端应压接线号标识。

(6) 中心报警控制主机应具有如下功能：

1) 应有编程和联网功能；

2) 应具有显示、存储住户报警控制器发送的报警、布撤防、求助、故障、自检，以及声光报警、打印、统计、巡检、查询和记录报警发生的地址、日期、时间、报警类型等各种信息的功能；

3) 应有密码操作保护功能；

4) 至少能存储 30 天的报警信息；

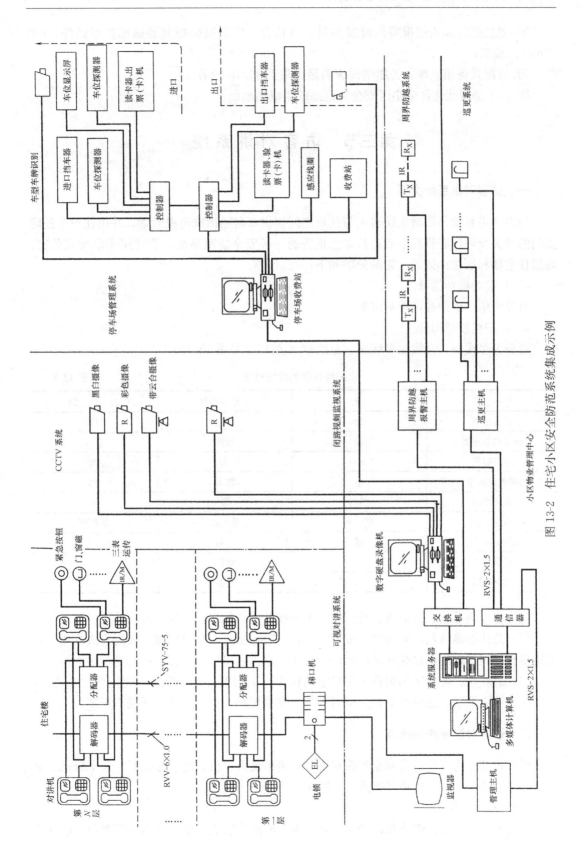

图 13-2　住宅小区安全防范系统集成示例

5）紧急报警和入侵报警同时发生时，应符合《防盗报警控制器通用技术条件》GB 12663 的要求；

6）应配置备用电源。备用电源应满足正常工作 24h 的需要。

图 13-2 是智能化住宅小区安全防范系统集成的示例。

第三节　访客对讲系统

一、访客对讲系统类型

访客对讲系统是指对来访客人与住户之间提供双向通话或可视通话，并由住户遥控防盗门的开关及向保安管理中心进行紧急报警的一种安全防范系统。它适用于单元式公寓、高层住宅楼和居住小区等。它的分类如下：

（一）按对讲功能分

可分为单对讲型和可视对讲型。

（二）按线制结构分

可分为多线制、总线加多线制、总线制（表 13-5 及图 13-3）。

三种系统的性能对比　　　　　　　　　　　　　　　　　表 13-5

性　　能	多　线　制	总线多线制	总　线　制
设备价格	低	高	较高
施工难易程度	难	较易	容易
系统容量	小	大	大
系统灵活性	小	较大	大
系统功能	弱	强	强
系统扩充	难扩充	易扩充	易扩充
系统故障排除	难	容易	较易
日常维护	难	容易	容易
线材耗用	多	较多	少

（1）多线制系统：通话线、开门线、电源线共用，每户再增加一条门铃线。

（2）总线加多线制，采用数字编码技术，一般每层有一个解码器（四用户或八用户）。解码器与解码器之间以总线连接；解码器与用户室内机呈星形连接；系统功能多而强。

（3）总线制：将数字编码移至用户室内机中，从而省去解码器，构成完全总线连接，故系统连接更灵活，适应性更强。但若某用户发生短路，会造成整个系统不正常。

二、访客对讲系统的组成

对讲系统分为可视对讲和非可视对讲。对讲系统由主机、楼层分配器、若干分机、电源箱、传输导线、电控门锁等组成，如图 13-4 所示。

（一）对讲系统

对讲系统主要由传声器和语音放大器、振铃电路等组成，要求对讲语言清晰，信噪比

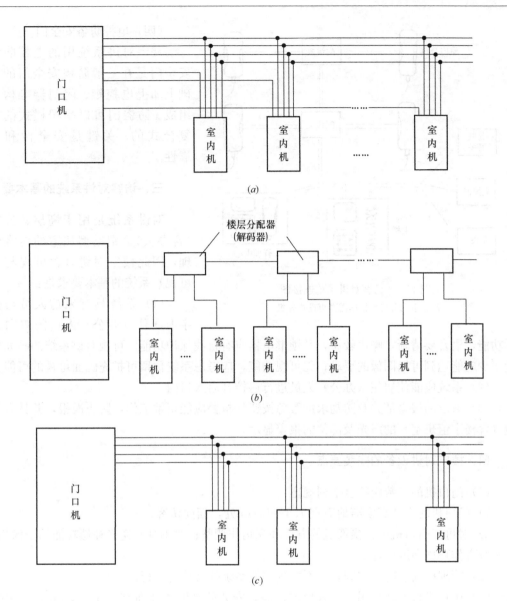

图 13-3　三种访客对讲系统结构

（a）多线制；（b）总线加多线制；（c）总线制

高，失真度低。可视对讲系统则另加摄像机和显示器。

（二）控制系统

一般采用总线制传输、数字编解码方式控制，只要访客按下户主的代码，对应的户主拿下话机就可以与访客通话，以决定是否需要打开防盗安全门。

（三）电源系统

电源系统供给语言放大、电气控制等部分的电源，必须考虑下列因素：

（1）居民住宅区市电电压的变化范围较大，白天负荷较轻时可达 250～260V，晚上负荷重，就可能只有 170～180V，因此电源设计的适应范围要大。

（2）要考虑交直流两用，当市电停电时，由直流电源供电。

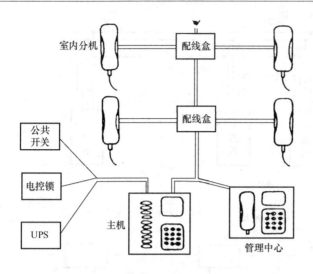

图 13-4　访客对讲系统连接图

注：室内分机可根据需要再设置分机。

（四）电控防盗安全门

楼宇对讲系统用的电控防盗安全门是在一般防盗安全门的基础上加上电控锁、闭门器等构件组成。防盗门可以是栅栏式的或复合式的，关键是安全性和可靠性。

三、访客对讲系统的基本要求

对讲系统是用于高层、公寓（含办公）、别墅型住宅的访客管理，因此楼宇对讲（含可视与非可视）系统的基本要求是：

（1）系统具有来访人员与楼宇内居住（办公）人员的双向通话功能。语音要清晰，噪声较小，开锁继电器应有自我保护功能。可视对讲系统的画面质量至少应能达到可用图像的要求；无可视功能，应考虑系统预留可扩充画面可视的可能。

（2）系统应能使居住（办公）人员进行遥控开启入口门。

（3）系统的报警部分及防劫求助紧急按钮的报警应能正常工作，防止误报，并具有异地（含楼宇值班室）的声光及部位的报警显示。

四、楼宇对讲设备的安装要点

（1）门口机的安装应符合下列规定：

1）门口机的安装高度离地面宜 1.5～1.7m 处，面向访客；

2）对可视门口机内置摄像机的方位和视角作调整；对不具有逆光补偿功能的摄像机，安装时宜作环境亮度处理。

（2）管理机安装时应牢固，并不影响其他系统的操作与运行。

（3）用户机宜安装在用户出入口的内墙，安装的高度离地面宜 1.3～1.5m 处，保持牢固。

（4）对讲系统安装后应达到如下性能要求：

1）画面达到可用图像要求（一般水平清晰度≥200 线、灰度等级≥6 级、边缘允许有一定的几何失真、无明显干扰）；

2）声音清楚（无明显噪声），声级一般不低于 60dBA；

3）附有报警和紧急按钮的系统，需调试报警与紧急按钮的响应速度。

五、工程举例

【例 1】图 13-5 是韩国金丽牌 ML-1000A 型非可视单对讲系统。它是一种双向对讲数字式大楼管理系统。

系统布线时，电源线与信号线必须分开配线，以避免干扰。在图 13-5 中，中央电脑

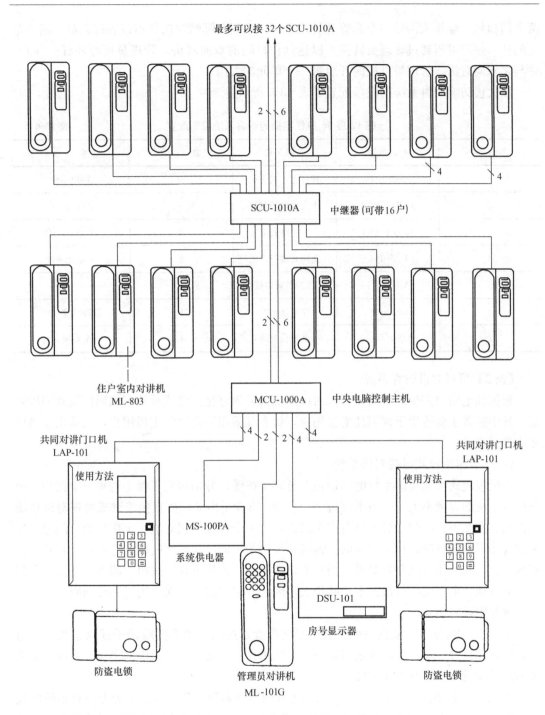

最多可以接 32 个 SCU-1010A

SCU-1010A 中继器 (可带 16 户)

住户室内对讲机
ML-803

MCU-1000A 中央电脑控制主机

共同对讲门口机
LAP-101

共同对讲门口机
LAP-101

使用方法

使用方法

MS-100PA

系统供电器

DSU-101

房号显示器

防盗电锁

管理员对讲机
ML-101G

防盗电锁

图 13-5 ML-1000A 型单对讲系统

控制主机与中继器及中继器之间的信号线使用 0.4mm 六芯屏蔽线，另接 2mm 二芯电源线并接到电源供电器。其余全部采用 0.4mm 的四芯线或二芯线。系统的传输距离不大于 500m。

例如，有一栋 12 层住宅楼，每层 8 个住户。整栋大楼为独立管理，有两个单元，设两个门口机。整栋大楼设一个总管理员，也可以根据实际情况选择不设管理人员。两个单元的任一住户可以通过管理员转接，以达到住户间的双向对讲。管理员可呼叫任一住户，并与之双向对讲。管理员可控制开启每一个单元的大门。

该大楼访客对讲系统的设备配置如表13-6所示。

一栋 12 层 96 户住宅楼的对讲系统设备配置   表 13-6

序　号	产品型号	产品名称	数　量	备　注
1	ML-803	住户室内对讲机	96	每户一台
2	MCU-1000A	中央电脑控制机	1	每栋楼一台
3	SCU-1010A	中继器	6	每 16 户一台
4	LAP-101	共同对讲门口机	2	每单元一台
5	ML-101G	管理员对讲机	1	
6	DSU-101	序号显示器	1	管理员室一台
7	MS-100PA	系统供电器	1	一个系统一台

【例2】 可视对讲访客系统

根据住宅用户多少的不同，可视对讲系统又分为直接按键式及数字编码按键式两种系统。其中前者主要适用于普通住宅楼用户，后者既适用于普通住宅楼用户，又适用于高层住宅楼用户。

（一）直接按键式可视对讲系统

直接按键式可视对讲系统的门口机上有多个按键，分别对应于楼宇的每一个住户，因此这种系统的容量不大，一般不超过30户。图13-6示出6户型直接按键式可视对讲系统结构图。由图可见，门口机上具有多个按键，每一个按键分别对应一个住户的房门号，当来访者按下标有被访住户房门号的按键时，被访住户即可在其室内机的监视器上看到来访者的面貌，同时还可以拿起对讲手柄与来访者通话，若按下开锁按钮，即可打开楼宇大门口的电磁锁。由于此门口机为多户共用式，因此，住户的每一次使用时间必须限定，通常是每次使用限时30s。

由图13-6可见，各室内机的视频、双向声音及遥控开锁等接线端子都以总线方式与门口机并接，但各呼叫线则单独直接与门口机相连。因此，这种结构的多住户可视对讲系统不需要编码器，但所用线缆较多。

图13-6中的 $S_1 \sim S_6$ 分别是各室内机内部的继电器触点开关（这里为方便对系统的理解，单独取出画于室内机的外部），当来访者在门口机上按下某住户的房门号按键时（假设101号按键对应5号室内机），即可通过对应的呼叫线传到相应的5号室内机，使该室内机内的门铃发出"叮咚"音响，同时，机内的继电器吸合，开关 S_5 将5号机的各视频、音频线及控制线接到系统总线上。门口机上设定了按键延时功能，在某房门号键被按下后的30s时间内（延时时间可以在内部设定），系统对其他按键是不会响应的。因此，在此期间内其他各室内机均不能与系统总线连接，保证了被访住户与来访者的单独可视通话。

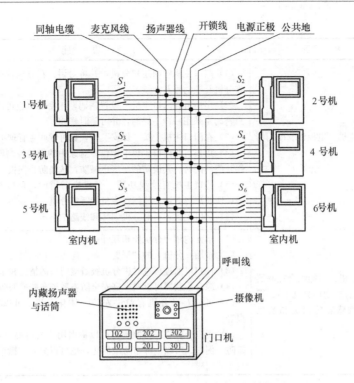

图 13-6 直接按键式可视对讲系统结构图

此时的电路结构，与前述的单户型可视对讲门铃的结构是完全一样的。当被访住户挂机或延时 30s 后，5 号机内的继电器将自动释放，S_5 与系统总线脱开。

（二）联网式可视对讲系统

联网式的楼宇对讲系统是将大门口主机、门口主机、用户分机与小区的管理主机组网，实现集中管理。住户可以主动呼叫辖区内任何一家住户。小区的管理主机、大门口主机也能呼叫辖区内任何一家住户。来访者在小区的大门口就能通过大门口主机呼叫住户，未经住户允许来访者不能进入小区。有的联网式用户分机除具备可视或非可视对讲、遥控开锁等基本功能外，还允许接各种安防探测器、求助按钮，能将各种安防信息及时送到管理中心。联网式的楼宇对讲系统见图 13-7。门口机除了呼叫功能外还可以通过普通键盘、乱码键盘或读卡器，实现开锁功能。

楼宇对讲系统各组成部分的功能如表 13-7 所示。

楼宇对讲系统各组成部分的功能　　　　　　　　　　　表 13-7

子系统	系统配置	功　能
物管中心监视系统	它是整个社区可视对讲系统的指挥中心，配置有主管理机、监视器、计算机、打印机和小区物业管理软件	（1）主管理机可与副管理机、各门口主机和用户分机之间互相呼叫和对讲； （2）主管理机可实时接收用户分机的报警和各路探头报警，并存储、显示报警信息，把信息传经计算机进行处理； （3）主管理机可拨号监视小区各单元门口
入口门卫室监视对讲系统	副管理机	（1）副管理机可呼叫小区每个用户分机，与用户对讲； （2）副管理机可呼叫主管理机，并与管理员通话

续表

子系统	系统配置	功　能
单元门口监视对讲系统	门口主机、电控锁、闭门器和电源	（1）门口主机呼叫用户分机，并可对讲；在分机选通的情况下，可接收分机开锁信号并开锁。 （2）用户可在门口主机上设置密码，用密码（也可用钥匙）开锁。用户密码是采用一户一码制，并可随时修改。 （3）在门口主机上按"保安"键，就可呼叫主管理机并对讲。 （4）用户可在门口主机上操作，对家中的报警控制器进行撤防。用密码开门的同时，其设防的防区也撤防，从而防止误报。 （5）门口主机有抢线功能。当户户对讲时，可以在主机上按"♯"键，切断户户对讲，使门口主机能呼叫分机。 （6）门口主机还有对分机编号和线路忙指示
各用户住宅监视对讲系统	用户分机、智能综合控制器（也可设置在用户分机里）、探测器、烟感温感探头和紧急按钮	（1）单元内用户分机能相互呼叫对讲。 （2）按用户分机上的"报警"钮，向主管理机报警。 （3）住户可通过可视对讲分机查看楼门口的情况和来访者。 （4）综合控制器可以对家庭安全防盗系统布防或撤防。 （5）可视对讲分机有对讲安防一体化分机，可以直接接各路防区报警。 （6）用户分机或综合控制器可以根据用户的需要对各探头灵活布防、撤防。例如，可以全部布防或撤防，也可以只布、撤个别的防区。晚上只布防门磁

（三）与有线电视共用的可视对讲系统

上述系统的视频与音频信号是由系统独立传输的。在一些可视对讲系统中，其视频信号可利用楼宇的 CATV（公用无线电视）网传送，即门口摄像机输出经同轴电缆接入调制器，由调制器输出的射频电视信号通过混合器进入大楼 CATV 系统。调制器的输出电视频道应调制在 CATV 系统的空闲频道上，并将调定的频道通知用户。在用户与来访者通话的同时，可通过安装在分机面板上的小屏幕或开启电视来观看室外情况。其原理接线如图 13-8 所示。

图 13-9 是利用 CATV 射频同轴电缆的监控图像系统。其中图（a）是住宅可视对讲系统（摄像头设在大楼门口）。图（b）是用于小区的安防视频监控系统。安装使用时，说明如下：

（1）邻频调制器输出的监控射频频道必须选择与有线电视信号各频道均不同频的某一频道，其输出电平必须与有线电视信号电平基本一致，以免发生同频干扰或相互交调。

（2）图 13-9（a）适用于已设置普通电话或住宅对讲系统需增加可视部分的住宅楼。来客可用普通电话或对讲机呼叫住户，住户与来客对话，同时打开电视机设定的频道观察来访者。

（3）图 13-9（b）是利用小区已有的监视系统和有线电视传输网络，实现住户在家利用电视机观察小区内设置监视点的地方。

这种 CATV 共网方式还可用于背景音乐广播，详见图 13-10。该系统有四套自办节目，其中一套背景音乐节目源采用音频传输。另三套节目，将其音频信号采用调频方式，通过各自的调制器后接入 CATV 前端混合器，再经电视电缆线路输送到各客房床头柜的 FM/AM 收音机天线输入插孔。图中接线有二线和三线制。三线可用强制功能的消防广播。

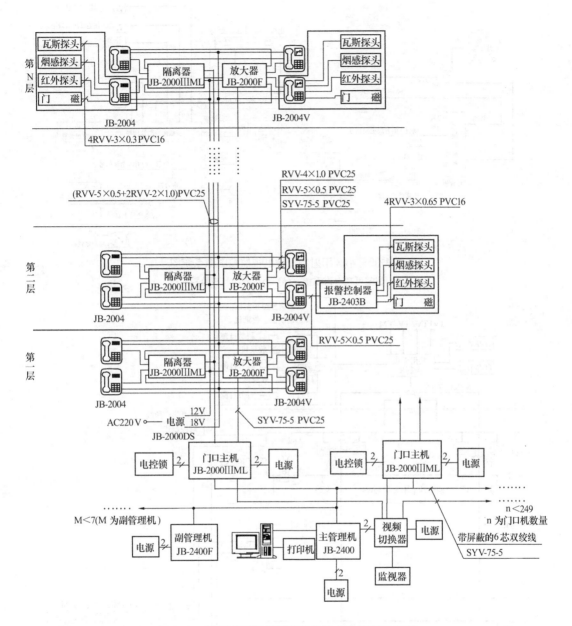

图 13-7 联网式可视带报警模块的对讲系统示意图

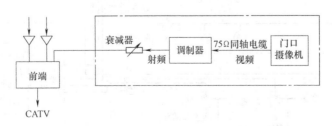

图 13-8 可视对讲系统视频与 CATV 共网原理图

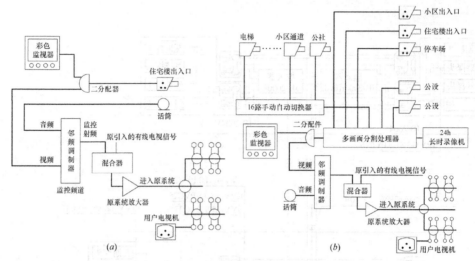

图 13-9　小区用射频传输电视监控图像系统图

(*a*) 住宅可视对讲系统；(*b*) 小区安防监视监控系统

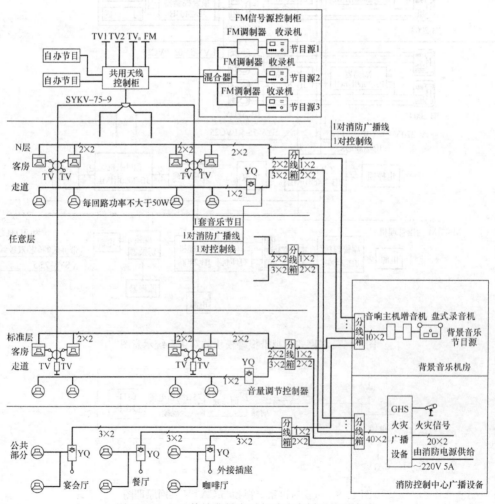

图 13-10　FM 传输背景音乐与消防广播系统示意图

第四节　住宅小区通信网络系统

一、住宅小区通信网络系统方式

对于住宅小区通信网络的组成，现有的项目大多采用电信网和有线电视网去实现。

从目前具备的条件分析，住宅小区通信网络的组成有表 13-8 所示的几种方式可供选择。

住宅小区通信网络组成　　　　　　　　　　　　表 13-8

业务网络	通信方式		设备类型	实施部门	安装地点
电话网	集中用户交换机功能（centrex）		程控电话交换机软件	电信	公用网电话局
	程控交换局远端用户模块		程控电话交换机远端用户模块	电信	物业提供机房
	程控交换局		程控电话交换机	电信	物业提供机房或公用网电话局
	程控用户交换局（站）		程控用户电话交换机	物业	物业提供机房
接入网	光纤接入	光纤环路	光纤到小区 FTTL 光纤线路终端（OLT）	电信或物业	电信或物业提供机房
			光纤到路边 FTTC 光纤网络单元（ONU）	电信或物业	物业机房或住宅楼设备间
			光纤到楼 FTTB 光纤到户 FTTH 传输设备（SOH 等）	电信或物业	物业机房、住宅楼设备间或小区内（管道）
		光纤同轴混合（HFC）	局端设备	广电、电信、物业	物业提供机房
			远端设备	广电、电信、物业	物业机房或住宅楼设备间
			光纤、同轴传输网	广电、电信、物业	小区内
	铜缆接入		高比特数字用户线（HDSL） 非对称数字用户线（ADSL） 局端设备	电信或物业	电信或物业提供机房
			远端设备	电信或物业	物业机房或住宅楼设备间
	无线接入		无线用户环路（WLL） 基站	电信或物业	物业机房或住宅楼设备间及用户住处
			控制单元	电信或物业	物业提供机房
			卫星 VSAT 系统 室外单元	电信或物业	物业提供场地
			端站设备	电信或物业	物业机房或住宅楼设备间
综合业务数字网	窄带综合业务数字程控交换局（H-ISDN）		ISDN 电话交换设备	电信或物业	电信或物业提供机房
	宽带综合业务数字程控交换局（B-ISDN）		ATM 交换设备	电信或物业	电信或物业提供机房

（一）住宅小区电话网

住宅小区住户的电话业务主要由公用市话网的所在地电话局提供，电信部门主管运营和维护。利用公用电话网的交换局设备或在小区内设置用户远端模块局，可为住户提供市话、长话、特服（如112、114等）、各种新业务以及公用网所开放的增值信息业务，大约有20多种。住宅小区的住户相对比较集中，小区的规模又各不一样，因此在小区物业中心的机房内可设置用户远端模块局，这也是电信部门推荐的一种建设方案。

利用远端用户交换模块，实质上是将电话局交换设备的用户机架及接线器移至远端，其容量可达到几千线。交换局和远端局之间通过光传输系统及一对光纤实现信息的传送。

一般主局和远端局之间均采用单模光纤，在采用发光二极管或激光二极管作为光源时，支持的距离可达几十公里。

采用远端模块局有如下特点：

（1）远端模块局与母局有相同的用户接口、性能、业务提供和话务负荷能力；

（2）所有的维护和计费在母局进行，远端局可以做到无人值守；

（3）远端局的容量可以是几十门至几千门，并方便扩容；

（4）远端局的交换设备占地面积小，只需在物业中心提供相应的房屋、电源、接地体等条件即可安装；

（5）远端局的业务增加和性能改进可随母局一起升级。

对于小区内的集团、企业、公司等单位的用户又可采用集中用户交换机功能的方式，在原有的电话交换机上使用软件去完成虚拟交换。用户可以不建设交换系统，就可实现内部通话及与公用网的电话业务。并且内部通话可不进行计费，用户只需交付入网费，即可享用公用电话网所能提供的多种业务。物业亦可免去日常对交换设备的维护工作。

同时，在电话网上用户可以利用普通电话线，配上一个调制解调器（Modem）拨号上网，实现数据通信，对于大部分的用户来说是较为经济和简便的一种方式。但其有接入速率偏低的感觉，况且语音和数据业务不能同时兼有。

利用现有电话网中的用户双绞线采用ADSL调制解调技术，有较好的应用前景。接入能力上行速率达64～640kbit/s，下行速率可达2～8Mbit/s。ADSL非对称的宽带特性可实现PC机与系统视像服务器之间的网络互联，又不会影响语音业务。最大优点是不需要改变现有的市话用户配线网。此种方式的应用在物业应设置ATM交换设备，参见图13-11。

ATM主要以"信息组"进行复用和交换，克服了分组交换和电路交换方式的局限性，提供64kbit/s～600Mbit/s各种信息业务。对于小区住宅用户可提供的业务主要有VOD、高清晰电视节目、高质量电视信号的传送、可视电话/数字电话业务、电子金融服务等。

（二）住宅小区接入网（表13-9）

各种接入技术的扼要比较　　　　　　　　　　　　　　　　　　　　　表13-9

	速率/(bit/s)	基础设施	主要优点	主要问题	发展前景
模拟Modem	56k	现有电话网	成熟，有国际标准，价格低	速度很低，不能接入视频信息，与电话不能并用	发展有限
N-ISDN	64k/128k	现有电话网	成熟、标准化，与电话并用、价格适宜	速度不高，仍无法接入实时视频	是宽带接入前的过渡

续表

	速率/(bit/s)	基础设施	主要优点	主要问题	发展前景
ADSL	1.5k～8M	现有电话网	利用现有电话线、宽带接入，可与电话并用	价格较高	FTTH 实现前的宽带过渡技术
简化 ADSL	64k～1.5M	现有电话网	用户端不需分离器，价格大大低于 ADSL	不支持数字电视的接入	可能是近期主要的电信宽带接入方案
Cable Modem	2M～36M	现有有线电视网	利用现有有线电视电缆、宽带接入	非全数字化，速率与用户数成反比	FTTH 实现前的广电宽带解决方案
FTTH	155M～622M	新建光纤网	速度极高，能接入所有业务，全数字传输	不够成熟，标准化不够，价格昂贵	理想家庭接入技术

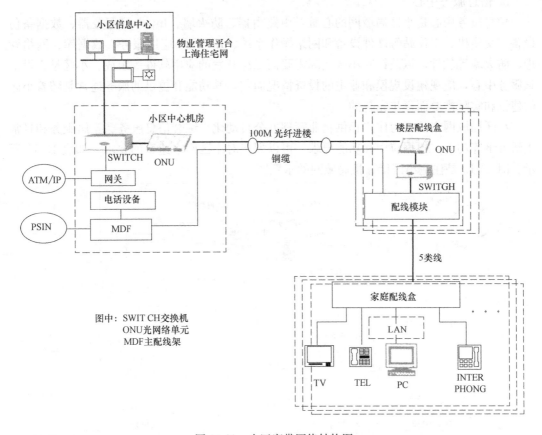

图 13-11　小区宽带网络结构图

一般说来，小区通信接入网的建设可以通过两种方式来实现。一种是在现有家庭通信接入网的基础上，提升和完善现有接入网的技术性能，来满足用户传输中、低速数据和图像的需求，此即 FTTC/双绞线或 FTTB/UTP 铜缆方案。这种方案的最大优点是当前投入少，但后期的升级费用大。该方案可实现用户对低速数据和图像的需求，而用户对高速数据和图像的需求则需要以技术的更新和系统的升级为代价来实现。

另一种是控制网络和数据网络各自单独设网，在建设小区的同时高质量地建设控制信息和数据信息的传输和处理系统，现多采用园区网技术来建立小区局域网。在保证系统高度可靠的基础上，留有满足未来需求的发展数量，虽然一次性投资较大，但未来运行期间不需要再有较大的设备，也不需要进行系统的升级，较好地保护了用户的投资。

（三）住宅小区局域网（LAN）

在住宅小区智能化系统中，计算机局域网是实现"智能化"的关键，即应用计算机网络技术和现代通信技术，建立局域网并与 Internet 互联，为住户提供完备的物业管理和综合信息服务。

小区局域网结构由接入网、信息服务中心和小区内部网络三部分构成。

1. 接入网

一般系指局域网与 Internet 互联网的连接方式。地区用户接入方式可以有多种选择，可以由电信局、有线电视台或其他 ISP（Internet Service Provider）提供该业务。

2. 信息服务中心

信息服务中心是小区局域网的心脏，由路由器、防火墙、Internet 服务器、数据备份设备、交换机、工作站等硬件设备和网络操作系统、Interner 应用服务、数据库、网络管理、防火墙等软件，以及针对小区实际需要而二次开发的应用软件等组成。小区是否设信息服务中心，应视建设规模和业主的投资情况而定，其功能和提供的服务通常是随着小区的建设和实际需要而逐步完善的。

小区局域网主要可为住户提供物业管理办公自动化、综合信息服务、家居服务和日常生活资讯等功能。根据应用和功能要求，可以列出对小区网络速率的要求，如表 13-10 所示。图 13-12 是住宅小区计算机局域网的示意图。

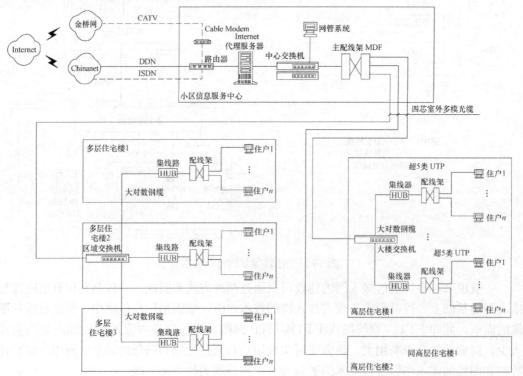

图 13-12   住宅小区计算机局域网示意图

小区网络性能需求一览表　　　　　　　　　　　　　　　　　　表 13-10

需求名称	速率/（bit/s）	说　　　　　明	
住户接入速率	56～300k	小区局域网内仅提供多媒体非实时性应用服务和对 Internet 的访问服务	
	≥1.5M	如果小区内提供 VCD 档次的 VOD［采用 MPEG-1 方式的 CCIR601 格式的录像，720（像素）×488（线）×30（帧/s），数据率为 1.5Mbit/s］	
住户接入速率	≥4M	如果小区内提供 DVD 档次的 VOD（采用 MPEG-2 方式的最低分辨率视像 352×288×30，数据率为 4Mbit/s；中分辨率视像 720×576×30，为 15Mbit/s）	
网站/物业管理服务器接入速率	10M	小区用户数≤100，平均每户≥100kbit/s	高峰时段可假定同时访问数为总户数的 1/10
	100M	100＜小区用户数≤1000，100kbit/s≤平均速率≤1Mbit/s	
	1000M	5000≥小区用户数≥1000，2000kbit/s≤平均速率≤1Mbit/s	
对外互联速率	256k	小区用户数≤100，高峰时段平均每户最低速率≥25.6kbit/s	按 1/10 用户同时访问网站计算
	2M	100＜小区用户数≤1000，20kbit/s＜高峰时段最低速率≤200kbit/s	
	10M	4000≥小区用户数≥1000，25kbit/s＜高峰时段最低速率≤100kbit/s	
VOD 服务器接入速率	100M	可支持 60 路 VCD 节目或支持 25 路低分辨率 DVD 节目的同时传输	
	1000M	可支持 600 路 VCD 节目或 250 路低分辨率 DVD 节目的同时传输，或 60 路中分辨率的 MPEG-Ⅱ 视像节目的传输（720 像素×576 行×30 帧/s）	

（四）住宅小区的布线

小区的布线建设可以分成三个步骤进行，这三个步骤是：

（1）家庭布线——在每个家庭内安装家庭布线管理中心，即家庭配线箱。家庭内部的所有设备电缆都由配线箱分出，连接各个设备。

（2）住宅楼布线——在各个住宅楼设置楼内布线管理中心，即楼内的配线箱。这个楼宇内所有住户的线缆在楼内布线管理中心汇集。

（3）小区布线管理中心——各个住宅楼的线缆在小区布线管理中心汇集。

表 13-11 列出小区的各种设备和传输媒介。

智能化小区各种设备及相应传输线缆　　　　　　　　　　　　　　　　表 13-11

	主　要　设　备	传 输 介 质
家庭智能化设备	红外传感器、人体热释电传感器、超声波传感器 开关式传感器、微波传感器、激光传感器、连接 110 报警机	普通绞线（屏蔽或非屏蔽）或无线传输
	外传报警执行（119 火警）装置、自动喷淋装置 温度传感器、烟雾传感器、煤气泄漏传感器、氧传感器、环境自动调节	普通绞线（屏蔽或非屏蔽）或无线传输
	载波电器控制器、家电自动监测控制（电视机、计算机、音响设备、空调机、其他家电设备） 卫生间排气扇控制、水、电、气阀门控制 自动抄表（电表、水表、气表、热水表、热量表）	普通绞线（屏蔽或非屏蔽）或无线传输
	电冰箱、洗碗机、电饭煲、微波炉、热水器、食品干燥机、消毒碗柜、抽油烟机、调料柜、米柜、燃气灶，工作状态监测及控制	普通绞线（屏蔽或非屏蔽）

续表

主 要 设 备	传 输 介 质
小区物业管理智能化设备	
车辆（自行车）管理	普通绞线
公共区照明控制、声光控开关、定时开关、人体热释电开关	普通绞线
保安人员巡更系统	普通绞线
人员进出管理	普通绞线
电视监控及周边红外监控系统	同轴电缆或绞线
小区智能化通信设备	
小区局域网（以太网）、小区程控交换机、传真、电话、可视电话	光纤、五类双绞线、普通绞线
有线电视系统	同轴电缆、光纤
地下停车场手机、BP机信号呼入、呼出系统 移动电话系统，移动对讲系统	同轴电缆或无线传输

二、住宅小区宽带网的安装设计

宽带接入是相对于普通拨号上网方式而言，拨号上网速率因受模拟传输限制最高只有 56kbit/s，根本无法浏览实时传输的网上多媒体信息，连一般的网页浏览也需较长的等待时间，更不用说网上信息的下载。宽带的定义，即按接入的带宽分类，宽带传输速率 ＞2Mbit/s，而窄带传输速率≤2Mbit/s。

宽带网分为三个层次，分别是核心层、汇聚层、接入层。核心层主要负责 IP 业务汇接，包括广域 ATM 网、宽带骨干 IP 网等。汇聚层主要包括分 DDN 宽带专线接入、100M/1000M（快速/千兆以太网）接入、IP 路由寻址接入等。接入层是直接对用户的最终接入，也就是"最后一公里"，主要包括 10M/100M（LAN）以太网、ADSL（非对称数字线路）、基于 HFC 的 Cable Modem、HomePAN 以及无线接入等方式。下面对目前住宅小区常用的前三种宽带网接入方式的工程设计进行阐述。

（一）FTTB＋LAN（以太网）接入方式与工程设计

我国接入网建设，按照光纤尽量靠近用户，以发展光纤接入网为主的原则，已初步实现了光纤到路（FTTC）、光纤到办公室（FTTO）、光纤到楼（FTTB）。目前的发展方向是光纤以太网加局域网接入，即 FTTB（光纤到楼）＋LAN 的方式。这样，光纤可敷设到楼边，楼内采用局域以太网的方式，线路采用五类双绞线连接。用户无需要任何调制解调设备，在电脑内加装一块以太网网卡即可。这样成本较低，还能提供10～100Mbit/s 的用户接入速率，而且便于管理、维护，是新建小区的首选接入方式。

由于宽带接入商通常采用先投资，再回报的投资策略，所以一般先为小区免费布线，网络开通前的费用均由宽带接入商投资。在做设计前必须先由小区开发商与宽带接入商签订协议，此后由宽带接入商提供一份技术要求任务书，供小区开发商提供给设计人员设计单体建筑时参考。因设备、线路由宽带接入商垫资，所以设备、线材均由其选型，配置采用低配置型综合布线设计，电话线路仍采用传统电话配线、配管方式。宽带接入只考虑每户设置一个信息接口，如需多个信息接口，需住户自行安装小型 HUB，家庭信息箱中即可提供一个四口 HUB，复式住宅及别墅不受此限制。设计单位根据技术要求条件书，进行楼内盒箱及管线预埋，通常有两种做法：单式和楼栋式。其管线设计方案分别见图13-13和图13-14。图13-13为楼栋式进线。三个单元分别表示了两种垂直干管配管方法。图13-14中表示单元式进线。分线盒出线采用电话、数据共管配线至家庭信息配线箱的配线方式。是否采用信息配线箱由工程设计定，一般非智能化住宅可不采用家庭信息配线箱。智能化住宅因牵涉系统较多（如电视、电话、宽带网、访客对讲、三表远传、家庭报警等），需采用家庭信息配线箱。两种配管方式均可采用，具体由宽带接入商确定。

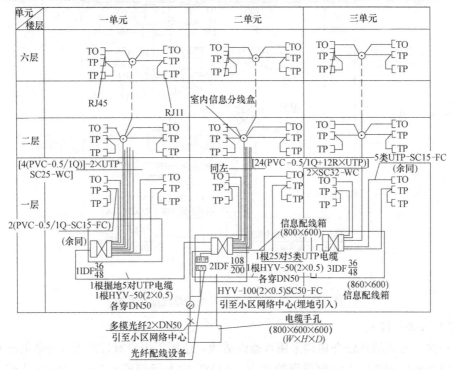

图 13-13　楼栋式宽带网及电话配线系统

　　单元式配线，需在每栋楼前设置人孔，与单元电缆手孔相连。楼栋式配线则直接由楼前电缆手孔暗配管至信息配线箱（860mm×600mm×160mm，$W \times D \times H$）。信息配线箱中含有水平安装数据、语音配线架、垂直安装 HUB（以太网交换机）。配线箱暗敷设于单元楼道底层墙上，安装高度底边距地 1.4m。HUB 等设备的供电分别引自公共照明回路，线路采用 BV-500（3×2.5）SC15-FC，并应根据现场供电情况决定是否增加 UPS 供电设备。电话及信息接点均采用不同的配线架，再由一层分别供至各层配线盒。配线盒安装高度距顶 0.3m。由各层配线盒至每户家庭信息配线箱及信息插座均采用穿管暗敷。如采用家庭信息配线箱，其安装高度距地 1.8m。盒和箱的预埋尺寸应根据设计，参考样本选定。其管径截面利用率双绞用户线为 20%～25%，平行电话用户线为 20%～30%。施工暗管及盒和箱时，宽带接入商均需配合施工，线路穿放由其自行施工。小区应设置交换机房，面积在宽带接入商提供的技术任务书中确定，宜设于小区中心会所内或物业管理中心。机房设计牵涉网络设计，由宽带接入商设计、施工。占用房间面积由宽带接入商向小区房地产开发商提出要求，由房地产开发商统一规划、设计、施工，再销售或租赁给宽带接入商。

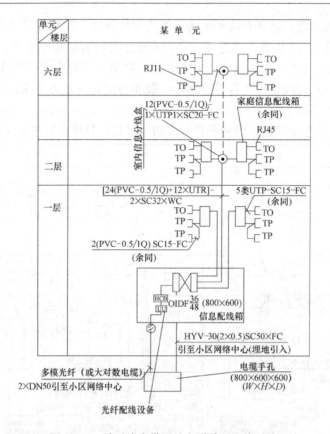

图 13-14　单元式宽带网及电话单元配线系统

（二）ADSL 接入

这种接入方式的传输介质均采用普通电话线，适用于用户宽带需求较分散的已有住宅小区，以及光纤短期内无法敷设到的地方。ADSL 的上行信道有 25 个 4kHz 信道，最高上行速率可达 864kbit/s，一般为 640kbit/s。下行信道有 249 个 4kHz 信道，最高下行速率为 8Mbit/s。由于与普通模拟电话占用不同的区段（模拟电话：20Hz～3.4kHz，XDSL2.5～3.4kHz），所以可在一对电话双绞线上同时传输语音和数据信号，只需加装一个分离器和 ADSL MODEM 即可。但采用此技术需建成一批 ADSL 市话端局，其接入商只有中国电信一家，接入方案主要有 ADSL 直接接入及 ADSL＋LAN 方式。ADSL 直接接入需在电信局设置 DSLAM（DSL Acess Mux 即 DSL 多路复用器），因多路复用器价格较高，所以此种接入方式成本较高，不适宜推广。而 ADSL＋LAN 的方式，数据从住宅楼到小区直至电信局仍采用光纤以太网方式，楼内则采用 MINIADSL 作为 ADSL 端局，既可省去繁杂的入户线路改造，又降低了 DSLAM 的造价，而且传输距离长，是 ADSL 接入的发展方向。但因电信局不同意此接入方式，而只同意采用直接接入的方式，所以尽管 ADSL＋LAN 有诸多优点，但仍未能得到推广。由于此方式均为电信局端设备改造，用户端无需对线路进行改造，所以多为电信系统自行设计，故不详述。

（三）HFC 接入

现有 HFC（有线电视光纤同轴混合网）经过双向改造后，使用 Cablc Modem 就可以构成宽带接入网。一般 HFC 上行数据信道利用 50HMz 的低频段采用 QSPK 或 16QAM

调制方式，下行数据信道利用 170MHz 以上的频段，Cable Modem 采用 DOC-SIS 标准。

由于 HFC 采用总线制结构，共享频段，用户和邻近用户分享有限的宽带，当一条线路上用户激增时，速度将会减慢。所以为保证接入速度，小区内用户通常只能满足 500 户需求，否则需将一个小区拆分成几个区段，才能保证下行速率为 30Mbit/s，用户端可提供 10Mbit/s 接口。由于受用户数限制，仅有部分小区采用 HFC 方式。现在广播电视局基本采用 HFC＋LAN 方式，因 HFC 的行政主管为广播电视局，所以与 ADSL 接入方式一样缺少接入商竞争。

传统 HFC 做法是用户加装分配器分别接至信息接口及电视接口，因广播电视局未获得电话经营权，所以无法提供电话接口。用户加装 Cable Modem，根据授权密码使用数据接口。

HFC 接入网的主干系统采用光纤，配线部分则使用现有 CATV 网中的树形分支结构的同轴电缆。每个光网络单元（ONU）连接一个服务区（SA），每个服务区内的用户数一般在 500 户左右（基于通信质量和价格的综合考虑）。用户 PC 需要配置 Cable Modem（电缆调制解调器）才能上网。Cable Modem 可以是单独的设备，也可以是机顶盒中的一块插卡（机顶盒中还可以插入数字电视卡，以便在模拟电视机上接收数字电视节目，或者插入 IP 电话卡实现在因特网上打电话）。每个 Cable Modem 在用户端有 2 种接口：连接模拟电视机的 AUI 接口和连接 PC 机的 RJ45 双绞线接口。Cable Modem 多采用非对称结构，下行速率达 3M～10Mbit/s，上行速率可达 200k～2Mbit/s。

上述三种住宅小区宽带网接入方式的优缺点如表 13-12 所示。

三种住宅小区宽带网接入方式的优缺点比较 表 13-12

	优 点	缺 点	使用/计费方式
LAN	（1）用户端不需各种调制解调器； （2）高速：每户独享 10M 带宽； （3）除了 Internet 高速接入外，ASP 还提供小区专用虚拟服务器，便于小区实现网络化物业管理和内部信息服务	（1）必须敷设专用网络布线系统； （2）网络设备需占用建筑面积	（1）专线上网，不需拨号； （2）包月计费，不限使用时间
ADSL	利用电话线，不需专门布线	（1）用户端需要 ADSL Modem 作接入设备； （2）仅作为 Internet 接入通道，信息内容受制于 ISP	（1）专线上网，不需拨号； （2）包月计费，不需缴付电话费，速率 1～4M 可选，使用费用相应递加
HFC	利用双向有线电视网络	（1）树型网络结构，传输速率取决于同一光节点下的用户数量，用户增多速率下降，通常下行速率只有 1～2Mbit/s，常见的是 400～500Mbit/s； （2）用户端需要 Cable Modem 作接入设备； （3）仅作为 Internet 接入通道，信息内容受制于 ISP	（1）与有线电视混用，不需拨号； （2）提供几种包月计费套餐，不限使用时间

第五节   住宅小区综合布线系统

智能化住宅小区的一个重要特征在于小区的网络化。网络化使信息高速公路进入每一个家庭，为每一个家庭提供了畅通的信息交流空间；同时，网络化也使整个小区系统的物流运动在信息流的合理控制与支配下良好地运行。智能小区的综合布线系统为实现网络化提供了物质基础和基本途径。

一、住宅小区综合布线系统的配置与拓扑结构

（1）建设城市住宅小区或住宅楼时，应在住宅小区或住宅楼建设用地范围内预埋地下通信配线管道；在楼内预留设备间、交接间、暗配线管网系统。

（2）对于综合布线的系统分级、传输距离限值、各段缆线长度限值和各项指标等本规范未涉及的内容均应符合国家标准《建筑与建筑群综合布线系统工程设计规范》GB/T 50311—2000 的有关规定。

（一）住宅小区综合布线系统的配置

建筑物内的综合布线系统应一次分线到位，并根据建筑物的功能要求确定其等级和数量，宜符合下列规定：

1. 基本配置

适应基本信息服务的需要，提供电话、数据和有线电视等服务。

（1）每户可引入 1 条 5 类 4 对对绞电缆；同步敷设 1 条 75Ω 同轴电缆及相应的插座。

（2）每户宜设置壁龛式配线装置，每一卧室、书房、起居室、餐厅等均应设置 1 信息插座和 1 个电缆电视插座；主卫生间还应设置用于电话的信息插座。

（3）每个信息插座或电缆电视插座至壁龛式配线装置，各敷设 1 条 5 类 4 对对绞电缆或 1 条 75Ω 同轴电缆。

（4）壁龛式配线装置（DD）的箱体应一次到位，满足远期的需要。

2. 综合配置

适应较高水平信息服务的需要，提供当前和发展的电话、数据、多媒体和有线电视等服务。

（1）每户可引入 2 条 5 类 4 对对绞电缆，必要时也可设置 2 芯光纤；同步敷设 1~2 条 75Ω 同轴电缆及相应的插座。

（2）每户宜设置壁龛式配线装置，每一卧室、书房、起居室、餐厅等均应设置不少于 1 个信息插座，或光缆插座，以及 1 个电缆电视插座，也可按用户需求设置。主卫生间还应设置用于电话的信息插座。

（3）每个信息插座、光缆插座或电缆电视插座至壁龛式配线装置，各敷设 1 条 5 类 4 对对绞电缆、2 芯光缆或 1 条 75Ω 同轴电缆。

（4）壁龛式配线装置（DD）的箱体应一次到位，满足远期的需要。

（二）城市住宅小区和住宅楼的综合布线系统的拓扑结构

（1）拓扑结构应符合图 13-15 的规定，相关长度应符合如下要求：

1）分界点（DP），即主端接至最远住户信息插座的电缆总长度不应大于 150m；

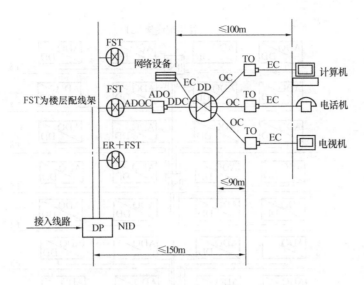

图 13-15 住宅综合布线系统的拓扑结构

2）每户配线装置（DD）至户内最远用户终端的信息插座电缆（OC）、设备软线（EC）和配线装置（DD）的跳线总长度不应大于 100m；

3）信息插座电缆（OC）不应大于 90m；

4）配线装置（DD）的跳线和设备软线（EC）的总长度不应大于 7.6m；

5）设备软线和跳线的衰减大于实芯铜线的对绞电缆，应注意核算电气长度，折算为物理长度，使衰减指标符合规定。

（2）住宅楼，每层户数较多，采用分层配线方式，如图 13-16 所示。其中 FST 不一定每层都设置，只要 FST 至 ADO/DD 的长度不超过 90m，几层楼可以共用一个 FST。这种方式适用于每户房间较多，且面积较大、有多台计算机终端，在 DD 处设置 HUB（集线器或交换机）的情况。如果每户仅 1 台计算机终端，HUB 集中设置在 FST 时，则 FST 至每户信息插座的电缆总长度不应超过 90m。

（3）住宅楼，每层住户数较少，采用按住宅单元垂直配线方式，如图 13-17 所示。这种方式不设置 FST。在底层 DP 处集中设置 HUB，DP 至每户信息插座的电缆总长度不应超过 90m；如果住宅楼规模较大，集中设置 HUB 有困难，也可在每一单元的底层设 FST，在各 FST 处设置 HUB，选择其中易于与城市业务提供者衔接的 FST 作为 DP（可选择住宅区的集中管理部门所在地）。此时，每一个 FST 至每户信息插座的电缆总长度不应超过 90m，FST 之间以及 FST 至 DP 之间的电缆长度不应超过 90m，光缆长度不应超过 500m。

（4）多个独立式住宅组成的建筑群。这种方式可将每一幢独立式或排列式住宅视为一个楼层，设 FST；每住户设 ADO/DD；在各 FST 处设置 HUB；选择其中易于与城市业务提供者衔接的 FST 作为 DP（可选择住宅区的集中管理部门所在地）。此时，每一个 FST 至每户信息插座的电缆总长度不应超过 90m，FST 之间以及 FST 至 DP 之间的电缆长度不应超过 90m，光缆长度不应超过 500m。如果住宅小区规模较大，还可增加光缆长度，并应符合多模光缆不大于 2000m、单模光缆不大于 3000m 的规定。

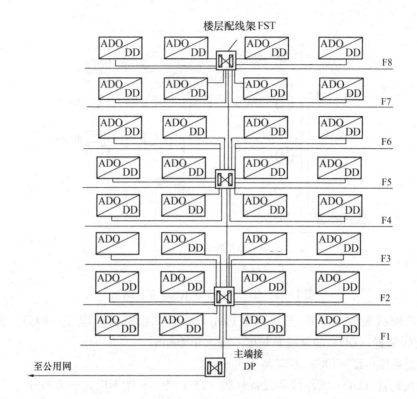

图 13-16　采用分层配线的多层大厦主干布线系统

（三）多层住宅楼布线系统

多层住宅楼布线系统设计方案共四种（图 13-18）。这四种设计方案的网络接口设备和主配线设备设置相同，主配线设备至各辅助分离信息插座 ADO/配线箱 DD 的路径不同，并根据所需进线光缆和电话电缆、电视同轴电缆数量及备用管数量确定。

1. 方案一

各单元的各层均设置楼层配线箱，从主配线设备引至每个楼层配线箱的一组电缆，经楼层配线箱将电缆分配给各住户的辅助分离信息插座 ADO/配线箱 DD。该方案见图 13-18 中的 1 单元。

2. 方案二

各单元的每三层（或每两层）设置一个楼层配线箱，从主配线设备引至每个楼层配线箱的一组电缆，经楼层配线箱将缆线分配给本层及上下层各住户的辅助分离信息插座 ADO/配线箱 DD。该方案见图 13-18 中 2 单元。

3. 方案三

不设置配线箱，从主配线设备接引至各单元各住户的 ADO/DD 一组电缆。该方案见图 13-18 中 3 单元。

4. 方案四

各单元的一层设置一个单元配线箱，该单元配线箱负责每个单元的配线。从主配线设备引至每个单元配线箱的一组电缆，经单元配线箱分配给各住户的 ADO/DD。该方案见图 13-18 中的 4 单元。

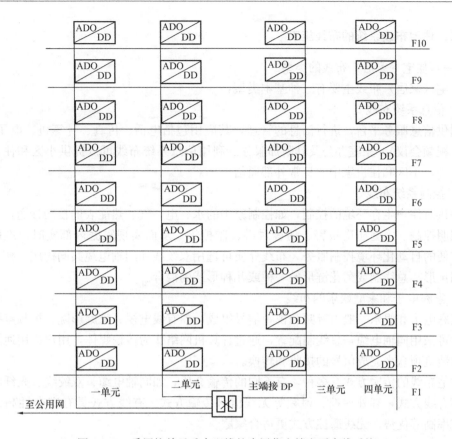

图 13-17　采用按单元垂直配线的多层住宅楼主干布线系统

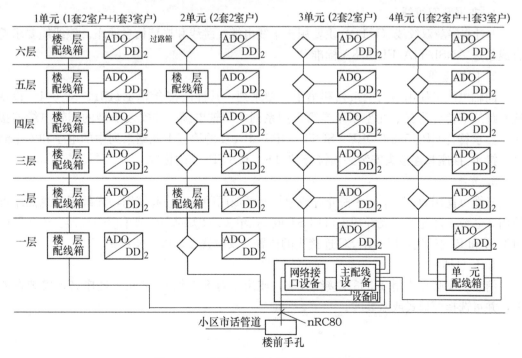

图 13-18　多层住宅楼布线系统设计方案图

二、住宅布线系统的布线施工

（一）住宅（家居）布线的类型

住宅（家居）布线主要有三种基本类型：

1. 信息系统布线

提供信息服务平台，进行信息的管理，其应用包括电话、传真、计算机、电子邮件、电视（视频会议）、家庭办公及其附加服务。利用信息系统布线可以提供小区和住户间的信息管理，小区和住户家中的日常外部通信。

2. 控制系统布线

提供对住户生存环境的控制，如控制家中的水、电、气、热能表的自动抄送，空调自控、照明控制、家庭防盗报警、访客对讲、监控等，从而实现家庭内部实时、准确、有效、方便的自动化环境控制服务。布线介质可选用双绞线和同轴电缆共同构成，拓扑结构可采用星形、总线制或菊花链形的一种或几种形式的混合。

3. 家庭电子和家庭娱乐的布线

家庭电子和娱乐一般由音频和视频信号组成，如有线电视、家庭影院、视频点播。传输介质可采用同轴电缆，总线制配置，通过计算机网络作为传输媒体，用户也用通过在电视上加装机顶盒来完成信号的接收和转换。

住宅布线的传输方式有多种，有不同的传输介质，如同轴电缆、双绞线、光纤电力线载波等有线方式，红外遥控、射频等无线信号传输方式。有线方式具有安全性高、容量大、速率高等优势，无线遥控方式更适合家庭。

（二）住宅布线系统线缆、信息插座（表 13-13）

1. 非屏蔽双绞线

4 对非屏蔽双绞线（UTP）主要用于干线电缆、跳线和连接信息插座。该线缆要求符合或超过 ANSI/TIA/EIA568A 标准。

2. 同轴电缆

同轴电缆可使用第六型系列和第十一型系列，其性能符合 SCETEIPS-SP-001。设备线和跳线应符合第五十九型系列或第六型系列的同轴电缆，并安装阴型的同轴电缆连接头，要求符合 GR-1503-CORE、SCTE　IPS-SP-404 的第五十九型系列中的电子和安全测试，接头/插座和连接头安装必须符合 SCTE　IPS-SP-40 的标准。

3. 光缆

光缆可使用 $50/125\mu m$ 多模光纤或单模光纤或两种光纤一起使用，光纤到信息插座可使用 2 芯或 4 芯光纤。光纤插头可用 ST 或 SC 单头/双头的多模或单模连接器。连接器应附加 A 和 B 的标记，以表示 SC 连接头的位置一及位置二，以方便识别。

4. 信息插座

信息插座必须使用 T-568A 接线方法，使用 4 对 8 芯插座/插头。插座必须安装在墙上，并可选择面板式或盒装式。

住宅楼综合布线的要求　　　　　　　　　　　　　　表 13-13

装置	基本配置	综合配置
引入缆线	1 条 5 类 4 对双绞线电缆， 1 条 75Ω 同轴电缆	2 条 5 类 4 对双绞线电缆，必要时可设 2 芯光缆， 1~2 条 75Ω 同轴电缆
壁龛式配线装置 （ADO/DO）	1 个，箱体应一次到位，并满足 远期需要	1 个，箱体应一次到位，并满足远期需要
信息插座	每一卧室、书房、起居室、餐厅 等均应设置 1 个信息插座和 1 个有 线电视插座，主卫生间还应设置电 话信息插座	每一卧室、书房、起居室、餐厅等均应设置至少 1 个 信息插座或光缆插座，以及 1 个有线电视插座，主卫生 间还应设置电话信息插座，也可按用户需求设置
宅内配线	每个信息插座或电视插座至 DD 各敷设 1 条 5 类 4 对双绞线电缆或 一条 75Ω 同轴电缆	每个信息插座、光缆插座或电视插座至 DD 各敷设 1 条 5 类 4 对双绞线电缆、2 芯光缆或一条 75Ω 同轴电缆

（三）住宅布线系统的设置要求

1. 配线箱 DD 设置

住宅配线箱 DD 如图 13-19 的虚线框内，它必须安装在每个家庭内，安装的位置应便于安装和维修。DD 内安装有源设备时，需要由配电箱为配线箱 DD 提供一个交流 220V、15A 独立回路的电源供电。

2. 各种信息插座的设置

信息插座的设置一定要保证足够数量，考虑到未来发展的需要。客厅设置四种信息插座，以满足电话、电视、计算机、传真机的需要；书房设置四种信息插座，以满足电话、电视、计算机、传真机的需要；主卧室、卧室各设置三种信息插座，以满足电话、电视、计算机的需要；餐厅设置两种信息插座，以满足电话、电视的需要；卫生间设置一种信息插座，以满足电话的需要；厨房设置一种信息插座，以满足电话的需要。信息插座的设置方法既要满足住户现有的需要，也要满足住户今后房间功能的改变或家具摆放位置改变时的需要。未来服务升级或引入新的服务时，只需将新的硬件设备接到信息插座的缆线上即可。

3. 主配线间

主配线间主要放置分界点、辅助分离缆线、主干缆线、有源设备、保护设备及其他需要与服务供应者接入线连接的设备等。

4. 楼层配线间和楼层配线处

楼层配线间和楼层配线处是主干和辅助分离信息电缆端接处，设置楼层配线箱。楼层配线间是安装楼层配线箱的房间。楼层配线处是将楼层配线箱安装在某一墙上的地方。

楼层配线间和楼层配线处要求设置在每层或者每三层（上层、本层和下层）或根据实际情况每若干层设置一个。楼层配线间和楼层配线处应方便接线。

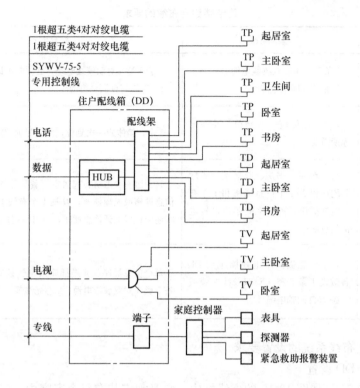

图 13-19 住户配线箱（DD）接线示意图

高层住宅楼中，采用楼层配线间。楼层配线间设置在弱电竖井内。

多层住宅楼中，采用楼层配线处。楼层配线处设置在楼梯间内。

楼层配线箱在墙上的最小占用面积应大于表 13-14 中的要求。

楼层配线箱的最小占用面积要求　　　　　　　　　　表 13-14

名　　称	等级一家居布线	等级二家居布线
楼层配线箱的最小面积（可供五个家庭单元）	370mm（宽）×610mm（高）	775mm（宽）×610mm（高）
每增加一个家庭单元楼层配线箱所需增加的最小面积	32270mm²	64540mm²

5. 设备间

设备间可包括主配线间和楼层配线间，一个设备间通常不仅包含服务接线端，还有不同空间的要求。设备间有电源、空调通风系统。

6. 主干布线

双绞线和光纤应采用星形拓扑结构，同轴主干电缆可采用星形或总线制拓扑结构。

图 13-20、图 13-21 是住宅小区和高层住宅的光纤到户通信系统图。图 13-22、图 13-23 是两个住宅的布线平面图示例。

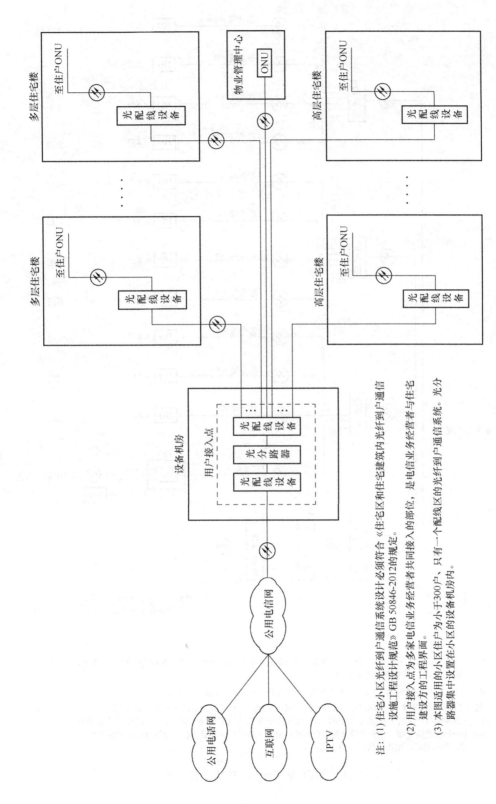

图 13-20　住宅小区光纤到户通信系统

注：(1) 住宅小区光纤到户通信系统设计必须符合《住宅区和住宅建筑内光纤到户通信设施工程设计规范》GB 50846-2012的规定。

(2) 用户接入点为多家电信业务经营者共同接入的部位，是电信业务经营者与住宅建设方的工程界面。

(3) 本图适用的小区住户为小于300户，只有一个配线区的光纤到户通信系统。光分路器集中设置在小区的设备机房内。

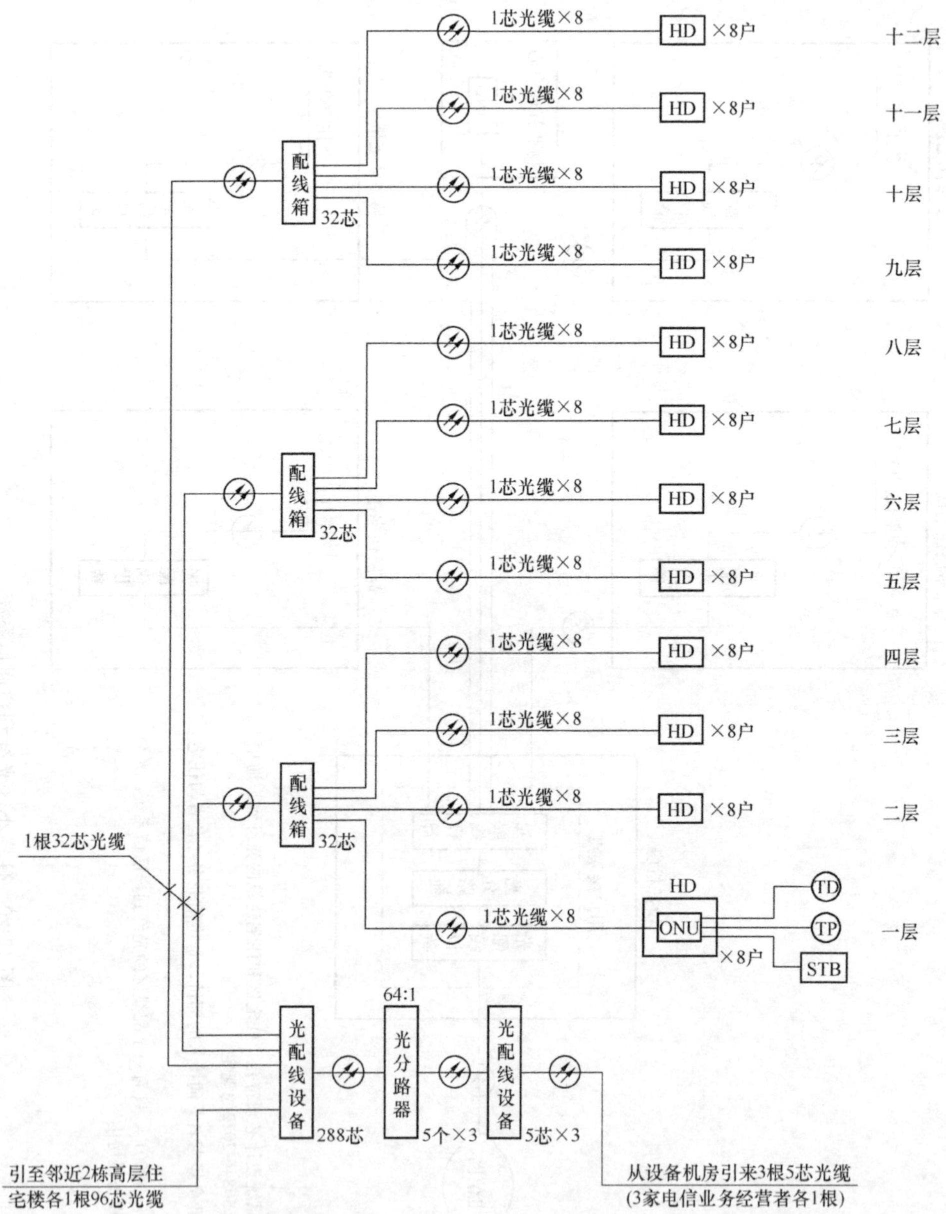

注:

(1) 本图为光纤到户接入网技术的光纤到户方案,支持语音、数据、IPTV的应用。本系统按每层8户考虑,为每户提供1根1芯光缆。图中HD为住户配线箱。

(2) 本图以十二层住宅楼为例,1栋十二层住宅楼有1个楼门(单元),每层有8个住户。

(3) 3栋邻近的高层住宅楼(共288户)组成一个配线区,配线区所有光分路器设置在弱电间(电信间)内,光分路器的支路侧端口数应大于本配线区的用户数。配线区应满足3家电信业务经营者配线设备、光分路器设置。

(4) 本图中所标出配线光缆、用户光缆及配线设备的容量为实际需要计算值,在工程设计中应预留不少于10%的维修余量,并按光缆、配线设备的规格选用。

图 13-21 高层住宅光纤到户通信方案示例

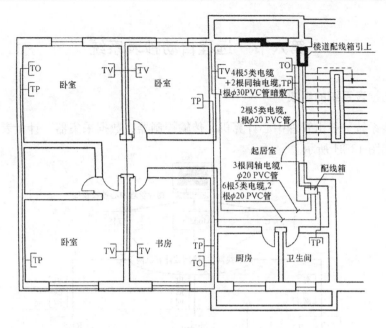

图 13-22　某住宅楼综合布线工程平面图

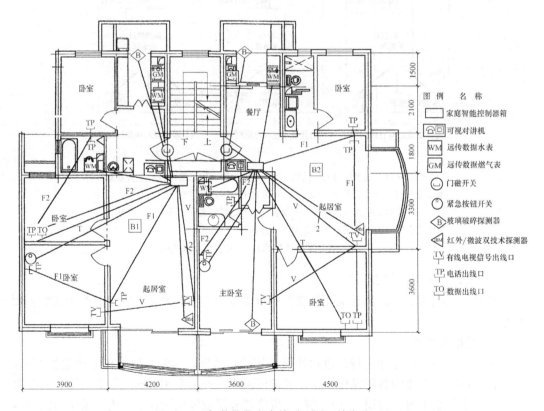

图 13-23　智能化住宅布线平面图（单位：mm）

第六节　远程自动抄表系统

一、自动抄表系统的组成

自动抄表系统一般由管理中心计算机、传输控制器、数据采集器、计量表及其传输方式等组成，如图 13-24 所示。

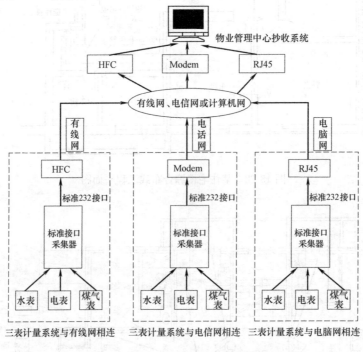

说明

(1) 标准接口三表系统可与有线网、电信网、电脑网做系统集成。它提供标准 232 接口，可走三个网的总线，三种方式根据用户具体要求。

(2) 标准接口采集器可以连一户的水表、电表、煤气表，也可单连一个单元的水表、电表或煤气表。表具数为 64 块。

图 13-24　SKJ 标准接口水电气多表远程系统图

（一）水表、电表、气表

可用传统的机械式表，但需加装传感器，目前市面上已有带脉冲输出的电子式电表和远传水表。

（二）数据采集器

对基表（用户表）脉冲进行计数和处理，并存贮结果，同时将数据传至传输控制器，并接收传输控制器发来的各种操作命令；通常可做成一种表专用，或三种表共用。对于多层住宅，采集器集中设在首层，而高层住宅可将其分层或隔层设在竖井内。采集器需提供 220V 电源；可根据基表数量来确定采集器的数量。采集器与基表的连线可采用线径为 0.3~0.5mm 的四芯线，如 RVVP-4×0.3，连线距离一般不宜超过 50m。

（三）传输控制器

作用是定时或实时抄录采集器内基表的数据，并将数据存储在存储器内，供计算机随时调用，同时将计算机的指令传输给采集器。控制器可设在小区管理中心，挂墙安装，需220V电源。可根据采集器的数量来确定控制器的个数，控制器与采集器的通信可采用专线方式，通过RS-485串行接口总线将控制器与采集器连接，线路最长可达1km（图13-24）；也可采用电力载波方式（图13-25），利用低压220V电力线路作通信线路。为此，要求控制器与采集器所接电源应在同一变压器的同一相上；同时，对电源质量有一定要求，如线路上不能有特殊频率干扰，电网功率因数 $\cos\phi\geqslant0.85$ 等。

（四）管理中心计算机

调用传输控制器内基表数据，将数据处理、显示、存储、打印，并向控制器发出操作指令。系统一般具有查询、管理、自动校时、定时或实时抄表、超载报警、断线检测等功能。中心计算机对一个小区而言，可设在小区管理中心；对一个行业而言，可设在行业主管部门的管理中心（如供电部门可设一个抄表中心对所有电表进行自动抄表）；对一个城市而言，可设在城市三表管理中心（如果存在的话）。中心计算机与控制器的通信通常有专线方式：通过RS-485串行接口总线，将传输控制器与计算机连接，连线最大距离可达3km。如果控制器与计算机设在同一处，则可通过RS-232接口相连；共用电话网通信方式，将计算机和控制器通过调制解调器接入公用电话网（不需专线，需抄表时才接入使用）。

二、自动抄表系统的方式

自动抄表系统的实现主要有几种模式，即总线式抄表系统、电力载波式抄表系统和利用电话线路载波方式等。总线式抄表系统的主要特征是在数据采集器和小区的管理计算机之间以独立的双绞线方式连接，传输线自成一个独立体系，可不受其他因素影响，维修调试管理方便。电力载波式抄表系统的主要特征是数据采集器将有关数据以载波信号方式通过低压电力线传送，优点是一般不需要另铺线路，因为每个房间都有低压电源线路，连接方便。其缺点是电力线的线路阻抗和频率特性几乎每时每刻都在变化，因此传输信息的可靠性成为一大难题，故要求电网的功率因数在0.8以上。另外，电力总线系统是否与（CATV、无线射频、互联网络等）其他总线方式的相互开放和兼容，也是一个要考虑的因素。

（一）电力载波式自动抄表系统（图13-25）

电力载波采集器与电表、水表、煤气表内传感器之间采用普通导线直接连接。电表、水表、煤气表通过安装在其内传感器的脉冲信号方式传输给电力载波采集器。电力载波采集器接收到脉冲信号转换成相应的计量单位后进行计数和处理，并将结果存储。电力载波采集器和电力载波主控机之间的通信采用低压电力载波传输方式。电力载波采集器平时处于接收状态，当接收到电力载波主控机的操作指令时，则按照指令内容进行操作，并将电力采集器内有关数据以载波信号形式通过低压电力线传送给电力载波主控机。

管理中心的计算机和电力载波主控机之间是通过市话网进行通信的。管理中心的计算机可以随时调用电力载波主控机的所有数据，同时管理中心的计算机通过电力载波主控机将参数配置传送给电力载波采集器。管理中心的计算机具有实时、自动、集中抄取电力载波主控机的数据，实现集中统一管理用户信息，并将有关数据传送给银行计算机等。

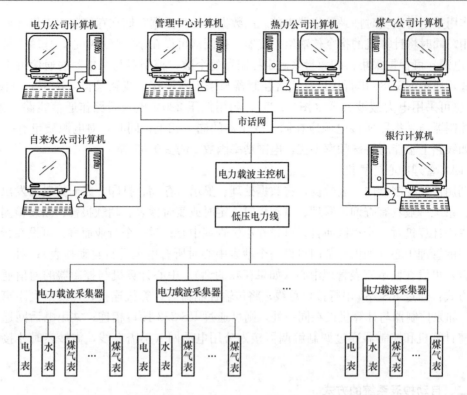

图 13-25   电力载波式集中电、水、煤气自动计量计费系统

（二）总线式自动抄表系统（图 13-26）

该系统采用光电技术，对电表、水表、煤气表的转盘信息进行采样，采集器计数记录数据。所记录的数据供抄表主机读取。在读取数据时，抄表主机根据实际管辖用户表的容量，依次对所有用户表发出抄表指令；采集器接收指令正确无误后，立即将该采集器记录的用户表数据向抄表主机发送出去；抄表主机与采集器之间采用双绞线连接。

管理中心的计算机可以对抄表主机内所有环境参数进行设置，控制抄表主机的数据采集，并读取抄表主机内的数据，进行必要的数据统计管理。管理中心的计算机与抄表主机之间通过市话网通信。管理中心的计算机将电的有关数据传送给电力公司计算机系统，水的有关数据传送给自来水公司计算机系统，热水的有关数据传送给热力公司计算机系统，煤气的有关数据传送给煤气公司计算机系统。管理中心的计算机可以准确、快速地计算用户应交的电费、水费和煤气费，并在规定的时间将这些数据传送给银行计算机系统，供用户交费银行收费时使用。

（三）基于 LonWorks 控制网络的自动抄表系统

LonWorks 技术是由美国 Eschlon 公司于 1990 年底推出的全新的智能控制网络技术。它将网络技术由主从式发展到对等式，又发展到现在的客户/服务器方式。它不受总线式网络拓扑单一形式的限制，可以选用任意形式的网络拓扑结构。它的通信介质也不受限制，可用双绞线、电力线、光纤、天线、红外线等，并可在同一网络中混合使用。在 LonWorks 技术基础上建立的自动抄表系统，使我们在今后智能化小区的建设中，可以非常简捷地进行系统扩充、升级、增加，如小区安全防范系统、小区停车场管理系统、小区公共照明控制系统、小区电梯控制系统、小区草地喷淋控制系统、住户家电智能化控制系

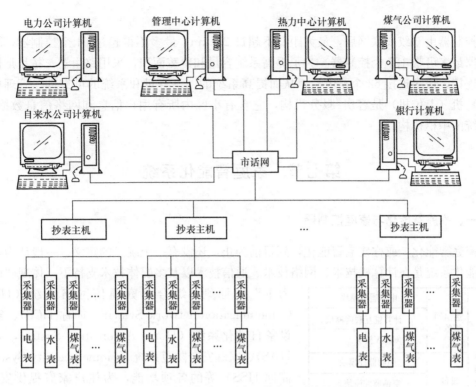

图 13-26 总线式集中电、水、煤气自动计量计费系统

统等。

图 13-27 是基于 LonWorks 总线技术的自动抄表系统。该系统使小区内所有住户实现防盗报警（包括室内红外移动探测，非法进入，门磁开关，红外对射）、煤气泄漏报警、紧急求助报警，及对住户的水表、电表、煤气表的远程抄表计量功能。

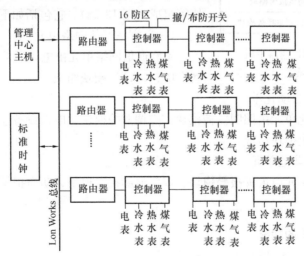

图 13-27 基于 LonWorks 总线技术的自动抄表系统

它由管理中心主机（上位微机）、校准时钟、路由器、控制器组成。每个路由器最多可连接 64 个控制器，在 2.7km 内可连接任意多个路由器，如果需要延长，可增加复合器

节点。

控制器由双绞线联网后，最大距离不超过 2.7km，最多不得超过 64 个控制器，增加重复器最多可带 127 个控制器。为了提高系统容量和覆盖面积，采用路由器，按星形网络结构连接，最多连接 62 个路由器，从而提高系统的网络容量和系统的可靠性。管理中心的计算机（上位机）是客房/服务机构，它含有小区内所有用户信息和网络信息数据库，是系统的中枢机构。

第七节　家庭智能化系统

一、家庭智能化与家庭控制器

家庭智能化，或称住宅智能化，到目前为止，还没有一个统一的定义。一般认为，家庭智能化系统是在计算机技术、网络技术、通信技术以及多媒体技术支持下，体现"以人为本"的原则，综合家庭通信网络系统（Home Communication network System，简称 HCS）、家庭设备自动化系统（Home Automation System，简称 HAS）、家庭安全防范系统（Home Security System，简称 HSS）等的各项功能，为住户家庭提供安全、舒适、方便和信息交流通畅的生活环境。

家庭控制器主机	通信网络单元	电话通信模块
		计算机互联网模块
		CATV模块
	设备自动化单元	照明监控模块
		空调监控模块
		电器设备监控模块
		三表数据采集模块
	安全防范单元	火灾报警模块
		煤气泄漏报警模块
		防盗报警模块
		对讲及紧急呼救模块

图 13-28　家庭控制器主机的组成

目前，家庭智能化系统大多以家庭控制器（亦称家庭智能终端）为中心，综合实现各种家庭智能化功能。图 13-28 是一种家庭控制器主机的组成。

家庭控制器主机是由中央处理器 CPU、功能模块等组成（图 13-28）。它包括如下三大单元：

（一）家庭通信网络单元

家庭通信网络单元由电话通信模块、计算机互联网模块、CATV 模块组成。

（二）家庭设备自动化单元

家庭设备自动化单元由照明监控模块、空调监控模块、电器设备监控模块和电表、水表、煤气表数据采集模块组成。

（三）家庭安全防范单元

家庭安全防范单元由火灾报警模块、煤气泄漏报警模块、防盗报警模块和对讲及紧急呼救模块组成。

二、家庭控制器的功能

图 13-29 表示以家庭控制器为中心，与户内外设备的连接图。由此可见，其系统的功能如下：

（一）家庭控制器主机的功能

通过总线与各种类型的模块相连接，通过电话线路、计算机互联网、CATV 线路与

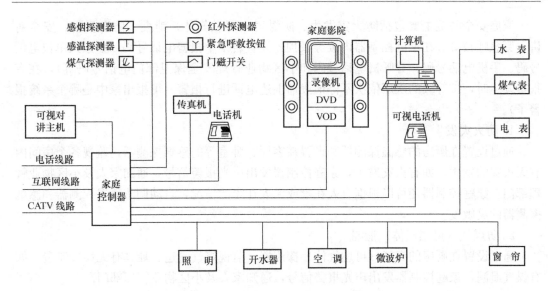

图 13-29 家庭控制器与外部设备的关系

外部相连接。家庭控制器主机根据其内部的软件程序，向各种类型的模块发出各种指令。

（二）家庭通信网络的功能

1. 电话线路

通过电话线路双向传输语音信号和数据信号。

2. 计算机互联网

通过互联网实现信息交互、综合信息查询、网上教育、医疗保健、电子邮件、电子购物等。

3.CATV 线路

通过 CATV 线路实现 VOD 点播和多媒体通信。

（三）家庭设备自动化的功能

家庭设备自动化主要包括电器设备的集中、遥控、远距离异地的监视、控制及数据采集。

1. 家用电器进行监视和控制

按照预先所设定程序的要求对微波炉、热水器、家庭影院、窗帘等家用电器设备进行监视和控制。

2. 电表、水表和煤气表的数据采集、计量和传输

根据小区物业管理的要求，在家庭控制器设置数据采集程序，可在某一特定的时间通过传感器对电表、水表和煤气表用量进行自动数据采集、计量，并将采集结果传送给小区物业管理系统。

3. 空调机的监视、调节和控制

按照预先设定的程序根据时间、温度、湿度等参数对空调机进行监视、调节和控制。

4. 照明设备的监视、调节和控制

按照预先设定的时间程序分别对各个房间照明设备的开、关进行控制，并可自动调节各个房间的照度。

（四）家庭安全防范的功能

家庭安全防范主要包括防火灾发生、防煤气（可燃气体）泄漏、防盗报警、安全对讲、紧急呼救等。在家庭控制器内按等级预先设置若干个报警电话号码（如家人单位电话号码、手机电话号码、寻呼机电话号码和小区物业管理安全保卫部门电话号码等），在有报警发生时，按等级的次序依次不停地拨通上述电话进行报警（可报出家中是哪个系统报警了）。

1. 防火灾发生

通过设置在厨房的感温探测器和设置在客厅、卧室等的感烟探测器，监视各个房间内有无火灾的发生。如有火灾发生，家庭控制器发出声光报警信号，通知家人及小区物业管理部门。家庭控制器还可以根据有人在家或无人在家的情况，自动调节感温探测器和感烟探测器的灵敏度。

2. 防煤气（可燃气体）泄漏

通过设置在厨房的煤气（可燃气体）探测器，监视煤气管道、灶具有无煤气泄漏。如有煤气泄漏，家庭控制器发出声光报警信号，通知家人及小区物业管理部门。

3. 防盗报警

防盗报警的防护区域分成两部分，即住宅周界防护和住宅内区域防护。住宅周界防护是指在住宅的门、窗上安装门磁开关；住宅内区域防护是指在主要通道、重要的房间内安装红外探测器。当家中有人时，住宅周界防护的防盗报警设备（门磁开关）设防，住宅内区域防护的防盗报警设备（红外探测器）撤防。当家人出门后，住宅周界防护的防盗报警设备（门磁开关）和住宅区域防护的防盗报警设备（红外探测器）均设防。当有非法侵入时，家庭控制器发出声光报警信号，通知家人及小区物业管理部门。另外，通过程序可设定报警点的等级和报警器的灵敏度。

4. 安全对讲

住宅的主人通过安全对讲设备与来访者进行双向通话或可视通话，确认是否允许来访者进入。住宅的主人利用安全对讲设备，可以对大楼入口门或单元门的门锁进行开启和关闭控制。

（五）紧急呼救

当遇到意外情况（如疾病或有人非法侵入）发生时，按动报警按钮向小区物业部管理部门进行紧急呼救报警。

第八节　住宅小区各子系统的施工要点

一、住宅布线系统的管线敷设

（1）导管与线槽的尺寸应满足下列要求：

1）导管截面积利用率不大于 40%；

2）线槽截面积利用率不大于 60%；

3）墙体中预埋导管最大外径不宜大于 50mm，楼板中预埋导管最大外径不宜大于 25mm。

（2）明敷在潮湿场所或埋设在地下的金属导管应选用水、煤气钢管；埋设在混凝土内或墙内的 PVC 绝缘导管应采用中型以上的导管。

（3）电缆导管与下列功能管道的距离应符合下列要求：

1）距燃气管：平行净距不小于 0.3m，交叉净距不小于 20mm。

2）距热力管：有保温层，平行净距不小于 0.5m，交叉净距不小于 0.3m；无保温层，平行净距不小于 0.5m，交叉净距不小于 0.5m。

3）距电气线缆导管：平行敷设时不小于 0.3m，交叉时保持垂直交叉。

4）敷设在地下停车场的导管和线槽的安装位置、走向、标高，应与消防、电气、采暖通风等相关专业相协调，且标高距地不小于 2.2m。

（4）线槽穿过墙体、楼板时，穿越处应预留孔洞。

（5）住户私有的停车房或储物间不许设置公用的箱体，明敷的导管和线槽也不宜从其间穿过。

（6）智能化系统的总线接线盒（箱）应设在弱电竖井或公用楼道墙体上，不应置于住户室内。

（7）敷设电缆导管应满足：

1）导管的路由应符合设计要求。

2）导管的埋深应符合下列规定：

① 导管外壁距墙表面不得小于 15mm；

② 室外导管埋深不应小于 0.7m；

③ 埋设在现浇混凝土楼板内的导管应敷设在底层钢筋和上层钢筋之间。

3）现浇混凝土板内并列敷设的导管管距不应小于 25mm。

4）导管连接应符合下列要求：

① PVC 管应采用套管连接，导管插入深度不小于 1.5 倍导管外径；对接的管口应光滑平齐，连接时结合面应采用专用胶粘剂粘接牢固。

② 钢导管熔焊连接时，应采用套管熔焊。套管长度不小于 2 倍导管管径，对接管口光滑平齐，焊接后表面要做防腐、防锈处理。

③ 室外暗埋的金属导管在手孔井处断接时，应采用圆钢熔焊跨接接地线。圆钢直径不应小于 14mm。

④ 导管与线盒、线槽、箱体连接时，管口必须光滑，盒（箱）体或线槽外侧应套锁母，内侧应装护口。

5）敷设导管时，直管段每超过 30m，或含有一个弯头的管段每超过 20m，或含有两个弯头的管段每超过 15m，或含有 3 个弯头的管段每超过 8m，应加装拉线盒。

6）导管敷设后，需做好管口的封口处理，防止浇注时或穿线作业前杂物落入管内造成管路堵塞。

7）金属导管接地必须可靠。镀锌钢导管跨接接地线时，应采用专用接地卡。接地卡间使用截面积不小于 4mm² 的铜芯导线连接；非镀锌钢导管采用螺纹连接时，连接处两端应熔焊跨接接地线。

8）导管通过伸缩缝或沉降缝时应有补偿措施；穿越有防火要求的区域时，墙体洞口应做防火封堵。PVC 管在穿出地面或楼板时应采取保护措施，以免受机械损伤。

9）导管在砌体上剔墙敷设时，应采用强度等级不小于 M10 的水泥砂浆抹面保护。保护层厚度不小于 15mm。

10）金属软管作电缆套管时，长度不宜超过 2m，且应采用管卡固定，固定点间距不应大于 0.5m。金属软管与盒（箱）体或线槽间应采用锁母固定连接，并按照配管规定接地。

11）暗埋导管布管后，应按照施工图逐一检查，确保埋设位置正确，没有漏埋，连接可靠，并经隐蔽工程随工验收合格后，填写"隐蔽工程随工验收单"，才可以实施隐蔽作业。

（8）敷设线槽应满足：

1）应按照设计要求确定线槽支架安装位置及路由，经测量、定位、划线后，才能安装支架。

2）支架间距当设计无要求时，水平段取 1.5～3m，竖直段取不大于 2m；在线槽接头处及转弯处、离线槽出口 0.5m 处，均应安装支架。支架应固定牢固，横平竖直，整齐美观，同一直线段上的支架间距应均匀。

3）水平段线槽盖板距楼板底不小于 300mm，距横梁底不宜小于 50mm。

4）金属线槽必须可靠接地，全长应不少于两处与接地（PE）或接零（PEN）干线相连接。当金属线槽连接处两端采用跨接地线时，应使用截面积不小于 4mm² 的铜芯导线。镀锌金属线槽连接板两端应有不少于 2 个用防松螺帽或有防松垫圈连接的固定螺栓。

5）线槽在跨越建筑物变形缝时，应设置补偿装置；直线段钢制线槽长度超过 30m 时，应设置伸缩节。

6）线槽转弯处应满足槽内敷设电缆所允许的弯曲半径的要求。

7）敷设在竖井内和穿越不同防火区的线槽，应有防火隔堵措施。

（9）桥架中电缆敷设的要求：

1）电缆在桥架中应按设计规定的排列有序地进行敷设。敷设时，电缆应自然平直地布放，不得出现扭绞或打圈，不允许损伤电缆护套，线槽中电缆不应有接头。

2）水平线槽中敷设的电缆每隔 5～10m，或在首尾两端、转弯处两侧应设固定点。竖直线槽中敷设的电缆固定点间距不大于 1m。

3）线槽内电缆敷设后，应盖好盖板并锁紧。电缆出入口应做封口处理。

（10）导管内电缆敷设的要求：

1）同穿在一根导管内的电缆不应扭绞打结，电缆在导管内不应有接头。

2）敷设在地下导管内的电缆应做到"一线到位"，在手孔井中或导管内不应有接头。电缆在手孔井内应有套管保护。套管两头应插入导管内，并做好管口封堵防水处理。

3）电缆在吊顶内或从导管端口引入前端设备时，应采用软管保护，并按规定做好连接。

4）严禁将电缆直接埋入墙内或地板中。

5）电缆敷设时两端应留有余量：

①接线盒内为 100～200mm；

②箱体内为箱体四周周长的一半。

6）多芯电缆敷设的弯曲半径不应小于 6 倍的电缆外径；同轴电缆敷设的弯曲半径不应小于 15 倍的电缆外径。

7）电缆出入建筑物、电缆沟、竖井、柜、盘、箱、台、桥架及管口应做好封口密封处理。

8）电缆敷设到位后，应将电缆盘入盒内或箱内，并要防止水进入盒、箱体内。暂不作接线时，应将电缆端头密封，防止芯线受潮氧化。

9）电缆敷设后两端应加永久性的电缆编号标志。电缆编号应符合设计规定，书写端正、清晰、正确。

（11）光缆敷设的要求：

1）敷设前应核对光缆长度，按施工图给出的敷设长度选配光缆。配盘时，应使接头避开河沟、道路和其他障碍物。

2）光缆经检查确认光纤无断点，光纤衰减值符合设计要求后才能敷设。

3）光缆与电缆同管敷设时，应在暗管内预置塑料子管。子管内径应不小于光缆外径的 1.5 倍。光缆敷设在子管内，电缆敷设在子管外。

4）布放光缆时，光缆的牵引端头应作技术处理，并应采用能自动控制牵引力的牵引机牵引。牵引力不得超过 150kg，牵引速度宜为 10m/min；一次牵引的直线长度不宜超过 1km。管道光缆敷设时，光缆应由人工逐个人孔牵引。

5）光缆敷设的弯曲半径不应小于光缆外径的 20 倍，敷设时不应损伤光缆。

6）光缆敷设时应按设计要求留有余量，设计未做规定时，盘留 3～5m。

7）光缆敷设后，光缆敷设的损耗经检测合格后，才能进行光缆的接续。

8）光缆的接续应由受过专门训练的人员来操作。接续时，应采用仪器进行监视，使接续损耗达到表 13-15 的要求：

光纤接续损耗表（dB）　　　　　　　　　　　　　表 13-15

光 纤 类 别	多 模		单 模	
	平 均 值	最 大 值	平 均 值	最 大 值
独 接	0.15	0.30	0.15	0.30
机械接续	0.15	0.30	0.20	0.30

9）光缆接续后应做好保护，装好接头护套；接续点和终端应做永久性标志。

（12）电缆接线的要求：

1）导线应经绝缘电阻检查，合格后才能进行接线。

2）剥除电缆护套时不应损伤导线绝缘层，剥除导线绝缘层时不应损伤芯线。

3）导线接头应采用焊接或端子连接。采用端子连接时，端子应拧紧，防松零件应齐全，每个端子最多连接 2 根导线。

4）浴室、卫生间等潮湿环境的导线线头应先搪锡再连接，或直接采用焊接。

5）缆线屏蔽层应与接插件屏蔽罩 360°圆周接触，接触长度不宜小于 10mm。

6）对绞电缆终接时，每对对绞线应保持扭绞状态，五类线扭绞松开长度不应大于 13mm。

7）对绞线与 8 位模块式通用插座相连时，必须按色标和线对顺序进行卡接。端接时插座类型、色标和编号应符合 T568A 或 T568B 端接标准的规定。在同一住宅小区中宜采用同一种端接标准。

8）在盒、箱、柜、台及设备内，布线应整齐美观，线缆宜绑扎成束且线号标志正确完整。

9）按接线图的规定接线，接线无误且接触可靠。

10）8位模块式通用插座与交接配线设备间的对绞电缆的线路连接，不应存在反向线对、交叉线对或串对的错误，连接电缆长度应符合设计规定。

11）水平电缆敷设后，其近端串扰应小于24dB，衰减应小于23.2dB。

二、访客对讲系统的施工

（1）访客对讲设备安装前应具备下列条件：

1）建筑装饰工程已完成，户内门、窗均已安装；

2）楼道入口防盗门已安装到位；

3）系统电缆已敷设；

4）设备经进场验收及性能检查合格；

5）具备系统安装调试所需电源。

（2）设备安装时螺钉应上齐拧紧，并有防松措施；外观应做到横平竖直、设备外壳无损伤；接线正确，接触良好、可靠。

（3）门口机安装时其操作键盘距地1.3～1.5m，摄像机镜头距地1.5～1.7m。安装门口机应有防振、防淋、防拆措施。

（4）室内机安装应紧贴墙面，其中心的安装高度距地1.4～1.5m，并与并列安装的电气开关取齐。

（5）闭门器安装后应反复调整其拉力和关门速度，以降低防盗门关门时的噪声。

（6）对不具备逆光补偿功能的可视门口机，宜作环境亮度处理。

（7）管理员机安装应平稳牢固，便于操作。

（8）门口机、管理员机应能正常呼叫室内机。呼叫时室内机不应出现串号现象，门口机、管理员机应能听到回铃声。

（9）门口机、室内机、管理员机三者之间呼通后应能双向通话。通话时话音清晰，无明显噪声，声级一般不低于60dB（A）。

（10）室内机应能遥控开锁；具有密码开锁或感应卡开锁功能的门口机，相应的开锁功能应正常。

（11）可视对讲画面应达到可用图像的要求（一般水平清晰度不低于200线，灰度等级不低于6级，边缘允许有一定几何失真、无明显干扰）。门口机CCD的红外夜视功能应正常。

（12）系统备用电源在市电断电时应能自动投入，并能维持工作不少于8h。

三、防盗报警系统的施工

（1）住宅报警装置应根据不同户型和环境，确定需要防护的部位，设计防区平面布置图。防区的设置应能有效地探测入侵者从住户门、窗非法入侵的行为，或在室内作案的警情，并能及时向小区控制中心发送报警信号。

（2）住宅报警装置应由入侵探测器、住户报警主机（控制器）、中心接警设备组成。中心接警设备应能正常接收、显示住户报警主机（控制器）的布防、撤防和报警信息，并能进行实时记录、打印。存储记录的保存时间应满足管理要求。

（3）系统应具备防拆报警、信号线路故障（开路、短路）报警、电源线断路报警功能。

（4）住宅报警入侵探测器盲区边缘与防护目标间的距离应≥5m；探测器的作用距离、覆盖面积，宜具有25%～30%的余量，并能通过灵敏度进行调节。

（5）已建立区域性安全报警网络的地区，中心报警设备应具备报警信号联网上传功能的通信接口。

（6）应配合装饰专业，在安装门、窗时及时将门、窗磁安装到位。

（7）被动红外探测器靠墙安装的安装高度距地2.2m，探测器与墙面倾角应能覆盖设计规定的全部防护区域。

（8）吸顶式被动红外探测器宜安装在防护部位上方的顶棚上，应水平安装。

（9）被动红外探测器不应安装在热源正上方，不准正对空调、换气扇，其视窗不应正对强光源或阳光直射的窗户。

（10）红外探测器正前方不准有遮挡物，同时应避免窗帘飘动的影响。

（11）燃气泄漏探测器安装高度应符合下述规定：当燃气比空气重，下缘距地面300mm；当燃气比空气轻，下缘距房顶300mm。

（12）紧急按钮宜安装在隐蔽、在紧急状态下人员易于可靠触发的部位。

（13）住户报警主机（控制器）安装应横平竖直，固定牢靠。

（14）周界防越报警装置应根据住宅小区周边围栏（墙）形状、高度、长度和干扰源情况及气候条件，确定采用探测器的类型和数量。

（15）应在周界防范区域设置监视区，对其警情应具有图像复核手段。在探测器被触发时，联动系统应能自动开启报警现场照明灯，自动启动监控摄像机、录像机，调入相应的监视画面，并给予录像。

（16）周界防越报警装置应由住宅小区监控中心监控。发生非法跨越事件时，中心应能实时发出声光报警，并在模拟屏上显示报警部位、报警时间，自动记录报警信息。所记录报警信息及图像资料保存时间应符合设计要求，且不得少于7天。

（17）应配合小区周界围栏（墙）施工人员，在围栏（墙）施工时及时埋设周界防越报警装置的电缆导管。

（18）主动红外探测器宜隐蔽安装，安装时防区应交叉，防护范围内不应有盲区，特别应注意避免树叶晃动的影响。

（19）主动红外探测器及其支架安装应牢固，刮风时不应引起误报；在周界拐角处不宜将两个防区的接收器相邻安装，否则应对相邻防区发射器的光束采取遮挡措施。

（20）电缆振动探测器的传感电缆敷设时，每隔200mm应固定一次，每隔10m应留一个半径80mm左右的维护环。

（21）传感电缆穿越大门敷设时，应将电缆穿入埋入深度不小于1m的金属导管中。

四、家庭安防报警系统的施工

（1）基本原理。家庭安防系统功能是防入侵、防火、防煤气泄露、紧急报警（求助），是由各种报警探测器（防入侵、防火、防煤气泄露、紧急手动报警）、防盗报警控制器、中心报警控制主机和传输网络组成。

（2）终端设备的安装规定：

1）防盗报警控制器应能接收入侵探测器和紧急手动报警装置发出的报警及故障信号，具有按时间、部位任意布防和撤防、外出与进入延迟的编程和设置，以及自检、防破坏、声光报警（报警时住宅内应有警笛或报警声）等功能。

2）防盗报警控制器与中心报警控制主机应通过专线或其他方式联网。

3）紧急手动报警装置应安装在客厅和卧室内隐蔽、便于操作的部位；被启动后能立即发出紧急报警信号。紧急手动报警装置应有防误触发措施，触发报警后能自锁，复位需采用人工操作方式。

4）住宅的阳台、窗户以及所有住宅通向公共走道的门、窗等部位宜安装入侵探测器。

5）壁挂式被动红外探测器安装高度应在 2.2m 左右，或按产品技术说明书规定安装，视场中心轴与可能入侵方向呈 90°角左右。入侵探测器与墙壁的倾角应视防护区域覆盖范围确定。

6）壁挂式微波—被动红外探测器安装高度为 2.2m 左右，或按产品技术说明书规定安装，视场中心轴与可能入侵方向呈 45°角左右。入侵探测器与墙壁的倾角启动视防护区域覆盖范围确定。

7）吸顶式入侵探测器，一般安装在需要防护部位的上方，且水平安装。

8）入侵探测器的视窗不应正对强光源，或阳光直射的方向。

9）入侵探测器的附近及视场内不应有温度快速变化的热源，如散热器、火炉、电加热器、空调出风口等。

10）入侵探测器的防护区内不应有障碍物。

11）磁开关入侵探测器应安装在门、窗开合处，间距应保证能可靠工作。

12）住户报警系统的其他技术要求应符合《入侵探测器　第一部分：通用要求》GB 10408.1—2000、《入侵探测器第五部分：室内用被动红外探测器》GB 10408.5—2000、《微波和被动红外复合入侵探测器》GB 10408.6—2009 的有关规定。

13）探测器安装时，应先将盒内的线缆引出，压接在探测器的接线端子上，将富余线缆盘回盒内，将探测器底座用螺钉固定在盒上。固定要牢固可靠。

（3）报警系统的设备接线和调试：

1）接线前，将已敷设的线缆再次进行对地与线间绝缘摇测合格后，按照设备接线图进行设备端接。

2）入侵报警主机及控制器采用专用接头与线缆进行连接，且压接牢固。设备及电缆屏层应压接好保护地线，接地电阻值应满足设计要求。

3）按照施工图样及产品说明书，连接系统打印机、UPS 电源等外围设备。

4）在计算机管理主机上安装入侵报警系统管理软件，并进行初始化设置。

5）分别对各报警控制器进行地址编码，存储于计算机管理主机内，并进行记录。

6）对探测器进行盲区检测、防动物功能检测、防拆卸功能检测、信号线开路或短路报警功能检测、电源线被剪的报警功能检测、现场设备接入率及完好率测试等。

7）检测系统的撤防、布防功能，关机报警功能，报警系统管理软件（含电子地图）功能检测。

8）应配合安全防范系统联调，检测报警信息传输及报警联动控制功能。

五、电视监控系统的施工

（1）监视目标应具有一定的光照度：黑白电视监控系统的监视目标最低照度不应小于10lx；彩色电视监控系统的监视目标最低照度不应小于50lx。达不到照度要求时，前者宜采用高压汞灯，后者宜采用碘钨灯作照度补偿。没有条件作照度补偿时，应采用低照度或超低照度的摄像机。

（2）住宅闭路电视监控装置视频信号一般采用视频同轴电缆进行传输；大型居住区传输距离较远，或是环境干扰噪声较强时，宜采用光缆进行传输。

（3）黑白电视基带信号为 5MHz 时，在不平坦度≥3dB 处，宜加电缆均衡器；在不平坦度≥6dB 处，宜加电缆均衡放大器。彩色电视基带信号为 5.5MHz 时，在不平坦度≥3dB 处，宜加电缆均衡器；在不平坦度≥6dB 处，宜加电缆均衡放大器。

（4）摄像机宜由监控中心集中供电。当摄像机采用 220V 交流电源供电时，电源线应单独敷设在接地良好的金属导管内，不应和信号线、控制线共管敷设。

（5）监控中心的供电电源应有专用配电箱，宜有两路在末端切换的独立电源供电，其容量不应低于系统额定功率的 1.5 倍。

（6）宜与周界报警装置构成联动系统，以便发生报警时对报警现场进行监视。

（7）摄像机安装前应预先调整聚焦面同步，使图像质量达到要求后方可安装。安装后还应对其监视范围、聚焦、后靶面进行调整，使图像效果达到最佳状态。

（8）室外安装的摄像机离地不宜低于 3.5m，室内安装的摄像机离地不宜低于 2.5m。

（9）电梯轿厢内的摄像机应安装在厢门上方的左或右侧，并能有效监视厢内乘员的面部特征；电梯轿厢的视频同轴电缆及电源线，宜由建设方向电梯供应商提出配套供应，以保证图像质量。

（10）摄像机立杆的安装强度应达到能抗拒安装环境可能出现的最大风力的要求，立杆安装基础应稳固，地脚螺栓应配齐拧紧，防松垫片应齐全。

（11）安装云台时螺钉应上紧，固定应牢靠；云台的转动应灵活，无晃动；云台的转动角度范围应满足设计要求。

（12）监控中心操作台、机柜、机架安装应符合下列要求：

1）操作台正面与墙的净距不应小于 1.2m；主通道上其侧面与墙或其他设备的净距不应小于 1.5m，次通道上不应小于 0.8m。

2）机柜、机架的背面和侧面与墙的净距不应小于 0.8m。

3）应有稳固的基础，螺钉应上齐拧紧。

4）安装垂直度偏差不大于 1.5mm/m。

5）相邻两柜（台）顶部高差不大于 2mm，总高差不大于 5mm。

6）相邻两柜（台）正面平面度偏差不大于 1mm，五面以上相连接的平面度总偏差不大于 5mm。

7）操作台、机柜上的各种零件不得碰坏或脱落，漆面如有脱落应予补漆。

8）各种标志应完整、清晰。

（13）监控中心控制设备、开关、按钮操作应灵活、方便、安全。对前端解码器、云台、镜头的控制应平稳，图像切换、字符叠加功能应达到设计要求。

（14）录像应能正常显示摄像时间、位置；录像回放质量，至少应达到能辨别人的面部特征的水平；现场图像记录保存期限应符合设计规定，但不得少于 7 天。

（15）具有报警联动功能的监控系统，当报警发生时，应自动开启指定的摄像机及监视器，显示现场画面，录像设备也应以单画面形式记录报警现场图像。

六、电子巡更系统的施工

（1）根据现场条件及用户要求，可选择在线式或是离线式的巡更方式，但应便于设定、读取、查询、修改与监督。

（2）在线式巡更系统应具有异常情况下的即时报警功能。离线式巡更系统巡更人员应配备无线对讲机。

（3）根据现场需要确定巡更点的数量，巡更点的设置应以不漏巡为原则，安装位置应尽量隐蔽。

（4）宜采用计算机随机设定巡更路线和巡更间隔时间的方式。计算机可随时读取巡更时所登录的信息。

（5）巡更系统应能按照预定的巡逻图，对巡更的人员、地点、顺序及时间进行监视、记录、查询及打印。

（6）应与小区物业管理协商，确定信息开关或信息钮的安装位置。

（7）信息开关及信息钮安装高度距地面为 1.3～1.5m；安装应牢固、端正、不易受破坏；户外应有防水措施。

（8）巡更装置安装后应经调试并达到下列要求：

1）巡更系统信息开关（信息钮）、读卡机、计算机及输入接口均能正常工作；

2）检查在线式巡更站的可靠性、实时巡更与预置巡更的一致性，并查看记录、存储信息以及发生巡逻人员不到位时的即时报警功能；

3）检查离线式巡更系统，确保信息钮的信息正确，数据的采集、统计、打印等功能正常。

（9）检验巡更系统巡更设置功能：在线式巡更系统应能设置保安人员巡更软件程序，应能对保安人员巡逻的工作状态（是否准时、是否遵守顺序等）进行监督、记录，发生保安人员不到位时应有报警功能；离线式巡更系统应能保证信息识读准确、可靠。

（10）检验巡更系统记录功能：应能记录执行器编号、执行时间、与设置程序的对比等信息。

（11）检验巡更系统管理功能：应能有多级系统管理密码，对系统中的各种动作均应有记录。

七、自动抄表系统的施工

（1）自动抄表装置施工前应具备的条件：

1）供水、燃气、冷（热）源工程配管施工已经结束；

2）表具已安装到位。

（2）表具的数据探测电缆不应外露，需用软管保护。软管需加固定，软管与表具壳体应使用专用接头连接。

（3）数据采集部件不宜装于厨卫等潮湿环境中，安装在潮湿环境中的数据采集部件应采取可靠的防潮措施。

（4）从数据采集器箱引至各表具的电缆，应设置线号标志。线号应符合设计规定，且能长期保存，字迹清晰。箱体内宜附有接线表，以便维修。

（5）系统安装接线后，应对接线的正确性进行复查，确保数据采集部件与表具正确对应。

（6）系统投入使用后，应及时将表具的原始读数输入到抄表计算机中，以保证远程抄表的准确性。

（7）业主进行厨、卫装修时，不应封堵表具读数盘，不应打断表具的探头线，以免影响系统正常工作。

（8）在市电断电时，系统不应出现误读数，数据应能保存4个月以上；市电恢复后，保存数据不应丢失。

（9）系统应具有时钟、故障报警、防破坏报警功能。

八、电话及有线电视系统的施工

（1）住宅小区内的电信线缆应由电信运营商负责设计、施工。

（2）电话网设计必须遵循电信行业的有关规定，并符合电信的接口要求。

（3）住户电话线及电话插座应配置到位，小区居民入住时只需向电信营运商办理开通手续，即可开通电话。

（4）智能化住宅小区每户至少应配置两对电话线。

（5）电话线与配线模块的连接必须按照设计文件中规定的电话端口与配线模块端口位置对应关系接线，应做到接线正确，接触可靠，标志齐全。

（6）施工时应对每对电话线的导通性进行检查，不应有断路或短路的情况。

（7）电话插座下沿安装高度距地0.3m。其外观整齐，安装螺钉必须拧紧，安装后面板应加标志。

（8）不得将有线电视射频电缆与电力线同导管、同出线盒、同连接箱安装，明敷时两者平行间距不应小于0.3m。

（9）分配放大器、分支分配器的分接箱应安装在弱电井（可明装）或楼道的墙上（宜暗装），分接箱下沿距地不宜小于2m。

（10）电视插座面板下沿距地应为0.3m或1.5m。

有关施工情况还可参阅第二、八章。

九、小区网络和物业管理系统的施工

（1）智能化住宅小区每一住户至少应有一个信息插座，每个信息插座配备一条4对对绞电缆，并应与交接间或设备间的配线设备进行连接。配线设备至住户信息插座的配线电缆长度不应超过90m。

（2）信息插座邻近至少应配置一个220V交流电源插座。

（3）落地安装的机柜（架）应有稳固的基础，壁挂式机柜底面距地高度不宜小于

300mm。机柜（架）安装垂直偏差应不大于 3mm，安装时螺丝应拧紧配齐，机柜（架）上的各种零件不得碰坏或脱落，漆面应完整。

（4）机柜（架）正面至少应有 800mm 的空间，机架背面距墙不应小于 600mm。

（5）背板式跳线架安装时，应先将配套的金属背板及接线管理架安装在墙上，金属背板与墙壁应紧固，再将跳线架装到金属背板上。

（6）配线设备交叉连接的跳线应是专用的插接软跳线。

（7）信息插座面板下沿距地应为 300mm。

（8）信息插座应是 8 位模块式通用插座，一条 4 对对绞电缆应全部固定终接在一个信息插座上。

（9）工作区的电源插座应是带保护接地的单向电源插座，保护接地与零线应严格区分。

（10）配线设备、信息插座、电缆、光缆均应有不易脱落的标志，并有详细的书面记录和图纸资料。

（11）小区物业管理中心配备计算机或局域网，配置适宜的物业管理软件，实现物业管理计算机化，并将安全防范子系统、自动抄表装置、设备监控装置在物业管理中心集中管理。档次较高的小区，可提供网上查询物业管理信息、电子商务、VOD、远程医疗、远程教育等服务。

（12）设备的安装位置、类型、规格、配置应符合设计规定。系统通电前应确认供电电压、极性无误后再通电。

（13）安装后，应对系统前台、后台功能逐一进行测试，并按各功能模块的要求输入原始资料，包括：住户人员管理、交费管理功能，房产维修管理、公共设施管理功能，物业公司人事管理、财务管理、企业管理功能等方面的资料。

（14）路由器和家庭控制器安装时下沿距地不宜低于 2.2m，安装后外观应整齐、平直，涂层无脱落，表面无锈斑。

（15）家庭控制器与各个前端探测器或受控设备之间的连接电缆应有线号标志，箱体内宜附接线表。接线表应和实际接线情况一致。

（16）路由器和家庭控制器之间的现场控制总线连接时，应按照端子标志接线，不得接反。

第九节 住宅小区物业管理系统

一、物业管理系统的功能与组成

（一）系统的一般功能

小区物业计算机管理系统的硬件部分由计算机网络及其他辅助设备组成。软件部分是集成小区居民、物业管理人员、物业服务人员三者之间关系的纽带，对物业管理中的房地产、住户、服务、公共设施、工程档案、各项费用及维修信息资料进行数据采集、加工、传递、存储、计算等操作，反映出物业管理的各种运行状态。物业软件应以网络技术为基础，面向用户实现信息高度共享，方便物业管理公司和住户的信息沟通。

根据功能实现位置的分布，住宅小区应采用如图 13-30 所示的集中管理的应用系统。

小区安全管理除了电视监控系统之外，电子巡更、停车场管理和出入口管理可以采用一个安全管理系统来实现。住户管理可以采用一种设备来实现各种智能化管理目标。并通过现有的网络传输介质（电话、CATV、计算机网络布线等）实现与中央管理系统的互连，以减少投资和管理成本。

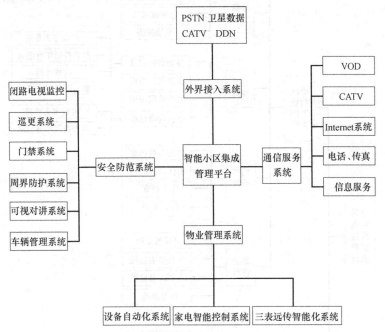

图 13-30 智能小区的集成管理平台

（二）物业管理构成（图 13-31）

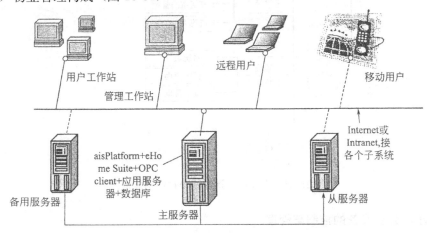

图 13-31 物业信息管理系统的结构

普通的物业计算机管理系统，可以采用单台或多台独立的单机方式工作，它们可以分别运行不同的相关软件，完成不同的物业管理功能。较为完善的物业管理系统，要求采用计算机联网方式工作，实现系统信息共享，进一步提高办公自动化程度，同时也为小区居民在家上网查询、了解小区物业管理及与自家相关的物业管理情况提供方便。图 13-32 是典型的系统软件功能框图。

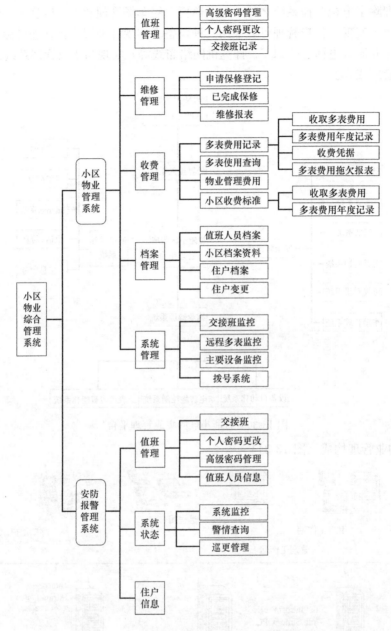

图 13-32   小区物业管理综合软件功能框图

二、小区公用设备的控制与管理

现代化物业管理要求对公用设备进行智能化集中管理，主要包括对小区的采暖热交换系统、生活热水热交换系统、水箱液位、照明回路、变配电系统等信号进行采集和控制，实现设备管理系统自动化，起到集中管理、分散控制、节能降耗的作用。

智能化住宅小区的公共设备监控与管理系统主要由给排水监控系统、电梯监控系统、供配电监控系统、灯光照明控制系统和其他监控系统等组成。其原理图见图 13-33。

智能小区的设备监控主要包括两大部分，即有关水的监控部分和有关电的监控部分。

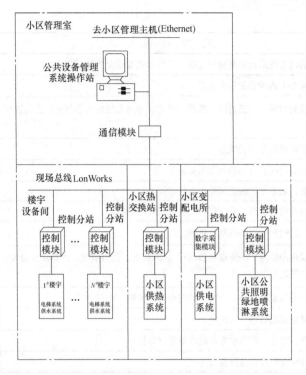

图 13-33　公共设备监控系统原理图

水的监控，主要是监控各类水池（包括饮用水池、生活用水池、污水池、消防用水池等）的状态及各种水泵的工作状态。过去通常采用监测水池水位高低来观察水泵工作状态。对于饮用水和生活用水来说，现在通常采用一种压力传感器监测管线水压来推算水池水位的方法，更为科学地保障居民供水压力，同时可以适当缩小相关蓄水池的大小。各类水池蓄水状态及水泵工作状态动态反映到小区物业管理中心计算机上，不仅可以时刻确保小区居民用水等问题，而且也保证了小区相关设备的良好状态。

电力安全对小区整个系统非常重要，一旦电力系统出现故障，小区必须启动一定容量的发电设备，以维持小区基本系统运行工作用电。因此，要求对小区变配电系统的主要设备状态进行实时监测，使物业管理中心随时了解系统电力工作状态，对可能出现的故障及时处理，确保小区用电安全。

公共照明控制是为了合理、科学使用能源，消除"长明灯"现象，并利用合理的控制策略和技术，为人们提供最佳照明条件。

住宅小区建筑设备监控系统的监控对象和功能及其配置要求如表 13-16 所示，其中基本配置是系统应实现的功能，可选配置可根据实际需求合理选配。

监控功能与配置要求　　　　　　　　　　　　　　　　　　表 13-16

监控对象	监　控　功　能	基本配置	可选配置
给排水系统	监测蓄水池、生活水箱、集水井、污水井的液位，并对超高、超低液位进行报警	☆	
	监视生活水泵、消防泵、排水泵、污水处理设备的运行状态	☆	

续表

监控对象	监 控 功 能	基本配置	可选配置
电梯系统	以直观的动态图形显示电梯的层站、运行方式及综合故障报警	☆	
	保存电梯 24h 内的详细历史信息	☆	
照明系统	对共区域的照明（包括道路、景观、泛光、单元和楼层大堂灯光）设备进行监控	☆	
	监视航空障碍信号灯的状态	☆	
	能按设定的时间表自动控制照明回路开/关	☆	
通风系统	对地下室、地下车库的通风设备进行监控	☆	
	监视风机的运行状态、手/自动开关状态和故障报警	☆	
	能按设定的时间表自动控制风机的启停	☆	
冷热源系统	监视小区集中供冷、热源设备的运行/故障状态；监测蒸气、冷热水的温度、流量、压力及能耗	☆	
	对热源设备与水泵进行节能方式的组合运行控制		△
其他系统	对园林绿化浇灌实行自动控制		△
	对人工河、喷泉、循环水等景观设备进行监控		△
	对其他特殊建筑设备进行监控		△

注：☆代表基本配置，△代表可选配置。

三、住宅小区智能化系统设计举例

某市庭园式住宅小区占地 8.8hm²，由四个住宅组群、一个中心绿地和公共社区组成，总建筑面积约 10 万 m²。根据小区所在地的政治、经济发展水平和文化传统，要求该住宅小区在合理控制工程造价和执行国家标准的基础上，应用现代化信息技术和网络技术，通过精心设计、择优集成、精密施工，提高住宅使用功能，实现住宅智能化，达到安全、舒适、方便、高效、环境优美的先进型智能化住宅小区。

住宅小区智能化系统总体方案如图 13-34 所示。它可分为如下几个方面考虑：

（1）安全防范系统：周界防越报警系统、闭路电视监视系统、保安巡逻管理系统、可视对讲系统、住宅联网报警系统。

（2）信息管理系统：三表远传抄收系统、停车场管理系统、紧急广播与背景音乐系统、公共设备集中监控系统、物业综合信息管理系统。

（3）信息网络系统：网络综合布线系统、住宅小区电话系统、有线电视系统、集成管理系统。

（4）综合布线系统。

（5）小区管理中心。

（6）火灾自动报警系统。

图 13-35 是另一个住宅小区智能化系统集成的总体结构图。图 13-36 是一种小区设备机房布置图示例。

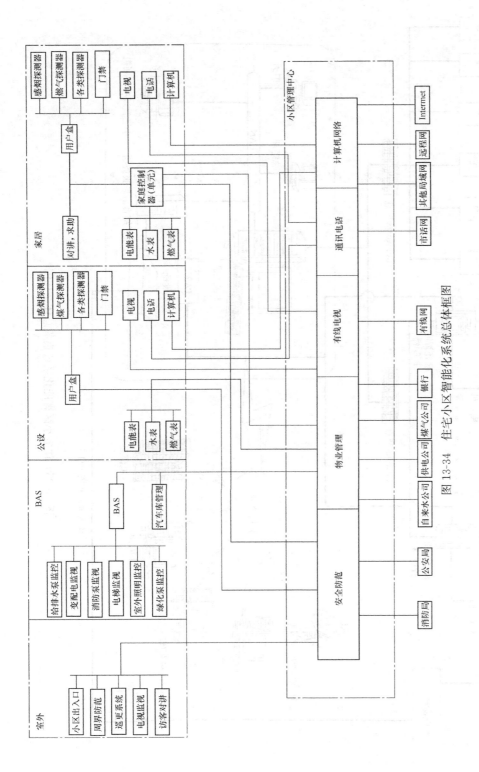

图 13-34　住宅小区智能化系统总体框图

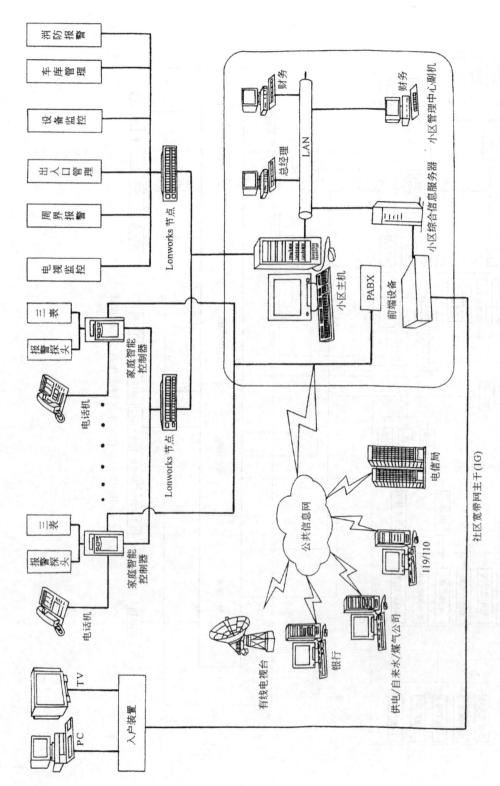

图 13-35 住宅小区智能化系统集成总体结构图

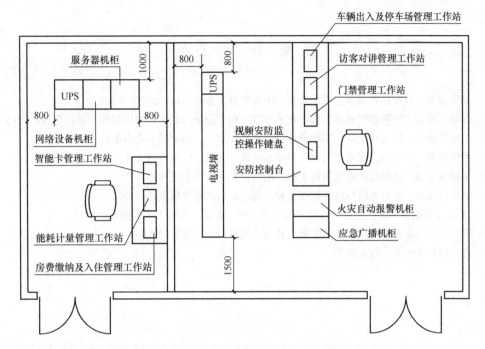

注: 1.本图机房设备布置仅供参考，在工程设计中应根据管理要求、实际设备数量进行布置。
2.机房设备布置应符合《安全防范工程技术规范》GB 50348、《火灾自动报警系统设计规范》GB 50116、《电子信息系统机房设计规范》GB 50174的规定。
3.电视墙上的监视器到操作人员之间的距离宜为屏幕对角线的4～6倍。

图 13-36 小区设备机房布置图示例

主 要 参 考 文 献

1. 梁华编著. 智能建筑弱电工程. 北京：中国建筑工业出版社，2006.
2. 梁晨等编著. 智能建筑弱电工程设计·安装·施工图解. 北京：中国建筑工业出版社，2013.
3. 梁华等编著. 智能建筑弱电工程设计与安装. 北京：中国建筑工业出版社，2011.
4. 梁华编著. 音视频会议系统与大屏幕显示技术. 北京：中国建筑工业出版社，2012.
5. 王建章主编. 实用智能建筑机房工程. 南京：东南大学出版社，2010.
6. 胡庆等编著. 通信光缆与电缆线路工程. 北京：人民邮电出版社，2011.
7. 王齐祥等编著. 现代公共广播技术与工程案例. 北京：国防工业出版社，2011.
8. 白公主编. 建筑电工操作技术手册. 北京：机械工业出版社，2008.
9. 有关的国家标准、行业标准.